"食品工程原理"国家级精品课程配套教材

食品工程单元操作

冯　骉　涂国云　主编

化学工业出版社

·北京·

本书结合传递原理阐述了食品工业中常见单元操作的基本原理和主要应用，注重学生工程设计和实际操作能力培养，详细介绍了处理食品工程问题的常用方法，并配备了大量的例题和习题。考虑到教学中的实际需要，本书尽量以简洁的语言进行叙述，突出应用，简化理论推导。

本书可作为高等院校食品科学与工程专业的教材或参考书，也可供从事食品、发酵、粮食加工、油脂、制糖及其他农产品加工工业的生产、设计、科研人员阅读。

图书在版编目（CIP）数据

食品工程单元操作/冯骉，涂国云主编. —北京：
化学工业出版社，2012.6
ISBN 978-7-122-13988-7

Ⅰ. 食⋯　Ⅱ.①冯⋯②涂⋯　Ⅲ. 食品工程学
Ⅳ. TS201.1

中国版本图书馆 CIP 数据核字（2012）第 068678 号

责任编辑：杜进祥　徐雅妮　　　　　　　　　　文字编辑：孙凤英
责任校对：吴　静　　　　　　　　　　　　　　装帧设计：韩　飞

出版发行：化学工业出版社（北京市东城区青年湖南街 13 号　邮政编码 100011）
印　　刷：北京永鑫印刷有限责任公司
装　　订：三河市万龙印装有限公司
787mm×1092mm　1/16　印张 27¾　字数 743 千字　2012 年 9 月北京第 1 版第 1 次印刷

购书咨询：010-64518888（传真：010-64519686）　售后服务：010-64518899
网　　址：http://www.cip.com.cn
凡购买本书，如有缺损质量问题，本社销售中心负责调换。

定　价：58.00 元

前　言

食品、发酵、医药等工业与化学工业有许多相似的地方。从本质上说，它们都是从自然资源出发，经过某些加工工序，成为各种材料或制品，最终满足人们的需要，因此都可以称为加工工业。许多加工工业的发展都与化学工程密切相关，许多理论和实践是直接从化学工业引入的，因为化学工业较早地实现了大规模工业化生产。

回顾化学工程学科的发展历史，"三传一反"的基础理论是里程碑式的贡献，在相当长的时间里主导着化学工程的发展。相应地，在其他相关专业，包括食品专业的教学中，也将"化工原理"作为一门主要的专业基础课。然而食品工业毕竟有其自身的特点，因此，"食品工程原理"课程的教学在借鉴"化工原理"课程的同时，出于食品工程的特殊性而对各单元操作有不同的侧重。

随着科学技术的发展，化学工程的内涵也在不断地演变和拓展，传统的化学工程正在向过程工程演化。反映在教学中，一方面诞生了"过程工程"课程，其内容更多地注重过程的系统性、实用性和效率优化；另一方面传统的"化工原理"课程也在经历改革，在保持原有基本框架的同时，引入新观点和新方法，使课程的内容更加丰富，现代教学手段的使用使课程教学的效率显著提高，使授课学时减少成为可能。

在"食品工程原理"课程教学中，除了食品工业常用的单元操作不同于化学工业以外，该课程在人才培养中的定位乃至学时数也与化工专业不同。有鉴于此，本书在编写时突出了食品工业的特点，删去了一些理论尚不成熟、实践中多依赖经验的内容；同时顾及当前国内高校的实际情况，减少总篇幅，努力以简洁的语言叙述单元操作的原理和应用，从而启发和培养学生举一反三的能力，以适应教育教学改革的要求。其中，书中带——部分为自学内容。

本书是"食品工程原理"国家级精品课程配套教材，编写组由江南大学化工与材料工程学院化工原理教研室教师组成，由冯骉、涂国云、许林妹、陈美玲执笔，冯骉、涂国云主编。

限于编写人员的水平，缺陷和疏漏在所难免，恳切希望广大读者向我们提出宝贵意见。

编者
2012 年元月于无锡

目　录

2 非均相混合物的分离　　　　　　　　　　　　71

3 以动量传递为特征的混合单元操作　　　　　　104

9 干燥与空气调节   340

10 膜分离过程   388

0 绪 论

0.1 食品工程与单元操作

食品对人类的生存和繁衍具有第一重要性，人类历史上很早就出现了食品加工，但长期以来，食品加工一直停留在家庭和手工方式阶段，小生产的加工方式延续了数个世纪。究其原因，一方面是由于社会经济的发展还没有产生改变这种小生产方式的迫切需要，另一方面也由于食品加工的特殊性，某些关键问题难以解决。

首先，食品加工中的原料结构和成分非常复杂，大部分原料是活的生物体，其成分不仅随土壤、气候等条件而变化，而且在成熟、输送和贮藏过程中也在不断变化，食品原料还具有热敏性、易氧化、易腐蚀等特点。原料的多样性，使得食品加工过程难以提炼出共性。

其次，食品加工中常遇到固态物料，其输送和处理均比流体困难。而且，食品加工中的液态原料、半成品、产品多为非牛顿液体，又增加了处理的难度。

再者，在食品加工过程中往往会添加各种酶或菌等辅助原料，这些辅助原料又往往对温度、酸碱条件有比较特殊的、甚至苛刻的要求。这些特点使得食品加工过程的大部分单元操作都有特殊的要求，也决定了某些单元操作如真空操作、冷冻操作、干燥、液体吸附、离子交换、浸取、过滤等在食品加工过程中被更多地选用，而其中的一些单元操作，理论研究的进展相对迟缓，实践中更多地依靠经验解决应用问题。

一百多年前，尼古拉·阿佩尔发明了罐藏法，使食品能够长时间贮藏和长距离运输。此后，路易·巴斯德阐明了食品腐败的原理，为解决食品的贮藏和输送问题提供了科学依据。从那以后，食品工业才作为一种产业而受到社会的重视，人类才能够大规模地、重复性地生产许多常用的食品，适应了现代社会发展的需要。

从其诞生之日起，食品工业的发展就与化学工业的发展紧密相关。从本质上说，它们都是从自然资源出发，经过某些加工工序，成为各种材料或制成品，最终满足人类的需要，因此都可以称为加工工业（industry of transformation）。由于化学工业的发展速度远快于食品工业，较早地实现了大规模工业化生产，对常用的单元操作研究也比较深入，因此食品工业的许多理论和实践是直接从化学工业引入的。

单元操作是化学工程中的最主要和最基础的概念，是人们在长期的生产实践中，通过归纳、抽象和总结，把不同化工生产过程分解为若干基本操作过程而得出的概念。单元操作概念的提出使人们可以统一通常被认为是不同的化工生产技术，抛弃各项技术的个性，系统而深入地研究其内在规律，从而更有效地推进化工生产技术的发展。

进一步的研究指出，单元操作中所发生过程的本质是传递。从20世纪60年代起提出了"三传一反"的概念，将化工单元操作分为遵循动量传递规律、热量传递规律和质量传递规律的操作三大类。但仅以传递特性分类也有其不完善之处。实际上，有些单元操作是两种或三种传递兼而有之的，如干燥、结晶，以及热力过程、粒子过程等。因此，较新的分类方法则将单元操作分为以下三大类：流体力学和传热过程；涉及分散粒子的过程；混合物的分离过程。

不难看出，新的分类包含的范围更广，而这一点对食品加工尤其重要。但是，对单元操作的研究为进一步研究传递的机理和规律提供了基础，仍是食品工程不可或缺的基础。

0.2　单位、量纲和换算

物质、物体、现象或过程的可以定量给出的属性称为物理量。除了基本量以外的任何物理量都是可以定义的，这一定义与计量单位无关。因此，物理量都是用数字和单位的组合表示，两者缺一不可。由于历史、地区和学科发展的不同，出现了多种单位制。在每一种单位制中，选择几个独立的物理量，规定其单位，称为基本量。其余物理量即为基本量的组合，称为导出量。导出量中各基本量的次方即称为量纲（dimension）或因次。量纲式揭示了物理单位的特性，物理方程两边的量纲必须一致，即量纲一致性原则，是整理实验数据时常用的量纲分析法（或称因次分析法）的依据。

在科学研究中曾广泛使用物理单位制，而在工程领域则较多地使用工程单位制，至今美国仍在使用英美单位制，这些单位制各有其优缺点。在实际应用中，各种单位制并存，很不方便。1960 年 10 月第十一届国际计量大会通过了一种新的单位制，称为国际单位制，代号为 SI 制，是最完整、最合理、通用性最强的单位制，在国际上迅速得到推广。

SI 制总共采用 7 个基本量，它们是：长度（m）、质量（kg）、时间（s）、热力学温度（K）、物质的量（mol）、发光强度（cd）、电流强度（A）。根据物理量的大小，可以在基本单位前加上表示十进制倍数或分数的词冠。我国于 1984 年颁布国家标准 GB 3100～3102—93（见《量和单位》一书），以 SI 制为基础，除 SI 制中的基本单位、导出单位和辅助单位外，增加了少数非 SI 制单位，如分、小时、日、海里等。经过多年的努力，这一标准已在全国推开。

对于单位符号的使用和书写，有以下规则：

（1）单位符号的字母一律用正体，不附省略号，无复数形式，不附加任何其他标记或符号；

（2）单位符号一般为小写字母，单位名称来源于人名时第一个字母用大写，但升的符号可用小写也可用大写；

（3）表示十进制倍数或分数的词冠写在单位符号前，与单位符号之间不留间隙，且不允许使用两个以上词冠并列而成的组合词冠；

（4）用斜线表示相除时，若分母中包含两个以上的单位符号，整个分母应加括号，如 $W/(m \cdot K)$；

（5）分子无量纲而分母有量纲的组合单位的符号，一般不用分式而用负数幂形式，如波数单位用 m^{-1} 而不用 $1/m$。

当前，多数国家已经采用 SI 制，但还有一些国家采用其他单位制，实践中也还有一些习惯难以完全扭转，而在过去的文献资料中又是多种单位制并存。因此，工程与科技人员应该了解各种单位制，并掌握物理单位的换算方法。

在物理量的换算中常见的有两种情况：物理单位的换算和经验公式的换算。

0.2.1　物理单位的换算

同一物理量用不同单位制表示时，其数值是不同的。例如，直径为 1m 的容器，用英制单位表示即为 39.37in。常用物理量之间的换算关系可参考有关的教材或手册。若查不到一个导出物理量的换算关系，则可以从构成该单位的基本单位入手，将单位之间的换算系数相乘或相除，得到新的换算系数。

[**例 0-1**]　将通用气体常数 $R=82.07 \text{atm} \cdot \text{cm}^3/(\text{mol} \cdot \text{K})$ 换算成 SI 制。

解：$1\text{atm}=1.013\times10^5 \text{N/m}^2$，$1\text{cm}=0.01\text{m}$

故　$R=82.07\dfrac{\text{atm} \cdot \text{cm}^3}{\text{mol} \cdot \text{K}}\times\left(\dfrac{1.013\times10^5 \text{N}}{\text{atm} \cdot \text{m}^2}\right)\times\left(\dfrac{10^{-6}\text{m}^3}{\text{cm}^3}\right)=8.314\dfrac{\text{J}}{\text{mol} \cdot \text{K}}$

0.2.2　经验公式的换算

经验公式是根据实验数据整理而成的公式，式中各物理量只代表指定单位制的数字部分。进行换算时有两种方法：一是先将各物理量换算成经验公式指定的单位，再代入公式计算；二是将公式中的常数进行变换，得到用新单位制表示的经验公式。由于经验公式中物理量的指数只表示物理量对过程的影响程度，与单位制的选取无关。因此，在单位换算过程中，物理量的指数保持不变。

[**例 0-2**]　以英制表示的计算式：

$$G=2.45u^{0.8}\Delta p$$

其中 G 的单位为磅（质）/（英尺^2·小时），u 的单位为英尺/秒，Δp 的单位为大气压。试换算成以 SI 制表示的公式。

解：SI 制中 G' 的单位为 $\text{kg/(m}^2 \cdot \text{s)}$，$u'$ 的单位为 m/s，$\Delta p'$ 的单位为 Pa，故

$$G'=\dfrac{0.4536G}{0.3048^2\times3600}=0.001356G$$

$$u'=0.3048u \qquad p'=1.013\times10^5 p$$

从而　$\dfrac{G'}{0.001356}=2.45\times\left(\dfrac{u'}{0.3048}\right)^{0.8}\times\dfrac{\Delta p'}{1.013\times10^5}$

即　$G'=8.484\times10^{-8}u'^{0.8}\Delta p'$

1 | 流体流动和输送

食品生产中经常处理流体物料，许多操作在一定的流动状态下进行，如传热、传质、过滤、沉降、搅拌等。设备中发生的传热、传质和化学反应也与流体流动状态密切相关，流动参数的改变将迅速波及整个系统，直接影响所有设备的操作状态。因此，掌握流体流动的规律是解决流体输送以及研究传热、传质过程及设备的重要基础。

流体输送是过程工程中最为普遍的单元操作之一，流体输送的主要任务是满足对工艺流体的流量和压强的要求。流体输送系统包括输送管路、输送机械和流动参数测控装置，其核心是输送机械。本章将讨论流体流动的基本原理，并运用这些基本原理分析和解决流体输送过程的基本计算问题，从而选择和使用流体输送机械。

1.1 流体的物理性质

1.1.1 连续介质假定

人们熟知物质的三种常规聚集状态是气、液、固三态，其中气态和液态物质称为流体。流体是由大量做随机运动的分子构成的，分子之间有较大的间隙，若以单个分子而论，流体是不连续的。但是如果将流体看作是由大量尺度远小于流体的宏观尺度，而又远大于分子平均自由程的微团或质点组成，则可认为流体质点连续地布满整个空间，从而流体的物理性质和运动参数在空间上是连续分布的，这就是连续介质假定。实践证明，连续介质假定对绝大多数流体都适用，只有当流动体系的特征尺寸与分子平均自由程相当时，例如微孔中高真空稀薄气体的流动，连续介质假定才受到限制而不能应用。

作为连续介质，流体的密度、压强、温度等各种物理量和运动参数均是空间位置 (x, y, z) 和时间 θ 的连续函数。数学上将某物理量随空间和时间的连续分布函数称为该物理量的场，如：

$$\rho = \rho(x, y, z, \theta) \tag{1-1}$$

$$\boldsymbol{u} = \boldsymbol{u}(x, y, z, \theta) \tag{1-2}$$

式(1-1)和式(1-2)分别表示流体的密度场和速度场，前者是数量场，后者是矢量场。

1.1.2 流体的密度

流体的密度定义为流体在空间某点上单位体积流体所具有的质量，以 ρ 表示，即：

$$\rho = \lim_{\Delta V \to 0} \frac{\Delta m}{\Delta V} = \frac{dm}{dV} \tag{1-3}$$

在 SI 单位制中，ρ 的单位为 kg/m^3。密度的倒数称为比体积或比容，单位为 m^3/kg。

流体的密度是压强和温度的函数。但压强对液体的密度影响很小，通常可忽略不计，因此液体的密度可仅视为温度的函数。气体的密度随压强和温度而改变，其值可用气体状态方程进行计算。在气体的温度不太低而压强也不太高的情况下，可用理想气体状态方程：

$$\rho = \frac{m}{V} = \frac{pM}{RT} \tag{1-4}$$

式中，m 为质量，kg；V 为体积，m³；p 为压强，Pa；M 为摩尔质量，kg/kmol；T 为热力学温度，K；R 为通用气体常数，其值为 8.314kJ/(kmol·K)。

对液体混合物，若各组分混合前后的体积保持不变，则其密度可按加成法则计算：

$$v_m = \frac{1}{\rho_m} = \sum \frac{w_i}{\rho_i} \tag{1-5}$$

式中，w_i 为组分 i 的质量分数。

对气体混合物，若各组分在混合前后质量不变，则可根据各组分的体积分数 φ_i 按加成法则计算：

$$\rho_m = \sum \varphi_i \rho_i \tag{1-6}$$

若混合气体可按理想气体处理，则可用式(1-4) 计算其密度，但式中的 M 值应该用平均摩尔质量M_m代替：

$$M_m = \sum M_i y_i \tag{1-7}$$

式中，y_i为组分 i 的摩尔分数。

1.1.3 流体的可压缩性和温度膨胀性

流体最显著的宏观特征是无定形，易于流动。改变压强和温度时，流体的体积还会随之发生变化。将温度一定时，由压强变化引起体积发生相对变化的性质称为流体的可压缩性；而压强一定时，由温度变化引起体积发生相对变化的性质称为流体的温度膨胀性。通常，用等温压缩率 κ_T 表征流体的可压缩性，用体膨胀系数 α_V 表征流体的温度膨胀性，其定义式分别为：

$$\kappa_T = -\frac{1}{V}\left(\frac{\partial V}{\partial p}\right)_T \tag{1-8}$$

$$\alpha_V = \frac{1}{V}\left(\frac{\partial V}{\partial T}\right)_p \tag{1-9}$$

式(1-8) 中的负号表示压强增加时，体积缩小。对理想气体，$\kappa_T = 1/p$，$\alpha_V = 1/T$。

流体的上述宏观性质是由流体内部微观结构和分子间力所决定的。流体分子因处于随机的热运动和相互碰撞之中而具有动能，使之趋于离散，而分子间存在的相互作用力又给予分子势能，使之趋于团聚。气体的分子平均动能远远大于分子间相互作用势能，因此表现出易流动、可压缩和易膨胀的宏观性质，为可压缩流体。液体的分子热运动动能与分子间相互作用势能基本势均力敌。液体分子间距离仅比固体稍大，其分子排列类似于固体中的非晶体，但分子热振荡的振幅比固体大且平衡位置频繁改变，宏观上即表现为液体易流动但压强和温度对其体积影响小的性质。一般可忽略液体的压缩性，而将液体称为不可压缩流体。

1.1.4 流体的黏性

1.1.4.1 牛顿黏性定律

静止的流体受到持续施加的切向力时，即产生流动。流动时速度不同的相邻流体层间存在着相互作用力，称为流体的剪切力，又称为流体的内摩擦力或黏性力，流体所具有的这一特性称为流体的黏性。

如图 1-1 所示，在间距很小的两平行平板间存在流体层。若将下板固定，使上板以速度 u_0 沿 x 方向做匀速运动。由于流体的黏性作用，紧贴上板的流体层附着于板面上以速度 u_0 随板运动，而紧贴固定板的流体层附着于板面上静止不动。两板间各层流体的速度则介于这两者之间，且从上到下逐渐减小，形成沿垂直于流体流动方向（y 方向）的速度分布。相邻流体层间存在速度差，即存在相对运动，从而存在相互作用力。速度高的流体层施加一剪切力于速度低

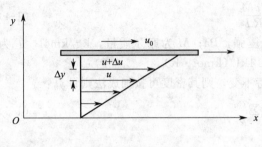

图 1-1 流体的黏性

的流体层，拖着向其运动方向流动；而速度低的流体层则以大小相等方向相反的力反作用于速度高的流体层，阻碍其运动。这个相互作用力即为流体的内摩擦力，亦为流体流动的阻力，若要保持流体以一定的速度流动，则必须对其做功，克服此阻力。

实验证明，对大多数流体，剪切力 F 与法向速度梯度（即在与流动方向相垂直的方向上流体速度的变化率）以及作用面积成正比，其关系可以用牛顿黏性定律表示：

$$\tau = \frac{F}{A} = \mu \frac{\mathrm{d}u}{\mathrm{d}y} \tag{1-10}$$

式中，$\mathrm{d}u/\mathrm{d}y$ 为法向速度梯度，$1/\mathrm{s}$；A 为剪切力的作用面积，m^2；μ 为比例系数，称为流体的动力黏度或简称黏度，$\mathrm{Pa \cdot s}$；τ 为剪应力，Pa。

服从牛顿黏性定律的流体称为牛顿型流体，所有的气体和大多数低分子量的液体均为牛顿型流体；而不服从牛顿黏性定律的流体则称为非牛顿型流体。

自然界中存在的实际流体均具有黏性。在流体力学的研究中，为简化理论分析，引入了理想流体的概念。所谓理想流体是指无黏性（$\mu = 0$）的流体，即流体流动时不存在黏性力。对实际流体，只有当其黏性力的影响很小时，才可视为理想流体。

1.1.4.2　流体的黏度

黏度是影响流体流动的重要物理性质之一，一般通过实验测定。在 SI 单位制中，黏度的单位为 $\mathrm{Pa \cdot s}$。较早的手册或文献中常用泊（P，达因·秒/厘米^2）或厘泊（cP）表示黏度。其换算关系为：

$$1 \text{厘泊(cP)} = 0.01 \text{泊(P)} = 10^{-3} \mathrm{Pa \cdot s}$$

流体的黏性还可用黏度与密度的比值来表示，即：

$$\nu = \mu / \rho \tag{1-11}$$

ν 称为运动黏度（又称为动量扩散系数），在 SI 单位制中单位为 m^2/s。

气体的黏度随温度升高而增加，液体的黏度随温度升高而降低。理想气体的黏度与压强无关，实际流体的黏度一般是随压强升高而增加的，但在 4.0MPa 以下，液体黏度随压强变化不大，在 1.0MPa 以下，气体黏度随压强变化可忽略，所以一般在工程计算中均忽略压强对黏度的影响。一般液体食品多为复杂的多组分物系，除温度以外，其黏度还受其他因素特别是浓度的影响。

在缺乏实验数据时，混合物的黏度可以用经验公式计算。例如混合气体的黏度可以用下式计算：

$$\mu_{\mathrm{m}} = \frac{\sum y_i \mu_i \sqrt{M_i}}{\sum y_i \sqrt{M_i}} \tag{1-12}$$

式中，y_i 为组分 i 的摩尔分数；μ_i 为组分 i 的黏度，$\mathrm{Pa \cdot s}$；M_i 为组分 i 的摩尔质量，$\mathrm{kg/kmol}$。

非缔合混合液体的黏度则可用下式计算：

$$\lg \mu_{\mathrm{m}} = \sum x_i \lg \mu_i \tag{1-13}$$

式中，x_i 为组分 i 的摩尔分数。

1.2 流体静力学

1.2.1 流体的受力与静压强

外界作用在流体上的力可分为体积力与表面力两类。

体积力即场力，是一种非接触力。例如，地球引力、流体加速运动时所受的惯性力以及带电流体所受的静电力等。重力场中任何物质都受重力的作用，重力的大小与物质的质量成正比，因此体积力也称为质量力。对质量为 m、密度为 ρ 的流体，场力的一般表达形式为：

$$F=ma=\rho Va \tag{1-14}$$

式中，a 表示加速度。重力场的加速度是重力加速度，离心力场的加速度则是离心加速度。

表面力是由与流体表面相接触的物质（包括相邻流体）施加给该流体的作用力，其大小与作用面积成正比。作用于流体上的表面力可分为垂直于表面的力和平行于表面的力。压力是垂直作用于表面的力，作用在流体单位面积上的压力称为压强，一般也简称为压力。剪切力是平行作用于表面的力，作用在流体单位面积上的剪切力称为剪应力。压强和剪应力的单位均为 N/m^2 或 Pa。

压强为外部作用力（包括流体柱自身的重力）在流体中的传播，其方向始终与作用面相垂直且指向作用面。无论流体运动与否，压强始终存在，静止流体中的压强称为静压强。可以证明，在静止流体中作用于某一点不同方向上的压强在数值上是相等的。

在 SI 制中压强的单位为 Pa，其他常用的计量单位有：atm（标准大气压）、at（工程大气压）、流体柱高度、kgf/cm^2 等。一些常用压强单位之间的换算关系如下：

$$1atm=101300N/m^2=1.033kgf/cm^2=10.33mH_2O=760mmHg$$
$$1at=98070N/m^2=1kgf/cm^2=10mH_2O=735.6mmHg$$

地球周围的空气受到地球引力的作用而产生压强，即大气压。用压力计测量流体的压强时，测量元件通常处于大气压作用下，其测量值往往是流体真实压强（也称绝对压强）与被测点处的大气压之差。若被测流体的绝对压强大于外界大气压时，压力计所测得的压强值称为表压，即：

$$绝对压强=大气压+表压$$

若被测流体的绝对压强小于大气压时，压力计所测得的压强值称为真空度，即：

$$绝对压强=大气压-真空度$$

工业上也将真空度称为负压。

[**例 1-1**] 某果汁浓缩釜顶部装有一与釜内气相空间相通的真空表，其读数为 600mmHg。问釜内果汁蒸发的绝对压强为多少？若通入夹套内的加热饱和水蒸气的压强为 0.2MPa（表压），问该饱和水蒸气的绝对压强及温度为多少？设当地的大气压强为 101.3kPa。

解：（1）因真空表上的读数即为真空度，故釜内果汁蒸发的绝对压强 p 为

$$p=大气压强-真空度=0.1013-(600/760)\times0.1013=0.0213MPa$$

（2）表压为 0.2MPa 的饱和水蒸气的绝对压强 p 为

$$p=大气压强+表压=0.1013+0.2=0.3013MPa$$

查饱和水蒸气表，绝对压强为 0.3013MPa 的饱和水蒸气所对应的饱和温度为 133.3℃。

1.2.2 流体静力学基本方程

在如图 1-2 所示的连续静止流体内部取一底面积为 A、高为 dz 的垂直流体柱微元，其下底面和上底面的坐标分别为 z 和 $z+dz$。对静止的流体，作用其上的力仅有静压力和重力。作

图 1-2 静止流体的
受力分析

用于两底面的静压力分别为 pA 和 $(p+\mathrm{d}p)A$，重力为 $\rho gA\mathrm{d}z$。在 z 方向上做力的平衡：

$$pA=(p+\mathrm{d}p)A+\rho gA\mathrm{d}z \tag{1-15}$$

移项整理得：

$$\frac{\mathrm{d}p}{\rho}+g\mathrm{d}z=0 \tag{1-16}$$

设流体为均匀、不可压缩，即其密度 ρ 为常数，积分式 (1-16) 得：

$$\frac{p}{\rho}+gz=常数 \tag{1-17}$$

式中各项的单位均为 J/kg。p/ρ 称为流体的压强能，gz 称为流体的位能，均为流体的机械能。上式表明单位质量静止流体的压强能与位能的总和（称为总势能）保持不变。

在如图 1-3 所示的静止液体中任取两水平截面 z_1 和 z_2，对应的压强分别为 p_1 和 p_2，则有：

$$\frac{p_1}{\rho}+gz_1=\frac{p_2}{\rho}+gz_2 \tag{1-18}$$

或

$$p_2=p_1+\rho g(z_1-z_2) \tag{1-19}$$

若用 h 代表静止液体中某一水平截面距液面的高度，设液面上的压强为 p_0，则 h 截面处流体的压强为：

$$p=p_0+\rho gh \tag{1-20}$$

式(1-17)~式(1-20) 均称为流体静力学基本方程，表达了如下的流体静力学原理：

（1）重力场中静止液体的总势能不变，静压强仅随垂直位置而变，与水平位置无关，压强相等的水平面称为等压面；

（2）静止液体内任意点处的压强与该点距液面的距离呈线性关系；

（3）液面上方的压强大小相等地传遍整个液体。

以上推导中假设流体为不可压缩，对于可压缩流体，在压强变化不大时仍可应用。根据静力学原理，可以用液体柱高度表示压强，但应注明是何种液体。

图 1-3 静止流体内
的压强分布

1.2.3 静力学基本方程的应用

1.2.3.1 压强的测量

利用流体静力学原理可测量流体的压差或压强。图 1-4 所示为几种常见的液柱压差计，由透明材料制作的 U 形管液柱压差计，内装与被测流体密度不同，且不互溶、不反应的指示剂。

图 1-4 液柱压差计

压差计两端分别与压强为 p_1 和 p_2 的两个测压口相连接，如果 $p_1 \neq p_2$，则指示剂将显示出高度差 R，R 值正比于两测压口之间的压差。若压差计的一端与被测流体相连，另一端与大气相通，则显示值是测压点处流体的绝对压强与大气压强之差，即表压强或真空度。

(1) 普通 U 形管压差计　如图 1-4(a) 所示，为最常用的一种液柱压差计，指示剂密度 ρ_0 大于被测流体密度 ρ。根据流体静力学原理，管内位于同一水平面上的 a、b 两点在相连通的同一静止流体内，ab 面为等压面，因此有：

$$p_1 - p_2 = R(\rho_0 - \rho)g \tag{1-21}$$

若被测流体为气体，其密度较指示液密度小得多，上式可简化为：

$$p_1 - p_2 = R\rho_0 g \tag{1-22}$$

(2) 倒置 U 形管压差计　如图 1-4(b) 所示，实际上是将被测液体作为指示剂。ab 仍为等压面，若 U 形管内流体密度为 ρ_0，则被测两点间压差的计算公式为：

$$p_1 - p_2 = R(\rho - \rho_0)g \tag{1-23}$$

(3) 倾斜 U 形管压差计　如图 1-4(c) 所示，采用倾斜 U 形管可在测量较小的压差 Δp 时，得到较大的读数值 R。压差计算式为：

$$p_1 - p_2 = R\sin\alpha(\rho_0 - \rho)g \tag{1-24}$$

(4) 双液体 U 形管压差计　又称为微差压差计，如图 1-4(d) 所示，两支管的顶端各有一个扩大室。一般要求扩大室内径应大于 U 形管内径的 10 倍。压差计内装有密度分别为 ρ_{01} 和 ρ_{02} 的两种指示剂。有微压差 Δp 存在时，两扩大室液面高差很小，可忽略不计，但 U 形管内却可得到一个较大的 R 读数。此微差压差计的压差计算式为：

$$p_1 - p_2 = R(\rho_{01} - \rho_{02})g \tag{1-25}$$

由式(1-21)～式(1-25) 可知，对一定的压差 Δp 而言，R 值的大小与所用的指示剂密度直接相关。对双液体压差计，只要所选两种指示液的密度差足够小，即使是很小的压差，也可获得能满足读数精度要求的 R 值。

[**例 1-2**]　如附图所示的密闭室内装有一测定室内气压的 U 形压差计和一监测水位高度的压强表。当指示剂为水银的 U 形压差计读数 R 为 60mm，压强表读数为 32.5kPa 时，试求水位高度 h。水的密度为 $\rho = 1000\text{kg/m}^3$。

解：根据流体静力学基本原理，若室外大气压为 p_a，则室内气压 p_0 为

$$p_0 = p_a - R(\rho_{Hg} - \rho_g)g \approx p_a - R\rho_{Hg}g = p_a - 0.06 \times 13600 \times 9.81 = p_a - 8004.96$$

这样，水深 h 处的绝对压强为

$$p = 32.5 \times 10^3 + (p_a - 8004.96) = p_a + 24495.04$$

而

$$p_a + 24495.04 = p_a + h\rho_{H_2O}g$$

故

$$h = \frac{24495.04}{\rho_{H_2O}g} = \frac{24495.04}{1000 \times 9.81} = 2.497\text{m}$$

[**例 1-3**]　如图所示，三个容器 A、B、C 内均装有水，容器 C 敞口。密闭容器 A、B 间的液面高度差为 $z_1 = 1\text{m}$，容器 B、C 间的液面高度差为 $z_2 = 2\text{m}$，两 U 形管下部液体均为水银，其密度 $\rho_0 = 13600\text{kg/m}^3$，高度差分别为 $R = 0.2\text{m}$，$H = 0.1\text{m}$，试求容器 A、B 上方压力表读数 p_A、p_B 的大小。

解：如图所示，选取面 1-1′、2-2′，显然面 1-1′、2-2′ 均为等压面，即 $p_1 = p_1'$，$p_2 = p_2'$。

根据静力学原理，得　　　$p_B + \rho g(z_2 + H) = p_a + \rho_0 gH$

于是　$p_B - p_a = \rho_0 gH - \rho g(z_2 + H) = 13600 \times 9.81 \times 0.1 - 1000 \times 9.81 \times (2 + 0.1) = -7259\text{Pa}$

由此可知，容器 B 上方真空表读数为 7259Pa。

同理，根据 $p_1 = p_1'$ 及静力学原理，得

$$p_{A(\text{表})} + \rho g R = p_{B(\text{表})} + \rho g z_1 + \rho_0 g R$$

所以 $p_{A(\text{表})} = p_{B(\text{表})} + \rho g (z_1 - R) + \rho_0 g R = -7259 + 1000 \times 9.81 \times (1 - 0.2) + 13600 \times$

$9.81 \times 0.2 = 2.727 \times 10^4 \, \text{Pa}$

例 1-2 附图　　　　　　例 1-3 附图　　　　　　图 1-5 液位的测量

1.2.3.2 液位的测量

静力学基本方程表明，液体内压强分布为线性，利用这一原理可以方便地测量和指示液位。如图 1-5 所示，在容器的下部和液位上方处各开一个小孔，分别连接到 U 形压差计的两端。为减小读数的误差，可以在外部连接一个称为平衡器的扩大室，内盛与容器内相同的液体，使其液面高度维持在可能到达的最大高度。U 形压差计的读数即反映了容器内液面的高度。液面越低，压差计的读数越大，当液面达到最大高度时，读数为零。

1.3 流体流动的质量衡算和能量衡算

1.3.1 流动与流场

1.3.1.1 稳态与非稳态流动

作为连续介质，流体的各物理量和运动参数可表达为空间位置 (x, y, z) 和时间 θ 的连续函数。若流动系统流体的各物理量仅与空间位置有关，这样的流动称为稳态流动。稳态流动时空间各点与流动相关的流速、流量和压强等物理量均不随时间变化，可以写成 $\rho = \rho(x, y, z)$，$\boldsymbol{u} = \boldsymbol{u}(x, y, z)$ 等。

若流动系统流体的各物理量不仅与空间位置有关，还与时间有关，这样的流动称为非稳态流动，此时描述物理量的方程应写成 $\rho = \rho(x, y, z, \theta)$，$\boldsymbol{u} = \boldsymbol{u}(x, y, z, \theta)$ 等。

流体流动还可按流动参数随空间坐标变化的特征来划分流动体系。严格说流体流动都是在三维空间中进行，因此各参数都是三维空间坐标的连续函数。但在处理实际问题时，可根据体系的流动特征将其简化为二维或一维流动。例如流体在圆管内的流动，由于流动的轴对称性，各参数沿流动轴线方向（管长方向）和管截面上的半径方向变化，为二维流动；若各参数在管截面上可视为均匀分布，则为一维流动。

食品工业生产中流体的输送多属于在圆管内的连续稳态流动过程，故本章着重讨论圆管内稳态流动问题。

1.3.1.2 流量与平均流速

单位时间内流经管道某一截面的流体量称为流量。流体量如按体积表示称为体积流量，以符号 q_V 表示，如按质量表示则称为质量流量，以符号 q_m 表示。体积流量与质量流量之间的关系为：

$$q_V = q_m / \rho$$

(1-26)

由于流体的密度是温度和压强的函数，因此一定质量流量所对应的体积流量与流体的状态紧密相关，这对气体尤为突出。因此，当气体流量以体积流量表示时，须注明温度和压强。

单位时间内流体在流动方向上流经的距离称为流速。流体在某点的真实流速称为点速度，以符号 u 表示。由于黏性的存在，流体在管内流动时，流体与管壁、流体与流体层间都存在着相互作用的黏性力，因此管道截面上各点的流速是有差异的，管中心处流速最大，越靠近管壁流速越小，至管壁处流速降为零。换言之，沿管截面的半径方向上存在着流速分布。

在工程计算中通常所称的流速指流体流经整个流通截面上的平均流速或主体流速，以符号 u_b 表示。若流通截面积为 A，则：

$$u_b = q_V/A \tag{1-27}$$

而

$$q_V = \iint\limits_A u\,\mathrm{d}A \tag{1-28}$$

对气体的流速，须注明其温度和压强。

与式(1-27)相对应，在流通截面上若按质量流量做平均计算，则有：

$$w = q_m/A \tag{1-29}$$

w 称为质量流速或质量通量。因质量流量不随流体的温度和压强变化，在气体管路的计算中，有时采用质量通量更为简便。

1.3.1.3　流场与流线

如果在空间的每一点，都对应某一个物理量（例如速度）的一个确定值，则称在这空间里确定了该物理量的场（速度场）。为更好地描述速度场中各点的瞬时运动状态，引入了"流线"的概念。流线就是与空间各点的速度矢量相切的曲线，如图1-6所示。流线具有以下性质：

（1）因为空间某一点在某一瞬时只能有一个确定的流速，所以流线不能相交；

（2）在任一瞬时，空间的任何一点都有一条流线通过，因此流线是一曲线族；

（3）在非稳态流动中，流线的形状和位置随时间而变化；在稳态流动中，流线不随时间而变化。

图1-6　流线

质点的空间运动轨迹称为迹线，流线与迹线是不同的概念。流线是同一瞬时不同质点的速度方向，而迹线是同一质点在不同时刻经过的路径。只有当流动为稳态流动时，流线才与迹线重合。

在流场内取一封闭曲线，通过曲线上的每一点做流线，这些流线即构成一个管状表面，称为流管，如图1-7所示。流管具有以下性质：

（1）因为流线不能相交，所以流体只能在流管内流动，不能穿过流管表面；

（2）流管表面上的速度方向永远与表面相切；

（3）稳态流动时流管的形状不随时间而变，非稳态流动时流管的形状则随时间而变化。

图1-7　流管

1.3.2　质量衡算与连续性方程

守恒原理是自然界最为普遍的法则。守恒原理的运用都是针对一定体系而言，即须划定衡算范围。此范围可以是宏观的，如一段管道、一台设备；也可以是微观的，即微元体积。宏观衡算得到的是空间平均结果，只有通过微观（或微分）衡算建立微分方程，才能表达流体内部传递现象的规律，求得流场的分布函数。

图 1-8　稳态流动的质量守恒

流体在如图 1-8 所示的变直径管道中做稳态流动，取截面积为 A_1 和 A_2 的两截面间的管段作为衡算范围，则：

$$q_{m1} - q_{m2} = 0 \tag{1-30}$$

即在稳态流动情况下，管路中无质量积累，流进与流出管路的质量流量相等。若两截面处流体的速度分别为 u_{b1}、u_{b2}，密度分别为 ρ_1、ρ_2，则有：

$$\rho_1 u_{b1} A_1 = \rho_2 u_{b2} A_2 \tag{1-31}$$

上式即为管内稳态流动的连续性方程，是管路计算的基本方程之一。

对不可压缩流体，密度为常数。式(1-31) 可写为：

$$u_{b1} A_1 = u_{b2} A_2 \tag{1-32}$$

式(1-31) 和式(1-32) 可以推广到多段串联的管道。式(1-32) 表明不可压缩流体稳态流动时，流体流速与管道截面积成反比。若对应的管径分别为 d_1、d_2，则有：

$$\frac{u_{b1}}{u_{b2}} = \left(\frac{d_2}{d_1}\right)^2 \tag{1-33}$$

即流体流速与管径平方成反比。

[例 1-4]　密度为 $920kg/m^3$ 的椰子油由总管流入两支管，总管尺寸为 $\phi57mm \times 3.5mm$，两支管尺寸分别为 $\phi38mm \times 2.5mm$ 和 $\phi25mm \times 2.5mm$。已知椰子油在总管中的流速为 $0.8m/s$，且 $\phi38mm \times 2.5mm$ 与 $\phi25mm \times 2.5mm$ 两支管中流量比为 2.2。试分别求椰子油在两支管中的体积流量、质量流量、流速及质量流速。

解：以下标 1、2 分别表示两支管，设椰子油不可压缩，对此稳态流动过程

$$q_V = u_b A = 0.785 \times 0.05^2 \times 0.8 = 1.57 \times 10^{-3}\ m^3/s$$

$$q_{V1} + q_{V2} = 1.57 \times 10^{-3}\ m^3/s \qquad q_{V1}/q_{V2} = 2.2$$

故

$$q_{V2} = 1.57 \times 10^{-3}/3.2 = 4.91 \times 10^{-4}\ m^3/s \qquad q_{V1} = 2.2 q_{V2} = 1.080 \times 10^{-3}\ m^3/s$$

$$q_{m2} = \rho q_{V2} = 920 \times 4.91 \times 10^{-4} = 0.452kg/s \qquad q_{m1} = \rho q_{V1} = 920 \times 1.080 \times 10^{-3} = 0.994kg/s$$

$$u_{b2} = \frac{q_{V2}}{\pi d_2^2/4} = \frac{4.91 \times 10^{-4}}{0.785 \times 0.02^2} = 1.564m/s \qquad u_{b1} = \frac{q_{V1}}{\pi d_1^2/4} = \frac{1.080 \times 10^{-3}}{0.785 \times 0.033^2} = 1.263m/s$$

$$w_1 = u_{b1}\rho = 1.263 \times 920 = 1162kg/(m^2 \cdot s) \qquad w_2 = u_{b2}\rho = 1.564 \times 920 = 1438.9kg/(m^2 \cdot s)$$

1.3.3　能量衡算与柏努利方程

1.3.3.1　总能量衡算方程

图 1-9 表示一稳态流动体系，流体由管路 1-1′ 截面流入，至 2-2′ 截面流出，流动方向与管路截面垂直，两截面间安装有流体输送机械和换热器，与外界环境有热、功交换但无质量交换。设 u_{b1}、u_{b2}、p_1、p_2、A_1、A_2 分别为截面 1-1′ 与 2-2′ 处的流速、压强及管道截面积。z_1、z_2 分别为截面 1-1′ 与 2-2′ 处管道中心线距基准水平面 0-0′ 的垂直高度。在稳态下，流体由 1-1′ 与 2-2′ 两截面流入与流出的质量流率相等，即 $q_{m1} = q_{m2} = q_m$，系统中无能量积累，因此可写出能量守恒方程：

流动输入能量的速率＋从环境吸热的速率＝流动输出能量的速率＋对环境做功的速率

(1-34)

流体在流动时输入和输出的能量有：

（1）贮存于物质内部的能量即热力学能，又称内能，单位质量流体的内能为 U；

（2）流体由于运动而产生的动能，按截面平均流速计算，单位质量流体的动能为 $u_b^2/2$；

（3）流体受重力作用而具有的位能，单位质量流体的位能为 gz；

（4）流体流动做的流动功，又称推进功或静压能，流体的流动功为流体的体积与压强的乘积，单位质量流体的流动功为 pv。

此外，流体输送机械对单位质量流体所做的功为 W_e，以输入的功为正；流体与环境交换的热量为 Q_0，以流体吸收热量为正。

图 1-9　稳态流动体系的能量守恒

以单位质量流体为基准的稳态流动系统的能量衡算式为：

$$U_1 + \frac{u_{b1}^2}{2} + gz_1 + p_1 v_1 + Q_0 + W_e = U_2 + \frac{u_{b2}^2}{2} + gz_2 + p_2 v_2 \tag{1-35}$$

式中各项单位为 J/kg。或可写成：

$$\Delta U + \Delta\left(\frac{u_b^2}{2}\right) + g\Delta z + \Delta(pv) = Q_0 + W_e \tag{1-36}$$

式（1-36）即稳态流动体系的总能量衡算方程，它反映了流体流动时各种不同形式的能量的转换关系。式中所包括的能量可分为两类：一类是机械能，包括动能、位能和静压能；另一类是内能和热。工程实际中，不同的过程侧重于不同的能量形式。例如，化学反应过程主要关注流体的内能，而流体流动与输送过程是各种机械能相互转换和耗散的过程，主要涉及流体的机械能。下面将对总能量衡算方程做进一步变换，得到流体流动的机械能衡算方程。

1.3.3.2　机械能衡算方程

流体流动体系不仅总能量守恒，对理想流体而言，流体的三项机械能之和（称总机械能）也守恒，对黏性流体，则因"摩擦生热"，有部分机械能转变为了热能或内能。流体的机械能转换为热能的过程是不可逆的，称为机械能损耗或阻力损失。由热力学第一定律可知，流体内能的变化等于流体所吸收的热量减去它所做的膨胀功，即：

$$\Delta U = Q - \int_{v_1}^{v_2} p\mathrm{d}v \tag{1-37}$$

而

$$Q = Q_0 + \sum h_f$$

式中，Q_0 为单位质量流体与环境交换的热能；$\sum h_f$ 为单位质量流体因克服流动阻力而消耗的机械能，即阻力损失。

将式（1-37）代入式（1-36）得：

$$\frac{\Delta u_b^2}{2} + g\Delta z + \Delta(pv) - \int_{v_1}^{v_2} p\mathrm{d}v + \sum h_f = W_e \tag{1-38}$$

式中

$$\Delta(pv) = \int_{p_1}^{p_2} v\mathrm{d}p + \int_{v_1}^{v_2} p\mathrm{d}v \tag{1-39}$$

故

$$\frac{\Delta u_b^2}{2} + g\Delta z + \int_{p_1}^{p_2} v\mathrm{d}p + \sum h_f = W_e \tag{1-40}$$

上式即为稳态流动过程的机械能衡算方程。对不可压缩流体，密度为常数，式中积分项变为：

$$\int_{p_1}^{p_2} v\mathrm{d}p = \int_{p_1}^{p_2} \frac{\mathrm{d}p}{\rho} = \frac{\Delta p}{\rho}$$

这样，式(1-40)化简为：

$$\frac{\Delta u_b^2}{2} + g\Delta z + \frac{\Delta p}{\rho} + \sum h_f = W_e$$

或
$$\left(\frac{u_{b2}^2}{2} + gz_2 + \frac{p_2}{\rho}\right) - \left(\frac{u_{b1}^2}{2} + gz_1 + \frac{p_1}{\rho}\right) = W_e - \sum h_f \tag{1-41}$$

上式为不可压缩流体的机械能衡算式。可见，流体输送机械输入的功 W_e 用于增加流体的机械能和克服流动阻力。流体也可通过机械（如汽轮机、水轮机等）对外输出功（$W_e < 0$），流体的机械能因此而下降。若流动体系的 $W_e = 0$，则：

$$\left(\frac{u_{b1}^2}{2} + gz_1 + \frac{p_1}{\rho}\right) - \left(\frac{u_{b2}^2}{2} + gz_2 + \frac{p_2}{\rho}\right) = \sum h_f \tag{1-42}$$

说明流体由 1-1′ 截面流入体系，至 2-2′ 截面流出，即使并无功的输入、输出，机械能也不守恒，其差值为克服流体流动阻力所消耗的一部分机械能。对于理想流体的流动，由于流体无黏性（$\mu = 0$），因而无摩擦阻力，即 $\sum h_f = 0$，从而：

$$\frac{u_{b1}^2}{2} + gz_1 + \frac{p_1}{\rho} = \frac{u_{b2}^2}{2} + gz_2 + \frac{p_2}{\rho} \tag{1-43}$$

此式即为著名的柏努利（Bernoulli）方程，表明理想流体流动中存在的三种机械能（动能、位能与静压能）可相互转换，但三者之和保持不变，即总机械能守恒。习惯上将黏性流体的机械能衡算式(1-41)及式(1-42)也称为柏努利方程。

由式(1-41)可知，实际流体的柏努利方程用于管路计算时，其机械能项仅取决于流体进、出管路两截面处的有关参数，而阻力损失则与进、出两截面间的全部管路有关。式(1-41)中的 W_e 是流体输送机械对单位质量流体所做的有效功，是选择流体输送机械的重要依据。若管路输送的流体的质量流量为 q_m，则输送流体所需供给的功率 N_e（即流体输送机械的有效功率）为：

$$N_e = W_e q_m = W_e q_V \rho \tag{1-44}$$

单位为 W。如果流体输送机械的效率为 η，则实际消耗的功率即流体输送机械的轴功率为：

$$N = \frac{N_e}{\eta} = \frac{W_e q_m}{\eta} \tag{1-45}$$

1.3.3.3 柏努利方程的应用

对流体流动体系做质量衡算和能量衡算得到的连续性方程与柏努利方程是解决流体输送问题最重要、最基本的两个方程，应用时须注意以下几个问题。

(1) 衡算范围 首先应根据具体问题在流体流动系统中确定衡算范围，对管路系统，也就是确定流体流入和流出系统的两截面位置。所选的截面应与流体流动方向垂直，应尽可能是已知条件最多的截面，而待求的参数应在两截面上或在两截面之间。

(2) 基准面 计算位能的基准水平面可任取，但必须与地面平行。基准面处流体的位能为零，所以若使两计算截面之一为基准面，可使方程简化。对水平管道，应按管中心轴所在的水平面计算位能。

(3) 单位 求解方程时还应注意各项单位的一致性。两截面上压强除要求单位一致外，还要表示方法一致，要么同是绝对压强，要么同是表压，真空度可表示为负表压。

柏努利方程是对不可压缩流体的稳态流动推导而得的，在非稳态流动情况下对某一瞬时也成立。对可压缩流体，若在所取系统两截面之间流体的绝对压强变化小于 20%，仍可用柏努利方程进行计算，但式中的流体密度应取两截面之间的流体的平均密度，由此带来的误差在工程计算中是允许的。

严格而言，柏努利方程只能用于一条流线上的两点之间，此时的动能项用点速度 u 计算。工程上按截面平均流速计算时，动能项应为 $u_b^2/2\alpha$，其中 α 为校正系数。用严格的推导可知，湍流时 $\alpha \approx 1$，层流时 $\alpha = 1/2$。由于工业上大多为湍流，而且即使是层流，动能项在总能量中占的比例也比较小，所以工程上一般不考虑动能校正系数而直接用式(1-41)。

[例 1-5] 如附图所示，用抽真空的方法使容器 B 内保持一定真空度，使敞口容器 A 的溶液经导管可自动流入容器 B 中。导管内径 27mm，容器 A 的液面距导管出口的高度为 1.5m，管路阻力损失可按 $\sum h_f = 6u_b^2$ 计算（不包括导管出口的局部阻力），溶液密度为 1050kg/m³。试计算送液量每小时为 4m³ 时，容器 B 内应保持的真空度。

解：取容器 A 的液面 1-1 截面为基准面，导液管出口为 2-2 截面，在该两截面间列柏努利方程，有

$$\frac{u_{b1}^2}{2} + gz_1 + \frac{p_1}{\rho} = \frac{u_{b2}^2}{2} + gz_2 + \frac{p_2}{\rho} + \sum h_f$$

式中，$p_1 = p_a$，$z_1 = 0$，$u_{b1} = 0$，$p_2 = p_a - p_真$，$z_2 = 1.5\text{m}$

$$u_{b2} = \frac{q_V}{A_2} = \frac{4 \times 4}{3600 \times 3.14 \times 0.027^2} = 1.94\text{m/s}$$

$$\sum h_f = 6u_b^2 = 6u_{b2}^2$$

所以　　$p_真 = \left(gz_2 + \frac{u_{b2}^2}{2} + 5.5u_{b2}^2\right)\rho = (1.5 \times 9.81 + 6.5 \times 1.94^2) \times 1050 = 4.11 \times 10^4\text{Pa}$

例 1-5　附图

例 1-6　附图

[例 1-6] 20℃的空气在直径为 80mm 的水平管流过。现于管路中接一文丘里管，如本题附图所示。文丘里管的上游接一水银 U 管压差计，在直径为 20mm 的喉颈处接一细管，其下部插入水槽中。空气流过文丘里管的能量损失可忽略不计。当 U 管压差计读数 $R = 25\text{mm}$、$h = 0.5\text{m}$ 时，试求此时空气的流量为若干（m³/h）？当地大气压强为 $101.33 \times 10^3\text{Pa}$。

解：文丘里管上游测压口处的压强为
$$p_1 = \rho_{Hg}gR = 13600 \times 9.81 \times 0.025 = 3335\text{Pa（表压）}$$
喉颈处的压强为 $p_2 = -\rho gh = -1000 \times 9.81 \times 0.5 = -4905\text{Pa（表压）}$
空气流经截面 1-1′ 与 2-2′ 的压强变化为
$$\frac{p_1 - p_2}{p_1} = \frac{(101330 + 3335) - (101330 - 4905)}{101330 + 3335} = 0.079 = 7.9\% < 20\%$$
故可按不可压缩流体来处理。两截面间的空气平均密度为
$$\rho = \rho_m = \frac{M}{22.4} \times \frac{T_0 p_m}{T p_0} = \frac{29}{22.4} \times \frac{273 \times \left[101330 + \frac{1}{2} \times (3335 - 4905)\right]}{293 \times 101330} = 1.20\text{kg/m}^3$$
在截面 1-1′ 与 2-2′ 之间列柏努利方程式，以管道中心线作基准水平面。两截面间无外功加

入，即 $W_e=0$；能量损失可忽略，即 $\sum h_f=0$。据此，柏努利方程式可写为

$$gz_1+\frac{u_{b1}^2}{2}+\frac{p_1}{\rho}=gz_2+\frac{u_{b2}^2}{2}+\frac{p_2}{\rho}$$

式中　$z_1=z_2=0$　所以 $u_{b1}^2/2+3335/1.2=u_{b2}^2/2-4905/1.2$

简化得　　　　　　　　$u_{b2}^2-u_{b1}^2=13733$　　　　　　　　　　　(a)

据连续性方程得　$u_{b2}=u_{b1}(A_1/A_2)=u_{b1}(d_1/d_2)^2=u_{b1}(0.08/0.02)^2=16u_{b1}$　　(b)

将式(b)代入式(a)，即 $(16u_{b1})^2-u_{b1}^2=13733$　　　解得　$u_{b1}=7.34\text{m/s}$

空气的流量为　　　$q_V=3600\times(\pi/4)\times0.08^2\times7.34=132.8\text{m}^3/\text{h}$

[**例 1-7**]　如附图所示，水由位于水箱底部、孔径 d 为 30mm 的泄水孔排出。若水箱内水面上方保持 20mmHg 真空度，水箱直径 D 为 1.0m，盛水深度 1.5m，试求能自动排出的水量及排水所需时间。

例 1-7　附图

解：设 θ 时刻水箱内水深度为 H，孔口水流速度为 u_{b0}，以孔口面为基准面，在水面与孔口截面间列柏努利方程，以表压表示压强，有

$$\frac{-p_真}{\rho}+gH=\frac{u_{b0}^2}{2}\qquad u_{b0}=\sqrt{2\left(gH-\frac{p_真}{\rho}\right)}$$

当 $\dfrac{p_真}{\rho}=gH$，即 $H=\dfrac{p_真}{\rho g}=\dfrac{20\times1.013\times10^5}{760\times1000\times9.81}=0.27\text{m}$ 时，$u_{b0}=0$。

所以，能排出的水量

$$V=\frac{\pi D^2(1.5-H)}{4}=\frac{3.14\times1^2\times(1.5-0.27)}{4}=0.966\text{m}^3$$

又设 $\text{d}\theta$ 时间内液面下降高度为 $\text{d}H$，由物料衡算得

$$\frac{\pi d^2 u_{b0}}{4}\text{d}\theta=-\frac{\pi D^2}{4}\text{d}H$$

积分上式　$\theta=\dfrac{D^2}{d^2}\displaystyle\int_{1.5}^{0.27}\frac{-\text{d}H}{\sqrt{2(gH-p_真/\rho)}}=\frac{\sqrt{2}D^2}{gd^2}\left.\sqrt{gH-p_真/\rho}\right|_{1.5}^{0.27}$

$$=\frac{\sqrt{2}\times1^2}{9.81\times0.03^2}\times\sqrt{12.05-0}=556\text{s}$$

1.4　流体流动的阻力

1.4.1　流动的类型与雷诺数

1.4.1.1　流动的类型

随流体的物性、流速以及流道截面几何形状等因素的不同，流体流动时将表现出不同的流动类型。按流体流动的内部结构，可分为两种基本的流动类型，即层流与湍流。这是由英国物理学家雷诺（Reynolds）在 1883 年通过著名的雷诺实验发现并总结出来的。

雷诺实验装置如图 1-10 所示。在液面高度保持恒定的水箱下部水平安装一根直径为 d 的玻璃管 A，管出口端安装一阀门 B，用以调节管内水的流量。在水箱上部的容器 C 中装有红墨水作为示踪剂，示踪剂经针管 D 从管 A 进口端中心引入到管轴线上，作为指示液。

实验现象如图 1-10 所示。在低流速下，示踪剂沿管轴线形成一根清晰的流线，平稳地流向出口端。表明管内流体质点有秩序地分层顺着轴线平行流动，即管中的水呈层状流动，各层流体质点间无宏观混合，这种流型称作层流或滞流。逐渐加大管内流速，起初管轴线上的示踪剂仍能保持一条平稳的流线。当流速增大到某一临界值时，示踪剂流线开始波动、弯曲，说明

图 1-10　雷诺实验
A—水平玻璃管；B—阀门；C—示踪剂容器；D—针管

分层平行流动的秩序已受流体质点的横向运动所影响，流型开始转变。进一步增加流速，可观察到示踪剂流线抖动加剧，继而断裂，最后在出口处与水流主体完全混合，即示踪剂分布于整个流道截面，表明流体质点在总体上沿管轴线方向流动的同时还有任意方向上的随机脉动，完全破坏了分层平行流动的结构，这种流型称为湍流。

层流与湍流是截然不同的两种流动类型。实验表明除流速 u 对流型有最直接的影响外，流道几何尺寸（如管径 d）和流体物性（密度 ρ、黏度 μ）也都有影响。通过大量的研究，雷诺发现可将这几个主要影响因素组合成一个无量纲数群，来判断流型，称为雷诺数，以符号 Re 表示，即：

$$Re = \frac{du\rho}{\mu} \tag{1-46}$$

其判据为：$Re < 2000$ 时，流动属层流；$Re > 4000$ 时，流动属湍流；$2000 < Re < 4000$ 时，流动为过渡状态，可能是层流亦可能是湍流，视外界条件而定。Re 数中的 u 是特征速度，在不同的场合有不同的定义，对于圆管内的流动，u 即平均流速 u_b。

实验证明，不论圆管直径、流速和流体性质如何变化，只要 Re 数相等，流动类型就是一样的。

当外界情况对流动产生干扰时，如管道的轻微振动、流体流向的突变等，会增强流体的湍动。此时，处于 $2000 < Re < 4000$ 过渡状态下的层流将可能转化为湍流。即使 $Re < 2000$，流体质点间也可能发生宏观混合。但是，一旦干扰消失，$Re < 2000$ 时流动将重新回到层流状态，而已从过渡状态转化为湍流的流动一般则保持湍流流动。因此，$Re < 2000$ 的层流是稳定的层流，而过渡状态的层流是不稳定的。一般工程计算中，当 $Re > 2000$ 时即可作湍流处理。

1.4.1.2　湍流的基本特征

湍流是重要的流动类型，工业生产中涉及流体流动的单元操作，如流体的输送、搅拌混合、传热等大多数都是在湍流下进行的。湍流不仅可以在管内流动中产生，也可以由其他方式产生。一般而言有两种情形：一种是由流体与固体壁面的接触流动而发生，称为壁湍流，例如流体流经管道、明渠或浸没物体时；另一种是由不同速度流动的两液层之间的接触而发生，称为自由湍流，如将流体喷射到大量静止流体中时。

现代测试技术表明，湍流中不断产生无数大小不等的涡团，做无规则的运动。大的涡流形成后，又被分裂成小的涡流，直至最小的涡流消失。最小涡流的直径约为 1mm，其内部仍含有大约 10^{15} 个分子。更小的涡流由于黏性应力的存在很快消失。因此，湍流流动不是分子现象。

从能量观点看，湍流是一种传递过程。大涡流的能量由流体主流的位能供给，大涡流破裂成小涡流时，即发生动能的传递。而当小涡流因黏性作用而消失时，其机械能即转化为热能而耗散于流体中。

在湍流流体中，管内流动的流体质点除总体沿管轴线方向流动外还有任意方向上的运动，因此空间任意点上的速度都是不稳定的，大小和方向不断改变。图 1-11 是流体点速度在 x 方向上的分量 u_x 随时间变化的波形图。由图可见，u_x 随时间做无规则变化，并围绕某一平均值上下跳动。流速波形不仅反映了湍动的强弱与频率，同时也说明宏观上仍然有一个稳定的时间平均值。湍流流体的其他参数如温度、压强等也有类似性质。

图 1-11　湍流中的速度脉动

上述瞬时流速 u_x 在某一时间段 θ 的平均值称为时均流速。根据统计的观点，可以将湍流瞬时速度 u_x、u_y、u_z 表达为时均速度 $\bar{u}_x$、$\bar{u}_y$、$\bar{u}_z$ 与脉动速度 u'_x、u'_y、u'_z 的叠加，即：

$$u_x = \bar{u}_x + u'_x$$
$$u_y = \bar{u}_y + u'_y \tag{1-47}$$
$$u_z = \bar{u}_z + u'_z$$

脉动速度的值时正时负，其时均值为零。

当流体在管内做层流流动时，层与层流体质点间无宏观混合，即无径向脉动速度，流体内部动量、热量和质量在径向上的传递依赖于分子扩散。因此，层流时只在流体层间做随机运动的分子间的动量交换所产生的内摩擦力。湍流时，流体质点在径向上的脉动使得有速度差的上下层质点相互掺混（称为涡流扩散），这将极大地加速流体在径向上动量、热量和质量的交换，但由此产生的动量交换也带来了附加的剪应力，称涡流剪应力或雷诺应力。湍流时流体的摩擦剪应力或黏性力由分子的扩散和流体质点的宏观涡流扩散两部分产生，仿照牛顿黏性定律可表达为：

$$\tau = (\mu + \mu')\frac{\mathrm{d}\bar{u}_x}{\mathrm{d}y} \tag{1-48}$$

式中，μ' 称为涡流黏度。黏度 μ 是流体的物理性质，与流体的流动状态无关。μ' 则代表流体质点脉动的强弱，与流体的流动状态紧密相关。在圆管流通截面上，由于不同半径处流速不同，因而 μ' 值也不同。

1.4.2　边界层和边界层的分离
1.4.2.1　流动边界层

流体流经固体壁面时，由于黏性力的存在，在壁面附近产生了速度梯度，存在速度梯度的这一区域称为流动边界层。例如流体进入圆管时，进口处的流速 u_0 均匀一致，如图 1-12 所示。进入管内后，壁面将黏附一层滞止不动的流体，由于黏性的作用，该层流体将使与其相邻的流体层减速，受内摩擦影响而产生速度梯度的区域即为边界层。边界层厚度 δ 逐渐增加，直到距

图 1-12　圆管入口边界层的发展

入口某一距离 x_0 处，边界层在管中心线汇合并占据整个管截面，此后边界层形状不再改变，管内流动状态也维持不变，称为充分发展了的流动。充分发展的管内流型属层流还是湍流，取决于汇合点处边界层内的流动属层流还是湍流。即使边界层为湍流边界层，管壁附近也必然存在很薄的一层流体，其内的流动为层流，这层流体称为层流底层。管内流速越大，Re 越大，湍动越剧烈，层流底层就越薄。x_0 以前的管段称为流动进口段，进口段内流型随距离可能会发生变化。

流体平行流过平板壁面时，也存在类似的边界层发展过程，如图 1-13 所示。流体以均匀流速 u_0 接近平板前缘，流到平板上即受固体壁面影响，形成边界层。流体离开壁面的距离越远，受壁面的影响就越小，内摩擦作用也越弱。在某一个垂直距离处，流体的速度等于 $0.99u_0$，基本不受边界层影响，此距离即定义为流动边界层厚度 δ。该厚度以外未受壁面影响的区域称为主流区。平板上流动边界层的厚度也随流动距离而增加，并且还会由层流边界层发展成湍流边界层，不过在湍流边界层与固体壁面之间也总有一层流底层。

图 1-13　平板流动边界层的发展

1.4.2.2　边界层的分离

以上讨论的圆管和平板流动，流动方向与固体壁面是平行的。当固体壁面为曲面或与流动方向不平行，例如流体横掠过圆柱面时，边界层内的流动将变得相当复杂并且会出现旋涡。产生旋涡的根源在于边界层内的流体与固体壁面分离并产生倒流，这个现象被称作边界层的分离。下面以不可压缩黏性流体横掠过圆柱体（图 1-14）为例考察边界层的发展和分离。

流速均匀的流体从上游到达圆柱体表面，在法线正对着来流方向的 A 点处流体滞止，动能全部转化为静压能，该点压强最高，迫使流体向两侧绕流并受固体表面的阻滞而形成边界层。随着流动距离的增加，阻滞作用不断向垂直于流动的方向传扩，因此边界层不断增厚。在柱体的迎流面，即图中 B 点以前，流道逐渐缩小，流速不断增加，因而压强不断降低，边界层内流体流动方向与压强降的方向一致，称为顺压强梯度。越过 B 点以后，流道渐扩而流速下降，

图 1-14　边界层的分离

压强渐增，边界层内出现逆压强梯度。流体流动既要克服摩擦阻力，又要克服逆压强梯度，使流体的动能迅速下降，越靠近壁面，动能下降越快。经过一段距离到达 C 点时紧靠壁面的流体速度首先下降为零。自该点起，离壁面不同距离的流体速度相继下降为零。将零速度面连为一线如图中 C-C' 所示，称为边界层分离面，C 点称为边界层分离点。边界层脱离固体壁面后以分离面为虚拟边界，在外部区域形成脱体边界层，这就是边界层分离。在固体壁面与脱体边界层之间，近壁的流体在逆压强梯度推动下倒流而形成旋涡区，流体微团激烈碰撞、混合，消

耗机械能。

边界层的分离造成了流体的能量消耗，即形成了流动阻力。这一阻力称为形体阻力，以区别于由黏性力引起的摩擦阻力。总阻力为形体阻力和摩擦阻力之和。当流体流过障碍物时，都会产生形体阻力。在许多情况下，形体阻力为主要的阻力。

1.4.3　计算直管阻力损失的通式

完整的管路系统主要由两部分组成：一是直管段；二是管路上所安装的阀门、弯头、变径、三通等各种阀件与管件。流体流经直管段的阻力主要为内摩擦阻力，而流体流经各阀件、管件时，除了内摩擦阻力外，流道的突变还将引起边界层分离，从而产生较大的形体阻力。流体流经管件和阀件等时产生的阻力称为局部阻力。在局部阻力中，形体阻力常常成为主要阻力。柏努利方程中的 $\sum h_f$ 是指所确定的管路系统内单位质量流体的总流动阻力损失，即直管阻力损失与局部阻力损失的总和。

产生直管阻力损失和局部阻力损失的机理虽有所不同，阻力损失均表现为流体势能的降低。习惯上常用具有压强单位的 Δp_f 表示管路流动的阻力损失，即：

$$\Delta p_f = \rho \sum h_f = (\rho g z_1 + p_1) - (\rho g z_2 + p_2) \tag{1-49}$$

Δp_f 的意义为单位体积流体的阻力损失（$[\text{N/m}^2] = [\text{J/m}^3]$）。应注意 Δp_f 与柏努利方程中的两截面的压差 $\Delta p = p_2 - p_1$ 是完全不同的概念，只有在等径的水平管内流动，且无外界功的加入时，在数值上 $\Delta p_f = -\Delta p$。

以如图 1-15 所示的水平圆直管内的稳态流动为例，在管内流体中取一长 L、半径 r 的流体元，做受力分析。此流体元受到两个力的作用：一个是推动其流动的力，大小等于两端所受的压力差，方向与流动方向相同；另一个是摩擦阻力，大小等于剪应力与受力面积的乘积，方向与流动方向相反。稳

图 1-15　直管摩擦阻力通式的推导

态流动时流体不被加速，因此这两个力的大小相等，即有：

$$(p_1 - p_2)\pi r^2 = 2\pi r L \tau \tag{1-50}$$

因此：

$$\tau = -\frac{r \Delta p}{2L} \tag{1-51}$$

上式表明剪应力沿径向为线性分布。在管中心处 $r=0$，剪应力等于零；在管壁处 $r=d/2$，剪应力最大，其值用 τ_s 表示，则：

$$\tau_s = -\frac{d \Delta p}{4L} = \frac{d \Delta p_f}{4L} \tag{1-52}$$

将上式改写为：

$$\Delta p_f = 4\tau_s \frac{L}{d} = \left(\frac{8\tau_s}{\rho u_b^2}\right)\left(\frac{L}{d}\right)\frac{\rho u_b^2}{2} \tag{1-53}$$

在流体流动阻力的研究中，将 τ_s 与管内单位体积流体的平均动能 $\rho u_b^2/2$ 之比定义为摩擦因子 f（又称 Fanning 摩擦因子）：

$$f = \frac{\tau_s}{\dfrac{\rho u_b^2}{2}} \tag{1-54}$$

或

$$\frac{f}{2} = \frac{\tau_s}{\rho u_b^2} \tag{1-55}$$

再令

$$\lambda = 4f \tag{1-56}$$

式(1-53) 可写成：

$$\Delta p_f = 4f \frac{L}{d} \times \frac{\rho u_b^2}{2} = \lambda \frac{L}{d} \times \frac{\rho u_b^2}{2} \qquad (1-57)$$

或

$$h_f = \frac{\Delta p_f}{\rho} = \lambda \frac{L}{d} \times \frac{u_b^2}{2} \qquad (1-58)$$

上述两式即为普遍使用的直管阻力计算式，称为范宁（Fanning）公式。式中 $\lambda = 4f$ 称为摩擦系数，又称 Moddy 摩擦因子。上式为直管阻力的计算提供了一种简洁明了的表达方式，从而把对流体阻力问题的研究归结于对摩擦因子 f 或摩擦系数 λ 的研究。

1.4.4 直管内的速度分布

1.4.4.1 层流时的速度分布

层流时的剪应力可由牛顿黏性定律表述，对圆管：

$$\tau = -\mu \frac{du_r}{dr} \qquad (1-59)$$

将其代入式(1-51)，并根据 $r = R$ 时，$u_R = 0$ 这一边界条件，有：

$$\int_0^{u_r} du_r = \frac{-\Delta p_f}{2\mu L} \int_R^r r\,dr$$

积分上式得到圆管内层流速度分布为：

$$u_r = \frac{\Delta p_f R^2}{4\mu L} \left[1 - \left(\frac{r}{R}\right)^2\right] \qquad (1-60)$$

上式表明，层流时流体在圆管内的速度分布呈抛物线，如图 1-16 所示。

管中心处 $r = 0$，流速为最大，其值为：

$$u_{max} = \frac{\Delta p_f R^2}{4\mu L} \qquad (1-61)$$

从流速分布出发可导出半径为 R 的圆管内流体稳定层流时的体积流量：

$$q_V = \int_0^R 2\pi r u_r\,dr = \frac{\pi R^2 \Delta p_f}{2\mu L} \int_0^R \left[1 - \left(\frac{r}{R}\right)^2\right] r\,dr = \frac{\pi R^4 \Delta p_f}{8\mu L} \qquad (1-62)$$

图 1-16 层流时的流速分布

管内流体的平均速度为：

$$u_b = \frac{q_V}{A} = \frac{R^2 \Delta p_f}{8\mu L} \qquad (1-63)$$

与式(1-61) 对比得：

$$\frac{u_b}{u_{max}} = \frac{1}{2} \qquad (1-64)$$

因此管内层流的流速分布又可表达为：

$$u_r = u_{max}\left[1 - \left(\frac{r}{R}\right)^2\right] = 2u_b\left[1 - \left(\frac{r}{R}\right)^2\right] \qquad (1-65)$$

1.4.4.2 湍流时的速度分布

湍流与层流的情况大不一样。从雷诺实验可知，虽然宏观上流速沿管轴线方向有一定值，但微观上流体质点随时处于紊乱的湍动之中，难于观察到流线的存在。湍流波动加剧了管内流体的混合与传递，使时均速度在截面上、尤其是在管中心部位分布更趋平坦，如图 1-17 所示。湍流速度分布难于像层流一样用解析方法表达，通过实验研究，发现了如下的 $1/n$ 次方规律：

图 1-17 湍流时的流速分布

$$\frac{u_r}{u_{\max}} = \left(1 - \frac{r}{R}\right)^{\frac{1}{n}} \qquad (1\text{-}66)$$

而 $\dfrac{u_b}{u_{\max}} = \dfrac{1}{\pi R^2} \int_0^R \left(1 - \dfrac{r}{R}\right)^{\frac{1}{n}} 2\pi r \mathrm{d}r = \dfrac{2n^2}{(n+1)(2n+1)}$

$$(1\text{-}67)$$

式中，n 的取值范围与 Re 有关：$4 \times 10^4 < Re < 1.1 \times 10^5$ 时，$n = 6$；$1.1 \times 10^5 < Re < 3.2 \times 10^6$ 时，$n = 7$；$Re > 3.2 \times 10^6$ 时，$n = 10$。

在上述 Re 范围内，平均流速与最大流速的比值为：

$$u_b / u_{\max} = 0.79 \sim 0.87 \qquad (1\text{-}68)$$

1.4.5 直管阻力损失的计算

1.4.5.1 层流时的直管阻力

层流时，壁面处剪应力为：

$$\tau_s = -\mu \frac{\mathrm{d}u_r}{\mathrm{d}r}\bigg|_{r=R} = -2u_b\mu \frac{\mathrm{d}}{\mathrm{d}r}\left[1 - \left(\frac{r}{R}\right)^2\right]_{r=R} = \frac{4\mu u_b}{R} = \frac{8\mu u_b}{d} \qquad (1\text{-}69)$$

代入式(1-52)得：

$$\Delta p_f = \frac{8\mu L u_b}{R^2} = \frac{32\mu L u_b}{d^2} \qquad (1\text{-}70)$$

此式称为哈根-泊谡叶（Hagen-Poisseuille）方程。可见，层流摩擦阻力损失与平均流速成正比。显然，Δp_f 是维持管内以流速 u_b 流动所需的推动力。

比较式(1-57)与式(1-70)可得层流时摩擦因数为：

$$\lambda = \frac{64}{\dfrac{d u_b \rho}{\mu}} = \frac{64}{Re} \qquad (1\text{-}71)$$

可见层流时 λ 与 Re 成反比。

1.4.5.2 管壁粗糙度及其影响

工业上使用的管子可以按其内壁的光滑程度分为两大类：一类为光滑管，如玻璃管、塑料管、黄铜管等；另一类为粗糙管，如钢管、铸铁管等。两者的区别不在于材料而在于壁面的光滑度。通常将壁面凸出部分的平均高度 ε 称为绝对粗糙度，而将绝对粗糙度与管内径的比称为相对粗糙度。

管壁粗糙度对摩擦系数的影响方式随流型和雷诺数的不同而异。层流时，管壁表面凹凸不平的地方被平稳、互不干扰的流体层所覆盖，粗糙度对摩擦系数无影响。湍流时，如图 1-18 所示，如果 ε 小于层流内层的厚度，则凹凸不平处仍处于层流的流体中，粗糙度对摩擦系数仍无影响，此时的管子称为水力光滑管。但如果 ε 大于层流内层的厚度，壁面粗糙物将暴露于湍流主体中，加剧旋涡运动和流体质点的碰撞，增加形体阻力。Re 越大，层流内层越薄，粗糙

图 1-18 粗糙度对流动的影响

度的影响越显著。常用工业管道的绝对粗糙度见表 1-1。

表 1-1　常用工业管道的绝对粗糙度

管道类别	ε/mm	管道类别	ε/mm
无缝黄铜管、铜管及铅管	0.01～0.05	干净玻璃管	0.0015～0.01
新的无缝钢管、镀锌铁管	0.1～0.2	橡皮软管	0.01～0.03
新的铸铁管	0.3	木管道	0.25～1.25
具有轻度腐蚀的无缝钢管	0.2～0.3	陶土排水管	0.45～6.0
具有显著腐蚀的无缝钢管	0.5 以上	很好整平的水泥管	0.33
旧的铸铁管	0.85 以上	石棉水泥管	0.03～0.8

1.4.5.3　量纲分析法

湍流时流动型态复杂，难于用解析法得到理论方程，因此用实验的方法解决这一问题。

在理论的指导下通过实验发现、归纳出影响过程的物理量的作用规律，从而建立可以指导实践的经验方程，是工程科学一种重要的研究方法。由于影响过程的因素往往很多，要单独研究每一个变量不仅使实验工作量浩繁，而且难以从实验结果归纳出具有指导意义的经验方程。由此在大量实践的基础上产生了一种称为量纲分析或因次分析的方法，在工程实验研究中广为应用。

量纲分析法将变量组合成几个无量纲数群，建立无量纲数群之间的关系方程，然后用实验确定方程中的参数。由于无量纲数群的数目较少，实验工作量因而大大减少。

量纲分析法的基础有两条。

（1）量纲一致性原则：一个正确的物理方程，等号两端的量纲必然相同。

（2）任何数学函数均可用一幂函数近似表示。

用量纲分析法解物理问题的一般过程为：

（1）通过实验或理论分析找出影响所研究的过程的所有因素；

（2）用一幂函数近似表示物理过程；

（3）列出所有物理量的量纲，写出量纲等式，比较幂函数的两边，得到关于指数的方程组；

（4）解关于指数的方程组；

（5）代回幂函数，将相同指数的物理量组合，得到无量纲数群方程；

（6）用实验确定无量纲数群方程中的参数。

以湍流阻力计算为例，首先通过分析归纳出对过程的主要影响因素。湍流时影响阻力损失的因素可归结为三个方面：流体的性质、流道的几何尺寸及流动速度。对流体流动最有影响的流体性质是流体的密度和黏度，而圆管最具代表性的流道几何尺寸是管径、长度和管壁绝对粗糙度。这样，流动阻力损失的一般化表达式可写为：

$$\Delta p_f = f(d, L, u_b, \rho, \mu, \varepsilon) \tag{1-72}$$

将其具体表达为幂函数形式：

$$\Delta p_f = K d^a L^b u_b^c \rho^e \mu^f \varepsilon^g \tag{1-73}$$

列出方程(1-73)中各物理量的量纲，用基本量纲表达：Δp_f，$\text{MT}^{-2}\text{L}^{-1}$；$d$，L；$L$，L；$u_b$，$\text{LT}^{-1}$；$\rho$，$\text{ML}^{-3}$；$\mu$，$\text{ML}^{-1}\text{T}^{-1}$；$\varepsilon$，L。根据量纲分析法的原则，等号两端的量纲相同，即：

$$[\text{MT}^{-2}\text{L}^{-1}] = [\text{L}]^a[\text{L}]^b[\text{LT}^{-1}]^c[\text{ML}^{-3}]^e[\text{ML}^{-1}\text{T}^{-1}]^f[\text{L}]^g \tag{1-74}$$

比较两边的量纲，得到关于各物理量的幂指数的三个代数方程。

$$[\text{M}] \quad 1 = e + f$$

$$[T] \quad -2 = -c - f \tag{1-75}$$
$$[L] \quad -1 = a + b + c - 3e - f + g$$

这一方程组只有三个方程。以 b、f、g 为独立指数，可以解出另外三个指数：

$$a = -b - f - g$$
$$c = 2 - f \tag{1-76}$$
$$e = 1 - f$$

用这三个独立指数重新将式(1-73)表达为：

$$\Delta p_f = K d^{-b-f-g} L^b u_b^{2-f} \rho^{1-f} \mu^f \varepsilon^g \tag{1-77}$$

将上式中指数相同的物理量组合成为新的变量群，即无量纲数群，得到：

$$\frac{\Delta p_f}{\rho u_b^2} = K \left(\frac{d u_b \rho}{\mu} \right)^{-f} \left(\frac{\varepsilon}{d} \right)^g \left(\frac{L}{d} \right)^b \tag{1-78}$$

式中，$\Delta p_f / \rho u_b^2$ 称为欧拉数，用符号 Eu 表示。

通过量纲分析，含 7 个变量的物理方程组变换成了只含 4 个无量纲数群的方程组，这是量纲分析法的普遍规律，称为 π 定理。π 定理可描述为：一个物理方程可以变换为无量纲数群方程，无量纲数群的个数等于原方程变量数减去基本量纲数。按无量纲数群方程来规划实验，不仅可以减少实验自变量个数，从而大幅度地减少实验次数，更重要的是可以从实验结果归纳出更具有指导意义的普遍化规律。要特别注意的是，方程的使用范围应该与获得该方程的实验过程中无量纲数群的取值范围相一致。

若将式(1-78)改写为：

$$h_f = \frac{\Delta p_f}{\rho} = 2K \left(\frac{d u_b \rho}{\mu} \right)^{-f} \left(\frac{\varepsilon}{d} \right)^g \left(\frac{L}{d} \right)^b \frac{u_b^2}{2} \tag{1-79}$$

与式(1-57)比较，可知式中指数 $b = 1$，而：

$$\lambda = 2K \left(\frac{d u_b \rho}{\mu} \right)^{-f} \left(\frac{\varepsilon}{d} \right)^g \tag{1-80}$$

其中系数 K 和指数 f、g 都需要通过实验数据关联确定，因此待定的函数关系也可写为：

$$\lambda = f(Re, \varepsilon/d) \tag{1-81}$$

1.4.5.4 摩擦系数图

对一系列具有不同相对粗糙度 ε/d 的直管，在不同的 Re 下测定摩擦系数 λ 的值，将实验数据以 ε/d 为参数，在双对数坐标中标绘，便得到可以广泛应用的直管摩擦系数曲线图，如图 1-19。该图分为四个区域。

(1) $Re \leqslant 2000$ 为层流区，摩擦系数 λ 与相对粗糙度 ε/d 无关，与 Re 数为直线关系，即符合式(1-71)的解析结果 $\lambda = 64/Re$。

(2) $2000 < Re < 4000$ 由层流向湍流的过渡区，由于过渡流常常是不稳定的，难于准确判定其流型，工程应用上从可靠的观点出发一般按湍流处理。

(3) $Re > 4000$ 为湍流区，λ 随 ε/d 增加而上升，随 Re 增加而下降。有一个转折点，超过此点后 λ 与 Re 无关。转折点以下（即图中虚线以下）粗糙管的曲线可用下式表示：

$$\frac{1}{\sqrt{\lambda}} = 1.74 - 2\lg \left(\frac{2\varepsilon}{d} + \frac{18.7}{Re\sqrt{\lambda}} \right) \tag{1-82}$$

对光滑管，在 $Re = 3000 \sim 10^5$ 范围，则可使用更为简单的柏拉修斯（Blasius）公式：

$$\lambda = \frac{0.3164}{Re^{0.25}} \tag{1-83}$$

(4) 湍流区中虚线以上区域 完全湍流区或阻力平方区。在该区内 λ 与 Re 无关而只随相

图 1-19　摩擦系数图

对粗糙度 ε/d 变化，对一定的管道而言，λ 为常数，此时摩擦阻力正比于 u_b^2，故称为阻力平方区。由于该区内 Re 足够大，因此可以从式(1-82)中略去等号右端括号中第二项，得到 λ 的计算式：

$$\frac{1}{\sqrt{\lambda}}=1.74-2\lg\left(\frac{2\varepsilon}{d}\right) \tag{1-84}$$

1.4.5.5　非圆形截面管道的当量直径

对非圆形截面管道内流动的阻力损失，实验证明用当量直径 d_e 来代替圆管直径 d 是行之有效的。当量直径的定义为：

$$d_e=4\times\frac{流通截面积}{流体浸润周边} \tag{1-85}$$

流体浸润周边即同一流通截面上流体与固体壁面接触的周长。

例如，边长分别为 a、b 的矩形截面管道，其当量直径为：

$$d_e=4\times\frac{ab}{2(a+b)}=\frac{2ab}{a+b} \tag{1-86}$$

又如，内管外径为 d_1、外管内径为 d_2 的套管，其环形通道截面的当量直径为：

$$d_e=4\times\frac{(d_2-d_1)^2\frac{\pi}{4}}{(d_2+d_1)\pi}=d_2-d_1 \tag{1-87}$$

用当量直径计算非圆形截面管道的 Re 时，流速必须用实际流速，稳定层流的判据仍然是 $Re<2000$。对比研究的结果表明，湍流情况下计算结果与实验一般比较吻合，但与圆形截面几何相似性相差过大时，例如环形截面管道或长宽比例超过 3：1 的矩形截面管道，其误差较

大。层流情况下的偏差则十分显著，需根据非圆形管的截面形状给予修正，摩擦系数的修正计算式为

$$\lambda = C/Re \tag{1-88}$$

一些非圆形管道的当量直径和修正值 C 见表 1-2。

表 1-2　一些非圆形管的当量直径 d_e 和修正值 C

非圆形管的截面形状	d_e	C	非圆形管的截面形状	d_e	C
正方形，边长为 a	a	57	长方形，长为 $2a$，宽为 a	$1.3a$	62
等边三角形，边长为 a	$0.58a$	53	长方形，长为 $4a$，宽为 a	$1.6a$	73
环形，环宽 $=(d_2-d_1)/2$	d_2-d_1	96			

1.4.6　局部阻力损失的计算

在流道截面和流动方向突变的阀件或管件处极易发生边界层分离而产生涡流。图 1-20 是常见的几个例子：流道突然扩大（a）、流道突然缩小（b）、流动方向的突变（c、d）。综上所述，流体主体脱离边壁，旋涡区的形成是造成局部阻力损失的主要原因。在有局部阻力存在的流道处，流动现象十分复杂，因此更多地依赖于实验测定。工程上通常采用阻力系数法和当量长度法计算流动阻力。

图 1-20　几种典型的局部阻力

（1）阻力系数法　仿照计算直管阻力的 Fanning 公式，将局部阻力损失表示为动能的倍数：

$$h_f' = \zeta \frac{u_b^2}{2} \tag{1-89}$$

式中，ζ 为局部阻力系数，由实验测定。常用管件的局部阻力系数值见表 1-3。

表 1-3　常用管件的局部阻力系数

管件和阀件名称	ζ 值										
标准弯头	$45°,\zeta=0.35$					$90°,\zeta=0.75$					
90°方形弯头	1.3										
180°回弯头	1.5										
活管接	0.4										
突然扩大	A_1/A_2	0	0.1	0.2	0.3	0.4	0.5	0.6	0.7	0.8	0.9	1.0
	ζ	1	0.81	0.64	0.49	0.36	0.25	0.16	0.09	0.04	0.01	0

续表

管件和阀件名称	ζ值										
突然缩小 A_2, u_{b2} / A_1, u_{b1}	A_2/A_1	0	0.1	0.2	0.3	0.4	0.5	0.6	0.7	0.8	0.9	1.0
	ζ	0.5	0.45	0.40	0.35	0.30	0.25	0.20	0.15	0.10	0.05	0

水泵进口	没有底阀	2~3							
	有底阀 d/mm	40	50	75	100	150	200	250	300
	ζ	12	10	8.5	7.0	6.0	5.2	4.4	3.7

闸阀	全开	3/4 开	1/2 开	1/4 开
	0.17	0.9	4.5	24

标准截止阀（球心阀）	全开 ζ=6.4	1/2 开 ζ=9.5

蝶阀 α	α	5°	10°	20°	30°	40°	45°	50°	60°	70°
	ζ	0.24	0.52	1.54	3.91	10.8	18.7	30.6	118	751

旋塞 θ	θ	5°	10°	20°	40°	60°
	ζ	0.05	0.29	1.56	17.3	206

角阀(90°)	5
单向阀	摇板式 ζ=2　　　球形单向阀 ζ=70
水表（盘形）	7

（2）当量长度法　也仿照 Fanning 公式，认为局部阻力损失与某个长度 L_e 的直管阻力损失相当：

$$h_f' = \lambda \frac{L_e}{d} \times \frac{u_b^2}{2} \tag{1-90}$$

式中，管件的当量长度 L_e 通过实验测定。工业常见管件的当量长度可由图 1-21 查取。

上述两种算法中，对突然扩大和突然缩小的管件，流速 u_b 都取小截面的流速。

从容器进入管道也是一种突然缩小，从管道进入容器也是一种突然扩大，这两种情况都可以看作是 $A_1/A_2=0$ 的极端情形，其阻力系数分别取为 0.5 和 1。

[例 1-8]　如图所示，某溶剂在位差推动下由容器 A 流入容器 B。为保证流量恒定，容器 A 设置溢流管，两容器间用均压管连通来保持液面上方压强相等。溶剂由容器 A 底部一具有液封作用的倒 U 形管排出，该管顶部与均压管相通。容器 A 液面距排液管下端 6.0m，排液管为 $\phi60\text{mm} \times 3.5\text{mm}$ 钢管，由容器 A 至倒 U 形管中心处，水平管段总长 3.5m，其间有球阀 1 个（全开）、90°标准弯头 3 个。要达到 $12\text{m}^3/\text{h}$ 的流量，试求倒 U 形管最高点距容器 A 内液面的高差 H（溶剂的密度为 900kg/m^3，黏度为 $0.6 \times 10^{-3}\text{Pa·s}$）。

解：溶剂在管中的流速　$u_b = \dfrac{12 \times 4}{3600 \times 3.14 \times 0.053^2} = 1.51\text{m/s}$

$$Re = \frac{d u_b \rho}{\mu} = \frac{0.053 \times 1.51 \times 900}{0.0006} = 1.2 \times 10^5 \text{（湍流）}$$

取钢管绝对粗糙度 $\varepsilon=0.3\text{mm}$，则 $\varepsilon/d = 0.3/53 = 5.66 \times 10^{-3}$，查图 1-19 得摩擦系

图 1-21 常见管件的当量长度

数 $\lambda = 0.032$。

由表 1-3 查得管件局部阻力系数如下：管进口突然缩小 $\zeta_1 = 0.5$，$90°$ 的标准弯头 $\zeta_2 = 0.75$，球心阀（全开）$\zeta_3 = 6.4$。

以容器 A 液面为 1-1 截面，倒 U 形管最高点处为 2-2 截面，并以该截面处管中心线所在平面为基准面，列柏努利方程有

$$H = z_1 - z_2 = \left(\frac{u_{b2}^2}{2g} - \frac{u_{b1}^2}{2g} \right) + \left(\frac{p_2}{\rho g} - \frac{p_1}{\rho g} \right) + \frac{\sum h_{f,1\text{-}2}}{g}$$

式中　　　$u_{b1} = 0$，$u_{b2} = u_b$，$p_1 = p_2$，$\sum h_{f,1\text{-}2} = \left[\lambda \dfrac{3.5 + (6 - H)}{d} + \sum \zeta \right] \dfrac{u_b^2}{2}$

故　$H=\dfrac{u_{b2}^2}{2g}+\dfrac{\sum h_{f,1\text{-}2}}{g}=\left(1+0.032\times\dfrac{9.5-H}{0.053}+0.5+0.75\times3+6.4\right)\times\dfrac{1.51^2}{2\times9.81}=1.85-0.07H$

$$H=\dfrac{1.85}{1.07}=1.73\text{m}$$

[例1-9]　水由水箱 A 经一导管流入敞口贮槽 B 中，各部分的相对位置如图所示。水箱液面上方压强为 0.02MPa（表压），导管为 $\phi108\text{mm}\times4\text{mm}$ 的钢管，管路中装有一闸阀，转弯处均为 90°标准弯头。试计算：（1）闸阀全开时水的流量（设直管阻力可忽略不计）；（2）闸阀 1/2 开时水的流量（设直管阻力可忽略不计）；（3）若此系统其他条件不变，仅输水管增长 200m，此系统阻力为若干？

例 1-8　附图　　　　　　　　　　例 1-9　附图

解：（1）以容器 A 液面为 1-1 截面，容器 B 液面为 2-2 截面，并以该截面所在平面为基准面，列柏努利方程有

$$\dfrac{p_1}{\rho}+\dfrac{u_{b1}^2}{2}+gz_1=\dfrac{p_2}{\rho}+\dfrac{u_{b2}^2}{2}+gz_2+\sum h_f$$

其中 $p_1=0.02\text{MPa}=2\times10^4\text{Pa}$，$u_{b1}=0$，$z_1=4\text{m}$，$p_2=0$，$u_{b2}=0$，$z_2=1.5\text{m}$。

由表 1-3 查得管件局部阻力系数如下：管进口突然缩小 $\zeta_1=0.5$，管进口突然扩大 $\zeta_2=1$，90°的标准弯头 $\zeta_3=0.75$，闸阀（全开）$\zeta_4=0.17$。

$$\sum h_f=(0.5+1+0.17+3\times0.75)\times u_b^2/2=1.96u_b^2$$

直管阻力忽略不计，则 $\dfrac{2\times10^4}{1000}+4\times9.81=1.5\times9.81+1.96u_b^2$

$$u_b=4.766\text{m/s}$$
$$q_V=0.785\times0.1^2\times4.766=0.0374\text{m}^3/\text{s}$$

（2）闸阀 $\zeta'=4.5$　　$\sum h_f=(0.5+1+4.5+3\times0.75)\times u_b^2/2=4.125u_b^2$

$$\dfrac{2\times10^4}{1000}+4\times9.81=1.5\times9.81+4.125u_b^2\qquad u_b=3.285\text{m/s}$$
$$q_V=0.785\times0.1^2\times3.285=0.0258\text{m}^3/\text{s}$$

（3）$\sum h_f=\dfrac{p_1-p_2}{\rho}+\dfrac{u_{b1}^2-u_{b2}^2}{2}+g(z_1-z_2)=\dfrac{20000}{1000}+0+9.81\times2.5=44.53\text{J/kg}$

[例1-10]　水泵向高位密闭水箱供水，水箱中液面上方压力为 0.2MPa，管路流量为 180m³/h，泵轴中心线距水池液面和水箱液面的垂直距离分别为 2.0m 和 25m，如附图所示。泵吸入管与排出管分别为内径 205mm 和内径 180mm 的钢管。吸入管管长 8m，管路上装有一个吸水底阀和一个 90°标准弯头；排出管管长 230m，其间有全开的闸阀 1 个和 90°标准弯头 1 个。试求泵吸入口处 A 点的真空表读数和泵的轴功率，设泵的效率为 70%。

例 1-10　附图

解：取水的密度为 1000kg/m^3，黏度为 $1.0\times10^{-3}\text{Pa}\cdot\text{s}$，设泵的吸入和排出管路水的流速分别为 u_{bA} 和 u_{bB}，则

$$u_{bA}=\frac{4q_V}{\pi d_A^2}=\frac{180\times4}{3600\times3.14\times0.205^2}=1.512\text{m/s}$$

$$u_{bB}=\left(\frac{d_A}{d_B}\right)^2 u_{bA}=\left(\frac{0.205}{0.18}\right)^2\times1.512=1.96\text{m/s}$$

$$Re_A=\frac{d_A u_{bA}\rho}{\mu}=\frac{0.205\times1.512\times1000}{0.001}=3.1\times10^5$$

$$Re_B=\frac{d_B u_{bB}\rho}{\mu}=\frac{0.18\times1.96\times1000}{0.001}=3.53\times10^5$$

取管壁绝对粗糙度 0.3mm，则

$$\frac{\varepsilon}{d_A}=\frac{0.3}{205}=1.46\times10^{-3},\quad \frac{\varepsilon}{d_B}=\frac{0.3}{180}=1.67\times10^{-3}$$

由图 1-19 查得摩擦系数 $\lambda_A=0.022$，$\lambda_B=0.021$。

由表 1-3 查得管件局部阻力系数如下：水泵吸水底阀 $\zeta_1=5.2$，闸阀（全开）$\zeta_2=0.17$，90°标准弯头 $\zeta_3=0.75$。

取水池液面 1-1 截面为基准面，泵吸入点处 A 为 2-2 截面，在该两截面间列柏努利方程，有

$$\frac{p_1}{\rho}=z_2 g+\frac{p_2}{\rho}+\frac{u_{b2}^2}{2}+\sum h_{f,1\text{-}2}$$

式中　$p_1=0$，$p_2=-p_真$，$u_{b2}=u_{bA}$

$$\sum h_{f,1\text{-}2}=\left(\lambda\frac{L}{d_A}+\sum\zeta\right)\frac{u_{bA}^2}{2}=\left(0.022\times\frac{8}{0.205}+5.2+0.75\right)\times\frac{1.512^2}{2}=7.78\text{J/kg}$$

所以　$p_真=z_2\rho g+\frac{\rho u_{bA}^2}{2}+\rho\sum h_{f,1\text{-}2}=2\times1000\times9.81+\frac{1.512^2\times1000}{2}+1000\times7.78=2.85\times10^4\text{Pa}$

又取水箱液面为 3-3 截面，在 1-1 与 3-3 截面间列柏努利方程有

$$W_e=(z_3-z_1)g+\frac{p_3-p_1}{\rho}+\sum h_{f,1\text{-}3}$$

式中　$\sum h_{f,1\text{-}3}=\sum h_{f,1\text{-}2}+\sum h_{f,2\text{-}3}$

由于排出管路较长，与直管阻力相比，$\sum h_{f,2\text{-}3}$ 中的局部阻力损失可忽略不计，所以

$$W_e=(25+2)\times9.81+\frac{0.2\times10^6}{1000}+7.78+0.021\times\frac{230}{0.18}\times\frac{1.96^2}{2}=524.2\text{J/kg}$$

又管路质量流量　$q_m=\rho q_V=\frac{1000\times180}{3600}=50\text{kg/s}$

故泵的轴功率 $N=\frac{W_e q_m}{\eta}=\frac{524.2\times50}{0.7}=3.744\times10^4\text{W}$

[例 1-11]　如图所示，将敞口高位槽中密度 870kg/m^3、黏度 $0.8\times10^{-3}\text{Pa}\cdot\text{s}$ 的溶液送入某一设备 B 中。设 B 中压力为 10kPa（表压），输送管道为 $\phi38\text{mm}\times2.5\text{mm}$ 无缝钢管，其直管段部分总长为 10m，管路上有一个 90°标准弯头、一个球心阀（全开）。为使溶液能以 $4\text{m}^3/\text{h}$ 的流量流入设备中，问高位槽应高出设备多少米即 z 为多少米？

例 1-11　附图

解：选取高位槽液面为 1-1′面、管出口内侧截面为 2-2′面，并取 2-2′面为位能基准面。在 1-1′面与 2-2′面间列机械能衡算式

$$gz + 0 + \frac{p_{1(\text{表})}}{\rho} = 0 + \frac{u_{b2}^2}{2} + \frac{p_{2(\text{表})}}{\rho} + \sum h_f$$

式中　$p_{1(\text{表})} = 0$，$p_{2(\text{表})} = 1.0 \times 10^4 \text{Pa}$，$\rho = 870 \text{kg/m}^3$，$u_{b2} = \frac{q_V}{\pi d^2/4} = \frac{4/3600}{\pi \times 0.033^2/4} = 1.30 \text{m/s}$

$Re = \frac{du_b\rho}{\mu} = \frac{0.033 \times 1.30 \times 870}{0.8 \times 10^{-3}} = 4.665 \times 10^4$，可见属湍流流动，查表 1-1 并取管壁绝对粗糙度 $\varepsilon = 0.3 \text{mm}$，则 $\varepsilon/d = 0.00909$，查图 1-19 得 $\lambda = 0.038$。

查表 1-3 得有关的各管件局部阻力系数分别为：突然缩小 $\zeta_1 = 0.5$；90° 标准弯头 $\zeta_2 = 0.75$；球心阀（全开）$\zeta_3 = 6.4$。于是 $\sum \zeta = 0.5 + 0.75 + 6.4 = 7.65$

$$\sum h_f = \left(\lambda \frac{L}{d} + \sum \zeta\right) \frac{u_{b2}^2}{2} = \left(0.038 \times \frac{10}{0.033} + 7.65\right) \times \frac{1.30^2}{2} = 16.19 \text{J/kg}$$

将以上各数据代入机械能衡算式中，得

$$z = \frac{p_{2(\text{表})}}{\rho g} + \frac{u_{b2}^2}{2g} + \frac{\sum h_f}{g} = \frac{1.0 \times 10^4}{870 \times 9.81} + \frac{1.30^2}{2 \times 9.81} + \frac{16.19}{9.81} = 2.91 \text{m}$$

本题也可将 2-2 面取在管出口外侧，此时，$u_{b2} = 0$，而 $\sum h_f$ 中则要多一项突然扩大局部损失项，其值恰好为 $u_{b2}^2/2$，故管出口截面的两种取法，其计算结果完全相同。

1.5　流体输送管路的计算

1.5.1　管径的选择

连续性方程、柏努利方程和阻力损失计算式是解决不可压缩流体输送管路计算的最基本方程。由柏努利方程（1-44）可知：

$$W_e = \left[\left(\frac{1}{2}u_{b2}^2 + gz_2 + \frac{p_2}{\rho}\right) - \left(\frac{1}{2}u_{b1}^2 + gz_1 + \frac{p_1}{\rho}\right)\right] + \sum h_f$$

可见当两截面上的机械能一定时，所需输入外加功 W_e 的大小，即动力消耗的多少取决于管路流体流动的阻力损失。对一定的流体输送任务（体积流量一定），管径 d 和管内流速 u_b 关系为：

$$d = \sqrt{\frac{4q_V}{\pi u_b}} \tag{1-91}$$

即管径 d 与 $\sqrt{u_b}$ 成反比，流速越高，所需管径越小。对一定输送量，减小管径意味着降低管路系统造价，但管径减小，流速提高，会导致流动阻力大大增加，设备运转的操作费用增加；反之，降低流速，管径增大，操作费用降低而管路造价增加。因此，管路设计时，须根据流体的性质及具体的情况通过经济核算来确定适宜流速，使管路造价费用与操作费用之和为最低。表 1-4 给出了某些流体在管道中的常用流速范围。

表 1-4　某些流体在管道中的常用流速范围

流体种类	常用流速/(m/s)	流体种类	常用流速/(m/s)
水及一般液体	1～3	压强较高的气体	15～25
黏度较大的液体	0.5～1	饱和蒸汽：	
低压气体	8～15	0.8MPa 以下	40～60
易燃、易爆的低压气体（如乙炔等）	<8	0.3MPa 以下	20～40
		过热蒸汽	30～50

确定管径的具体步骤为：首先根据流体的性质选择一流速，然后由式（1-91）得到一计算管径，并查阅管道标准对其计算值进行圆整。最终所确定的经济、合理的最佳管径（或适宜流

速）是在选择若干不同流速的计算与对比的基础上产生的。

[例1-12]　用泵将牛奶送至一常压高位槽，输送量为14500kg/h，试确定适宜的输送管规格。已知牛奶的密度为1040kg/m³。

解：根据式(1-91)计算管内径　　$d=\sqrt{\dfrac{4q_V}{\pi u_b}}$

式中　$q_V=\dfrac{q_m}{\rho}=\dfrac{14500}{3600\times1040}=3.87\times10^{-3}\,\mathrm{m^3/s}$

因所输送牛奶的性质与水相近，参考表1-4，选取$u_b=2.0\mathrm{m/s}$，所以：

$$d=\sqrt{\dfrac{4\times3.87\times10^{-3}}{3.14\times2}}=0.0496\mathrm{m}$$

根据附录的管子规格，选用$\phi57\mathrm{mm}\times3.0\mathrm{mm}$的不锈钢管。

管内的实际流速为　$u_b=3.87\times10^{-3}/(0.785\times0.051^2)=1.9\mathrm{m/s}$

用泵将牛奶送至一常压高位槽，输送量为12500kg/h，试确定适宜的输送管规格。已知牛奶的密度为1040kg/m³。

管内的实际流速为　$u_b=3.34\times10^{-3}/(0.785\times0.051^2)=1.64\mathrm{m/s}$

1.5.2　管路计算

流体输送的管路系统无论有多复杂，总可分解为简单管路、并联管路与分支管路三种基本的类型。依据连续性方程、柏努利方程和流动阻力损失计算式对每一种基本管路进行分析、计算，是流体输送管路设计的基础。

1.5.2.1　简单管路

简单管路即无分支的管路，既可以是等径、也可以由不同管径或截面形状的管道串联组成。简单管路的基本特点如下。

(1) 通过各段管路的质量流量不变，即服从连续性方程：

$$q_m=q_{V1}\rho_1=q_{V2}\rho_2=\cdots=常数 \tag{1-92}$$

对于不可压缩流体，体积流量也不变：

$$q_V=q_{V1}=q_{V2}=\cdots=常数 \tag{1-93}$$

或

$$q_V=u_{b1}A_1=u_{b2}A_2=\cdots=常数 \tag{1-94}$$

(2) 全管路的流动阻力损失为各段直管阻力损失及所有局部阻力之和：

$$\sum h_f=h_{f1}+h_{f2}+\cdots+\sum h_f' \tag{1-95}$$

图1-22　并联管路

1.5.2.2　并联管路

并联管路即流体由主管分流后又汇合于一主管的管路，如图1-22所示。其特点如下。

(1) 主管中的质量流量等于并联各支管内质量流量之和；

$$q_m=q_{m1}+q_{m2}+q_{m3} \tag{1-96}$$

或：$q_V\rho=q_{V1}\rho_1+q_{V2}\rho_2+q_{V3}\rho_3$ (1-97)

对不可压缩流体：

$$q_V=q_{V1}+q_{V2}+q_{V3} \tag{1-98}$$

(2) 由于任一并联处流体的总势能（位能与静压能之和）唯一，因此若分别对三个支管在分流点A与合流点B两截面间列柏努利方程，可推知单位质量的流体无论通过哪一根支管，阻力损失都相等，即：

$$h_{\mathrm{f},A\text{-}B}=h_{\mathrm{f}1}=h_{\mathrm{f}2}=h_{\mathrm{f}3} \tag{1-99}$$

但须注意，因每一支管通过的流量不等，所以每一支因流动阻力所损耗的功率并不相等。

（3）并联各支管流量分配具有自协调性。如各管段的阻力损失为：

$$h_{\mathrm{f}i}=\lambda_i\frac{L_i}{d_i}\times\frac{u_{\mathrm{b}i}^2}{2} \tag{1-100}$$

式中，L_i 是包括局部阻力当量长度在内的支管阻力计算长度。又因为：

$$u_{\mathrm{b}i}=\frac{4q_{Vi}}{\pi d_i^2} \tag{1-101}$$

所以图 1-22 中三个支管的流量分配比为：

$$q_{V1}:q_{V2}:q_{V3}=\sqrt{\frac{d_1^5}{\lambda_1 L_1}}:\sqrt{\frac{d_2^5}{\lambda_2 L_2}}:\sqrt{\frac{d_3^5}{\lambda_3 L_3}} \tag{1-102}$$

1.5.2.3 分支管路

如图 1-23 所示，由主管分支、支管上再分支的管网在工程上十分常见。分支点既可以是分流点，也可以是交汇点，这取决于支管上流体的流向。在任一个分支点处，若支管段内流体的机械能小于该点处主管上的值，则主管上的流体向支管分流；反之则由支管向主管交汇。以分流为例，分支管路的特点如下。

图 1-23　分支管路

（1）主管质量流量等于各支管质量流量之和，对图 1-23 所示的管路系统，可以表示为：

$$q_m=q_{m1}+q_{m2}=q_{m1}+(q_{m3}+q_{m4})=q_{V1}\rho_1+q_{V2}\rho_2=q_{V1}\rho_1+(q_{V3}\rho_3+q_{V4}\rho_4) \tag{1-103}$$

对不可压缩流体即为：

$$q_V=q_{V1}+q_{V2}=q_{V1}+(q_{V3}+q_{V4}) \tag{1-104}$$

（2）以图 1-23 中分支点 B 为上游截面，分别对 C、D、E、F 各支管列柏努利方程：

$$\frac{u_{\mathrm{b}B}^2}{2}+\frac{p_B}{\rho}+gz_B=\frac{u_{\mathrm{b}C}^2}{2}+\frac{p_C}{\rho}+gz_C+\sum h_{\mathrm{f},BC}=\frac{u_{\mathrm{b}D}^2}{2}+\frac{p_D}{\rho}+gz_D+\sum h_{\mathrm{f},BD}$$

$$=\frac{u_{\mathrm{b}E}^2}{2}+\frac{p_E}{\rho}+gz_E+\sum h_{\mathrm{f},BD}+\sum h_{\mathrm{f},DE}=\frac{u_{\mathrm{b}F}^2}{2}+\frac{p_F}{\rho}+gz_F+\sum h_{\mathrm{f},BD}+\sum h_{\mathrm{f},DF}$$

$$\tag{1-105}$$

分支点处流体分流或合流时也存在阻力损失，总的来看，此项阻力损失与总阻力损失相比，常常是比较小的，因此许多工程场合将它忽略不计。

分支管路设计时，必须满足能量需求最大的支管的输送要求，其他支管可以通过改变管路阻力的方法调节流体机械能大小。无论分流或交汇，分支管路系统各支管与主管之间总是相互牵制的，任何一条支管流动状况的改变都会影响到系统内所有的支管，因此管路计算较为复杂。一般原则是逆着流动方向，由远而近对每一个分支点进行分解，逐一列出方程，编程计算。

[例 1-13] 如附图所示，一水动力机械从水库引水喷射，设计流量 $300\mathrm{m}^3/\mathrm{h}$，喷嘴出口处射流速度 $32\mathrm{m/s}$。喷口处距水库液面垂直距离 $80\mathrm{m}$，引水钢管长度为 $300\mathrm{m}$（包括局部阻力的当量长度），试计算适宜的引水管直径。水的密度为 $1000\mathrm{kg/m}^3$，黏度为 $1.305\times10^{-3}\mathrm{Pa\cdot s}$。

解：设管内流速为 u_b，喷嘴出口处为 u_b0，由水库水面到喷嘴出口列柏努利方程，有

$$g\Delta z=\frac{u_\mathrm{b0}^2}{2}+\lambda\frac{L+\sum L_\mathrm{e}}{d}\times\frac{u_\mathrm{b}^2}{2}$$

例 1-13 附图

将 $u_b = \dfrac{4q_V}{\pi d^2} = \dfrac{300}{3600 \times 0.785 d^2} = \dfrac{0.106}{d^2}$ 及已知数据代入上式，得

$$80 \times 9.81 = \dfrac{32^2}{2} + \lambda \dfrac{300}{2d} \times \left(\dfrac{0.106}{d^2}\right)^2$$

整理得 $\qquad \lambda/d^5 = 161.4 \qquad$ (1)

显然，若 ε/d、Re 已知，由图 1-19 或式(1-82)查出或计算出摩擦因数 λ，即可得管径 d。

取钢管 $\varepsilon = 0.3\text{mm}$，则 $\quad \varepsilon/d = 0.0003/d \qquad$ (2)

又 $\quad Re = \dfrac{d u_b \rho}{\mu} = \dfrac{0.106 \times 1000}{d \times 1.305 \times 10^{-3}} = \dfrac{8.12 \times 10^4}{d} \qquad$ (3)

可见，当 d 未知时，ε/d 和 Re 不确定，λ 也不能确定，因而 d 需试差求解。

本题由式(1-82)计算 λ，即

$$\dfrac{1}{\sqrt{\lambda}} = 1.74 - 2\lg\left(\dfrac{2\varepsilon}{d} + 18.7 \dfrac{1}{Re\sqrt{\lambda}}\right) \qquad (4)$$

试差求解 d 的大致步骤如下：

(a) 根据管内湍流时 λ 值大致在 $0.02 \sim 0.04$ 的范围设一个 λ 的初值；

(b) 将初设 λ 代入式(1)计算出 d；

(c) 将 d 代入式(2)和式(3)计算出相应的 ε/d 和 Re；

(d) 将 ε/d 和 Re 代入式(4)得到 λ 的计算值。

将 (d) 所得 λ 计算值与初设值进行比较，并根据差值大小对初设值进行调整，如此循环直至达到满意的计算精度。对本题，计算结果为：$\lambda = 0.0233$，$u_b = 3.63\text{m/s}$，$Re = 4.75 \times 10^5$，$d = 0.1705\text{m}$。

[**例 1-14**] 将密度为 1030kg/m^3、黏度为 $2.12\text{mPa}\cdot\text{s}$ 的牛奶由常压高位槽 A 分别流入反应器 B 和容器 C 中，如附图所示。器 B 内压力为 0.03MPa（表压），器 C 中真空度为 0.01MPa。总管为 $\phi57\text{mm} \times 3.5\text{mm}$，管长 $(20 + z_A)\text{m}$，通向器 B 的管路为 $\phi32\text{mm} \times 2.5\text{mm}$，长 15m，通向器 C 的管路为 $\phi32\text{mm} \times 2.5\text{mm}$，长 20m（以上各管长均包括各种局部阻力的当量长度在内）。所有管道皆为不锈钢管，绝对粗糙度 ε 取为 0.15mm。如果器 B 要求的供应量为 2000kg/h，器 C 要求的供应量为 3000kg/h，问高位槽液面至少应高于地面多少米？

例 1-14 附图

解：已知 $p_A = 0$（表压），$z_B = 3\text{m}$，$z_C = 6\text{m}$，$p_B = 3 \times 10^4\text{Pa}$，$p_C = -1 \times 10^4\text{Pa}$

以 D 表示分支，则各管段的流速为

$$u_{b,AD} = \dfrac{4 \times (2000 + 3000)}{3600 \times 1030 \times 3.14 \times 0.05^2} = 0.687\text{m/s}$$

$$u_{b,DB} = \dfrac{4 \times 2000}{3600 \times 1030 \times 3.14 \times 0.027^2} = 0.942\text{m/s}$$

$$u_{b,DC} = \dfrac{4 \times 3000}{3600 \times 1030 \times 3.14 \times 0.027^2} = 1.41\text{m/s}$$

各管段的相对粗糙度及雷诺数为

$$\frac{\varepsilon}{d_{AD}}=\frac{0.15}{50}=0.003 \qquad Re_{AD}=\frac{d_{AD}u_{b,AD}\rho}{\mu}=\frac{0.05\times0.687\times1030}{0.00212}=1.67\times10^4$$

$$\frac{\varepsilon}{d_{DB}}=\frac{0.15}{27}=0.0056 \qquad Re_{DB}=\frac{d_{DB}u_{b,DB}\rho}{\mu}=\frac{0.027\times0.942\times1030}{0.00212}=1.24\times10^4$$

$$\frac{\varepsilon}{d_{DC}}=\frac{0.15}{27}=0.0056 \qquad Re_{DC}=\frac{d_{DC}u_{b,DC}\rho}{\mu}=\frac{0.027\times1.41\times1030}{0.00212}=1.85\times10^4$$

根据上述各管段的相对粗糙度及雷诺数查图1-19，得

$$\lambda_{AD}=0.032 \qquad \lambda_{BD}=0.038 \qquad \lambda_{DC}=0.037$$

各管段阻力损失

$$\sum h_{f,AD}=\lambda_{AD}\times\frac{L_{AD}}{d_{AD}}\times\frac{u_{b,AD}^2}{2}=0.032\times\frac{20+z_A}{0.05}\times\frac{0.687^2}{2}=3.02+0.15z_A$$

$$\sum h_{f,DB}=\lambda_{DB}\times\frac{L_{DB}}{d_{DB}}\times\frac{u_{b,DB}^2}{2}=0.038\times\frac{15}{0.027}\times\frac{0.942^2}{2}=9.37\text{J/kg}$$

$$\sum h_{f,DC}=\lambda_{DC}\times\frac{L_{DC}}{d_{DC}}\times\frac{u_{b,DC}^2}{2}=0.037\times\frac{20}{0.027}\times\frac{1.41^2}{2}=27.2\text{J/kg}$$

由A到B支路计算，即在高位槽A液面与器B内奶管流出截面间列柏努利方程

$$z_A=z_B+\frac{(p_B-p_A)}{\rho g}+\frac{\sum h_{f,AD}+\sum h_{f,DB}}{g}$$

代入相关数据

$$z_A=3+\frac{3\times10^4}{1030\times9.81}+\frac{3.02+0.15z_A+9.37}{9.81}$$

故

$$z_A=7.34\text{m}$$

由A到C支路计算，即在高位槽A液面与器C内奶管流出截面间列柏努利方程

$$z_A=z_C+\frac{(p_C-p_A)}{\rho g}+\frac{\sum h_{f,AD}+\sum h_{f,DC}}{g}$$

代入相关数据

$$z_A=6-\frac{1\times10^4}{1030\times9.81}+\frac{3.02+0.15z_A+27.2}{9.81}$$

故

$$z_A=8.22\text{m}$$

比较两个支路的计算结果取$z_A=8.22$m，即高位槽液面至少高出地面8.22m才能满足器C的要求，但对器B则有富余，可用阀门调到B支路要求的流量。

1.5.3 管路特性曲线

对任一个包含流体输送机械在内的管路系统，柏努利方程表达了从输送起点截面到目标点截面之间流体的能量转换关系。用g通除该式，有：

$$\frac{u_{b1}^2}{2g}+\frac{p_1}{\rho g}+z_1+H_e=\frac{u_{b2}^2}{2g}+\frac{p_2}{\rho g}+z_2+\sum H_f \qquad (1\text{-}106)$$

此式即为以单位重量流体为计算基准的柏努利方程。式中各项单位均为m流体柱，其中$H_e=W_e/g$称为管路的扬程或称压头，$u_b^2/2g$，$p/\rho g$和z分别称为速度头、静压头和位压头。显然，为了提高流体的机械能并克服管路系统的阻力损失，必须要求流体输送机械向每单位重量流体提供的机械能即扬程为：

$$H_e=\frac{u_{b2}^2-u_{b1}^2}{2g}+\frac{p_2-p_1}{\rho g}+(z_2-z_1)+\sum H_f \qquad (1\text{-}107)$$

H_e的物理意义等价于将该流体提升H_e的高度而使之具有的位能，但它与流体的升扬高度(z_2-z_1)是完全不同的。不同的管路系统，其流动阻力损失$\sum H_f$不同，因而要求的扬程不同；同一管路系统输送不同的流量时，要求的扬程也不同。

由直管阻力损失计算式和局部阻力损失计算式可知：

$$\sum H_f = \sum \left[\left(\lambda \frac{L}{d} + \zeta \right) \frac{u_b^2}{2g} \right] \tag{1-108}$$

又根据管路中的流速 u_b 与体积流量 q_V 的关系，式（1-107）可写为：

$$H_e = \frac{\Delta p}{\rho g} + \Delta z + \frac{1}{2g} \left[\left(\frac{16}{\pi^2 d_2^4} - \frac{16}{\pi^2 d_1^4} \right) + \sum \frac{16 \left(\lambda \frac{L}{d} + \zeta \right)}{\pi^2 d^4} \right] q_V^2 \tag{1-109}$$

图 1-24　管路特性曲线

对一定的管路系统，上式方括号中仅摩擦系数与流量有关，但当管内流动达湍流时，λ 值变化较小。若流动进入阻力平方区，则 λ 与流量无关，这样若令：

$$K = \frac{1}{2g} \left[\left(\frac{16}{\pi^2 d_2^4} - \frac{16}{\pi^2 d_1^4} \right) + \sum \frac{16 \left(\lambda \frac{L}{d} + \zeta \right)}{\pi^2 d^4} \right] \tag{1-110}$$

式（1-109）则简化为：

$$H_e = \frac{\Delta p}{\rho g} + \Delta z + K q_V^2 \tag{1-111}$$

此式称为管路特性方程，表述了一定管路系统输送流体的流量与所需提供的机械能的关系。代表管路特性方程的曲线称为管路特性曲线，如图 1-24 所示。对一定的管路系统，K 值越大，曲线越陡，表明输送相同的流量时需输送机械提供的扬程更大，所以 K 值代表了管路系统的阻力特性。

[例 1-15]　用离心泵从敞口贮池向密闭高位槽输送 20℃ 的清水。两槽液面恒定。两槽液面间垂直距离为 12m，管路为 $\phi 57mm \times 3.5mm$ 钢管，绝对粗糙度为 0.2mm。管路总长 50m（包括所有局部阻力的当量长度）。密闭高位槽内表压强为 $9.81 \times 10^4 Pa$，流动处于阻力平方区。试求：（1）管路特性方程；（2）输送流量为 20m³/h 时，管路所需的压头及消耗的功率。

解：（1）水 20℃ 时，查得 $\rho = 998.2kg/m^3$，$\mu = 0.001Pa \cdot s$。因流动处于阻力平方区，由 $\varepsilon/d = 0.2/50 = 0.004$，查图 1-19 得 $\lambda = 0.028$。

在贮池液面与高位槽液面间列柏努利方程即得管路特性方程

$$H_e = \frac{\Delta p}{\rho g} + \Delta z + K q_V^2$$

式中　$p_1 = 0$（表压），$p_2 = 9.81 \times 10^4 Pa$（表压）

$$\Delta z = 10m, \quad \frac{\Delta p}{\rho g} = \frac{9.81 \times 10^4}{998.2 \times 9.81} = 10.02m$$

$$K = \frac{1}{2g} \sum \frac{\left(\lambda \frac{L}{d} + \zeta \right)}{(\pi/4)^2 d^4} = \frac{0.028 \times \frac{50}{0.05}}{2 \times 9.81 \times 0.785^2 \times 0.05^4} = 3.7 \times 10^5$$

故　　　$H_e = 10.02 + 12 + 3.7 \times 10^5 q_V^2 = 22.02 + 3.7 \times 10^5 q_V^2$

（2）当 $q_V = 20m^3/h = 5.56 \times 10^{-3} m^3/s$ 时

管路所需压头　$H_e = 22.02 + 3.7 \times 10^5 \times (5.56 \times 10^{-3})^2 = 33.46m$

管路所消耗的功率　$N_e = H_e q_V \rho g = 33.46 \times 5.56 \times 10^{-3} \times 998.2 \times 9.81 = 1821.7W$

1.5.4　可压缩流体的管路计算

当可压缩流体在管道中做稳态流动时，由于克服流动阻力而引起的压强降将导致流体沿管程密度的改变，这样，沿管程的质量流量相等而体积流量不等，流速也相应改变。若两截面之间气体的压强变化较小时，管路计算中仍可用不可压缩流体的柏努利方程进行计算；两截面间压强变化较大时，则须考虑其差异。

在一长度为 L 的等径直管中取一长为 dL 的微元段，在该微元长度内流体流动的摩擦阻力为：

$$dh_f = \lambda \frac{dL}{d} \times \frac{u_b^2}{2} \tag{1-112}$$

此阻力即为流体流经 dL 微元段后的机械能改变量，因而对此微元段有：

$$d\left(\frac{u_b^2}{2}\right) + \frac{dp}{\rho} + g dz = -\lambda \frac{dL}{d} \times \frac{u_b^2}{2} \tag{1-113}$$

在一定条件下积分上式即可得到气体在直管内流动的机械能衡算方程。

式(1-113)中流速 u_b 和密度 ρ 均随管长 L 变化，其关系为：

$$u_b = w/\rho = wv \tag{1-114}$$

同时将 Re 表达为：

$$Re = \frac{d u_b \rho}{\mu} = \frac{dw}{\mu} \tag{1-115}$$

由于摩擦系数 $\lambda = f(Re, \varepsilon/d)$，对等径管而言，$d$、$w$ 为常数，在等温或温度改变不大的情况下气体黏度也基本为常数，即 Re 和 ε/d 均为常数，因此 λ 沿管长可视为不变。在此条件下，将式(1-114)代入微分式(1-113)并以 v^2 通除各项，得到：

$$w^2 \frac{dv}{v} + \frac{dp}{v} + \frac{g dz}{v^2} + \lambda \frac{w^2}{2d} dL = 0 \tag{1-116}$$

由于气体的比体积大（密度小），其位能改变可忽略不计。这样，在 L 管长间对上式积分得：

$$w^2 \ln \frac{v_2}{v_1} + \int_{p_1}^{p_2} \frac{dp}{v} + \frac{\lambda w^2 L}{2d} = 0 \tag{1-117}$$

上式中的积分项取决于气体的 p-v 关系。按理想气体处理时，有：

等温过程 $pv = $ 常数 $\tag{1-118}$

绝热过程 $pv^\gamma = $ 常数 $\tag{1-119}$

多变过程 $pv^k = $ 常数 $\tag{1-120}$

γ、k 分别为气体的绝热指数和多变指数。

将适合过程特征的相应表达式代入式(1-117)并积分，即可获得气体输送管路计算的机械能衡算式。以多变过程为例：

$$w^2 \ln \frac{v_2}{v_1} + \frac{k}{k+1}\left(\frac{p_1}{v_1}\right)\left[\left(\frac{p_2}{p_1}\right)^{\frac{k+1}{k}} - 1\right] + \frac{\lambda w^2 L}{2d} = 0 \tag{1-121}$$

等温过程 $k=1$，且 $p_1 v_1 = p_2 v_2 = pv = RT/M$，由上式可得：

$$w^2 \ln \frac{v_2}{v_1} + \frac{p_2^2 - p_1^2}{2 p_1 v_1} + \frac{\lambda w^2 L}{2d} = 0 \tag{1-122}$$

或

$$w^2 \ln \frac{v_2}{v_1} + \frac{p_2^2 - p_1^2}{2RT/M} + \frac{\lambda w^2 L}{2d} = 0 \tag{1-123}$$

上两式均为可压缩流体做等温流动时的机械能衡算式。

将与平均压强 $p_m = \frac{p_1 + p_2}{2}$ 相对应的平均密度 $\rho_m = \frac{M(p_1 + p_2)}{2RT}$ 代入式(1-123)并整理得：

$$p_1 - p_2 = \frac{w^2}{\rho_m}\left(\ln \frac{p_1}{p_2} + \frac{\lambda L}{2d}\right) \tag{1-124}$$

上式亦称为可压缩流体在直管内流动时的压降计算式，等式右端第一项反映动能的变化，第二项反映流动摩擦阻力。可见，可压缩流体在等径直管内流动时的静压能下降，一部分用于流体膨胀所引起的动能增加，另一部分用于克服摩擦阻力损失。若流体膨胀程度不大，即较之阻力损失项动能项可忽略不计时，则有：

$$p_1 - p_2 = \lambda \frac{L}{d} \times \frac{w^2}{2\rho_m} = \rho_m \lambda \frac{L}{d} \times \frac{u_m^2}{2} \tag{1-125}$$

式中 $u_m = w/\rho_m$。上式与不可压缩流体水平直管中流动的柏努利方程相一致。

[例 1-16] 流量为 $124m^3/h$（标准状况）的燃烧天然气（以甲烷计），在 25℃ 下流经长 100m（包括局部阻力的当量长度）、管内径为 20mm 的水平钢管后，要求仍保持有 0.05MPa（表压）。取管路的摩擦系数 $\lambda = 0.036$，大气压为 0.1MPa。如视为等温流动，求天然气流动所需的推动力。

解：本题属可压缩流体在管内做等温流动的情况。根据题意，$p_2 = 1.5 \times 10^5\ Pa$

$$w = \frac{q_m}{(\pi/4)d^2} = \frac{124 \times 4 \times 16}{3600 \times 22.4 \times \pi \times 0.02^2} = 78.35 kg/(m^2 \cdot s)$$

$$\rho_m = \frac{p_m M}{RT} = \frac{(p_1 + 1.5 \times 10^5) \times 16}{2 \times 8.314 \times 298 \times 1000} = (3.23 \times 10^{-6} p_1 + 0.484) kg/m^3$$

由式(1-125)，有

$$p_1 - 1.5 \times 10^5 = \frac{78.35^2}{3.23 \times 10^{-6} p_1 + 0.484}\left(\ln \frac{p_1}{1.5 \times 10^5} + \frac{0.036 \times 100}{2 \times 0.02}\right)$$

即

$$p_1 - 1.5 \times 10^5 = \frac{6138.7}{3.23 \times 10^{-6} p_1 + 0.484}\left(\ln \frac{p_1}{1.5 \times 10^5} + 90\right)$$

试差求解上试得 $p_1 = 4.42 \times 10^5\ Pa$（绝对压）

天然气流动所需推动力为 $p_1 - p_2 = (4.42 - 1.5) \times 10^5 = 2.92 \times 10^5\ Pa$

1.6 流速和流量的测定

流速是流体运动最为基本的参数，测定流速分布对于了解流动结构和过程强化的机理，开发新型设备都有很大的帮助。流量则是对生产过程进行调节和控制的重要参数。以下介绍的是基于流体动力学原理的一些测量方法。

1.6.1 测速管

测速管又称皮托管（Pitot tube），是由流体冲压能（动压能 $u_b^2/2$ 与静压能 p/ρ 之和）与静压能之差检测流速的测量元件。如图 1-25 所示，测速管的主要结构为一同心套管，内管前端开口，外管前端封闭，距端口一定距离在外管壁上沿周向开有几个小孔。测量时，由充满内管、外管的被测流体将测口处的压强分别传递到压差测量装置如 U 形差压计的两个端口。内管前端开口 A 正对来流方向，迎面而来的流体必在 A 点处停滞，该点称为驻点。根据柏努利方程，来流的动能与势能之和在驻点处全部转化为势能，即：

$$\frac{u_1^2}{2} + \frac{p_1}{\rho} + gz_1 = \frac{p_A}{\rho} + gz_A \tag{1-126}$$

而距 A 点很近的 B 点外管壁上测压小孔的法线与流动方向垂直，流速仍为 u_1，而压强为测点处流体的静压强。忽略测速管本身对流速的干扰以及 A、B 两点间流体的阻力损失，则在来流与 B 点之间的柏努利方程为：

$$\frac{u_1^2}{2} + \frac{p_1}{\rho} + gz_1 = \frac{u_1^2}{2} + \frac{p_B}{\rho} + gz_B \tag{1-127}$$

即：
$$\frac{p_1}{\rho} + gz_1 = \frac{p_B}{\rho} + gz_B \qquad (1\text{-}128)$$

将其代入式(1-126)，即得到测速管测量流速的基本公式：

$$u_1 = \sqrt{\frac{p_A - p_B}{\rho} + g(z_A - z_B)} \qquad (1\text{-}129)$$

由于 A、B 之间相距很近，因此无论管道是否水平放置，其垂直位差一般都可忽略不计。当 U 形压差计指示液的密度为 ρ_0，其读数为 R 时，$p_A - p_B = R(\rho_0 - \rho)g$，故：

$$u_1 = \sqrt{\frac{2gR(\rho_0 - \rho)}{\rho}} \qquad (1\text{-}130)$$

测速管测得的是点速度。若要测流量，必须在同一截面上进行多点测量，得到速度分布后积分求算，或由多点测量值求平均流速，进而求得流量。对圆管内的层流，平均流速为管中心最大流速的 $1/2$，所以测出其管中心处的 u_{max} 就可得到管截面上的平均流速 u_b。对圆管内的湍流，u_b/u_{max} 与平均流速 u_b 下的雷诺数 Re 的关系见图 1-26。

图 1-25　测速管
1—静压管（外管）；2—冲压管（内管）

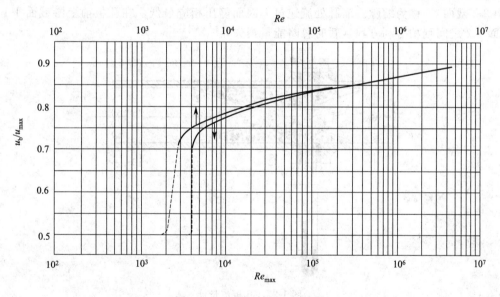

图 1-26　u_b/u_{max} 与 Re 的关系

测速管的优点是结构简单，对被测流体的阻力小，尤其适用于低压、大管道气体流速的测量。缺点是输出的压差信号较小，一般需要放大后才能较为精确地显示其读数。

测速管的安装应保证内管开口截面严格垂直于来流方向，否则就不满足式(1-126)和式(1-127)的测量原理。测速管自身因为制造精度等方面的原因也会引起偏差，一般出厂时经过校验并标明校正系数。

[**例 1-17**]　如图 1-25 所示，用一置于管中心的皮托管测定空气在管道中的流量。已知管内径为 200mm，测量点表压为 8kPa，空气温度为 20℃，用水作指示剂的 U 形管压差计读数为 10mmH$_2$O。试求管道中空气的质量流量。

解：管道中空气的密度　　　　$\rho = \dfrac{29}{22.4} \times \dfrac{273}{293} \times \dfrac{101.3 + 8}{101.3} = 1.3\text{kg/m}^3$

由式(1-130)，管中心处空气的流速

$$u_{max}=\sqrt{\frac{2gR(\rho_0-\rho)}{\rho}}=\sqrt{\frac{2\times9.81\times0.01\times(1000-1.3)}{1.3}}=12.28\mathrm{m/s}$$

查得20℃空气的黏度 $\mu=1.81\times10^{-5}\mathrm{Pa\cdot s}$

$$Re_{max}=\frac{du_{max}\rho}{\mu}=\frac{0.2\times12.28\times1.3}{1.81\times10^{-5}}=1.76\times10^5$$

查图 1-26 得 $\qquad u_b/u_{max}=0.83$

所以 $u_b=0.83u_{max}=0.83\times12.28=10.2\mathrm{m/s}$

故管道中空气的质量流量

$$q_m=q_V\rho=\frac{\pi}{4}d^2u_b\rho=\frac{3.14}{4}\times0.2^2\times10.2\times1.3=0.416\mathrm{kg/s}$$

1.6.2 孔板流量计与文丘里流量计

1.6.2.1 孔板流量计

孔板流量计是通过改变流体在管道中的流通截面积而引起动能与静压能改变来检测流量的装置。如图 1-27 所示，其主要元件是在管道中插入的一块中心开圆孔的板，流体流经孔板时因流道缩小、流速增加，即动能增加，且由于惯性作用从孔口流出后继续收缩形成一最小截面（图中 2-2 截面），称为缩脉。缩脉处流速最大因而静压相应最低，在孔板前上游截面 1-1 与缩脉截面 2-2 之间列柏努利方程（暂时忽略能量损失）：

图 1-27 孔板流量计

$$\frac{u_{b1}^2}{2}+\frac{p_1}{\rho}=\frac{u_{b2}^2}{2}+\frac{p_2}{\rho} \qquad (1-131)$$

即：

$$\sqrt{u_{b2}^2-u_{b1}^2}=\sqrt{\frac{2(p_1-p_2)}{\rho}} \qquad (1-132)$$

但是，缩脉截面 2-2 的准确位置以及截面积均难于确定，因此 u_{b2}、p_2 也难于确定。加上实际流体通过孔板的阻力损失等因素，一般工程上规定孔板两侧测压口位置，用孔口流速 u_{b0} 代替 u_{b2}，再考虑到忽略的能量损失，相应乘上一个校正系数 C 的办法对式(1-132)进行修正，即：

$$\sqrt{u_{b0}^2-u_{b1}^2}=C\sqrt{\frac{2(p_a-p_b)}{\rho}} \qquad (1-133)$$

p_a、p_b 为孔板两侧测压口处的流体压强。根据连续性方程，对不可压缩流体：

$$u_{b1} = \left(\frac{d_0}{d_1}\right)^2 u_{b0} \qquad (1\text{-}134)$$

将其代入式(1-132)：

$$u_{b0} = \frac{C}{\sqrt{1-(d_0/d_1)^4}} \sqrt{\frac{2(p_a-p_b)}{\rho}} \qquad (1\text{-}135)$$

令 $C_0 = \dfrac{C}{\sqrt{1-(d_0/d_1)^4}}$，上式变为：

$$u_{b0} = C_0 \sqrt{\frac{2(p_a-p_b)}{\rho}} \qquad (1\text{-}136)$$

当采用 U 形压差计检测其压差时，若指示液的密度为 ρ_0，读数为 R，即：

$$p_a - p_b = R(\rho_0 - \rho)g \qquad (1\text{-}137)$$

则：

$$u_{b0} = C_0 \sqrt{\frac{2R(\rho_0-\rho)g}{\rho}} \qquad (1\text{-}138)$$

故体积流量：

$$q_V = C_0 A_0 \sqrt{\frac{2R(\rho_0-\rho)g}{\rho}} \qquad (1\text{-}139)$$

式中，C_0 为孔板流量系数，简称孔流系数，取决于管内流动的 Re 和孔口截面积与管道截面积的比值，以及取压方式、孔板加工与安装情况等多方面因素，需通过实验测定。按照规定方式加工、安装的标准孔板流量计，由实验测得的孔流系数 C_0

图 1-28　孔板流量计的孔流系数

与 Re、$(d_0/d_1)^2$ 的关系如图 1-28 所示。由图可见，当 Re 增加到某个值以后，C_0 值即不再随其改变而仅由 $(d_0/d_1)^2$ 决定。因此设计或选用孔板流量计时，其测量范围应尽量落在 C_0 值为常数的区域。一般 C_0 取值在 $0.6\sim0.7$ 之间。

孔板流量计安装时，须保证其上、下游均有一定长度的直管段，通常上游直管长度应大于 $10d_1$，下游至少应大于 $5d_1$。

孔板流量计的优点是构造简单，制作、安装方便因而应用十分广泛。其缺点是被测流体阻力损失大，原因在于孔板的锐孔结构使流体流过时产生突然缩小和突然扩大的局部阻力损失。

[例 1-18]　在一 $\phi60\text{mm}\times3.5\text{mm}$ 的管路中安装有一孔径为 30mm 的标准孔板流量计，管内输送 20℃ 的液态苯。试确定流量达多少时，该孔板的孔流系数 C_0 才与流量无关，并估算该流量下孔板压差计可检测到的压差。

解：由附录查得 20℃ 时苯的密度 $\rho=879\text{kg/m}^3$，黏度 $\mu=0.737\times10^{-3}\text{Pa}\cdot\text{s}$

因

$$\frac{A_0}{A} = \left(\frac{d_0}{d}\right)^2 = \left(\frac{0.03}{0.053}\right)^2 = 0.32$$

所以，由图 1-28 可查得，该孔板的孔流系数 C_0 为定值的最小 Re 为 1.05×10^5，与此 Re 数对应的管内苯的流速为

$$u_b = \frac{\mu}{\rho d}Re = \frac{0.737\times10^{-3}}{879\times0.053}\times1.05\times10^5 = 1.66\text{m/s}$$

相应，苯的流量为 $q_V = \dfrac{\pi}{4}d^2 u_b = \dfrac{3.14}{4}\times0.053^2\times1.66 = 3.66\times10^{-3}\text{m}^3/\text{s}$

即管内苯的流量达 $3.66\times10^{-3}\,\mathrm{m^3/s}$ 后，孔流系数 C_0 为一定值，不随流量的增加而改变，查图1-28，C_0 值为0.64。在 $q_V=3.66\times10^{-3}\,\mathrm{m^3/s}$ 流量下，孔板压差计所检测到的压差可由式(1-139)估算，故

$$\Delta p=\left(\frac{q_V}{C_0A_0}\right)^2\frac{\rho}{2}=\left(\frac{3.66\times10^{-3}}{0.64\times0.785\times0.03^2}\right)^2\times\frac{879}{2}=28.8\,\mathrm{kPa}$$

1.6.2.2　文丘里流量计

图1-29　文丘里流量计

文丘里（Venturi）流量计也是通过改变流体流通截面积引起动能与静压能改变来进行测量的，其原理与孔板流量计相同，但结构上采取渐缩后渐扩的流道，如图1-29所示。渐缩渐扩的流道很好地避免了旋涡的形成，因此流动阻力较之孔板流量计大大下降。

文丘里流量计的计算公式仍可采用式(1-139)的形式，所不同的是用文丘里流量系数 C_V 代替其中的孔流系数 C_0，即：

$$q_V=C_VA_0\sqrt{\frac{2R(\rho_0-\rho)g}{\rho}}\qquad(1-140)$$

文丘里流量系数 C_V 由实验测定。在湍流情况下，喉径与管径比在 $0.25\sim0.5$ 的范围内，C_V 的值一般为 $0.98\sim0.99$。

1.6.3　转子流量计

上述各流量计的共同点是缩口截面积一定，压差随流量改变，称为节流式流量计。转子流量计（图1-30）则不同，它由一带锥形的垂直玻璃管和一直径略小于玻璃管直径的转子构成，转子材料的密度大于被测流体的密度。当流体自下而上流过锥形管时，在转子与锥形玻璃管壁之间的环隙通道中，流道截面减小、流速增大，静压随之降低，在转子上、下截面形成了压差（p_1-p_2），该压差施加于转子一垂直向上的推力，使转子浮起。当压差产生的推力等于转子的重量时，转子将停留于某高度上。改变流体的流量，力平衡被破坏，转子位置随之改变，直至在新的位置上达到新的平衡。

设转子密度为 ρ_f，体积为 V_f，最大截面积为 A_f，被测流体的密度为 ρ，转子上、下截面流体的压差为 p_1-p_2，则当转子稳定悬浮于某一高度时，有：

$$(p_1-p_2)A_f=V_f\rho_fg\qquad(1-141)$$

在转子上、下截面间列柏努利方程，用流体通过环隙的流速 u_{b0} 表示2-2截面的流速 u_{b2}，且不计阻力损失，p_1-p_2 可表达为：

$$p_1-p_2=(z_2-z_1)g+\left(\frac{u_{b0}^2}{2}-\frac{u_{b1}^2}{2}\right)\rho\qquad(1-142)$$

上式表明流体在转子上、下两端面处产生压差的原因：一是流体在两截面的位能差；二是动能差。由连续性方程，流速 u_{b1} 与 u_{b0} 关系为：

锥形硬玻璃管

转子

刻度

流体入口

图1-30　转子流量计

$$u_{b1}=\frac{A_0}{A_1}u_{b0}\qquad(1-143)$$

其中，A_1、A_0 分别为锥形管面积和转子稳定高度 z_2 处的环隙流通截面积，将其代入式

(1-142)，并用转子截面积 A_f 通乘各项，得：

$$(p_1 - p_2)A_f = (z_2 - z_1)A_f g + \left[1 - \left(\frac{A_0}{A_1}\right)^2\right]A_f \rho \frac{u_{b0}^2}{2} \tag{1-144}$$

对比式(1-141)，并用转子体积 V_f 代替式中的 $(z_2 - z_1)A_f$，得：

$$u_{b0} = \frac{1}{\sqrt{1 - (A_0/A_1)^2}}\sqrt{\frac{2V_f(\rho_f - \rho)g}{\rho A_f}} \tag{1-145}$$

将上述推导中尚未计的转子形状与流动阻力等因素的影响一并考虑，上式改写为：

$$u_{b0} = C_R\sqrt{\frac{2V_f(\rho_f - \rho)g}{\rho A_f}} \tag{1-146}$$

式中，C_R 为转子流量计校正系数（也称为流量系数），包含 (A_0/A_1) 及诸多因素的影响，由实验测定。对特定的转子流量计，在所测定的范围内流量系数 C_R 为常数。设计或选用转子流量计时，应使其工作在 C_R 为定值的 Re 数范围内。

转子流量计的体积流量为：

$$q_V = A_0 u_{b0} = A_0 C_R\sqrt{\frac{2V_f(\rho_f - \rho)g}{\rho A_f}} \tag{1-147}$$

式中，环隙面积 A_0 正比于转子在锥管中的高度。

转子流量计出厂时一般使用 20℃ 的水或者 20℃、0.1MPa 的空气进行流量标定并直接按高度刻度。如被测流体与标定条件不符，应进行刻度换算。

1.7 非牛顿流体的流动

层流流动时，其剪应力 τ 与速度梯度 du/dy（又称剪切形变速率或剪切率）的关系不服从牛顿黏性定律的流体统称为非牛顿流体。高分子溶液、聚合物熔体、浓悬浮液、乳浊液等为典型的非牛顿流体，在食品生产中所广泛涉及的乳液、固液浓缩物以及如奶油、果酱、巧克力等这类成糊状或乳状的成品、半成品食品多属非牛顿流体。

非牛顿流体可分为两大类：一类是剪应力与速度梯度的关系不随剪应力的作用时间而改变的流体；另一类是其关系随剪应力作用时间而改变的流体，本节仅对前一类非牛顿流体做一扼要介绍。

非牛顿流体的剪应力-速度梯度关系常用幂函数形式的方程描述：

$$\tau = K\left(\frac{du}{dy}\right)^n \tag{1-148}$$

式中，K 称为稠度系数，单位为 $Pa \cdot s^n$；n 为流变指数，无量纲。K 与 n 均需通过实验测定。

将式(1-148)改写为：

$$\tau = K\left|\frac{du}{dy}\right|^{n-1}\frac{du}{dy} = \mu_a\frac{du}{dy} \tag{1-149}$$

式中，μ_a 称为流体的表观黏度。显然，$n=1$ 的流体为牛顿流体，此时 μ_a 即为流体的黏度。因此，流变指数 n 实际代表幂律流体非牛顿性的程度。

服从式(1-148)的流体又称为幂律流体，其行为如图 1-31，可分为塑性流体、假塑性流体与胀塑性流体等。

（1）假塑性流体（$n<1$）　$n<1$ 时，流体的表观黏度 μ_a 随速度梯度的增大而逐渐减小，即出现剪切稀化现象，食品工业中的非牛顿流体大多属于假塑性流体，如蛋黄酱、番茄酱、果

图 1-31 非牛顿流体的性质

酱、血液等。

（2）胀塑性流体（$n>1$）　$n>1$ 时，流体的表观黏度 μ_a 随速度梯度值的增大而逐渐上升，即出现剪切增稠现象，如食品工业中的浓淀粉溶液和蜂蜜等。

（3）塑性流体　许多浓缩的悬浮液或乳浊液，如泥浆、油墨、油漆以及食品中的干酪、巧克力浆等会表现出一种力学上的塑性行为，即流体承受的剪应力超过一定值后才开始发生流动变形，塑性流体又称为宾汉姆（Bingham）流体。

塑性流体当剪应力超过一定值后即完全或近似表现出牛顿流体的流动行为，而幂律流体则不能，其剪应力 τ 与速度梯度表现出明显的非线性特征。

1.7.1　幂律流体在管内层流时的速度分布和流量

从力平衡出发推导出的式（1-51）代表了稳态流动时流体内部剪应力在管截面上的分布，即：

$$\tau = \frac{r \Delta p_{\mathrm{f}}}{2L} \tag{1-51}$$

该式对非牛顿流体同样成立。将式（1-149）代入：

$$\frac{r \Delta p_{\mathrm{f}}}{2L} = K \left(\frac{\mathrm{d}u}{\mathrm{d}r}\right)^n \tag{1-150}$$

积分上式并利用边界条件 $r=R$，$u=0$，即得到幂律流体在圆管内层流时的速度分布：

$$u_r = \left(\frac{\Delta p_{\mathrm{f}}}{2KL}\right)^{\frac{1}{n}} \left(\frac{n}{n+1}\right) R^{\frac{n+1}{n}} \left[1 - \left(\frac{r}{R}\right)^{\frac{n+1}{n}}\right] \tag{1-151}$$

由该流速分布式可导出圆管内稳定层流时的体积流量为：

$$q_V = \frac{\pi n}{3n+1} \left(\frac{\Delta p_{\mathrm{f}}}{2KL}\right)^{\frac{1}{n}} R^{\frac{3n+1}{n}} \tag{1-152}$$

管中心处 $r=0$，其流速为最大：

$$u_{\max} = \left(\frac{\Delta p_{\mathrm{f}}}{2KL}\right)^{\frac{1}{n}} \left(\frac{n}{n+1}\right) R^{\frac{n+1}{n}} \tag{1-153}$$

因管内平均流速 $u_{\mathrm{b}} = \dfrac{q_V}{\pi R^2}$，故：

$$u_{\mathrm{b}} = u_{\max} \left(\frac{1+n}{1+3n}\right) \tag{1-154}$$

1.7.2　幂律流体管内流动时的阻力损失

仿照牛顿流体，将非牛顿流体在管内流动的阻力 h_{f} 表示为：

$$h_{\mathrm{f}} = \lambda \frac{L}{d} \times \frac{u_{\mathrm{b}}^2}{2} = 4f \frac{L}{d} \times \frac{u_{\mathrm{b}}^2}{2} \tag{1-155}$$

层流时，将壁面处（$r=R$）τ_{s} 的计算式代入范宁摩擦因子定义式：

$$f = \frac{2\tau_{\mathrm{s}}}{\rho u_{\mathrm{b}}^2} = \frac{\dfrac{R \Delta p_{\mathrm{f}}}{2L}}{\dfrac{\rho u_{\mathrm{b}}^2}{2}} = \frac{K \left(\dfrac{\Delta p_{\mathrm{f}}}{2KL}\right) R}{\dfrac{\rho u_{\mathrm{b}}^2}{2}} \tag{1-156}$$

利用式(1-154)及式(1-155),并整理得:

$$f=\frac{2Ku_{\max}^n\left(\dfrac{n+1}{n}\right)^n}{R^n\rho u_b^2}=\frac{2Ku^n\left(\dfrac{3n+1}{n}\right)^n}{\left(\dfrac{d}{2}\right)^n\rho u_b^2}=\frac{16}{\dfrac{\rho d^n u_b^{2-n}}{K}\left(\dfrac{4n}{3n+1}\right)^n 8^{1-n}} \tag{1-157}$$

令:

$$Re^*=\frac{\rho d^n u_b^{2-n}}{K}\left(\frac{4n}{3n+1}\right)^n 8^{1-n} \tag{1-158}$$

则范宁摩擦因子:

$$f=\frac{16}{Re^*} \tag{1-159}$$

Re^* 称为非牛顿流体的广义雷诺数。式(1-159)形式上与牛顿流体管内层流摩擦系数计算式一致,实际上 Re^* 已经包括了 $n=1$ 的牛顿流体的情况。幂律流体在光滑圆管内湍流流动时,由实验测定所得范宁摩擦因子与广义雷诺数的关系见图1-32。从图中可知,在 $n=0.2\sim1.0$ 范围内,幂律流体由层流向湍流过渡的临界雷诺数为 $2100\sim2400$。研究表明,图1-32中所示湍流时的范宁摩擦因子也可用下式计算,即:

$$\frac{1}{\sqrt{f}}=\frac{4}{n^{0.75}}\lg(Re^*\,f^{1-\frac{2}{n}})-\frac{0.4}{n^{1.2}} \tag{1-160}$$

图 1-32　范宁摩擦因子与广义雷诺数的关系

1.8　液体输送机械

为流体提供机械能的机械设备统称为流体输送机械。流体的种类及输送要求多种多样,因此流体输送机械的种类繁多。一般将输送液体的机械通称为泵,输送气体的机械通称为风机或压缩机,负压条件下工作的气体输送机械又称为真空泵。

本节以离心泵为代表重点讨论流体输送机械的工作原理和工作特性,并扩展到对其他类型的流体输送机械的了解。

1.8.1　离心泵

离心泵是典型的高速旋转叶轮式液体输送机械,在泵类机械中具有很好的代表性。其特点是泵的流量与压头灵活可调、输液量稳定且适用介质范围广。

1.8.1.1　离心泵的主要部件及工作原理

(1) 离心泵的主要部件　离心泵的构造如图1-33所示,主要部件为叶轮、泵壳和轴封装置。

① 叶轮　叶轮是离心泵直接对液体做功的部件，紧固于与电机相连的泵轴上随电机高速旋转。叶轮上的叶片通常为后弯形式，一般有 4～12 片，两叶片之间构成流体的流道。按其机械结构，叶轮可分为敞式、半闭式和闭式，如图 1-34 所示。闭式叶轮效率较高，但叶轮内流道易堵塞，只适用于输送清洁液体；敞式叶轮不易堵塞，可用于输送含有固体颗粒的悬浮液，但效率较低；半闭式介于二者之间。

液体只从一侧吸入的叶轮称单吸式叶轮，可以同时从两侧吸入的叶轮称双吸式叶轮。双吸式叶轮不仅流量大，而且可以消除叶轮两侧压差导致的轴向推力。

图 1-33　离心泵装置
1—底阀；2—吸入管路；3—叶轮；
4—泵壳；5—排出管路；6—泵轴

图 1-34　离心泵的叶轮
(a) 闭式；(b) 半闭式；
(c) 开式；(d) 双吸式

② 泵壳　泵壳通常为蜗壳形，这样可在叶轮与泵壳间形成逐渐扩大的流道，使得由叶轮外缘抛出的液体的流速逐渐减小，从而将液体的大部分动能转化为静压能。

③ 轴封装置　在固定不动的泵壳和转动的泵轴之间进行的密封称为轴封。常用的轴封装置有填料函和机械密封。填料函一般采用浸油或涂石墨的石棉绳等作为填料。机械密封又称为端面密封，较之填料密封具有结构紧凑、功率消耗小和使用时间长等优点。

(2) 离心泵的工作原理　典型的离心泵装置如图 1-33 所示，泵壳中央的吸入口与吸入管路相连接，吸入管路底部装有单向底阀，以保证泵停止工作时吸入管路中的液体不倒流。泵壳侧旁的排出口与排出管路相连接，排出管路上装有调节阀。

泵启动后，叶轮高速旋转，叶片间的液体随着叶轮旋转，并在离心力作用下沿着叶片之间的流道向叶片外缘运动。液体的速度不断增加，机械能不断提高，直至从叶轮外缘抛出。液体离开叶轮进入蜗壳后，继续沿切向流动，由于蜗壳流道逐渐扩大、流体速度不断减慢，因而动能不断转换为静压能，最后沿切向流出蜗壳进入排出管路。与此同时，在叶轮中心入口处则因液体的向外运动而形成一低压区，使泵外液体得以被连续地吸入泵内。

离心泵启动时，若泵内未充满液体或离心泵在运转过程中发生漏气，均会使泵壳内积存空气。因空气的密度小，旋转后产生的离心力也小，叶轮中心区形成的低压不足以将密度远大于气体的液体吸入泵内，此时离心泵虽在运转却不能正常输送液体，此现象称为"气缚"。可见，离心泵启动前的灌液排气和运转时防止空气的漏入对泵的正常工作十分重要。

1.8.1.2　离心泵的基本方程和特性曲线

(1) 离心泵的基本方程　从理论上描述在理想情况下离心泵可能达到的最大压头（扬程）与泵的结构、尺寸、转速以及液体流量之间关系的方程称为离心泵的基本方程。假设叶轮有无限多叶片，液体是理想液体，其质点完全沿叶片表面流动，没有旋涡，也没有流动阻力，流动是稳态流动，则可以推导得离心泵的基本方程：

$$H_{T,\infty} = \frac{r_2^2 \omega^2}{g} - \frac{\omega \cot\beta_2}{2\pi b_2 g} q_{VT} \tag{1-161}$$

式中，$H_{T,\infty}$ 为理论压头；r_2 为叶轮半径；ω 为叶轮旋转角速度；b_2 为叶轮出口处宽度；β_2 为叶轮出口处圆周速度与叶片切线间的夹角（又称出口端倾角）；q_{VT} 为理论流量。

式(1-161)表明，转速一定时离心泵的理论压头与理论流量成线性关系。若出口端倾角 $\beta_2 > 90°$，这样的叶片称为前弯叶片，此时 $\cot\beta_2 < 0$，理论压头最高。但前弯叶片产生的动压头提高大于静压头提高，虽然动压头可部分转化为静压头，但转化时有过高的能量损失。为提高能量利用率，离心泵均用后弯叶片，此时理论压头随理论流量的增加呈线性下降。

（2）离心泵的特性曲线　实际离心泵的叶片数是有限的，液体的黏性必然引起液体在泵内流动的非理想性，因此实际压头和实际流量均小于理论值，而且两者之间也不是线性关系。实际离心泵的性能是在转速一定时，在 0.1MPa、20℃下用清水做实验测定的，得到如图 1-35 所示的曲线。

图 1-35　IS50-32-125 型离心泵在转速 $n = 2900$ r/min 下的特性曲线

图中的曲线表示离心泵的压头 H、轴功率 N 和效率 η 与流量 q_V 之间的关系，称为离心泵的特性曲线。离心泵的特性曲线反映了泵的基本性能，是正确选择和使用离心泵的主要依据。

离心泵特性曲线中最重要的是 H-q_V 曲线，它是向下弯的曲线。由图可知，离心泵的压头 H 随流量 q_V 的增加而下降。由此可知，对一定的离心泵，当输送管路的阻力增加时，其输送的流量将随之下降。

泵的轴功率 N 是指泵轴运转所需的功率，即电机输入到泵轴的功率。由于离心泵在实际运转中存在着各种形式的能量损耗，因此泵由电机获得的轴功并不能全部有效地转换为流体的机械能。流体从泵获得的实际功率为泵的有效功率 N_e，由流量和压头可计算得：

$$N_e = H q_V \rho g \tag{1-162}$$

在一定转速下，泵的轴功率随输送流量的增加而增大，流量为零时，轴功率最小。因此启动离心泵时应关闭出口阀，使启动电流最小，保护电机。

有效功率与轴功率的比值即为离心泵的效率 η：

$$\eta = \frac{N_e}{N} = \frac{H q_V \rho g}{N} \tag{1-163}$$

η 值恒小于1，为反映离心泵能量损失大小的参数。η 与泵的结构、尺寸、制造精度、流量以及液体性质等多种因素有关，一般为 $50\%\sim70\%$，大型泵可达 90%。

（3）离心泵的能量损失　离心泵的能量损失主要有三种形式：容积损失、水力损失和机械损失。

容积损失是一部分已获得能量的高压液体由叶轮出口处通过叶轮与泵壳间的缝隙或从平衡孔漏返回到叶轮入口处的低压区造成的能量损失。采用半闭式和闭式叶轮可有效地减少这类能量损失。

水力损失是进入离心泵的黏性液体在整个流动过程中产生的摩擦阻力、局部阻力以及液体在泵壳中由冲击而造成的能量损失。离心泵蜗壳的形状按液体离开叶轮后的自由流动轨迹螺旋线设计，目的就在于使液体动压头转换为静压头的过程中能量损失最小。

机械损失是泵轴与轴承之间、泵轴与密封填料之间等产生的机械摩擦造成的能量损失。

上述三类损失的大小通常又用与之对应的效率来表示，即容积效率 η_v、水力效率 η_h 和机械效率 η_m。离心泵的总能量损失为上述各项损失之和，其效率（也称总效率）也由上述三项效率构成，即：

$$\eta = \eta_v \eta_h \eta_m \qquad (1\text{-}164)$$

当流量为零时，泵的效率为零。随流量增大，泵的效率曲线出现一极大值即最高效率点，在与之对应的流量下工作，泵的能量损失最小。最高效率点也是离心泵的设计点，泵铭牌上标出的 H、q_V、N 性能参数即为该点下的数据。一般将最高效率值的 92% 的范围称为泵的高效区，泵应尽量在该范围内操作。

（4）特性曲线的换算　由制造厂提供的离心泵的特性曲线是在一定转速下用常温清水为工质由实验测定的。若输送的液体性质与此相差较大时，泵的特性曲线将发生变化，应加以修正，使之变换为符合输送液体性质的新的特性曲线。

① 液体密度的影响　测试表明，离心泵的流量、压头及效率均与液体密度无关，因此 H-q_V 曲线与 ηq_V 曲线不随被输送液体的密度的改变而变。然而，离心泵所需的轴功率则随液体密度的增加而增加，N-q_V 曲线要用式(1-162)重新计算。

② 液体黏度的影响　液体黏度的改变将直接改变其在离心泵内的能量损失。若所输送液体的黏度增大，泵送流量、压头减小，效率降低，而轴功率增大，因此，H-q_V、N-q_V、ηq_V 曲线都将随之而变。测试表明，对运动黏度 $\nu < 2\times10^{-5}\,\mathrm{m^2/s}$ 的液体，黏度变化对其离心泵特性曲线的影响可不计，而超过此值时则应进行换算。有关手册上给出了不同条件下通过实验得到的换算系数。

③ 叶轮转速的影响　改变叶轮转速来调节离心泵的流量是一种节能的操作方式。叶轮转速的改变将使泵内流体流动状态发生改变，其特性曲线随之而变。当液体的黏度不大，且离心泵的效率可视为不变时，泵的流量、压头、轴功率与转速的关系可近似表达为：

$$\frac{q_V'}{q_V} = \frac{n'}{n}, \quad \frac{H'}{H} = \left(\frac{n'}{n}\right)^2, \quad \frac{N'}{N} = \left(\frac{n'}{n}\right)^3 \qquad (1\text{-}165)$$

式(1-165)称为离心泵的比例定律，可用于换算转速变化在 $\pm20\%$ 范围内离心泵的特性曲线。注意，由已知特性曲线上的一点 (q_V, H)，通过比例定律式仅可求得与之对应的一个点 (q_V', H')，要得新的特性曲线，需对诸多点进行换算。

[例 1-19]　用清水测定某离心泵的特性曲线，实验装置如附图所示。当调节出口阀使管路流量为 $40\,\mathrm{m^3/h}$ 时，泵出口处压力表读数为 $0.20\mathrm{MPa}$（表压），泵入口处真空表读数为 $0.035\mathrm{MPa}$，测得泵的轴功率为 $4.25\mathrm{kW}$，电机转速为 $2900\mathrm{r/min}$，真空表与压力表测压截面的垂直距离为 $0.6\mathrm{m}$，泵进、出管路直径相同，水的密度可取 $1000\mathrm{kg/m^3}$。试由该组实验测定数据确定出与泵的特性曲线相关的其他性能参数。

解：与泵的特性曲线相关的性能参数有泵的转速、流量、压头、轴功率和效率。其中流量和轴功率已由实验直接测出，压头和效率则需进行计算。

以真空表和压力表两测点为1，2截面，对单位重量流体列柏努利方程，有

$$H=(z_2-z_1)+\frac{p_2-p_1}{\rho g}+\frac{u_{b2}^2-u_{b1}^2}{2g}+\sum H_{f,1-2}$$

据题意，$u_{b1}=u_{b2}$，若忽略$\sum H_{f,1-2}$，则该流量下泵的压头

$$H=(z_2-z_1)+\frac{p_2-p_1}{\rho g}=0.6+\frac{(0.20+0.035)\times10^6}{1000\times9.81}=24.55\text{m}$$

例 1-19 附图

泵的有效功率

$$N_e=Hq_V\rho g=\frac{24.55\times40\times1000\times9.81}{3600}=2675.95\text{W}$$

因而

$$\eta=\frac{N_e}{N}=\frac{2675.95}{4.25\times10^3}=62.96\%$$

1.8.1.3 离心泵的汽蚀现象与安装高度

由离心泵的工作原理可知，对如图 1-36 所示高位安装的离心泵，从整个吸入管路到泵的吸入口直至叶轮内缘，液体的压强是不断降低的。研究表明，叶轮内缘处的叶片背侧是泵内压强最低点。当该点处的压强低至输送液体的饱和蒸气压时，部分液体将汽化，产生的气泡随即被液流带入叶轮的高压区，在此气泡因受压缩而凝聚。由于凝聚点处产生瞬间真空，造成周围液体高速冲击该点，产生剧烈的水击，这种现象称为汽蚀。

图 1-36 离心泵的安装高度

汽蚀时所发生的局部水击冲击力可高达数十兆帕，冲击频率可高达数千赫兹，使离心泵噪声大、泵体振动，流量、压头、效率都明显下降。更严重的是高频冲击作用使叶片表面产生一个个凹穴，严重时成海绵状而迅速破坏。因此，必须严格防止汽蚀现象产生。

防止汽蚀现象产生的最有效的措施是把离心泵安装在恰当的高度位置上，以确保泵内压强最低点的压强高于操作温度下被输送液体的饱和蒸汽压 p_v。由于 K-K 截面处的真实压强难于测量，工程上以泵入口处压强 p_1 来表征。常用的方法有汽蚀余量法和允许吸上真空度法。

（1）汽蚀余量法 对 1-1 和 K-K 截面列柏努利方程有：

$$\frac{u_{b1}^2}{2g}+\frac{p_1}{\rho g}=\frac{u_{bK}^2}{2g}+\frac{p_K}{\rho g}+\sum H_{f,1-K} \qquad (1\text{-}166)$$

在一定流量下，当 $p_K=p_v$ 时，汽蚀发生，令此时的 p_1 为 $p_{1,\min}$，且定义：

$$(\text{NPSH})_c=\frac{u_{b1}^2}{2g}+\frac{p_{1,\min}}{\rho g}-\frac{p_v}{\rho g}=\frac{u_{bK}^2}{2g}+\sum H_{f,1-K} \qquad (1\text{-}167)$$

上式中（NPSH）$_c$ 称为离心泵的临界汽蚀余量，是反映离心泵汽蚀性能的重要参数，主要与泵的内部结构和输送的流量有关。在泵的样本中，在实验确定的临界汽蚀余量的基础上，加上一定裕量，给出了允许汽蚀余量，记为（NPSH）$_r$，对于油泵也可用符号 Δh 表示，单位为 m。并规定，泵入口允许的最小压强 $p_{1,允}$ 应满足：

$$(\text{NPSH})_r=\frac{u_{b1}^2}{2g}+\frac{p_{1,允}}{\rho g}-\frac{p_v}{\rho g} \qquad (1\text{-}168)$$

再在图 1-36 中所示的 0-0 和 1-1 截面之间列柏努利方程，并取 $p_1/(\rho g)=p_{1,允}/(\rho g)$，则

为避免发生汽蚀现象,离心泵的最大允许安装高度 $H_{g,允}$ 为:

$$H_{g,允} = \frac{p_0 - p_v}{\rho g} + (NPSH)_r - \sum H_{f,0-1} \tag{1-169}$$

对一定型号规格的离心泵,从样本中查得允许汽蚀余量后,根据具体管路情况由上式即可计算出最大允许安装高度 $H_{g,允}$,实际安装高度 H_g 应小于 $H_{g,允}$。

由式(1-169)可看出,减少吸入管路的阻力,可提高泵的安装高度。因此,一般离心泵的入口接管直径都较出口管直径大。此外,液体的温度越高,饱和蒸气压 p_v 也就越高,允许的安装高度越低,因此在输送较高温度的液体时,尤其要注意离心泵的安装高度问题。

(2)允许吸上真空度法 设泵入口处允许的最低压强为 p_1,则对应的最高真空度为 $(p_0 - p_1)$,定义允许吸上真空度为:

$$H'_s = \frac{p_0 - p_1}{\rho g} \tag{1-170}$$

H'_s 值由泵的制造厂在液面上方压强为 98.1kPa(10m 水柱)下用 20℃清水测得,若操作条件与测定条件不同,则按下式进行换算:

$$H_s = \left[H'_s + (H_a - 10) - \left(\frac{p_v}{9810} - 0.24 \right) \right] \times \frac{1000}{\rho} \tag{1-171}$$

式中,H_a 为操作条件下液面上方的压强,m 液柱;p_v 为被输送液体的饱和蒸气压,Pa;ρ 为被输送液体的密度,kg/m³。

确定了 H_s 值后,仍在图 1-36 所示的 0-0 和 1-1 间列柏努利方程,可得安装高度为:

$$H_{g,允} = H_s - \frac{u_{b1}^2}{2g} - \sum H_{f,0-1} \tag{1-172}$$

汽蚀余量法和允许吸上真空度法都可以用来确定泵的安装高度。在泵的制造厂提供的样本中,列出了允许汽蚀余量或允许吸上真空度的值,作为确定安装高度的基础。

[例 1-20] 用转速为 2900 r/min 的离心杂质泵将温度为 20℃、密度为 1030kg/m³ 的食品加工废水从敞口沉砂池送往一处理池中,泵流量为 25m³/h。由泵样本查得,在该流量下,泵的允许汽蚀余量为 5.5m。泵入口较沉砂池液面高出 2.0m。试求:(1)泵吸入管路允许的最大阻力损失为多少?(2)若泵吸入管长为 15m(包括局部阻力的当量长度),管路摩擦系数取 0.03,泵入口管路的直径至少应为多大?

解:(1)在离心泵的安装高度和管路流量一定的条件下,为避免汽蚀发生,泵吸入管路允许的最大损失应按式(1-168)计算,即

$$\sum H_{f,0-1} = \frac{p_0}{\rho g} - \frac{p_v}{\rho g} - (NPSH)_r - H_g$$

题中 $p_0 = 101.3kPa$ $(NPSH)_r = 5.5m$

20℃水的饱和蒸气压 $p_v = 2.34kPa$,故吸入管路允许的最大阻力损失为

$$\sum H_{f,0-1} = \frac{p_0}{\rho g} - \frac{p_v}{\rho g} - (NPSH)_r - H_g$$

$$\sum H_{f,0-1} = \frac{101300}{1030 \times 9.81} - \frac{2340}{1030 \times 9.81} - 5.5 - 2.0 = 2.294m$$

例 1-20 附图

(2)由 $\sum H_{f,0-1} = \lambda \dfrac{L + L_e}{d} \times \dfrac{u_b^2}{2g}$ 及 $u_b = \dfrac{4q_V}{\pi d^2}$

有 $d = \left[\dfrac{8\lambda(L + L_e)q_V'^2}{\pi^2 g \sum H_{f,0-1}} \right]^{\frac{1}{5}} = \left(\dfrac{8 \times 0.03 \times 15 \times 25^2}{3.14^2 \times 9.81 \times 3600^2 \times 2.294} \right)^{\frac{1}{5}} = 0.0601m$

1.8.1.4 离心泵的流量调节与组合操作

（1）离心泵的工作点 离心泵的特性曲线代表的是离心泵自身所具有的输送能力，与管路系统无关。但当安装在一定管路系统中的离心泵工作时，管路的流量即为泵输出的流量，管路所获得的压头（机械能）即为泵所提供的压头。因此，离心泵运转下的工作性能参数不仅与泵的性能有关，还与管路特性有关。

前已述及，当管路一定时，从柏努利方程出发可推导得到管路特性方程。将离心泵的特性曲线（H-q_V曲线）与管路特性曲线（H_e-q_V曲线）联立，得一交点，即离心泵的工作点，如图 1-37 所示的 M 点。M 点的流量和压头也就是所选定的离心泵处在一定管路系统中运转时，所输出的实际流量和提供的有效压头。

图 1-37 离心泵的工作点

图 1-38 改变管路特性以调节流量

（2）离心泵的流量调节 工厂操作中经常要遇到对离心泵及其管路系统进行调节以满足工艺上对流体的流量和压头的要求，也就是要改变泵的工作点位置。显然，改变管路特性曲线或离心泵的特性曲线均可使泵的工作点发生位移，即改变泵的输出。

① 改变管路特性曲线 改变管路流动阻力（例如改变泵出口管路上调节阀的开启度），管路特性曲线将发生相应的变化。如图 1-38 所示，原离心泵工作点位置在 M 处，开大（或关小）阀门，管路阻力减小（增加），工作点由 M 移至 M_1（M_2）。这种调节方法的主要优点是操作简单，但管路阻力损失大，且可能泵的工作点位于低效率区，因此多在调节幅度不大但需经常调节的场合下使用。

② 改变泵的特性曲线 改变泵的叶轮转速可改变泵的特性曲线。将转速减少（或增加），根据离心泵的比例定律，可换算出新的 H-q_V 曲线，

图 1-39 改变泵的特性以调节流量

工作点随之从 M 点移动到 M_1（M_2），如图 1-39 所示。这种调节方法不额外增加管路阻力损失，并在一定范围内能保持泵在高效区工作，能量利用更经济。随着电机变频调速技术的推广，通过改变叶轮转速来调节流量的方法在大功率流体输送系统中应用越来越多。

[例 1-21] 一离心泵在高效区的特性曲线可用方程 $H=36-3.85\times10^4 q_V^2$ 表示（H 单位为 m，q_V 单位为 m³/s）。试校核对例 1-15 中的管路系统，当输送流量为 20m³/h 时，该泵能否满足要求？此时管路所消耗的功率为多少？

解：由例 1-16 可知，该管路系统的调节阀全开时，其管路特性方程为

$$H_e = 22.02 + 3.7 \times 10^5 q_V^2$$

当输送流量 $q_V = 20 \text{m}^3/\text{h} = 5.56 \times 10^{-3} \text{m}^3/\text{s}$ 时

管路所需的压头 $H_e = 22.02 + 3.7 \times 10^5 \times (5.56 \times 10^{-3})^2 = 33.46\text{m}$

泵的压头 $H = 36 - 3.85 \times 10^4 \times (5.56 \times 10^{-3})^2 = 34.81\text{m}$

因为 $H > H_e$，故该泵可用。此时可通过减小出口管路上调节阀的开启度来满足流量的要求。

在离心泵的工作点处，泵送流量及提供的压头分别为

$$q_V = 5.56 \times 10^{-3} \text{m}^3/\text{s}, \quad H = H_e = 34.81\text{mH}_2\text{O}$$

管路消耗的功率 $N_e = Hq_V\rho g = 34.81 \times 5.56 \times 10^{-3} \times 998.2 \times 9.81 = 1895.25\text{W}$

（3）离心泵的并联和串联 由图 1-38 和图 1-39 可见，离心泵及管路系统一旦确定，通过改变泵的工作点使之满足流量与压头两方面要求的可调范围并不大。在有大幅度流量或压头增加要求时，可以采取多泵组合安装的方法。

离心泵最基本的组合安装方式是并联和串联。将组合安装的离心泵视为一个泵组，根据并联或串联工作的规律，可以做出泵组的特性曲线（或称合成特性曲线），据此确定泵组的工作点。

① 离心泵的并联 并联操作时，泵在同一压头下工作，泵组的流量为该压头下各泵对应的流量之和，在同一压头下将两泵的流量相加，便得到一个坐标点数据 (q_V, H)，将若干个这样的点相连，即得并联离心泵组的 $H\text{-}q_V$ 特性曲线。图 1-40 中曲线 Ⅰ 为单台泵的特性曲线，曲线 Ⅱ 为某一相同型号的两台离心泵并联工作时的合成特性曲线。该曲线与管路特性曲线的交点 2 即为泵组的工作点。与单台泵在同一管路中的工作点 1 相比，并联管组不仅流量增加，压头也随之有所增加。但是，在同一管路系统中并联泵组的输液量并不能达到两台泵单独工作时的输液量之和。

图 1-40 离心泵的并联

② 离心泵的串联 串联操作时，泵送流量相同，泵组的压头为该流量下各泵的压头之和，在同一流量下将两台泵的压头相加，便得到串联泵组 $H\text{-}q_V$ 曲线上的一个对应点，将若干个这样的点相连即得串联泵组的特性曲线。图 1-41 中曲线 Ⅱ 为两台同型号（特性曲线为 Ⅰ）的离心泵串联工作时的合成特性曲线（Ⅱ）。该曲线与管路特性曲线的交点 2 即为串联泵组的工作点。与同一管路中单台泵工作点 1 相比，串联泵组不仅提高了压头，同时还增加了输送量。在同一管路系统中串联泵组的压头也不能达到两台泵单独工作时的压头之和。

1.8.1.5 离心泵的类型与选用

（1）离心泵的类型 离心泵是应用最为广泛的液体输送机械，类型很多且产品结构与性能在不断改进，型号亦不断增加。目前我国生产的仅工业离心泵就多达几十个系列，此处对食品工业生产中常用的离心泵做一扼要介绍。

① 清水泵 离心清水泵广泛用于输送各种不含固体颗粒的、物理化学性质类似于水的介质。离心清水泵有若干系列，常用的有 IS 系列、D 系列、S 或 Sh 系列等。IS 系列为最简单的单级单吸式离心清水泵，结构简图如图 1-42 所示。D 系列为多级离心泵，用于流量大、压头要求也较高的场合。S 或 Sh 系列为双吸式离心泵，适宜于流量大但压头要求不太高的场合。

图 1-41 离心泵的串联

图 1-42 IS 型离心泵

1—泵体；2—叶轮；3—密封环；4—护轴；
5—后盖；6—泵轴；7—托架；8—联轴器

在泵样本或产品目录中离心清水泵的型号和规格的表达方式如：IS100-80-125，其中 IS 表示单级单吸式离心清水泵；100 为泵吸入口的直径（mm）；80 为泵排出口的直径（mm）；125 为泵叶轮的外径（mm）。又如：D160-120×8，其中 D 为节段式多级离心泵；160 为泵设计点流量（m^3/h）；120 为泵设计点单级扬程（m）；8 为泵的级数。

② 耐腐蚀泵 输送腐蚀性流体必须选用耐腐蚀泵。耐腐蚀泵所有与流体介质接触的部件都采用耐腐蚀材料制作。不同材料耐腐蚀性能不一样，选用时应多加注意。耐腐蚀离心泵有多种系列，其中常用的系列代号为 F。需要特别注意耐腐蚀泵的密封性能，以防腐蚀液外泄。操作时还不宜使耐腐蚀泵在高速运转或出口阀关闭的情况下空转，以避免泵内介质发热加速泵的腐蚀。

③ 油泵 油泵用于输送石油及油类产品，油泵系列代号为 Y，双吸式为 YS。因油类液体具有易燃、易爆的特点，因此对此类泵密封性能要求较高。输送 200℃ 以上的热油时，还需设冷却装置。一般轴承和轴封装置带有冷却水夹套。

④ 杂质泵 离心杂质泵有多种系列，常分为污水泵、无堵塞泵、渣浆泵、泥浆泵等。这类泵的主要结构特点是叶轮上叶片数目少，叶片间流道宽，有的型号泵壳内还衬有耐磨材料。

⑤ 液下泵 液下泵是一种立式离心泵，整个泵体浸入在被输送的液体贮槽内，通过一根长轴，由安放在液面上的电机带动。由于泵体浸没在液体中，因此轴封要求不高，可用于输送工业生产过程中各种腐蚀性液体。

⑥ 屏蔽泵 屏蔽泵是一种无泄漏泵。其结构特点是叶轮直接固定在电机的轴上，并置于同一密封壳体内。可用于输送易燃易爆、剧毒或贵重等严禁泄漏的液体。

除上述外，还有多种类型的离心泵如自吸式离心泵、潜水泵、低温泵、磁力泵等，在泵类机械产品目录中有详细介绍。

（2）离心泵的选用　流体输送机械的选用原则是先选类型，再选型号。具体选用离心泵时，首先应根据所输送液体的性质和操作条件，确定泵的类型，而后根据管路系统及输送流量 q_V、所需压头 H_e 确定泵的型号。所选的泵提供流量 q_V 和压头 H 的能力应比管路系统所要求的稍大。要注意，所选泵应在高效区范围工作。工程实践中，总是在可靠性前提下，综合造价、操作费用、使用寿命等多方面因素做出最佳选择。

工业上泵的样本有两种形式：一种是以表格形式提供的产品目录；另一种是某一系列泵的综合特性曲线图，以流量为横坐标、扬程为纵坐标，每一扇形下方即为所对应的泵型号。

[**例 1-22**] 试选一台能满足 $q_V=100\text{m}^3/\text{h}$、$H_e=18\text{m}$ 要求的输水泵，列出其主要性能。并求该泵在实际运行时所需的轴功率和因采用阀门调节流量而多消耗的轴功率。

解：（1）泵的型号　根据此管路要求，从离心泵样本或手册中查得 IS100-80-125 离心泵可满足要求，该离心泵转速 2900 r/min，在高效区的主要性能参数如下：流量 $60\sim120\text{m}^3/\text{h}$，扬程（压头）$24\sim16.5\text{m}$，效率 $67\%\sim74\%$，轴功率 $5.86\sim7.28\text{kW}$，汽蚀余量 $4.0\sim5.0\text{m}$。

由附录得 $q_V=100\text{m}^3/\text{h}$，$H=20\text{m}$，$N=7.00\text{kW}$，$(NPSH)_r=4.5\text{m}$，$\eta=78\%$。

（2）该泵实际运行时的轴功率　实际上它是泵工作点所对应的轴功率，即当 $q_V=100\text{m}^3/\text{h}$ 时，$N=7.00\text{kW}$。

（3）因阀门调节流量多消耗的压头为 $\Delta H=20-18=2\text{m}$

多消耗的轴功率为

$$\Delta N=\frac{\Delta H q_V \rho g}{\eta}=\frac{2\times100\times1000\times9.81}{3600\times0.78\times1000}=0.699\text{kW}$$

1.8.2　往复泵

1.8.2.1　往复泵的工作原理

往复泵是典型的容积式泵，图 1-43 为单动往复泵的原理图，主要由泵缸、活塞、活塞杆、吸入和排出单向阀（活门）构成。活塞做往复运动，当活塞往右运动时，泵缸内形成低压而使排出阀关闭、吸入阀开启，液体被吸入泵缸；活塞达到右端点后转而向左移动，挤压缸内液体使压强升高，吸入阀关闭、排出阀被顶开，迫使液体排出泵外。活塞往复运动一次，完成一次吸入和排出，称为单动往复泵。显然，单动往复泵输送液体是不连续的，流量曲线与活塞排液冲程的速度变化规律相一致，是半周正弦曲线，如图 1-45(a)。这不仅会引起流体的惯性阻力损失，增加能量消耗，而且会诱发管路系统的机械振动。采用双动泵对此有所改善。如图 1-44 所示，双动泵缸体两端各有一组吸入、排出单向阀，活塞运动时，在其两侧同时进行着吸入与排出，因此可基本实现连续输液，其流量曲线见图 1-45(b)。采用多缸并联且使各缸活塞运动相差一定相位，可进一步改善往复泵输送的不均匀性，如图 1-45(c) 所示为相位角差 $2\pi/3$ 的三缸单动往复泵的流量曲线。

图 1-43　单动往复泵

图 1-44　双动往复泵

往复泵是依靠外界与泵内压差而吸入液体的，因此和离心泵一样，往复泵的吸上高度也受限制。

1.8.2.2 往复泵的特性曲线及工作点

往复泵的理论平均流量可按如下计算：

单缸单动泵 $\qquad q_{VT}=Asn$ $\qquad$ (1-173)

单缸双动泵 $\qquad q_{VT}=(2A-a)sn$ $\qquad$ (1-174)

式中，q_{VT} 为往复泵的理论平均流量，m^3/s；A 为活塞面积，m^2；s 为活塞的冲程（活塞在左右两端点间移动的距离），m；n 为活塞往复的频率，$1/s$；a 为活塞杆的截面积，m^2。

然而，由于活门不能及时启闭和活塞环密封不严等影响，容积损失是很难避免的。因此往复泵的实际平均流量 q_V 小于理论平均流量：

$$q_V=\eta_V q_{VT} \qquad (1-175)$$

容积效率 η_V 由实验测定。一般小型泵（$q_{VT}=0.1\sim30m^3/h$）的 η_V 为 $0.85\sim0.90$；中型泵（$q_{VT}=30\sim300m^3/h$）的 η_V 为 $0.90\sim0.95$，大型泵（$q_{VT}\geqslant300m^3/h$）的 η_V 为 $0.95\sim0.99$。

图 1-45 往复泵的流量曲线

往复泵所输出的流量与泵所提供的压头以及泵所在的管路特性无关，即泵的容积效率 η_V 一定时，其平均流量：

$$q_V=常数 \qquad (1-176)$$

上式即为往复泵的特性曲线方程。结合管路特性曲线，可确定往复泵的工作点，如图 1-46 中 a、a' 点。实际上，在压头较高时往复泵的平均流量会随压头的升高略微减小，这是由于容积损失增大造成的。

由往复泵的工作点可确定其泵的压头。若工作点处泵的流量为 q_V、压头为 H，则往复泵的功率：

$$N=\frac{Hq_V\rho g}{\eta} \qquad (1-177)$$

图 1-46 往复泵的特性曲线与工作点

式中，η 为往复泵的总效率，由实验测定，一般在 $0.65\sim0.85$ 之间。

1.8.2.3 往复泵的流量调节

往复泵的流量与管路特性无关，所提供的压头完全取决于管路情况，具有这种特性的泵称为正位移泵。若在往复泵出口安装调节阀，不仅不能调节流量，且随阀门开启度减小、要求泵提供的压头增大，若操作不当使出口阀完全关闭，则会使泵的压头剧增，一旦超过泵的机械强度或发动机的功率限制，设备将受到损坏。因此，往复泵不能采用调节出口阀的方法进行流量调节。

往复泵通常采用旁路流程调节流量，如图1-47所示。增加旁路并未改变泵的总流量，只是使部分液体经旁路又回到泵的进口，减小了主管路系统的流量。显然，这种调节方法不经济，只适用于流量变化幅度小的经常性调节。

图 1-47 往复泵的流量调节

往复泵的流量调节还可采用改变活塞行程或改变驱动机构的转速来达到。带有变速装置的电动往复泵采用改变转速来调节流量是一种较经济且常用的方法。

1.8.3 其他类型泵

1.8.3.1 计量泵

计量泵又称比例泵,其工作原理与往复泵相同。计量泵的传动装置是通过偏心轮把电机的旋转运动变成柱塞的往复运动。偏心轮的偏心距可调,以此来改变柱塞往复的行程,从而达到调节和控制泵的流量的目的。

计量泵一般用于要求输液量十分准确或几种液体要求按一定配比输送的场合。

1.8.3.2 隔膜泵

往复泵和计量泵由于活塞或活柱直接摩擦缸体,因而不适宜输送腐蚀性液体或悬浮液。图1-48所示的隔膜泵,用弹性金属薄片或耐腐蚀性橡皮制成的隔膜将活柱与被输送液体隔开,与活柱相通的一侧则充满油或水。当活柱往复运动时,迫使隔膜交替向两侧弯曲,将液体吸入和排出。隔膜泵因其独特的结构,使输送液体的种类得以拓宽。

1.8.3.3 齿轮泵

齿轮泵属旋转类正位移泵,主要构件是泵壳和一对相互啮合的齿轮,如图1-49所示。运动时,两个齿轮在泵的吸入口脱离啮合,形成低压区,液体被吸入并随齿轮的转动被强行压向排出端。在排出端两齿轮又相互啮合形成高压区将液体挤压出去。

齿轮泵可产生较高的扬程,但流量小。适用于输送高黏度液体或糊状物料,但不宜输送含固体颗粒的悬浮液。

图 1-48　隔膜泵

图 1-49　齿轮泵

1.8.3.4 螺杆泵

螺杆泵按螺杆的数目,有单螺杆泵、双螺杆泵、三螺杆泵以及五螺杆泵。螺杆泵的工作原理与齿轮泵相似,是借助转动的螺杆与泵壳上的内螺纹、或螺杆与螺杆相互啮合将液体沿轴向推进,最终由排出口排出。图1-50为双螺杆泵结构示意图。

螺杆泵压头高、效率高、无噪声,适用于输送高黏度液体。

1.8.3.5 旋涡泵

旋涡泵是一种特殊类型的离心泵,如图1-51所示。旋涡泵主要由叶轮和泵体构成,叶轮是一个圆盘,四周由凹槽构成的叶片成辐射状排列,叶片数目可多达几十片。叶轮旋转过程中泵内液体随之旋转的同时,又在径向环隙的作用下多次进入叶片反复做旋转运动,从而获得较高能量。

图 1-50　双螺杆泵

图 1-51　旋涡泵

旋涡泵的效率一般较低，通常为 $20\%\sim50\%$。旋涡泵的压头随流量增大而下降很快，采用这种泵只有输送小流量时才可获得高压头。与离心泵不同，旋涡泵的轴功率随流量增大而下降，流量为零时，轴功率最大。为此，启动泵时应将出口阀全开。旋涡泵一般也用旁路进行流量调节。

旋涡泵结构简单，加工容易，可采用耐腐材料制造，适用于高压头、小流量、不含固体颗料且黏度不大的液体。

1.9　气体输送机械

气体输送机械与液体输送机械的工作原理基本相似，但气体密度远较液体小且可压缩，使得气体输送机械结构与工作特性上又有别于液体输送机械。这主要体现在：一定质量流量下气体输送的体积流量大，因此输送机械的体积大，而且气体输送管路的常用流速要比液体输送管路大得多。而通常流体流动阻力正比于流速的平方，因此输送相同的质量流量，气体输送要求提供的压头相应也更高。由于气体的可压缩性，在输送机械内部气体压强变化时，其体积和温度随之变化。上述特点决定了气体输送机械结构设计更为复杂，选用时必须考虑的影响因素也更多。

气体输送机械除按结构和工作原理做类似于液体输送机械的分类外，一般还以气体的出口压强或者进、出口压强比（称为压缩比）将其分为以下四类：

通风机	出口压强不大于 15kPa（表压）	压缩比为 1～1.15
鼓风机	出口压强为 15kPa～0.3MPa（表压）	压缩比小于 4
压缩机	出口压强 0.3MPa 以上（表压）	压缩比大于 4
真空泵	用于减压抽吸，出口压强为大气压	

1.9.1　通风机

常用通风机按其结构形式有轴流式和离心式两类。轴流式通风机（图 1-52）的特点是排

图 1-52　轴流式通风机

风量大而风压很小，一般仅用于通风换气，而不用于气体输送。离心式通风机的应用则十分广泛，并按其产生风压的大小将其分为以下三种：

低压离心通风机   出口风压小于 1.0kPa（表压）

中压离心通风机   出口风压 1.0～3.0kPa（表压）

高压离心通风机   出口风压 3.0～15.0kPa（表压）

1.9.1.1 离心通风机的结构

离心通风机与离心泵的结构和工作原理基本相同。主要差异在于离心通风机为多叶片叶轮，且因输送流体体积大，叶轮直径一般较大而叶片较短。叶片有平直、前弯和后弯几种形式。平直叶片一般用于低压通风机；前弯叶片的通风机送风量大，但效率低；高效通风机的叶片通常是后弯叶片。图 1-53 所示为一低压离心通风机，主要由蜗壳形机壳和叶轮组成。蜗壳的气体通道截面有矩形和圆形两种，一般低、中压通风机多为矩形。

图 1-53 离心式通风机

1.9.1.2 离心通风机的主要性能参数和特性曲线

离心通风机的主要性能参数及其定义均与离心泵相似，有风量 q_V、风压 H_T、轴功率 N 和效率 η。风量是指气体通过进风口的体积流量，按进口状态计，与泵的结构、尺寸和转速有关。

风压也称全风压，是单位体积气体通过风机后所获得的能量。风压不仅与通风机的结构、尺寸和转速有关，还与输送的风量有关。以通风机进口为 1 截面、出口为 2 截面，以单位体积气体为基准列柏努利方程，可得：

$$H_T = (z_2 - z_1)\rho g + (p_2 - p_1) + \rho \frac{u_{b2}^2 - u_{b1}^2}{2} \tag{1-178}$$

当空气直接由大气吸入通风机时，u_{b1} 可视为零，且 $(z_2 - z_1)\rho g$ 可忽略，上式简化为：

$$H_T = (z_2 - z_1)\rho g + \rho \frac{u_{b2}^2}{2} = H_p + H_k \tag{1-179}$$

式中，H_p 称为风机的静风压；H_k 称为风机的动风压。可见通风机的全风压（即压头）是由静风压和动风压两项组成。

通风机的轴功率与全风压 H_T、风量 q_V 和效率 η 的关系为：

$$N = \frac{H_T q_V}{\eta} \tag{1-180}$$

与离心泵一样，离心通风机的特性曲线是指通风机在一定的转速下其风压、功率、效率与流量的关系曲线，在通风机出厂前由制造厂实验测定，如图 1-54 所示。式（1-179）是实验测定通风机特性曲线的依据。图 1-54 中的 H_T-q_V 曲线代表全风压与风量的关系，H_p-q_V 曲线代表静风压与风量的关系。

1.9.1.3 离心通风机的选用

离心通风机的选用原则和方式与离心泵完全相似，即首先根据所输送气体的性质（如含尘量、腐蚀性等）和操作条件，确定风机的类型，而后根据管路系统送风量及所需风压确定风机的型号。应注意，产品样本中所列通风机的性能是在 20℃、$1.013 \times 10^5 Pa$ 条件下用空气测定的，该条件下空气的密度为 $1.2 kg/m^3$。若实际输送气体的条件与上述实验测定条件不同，应首先将实际条件下的风压 H_T 换算为测定条件下的值 H_T'，而后按 H_T' 数据选用风机。若实际输送气体的密度为 ρ，因 $H_T/\rho = H_T'/\rho'$，所以：

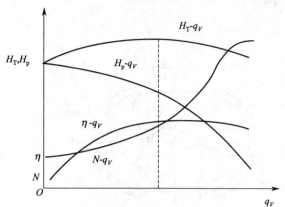

图 1-54　离心通风机的特性曲线

$$H_T' = H_T \frac{\rho'}{\rho} \qquad (1\text{-}181)$$

[**例 1-23**]　已知空气的最大输送量为 14500kg/h。在最大风量下输送系统所需的风压为 1600Pa（以风机进口状态计）。风机的入口与温度为 40℃、真空度为 196Pa 的设备连接，试选合适的离心通风机。当地大气压强为 $93.3 \times 10^3 Pa$。

解：将系统所需的风压 H_T 换算为测定条件下的风压 H_T'，即

$$H_T' = H_T \frac{1.2}{\rho}$$

从附录中查得 $1.0133 \times 10^5 Pa$、40℃ 时的 $\rho_{40} = 1.128 kg/m^3$

$$\rho = 1.128 \times \frac{93300 - 196}{101330} = 1.04 kg/m^3$$

所以　　　　　　　　$H_T' = 1600 \times 1.2/1.04 = 1846 Pa$

风量按风机进口状态计　　　$q_V = \frac{14500}{1.04} = 13940 m^3/h$

根据所需风量 $q_V = 13940 m^3/h$ 和风压 $H_T' = 1846 Pa$，从风机样本中查得 4-72-11NO.6C（$n = 2000 r/min$）可满足要求，该通风机性能：风量 $15800 \sim 5610 m^3/h$，全风压 $2433 \sim 294 Pa$，轴功率 14.1kW。

1.9.2　鼓风机

工业上常用的鼓风机主要有旋转式和离心式两种类型。

1.9.2.1　罗茨鼓风机

旋转式鼓风机的类型很多，罗茨鼓风机是其中最常用的一种。罗茨鼓风机的工作原理与齿轮泵很相似。如图 1-55 所示的结构，机壳内有两个腰形转子，两转子之间、转子与机壳之间间隙很小，转子能自由转动又无过多泄漏。当两转子旋转时，将气体从一侧吸入，而从另一侧排出。如改变两转子的旋转方向，则吸入与排出口互换。

罗茨鼓风机属容积式风机（正位移类型），其特点是风量与转速成正比而与出口压强无关。因此，罗茨鼓风机出口阀不可完全关闭，流量用旁路调节。且出口应安装稳压气罐和安全阀。罗茨鼓风机工作时，温度不能超过 85℃，以防转子因热膨胀而卡住。

罗茨鼓风机的出口压强一般不超过 80kPa（表压）。出口压强过高，泄漏量增加，效率降低。

图 1-55　罗茨鼓风机

图 1-56　离心鼓风机

1.9.2.2　离心鼓风机

离心鼓风机的工作原理与离心泵相同，如图 1-56 所示。因单级风机不可能产生较高风压，所以风压较高的离心鼓风机采用多级，其结构也与多级离心泵类似。

离心鼓风机的送气量大，但出口压强仍不高，一般不超过 0.3MPa（表压），即气体的压缩比不大，因而无需冷却装置，各级叶轮的直径大小也大致相同。

1.9.3　压缩机

工业上使用的压缩机主要有往复式和离心式两种类型。

1.9.3.1　往复式压缩机

往复式压缩机的基本结构和工作原理与往复泵相似，依靠活塞的往复运动和活门的交替动作将气体吸入和压出。与往复泵不同的是，气体压缩过程体积缩小、密度增大、温度升高。图 1-57 为单动往复压缩机活塞运行位置及与之对应的气体 p-V 状态变化图，压缩机的工作循环如下。

图 1-57　往复式压缩机原理

活塞运行到左止点位置［图 1-57(a)］，排气终了，为防止撞击缸盖，活塞端面与气缸盖之间必须留有一很小的间隙称为"余隙"。残留在余隙中的高压气体压强为 p_2、体积 V_A，如

p-V 图中状态点 A 所示，V_A 定义为余隙容积。随着活塞调转方向往右运行，压出活门关闭，余隙中的残留气体随之膨胀；活塞运行至图 1-57(b) 所示位置，缸内压强降至入口管路压强 p_1，此阶段为膨胀阶段，在 p-V 图上由曲线 AB 代表。活塞继续右移，气缸内压强略低于 p_1，吸入活门开启，吸入管路中的气体被吸入气缸直至活塞到达图 1-57(c) 所示的右止点位置，此阶段为吸气阶段，在 p-V 图上由水平线 BC 代表。活塞由右止点位置调转方向往左运行，吸入活门关闭，缸内气体受压缩而升压，直至活塞运行至图 1-57(d) 所示位置，缸内气体压强达到排气管内压强 p_2，此阶段为压缩阶段，在 p-V 图上由曲线 CD 代表。活塞继续左移，气缸内压强略高于 p_2，压出活门开启，气体在 p_2 的压强下从气缸中排出，直至活塞运行至左止点。此阶段为排出阶段，在 p-V 图上由水平线 DA 代表。

因此，压缩机的一个工作循环是由膨胀-吸入-压缩-排出四个阶段构成。一个工作循环中活塞对气体所做的功即为图 1-57 中封闭曲线 $ABCDA$ 所包围的面积。若设气缸没有余隙容积（$V_A = 0$），则压缩机的一个工作循环仅由吸入-压缩-排出三个阶段构成，称为理想循环过程。

气体的压缩过程分为等温过程、绝热过程和多变过程，其中等温压缩消耗的功最小，因此生产中要求有良好的冷却，使压缩过程接近等温过程。实际过程是介于等温和绝热之间的多变过程。

余隙的存在减少了气体吸入量，增加了压缩机能量损耗。工业上定义余隙容积 V_A 与活塞单程扫过的容积（$V_C - V_A$）之比为余隙系数 ε，而将实际吸入的气体体积（$V_C - V_B$）与（$V_C - V_A$）之比定义为压缩机的容积系数 λ_V，即：

$$\varepsilon = \frac{V_A}{V_C - V_A} \tag{1-182}$$

$$\lambda_V = \frac{V_C - V_B}{V_C - V_A} \tag{1-183}$$

两者之间关系为：

$$\lambda_V = 1 - \varepsilon \left[\left(\frac{p_2}{p_1} \right)^{\frac{1}{k}} - 1 \right] \tag{1-184}$$

式中，k 为多变指数。由式(1-184)可见，压缩机的容积系数 λ_V 随余隙系数 ε 和压缩比（p_2/p_1）的增大而下降，并有可能达到零，即残留在余隙中的高压气体在膨胀阶段可以充满整个气缸以致压缩机不能吸入新鲜气体。因此，余隙系数不宜过大，一般为 $3\% \sim 8\%$，高压气缸可略高。压缩比也不能过高。

理论循环过程的吸气量计算与往复泵相似。由于存在气缸余隙、气体流动阻力、各种泄漏等因素，实际排气量小于理论吸气量，两者用排气系数关联：

$$V_{\min} = \lambda_d A s n \tag{1-185}$$

排气系数 λ_d 的值一般为容积系数的 $80\% \sim 95\%$。

若气体为理想气体，压缩为多变过程，气体排出温度 T_2 为：

$$\frac{T_2}{T_1} = \left(\frac{p_2}{p_1} \right)^{\frac{k-1}{k}} \tag{1-186}$$

理论循环中活塞对气体所做的功 W 即所消耗的外功为：

$$W = p_1 V_{\min} \frac{k}{k-1} \left[\left(\frac{p_2}{p_1} \right)^{\frac{k-1}{k}} - 1 \right] \tag{1-187}$$

实际功率高于理论功率，两者之比即为压缩机的效率。

压缩机的实际压缩比一般不超过 8。当压缩比要求很高时，无论是压缩机的容积系数、压缩功，还是排气温升都不允许单级压缩，必须采用多级压缩。但是级数增加时，整个压缩系统结构复杂，辅助设备也随之增加，因此，必须合理地选择级数。

多级压缩时，若取各级间压缩比相等，对一个 n 级压缩，可推得每级压缩比为总压缩比（p_2/p_1）的 n 次根，此条件下压缩气体的消耗功最小。

往复式压缩机的选用，应首先根据所输送气体的性质确定压缩机的类型，如空气压缩机、氨气压缩机、氢气压缩机等。而后再根据生产能力和排出压强，从产品目录或样本中选择合适的型号。需注意，一般标出的排气量是以 20℃、101.33kPa 状态下的气体体积表示的。

1.9.3.2 离心式压缩机

离心式压缩机又称透平压缩机，其主要结构和工作原理与离心鼓风机相似，但离心式压缩机有更多的叶轮级数（通常在 10 级以上）和更高的转速，因此可产生很高的风压。由于压缩比较高，气体体积收缩大，温升也高，所以压缩机也常分成几段，每段又包括若干级，叶轮直径逐级减小，且在各段之间设有中间冷却器。离心式压缩机流量大，供气均匀，体积小，维护方便，且机体内无润滑油污染气体。离心式压缩机在现代大型合成氨工业和石油化工企业中有很多应用，其压强可达几十兆帕，流量可达几十万立方米。

1.9.4 真空泵

真空泵是将气体从低于大气压的状态压缩提压至某一压强（通常为大气压）而排出的气体输送机械，用于从设备或系统中抽出气体，而使其中的绝对压强低于外界大气压强的场合。许多食品生产的单元操作常在真空下进行，如蒸发、结晶、干燥、冷冻、过滤以及产品的成型和包装等，因此真空泵在食品生产中的应用极为广泛。

真空区域按其绝对压强的高低通常划分为：低真空（$1×10^5～1×10^3$ Pa）、中真空（$1×10^3～1×10^{-1}$ Pa）、高真空（$1×10^{-1}～1×10^{-6}$ Pa）、超高真空（$1×10^{-6}～1×10^{-10}$ Pa）以及极高真空（$<1×10^{-10}$ Pa）。食品生产中所采用的真空操作一般在低真空和中真空范围，所用的真空泵按其工作原理可分为：往复式、旋转式、流体喷射式等。

真空泵的最主要特性参数是极限真空和抽气速率。极限真空是指真空泵所能达到的稳定的最低压强，通常以绝对压强表示。抽气速率也称抽速，是指在吸入口的温度和压强（极限真空）条件下，单位时间内真空泵吸入口所吸进的气体体积。

与液体和气体输送机械的选用类似，真空泵的选用也应先选类型，再确定型号。也就是首先根据被抽气体的种类、固体杂质含量、带液量以及系统对油蒸气有无限制等情况确定真空泵的类型，而后根据系统对真空度和抽气速率的要求确定真空泵的型号。通常所选真空泵的极限真空度应比系统要求的真空度高 0.5～1 个数量级。

1.9.4.1 往复式真空泵

往复式真空泵的工作原理与往复式压缩机基本相同，结构上也无多大差异，只是因抽吸的气体压强很小，要求排出和吸入阀门更加轻巧灵活，易于启动。此外，当往复式真空泵达较高真空度时，泵的压缩比很高，如 95% 的真空度，压缩比约为 20，为减少余隙的不利影响，真空泵气缸设有一连通活塞左、右两端的平衡气道。在排气终了时让平衡气道短时间连通，使余隙中的残留气体从活塞的一侧流至另一侧，从而减少余隙的影响。

1.9.4.2 水环真空泵

水环真空泵主要由呈圆形的泵壳和带有辐射状叶片的叶轮组成。叶轮偏心安装，如图 1-58 所示。泵内充有一定量的水，当叶轮旋转时，水在离心力作用下形成水环。水环具有密封作用，将叶片间的空隙密封分隔为大小不等的气室。随叶轮的旋转，密封气室由小变大形成真空时，将气体由吸入口吸入；当密封气室由大到小时，气体被压缩，在排气口排出。

水环真空泵可用于抽吸夹带有少量液体的气体，最高真空度可达 83kPa。该泵结构简单紧凑，操作可靠，使用寿命长，但效率较低，一般为 30%～50%，所能产生的真空度还受限于泵体内水温下水的饱和蒸气压。

图 1-58 水环真空泵

图 1-59 旋片真空泵

1—排气口；2—排气阀门；3—吸气口；4—吸气管；
5—排气管；6—转子；7—旋片；8—泵体；9—弹簧

1.9.4.3 旋片真空泵

图 1-59 为旋片真空泵，主要由泵壳、带有两个旋片的偏心转子和排气阀片组成。当转子按图中所示箭头方向旋转时，旋片在弹簧及自身离心力的作用下，紧贴壁面随转子滑动，这样使吸气工作室扩大、形成真空，气体被吸入。当旋片转子转至垂直状态时，吸气完毕。随转子的继续旋转气体被压缩，当气体压强超过排气阀上方的压强时，阀被顶开，气体通过油层经排气口排出。泵在工作时，旋片始终将泵腔分为吸气、排气两个工作室，即转子每转一周，完成两次吸、排气过程。

旋片真空泵适用于抽除干燥或含有少量可凝性蒸气的气体，不适宜抽除含尘和对润滑油起化学反应的气体。旋片真空泵可达较高的真空度。

1.9.4.4 喷射真空泵

喷射泵可用于抽送气体、液体或产生真空，用于抽真空时称为真空喷射泵。在食品生产中，喷射泵主要用于抽真空。喷射泵的结构简图如图 1-60 所示，其工作原理是利用工作流体高速通过喷嘴射流时所发生的能量转换，将静压能转换为动能，从而在喷嘴出口局部区域造成真空将气体吸入泵内，被抽吸的气体与工作流体在泵体内混合后进入扩散管，随流道增大流体的速度降低，流体的部分动能又转换为静压能，升压后的混合流体从压出口排出。

喷射泵的工作流体可以是蒸汽，也可以是水，相应称之为蒸汽喷射泵和水喷射泵。喷射泵结构

图 1-60 喷射真空泵

简单，无运动部件，可抽吸含有固体微粒以及有腐蚀性等气体。但喷射泵工作流体消耗大，且效率低（一般仅 10%～25%），因此较少用于输送流体而主要用于抽真空。单级喷射真空泵可达到 90% 的真空度，极限压强为 6.66kPa。如要获得更高的真空度，可采用多级喷射泵即多个喷射泵串联使用。

本章主要符号

A——面积，m^2；

H——扬程或压头，m；

N——功率，W；

Re——雷诺数；

U——单位质量流体的内能，J/kg；

W——功，J/kg；

h——距离，m；

q_m——质量流量，kg/s；

r——半径，m；

v——比体积，m^3/kg；

Δh——允许汽蚀余量，即（NPSH）$_r$，m；

δ——厚度，m；

λ——摩擦系数；

ν——运动黏度，m^2/s；

ρ——密度，kg/m^3；

Eu——欧拉数；

L——长度，m

R——半径，m；

T——热力学温度，K；

V——体积，m^3；

d——管径，m；

p——压强，Pa；

q_V——体积流量，m^3/s；

u——流速，m/s；

z——高度，m；

$\sum h_f$——阻力损失，J/kg；

ε——粗糙度，m；

μ——黏度，$Pa \cdot s$；

θ——时间，s；

ζ——阻力系数。

本 章 习 题

1-1 烟道气的组成约为 N_2 75%，CO_2 15%，O_2 5%，H_2O 5%（体积分数）。试计算常压下 400℃时该混合气体的密度。

1-2 已知成都和拉萨两地的平均大气压强分别为 95kPa 和 62kPa。现有一果汁浓缩锅需保持锅内绝对压强为 8kPa。问这一设备若置于成都和拉萨两地，表上读数分别应为多少？

1-3 用如附图所示的 U 形管压差计测定吸附器内气体在 A 点处的压强以及通过吸附剂层的压强降。在某气速下测得 R_1 为 400mmHg，R_2 为 90mmHg，R_3 为 40mmH$_2$O，试求上述值。

习题 1-3 附图

习题 1-4 附图

1-4 附图为一油水分离器。油水混合物连续进入该器，油由上部溢出，水由底部经一倒 U 形管连续排出。已知观察镜的中心离溢油口的垂直距离 $H_s=500\text{mm}$，油的密度为 780kg/m^3，水的密度为 1000kg/m^3。今欲使油水分界面维持在观察镜中心处，问倒 U 形出口管顶部距分界面的垂直距离 H 应为多少？因液体在器内及管内的流动缓慢，本题可作静力学处理。

1-5 用附图所示的复式 U 形压差计检测输水管路中孔板元件前后 A、B 两点的压差。倒置 U 形管段上方指示剂为空气、中间 U 形管段为水。水和空气的密度分别为 $\rho=1000\text{kg/m}^3$ 和 $\rho_0=1.2\text{kg/m}^3$。在某一流量下测得 $R_1=z_1-z_2=0.32\text{m}$，$R_2=z_3-z_4=0.5\text{m}$。试计算 A、B 两点的压差。

习题 1-5 附图

1-6 用一长度为 0.35m 的渐缩管将输水管路由内径 100mm 缩至 30mm。当管内水流量为 $0.52\text{m}^3/\text{h}$，温度为 10℃时，问：（1）在该渐缩管段中能否发生流型转变；（2）管内由层流转为过渡流的截面距渐缩管大端距离为多少？

1-7 一虹吸管放于牛奶贮槽中，其位置如图所示。贮槽和虹吸管的直径分别为 D 和 d，若流动阻力忽略不计，试计算虹吸管的流量。贮槽液面高度视为恒定。

习题 1-7 附图　　　　习题 1-8 附图

1-8 用压缩空气将密度为 1081kg/m^3 的蔗糖溶液从密闭容器中送至高位槽，如附图所示。要求在 20min 内压送 1.2m^3，管路能量损失为 25J/kg，管内径为 30mm，密闭容器与管出口处的垂直距离为 16m。求压缩空气的压强为多少帕斯卡（表压）？

1-9 敞口高位槽中的葡萄酒（密度为 985kg/m^3）经 $\phi38\text{mm}\times2.5\text{mm}$ 的不锈钢导管流

入蒸馏锅，如图所示。高位槽液面距地面8m，导管进蒸馏锅处距地面3m，蒸馏锅内真空度为8kPa。在本题特定条件下，管路摩擦损失可按 $\sum h_f = 6.5u_b^2$ J/kg（不包括导管出口的局部阻力）计算，u_b 为葡萄酒在管内的流速（m/s）。试计算：（1）导管 A-A 截面处葡萄酒的流速；（2）导管内葡萄酒的流量。

习题 1-9　附图

习题 1-10　附图

1-10　如附图所示，水从离地面 18m 处用 $\phi273mm \times 5mm$、长 35m（包括局部阻力损失的当量长度）的管道连接到离地面 10m 处，并测得高低两处压强分别为 348kPa 和 418kPa（表压）。试确定：（1）水的流动方向；（2）若管路摩擦系数取 0.026，管路中水的流量为多少？

1-11　如图所示，槽内水位维持不变，槽底部与内径为 50mm 的钢管联结，管路中 B 处装有一 U 形管压差计，指示剂为水银。当阀门关闭时读数 $R = 350$mmHg，$h = 1200$mm。（1）阀门部分开启时，测得 $R = 250$mm，$h = 1250$mm，若 AB 段能量损失为 10J/kg，问管内流量为多少（m³/h）？（2）阀门全开时，若 AB 段与 BC 段的能量损失分别按 $\sum h_{f,AB} = 1.6u_b^2$ J/kg，$\sum h_{f,BC} = 7u_b^2$ J/kg 计算（不包括管出口阻力），u_b 为管内流速。问 B 点处（压差计处）的压强为多少？

习题 1-11　附图

习题 1-12　附图

1-12　如图所示的一冷冻盐水循环系统，盐水循环量为 30m³/h 时，盐水流经换热器 A 的阻力损失为 50J/kg，流经换热器 B 的阻力损失为 60J/kg，管路中流动的阻力损失为 30J/kg。管路系统采用同直径管子，盐水密度为 1100kg/m³（忽略泵进、出口的高差），试计算：（1）若泵的效率为 68%，泵的轴功率为多少（kW）？（2）若泵出口压强为 0.26MPa（表压），泵入口压力表读数为多少（Pa）？

1-13 要求以均匀的速度向果汁蒸发浓缩釜中进料。现装设一高位槽，使料液自动流入釜中（如附图所示）。高位槽内的液面保持距槽底 1.5m 的高度不变，釜内的操作压强为 0.01MPa（真空度），釜的进料量须维持在每小时为 12m³，则高位槽的液面要高出釜的进料口多少米才能达到要求？已知料液的密度为 1050kg/m³，黏度为 3.5 cP，连接管为 $\phi57\text{mm}\times3.5\text{mm}$ 的钢管，其长度为 $[(x-1.5)+10]$ m，管道上的管件有 180°回弯管一个、截止阀（按 1/2 开计）一个及 90°弯头一个。

习题 1-13　附图

习题 1-14　附图

1-14 如附图所示，拟安装一倒 U 形管压差计测量 L 管段的阻力损失。管内流体密度 $\rho=900\text{kg/m}^3$，黏度 $\mu=1.5\times10^{-3}\text{Pa}\cdot\text{s}$；指示剂为空气 $\rho_0=1.2\text{kg/m}^3$；管内径 $d=50\text{mm}$，管壁绝对粗糙度 $\varepsilon=0.3\text{mm}$。试推导：（1）管路条件（L, d, ε）和流速 u 一定时，倾角 α 与两测点静压差 Δp 的关系以及 α 与 R 读数的关系；（2）当流速为 2m/s，$L=1\text{m}$ 时，R 读数的预测值。

1-15 水由水箱 A 经一导管路流入敞口贮槽 B 中，各部分的相对位置如图所示。水箱液面上方压强为 0.02MPa（表压），导管为 $\phi108\text{mm}\times4\text{mm}$ 的钢管，管路中装有一闸阀，转弯处均为 90°标准弯头。试计算：（1）闸阀全开时水的流量（设直管阻力可忽略不计）；（2）闸阀 1/2 开时水的流量（设直管阻力可忽略不计）；（3）若此系统其他条件不变，仅输水管增长 200m，此系统阻力为若干？

习题 1-15　附图

习题 1-16　附图

1-16 如附图所示某含有少量可溶物质的空气，在放空前需经一填料吸收塔进行净化。

已知鼓风机入口处空气温度为50℃，压强为30mmH₂O（表压），流量为2200m³/h。输气管与放空管的内径均为200mm，管长与管件、阀门的当量长度之和为50m（不包括进、出塔及管出口阻力），放空口与鼓风机进口的垂直距离为20m，空气通过塔内填料层的压降约为200mmH₂O，管壁绝对粗糙度ε可取为0.15mm，大气压为0.1MPa。求鼓风机的有效功率。

1-17 用ϕ60mm×3.5mm钢管从敞口高位槽中引水至一常压吸收塔内。高位槽液面与水喷头出口高差10m，管路流量最大可达15m³/h。现需将流量增加到25m³/h，试求：(1) 管路不变，在管路中增加一台泵，该泵的功率；(2) 管路布局不变，换新的管子，管子的直径。以上计算中摩擦系数可视为不变，忽略进出口损失。

1-18 距某植物油罐A液面2.5m深处用一根油管向油箱B放油，连接A、B的油管为ϕ45mm×2.5mm不锈钢管，长度20m，油出口距油箱B液面0.5m，如附图所示。该植物油的$\rho=930kg/m^3$，$\mu=40mPa\cdot s$。试求两液面高度稳定不变时，流经管道的流量。

习题1-18附图

1-19 为调节加热器出口空气的温度，在空气加热器的进出口并联一旁路（附图）。已知鼓风机出口压强为0.03MPa（表），温度为25℃，流量为340m³/h，空气通过换热器的压降为0.01MPa。若旁路管长6m，管路上标准弯头两个、截止阀一个（按1/2开计），试确定当旁路通过最大气量为总气量的15%时，所用管子的规格（ε=0.2mm）。

习题1-19 附图　　　　　　　　　　　　　　习题1-20 附图

1-20 温度为20℃的空气以2000m³/h的流量通过ϕ194mm×6mm的钢管管路ABC于C处进入一常压设备，如附图所示。现因生产情况变动，C处的设备要求送风量减少为1200m³/h。另需在管道上的B处接出一支管BD，要求从此支管按每小时800m³的流量分气，于D处进入另一常压设备。设管道BC间和BD间各管段局部阻力系数之和分别为7及4，试计算BD分气支管的直径。

1-21 拟用泵将酒由敞口贮槽通过内径为50mm的光滑铜管送至敞口蒸馏锅。贮槽液面高出地面3m，管子进蒸馏锅处高出地面10m。泵出口管路上有一截止阀，管路总长80m（包括除截止阀以外的所有局部阻力的当量长度）。酒的密度为985kg/m³，黏度为1.5mPa·s。试求：(1) 在阀1/2开度和全开两种情况下，流动处于阻力平方区时管路特性方程；(2) 流量为15m³/h时，两种情况下管路所需的压头及功率。

1-22 压强为0.35MPa（表压）、温度为25℃的天然气（以甲烷计）经过长100m（包括局部阻力的当量长度）ϕ25mm×3mm的水平钢管后，要求压强保持0.05MPa（表压）。如视为等温流动，天然气的黏度为0.011cP，钢管的绝对粗糙度取为0.15mm，大气压强为

0.1MPa。求天然气的质量流量。

1-23 0℃的冷空气在直径为600mm的管内流动，将皮托管插入管的中心位置，以水为指示液，读数为4mm，试求冷空气的流量。

1-24 用一转子流量计测定温度为60℃、压强为0.3MPa的二氧化碳气体的流量。该转子流量计上的刻度是由20℃、0.1MPa空气标定的，转子材料为铝材。当转子流量计上读数为5m³/h时，二氧化碳的实际流量应为多少？若将转子换为同形状、同大小的不锈钢转子，在此读数下二氧化碳的流量又为多少？（铝与不锈钢的密度分别为$\rho_{f1}=2670kg/m^3$，$\rho_{f2}=7900kg/m^3$）

1-25 用离心泵将敞口贮槽中的大豆油（密度为940kg/m³，黏度为40cP，）送往一精制设备中，如附图所示。设备内压强保持0.01MPa（表压），贮槽液面与设备入口之间的垂直距离为10m，管路为$\phi57mm\times4mm$的钢管（$\varepsilon=0.2mm$），管道总长60m（包括除孔板流量计在外的所有局部阻力的当量长度）。管路上装有孔径$d_0=16mm$的孔板流量计。今测得连接孔板的指示剂为水银的U形管差压计的读数$R=250mm$，孔板阻力可取所测得压差的80%。试求泵消耗的轴功率，泵的效率取为65%。

1-26 某油田用$\phi300mm\times15mm$的钢管，将原油送到炼油厂。管路总长160km，送油量为240000kg/h，油管允许承受的最大压强为6.0MPa（表）。已知原油黏度为187×10^{-3}Pa·s，密度890kg/m³，忽略两地高差和局部阻力损失，试求中途需要多少个泵站？

1-27 在用水测定离心泵的性能中，当排水量为12m³/h时，泵的出口压力表读数为0.38MPa，泵入口真空读数为200mmHg，轴功率为2.3kW。压力表和真空表两测压点的垂直距离为0.4m。吸入管和压出管的内径分别为68mm和

习题1-25 附图

41mm。两测点间管路阻力损失可忽略不计。大气压强为0.1MPa。试计算该泵的效率，并列出该效率下泵的性能。

1-28 某厂所用的一台离心泵，转速为1450 r/min，当流量为$q_V=10m^3/h$时，压头$H=12m$。今因生产情况的变动，要求流量增加20%，压头增加到20m。若用提高转速的方法达到新情况的要求，问泵的转速应提高到多少？

1-29 某厂根据生产任务购回一台离心水泵，泵的铭牌上标着：$q_V=12.5m^3/h$、$H=32mH_2O$、$n=2900r/min$、$(NPSH)_r=2.0mH_2O$。现流量和扬程均符合要求，且已知吸入管路的全部阻力为1.5m水柱，当地大气压为0.1MPa。试计算：（1）输送20℃的水时，离心泵允许的安装高度；（2）若将水温提高到50℃时，离心泵允许的安装高度又为多少？

1-30 用内径100mm的钢管从河中抽水，送入贮池中。贮池水面比河水面高30m。管路长（包括所有局部阻力的当量长度）60m，水的流速为1.5m/s，管路的摩擦系数为0.028。今库存有下列4台离心泵，问能否从中选用一台？又若考虑流量和压头的波动，要求留10%的余量，则又应选哪台泵？

泵	I	II	III	IV
q_V/(L/s)	17	16	15	12
H/m	42	38	36	32

1-31　某食品厂为节约用水，用一离心泵将常压热水池中 60℃的废热水经 $\phi68mm\times3.5mm$ 的管子输送至凉水塔顶，并经喷头喷出而入凉水池，以达冷却目的，水的输送量为 $22m^3/h$，喷头入口处需维持 0.05MPa（表压），喷头入口的位置较热水池液面高 5m，吸入管和排出管的阻力损失分别为 $1mH_2O$ 和 $4mH_2O$。试选用一台合适的离心泵，并确定泵的安装高度（当地大气压为 0.099MPa）。

1-32　一管路系统的特性曲线方程为 $H_e=20+0.0065q_V^2$。现有两台同型号的离心泵，该泵的特性曲线可用方程 $H=30-0.0025q_V^2$ 表示（上两式中 H_e 和 H 的单位为 m，q_V 的单位为 m^3/h）。试求：（1）当管路输送量为 $30m^3/h$ 时，安装一台泵能否满足要求？（2）若将两泵联合安装在管路中，该管路可输送的最大流量为多少？

1-33　某双动往复泵，其活塞直径为 180mm，活塞杆直径为 50mm，曲柄半径为 145mm。活塞每分钟往复 55 次。实验测得此泵的排水量为 $42m^3/h$。试求该泵的容积效率 η。

1-34　温度为 15℃的空气直接由大气进入风机，并通过内径为 800mm 的管道送至燃烧炉底，要求风量为 $20000m^3/h$（以风机进口状态计），炉底表压为 $1100mmH_2O$。管长 100m（包括所有局部阻力当量长度），管壁粗糙度 0.3mm。现库存一离心通风机，其铭牌上的流量为 $21800m^3/h$，全风压为 $1290mmH_2O$，问此风机是否合用？（大气压为 0.1MPa）

1-35　实验中测定一离心通风机的性能，得以下数据：气体出口处压强为 $23mmH_2O$，入口处真空度为 $15mmH_2O$，送风量为 $3900m^3/h$。吸入管路与排出管路的直径相同。通风机的转速为 960 r/min，其所需要轴功率为 0.81kW。试求此通风机的效率。若将此通风机的转速增为 1150 r/min，问转速增大后，此通风机的送风量和所需的轴功率各为若干？

1-36　某单级双缸、双动空气压缩机将空气从 0.1MPa（绝对）压缩到 0.35MPa（绝对）。活塞直径为 300mm，冲程 200mm，每分钟往复 480 次。气缸余隙系数为 8%；排气系数为容积系数的 85%，压缩过程为绝热过程，绝热指数为 1.4，总效率 0.7。试计算该压缩机的排气量和轴功率。

2 | 非均相混合物的分离

非均相混合物按物态的不同而分为液-固、液-气和气-固体系。固体颗粒分散在液体中的混合物称悬浮液，分散在气体中的混合物称含尘气体。小液滴分散在气体中形成含雾气体。常将小于 $1~\mu m$ 的颗粒称为"胶质"，分散在液体中称"溶胶"，分散在气体中则称"气溶胶"。在混合物中处于分散态的物质称分散相，处于连续状态的物质称连续相。

非均相混合物在食品工业中十分常见，在生产过程中或在获得最终产品的阶段，常常需要使颗粒与流体两相分离。各种非均相混合物的分离操作通常都是利用其两相物理性质上的差异。颗粒与流体的性质有许多差异，其中最基本且应用最多的是颗粒的尺度差异和颗粒与流体的密度差，由此产生了过滤和沉降这两个应用广泛的单元操作。

2.1 流体与粒子的相对运动

对非均相混合物进行分离，其过程涉及颗粒-流体两相间的相对运动。沉降操作的基础是颗粒和流体间的相对运动，过滤操作的基础是流体通过颗粒床层的运动。颗粒-流体两相间的相对运动广泛存在于许多化学反应以及干燥、结晶、吸附、气力输送等单元操作中。因此，掌握非均相物系的流体力学基本规律是开发、设计此类过程与设备的重要基础。

2.1.1 颗粒在流体中的运动

2.1.1.1 颗粒的沉降

颗粒在流体中运动时受三个力的作用：向下的重力 F_g、向上的浮力 F_b 和与颗粒运动方向相反的曳力（阻力）F_D，如图 2-1 所示。曳力是流体对颗粒表面施加的力，与流体所受的阻力是作用力与反作用力的关系。设流体的密度为 ρ，颗粒的密度为 ρ_s，直径为 d，颗粒与流体的相对速度为 u，则有：

重力　$F_g = \pi d^3 \rho_s g/6 = V \rho_s g$

浮力　$F_b = \pi d^3 \rho g/6 = V \rho g$

曳力　$F_D = C_D A \dfrac{\rho u^2}{2} = C_D \dfrac{\pi}{4} d^2 \dfrac{\rho u^2}{2}$

不难看出，重力和浮力均与相对速度 u 无关，但曳力随 u 的增加而增加。当此三力的合力为零时，颗粒的加速度为零，颗粒与流体之间将做匀速相对运动，这个颗粒与流体间的相对速度称为颗粒的沉降速度，用 u_t 表示。根据力平衡得：

$$\frac{\pi}{6} d^3 (\rho_s - \rho) g = C_D \frac{\pi}{4} d^2 \frac{\rho u_t^2}{2} \tag{2-1}$$

从而

$$u_t = \sqrt{\frac{4d(\rho_s - \rho)g}{3 C_D \rho}} \tag{2-2}$$

在颗粒达到匀速的沉降速度之前，有一加速或减速过程（视颗粒的初速度而定），但一般

图 2-1　颗粒在流体中的受力

（图注）阻力 F_D　浮力 F_b　重力 F_g

此过程很短，工程上可以忽略不计。

颗粒的沉降速度 u_t 是颗粒在流体中受到的曳力、浮力与重力平衡时颗粒与流体间的相对速度，与流体本身流动与否无关。颗粒相对于静止坐标系的绝对速度则为流体流速和颗粒沉降速度之和。

2.1.1.2 曳力系数

曳力系数 C_D 受诸多因素的影响，如颗粒性质尤其是表面几何特性、流体物性以及流速的大小等。大量实验研究表明，曳力系数是颗粒雷诺数 Re_t 的函数，其关系如图 2-2 所示，其中 Re_t 的定义为：

$$Re_t = \frac{d u_t \rho}{\mu} \tag{2-3}$$

图 2-2　曳力系数与颗粒雷诺数的关系

1—$\varphi_A = 1$；2—$\varphi_A = 0.806$；3—$\varphi_A = 0.6$；4—$\varphi_A = 0.22$；5—$\varphi_A = 0.125$

图 2-2 中的曲线 1 代表球形颗粒（$\varphi_A = 1$），该曲线按 Re_t 的值可分为四个区域。

(1) $10^{-4} < Re_t < 1$，为层流区。在该区域内，曳力正比于沉降速度 u_t 和黏度：

$$C_D = \frac{24}{Re_t} \tag{2-4}$$

当 Re_t 小于 10^{-4} 后，分子布朗运动的影响显著，式(2-4) 不再成立。

(2) $1 < Re_t < 1000$，为过渡区。实验发现，$Re_t > 1$ 后，流体在颗粒表面发生边界层分离，尽管边界层内仍维持层流，但颗粒尾部已形成许多旋涡，消耗流体的机械能。尾部旋涡区即尾流区的形成使颗粒所受的形体曳力增大，而摩擦曳力所占比重下降。在该区域内，曳力系数可表达为：

$$C_D = \frac{18.5}{Re_t^{0.6}} \tag{2-5}$$

(3) $1000 < Re_t < 2 \times 10^5$，为湍流区。$Re_t$ 超过 1000 以后，尾流中旋涡进一步加强，形体曳力所占比重已居控制地位，摩擦曳力可以忽略不计。在该区域内，曳力与流体的黏度无关，而与沉降速度 u_t 的平方成正比。曳力系数为：

$$C_D \approx 0.44 \tag{2-6}$$

（4）$Re_t > 2 \times 10^5$，为湍流边界层区。Re_t 到达 2×10^5 后，边界层内的流动也转变为湍流，流体动能增大使边界层分离点向后移动，尾流收缩、形体曳力骤然下降。实验结果显示此时曳力系数下降且呈现不规则的波动，C_D 的值大约保持在 0.1。

2.1.1.3 沉降速度的计算

由图 2-2 可知，根据 Re_t 的不同，曳力系数 C_D 应在式（2-4）～式（2-6）中择一计算。若将各式代入式（2-2），便得到球形颗粒沉降速度 u_t 的计算式。

（1）$10^{-4} < Re_t < 1$（斯托克斯公式）

$$u_t = \frac{d^2(\rho_s - \rho)g}{18\mu} \tag{2-7}$$

（2）$1 < Re_t < 1000$（阿伦公式）

$$u_t = 0.27\sqrt{\frac{d(\rho_s - \rho)g Re_t^{0.6}}{\rho}} \tag{2-8}$$

（3）$1000 < Re_t < 2 \times 10^5$（牛顿公式）

$$u_t = 1.74\sqrt{\frac{d(\rho_s - \rho)g}{\rho}} \tag{2-9}$$

由于在计算出 u_t 之前 Re_t 的大小未知，因此计算要用试差法。但当颗粒直径较小时，其沉降通常处于层流区，故斯托克斯公式应用较多。

为避免试差，在层流区取 Re_t 的上限，将式（2-7）代入式（2-3）得：

$$Re_t = \frac{du_t\rho}{\mu} = \frac{d^3(\rho_s - \rho)\rho g}{18\mu^2} \leqslant 1 \tag{2-10}$$

或

$$K^3 = \frac{d^3(\rho_s - \rho)\rho g}{\mu^2} \leqslant 18 \tag{2-11}$$

或

$$K \leqslant 2.62 \tag{2-12}$$

同理，在湍流区取 Re_t 的下限，将式（2-9）代入式（2-3）得：

$$Re_t = \frac{du_t\rho}{\mu} = 1.74\sqrt{\frac{d(\rho_s - \rho)g}{\rho}} \times \frac{d\rho}{\mu} \geqslant 1000 \tag{2-13}$$

或

$$K^3 = \frac{d^3(\rho_s - \rho)\rho g}{\mu^2} \geqslant \left(\frac{1000}{1.74}\right)^2 = 3.303 \times 10^5 \tag{2-14}$$

$$K \geqslant 69.1 \tag{2-15}$$

$K = 2.62$ 为斯托克斯公式的上限，$K = 69.1$ 为牛顿公式下限，而数群 K 不含 u_t，因此可以根据 K 的值选用相应公式计算 u_t。

[例 2-1] 直径为 $100\mu m$ 的少量玻璃珠分散于 20℃ 的清水中，已知玻璃珠的密度 $\rho_s = 2500 kg/m^3$，水的密度 $\rho = 998.2 kg/m^3$，水的黏度 $\mu = 0.001 Pa \cdot s$。试求：（1）玻璃珠的沉降速度；（2）若水以 0.03m/s 的速度向上流动，水中玻璃珠的绝对速度是多少？

解：（1）少量玻璃珠分散于水中，其沉降运动可视为自由沉降。设沉降属层流，按式（2-7），

沉降速度为 $u_t = \dfrac{d^2(\rho_s - \rho)g}{18\mu} = \dfrac{(100 \times 10^{-6})^2 \times (2500 - 998.2) \times 9.81}{18 \times 0.001} = 0.00818 m/s$

校核 Re_t　$Re_t = \dfrac{du_t\rho}{\mu} = \dfrac{100 \times 10^{-6} \times 0.00818 \times 998.2}{0.001} = 0.817 < 1$

可见层流假设成立，玻璃珠在水中的自由沉降速度为 0.00818m/s。

（2）当水以 $u = 0.03m/s$ 的速度向上流动时，水中玻璃珠的绝对速度 u_p

$$u_p = u - u_t = 0.03 - 0.00818 = 0.02182 m/s$$

即玻璃珠将以 0.0182m/s 的绝对速度向上运动。

2.1.1.4 非球形颗粒的几何特征与曳力系数

颗粒与流体相对运动时，颗粒受到的曳力与颗粒的大小、形状、表面积等几何特性直接相关。对球形颗粒，只要直径一定，其体积和表面积均可确定。对非球形颗粒，工程上通常采用与球形颗粒相对比的当量直径和球形度来表征其主要几何特征，常用的当量直径是体积当量直径 d_e。若某一非球形颗粒的体积为 V_p，将体积与之相等的球形颗粒的直径定义为该颗粒的等体积当量直径 d_e，即：

$$d_e = \sqrt[3]{\frac{6V_p}{\pi}} \tag{2-16}$$

同时将球形颗粒的表面积 S 与体积相等的非球形颗粒表面积 S_p 之比定义为非球形颗粒的形状系数（或称为球形度）：

$$\varphi_A = S/S_p \tag{2-17}$$

显然，球形颗粒的 $\varphi_A = 1$，非球形颗粒 $\varphi_A < 1$。体积相同时，颗粒形状与球形差别越大，其球形度就越小。

图 2-2 给出了非球形颗粒曳力系数随颗粒雷诺数 Re_t 变化的实验曲线。该图中非球形颗粒的雷诺数 Re_t 采用等体积当量直径为特征尺寸。由图可见，对于相同的 Re_t，颗粒球形度越小，曳力系数越大，说明颗粒所受的曳力越大。

2.1.2 流体通过固定床的流动

大量固体颗粒的堆积形成了固体颗粒层，颗粒床层中颗粒之间的空隙形成了流道。流体流过颗粒床层时，实际上是在流道中流动。由于颗粒大小不一，又任意堆积，导致形成的流道很不规则。在研究流体通过颗粒床层的流动时，首先应定义颗粒床层的特性。

2.1.2.1 颗粒床层的几何特性

颗粒床层由大量颗粒组成，颗粒大小不一，床层的几何特性既与单颗粒的几何性质有关，也与组成床层的颗粒的大小分布以及堆集状态有关。因此要表达床层的几何特性，首先要掌握颗粒的粒径分布（或称粒度分布）。

（1）粒度分布和颗粒平均直径　测量颗粒粒度有筛分法、光学法、电学法、流体力学法等多种几何或物理方法，工业上常见固定床中的混合颗粒，粒度一般大于 70 μm，通常采用筛分的方法来分析颗粒群的粒度分布。

国际标准组织 ISO 规定的标准筛是由一系列孔径不等的、筛孔为正方形的金属丝网筛组成，相邻两筛号筛孔尺寸之比为 $\sqrt{2}$。由于历史的原因，各国还保留一些不同的筛孔制，例如常见的泰勒制，即是以筛网上每英寸长度的筛孔数为筛号，国内将其称之为目数。

采用筛分的方法进行粒度分析时，根据颗粒的粒度范围选择一组筛号连续的标准筛，筛孔最小的置于底层，筛孔最大的置于顶层，依次重叠放置。过筛后，在每一号筛内比筛孔大的颗粒截留于筛上，比筛孔小的颗粒落入下一层筛。若某筛号上的筛留质量为 m_i，其质量分率为 w_i，其粒径介于上、下相邻两筛筛孔直径 d_{i-1} 和 d_i 之间，则可把这部分颗粒的直径取为：

$$d_{mi} = (d_{i-1} + d_i)/2 \tag{2-18}$$

利用筛分分析数据，还可以根据颗粒-流体两相流动过程的特点确定一个具有代表性的混合颗粒的平均直径。对于流体通过颗粒床层的流动，颗粒的比表面对流动的影响最大，通常以比表面积相等的原则定义混合颗粒的平均直径 d_m。

对于球形颗粒，密度为 ρ_s 的单位质量混合颗粒中，粒径为 d_i 的颗粒的质量分率为 w_i，则比表面：

$$a = \frac{\sum \frac{w_i a_i}{\rho_s}}{\frac{1}{\rho_s}} = \sum w_i a_i = \sum \frac{6 w_i}{d_i} \tag{2-19}$$

按比表面相等的原则，与之等效的混合颗粒平均直径：

$$d_m = \frac{6}{a} = \frac{1}{\sum \frac{w_i}{d_i}} \tag{2-20}$$

对于非球形颗粒，按同样的原则可得：

$$d_m = \frac{1}{\sum \frac{w_i}{d_{Ai}}} = \frac{1}{\sum \frac{w_i}{\varphi_{Ai} d_{ei}}} \tag{2-21}$$

式中，d_A 为颗粒的比表面积当量直径，即与非球形颗粒的比表面积相等的球形颗粒的直径，$d_A = \varphi_A d_e$。

（2）床层空隙率、自由截面和比表面　颗粒床层的几何特性是由混合颗粒的几何特性和颗粒的堆积状态共同决定的。

① 床层的空隙率　定义颗粒床层中空隙体积 V_0 与床层总体积 V_b 之比为床层空隙率 ε：

$$\varepsilon = V_0 / V_b \tag{2-22}$$

均匀球形颗粒床层的空隙率在 0.26～0.48 范围内，非均匀颗粒床层则因小颗粒可以嵌入大颗粒间的空隙之中而使床层空隙率减小。颗粒的粒度分布越宽、床层空隙率越小。乱堆的非球形颗粒床层空隙率在 0.47～0.70。

颗粒床层中空隙率并不均匀，尤其是容器壁面附近区域的空隙率总是比中心区域大，导致流动阻力减小。粒径与容器直径之比越大，这种现象越显著，称为壁效应。

② 床层的自由截面　颗粒床层横截面上可供流体流通的空隙面积称为床层自由截面。对于各向同性的颗粒床层，自由截面与床层截面之比等于床层空隙率，其分布状况与空隙率相同。靠近壁面处空隙率较大，自由截面的比例也大，因此，流动阻力较小，流速较大。

③ 床层的比表面积　定义单位体积床层具有的颗粒的表面积为床层比表面积 a_b。假设颗粒都是点接触，则床层比表面积为单位体积床层中所有颗粒的表面积之和，即：

$$a_b = (1 - \varepsilon) a \tag{2-23}$$

可见对空隙率一定的颗粒床层，比表面积主要取决于颗粒大小，颗粒越小，包含的颗粒数越多，床层比表面就越大。

2.1.2.2　流体通过固定床的压降

　　流体在颗粒床层纵横交错的空隙通道中流动，受密集而细小的颗粒表面阻力作用，流速的方向与大小时刻在变化，一方面使流体在床层截面上的流速分布趋于均匀，另一方面使流体产生相当大的压降。由于流体通道的几何结构十分复杂，其压降的理论计算十分困难，必须用实验方法解决。可以采用数学模型法，把颗粒床层的不规则通道虚拟为一组长为 L_e 的平行细管，其总的内表面积等于床层中颗粒的全部表面积，总的流动空间等于床层的全部空隙体积，如图 2-3 所示。床层的当量直径可表达为：

图 2-3　流体通过固定床的平行细管模型

$$d_{eb} = \frac{4 \times 床层的流通截面积}{床层的湿润周边}$$

分子、分母同乘 L_e，上式成为：

$$d_{eb} = \frac{4 \times 床层空隙体积}{床层颗粒的全部表面积}$$

分子、分母同除以床层总体积，则得到虚拟管组的当量直径与床层空隙率 ε 和床层比表面积 a_b 或颗粒比表面积 a 的关系为：

$$d_{eb} = \frac{4\varepsilon}{a_b} = \frac{4\varepsilon}{a(1-\varepsilon)} \tag{2-24}$$

将流体通过颗粒床层的流动简化为长为 L_e、当量直径 d_{eb} 的管内流动，因颗粒床层的阻力而引起的流体压降 Δp 可引用直管摩擦阻力损失计算公式表达为：

$$\Delta p_b = \lambda \frac{L_e}{d_{eb}} \times \frac{\rho u_1^2}{2} \tag{2-25}$$

式中，u_1 为流体在虚拟细管内的流速，等价于流体在床层颗粒空隙间的实际（平均）流速，u_1 与空床流速（又称表观流速）u、空隙率 ε 的关系为：

$$u_1 = u/\varepsilon \tag{2-26}$$

工程上为了直观对比的方便，将流体通过颗粒床层的阻力损失表达为单位床层高度上的压降：

$$\frac{\Delta p_b}{L} = \lambda \frac{L_e}{L d_{eb}} \times \frac{\rho u_1^2}{2} = \left(\lambda \frac{L_e}{8L} \right) \frac{(1-\varepsilon)a}{\varepsilon^3} \rho u^2 = \lambda' \frac{(1-\varepsilon)a}{\varepsilon^3} \rho u^2 \tag{2-27}$$

式中，λ' 称为床层流动摩擦系数，实际上是把流体通过颗粒床层的流动简化为虚拟管组流动的模型参数，其值由流动体系的特征决定。床层摩擦系数的值与床层雷诺数 Re_b 有关，Re_b 的定义为：

$$Re_b = \frac{d_{eb} u_1 \rho}{4\mu} = \frac{\rho u}{a(1-\varepsilon)\mu} \tag{2-28}$$

$\lambda' = f(Re_b)$ 的具体函数形式必须通过实验确定。康采尼（Kozeny）的实验研究发现，在床层雷诺数 $Re_b < 1$ 的情况下：

$$\lambda' = K/Re_b \tag{2-29}$$

式中，K 称为康采尼常数，其值为 5.0。将上式代入式（2-27）得到：

$$\frac{\Delta p_b}{L} = K \frac{(1-\varepsilon)^2 a^2 \mu u}{\varepsilon^3} \tag{2-30}$$

上式称康采尼方程，其适用范围为 $Re_b < 1$，误差在 10% 以内。

欧根（Ergun）在更宽的 Re_b 数范围内（0.17～420）进行实验研究，获得了如下的关联式：

$$\lambda' = \frac{4.17}{Re_b} + 0.29 \tag{2-31}$$

将该式代入式（2-27）可得：

$$\frac{\Delta p_b}{L} = 4.17 \frac{a^2 (1-\varepsilon)^2}{\varepsilon^3} \mu u + 0.29 \frac{a(1-\varepsilon)}{\varepsilon^3} \rho u^2 \tag{2-32}$$

对非球形颗粒，以颗粒的球形度 φ_A 和等体积当量直径 d_e 表示的欧根方程为：

$$\frac{\Delta p_b}{L} = 150 \frac{(1-\varepsilon)^2}{\varepsilon^3 (\varphi_A d_e)^2} \mu u + 1.75 \frac{1-\varepsilon}{\varepsilon^3 \varphi_A d_e} \rho u^2 \tag{2-33}$$

当 $Re_b < 2.8$（Re_t 约小于 10）时，欧根方程右侧第二项与第一项相比较小可以忽略，则：

$$\frac{\Delta p_b}{L} = 150 \frac{(1-\varepsilon)^2}{\varepsilon^3 (\varphi_A d_e)^2} \mu u \tag{2-34}$$

当 $Re_b > 280$（Re_t 约大于 1000）时，欧根方程右侧第一项与第二项相比较小可以忽略，则：

$$\frac{\Delta p_b}{L} = 1.75 \frac{(1-\varepsilon)}{\varepsilon^3 \varphi_A d_e} \rho u^2 \tag{2-35}$$

由此可见，流体通过床层的流动为层流时，压降与流速和黏度的一次方均成正比；流动为湍流时，压降与流速的平方成正比而与黏度无关。

2.2 沉降

沉降是利用固体颗粒或液滴与流体间的密度差，使悬浮在流体中的固体颗粒借助于外场作用力产生定向运动，从而实现与流体相分离或者使颗粒相增稠、流体相澄清的单元操作。沉降可在重力场内进行，也可在离心力场内进行。前者称为重力沉降，后者称为离心沉降。

2.2.1 重力沉降

2.2.1.1 自由沉降与干扰沉降

重力沉降是利用流体中的固体颗粒受重力作用而自然沉降的过程，是最简单的一种沉降分离方式。悬浮液中固体颗粒通常很细小，因此沉降多处于斯托克斯定律区（$Re_t < 1$），其沉降速度 u_t 的计算式(2-7)为：

$$u_t = \frac{d^2 (\rho_s - \rho) g}{18\mu} \tag{2-7}$$

重力沉降分离中，颗粒沉降速度的大小决定了两相分离的难易程度。由式(2-7)可见，沉降速度 u_t 正比于沉降推动力 $(\rho_s - \rho)g$ 和粒径的平方 d^2。当颗粒与流体的密度差不大、粒径也不大时，沉降速度会很小，因此低密度的细颗粒很难用沉降分离。

在沉降过程中，任一颗粒的沉降不因其他颗粒的存在而受干扰的沉降称为自由沉降。式(2-7)~式(2-9)是在自由沉降条件下导出的关系式。当流体中颗粒量较多时，颗粒沉降时彼此相互影响，颗粒的沉降不再是自由沉降，而是干扰沉降，这在液-固重力沉降中较为常见。

实验发现，在颗粒含量较高的浓悬浮液中，只要所含颗粒粒径大小相差不超过 6 倍，则所有颗粒都将以大致相同的速度沉降，这就是干扰沉降的表现形式。其原因为颗粒与颗粒之间相互碰撞，使大颗粒沉降受阻滞而小颗粒被加速。干扰沉降速度与颗粒浓度有关。仅当颗粒浓度 $< 0.2\%$，或者颗粒之间距离大于 10~20 倍粒径时，方可忽略颗粒之间相互作用而按自由沉降计算。

从干扰沉降条件下的间歇沉降试验可以观察到颗粒群的沉降呈现如下规律：混合均匀的悬浮液在直立圆筒中静置一段时间，即会从上到下出现 A、B、C、D 四个分区，如图 2-4 所示。A 区为清液区；B 区为均匀沉降区，该区颗粒分布均匀，浓度与原始悬浮液相同（$c = c_0$）；C 区为浓缩区，此区自上而下颗粒浓度增高、粒度也增大；D 区为沉淀堆集的沉聚区。

随着沉降过程进行，A、D 两区逐渐扩大，B 区逐渐缩小，A、B 两区界面为清液与浑液的分界面。该界面将等速下行直至与 B、C 两区的界面合并，B 区消失（$\theta = \theta_3$ 时）。A、B 界面相对于器壁下降的速度 u_c 称为原始悬浮液中颗粒的表观沉降速度。由于颗粒下降而引起的流体上升置换运动的存在，颗粒在流体中的沉降速度 u_t 要大于表观沉降速度 u_c。

B 区消失后，A、C 界面下行直至 C 区消失（$\theta = \theta_5$ 时），此时刻称为临界沉降点，体系只有 A、D 两区且界面清晰。此后便转入沉淀压缩过程，沉淀区内颗粒之间的间隙逐渐紧缩，液体被排挤而上升到清液区，颗粒压紧阶段所需的时间往往很长。

图 2-4　干扰沉降

此外，颗粒与容器壁面间的摩擦碰撞，也会对颗粒的沉降速度产生影响，这称为壁效应。颗粒粒径 d 与容器直径 D 之比值越大，壁效应影响越大。一般当 d/D 大于 0.01 时，壁效应影响会使颗粒的沉降速度减小。

2.2.1.2　降尘室

分离含尘气体中颗粒的重力沉降设备称为降尘室，如图 2-5(a) 所示，这是一种结构最为简单的重力沉降设备。含尘气体从进口经扩大段后流速降为 u，进入流通截面积为 HB 的降尘段 [图 2-5(b)]，尘粒随气流向出口端流动的同时以 u_t 的速度在垂直方向上沉降。若设颗粒的水平移动速度即气流速度，则颗粒通过长度为 L 的降尘段的时间，即流体在降尘段的停留时间为 $\theta = L/u$，而粒径为 d、沉降速度为 u_t 的颗粒从高度为 H 的顶部降至底部所需时间为 $\theta' = H/u_t$。为使颗粒在降尘室内全部沉降下来，应满足 $\theta \geqslant \theta'$，即：

$$\frac{L}{u} \geqslant \frac{H}{u_t} \tag{2-36}$$

图 2-5　降尘室

由此条件确定设备的最大生产能力（即最大处理气体流量）为：

$$q_V = uHB = u_t LB \tag{2-37}$$

可见降尘室的生产能力理论上正比于颗粒的沉降速度和沉降方向上的截面积，而与沉降室的高度无关。因此工业除尘设备多为扁平形状或一室多板结构，图 2-6 所示为常见的多层降尘室。通常隔板间距为 40～100mm，降尘室高度的选取还应注意使气体处于层流状态，故气体流速一般应低于 3m/s 甚至 1m/s，以免干扰颗粒的沉降，或将已沉降的尘粒重新扬起。

对一定结构尺寸的降尘室，当气体处理量一定时，结合式(2-2)与式(2-37)可求得理论上该降尘室所能全部捕集的最小颗粒粒径：

图 2-6　多层降尘室

1—隔板；2，6—调节阀；3—气体分配道；4—气体集聚道；5—气道；7—清灰口

$$d_{min}=\sqrt{\frac{18\mu q_V}{(\rho_s-\rho)gLB}}=\sqrt{\frac{18\mu u H}{(\rho_s-\rho)gL}} \tag{2-38}$$

显然，粒径小于 d_{min} 的颗粒在停留时间 θ 内不能全部沉降下来。

若粒径为 d 的颗粒在时间 θ 内垂直降落高度为 y：

$$y=u_t\theta=u_t\frac{L}{u} \tag{2-39}$$

如果降尘段入口处颗粒分布是均匀的，则定义该降尘室对粒径为 d 的颗粒的分离效率 η_d 为：

$$\eta_d=\frac{y}{H}=\frac{u_t\theta}{H}=\frac{u_t L}{u H}=\frac{LBu_t}{q_V} \tag{2-40}$$

[例 2-2] 欲利用重力沉降除去烟气中粒径在 $50\mu m$ 以上的烟尘，已知烟气流量为 $3000m^3/h$（标准状态计），烟气温度为 $130℃$，密度为 $0.87kg/m^3$，黏度为 $2.15\times10^{-5}Pa\cdot s$，烟尘密度为 $2150kg/m^3$。试设计一重力降尘室。

解：$130℃$ 下烟气流量　$q_V=q_{V0}\dfrac{T}{T_0}=\dfrac{3000}{3600}\times\dfrac{273+130}{273}=1.23m^3/s$

设烟尘沉降属斯托克斯定律区，若 $\rho_s-\rho\approx\rho_s$，则沉降速度为

$$u_t=\frac{d^2\rho_s g}{18\mu}=\frac{(50\times10^{-6})^2\times2150\times9.81}{18\times2.15\times10^{-5}}=0.136m/s$$

$$Re_t=\frac{u_t\rho d}{\mu}=\frac{0.136\times0.87\times50\times10^{-6}}{2.15\times10^{-5}}=0.275<1\quad\text{故以上计算有效。}$$

取沉降室内烟气流速 $u=0.5m/s$，沉降室高度 $H=2.0m$，由式(2-39) 可知，降尘室长度最小需

$$L=\frac{uH}{u_t}=\frac{2\times0.5}{0.136}=7.35m$$

显然，降尘室过长，应采用装有横向隔板的多层降尘室。取隔板数 $n=3$，每层高度 $h=0.45m$，则总高

$$H=h(n+1)=0.45\times4=1.8m$$

沉降室长度　　　　　　　$L=\dfrac{uh}{u_t}=\dfrac{0.45\times0.5}{0.136}=1.65m$

取 $L=1.8\text{m}$，则降尘室宽度 $B=\dfrac{q_V}{(n+1)hu}=\dfrac{1.23}{4\times0.45\times0.5}=1.37\text{m}$

取 $B=1.4\text{m}$。室内烟气实际流速

$$u=\frac{q_V}{(n+1)hB}=\frac{1.23}{4\times0.45\times1.4}=0.488\text{m}$$

2.2.1.3 沉降槽

沉降槽是在重力场中实现悬浮液澄清或增稠的液-固分离设备，也称为增稠器，根据操作方式有间歇式和连续式之分，图 2-7 是典型的连续沉降槽示意图。悬浮液经中心管在距液面 $0.3\sim1.0\text{m}$ 处流入沉降槽，为减少扰动，悬浮液流出的速度应较低。清液往上流动经沉降槽上缘溢出进入出水槽；固体颗粒往下沉降至底部后，由缓慢转动的刮泥机聚集进入排泥管。

图 2-7　连续沉降槽

因悬浮液中颗粒的浓度一般较高，沉降多属于干扰沉降，所以，在沉降槽中沉降增稠时，自上而下可主要分成类似于前述的干扰沉降试验所示的几个区。设计连续操作的重力沉降槽，除了遵循直径大、高度小的一般规律而外，还应根据工艺要求和物系的干扰沉降性质，恰当地确定位于液面以下料浆的进口位置，以使料浆均匀、缓和地分散到横截面上而不致引起大的扰动。任何位置处颗粒的沉降应大于清液上升速度，以保证液相澄清要求。进料位置以下还应有足够的沉降高度以保证旋转耙下方浓缩料浆达到要求的稠度。因连续沉降过程固-液两相的运动规律与间歇过程并不完全相同，利用间歇试验数据进行放大设计时应参考有关设计手册，选取安全系数。

2.2.2　离心沉降

2.2.2.1　离心沉降速度

从式(2-7)可知，小颗粒的沉降速度很小，用重力沉降难以分离。若将颗粒置于离心力场中，则其沉降速度可以大大提高，使分离效率提高。

设离心力场的旋转半径为 r，旋转角速度为 ω，则切向速度为 $u_T=r\omega$，体系受到的离心加速度为 $r\omega^2$ 或 u_T^2/r。若固体颗粒的密度大于流体的密度，则当颗粒随流体旋转时，因其所受离心力的差异，颗粒与流体在离心力方向（径向）上将发生相对运动，颗粒飞离中心，从而得以分离。颗粒在径向上相对于流体向外运动的过程，即为颗粒的离心力沉降过程。

与颗粒在重力场中的沉降受力相似，离心力场中的颗粒在径向上也受到三个力，即为径向向外的惯性离心力 F_c、径向向内的向心力 F_b 和曳力 F_D（与颗粒的运动方向相反，即径向向内）。若颗粒的切向速度为 u_T，当合力为零时有：

$$\frac{\pi}{6}d^3\rho_s\frac{u_T^2}{r}=\frac{\pi}{6}d^3\rho\frac{u_T^2}{r}+C_D\frac{\pi}{4}d^2\frac{\rho u_r^2}{2}$$

由此得颗粒在径向上的相对速度 u_r 即为该处的离心沉降速度：

$$u_r = \sqrt{\frac{4d(\rho_s - \rho)u_T^2}{3C_D\rho r}} \tag{2-41}$$

对细小的颗粒，其沉降多处于斯托克斯区（$Re_t < 1$），将曳力系数表达式代入式(2-41)，则：

$$u_r = \frac{d^2(\rho_s - \rho)u_T^2}{18\mu r} \tag{2-42}$$

比较式(2-41)与式(2-7)，有：

$$\frac{u_r}{u_t} = \alpha = \frac{u_T^2}{rg} \tag{2-43}$$

式中，α 称为离心分离因数，代表了离心力场与重力场强度之比，是一个重要的参数。由式(2-43)可见，提高转速和减小旋转半径均可使离心分离因数增大。因此，即使对密度差小、颗粒很细的体系，采用离心沉降分离也可获得很高的分离效率。

关于离心沉降速度应注意的是：

（1）离心沉降速度不是一个常量；

（2）离心沉降速度的方向为径向向外；

（3）离心沉降速度是颗粒运动绝对速度的径向分量，颗粒还受到重力的作用，但与离心力相比可忽略不计；

（4）在以上推导中设切向速度 u_T 为常数，这是以旋风分离器为代表的离心沉降设备的特点。另有一类沉降离心机，其特点是角速度 ω 为常数，此时式(2-41)中的 u_T 应用 $r\omega$ 代替。

2.2.2.2 旋风分离器

（1）旋风分离器的原理　典型的离心沉降分离设备是旋流分离器，其特征是设备静止不动，流体在设备内旋转，流体的切向速度可看作为常数。旋流分离器既可用于气-固体系，也可用于液-固体系的分离，前者称旋风分离器，后者称旋液分离器。工业上使用最多的是旋风分离器。

旋风分离器结构简单，操作方便，是系列化的气-固分离设备，广泛适用于含颗粒浓度为 $0.01 \sim 500 g/m^3$、粒度不小于 $5\mu m$ 的气体净化与颗粒回收操作。标准旋风分离器的基本结构如图 2-8 所示，主体上部为一圆柱，下部为一圆锥，上部中央有一同心排气管，各部分的尺寸均与圆柱的直径成比例。含尘气体在旋风分离器内的运动轨迹如图 2-9 所示，气体以较高的线速度沿切向进入器内，在外筒与排气管之间形成旋转向下的外旋流，到达锥底后以相同的旋向折转向上，形成内旋流，直至达到上部排气管流出。颗粒在内、外旋转流场中均受离心力作用向器壁方向抛出，在重力作用下沿壁面下落到排灰口被排出，气体因此而得到净化。

器内的静压强在器壁附近最高，往中心逐渐降低，在气芯中为负压。因此如果出口密封不良，已收集在器底的灰尘会被重新扬起，严重降低分离效率。

（2）旋风分离器的性能　旋风分离器的主要性能指标是颗粒分离效率和流体阻力损失，二者具有紧密的关系。

① 临界直径　旋风分离器能够全部除掉的最小颗粒的粒径是分离效率的标志，称为临界粒径。假定颗粒的离心沉降最大距离为排气管外壁至外筒内壁的径向间距，根据旋风分离器的几何尺寸比例，该间距等于进气矩形管宽度 B（图 2-8），又若其沉降速度可由式(2-41)计算，则该粒径的颗粒到达器壁所需的沉降时间为：

$$\theta' = \frac{B}{u_r} = \frac{18\mu B r_m}{d_c^2(\rho_s - \rho)u_T^2} \tag{2-44}$$

式中，r_m 为平均旋转半径。假定气体在旋风分离器内的旋转次数为 N（标准旋风分离器可取 $N=5$），则其停留时间为：

$$\theta = \frac{2\pi r_m N}{u_T} \tag{2-45}$$

$h = \dfrac{D}{2}$; $B = \dfrac{D}{4}$; $D_1 = \dfrac{D}{4}$;
$H_1 = 2D$; $H_2 = 2D$; $S = \dfrac{D}{8}$; $D_2 = \dfrac{D}{4}$

图 2-8　标准旋风分离器　　　　　　　　图 2-9　气体在旋风分离器的运动轨迹

为使粒径为 d_c 的颗粒在旋风分离器内全部沉降下来，应满足 $\theta \geqslant \theta'$。当 $\theta = \theta'$ 时可得其临界粒径，若取 $\rho_s - \rho \approx \rho_s$，有：

$$d_c = \sqrt{\frac{9\mu B}{\pi u_T \rho_s N}} \tag{2-46}$$

上式虽是基于一定简化假设而得，但实践证明此式较准确地表达了旋风分离器的结构参数和操作参数对分离效率的影响。

② 分离效率　理论上凡直径大于 d_c 的颗粒都能完全被分离。但事实上，在旋风分离器内由于诸多因素而造成的局部涡流可将 $d \geqslant d_c$ 的粒子在达到器壁前被气流带走，或沉降后又重新扬起；而 $d < d_c$ 的粒子，由于聚结或靠近旋风分离器外筒壁进入，也可能从气体中分离下来，实际的分离临界直径往往比计算值大。因此引入了分离效率的概念。分离效率有两种表示方法：总效率和粒级效率。

总效率即被旋风分离器除掉的总的颗粒质量占进口含尘气体中全部颗粒质量的分率：

$$\eta_0 = \frac{c_1 - c_2}{c_1} \tag{2-47}$$

式中，c_1、c_2 分别为进、出口气体中颗粒的质量浓度。

根据颗粒的粒径大小分级，将入口气体中某一粒级 d_i 的颗粒被旋风分离器分离的分率定义为粒级效率：

$$\eta_i = \frac{c_{i1} - c_{i2}}{c_{i1}} \tag{2-48}$$

式中，c_{i1}、c_{i2}分别为进、出口气体中平均粒径为d_i的颗粒的质量浓度。显然：

$$\eta_0 = \sum w_i \eta_i \qquad (2\text{-}49)$$

式中，w_i为进口气体中粒径为d_i的颗粒的质量分率。

工业上常用总效率表示旋风分离器的分离效率。但是除尘效果不仅与设备的操作性能有关，也与进口气体中颗粒的粒度分布有关。同一台设备、同样的操作条件和同样的颗粒进口浓度，分离粗颗粒时的总效率远高于分离细尘粒，因此必须用粒级效率才能准确表达旋风分离器的工作性能。粒级效率与粒径的关系曲线称为粒级效率曲线，通过测定进、出口气流中的粒子浓度和粒度分布而得到。工程上常表示成粒级效率与d/d_{50}的关系曲线，其中d_{50}称为分割直径，即粒级效率为50%的颗粒的直径。图 2-10 即为标准型旋风分离器的η_i-d_i/d_{50}关系曲线。对同一型式且尺寸比例相同的旋风分离器，可使用同一条η_i-d_i/d_{50}曲线，这给旋风分离器效率的估计带来了方便。

图 2-10　标准旋风分离器的η_i-d_i/d_{50}曲线

标准型旋风分离器的分割直径可用下式估算：

$$d_{50} = 0.27 \sqrt{\frac{\mu D}{u_{\mathrm{T}} \rho_{\mathrm{s}}}} \qquad (2\text{-}50)$$

③ 阻力损失　旋风分离器的使用场合大多具有流量大、压头低的特点，因此气体通过旋风分离器产生的流体阻力损失是设备选型和动力消耗计算的主要依据。

旋风分离器内的流场十分复杂，影响阻力的因素很多，工程上主要还是采用经验公式，即将阻力损失Δp表达为：

$$\Delta p = \zeta \frac{\rho u_{\mathrm{T}}^2}{2} \qquad (2\text{-}51)$$

式中，阻力系数ζ主要由旋风分离器的结构决定。同一结构型式，不论其尺寸大小，阻力系数ζ接近定值。对标准旋风分离器，$\zeta = 8.0$。

由式(2-51)可见，提高入口气速u_{T}虽可提高分离效率，但阻力却成平方地增加，这往往是不经济的。一般将气体通过旋风分离器的压降控制在$0.5 \sim 2\mathrm{kPa}$，即将入口气速限制在$15 \sim 25\mathrm{m/s}$范围内，而采取缩小直径、多台并联的方式以综合满足分离效率与处理大气量的要求。

(3) 旋风分离器的分类　旋风分离器种类繁多，分类方法也各有不同。根据其结构型式，旋风分离器可分为：长锥体、圆筒体、扩散式以及旁通式。我国已定型了多种系列的旋风分离器，制定了系列标准，各系列均以直径D为特性尺寸，其余尺寸均为D的倍数。常用的有XLT、XLT/A、XLP/A、XLP/B 以及 XLK 型等。除标准型旋风分离器外，常用的还有 XLP 型和 XLK 型等。

XLP 型是一种带旁路的旋风分离器，有 A、B 两种型式，图 2-11 所示为 XLP/B 型。其特点为进气口上沿稍低于筒体顶部，因此含尘气体进入筒体后随之分为两路，较大的颗粒随向下旋转的主流气体运动，沉到筒壁落下；细微粒则随一小部分气体在顶部旋转聚集形成灰环，再随气流经旁路分离室旋转向下并沿壁面落下。这种结构能促进细粉尘的聚结，故对细粉的分离效率较高。阻力系数一般为 6～7。

XLK 型（图 2-12）为扩散式旋风分离器，又称带倒锥体的旋风除尘器，并在锥的底部装有反射屏，反射屏可使已被分离的粉尘沿着锥体与反射屏之间的环缝落入灰斗，防止上升的净化气体重新把粉尘卷起带出，从而提高除尘效率。适用于捕集粒度在 5～10μm 以下的干燥的非纤维颗粒粉尘，其阻力系数在 7.5～9 之间。

$h=0.6D$
$B=0.3D$
$D_1=0.6D$
$D_2=0.3D$
$H_1=1.7D$
$H_2=2.3D$
$S=0.8D+0.3D$
$S_2=0.28D$
$a=14°$

图 2-11　XLP/B 型旋风分离器

图 2-12　XLK 型旋风分离器
$h=D$, $B=0.26D$, $D_1=0.6D$,
$D_2=0.1D$, $H_1=2D$, $H_2=3D$,
$S=1.1D$, $E=1.65D$, $\beta=45°$

[例 2-3]　用一直径为 0.3m 的 XLP/B 型旋风分离器能有效地从某流化干燥器排放的空气中分离出粒径在 10mm 以上的粉尘。空气进旋风分离器的流量为 1000m³/h（标准），温度为 200℃，颗粒密度为 2500kg/m³，并测得气体通过旋风分离器的压降为 1200Pa。现因干燥物料的变化，干燥器出口气量增至 1450m³/h（标准），温度仍为 200℃，且因管路阻力的增加，气体通过旋风分离器允许的最大压降须降至 920Pa。为完成此分离任务，拟增加一台同型号的旋风分离器，试确定此旋风分离器的尺寸。

解：由附录表查得 200℃下空气密度 $\rho=0.746kg/m^3$，黏度 $\mu=2.6\times10^{-5}Pa\cdot s$

原工况下，直径为 0.3m 的旋风分离器的入口气速 u_T 为

$$u_T=\frac{q_V}{hB}=\frac{1000\times473}{3600\times273\times0.6\times0.3\times0.3\times0.3}=29.71m/s$$

旋风分离器的阻力系数　$\zeta=\frac{2\Delta p}{\rho u_T^2}=\frac{2\times1200}{0.746\times29.71^2}=3.64$

因处理气量增加，而允许压降减小，故两台旋风分离器采用并联操作。因此，当 $\Delta p'=$

920Pa 时，旋风分离器的进口气速

$$u'_T = \sqrt{\frac{2\Delta p}{\zeta\rho}} = \sqrt{\frac{2\times920}{3.64\times0.746}} = 26\text{m/s}$$

由图 2-11 可查得 XLP/B 型标准旋风分离器的结构尺寸比例，据此计算处理气量。

$D=0.3$m 的旋风分离器处理气量

$$q_V = hBu_T = 0.6D\times0.3Du_T = 0.18\times0.3^2\times26 = 0.4212\text{m}^3/\text{s} = 1516.32\text{m}^3/\text{h}$$

增设旋风分离器需处理气量　　$q'_V = \dfrac{1450\times473}{273} - 1516.32 = 995.95\text{m}^3/\text{h}$

增设旋风器直径　$D = \sqrt{\dfrac{995.95}{3600\times0.6\times0.3\times26}} = 0.243\text{m}$

取 $D=0.25$m。

2.3　过滤

过滤是一类单元操作的总称。过滤的方式很多，适用的物系广泛，固-液、固-气、大颗粒、小颗粒都很常见。采用膜过滤甚至可以分离 10nm 大小的大分子量蛋白质和病毒粒子等。

2.3.1　过滤的基本概念

2.3.1.1　过滤介质

过滤是在推动力的作用下，位于一侧的悬浮液（或含尘气）中的流体通过多孔介质的孔道向另一侧流动，颗粒则被截留，从而实现流体与颗粒的分离操作过程，如图 2-13 所示。被过滤的悬浮液又称滤浆，过滤时截留下的颗粒层称滤饼，滤过的清液称滤液。

过滤介质即为使流体通过而颗粒被截留的多孔介质，是过滤操作的要素之一。对过滤介质的共性要求是多孔、理化性质稳定、耐用和可反复使用等。可用作过滤介质的材料很多，主要可分为如下几类。

图 2-13　过滤过程

（1）织物介质　织物是最常用的过滤介质，工业上称为滤布（网），由天然纤维、玻璃纤维、合成纤维或者金属丝编织而成。可截留的最小颗粒视网孔大小而定，一般在几到几十微米范围。

（2）多孔材料　制成片、板或管的各种多孔性固体材料，如素瓷、烧结金属或玻璃、多孔性塑料以及压紧的毡与棉等。此类介质较厚，孔道细，能截留 $1\sim3\mu m$ 的微小颗粒。

（3）固体颗粒床层　由沙、木炭之类的固体颗粒堆积而成的床层，称作滤床，用作过滤介质使含少量悬浮物的液体澄清。

（4）多孔膜　由特殊工艺合成的聚合物薄膜，最常见的是醋酸纤维膜与聚酰胺膜。膜过滤可以分离小至 5nm 的微粒。

根据工艺要求和悬浮液的性质以及颗粒浓度、粒度分布等多方面因素选择合适的过滤介质及其组合方式，往往关系到过滤操作的成败。

2.3.1.2　滤饼过滤与深层过滤

过滤有滤饼过滤和深层过滤之分。滤饼过滤使用织物、多孔材料或膜等作为过滤介质，过滤介质的孔径不一定要小于最小颗粒的粒径。过滤开始时，部分小颗粒可以进入甚至穿过介质的小孔，但很快即由颗粒的架桥作用使介质的孔径缩小形成有效的阻挡，如图 2-14 所示。被

图 2-14 架桥现象

截留在介质表面的颗粒形成称为滤饼的滤渣层，通过滤饼层的则是被净化了的滤液。随着滤饼的形成，真正起过滤介质作用的是滤饼本身，因此称作滤饼过滤。滤饼过滤主要用于含固体量较高（>1%）的场合。

深层过滤一般应用介质层较厚的滤床（如沙层、硅藻土等）作为过滤介质。颗粒小于介质孔隙，进入到介质内部，在长而曲折的孔道中被截留并附着于介质之上。深层过滤无滤饼形成，主要用于净化含固体量很少（<0.1%）的流体，如水的净化、烟气除尘等。

2.3.1.3 滤饼的压缩性和助滤剂

过滤的推动力是压差，在过滤过程中形成的滤饼也处在压差的作用下。不同结构的滤饼在压差作用下的表现是不同的，由刚性粒子构成的滤饼在压差作用下大体维持原来的空隙率，称为不可压缩性滤饼；而由一些胶体大分子形成的滤饼则会被压缩，空隙率减小，导致滤饼层对过滤的阻力增加，这样的滤饼称为可压缩性滤饼。滤饼的可压缩性用压缩指数 s 表示，s 为一恒小于 1 的常数。s 值越小，滤饼的可压缩性也越低。不可压缩滤饼 $s=0$。典型物料的压缩指数值列于表 2-1 中。显然，可压缩性滤饼对过滤是不利的。

表 2-1 典型物料的压缩指数

物料	s	物料	s
硅藻土	0.01	滑石	0.51
碳酸钙	0.19	黏土	0.56
钛白（絮凝）	0.27	硫酸锌	0.69～0.6
高岭土	0.33	氢氧化铝	0.9

当滤饼为可压缩滤饼时，为改善过滤速率，可以加入某种刚性粒子，称为助滤剂，如活性炭、硅藻土等。助滤剂加入的方式有两种：一种是直接加入到滤浆中，使形成的滤饼结构改变，成为不可压缩性；另一种是先在过滤介质上铺一层助滤剂，成为不可压缩滤饼。

2.3.1.4 过滤的操作方式

根据使用的过滤设备、过滤介质及所处理的物系的性质和产品收集的要求，过滤操作分为间歇式与连续式两种主要方式。

以滤饼过滤为例。流体通过滤饼的流动实际上是通过固定床的流动。过滤过程中滤饼不断增厚、阻力不断上升，流体的通过能力则不断减小。到达一定的阶段，必须将滤饼移去。卸料后清洗过滤介质，使被堵塞的网孔"再生"，以便新一轮操作正常运行。由此可见，滤饼过滤包括了过滤、洗涤、卸料和处理过滤介质等三个不同的阶段。很多情况下是分阶段间歇操作，不少自动化的过滤机也可以连续操作完成全部或其中部分阶段。即使连续操作，这三个阶段仍然各有其操作特性。

2.3.2 过滤设备

过滤是应用最为广泛的单元操作之一，既有各种不同类型的系列化、大型化、通用化的过滤设备载于手册与样本之中，更有许多结构新颖的过滤装置随过程工业的发展而不断问世。本节仅以工厂中最常见的板框压滤机、叶滤机和转筒真空过滤机为例进行介绍。

2.3.2.1 板框压滤机

板框式压滤机由交替排列的滤板、滤框和夹于板框之间的滤布叠合组装压紧而成，如图 2-15 所示。滤板和滤框的结构如图 2-16，在角上相同位置上开有孔，叠合时形成通道。框的孔又有暗孔通向框内。框的两侧覆以滤布，框内即为滤饼。板的表面有沟槽，以便液体流动，下端开小孔，滤液从小孔排出。板有两种，一种为洗涤板，在洗涤液通道角上开暗孔，以便让洗涤液流入；另一种无暗孔，为过滤板。为表示区别，在板或框外留一小钮或其他标记，一般过滤板为一钮，框为二钮，洗涤板为三钮。组装时，按钮数 1-2-3-2-1…的顺序排列。

图 2-15　板框压滤机

图 2-16　滤板和滤框

板框压滤机工作时液体流动路径如图 2-17 所示。在过滤阶段，悬浮液从角上的通道流入，通过滤框角上的暗孔进入滤框，滤液在压力下穿过滤框两边的滤布，沿滤布与滤板凹凸表面之间形成的沟道流下，从滤板上的出液旋塞排出。在洗涤阶段，洗涤液从另一角上的通道流入，由洗涤板角上的暗孔进入其两侧与滤布形成的凹凸空间，穿过滤布、滤饼和滤框另一侧的滤布后排出。两相比较，洗涤液的行程（包括滤饼和滤布）约为过滤终了时滤液行程的 2 倍而流通

图 2-17　板框压滤机内液体流动路径

面积却为其 1/2，因此，若洗涤压差与过滤终了时压差相等，洗涤液黏度又等于滤液黏度，则洗涤速率约为过滤终了速率的 1/4。洗涤后，拆开过滤机，卸出滤饼，然后清洗、整理、重新组装，准备下一次操作。

板框压滤机的滤板和滤框的材质可为铸铁、碳钢、不锈钢、塑料等，常用规格的板框其厚度为 25～60mm，边框长为 0.2～2.0m，框数由生产所需定，有数个至上百个不等。板框压滤机的操作压强一般在 0.3～1.0MPa 之间。

板框压滤机具有结构简单紧凑、过滤面积大并可承受较高的压差等优点。其缺点是间歇式操作，所费的装、拆、清洗时间较长，劳动强度大，生产效率较低。板框式压滤机主要用于含固体量较多的悬浮液过滤。

2.3.2.2 叶滤机

如图 2-18 所示，叶滤机的主要部件是滤叶，其操作也是间歇的。滤叶有圆形和矩形等多种，由金属丝网组成的框架上覆以滤布构成，使用时将多块平行排列的滤叶组装成一体插入筒体内，滤叶浸于悬浮液中。悬浮液在压力下送入叶滤机或借真空泵进行抽吸，过滤时滤液穿过滤布进入丝网构成的中空部分并汇集于下部总管流出，颗粒则沉积在滤布上形成滤饼，当滤饼达到一定厚度时，停止过滤。视悬浮液的性质和操作压强的大小，滤饼厚度通常在 5～35mm 之间。

过滤结束后，根据要求可通入洗涤液对滤饼进行洗涤，洗涤液的行程和流通面积与过滤终了时滤液的行程和流通面积相同，因此，在洗涤液与滤液的性质接近的情况下，洗涤速率约等于过滤终了时速率。洗涤后，可用振动或压缩空气及清水等反吹卸下滤渣。

叶滤机过滤面积大，设备紧凑，密闭操作，劳动条件较好，又不需每次循环装卸滤

图 2-18　叶滤机
1—滤饼；2—滤布；3—拔出装置；4—橡胶圈

布，劳动强度大大降低。但其结构比较复杂，造价较高。

2.3.2.3 转筒真空过滤机

转筒真空过滤机是一种连续式过滤机，其主要部件是水平安装的中空转筒，也称转鼓，如图 2-19 所示。转筒的多孔表面上覆盖有滤布，筒的下部浸入悬浮液中。转筒内部分隔成互不相通的若干扇形室，每室各与固定在端面的转动盘上的一个孔相通。转动盘与固定在机架上的固定盘紧密贴合构成分配头，转筒回转时各过滤室通过分配头依次与真空抽滤系统、洗水抽吸回收系统和压缩空气反吹系统相通。为了不使这些系统彼此串通，在固定盘上设有不与任何通道相通的非开孔区。从整个过滤机来看，相应分为过滤区、洗涤脱水区、卸料区等几个不同的工作区域，由此构成连续的过滤操作。

当转筒的某一扇形室浸入滤浆中时，与该室相通的转动盘上的小孔即与固定盘上的抽吸滤液的真空凹槽相通，依靠真空在转筒内外形成的压差在转筒表面上进行过滤，形成滤饼。随转筒转动，该扇形室带着附着在滤布上的滤饼离开悬浮液槽，依次进行滤饼洗涤、脱水直至卸下滤饼。转筒旋转一周，每一个扇形室依次完成过滤、洗涤、脱水、吸干滤饼和压缩空气吹松、刮刀卸料、反吹清洗表面等全部操作。

图 2-19　转筒真空过滤机

1—转筒；2—滤饼；3—分配头；4—刮刀；5—滤浆；6—吸走洗水的真空凹槽；

7—通入压缩空气的凹槽；8—吸走滤液的真空凹槽

转筒真空过滤机转速多在 0.1～3r/min，浸入悬浮液中的吸滤面积占全部表面的 30%～40%。滤饼厚度范围 3～40mm。具有连续进料、操作自动化等优点，且便于在转鼓表面预涂助滤剂后用于黏、细物料的过滤。但过滤推动力有限，滤饼含液量较大，常达 30%。

2.3.3　过滤计算

2.3.3.1　过滤基本方程

过滤速度的定义为：

$$u = \frac{dV}{A d\theta} \tag{2-52}$$

过滤速度是单位时间内通过单位过滤面积的滤液量，即过滤通量，是代表过滤设备生产强度的关键参数。

过滤过程可视作流体通过固定床的流动，由于构成滤饼层的颗粒细小，形成的滤液通道细小曲折，而且相互交联，成为不规则的网状结构，因此滤液在滤饼空隙中的流动一般属层流，可以应用低 Re_b 数的固定床流速与压降的公式。对于过滤阻力和过滤速度均随时间而变的滤饼过滤过程，若任意瞬时滤饼的厚度为 L，相应的滤液累计体积为 V，此时的过滤速度为 u，对应的推动力为：

$$\Delta p = \Delta p_1 + \Delta p_2 \tag{2-53}$$

式中，Δp_1 是通过滤饼的压降；Δp_2 是通过过滤介质的压降。根据欧根方程可得过滤速度 u 分别与推动力 Δp_1 与 Δp_2 的关系式。

对滤饼层：

$$u = \frac{dV}{A d\theta} = \frac{\varepsilon^3 (\varphi_A d_e)^2 \Delta p_1}{150 (1-\varepsilon)^2 L \mu} \tag{2-54}$$

式中，d_e、φ_A、ε 是滤饼颗粒及滤饼床层特征参数，令：

$$r = \frac{150 (1-\varepsilon)^2}{\varepsilon^3 (\varphi_A d_e)^2} \tag{2-55}$$

$$R = rL \tag{2-56}$$

则：

$$u = \frac{dV}{A d\theta} = \frac{\Delta p_1}{r L \mu} = \frac{\Delta p_1}{R \mu} \tag{2-57}$$

r 称为滤饼的比阻，即单位厚度滤饼的阻力，反映滤饼的性质对过滤阻力的影响，其单位为 m^{-2}。R 称为滤饼的阻力。可见，过滤速度或过滤通量正比于过滤滤饼两侧的压差、反比于滤饼的阻力和滤液的黏度。更一般地，可以归纳为如下规律：

$$过滤通量 \propto \frac{过滤推动力}{过滤阻力} \tag{2-58}$$

式(2-58)的关系不仅适用于过滤，对许多其他单元操作也有效。

同理，对过滤介质层也可写出：

$$u = \frac{dV}{A d\theta} = \frac{\Delta p_2}{r_m L_m \mu} = \frac{\Delta p_2}{R_m \mu} \tag{2-59}$$

式中，L_m 是过滤介质的厚度；r_m 为过滤介质的比阻。

一般情况下滤饼与过滤介质的过滤面积相等，所以过滤速度也相等。因此：

$$u = \frac{dV}{A d\theta} = \frac{\Delta p}{r L \mu + r_m L_m \mu} \tag{2-60}$$

滤饼体积与滤液体积是成正比的，设每获 $1 m^3$ 滤液所形成的滤饼体积为 v，则滤饼厚度为：

$$L = \frac{vV}{A} \tag{2-61}$$

过滤介质的阻力一般为定值，可将其表达为相当于厚 L_e 的当量滤饼的过滤阻力，即：

$$r_m L_m = r L_e \tag{2-62}$$

利用式(2-61)的关系进一步将上式用与 L_e 对应的当量滤液体积 V_e 表达成：

$$r_m L_m = r \frac{v V_e}{A} \tag{2-63}$$

将其代入式(2-60)得：

$$\frac{dV}{A d\theta} = \frac{A \Delta p}{r v \mu (V + V_e)} \tag{2-64}$$

或写为过滤速率的形式：

$$\frac{dV}{d\theta} = \frac{A^2 \Delta p}{r v \mu (V + V_e)} \tag{2-65}$$

式中，滤饼的比阻 r 与滤饼的可压缩性关系很大。可压缩滤饼在压差作用下变形，空隙率减小，比阻上升，可将比阻与压差的关系表示为：

$$r = r_0 \Delta p^s \tag{2-66}$$

式中，r_0 为滤饼在单位压差下的比阻；s 为恒小于 1 的滤饼压缩指数，对不可压缩滤饼，$s = 0$。

将式(2-66)代入式(2-65)，并令滤饼常数 $k = 1/(r_0 v \mu)$，得：

$$\frac{dV}{d\theta} = \frac{A^2 \Delta p^{1-s}}{r_0 v \mu (V + V_e)} = \frac{k A^2 \Delta p^{1-s}}{V + V_e} \tag{2-67}$$

此式即为过滤基本方程，代表任意瞬间的过滤速率与物性性质、操作压强差及累计滤液量之间的关系，是过滤计算最基本的关系式。由方程可知，随过滤介质表面上的滤饼厚度的增加（滤液体积与之成正比增加），过滤阻力也随之增加，若保持过滤推动力不变，则过滤速度必然下降。对过滤推动力的控制产生了具有不同特性的操作方式。

2.3.3.2　过滤过程计算

将过滤基本方程积分，可以将累积滤液量 V 表达为操作时间和操作条件等因素的函数，即过滤方程。为此必须明确各参数与时间的关系，这是由过滤操作特性决定的。最典型的操作方式是恒压过滤和恒速过滤，实际生产中常常采用这两种方式的组合。

（1）恒压过滤　恒压过滤时压差 Δp 为常数，将式(2-67)分离变量得：

$$\int_0^V 2(V+V_e)\mathrm{d}V = \int_0^\theta 2kA^2\Delta p^{1-s}\mathrm{d}\theta = \int_0^\theta KA^2\mathrm{d}\theta$$

式中，$K=2k\Delta p^{1-s}$ 称为过滤常数，单位为 $\mathrm{m^2/s}$。积分结果为：

$$V^2+2VV_e = KA^2\theta \tag{2-68}$$

上式即为恒压过滤方程。

如果用 q 代表单位面积通过的滤液体积，即：

$$q=\frac{V}{A} \tag{2-69}$$

则可将式(2-68)表达为：

$$q^2+2qq_e = K\theta \tag{2-70}$$

如果过滤介质的阻力与滤饼相比较小可以忽略不计，即 $V_e=0$，$q_e=0$，还可进一步简化。

（2）恒速过滤和先恒速后恒压过滤　恒速过滤即 $\dfrac{\mathrm{d}V}{A\mathrm{d}\theta}=u_c$ 为常数，在此条件下滤液量与过滤时间成正比：

$$V=Au_c\theta \tag{2-71}$$

或

$$q=u_c\theta \tag{2-72}$$

代入过滤基本方程得：

$$\frac{\mathrm{d}q}{\mathrm{d}\theta}=\frac{\Delta p^{1-s}}{r_0 v\mu(q+q_e)}=u_c=常数 \tag{2-73}$$

当悬浮液和过滤介质一定时，r_0、v、μ、u_c、q_e 均为常数，对不可压缩滤饼，由上式得到：

$$\Delta p=\mu r_0 v u_c^2\theta+\mu r_0 v u_c q_e = a\theta+b \tag{2-74}$$

由上式可知，要保持恒速，过滤压差即过滤推动力将随滤液量的增加而成线性增加，这将使过滤后期阶段的操作压差过高，因而是不合理的。实际中往往以较低的恒速开始过滤操作，待压差上升到一定值后，即转入恒压过滤直至终了。这种组合方式的过滤操作可以由过滤基本方程式积分求解得到：

$$(q^2-q_R^2)+2q_e(q-q_R)=K(\theta-\theta_R) \tag{2-75}$$

式中，θ_R 为转为恒压过滤时的时间；q_R 为 θ_R 时得到的滤液量；θ 为总过滤时间；q 为总滤液量。

[例 2-4]　用一台板框压滤机过滤悬浮液，滤框尺寸为 $300\mathrm{mm}\times300\mathrm{mm}\times30\mathrm{mm}$，共有滤框 20 个。已知测得每立方米滤液形成 $0.0365\mathrm{m^3}$ 滤饼。操作条件下过滤常数：$q_e=0.0268\mathrm{m^3/m^2}$，$\mu=8.007\times10^{-4}\mathrm{Pa\cdot s}$，$r_0=5.86\times10^{12}/\mathrm{m^2}$，$s=0.19$。过滤首先在 $\Delta p=0.2\mathrm{MPa}$ 恒压差下进行，在得到 $1\mathrm{m^3}$ 滤液量后，再将过滤压强差升至 $0.5\mathrm{MPa}$。试求滤饼充满框时过滤所需时间。

解：$p=0.2\mathrm{MPa}$ 时　$K=2k\Delta p^{1-s}=\dfrac{2\Delta p^{1-s}}{r_0\mu v}=\dfrac{2\times(0.2\times10^6)^{1-0.19}}{5.86\times10^{12}\times8.007\times10^{-4}\times0.0365}$

$$=2.297\times10^{-4}\mathrm{m^2/s}$$

过滤面积　　　　　　　$A=0.3^2\times2\times20=3.6\mathrm{m^2}$

根据恒压过滤方程，在 $p=0.2\mathrm{MPa}$ 下，$V_1=1.0\mathrm{m^3}$ 所需的时间为

$$\theta_1=\frac{V^2+2VV_e}{KA^2}=\frac{1^2+2\times1\times0.0268\times3.6}{2.297\times10^{-4}\times3.6^2}=400.737\mathrm{s}$$

在 $\Delta p = 0.5\text{MPa}$ 下 $K' = 2.297 \times 10^{-4} \times \left(\dfrac{0.5}{0.2}\right)^{1-0.19} = 4.825 \times 10^{-4}\text{m}^2/\text{s}$

框装满滤饼时滤饼体积 $V_s = 0.3 \times 0.3 \times 0.03 \times 20 = 0.054\text{m}^3$

框装满时所得滤液量 $V_2 = \dfrac{V_s}{v} = \dfrac{0.054}{0.0365} = 1.479\text{m}^3$

所以在 $\Delta p = 0.5\text{MPa}$ 下，滤液量从 $V_1 = 1.0\text{m}^3$ 到 $V_2 = 1.479\text{m}^3$ 所需时间为

$$\theta_2 = \frac{(V_2^2 - V_1^2) + 2q_e A(V_2 - V_1)}{K'A^2} = \frac{(1.479^2 - 1^2) + 2 \times 0.0268 \times 3.6 \times (1.479 - 1)}{4.825 \times 10^{-4} \times 3.6^2} = 204.674\text{s}$$

故过滤总需时间 $\theta = \theta_1 + \theta_2 = 400.737 + 204.674 = 605.411\text{s}$

2.3.3.3 过滤常数

过滤基本方程中的滤饼常数 k、滤饼压缩指数 s、当量滤液体积 V_e 或 q_e 和过滤常数 K 等都必须由过滤实验测定。整理式(2-70)，可以得到以 K 和 q_e 为参数的直线方程：

$$\frac{\theta}{q} = \frac{q}{K} + \frac{2q_e}{K} \tag{2-76}$$

该方程表明，在恒压过滤条件下，θ/q 与 q 的函数关系是以 $1/K$ 为斜率、$2q_e/K$ 为截距的直线，通过恒压实验测得不同时刻单位过滤面积的滤液量 q，即可由上式回归，求出 K 和 q_e。

进一步对过滤常数 K 的定义式：

$$K = 2k\Delta p^{1-s} \tag{2-77}$$

两端取对数得：

$$\lg K = \lg(2k) + (1-s)\lg(\Delta p) \tag{2-78}$$

此式是 $\lg K$ 关于 $\lg(\Delta p)$ 的直线方程，斜率为 $(1-s)$、截距为 $\lg(2k)$。在不同的压差下进行恒压过滤实验，求得与之对应的过滤常数 K，再通过上式回归，求出滤饼常数 k 和压缩指数 s。

[例 2-5] 在实验室中采用一个边长为 $0.21\text{m} \times 0.23\text{m}$ 的小型板框对某固体粉末与水的悬浮液进行过滤实验。悬浮液固体含量为 25kg/m^3，温度为 20°C。试验分别测定了在过滤压差 Δp 为 0.1MPa、0.3MPa、0.4MPa 下，在不同过滤时间下所得的滤液体积量，试验数据见本例附表1。试求：(1) 各 Δp 下的过滤常数 K 及过滤介质的当量滤液体积 q_e；(2) 滤饼常数 k 及滤饼压缩指数 s。

附表1

试验序号	Ⅰ	Ⅱ	Ⅲ
$\Delta p/\text{MPa}$	0.1	0.3	0.4
V/m^3		θ/s	
0.00	0	0	0
0.01	74.0	29.6	22.6
0.02	214.3	95.1	74.5
0.03	448.0	205.2	170.7
0.04	756.2	351.7	285.8
0.05	1120.2	530.8	423.2

解：(1) 由试验数据计算出不同条件下的 q 与 θ/q，列于本题附表2中。在直角坐标上分别标绘出不同 Δp 下的 θ/q 与 q 值，得三条直线，读取直线的斜率和截距即可求得 K 和 q_e。以试验Ⅰ为例，用最小二乘法回归得到

$$1/K = 3564.5 \qquad K = 0.000281\text{m}^2/\text{s}$$
$$2q_e/K = 329.6 \qquad q_e = 0.0462\text{m}^3/\text{m}^2$$

附表 3 中列出了试验 Ⅰ、Ⅱ、Ⅲ 的相关计算结果。

附表 2

试验序号		Ⅰ		Ⅱ		Ⅲ	
p/MPa		0.1		0.3		0.4	
V/m³	q/(m³/m²)	θ/s	θ/q/(s/m)	θ/s	θ/q/(s/m)	θ/s	θ/q/(s/m)
0.01	0.1035	74.0	714.8	29.6	285.9	22.6	218.3
0.02	0.2070	214.3	1035.1	95.1	459.3	74.5	359.8
0.03	0.3106	448.0	1442.6	205.2	660.7	170.7	549.7
0.04	0.4141	756.2	1826.2	351.7	849.4	285.8	690.2
0.05	0.5176	1120.2	2164.2	530.8	1025.5	423.2	817.6

注：过滤面积 $A=0.21 \times 0.23 \times 2 = 0.0966 \text{m}^2$。

附表 3

试验序号	Ⅰ	Ⅱ	Ⅲ
Δp/MPa	0.1	0.3	0.4
θ/q-q 直线斜率 $1/K$/(s/m²)	3564.5	1805.6	1477.0
θ/q-q 直线的截距 $2q_e/K$/(s/m)	329.6	95.43	68.43
K/(m²/s)	2.81×10^{-4}	5.54×10^{-4}	6.84×10^{-4}
q_e/(m³/m²)	0.0462	0.0264	0.0238

（2）将附表 3 中三次试验的 K-Δp 数标绘于对数坐标上，得一直线，见本例附图。读取直线的斜率和截距求得 s 和 k，即

$$s=0.365, \quad k=9.35 \times 10^{-8} \text{m}^2/(\text{Pa} \cdot \text{s})$$

2.3.3.4 滤饼的洗涤

洗涤过程既是恒压过程，又是恒速过程，而洗涤速率与滤饼的情况有关，即与过滤终了时的情况有关。从过滤设备的结构可知，若洗涤液的黏度与滤液相同，洗涤时的压差等于过滤终了时的压差，则叶滤机和转筒连续过滤机的洗涤速率约等于过滤终了时速率，而板框过滤机的洗涤速率约为过滤终了时速率的 1/4。因此：

例 2-5　附图

$$\left(\frac{\mathrm{d}V}{\mathrm{d}\theta}\right)_\mathrm{W} = \frac{1}{b}\left(\frac{\mathrm{d}V}{\mathrm{d}\theta}\right)_\mathrm{E} = \frac{KA^2}{2b(V+V_e)} \tag{2-79}$$

式中，b 为一倍数，对叶滤机和转筒连续过滤机，$b=1$；对板框过滤机，$b=4$。

若每次过滤终了以体积为 V_W 的洗水洗涤滤饼，则所需洗涤时间为：

$$\theta_\mathrm{W} = \frac{V_\mathrm{W}}{\left(\dfrac{\mathrm{d}V}{\mathrm{d}\theta}\right)_\mathrm{W}} \tag{2-80}$$

若洗涤水的黏度与滤液相差较大，或洗涤用的压差与过滤时不同，则应对洗涤速率做校正。洗涤速率与洗水的黏度成反比，与洗涤压差成正比。因此所需的洗涤时间可按下式进行校正，即：

$$\theta_\mathrm{W}' = \theta_\mathrm{W}\left(\frac{\mu_\mathrm{W}}{\mu}\right)\left(\frac{\Delta p}{\Delta p_\mathrm{W}}\right) \tag{2-81}$$

式中，θ_W' 为校正后的洗涤时间，s；θ_W 为未经校正后的洗涤时间，s；μ_W 为洗水黏度，

Pa·s；Δp 为过滤终了时刻的推动力，Pa；Δp_W 为洗涤推动力，Pa。

2.3.3.5 过滤机的生产能力

过滤机的生产能力一般以单位时间得到的滤液量 q_V 表示，当以滤饼为产品时，也有用单位时间得到的滤饼量来表示的。连续操作与间歇操作生产能力的计算方法稍有不同。

（1）间歇式过滤机 间歇式过滤机每一个操作循环包括过滤、洗涤和卸料清洗等辅助操作三个阶段。如各阶段所费的时间分别为 θ，θ_W 和 θ_D，且在一个操作循环中的过滤时间 θ 内累积滤液量为 V，则生产能力应为累积滤液量与一个操作循环所需的总的时间之比：

$$q_V = \frac{V}{\theta + \theta_W + \theta_D} = \frac{V}{\sum \theta} \tag{2-82}$$

生产中应尽量缩短辅助操作时间 θ_D 以提高生产能力。但要注意，对恒压过滤操作，在每一周期中过滤时间延长，并不意味着就一定能提高生产能力。这是因为恒压操作的过滤速率随过滤时间的延长而下降所致。

① 洗涤时间为常数时的最佳过滤周期 在一过滤周期中若获得最大生产能力，则该周期称为最佳过滤周期。由恒压过滤方程得过滤时间为：

$$\theta = \frac{V^2 + 2VV_e}{KA^2} \tag{2-83}$$

代入式（2-82），整理得：

$$q_V = \frac{KA^2V}{V^2 + 2VV_e + (\theta_W + \theta_D)KA^2} \tag{2-84}$$

将 q_V 对 V 求导并令导数为零，即 $\dfrac{dq_V}{dV} = 0$，得：

$$V^2 = (\theta_W + \theta_D)KA^2 \tag{2-85}$$

若滤布的阻力可以忽略，则有：

$$V^2 = KA^2\theta \tag{2-86}$$

代入式（2-85）可得：

$$\theta = \theta_W + \theta_D \tag{2-87}$$

② 洗涤水量与滤液量之比为常数时的最佳过滤周期 设洗涤水量与滤液量之比为 a，则洗涤时间为：

$$\theta_W = \frac{2abV(V+V_e)}{KA^2} \tag{2-88}$$

代入式（2-82），整理得：

$$q_V = \frac{KA^2V}{(1+2ab)V^2 + (2+2ab)VV_e + \theta_D KA^2} \tag{2-89}$$

将 q_V 对 V 求导并令导数为零，得：

$$V^2 = \frac{KA^2\theta_D}{1+2ab} \tag{2-90}$$

若滤布的阻力可以忽略，则有：

$$\theta = \frac{\theta_D}{1+2ab} \tag{2-91}$$

（2）连续式过滤机 连续式过滤机生产能力的定义与间歇式过滤机相同。所不同的是，在生产周期的任一时刻，过滤机不同部位同时进行着过滤、洗涤、卸饼和清洗准备的操作。可将这种分区的概念等价转换为分时的概念。无论是旋转或水平回转的过滤机，在 360°的范围内，起过滤作用的表面所占的比例是一定的，如对转筒真空过滤机，即为其浸没于料浆之中的部分占整个转筒表面的分率（图 2-20）。将浸没部分所对应的圆心角 β 与 2π 之比称为浸没度 ψ：

$$\psi = \beta/2\pi \tag{2-92}$$

对于以转速 $n(\mathrm{r/min})$ 匀速旋转的过滤机，浸没度等价于过滤时间在旋转周期中所占的比例，所以每个周期中有效的过滤时间为：

$$\theta = \frac{60\psi}{n} \tag{2-93}$$

图 2-20　浸没度

每一周期可得的滤液量为：

$$V = \sqrt{KA^2 \frac{60\psi}{n} + V_e^2} - V_e \tag{2-94}$$

从而其生产能力：

$$q_V = \frac{V}{\sum\theta} = \frac{Vn}{60} = \frac{1}{60}\left(\sqrt{60KA^2\psi n + n^2 V_e^2} - V_e n\right) \tag{2-95}$$

若介质阻力可忽略不计，则：

$$q_V = \frac{1}{60}\sqrt{60KA^2\psi n} \tag{2-96}$$

可见，转筒真空过滤机生产能力与 $\sqrt{n}$ 成正比，即转速高生产能力大。但实际操作中，转速一般不会超过 3r/min。因为转速较高时形成的滤饼薄且含液率高，这不仅会增加卸除滤饼的难度，也将影响滤饼质量和滤液收率。

[例 2-6]　用板框压滤机恒压过滤某悬浮液。悬浮液中固相质量分率为 0.1。固相密度 $\rho_s = 2000\mathrm{kg/m^3}$，液相为密度 $\rho = 1100\mathrm{kg/m^3}$ 的水溶液，1m³ 滤饼中含 600kg 溶液，其余全为固相。已知操作条件下过滤常数 $K = 9.8 \times 10^{-5}\,\mathrm{m^2/s}$，$q_e = 0.02\mathrm{m^3/m^2}$，板框尺寸为 810mm×810mm×25mm，共 26 个框。求：（1）滤框全部充满所需的时间及所得的滤液体积；（2）过滤完毕后用 0.5 m³ 清水洗涤，洗涤时表压与过滤时相同，洗水黏度为滤液黏度的 75%，求洗涤时间。

解：（1）以 1m³ 滤饼为基准求 v，设其质量为 x

$(x-600)/2000 + 600/1100 = 1$　解得　$x = 1509.1\mathrm{kg}$

滤饼中固体质量　$1509.1 - 600 = 909.1\mathrm{kg}$

对应的滤浆量　$909.1/0.1 = 9091\mathrm{kg}$

对应的滤液量　$9091 - 1509.1 = 7581.9\mathrm{kg}$

对应的滤液体积　$7581.9/1100 = 6.893\mathrm{m^3}$

滤框全部充满时的体积　$0.81^2 \times 0.025 \times 26 = 0.4265\mathrm{m^3}$

框充满时对应的滤液体积　$V = 0.4265 \times 6.893 = 2.94\mathrm{m^3}$

过滤面积　$A = 0.81^2 \times 2 \times 26 = 34.12\ \mathrm{m^2}$

$$q = V/A = 2.94/34.12 = 0.0862\ \mathrm{m^3/m^2}$$

由恒压过滤方程式　$q^2 + 2qq_e = K\theta$，知

$(0.0862)^2 + 2 \times 0.0862 \times 0.02 = 9.8 \times 10^{-5}\theta$　解得　$\theta = 111\mathrm{s}$

（2）洗涤速率　$\left(\dfrac{\mathrm{d}V}{\mathrm{d}\theta}\right)_w = \dfrac{1}{4} \times \dfrac{KA^2}{2(V+V_e)} = \dfrac{KA}{8(q+q_e)} = \dfrac{9.8 \times 10^{-5} \times 34.12}{8 \times (0.0862+0.02)} = 3.936 \times 10^{-3}\mathrm{m^3/s}$

洗涤时间　$\theta_w = \dfrac{V_w}{\left(\dfrac{\mathrm{d}V}{\mathrm{d}\theta}\right)_w} = \dfrac{0.5}{3.936 \times 10^{-3}} = 127\mathrm{s}$

校正后的洗涤时间为　$\theta_w' = \theta_w \mu_w/\mu = 127 \times 0.75 = 95.25\mathrm{s}$

[例 2-7] 过滤一种含固体颗粒为 $25kg/m^3$ 的悬浮液，实际测得其滤饼常数 $k=7.1\times 10^{-10}\ m^2/(s\cdot Pa)$，$q_e=0.03m^3/m^2$，滤饼为不可压缩，空隙率 $\varepsilon=0.4$，颗粒密度 $1800kg/m^3$，水的密度为 $1000kg/m^3$。现用一台回转真空过滤机过滤，所用介质与实验相同。已知过滤机转筒直径为 2.0m，长度为 1.2m，浸没度为 0.35，转速 n 为 0.3r/min。试求：（1）真空度为 70kPa 时，回转真空过滤机的生产能力和滤饼厚度；（2）若采用板框过滤机，过滤压差不变，完成上述同样的过滤任务，所需的过滤面积为多少？取板框过滤机过滤终时滤饼厚度为 10mm，滤饼用相当于滤液体积 1/10 的清水进行洗涤，其余辅助时间为 10min。

解：（1）过滤常数 $\qquad K=2k\Delta p=2\times 7.1\times 10^{-10}\times 70\times 10^3=9.94\times 10^{-5}\ m^2/s$

转鼓过滤面积 $A=\pi DL=3.14\times 2.0\times 1.2=7.536m^2$

回转过滤机生产能力

$$q_V=\frac{1}{60}\left(\sqrt{60KA^2\psi n+n^2V_e^2}-V_e n\right)$$

$$=\frac{1}{60}\times\left(\sqrt{60\times 9.94\times 10^{-5}\times 7.536^2\times 0.35\times 0.3+0.3^2\times 7.536^2\times 0.03^2}-7.536\times 0.03\times 0.3\right)$$

$$=2.21\times 10^{-3}\ m^3/s$$

$1m^3$ 悬浮液中固体颗粒的体积 $\quad 25/1800=0.014m^3$

$1m^3$ 悬浮液中水的体积 $\qquad 1-0.014=0.986m^3$

$1m^3$ 悬浮液所形成的滤饼中水的体积 $\quad \dfrac{0.014}{1-0.4}\times 0.4=9.33\times 10^{-3}\ m^3$

滤饼与滤液体积比 $\qquad v=\dfrac{0.014+9.33\times 10^{-3}}{0.986-9.33\times 10^{-3}}=0.024$

转筒每转一周所得滤液量 $\qquad V=\dfrac{60q_V}{n}=\dfrac{60\times 2.21\times 10^{-3}}{0.3}=0.442m^3$

故滤饼厚度 $\qquad L=\dfrac{vV}{A}=\dfrac{0.024\times 0.442}{7.536}=1.41\times 10^{-3}\ m$

（2）板框过滤机为间歇过滤操作，当滤饼厚度 $L=10mm$ 时

$$q=\frac{V}{A}=\frac{L}{v}=\frac{0.010}{0.024}=0.42m^3/m^2$$

$$\theta=\frac{q^2+2qq_e}{K}=\frac{0.42^2+2\times 0.42\times 0.03}{9.94\times 10^{-5}}=2028.17s$$

根据题意洗涤时间 $\qquad \theta_w=\dfrac{0.1\times 8q(q+q_e)}{K}=\dfrac{0.8\times 0.42\times (0.42+0.03)}{9.94\times 10^{-5}}=1521.13s$

因此当生产能力 $q_V=2.21\times 10^{-3}\ m^3/s$ 时，板框过滤机工作一个周期所得滤液量

$$V=q_V(\theta+\theta_w+\theta_D)=2.21\times 10^{-3}\times (2028.17+1521.13+600)=9.17m^3$$

所需过滤面积 $\qquad A=V/q=9.17/0.42=21.8m^2$

2.4 离心机

2.4.1 概论

离心分离是利用离心惯性力实现物料间分离的操作，在食品工业上经常碰到的是液-固相（悬浮液）或液-液相（乳浊液）的分离，实现这样的离心分离的设备称为离心机。旋风分离器或旋液分离器的分离也是离心分离，与一般离心机的不同之处在于旋风（液）分离器内物料的切向线速度为常数，而离心机内物料的角速度为常数。

离心机的主要部件为一快速旋转的转鼓，垂直或水平安装于轴上。根据分离过程原理的不同，可分为离心过滤、离心沉降两种。过滤式离心机的转鼓周壁开孔，内铺滤布或筛网，旋转时悬浮液被离心力甩向转鼓周壁，固体颗粒被筛网截留在鼓内形成滤饼，而液体由鼓壁的开孔甩离转鼓，从而实现分离。沉降式离心机的转鼓周壁无孔，悬浮液在离心力作用下，相对密度较大的固体颗粒先向鼓壁沉降形成沉渣，澄清液由转鼓顶端溢出，从而实现分离。

表征离心机分离性能的参数是其分离因数，定义为离心力场强度与重力场强度之比：

$$\alpha = r\omega^2 / g \tag{2-97}$$

离心机的旋转速度（角速度）为常数，因此分离因数应用式(2-97) 表示，而旋风分离器内气流的切向速度为常数，故用式(2-43) 表示分离因数。

依分离因数的大小，可以将离心机分为：

常速离心机　　　$\alpha < 3000$

高速离心机　　　$\alpha = 3000 \sim 5 \times 10^4$

超速离心机　　　$\alpha > 5 \times 10^4$

分离因数的极限取决于材料的强度。由于离心机转鼓转速很高，分离因数很高，在如此高的分离因数下，重力的影响可以忽略不计。

由式(2-97) 可知，增大转鼓半径和增加转速都有利于提高离心机的分离因数，特别是转速的提高比转鼓的增大更为有利。但由于设备强度的限制，两者的增加都是有限度的。

2.4.2　沉降式离心机

沉降离心机的种类很多，应用于各种悬浮液或乳浊液，尤其是粒度细小、密度差不大的体系的分离。离心分离因数达 50000 以上的超高速离心机甚至可以使不同分子量的蛋白质分子在具有密度梯度的溶液中分级。

沉降离心机的工作性能可通过图 2-21 所示转鼓内液层及颗粒运动形态加以表达。应该指出的是，由于重力与离心力相比可以忽略不计，无论转轴水平或垂直放置都不影响理论分析。

2.4.2.1　无孔转鼓离心机

此类离心机为间歇操作，以图 2-22 所示的立式转鼓沉降离心机为例。悬浮液由转鼓底部加入，随同转鼓高速旋转，在离心力作用下颗粒向转鼓壁沉降，清液则从内层溢流。随着鼓壁上沉渣增厚，液体有效流道面积减小，轴向流速增大，临界粒径随之增大，溢流液的澄清度降低，到一定程度则停止加料，降速后用机械刮刀或停机后人工卸出沉渣。这类离心机通常用于处理粒度为 $5 \sim 40 \mu m$、固液密度差大于 $50 kg/m^3$、固体含量小于 10% 的悬浮液分离。

图 2-21　沉降离心机的工作原理

图 2-22　立式转鼓沉降离心机

2.4.2.2 螺旋卸料沉降离心机

此类离心机为连续操作，有卧式和立式两种，以卧式较为多见，如图2-23所示。悬浮液经加料管由螺旋内筒进料孔进入，随同转鼓高速旋转，固体沉降到鼓壁，由与转鼓有一定转速差的螺旋向小端输送并排出，清液则由转鼓大端溢流而出。此类离心机分离因数可达6000，其处理悬浮液粒度和固体含量范围均很宽，适用面很广。可处理粒度 $2\sim5\mu m$、固体含量小于 $10\%\sim50\%$、固液密度差大于 $50kg/m^3$ 的悬浮液。

图 2-23　螺旋卸料沉降离心机

2.4.2.3 碟式离心机

又称薄层分离沉降离心机，图2-24所示是转鼓周边带排渣喷嘴的碟式离心机。这类离心机转鼓内装有一叠随转鼓一同旋转的倒锥形碟片，碟片间隙为 $0.5\sim1.5mm$。分离因数可达 $3000\sim10000$，是一种高速离心机。悬浮液由中心管引入转鼓，分配在碟片之间形成薄层流动。在离心力作用下，颗粒沉降到碟片内侧表面并向外滑动。清液则沿碟片外侧表面向内流动。碟片不仅扩展了颗粒沉降面，而且缩短了沉降距离，因此具有较大的生产能力和较高的分离效率，适于处理颗粒粒径 $0.1\sim100\mu m$、固体含量小于 25% 的悬浮液。

图 2-24　碟式离心机

图 2-25　管式离心机

2.4.2.4 管式离心机

如图2-25所示，此类离心机结构简单，转鼓（管）直径小、长度大，转速高，具有很高的分离效率，可以处理颗粒粒径为 $0.01\mu m$ 的悬浮液和难分离的乳浊液。管式离心机可连续操作，悬浮液或乳浊液由转鼓下端加入，被转鼓内的纵向肋板带动迅速达到与转鼓同角速度旋转。在离心力作用下，颗粒或重液甩向鼓壁由重液出口引出，轻液从转鼓中心部位溢出。管式离心机的离心分离因数可达 65000，属超速离心机。工业上可用于油水分离，实验室中可用于分离微生物和蛋白质。

2.4.3 过滤式离心机

离心过滤机是离心分离机的一种，在高速旋转的多孔转鼓内壁敷设滤布作为过滤介质。离心过滤的推动力由随转鼓高速旋转的液层自身的惯性离心力产生，迫使悬浮液中的液体穿过颗粒层和滤布流到转鼓外部空间。

2.4.3.1 三足式离心机

三足式离心机是世界上最早出现的离心机，图 2-26 为人工上部卸料的三足式离心机示意图，离心机的安装是使整个机体固定在三个支脚上，故名为三足式。支脚固定在地基上，在支脚上借弹簧将离心机外壳悬起，使整个机体被弹性地支撑住，处于挠性状态。当物料在转鼓内分布不均匀时，转鼓能自动调整，因而振动大大减小，起到减振作用。这种离心机的主轴粗而短，所以能保持良好的刚性，同时整个机器高度降低，有利于从上盖加料及卸料。

三足式离心机对物料的适应性强，可用于各种不同浓度和不同固相颗粒粒度的悬浮液分离，对结晶晶粒破碎小，结构简单，制造与安装方便，操作维修易于掌握，易于实现密闭操作。其主要缺点是：需要繁重的体力劳动，轴承与传动装置均在转鼓的下方，操作不方便，且液体有可能漏入而发生腐蚀。

图 2-26　三足式离心机

1—支脚；2—外壳；3—转鼓；4—电动机；5—皮带轮

2.4.3.2 刮刀卸料离心机

刮刀卸料离心机均是卧式安装的，图 2-27 为其结构示意图。分离操作时，将离心机启动到全速后，经进料管向转鼓加入被分离的悬浮液，滤液穿过过滤介质进入机壳的排出管排出。固相被过滤介质截留成为滤渣，当滤渣达到一定厚度时由料层限位器或时间继电器控制关闭加料阀，滤渣在全速下脱除液体。如果滤渣需要洗涤，开启洗液阀，洗液经洗涤管充分洗涤滤渣。之后，刮刀油缸动作推动刮刀切削滤渣，切下的滤渣落入料斗内排出，对黏性大的滤渣由螺旋输送器输出。

刮刀卸料离心机虽然是间歇式操作的离心机，但加料、分离和卸料等各道工序则都在全速下进行。所以其操作周期短、生产能力大。此外，这种离心机对物料的适应性强，设有滤渣洗涤装置，机器结构紧凑，体积小，采用了控制。其缺点是刮刀寿命短，设备震动较严重，晶体破损率较大。

2.4.3.3 活塞推料离心机

活塞推料离心机如图 2-28 所示，推送器装在转鼓内部与转鼓一同旋转并通过活塞杆与液压缸中往复运动的活塞相连。悬浮液由锥形布料器均匀分布在转鼓端部区域，滤液经滤网和鼓壁上的开孔甩出被收集，滤饼层则被往复运动的活塞推送器一段一段地往前推送。在适当的轴向位置引入洗水洗涤滤饼，洗液分别收集，脱水后的滤饼则被推出机外。

图 2-27 刮刀卸料离心机

1—加料管；2—转鼓；3—滤网；4—外壳；5—滤饼；
6—滤液；7—冲洗管；8—刮刀；9—渣槽；10—液压缸

图 2-28 活塞推料离心机

1—活塞推送器；2—转鼓；3—原料液；4—洗涤水；
5—脱水固体；6—洗涤液；7—滤液

活塞推料离心机基本上是连续式过滤离心机，各道工序除卸料为脉动之外，其余都是连续操作，所有工序都在全速下进行。因此，过滤强度大，劳动生产率高。适用于易滤滤浆中含固形物 30%～50%、粒度 0.25～10mm 物料的脱水，不宜用来分离胶状物料、无定形物料或滤饼层拱起不能维持正常的卸料。

本章主要符号

A——面积，m^2；		D——直径，m；	
K——过滤常数，m^2/s；		L——厚度，m；	
R——阻力，$1/m$；		Re——雷诺数；	
S——表面积，m^2；		V——体积，m^3；	
a——比表面积，$1/m$：		d——直径，m；	
k——滤饼常数，$m^3 \cdot s/kg$；		m——质量，kg；	
n——转速，r/s 或 r/min；		p——压强，Pa；	

q——单位过滤面积的滤液体积，$1/m$；　　　q_m——质量流量，kg/s；

q_V——体积流量，m^3/s；　　　　　　　　r——半径，m；

u——速度，m/s；　　　　　　　　　　　u_t——重力沉降速度，m/s；

u_r——离心沉降速度，m/s；　　　　　　u_T——切向速度，m/s；

v——与单位体积滤液相当的滤饼体积；　　w——质量分数；

α——离心分离因数；　　　　　　　　　ε——床层空隙率；

μ——黏度，$Pa\cdot s$；　　　　　　　　θ——时间，s；

ρ——密度，kg/m^3；　　　　　　　　　ω——旋转角速度，$1/s$。

本章习题

2-1　试求粒度为 $50\mu m$ 的某谷物的粉粒在 20℃和 100℃的常压空气中的沉降速度，已知该谷物的密度 $\rho_s=1480kg/m^3$。

2-2　密度为 $1850kg/m^3$ 的微粒，在 20℃的水中按斯托克斯定律沉降，问直径大一倍的微粒，其沉降速度相差多少？

2-3　已测得密度为 $1100kg/m^3$ 的某球形豆制品颗粒在 15℃水中的沉降速度为 $2.8mm/s$，求此豆制品颗粒的直径。

2-4　用一光滑钢球在糖蜜中沉降以测定糖蜜的黏度。试验测得密度为 $7900kg/m^3$，直径为 $0.2mm$ 的钢球在 20℃时密度为 $1400kg/m^3$ 的糖蜜中的沉降速度为 $10.2mm/s$，问此糖蜜的黏度为多少？

2-5　一矩形降尘室，长 10m，宽 5m，其中有 20 块隔板，隔板间的距离为 0.1 m，用以分离含尘气体中的微粒，微粒的密度是 $2500kg/m^3$，微粒中最小粒径为 $10\mu m$，气体的黏度为 0.0218cP，密度为 $1.1kg/m^3$。试求：(1) 最小微粒的沉降速度；(2) 若需将最小微粒沉降下来，气体的最大流速不能超过多少（m/s）？(3) 此降尘室能够处理的气体量为多少（m^3/h）？

2-6　拟用长 4m、宽 2m 的降尘室净化 $3000m^3/h$ 的常压空气，气温为 25℃，空气中含有密度 $2000kg/m^3$ 的尘粒，欲要求净化后的空气中所含尘粒小于 $10\mu m$，试确定降尘室内需设多少块隔板？

2-7　有一旋风分离器分离气流中的颗粒，在正常操作时，其进口气速为 20m/s，由于突然事故，使处理气体量减少 40%，问此旋风分离器能够完全分离出的最小颗粒将有何变化？

2-8　使用标准型旋风分离器（$B=D/4$、$A=D/2$）收集流化床煅烧器出口的碳酸钾粉尘，粉尘密度为 $2290kg/m^3$，旋风分离器的直径 $D=650mm$。在旋风分离器入口处，空气的温度为 200℃，流量为 $3800m^3/h$（200℃）时，求此设备能分离粉尘的临界直径 d_c（取 $N=5$）。

2-9　在 100℃的热空气中含砂粒之粒度分布（质量分率）为：

粒径范围/μm	10 以下	10~20	20~30	30~40	40 以上
质量分率/%	10	10	20	20	40

已知砂粒的密度为 $2200kg/m^3$，若此含尘气流在一降尘室中分离，其分离效率为 60%；在另一旋风分离器中分离，其分离效率可达 90%，现将流量降低 50%，问新的情况下两种分离器的分离效率各为若干？设砂粒的沉降均符合斯托克斯定律。

2-10 一固定床吸附器，床层由比表面积 $a = 1250 \mathrm{m}^2/\mathrm{m}^3$ 的圆柱形吸附剂组成，床层的高度为 1.5m，空隙率为 0.42。当温度为 150℃及压强为 0.02MPa（表压）时，在每平方米吸附层的截面上每小时通过 1800m³（标准状况）的混合气体，试计算通过吸附层的流体压降。已知 150℃及 0.12MPa（绝压）时该混合气体的密度为 0.8kg/m³，黏度为 2.5×10^{-5} Pa·s。

2-11 用活性炭固定床脱除某溶液的色度，溶液温度为 20℃，密度为 830kg/m³，黏度为 1.3×10^{-3} Pa·s。使用的活性炭平均粒径为 0.85mm，床层直径为 0.3m，填充高度为 0.6m，空隙率为 0.43。当活性炭层上方在大气压下保持 1.0m 液层高度，而床层下方集液容器内抽真空减压至 40kPa（真空度）时，问该溶液的处理量有多大？

2-12 恒压下过滤某含渣的果汁，由实验已测得过滤中截留的浆渣滤饼的压缩指数为 0.55。现已知在 0.2MPa 的压差下，过滤 1h 后可得 3m³ 的清果汁。问在其他条件相同下，若过滤 1h 后要得到 5m³ 的清果汁需采用多大的过滤压差？设介质阻力忽略不计。

2-13 某厂用压滤机恒压过滤某种胶状悬浮液，1m² 过滤面积过滤 15min 后得滤液 1.2m³，继续过滤至 1h，共得滤液 4m³，此时滤框已充满，即停止过滤。试依据上述测试数据确定其恒压过滤方程。如果过滤前在滤布面上涂一层助滤剂（其厚度可略而不计），则滤布阻力可降至原来的 1/3，问涂上助滤剂后滤框充满所需时间为多少？

2-14 今有一实验装置，以 0.3 MPa 的恒压过滤某水悬浮液，测得过滤常数 $K = 5 \times 10^{-5} \mathrm{m}^2/\mathrm{s}$，$q_e = 0.01 \mathrm{m}^3/\mathrm{m}^2$。又测得滤饼体积与滤液体积之比 $v = 0.08 \mathrm{m}^3/\mathrm{m}^3$。现拟在生产中采用 BMY50-810/25 型板框压滤机来过滤同样的料液，过滤压强和所用滤布也与实验时相同（此板框压滤机的 B 代表板框式，M 代表明流，Y 代表采用液压压紧装置，这一型号的滤机滤框空间的长与宽均为 810m，框的厚度为 25mm，共 20 个框）。试计算：（1）过滤至框内全部充满滤渣时所需过滤时间；（2）过滤后以相当滤液量 1/10 的清水进行洗涤，求洗涤时间；（3）洗涤后卸渣、重装等操作共需 15min，求压滤机的生产能力，以每小时平均可得多少立方米滤饼计。

2-15 有一浓度为 9.3% 的水悬浮液，固相的密度为 2200 kg/m³，于一小型过滤机中测得此悬浮液的滤饼常数 $k = 1.1 \times 10^{-9} \mathrm{m}^2/(\mathrm{Pa·s})$，滤饼的空隙率为 40%。现用一台 GP5-1.75 型回转真空过滤机进行生产（此过滤机的转鼓直径为 1.75m，长度为 0.98m，过滤面积为 5m²，浸入角度为 120°），生产时采用的转速为每分钟 0.5r，真空度为 600mmHg，试求此过滤机的生产能力（以滤液量计）和滤饼厚度。假设滤饼不可压缩，过滤介质的阻力可忽略不计。

2-16 某回转真空过滤机转速为每分钟 1.5r，今将转速提高至每分钟 2.5r，若其他情况不变，问此过滤机的生产能力有何变化？设介质阻力可忽略不计。

2-17 一台 BMS30-635/25 型板框压滤机（过滤面积为 30m²）在 0.25MPa（表压）下恒压过滤，经 30min 充满滤框，共得滤液 2.4m³，过滤后每次拆装清洗时间需 15min。现若改用一台 GP20-2.6 型回转真空过滤机来代替上述压滤机，转筒的直径为 2.6m，长为 2.6m，过滤面积有 25% 被浸没，操作真空度为 600mmHg，问真空过滤机的转速应为多少才能达到同样的生产能力？设过滤渣为不可压缩，过滤介质的阻力可忽略不计。

2-18 工厂用一台加压叶滤机过滤某种悬浮液，先以恒速过滤 15min 得到滤液 2.5m³，达到泵的最大压头，然后再继续进行恒压过滤 1h，问：（1）总共可得滤液多少（m³）？（2）如果叶滤机的去渣、重装等需 15min。此滤机的生产能力为多少（m³/h）？（3）如果要此过滤机的生产能力为最大，则每一循环应为多少时间？生产能力又是多少（m³/h）？设介质阻力忽略不计。

2-19 加压叶滤机过滤面积为 4.5m²，在 0.2MPa（表压）下用某种料浆进行恒压过滤实验，测得：

过滤时间 θ/min	5	10	15	20	25	30
滤液量 V/L	490	795	1035	1235	1425	1575

试求过滤常数 K、q_e。

2-20 有一转鼓真空过滤机，每分钟回转 2 周，每小时可得滤液 4m³。若滤布阻力忽略不计，问每小时要获得 5m³ 滤液，转鼓每分钟应回转几周？此时转鼓表面滤饼的厚度为原来的几倍？假定所用的真空度不变。

2-21 用板框压滤机过滤某糖汁。滤框边长为 810mm。已测得操作条件下过滤常数 $K=6.2\times10^{-5}\,m^2/s$，$q_e=0.01m^3/m^2$，每得 1m³ 滤液的滤饼体积为 0.1m³，滤饼洗涤及卸饼、重装等共费时 25min。要求过滤机的生产能力为 15m³/h（按滤液计）。试计算：（1）至少需几个框；（2）框的厚度。

3 | 以动量传递为特征的混合单元操作

本章讨论以混合为特征的单元操作。混合是借动量传递实现的，因此，这类单元操作的共同特征是动量传递。

混合是将两种或两种以上不同物料互相混杂，使成分浓度达到一定程度的均匀性的操作。混合需要借助外力使物料形成某种特定的运动才能进行，这就是搅拌。混合和搅拌是两个不同的术语，混合是搅拌的目的，搅拌是达到混合的手段。某种物料可以被搅拌但无混合的效果，但为达到一定程度的混合一般都需要搅拌。混合后的物料可以是均相的，也可以是非均相的。

混合在食品工业中的应用非常广泛，涉及的体系多种多样，有固-液体系、气-液体系、固-固体系等，实现混合的方法也就各不相同。对于一些非均相体系，混合的均匀度不只是要求分散质分布均匀，还要求分散质进一步微粒化，以达到更高的稳定性和更细致的均匀性。若分散相为固相，操作称为均质；若分散相为液相，操作称为乳化。

流态化也是达到混合的手段之一，在工业上流态化常常作为实现热量或质量传递的手段，一般是兼有动量传递和热量/质量传递的操作。

3.1 搅拌

3.1.1 混合的理论和搅拌器的流动特性

3.1.1.1 混合的机理

混合的均匀度指一种或几种组分的浓度或其他物理量的均匀性。在混合过程中，整个物料体积内浓度或其他物理量的分布一直在不断变化，并趋于均匀。只要混合尚未达到绝对均匀，物料内就总存在着高浓度区域和低浓度区域，两者之间进行着组分的传递。为比较全面地反映混合的均匀程度，提出了"分离强度"和"分离尺度"两个指标，两者的意义和关系见图 3-1。

图 3-1 混合均匀度的表示

分离尺度表示高浓度或低浓度区域体积的大小，更准确地说是可分散参量（如浓度、温度等）的未分散部分的大小。混合在很大程度上是流体团块之间的混合，因此某量的未分散部分就表示为流体团块大小的平均值。在图 3-1 中，黑点表示某一组分，其分布即代表了混合的均匀程度。横坐标表示分离尺度，从左往右，分离尺度越来越大，混合物的均匀度越来越低。分离尺度衡量的是宏观混合的结果。

分离强度表示相邻团块间可分散参量的差异，也就是团块中的参量值与完全混合均匀后参量的理论平均值之间的差异。在图 3-1 中，纵坐标表示分离强度，从下往上，相邻方格中黑点数目的差异越来越大，即分离强度越来越大，混合物的均匀度越来越低。分离强度衡量的是微观混合的结果。

混合过程可能有三种机理：对流混合、分子扩散混合和剪力混合。

对互不相溶组分的混合，由于混合器运动部件表面与物料间的相对运动，分离尺度逐渐降低。但因物料内部不存在分子扩散现象，故分离强度不可能降低。这种混合称对流混合。

对互溶组分的混合，除对流混合外，还存在扩散混合。当混合物分离尺度小于某值以后，由于组分间接触面积的增加及扩散距离的缩短，大大增加了溶解扩散的速率，使混合物的分离强度不断下降，混合过程就变成以扩散为主的过程，称为扩散混合。

在一般的混合过程中，往往有一个由对流混合到扩散混合的逐渐过渡过程。分离尺度大时，多为对流混合，分离尺度小时，多为扩散混合。

对高黏度流体的混合，既无明显的分子扩散，又难以造成良好的湍流以分割组分元素，混合的主要机理是剪力。剪力的作用使组分被拉成越来越薄的料层，使一种组分所独占的区域尺寸减小。如图3-2所示，平行板间有两种黏性流体，初始时

图 3-2　流体剪力的混合作用
（a）最初状态；（b）受剪力状态

主成分以离散的黑色小块存在。在剪力作用下，小块被拉长。如果剪力充分大，其厚度就会小到肉眼分不清的程度，所看到的是一片均匀的颜色。在食品工业中广泛使用的挤压设备内，混合主要是靠剪切实现的。

混合过程一般是在搅拌容器内进行的。容器内存在着两种流动：一是物料的总体循环流动；二是搅拌叶轮产生的剪切或湍动。总体流动将液体分散成较大的液团，并将其带到搅拌器内的每个部位，实现宏观上的混合。叶轮产生的剪切或湍动则同时起对流混合和扩散混合的作用。高度湍流在流体内产生旋涡，旋涡对液团有破碎作用，旋涡越小，破碎作用越大，所形成的液团也越小。湍流越强烈，所产生的旋涡越小，数量越多。此时不仅分离尺度下降较快，分离强度也因扩散作用的加强而显著下降。因此，湍流越强烈，混合作用也越强烈。

对于低黏度流体的混合，上述的两种流动均起重要作用，总体流动的作用往往更为显著。在选择搅拌叶轮和确定搅拌系统的几何尺寸时，应该尽量使两种流动之间维持一定的比例，有时还采取其他措施促进总体流动，以优化搅拌的效果。

对于两种互不相溶的液体，为减小分离尺度，必须减小液滴的尺寸。湍流程度越高，液滴的尺寸越小。另一方面，由于表面张力的作用，液滴有合并的趋向。实际的液滴尺寸取决于破碎和合并两种趋势之间的抗衡。

气体在液体中的分散与此类似，但气-液表面张力比液-液表面张力更大，而且气体与液体间的密度差大，两相间的分离容易，两相的混合就困难一些。因此，在液-液传质设备中，人们较重视两相的分离；而在气-液传质设备中，更重视气泡的形成和分布，即更重视混合。为达到小尺度的宏观混合，必须尽可能减小气泡的尺寸，而气泡的破碎主要靠高度的湍流。

固体粒子在液体中的分散比较复杂。首先是固体表面被液体所润湿，然后是粒子团被打散。若固体可溶于液体，则混合的结果是形成真溶液。分离尺度随溶解的进行而逐渐减小，同时湍流扩散使分离强度减小。若固体不可溶于液体，则粒子大小不会改变，即分离尺度不会减小，搅拌的结果是形成悬浮液。由于粒子有沉降的趋向，故搅拌器产生的流动必须阻止粒子的沉降，但不一定要形成高度均匀的悬浮液。

3.1.1.2　搅拌器的流动特性

（1）搅拌系统　混合过程一般在搅拌容器内进行。一个完整的搅拌系统如图3-3所示，一

般包括以下部件：一个圆筒形容器（称为搅拌槽），一个机械搅拌器（又称叶轮），搅拌轴，测温装置，取样装置等。搅拌叶轮一般装在中央，也有斜插，偏心安装或水平安装的。

（2）搅拌叶轮　搅拌系统中最重要的部件是搅拌叶轮。叶轮的作用是带动液体做运动，其中轴向和径向速度对混合起主要作用，轴向速度使液体形成上下循环，切向速度使液体绕轴做圆周转动，形成速度不同的液层，在离心力作用下，产生表面下凹的旋涡。不同形状的叶轮使液体做不同的运动。根据流体流入、流出搅拌叶轮的方式和叶轮产生的流体运动方式，可以把叶轮分为轴向流式叶轮和径向流式叶轮两大类。前者使液体从轴向流入叶轮，并从轴向流出，使流体做上下循环，形成总体流动，如图 3-4（a），典型的例子是螺旋桨式叶轮。后者使液体从轴向流入，从径向流出，产生较高的剪切速率。而从径向流出的液体被容器壁阻挡后分别向上和向下流动，最终也产生轴向的总体流动，如图 3-4（b），典型的例子是涡轮式叶轮。

图 3-3　典型搅拌系统

(a) 轴向叶轮　　　　(b) 径向叶轮

图 3-4　流体在搅拌容器内的流动

下面是几种常见的叶轮。

① 桨式叶轮　这是一种最简单的叶轮，一般用以处理低黏度或中等黏度的物料。图 3-5 为几种桨式叶轮，其中最简单的是平桨式叶轮，通常为双桨或四桨，是一种径向流式叶轮。对黏度较高的液体，可以在平桨上加装垂直桨叶，成为框式叶轮。锚式叶轮与框式相似，但外缘与槽壁的间隙小，便于从槽壁上除去结晶或沉淀物。框式叶轮和锚式叶轮的特点是其直径与搅拌容器直径之比都比较大，剪切作用较强，多用于高黏度流体。也可以将桨叶做成倾斜状，使搅拌器具有一定程度的轴流作用，兼有轴向流式和径向流式的优点。倾斜桨叶有两种，一种是桨叶倾斜（一般 45°），但桨叶轴与搅拌轴仍成垂直，如图 3-5（b）所示；另一种是减小桨叶轴与搅拌轴间的夹

图 3-5　桨式叶轮

（a）平桨式；（b）斜桨式；（c）斜桨式；
（d）锚桨式；（e）铰叶式；（f）框式

角，成为倒伞形，如图 3-5（c）所示。

② 涡轮式叶轮　如图 3-6 所示，在一圆盘上安装 6 个叶片，就成为涡轮式叶轮。它也是一种径向流式叶轮，其转速范围为 30～500r/min，叶端圆周速度的大小与平桨式叶轮相似。也可将叶片做成倾斜状，或取消叶板，只有 6 片叶片，此时其结构更像是桨式搅拌器。它适于

处理多种物料，混合生产能力较高，局部剪力效应也较高。若取消叶片，就成为圆盘叶轮，其边缘也可以做成锯齿状。这种叶轮的剪切作用更强。

图 3-6　涡轮式叶轮

图 3-7　螺旋桨式叶轮

③ 螺旋桨式叶轮　它由 2～3 片螺旋桨组成，见图 3-7。螺旋桨式叶轮的转速较高，可在 400r/min 以上，圆周速度比前两类叶轮高一些，最高可达 25m/s。螺旋桨式叶轮适用于低黏度液体的搅拌，是典型的轴向流式叶轮。

以上几种叶轮只是基本形状，其中每一种都有很多变型，产生各种不同的搅拌效果。

当转速较高时，液面严重下凹，甚至使叶轮暴露于空气中，将空气卷入，这就是打旋现象，如图 3-8 所示。打旋现象一方面减少了容器的有效体积，空气的卷入还会造成其他的问题，如产生泡沫等，因而对搅拌混合不利，应当设法消除。

根据打旋现象的产生原理，只要破坏旋涡的圆周运动，就能消除打旋。安装挡板是消除打旋的有效方法之一，破坏流体循环回路的对称性也是消除打旋的有效方法，还可以将叶轮倾斜安装或水平安装，或将叶轮偏心安装。推而广之，在搅拌容器内安装蛇管、导流筒甚至温度计插管都能有效地消除打旋。

图 3-8　打旋现象

3.1.1.3　标准搅拌系统

搅拌操作的计算至今尚无完善的理论，设计时多采用先做小型试验再放大的方法。搅拌系统的几何尺寸对液体流型和搅拌效果有相当重大的影响，因此有必要定义一种"标准"搅拌系统，作为对搅拌操作研究并进行放大、设计的基础。在标准搅拌系统中，所有几何尺寸均与搅拌槽直径 D 相联系。具体的几何尺寸如下。

(1) 槽为圆筒形、平底，或周边带圆角的平底，直径为 D。

(2) 液体深度 $H=D$。

(3) 挡板数目为 4，垂直安装在槽壁，并从底部起延伸到液面之上，挡板宽度 $W_b=D/10$。

(4) 叶轮直径 $d=D/3$。

(5) 叶轮下部离槽底的高度等于 d。

(6) 叶轮的几何尺寸如下。

涡轮式叶轮：叶片宽为叶轮外径的 1/5，长为叶轮外径的 1/4，叶片数为 6；

螺旋桨式叶轮：三瓣叶片，螺距等于叶轮直径；

平直桨式叶轮：叶片数为 4 或 6，叶片宽为叶轮直径的 1/5；

倾斜桨式叶轮：叶片宽仍为叶轮直径的 1/5，倾斜度为 45°。

若加装蛇管或导流筒，其几何尺寸亦有具体的定义。

3.1.1.4 叶端速度与流动状态

搅拌叶轮相当于去掉外壳的离心泵叶轮，搅拌槽内液体的流动类型同样可用 Re 衡量，但应当用叶端速度作为特性流速。叶端速度决定了叶轮区的最大剪切速率，它是衡量搅拌槽中流体动力学状态的一个重要指标，其定义为叶轮或叶片边缘的运动线速度：

$$u_0 = \pi n d \tag{3-1}$$

在计算 Re 时，以叶端速度为特性速度，以叶轮直径 d 作为特性尺寸，略去常数 π 后，Re 的定义式为：

$$Re = nd^2 \rho / \mu \tag{3-2}$$

大量实验指出，当 Re 小于 10 时为层流，此时各流体层呈平行流动，互不干扰，其结果是传质和传热都很慢。而当装有轴向流式叶轮的搅拌槽内 Re 大于 10^5，或装有径向流式叶轮的搅拌槽内 Re 大于 10^4 时，其流动为湍流。

3.1.1.5 排液量与循环量

搅拌时，液体在槽内做循环运动，液体循环速度取决于做循环运动的液体的体积流量。叶轮排出液体的体积流量称为叶轮的排液量 q_{V_p}，参与循环流动的液体的体积流量称为循环量 q_{V_c}。由于叶轮排出液的夹带作用，循环量可能远大于排液量。

叶轮排液量 q_{V_p} 可以用以下公式计算：

$$q_{V_p} = N_{qp} n d^3 \tag{3-3}$$

式中，N_{qp} 是一个无量纲数，称为排液数，它主要取决于叶轮和搅拌系统的几何尺寸，也与 Re 和下文将讨论的 Fr 有关。对于几何形状相似，又无打旋现象的系统，N_{qp} 随 Re 变化的曲线是唯一的。在湍流条件下，N_{qp} 为一常数。对螺旋桨式叶轮，N_{qp} 值为 0.5，对桨式叶轮或涡轮式叶轮，其值在 $0.785 \sim 0.85$ 之间。

搅拌槽体积与排液量之比称为排液时间，实际上是同一液体前后两次通过叶轮所用的平均时间：

$$\theta_p = V / q_{V_p} \tag{3-4}$$

类似地，可以用以下公式计算循环量和循环时间：

$$q_{V_c} = N_{qc} n d^3 \tag{3-5}$$

$$\theta_c = V / q_{V_c} \tag{3-6}$$

N_{qc} 称为循环数，与排液数 N_{qp} 相似。在湍流情况下，对于标准搅拌系统，无论何种叶轮，均有：

$$q_{V_c} / q_{V_p} = N_{qc} / N_{qp} = 1.8 \tag{3-7}$$

3.1.2 搅拌器的功率消耗

搅拌系统的功率消耗是槽内液体搅拌程度和运动状态的度量，也是搅拌系统放大的重要依据。搅拌功率与下列因素有关：叶轮直径 d，转速 n，液体的密度 ρ 和黏度 μ，重力加速度 g，搅拌槽直径 D，液体深度 H，挡板的数目、大小、位置和形状，以及搅拌槽的其他几何尺寸。对于几何相似的搅拌系统，特别是标准搅拌系统，要考虑的因素只剩下 d、n、ρ、μ、g，即有：

$$N = f(d, n, \rho, \mu, g) \tag{3-8}$$

应用量纲分析法，得到无量纲数群方程：

$$\frac{N}{\rho n^3 d^5} = A \left(\frac{d^2 n \rho}{\mu} \right)^{\alpha_1} \left(\frac{dn^2}{g} \right)^{\alpha_2} \tag{3-9}$$

或写成：

$$Np = A Re^{\alpha_1} Fr^{\alpha_2} \tag{3-10}$$

式中，Np 称为功率数，也常称为搅拌的欧拉数；Fr 称为弗鲁德（Froude）数，它代表了惯性力与重力之比。

将式（3-10）改写成：

$$\Phi = \frac{Np}{Fr^{\alpha_2}} = ARe^{\alpha_1} \tag{3-11}$$

Φ 称为功率函数。用实验测得的大量数据绘成 Φ-Re 曲线，称为功率曲线。图 3-9 即为装备涡轮式叶轮的标准搅拌系统的功率曲线，图中同时绘出了无挡板但其他尺寸相同的搅拌系统的功率曲线。

图 3-9　装备涡轮式叶轮的标准搅拌系统的功率曲线
1—有挡板；2—无挡板

从图中可见，在层流下，Φ-Re 关系在双对数坐标中为一直线。此时黏性力较大，重力影响可忽略。大量实验数据表明，此直线的斜率为 -1，因此有：

$$\Phi = \frac{K_1}{Re} \tag{3-12}$$

在湍流情形下，Φ-Re 关系为水平直线。此时有：

$$\Phi = K_2 \tag{3-13}$$

表 3-1 列出了一些搅拌叶轮装在标准搅拌系统中的 K_1 和 K_2 值。

表 3-1　某些搅拌叶轮的 K_1 和 K_2 值

搅　拌		K_1	K_2	搅　拌		K_1	K_2
螺旋桨式	三叶片，螺距＝d	41.0	0.32	桨式	双叶单平桨 $d/w=4$	43.0	2.25
	三叶片，螺距＝$2d$	43.5	1.00		$d/w=6$	36.0	1.60
涡轮式	四平片	70.0	4.50		$d/w=8$	33.0	1.15
	六平片	71.0	6.10		四叶双平桨 $d/w=6$	49.0	2.75
	六弯片	70.0	4.80		六叶三平桨 $d/w=6$	71.0	3.82
	扇形	70.0	1.65				

在过渡区，一直到 $Re=300$ 以前，功率函数 Φ 只取决于 Re。在 $Re>300$ 后开始出现打旋现象。如果用挡板或其他措施消除了旋涡，则重力的影响可以忽略，Φ 仍只与 Re 有关，可查图由 Re 求取 Φ。无挡板时，Fr 将发生影响，应先由图 3-10 根据 Re 查取 Φ 值，然后用下式求 Np 数：

$$Np = \Phi Fr^{\alpha_2} \tag{3-14}$$

式中，指数 α_2 的值可用下式计算。

$$\alpha_2 = \frac{\beta_1 - \lg Re}{\beta_2} \tag{3-15}$$

一些搅拌叶轮的 β_1 和 β_2 值见表 3-2。

表 3-2 $Re > 300$ 时一些搅拌叶轮的 β_1 和 β_2 值

叶轮型式		β_1	β_2	叶轮型式	β_1	β_2
涡轮式叶轮		1	40	0.33	2.1	18
螺旋桨式叶轮	$d/D=0.48$	2.6	1.8	0.3	1.7	18
	0.37	2.3	18	0.22	0	18

图 3-10 为若干不同型式的搅拌系统的功率曲线。其他搅拌系统的功率曲线可查有关文献。由于实际生产中使用的搅拌叶轮形式多种多样，可能查不到对应的功率曲线，此时可以根据型式相近的搅拌叶轮的功率曲线估算，再对几何形状的影响进行校正。

图 3-10   一些不同型式搅拌叶轮的功率曲线

1—螺旋桨，螺距等于直径，无挡板；2—螺旋桨，螺距等于直径，4 块宽度为 $0.1D$ 的挡板；3—螺旋桨，螺距等于 2 倍直径，无挡板；4—螺旋桨，螺距等于 2 倍直径，4 块宽度为 $0.1D$ 的挡板；5—六平叶片涡轮，无挡板；6—六平叶片涡轮，4 块宽度为 $0.1D$ 的挡板；7—六弯叶片涡轮，4 块宽度为 $0.1D$ 的挡板；8—扇形涡轮，8 个叶片，45°角，4 块宽度为 $0.1D$ 的挡板；9—平桨，2 个叶片，4 块宽度为 $0.1D$ 的挡板

[例 3-1]   用三叶螺旋桨式搅拌系统将维生素浓缩液混入糖蜜中。叶轮直径 0.9m，转速 50r/min，槽直径 1.8m。已知糖蜜的黏度为 6.6Pa·s，密度为 1520kg/m³，槽内液层深度 1.8m。试估算所需的功率。

解：$d=0.9$m，$n=50$r/min$=5/6$r/s，$\rho=1520$kg/m³，$\mu=6.6$Pa·s

$$Re = d^2 n \rho / \mu = 0.9^2 \times 5 \times 1520/(6 \times 6.6) = 155$$

由图 3-10 曲线 1 查得，并考虑到可忽略重力的影响得 $Np=1.2$

$$N = Np \cdot \rho n^3 d^5 = 1.2 \times 1520 \times \left(\frac{50}{60}\right)^3 \times 0.9^5 = 623.3\text{W}$$

由所给数据知，该系统的几何尺寸符合标准搅拌系统，故无需校正。

3.1.3   相似理论和搅拌系统的放大

3.1.3.1   搅拌系统放大的一般方法

在对某一单元操作或某一设备进行设计和操作计算时，常用的方法有两大类：一是数学模

型法，即从现有的知识出发建立描述所研究的单元操作或过程的数学模型，再通过实验确定模型中的参数；二是逐级放大法，即先在一小型设备上做试验，使表示工艺特征的参数达到生产的要求，然后按一定准则，放大到较大的设备上。逐级放大法的成本较高，但结果比较可靠。

搅拌系统的放大问题至今仍没有完全令人满意的方法，特别是没有令人满意的数学模型。然而已有相当的实践经验积累，在工业上常用的方法是逐级放大法，放大过程应遵循以下步骤。

（1）对工艺过程做分析，明确操作的具体目的，根据被处理液体的黏度、体积、含固体粒子的情况及混合过程的目的，参照各种叶轮的性能，选择合适的叶轮。

（2）确定用以表征操作目的的参数，例如单位体积功率消耗、混合时间、叶端速度等，从而确定放大准则。所谓放大准则，系指在放大过程中应保持不变的参数，这一参数应是对特定工艺过程而言最重要的参数。

（3）进行小型试验，确定各参数对工艺过程的影响，并定出放大准则的具体数值。

（4）根据放大准则进行设计计算，确定生产设备的主要几何尺寸。

（5）最后应考虑到机械、经济和其他方面的限制，例如材料的强度、振动、腐蚀等，对放大结果做必要的修正。

3.1.3.2 相似理论

逐级放大时使用的重要工具是从几何相似发展起来的相似理论。

如果大、小两系统各对应几何尺寸之间的比例相同，则此两系统为几何相似。在几何相似的系统中，各对应的几何尺寸之比称为相似常数或放大比。对图 3-11 中 3 个大小不同但几何相似的三角形，相似常数的定义为：

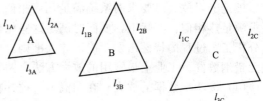

$$a_{AB} = \frac{l_{1A}}{l_{1B}} = \frac{l_{2A}}{l_{2B}} = \frac{l_{3A}}{l_{3B}} \qquad (3-16)$$

$$a_{BC} = \frac{l_{1B}}{l_{1C}} = \frac{l_{2B}}{l_{2C}} = \frac{l_{3B}}{l_{3C}} \qquad (3-17)$$

相似常数的特点是：两相似系统间只有一个放大比，当一对相似现象被另一对相似现象取代时，相似常数是变化的。在图 3-11 中，$a_{AB} \neq a_{BC}$。

图 3-11　几何相似和放大比

另一方面，如果将同一三角形的两个几何量相比，也可以得到一系列常数：

$$k_{12} = \frac{l_{1A}}{l_{2A}} = \frac{l_{1B}}{l_{2B}} = \frac{l_{1C}}{l_{2C}} \qquad (3-18)$$

$$k_{13} = \frac{l_{1A}}{l_{3A}} = \frac{l_{1B}}{l_{3B}} = \frac{l_{1C}}{l_{3C}} \qquad (3-19)$$

$$k_{23} = \frac{l_{2A}}{l_{3A}} = \frac{l_{2B}}{l_{3B}} = \frac{l_{2C}}{l_{3C}} \qquad (3-20)$$

同一三角形的两个几何量之比与另一相似三角形的相应几何量之比必然是相等的，这样定义的常数称为相似定数。当一对相似现象被另一对相似现象取代时，相似定数保持为常数。

相似的概念可以推广到物理系统。若几何相似系统的各对应位置上各物理量之比为常数，则系统为物理相似系统。例如，若两几何相似系统在对应点上的速度之比为常数，则此两系统为速度相似系统；运动相似意味着对应点的速度之比为常数；动力相似指作用在流体微团上各力中同类力的方向相同，大小成比例。几何相似、运动相似和动力相似是两个流场完全相似的重要特征和条件。

根据相似的定义可以推导出，在相似系统的对应点上，无量纲数群的值必然相等，这样的数群称为相似特征数，即无量纲数群。前面讨论过的 Re、Np、Fr 等都是相似特征数。

对于相似现象，有以下定理。

（1）凡物理相似的现象，其相似特征数的数值相等。此定理的逆定理也成立。

（2）某一现象各物理量之间的关系，可表示成相似特征数之间的函数关系，因此应以相似特征数之间的关系来处理数据。这实际上也是量纲分析法的依据。

在搅拌操作中，定义标准搅拌系统正是为了保持系统的几何相似。当满足了几何相似以后，系统的 $Re\text{-}\Phi$ 关系曲线就是唯一的，放大时就有了依据。

3.1.3.3 搅拌叶轮的选择

搅拌叶轮的选择依据，是被搅拌物料的物性（黏度、密度等）、物料的体积和工艺要求。为正确地选择叶轮，应了解各种叶轮的特性，表 3-3 列出了一些常用叶轮适用的液体黏度范围，可供参考。

表 3-3　一些常用叶轮适用的液体黏度范围

叶　　轮	黏度范围/Pa·s	叶　　轮	黏度范围/Pa·s
平桨	<10	螺旋柱	2~10
涡轮	<50	螺旋带	0.03~40
螺旋桨	<3	空气搅拌	<1
锚式	0.1~2	液体射流	<1
栅式	$1 \sim 10^5$		

3.1.3.4 搅拌系统的放大

理论上，放大时要求两系统满足几何相似、运动相似和动力相似，如伴随有传热过程，还要求满足热相似。实际上，要同时满足这些相似条件常常是不可能的。这就要求工程技术人员从分析工艺过程的特性出发，确定放大准则。所谓放大准则，即放大过程中保持不变的物理量或无量纲数群。工业上最常用的放大方法有两种：按功率消耗的放大和按工艺结果的放大。

（1）按功率数据的放大　在湍流下，搅拌槽内存在着不同大小的旋涡，大旋涡只将一小部分能量通过黏性摩擦转变为热量，大部分能量则传递给较小的旋涡；小旋涡则将大部分能量通过黏性摩擦转变为热量，同时自己本身衰减乃至消失。因此，对于小旋涡的混合起重要作用的操作，单位体积的能耗 N/V 为一重要的特征参数，应该作为放大的依据。按功率数据进行放大，必须满足的相似条件较少，放大较易成功。对于低黏度和中等黏度液体的搅拌，这是常用的放大方法。

几何相似的系统可以使用同一条功率曲线。因此，如果大、小两设备满足几何相似，在抑制打旋的条件下只要 Re 相等，功率便相等，这样就可以由小设备测得的功率来计算工业设备在 Re 相等的条件下操作时的功率消耗。如果两系统不满足几何相似，就不能使用同一条功率曲线。

（2）按工艺过程结果的放大　在工业上，搅拌是为达到一定生产效率而采用的手段。因此，根据工艺过程和目的的不同，表征操作特性的参数也不同。为找出对稳定的工艺过程而言最重要的参数，最可靠的方法是用试验来确定放大准则，其步骤如下：

① 用若干体积不同但几何相似的搅拌系统做试验，测定设备的几何尺寸，分析过程的工艺参数，确定表征工艺结果的指标，同时测定各自的操作参数如 n、N 等；

② 计算上述的数群和参数如 Re、Fr、u_0、N/V 等，将这些数群与设备的几何尺寸相关联；

③ 观察无量纲数群与工艺指标的关系，在达到所希望的工艺效果的前提下，若某一无量纲数群或参数的值大体相等，那么它就应作为放大准则。

[**例 3-2**] 某食品添加剂的生产。先用直径为 0.2m 的小型搅拌釜进行试验，小型搅拌釜的几何尺寸采用有挡板的标准搅拌系统。物料的密度为 1050kg/m³，黏度为 0.03Pa·s。在转速 1510r/min 时，获得良好的生产效果。然后再用直径分别为 0.5m 和 1m 的中试设备进行试验，达到与小型搅拌釜相同生产效果时的转速分别为 610r/min 和 300r/min。今欲制造容积为 15m³ 的大型设备，问其直径和转速应为多少？

解：根据三套设备的生产参数，分别计算 Re、Fr、nd、Np、N/V 等的值，得下表。

D/m	d/m	n/(r/s)	Re	Np	N/W	V/m³	N/V	nd/(m/s)	Fr
0.2	0.067	25.2	3915	5.5	0.00103	0.00628	0.164	5.27	4.30
0.5	0.167	10.2	9984	5.9	0.000171	0.0981	0.00174	5.32	1.76
1	0.333	5	19444	6	$4.57×10^{-5}$	0.785	$5.82×10^{-5}$	5.23	0.850

从表中可以看出，在三套试验中叶端速度大体上为一常数，因此可以确定应当用叶端速度作为放大准则。这样，取大型设备的叶端速度为 5.25m/s，由此计算

搅拌釜直径
$$D=\sqrt{\frac{4V}{\pi H}}=\sqrt[3]{\frac{4V}{\pi}}=\sqrt[3]{\frac{4×15}{\pi}}=2.67\text{m}$$

叶轮直径
$$d=\frac{D}{3}=\frac{2.67}{3}=0.89\text{m}$$

搅拌转速
$$n=\frac{u_0}{\pi d}=\frac{5.25}{3.14×0.89}=1.879\text{r/s}=113\text{r/min}$$

进一步的研究指出，湍流下单位质量流体的功率消耗与流速的三次方成正比，而与 Re 无关。这与前面的功率曲线是一致的。在几何相似的系统中，无论是轴向叶轮还是径向叶轮，在对应的几何位置上，平均流速是相等的。这样，在几何相似的系统中，对于那些以剪切为重要特征的操作，叶端速度是一重要参数，应该作为放大的依据。

此外，对常见的一些操作过程，结合经验也可确定放大准则，下面介绍一些实例。

（1）互溶液体的搅拌均质　间歇搅拌时的放大准则为循环时间不变，对几何相似系统，此准则化为转速不变。连续搅拌时的放大准则为循环流量与设备体积之比保持不变，对几何相似系统，此准则也化为转速不变。

（2）蛇管或夹套与液体间的传热　应当将流动问题和传热问题合在一起考虑，保持对流传热系数不变，或 N/V 不变，或叶端速度不变。因无法同时保持流动相似和热相似，往往难以保持几何相似。最好突破标准搅拌系统的几何尺寸比例，采用较高的 d/D 比。

（3）固-液系统中维持粒子的悬浮　一般要求维持循环速度为常数和单位体积的功率消耗为常数，这样必然无法保持几何相似，因此工业装置与试验装置之间不能保持几何相似。

（4）使固-液系统完全均匀　此时只要求维持循环速度为常数，这样完全可以而且应该保持几何相似。而对于几何相似系统，此条件意味着保持叶端速度为常数。

（5）不互溶液体的分散　理想的放大准则是同时保持单位体积的功率消耗 N/V、叶端速度 πnd 和排液时间 θ_p 不变，显然无法保持几何相似。

3.1.4　几种特殊情况下的混合和搅拌

3.1.4.1　非牛顿流体的搅拌

非牛顿流体的搅拌比牛顿流体更为复杂，不仅理论尚不成熟，经验积累也相对较少。一般的解决办法是将研究牛顿流体的方法和结果推广到非牛顿流体。将前述方法和概念应用于非牛顿流体时，Np 的定义不变，但 Re 的定义较为困难，因为黏度不是常数。常用的方法是将表

观黏度代入 Re 定义式进行计算。将指数模型应用于非牛顿流体，在平均速度梯度下的平均表观黏度为：

$$\mu_{app} = K'\left(\frac{\mathrm{d}u}{\mathrm{d}y}\right)_{av}^{n-1} \tag{3-21}$$

搅拌槽内的平均速度梯度近似地与转速成正比，即：

$$\left(\frac{\mathrm{d}u}{\mathrm{d}y}\right)_{av} = C'n \tag{3-22}$$

C' 为一常数，其值与非牛顿流体的种类和搅拌槽的几何尺寸有关。

将式(3-22)代入式(3-21)得：

$$\mu_{app} = K'(C'n)^{n-1} \tag{3-23}$$

然后将此平均表观黏度用于计算 Re：

$$Re = \frac{\rho n d}{\mu_{app}} \tag{3-24}$$

在实践中，先在小型设备中用非牛顿流体做试验，在一定转速下测功率，算出功率数 Np。然后用一高黏度牛顿流体做试验，使流动为层流，同样测功率。在功率数相等的条件下，可求出非牛顿流体的 Re，从而由 Re 的定义求出平均表观黏度 μ_{app}。求出 μ_{app} 后就可用式(3-22)求出 C' 值，常见的 C' 值在 $10\sim15$ 范围内。最后再求得其他条件下的 μ_{app} 值，从而利用功率曲线进行计算。

对宾汉姆流体，方法基本相同，但 Re 的计算略有不同，可以用：

$$Re' = \frac{n\mu_{app}Re}{n\mu_{app} + 0.1\mu_p} \tag{3-25}$$

计算时，先用黏度计测定塑性黏度 μ_p 和表观黏度 μ_{app}，再用式(3-24)由 μ_{app} 计算 Re，然后用式(3-25)计算 Re'，最后用功率曲线求取功率数和功率消耗。

3.1.4.2 高黏度流体的搅拌

在高黏度液体的混合中，混合机理主要是剪切，而剪切速率取决于固体表面之间的相对运动速度及表面间的距离。因此，用于高黏度物料的搅拌器，叶轮直径与槽径之比都相当大，常用的有：锚栅式叶轮、螺旋轴搅拌器（图 3-12）、螺旋带搅拌器和静力混合器。

3.1.4.3 浆体与塑性固体的混合

当固体和液体混合形成黏度极高的浆体（如巧克力浆）或塑性固体（如面团）时，混合物的黏度很大，流动极为困难，混合变为一仅依靠机械力来减小分离尺度的问题，所用的设备称为捏合机。

图 3-12 螺旋轴搅拌器

图 3-13 混合锅的工作原理
(a) 固定式；(b) 转动式

常用于高黏度浆体和塑性固体混合的设备有以下几种。

（1）混合锅　这是食品工业广泛应用的设备，如图 3-13 所示。图 3-13(a) 中的锅体不动，而混合元件随本身转动外兼做行星式运动；图 3-13(b) 中的锅体安装在转动轴上转动，混合元件则偏心安装于靠近锅壁处做固定的转动。

（2）捏合机　捏合机的捏合作用是由运动部件在局部区域的动作而产生，物料被压向器壁，折叠后包以更新的物料，同时物料必须被带往造成主体移动动作的区域，而局部动作又使物料的新鲜部分再次出现，如此反复进行，达到均匀捏合的目的。捏合机利用位于容器内的两个转动元件的若干混合动作的结合，尽可能达到物料移动和局部捏合、拉延和折叠的良好效果。捏合机由容器、搅拌臂（或称桨叶）、传动装置和支架等组成，如图 3-14 所示。桨叶以 Z 形桨式最为普遍，两桨叶与转轴不平行，略带螺旋形，桨叶与槽底的间隙甚小，容器装在另一固定转轴上，以便于卸料。

图 3-14　捏合机

（a）立体图；（b）桨叶的旋转方向；（c）桨叶形状

（3）螺旋式捏合机　图 3-15 所示为螺旋式捏合机，与单螺旋挤压机相似。螺杆连续转动，又沿轴做来回运动。机壳内侧有固定的凸齿，螺片上又有几个缺口。螺杆旋转时带动物料运动。同时，由于轴的往复运动，使固定齿在螺片缺口间交叉，因间隙很小，故物料同时受到轴向和径向剪力。这种设备适于处理需要较长停留时间的物料。

图 3-15　螺旋式捏合机的原理

3.1.4.4　液-固系统的混合

当固体可溶于液体时，搅拌的作用是促进其溶解。当固体不溶于液体时，整个系统成为非均相系统，搅拌的结果使系统成为悬浮液。根据搅拌强度的不同，可能出现两种不同的情况。一类是达到充分的混合，成为"均匀"的悬浮液。这里所谓"均匀"是指再增加搅拌速度已不能影响固体在容器内的分布。另一类是维持悬浮态，即固体粒子处于运动之中，整个系统并不出现沉降分层的现象，但粒子在容器内有不同浓度。对于细小粒子而言，实际上已成为均匀悬浮液，而对于较大的粒子而言，它们在容器内的分布仍是不均匀的。均匀悬浮液较接近于混合的目的，但维持悬浮状态所需的能量要少得多，而且在工艺上常常已能满足要求。从经济角度考虑，并无必要使所有的系统都达到均匀悬浮液。

因此，对于液-固系统的混合及其放大，依目的不同而有不同的方法。

（1）如果生产的目的是要求达到均匀悬浮液，那么表征此操作的为一最小转速，即达到均匀悬浮液时搅拌器的最小转速。而放大的依据有两个，一个是单位体积的功率消耗，另一个是循环速度或排液速度。对于此类问题，推荐用轴流式搅拌器。

如果搅拌器底面与容器底面较接近，那么在放大时应使 q_{V_p} 和 N/V 为常数，如果搅拌器底面与容器底面的距离较大，那么在放大时应使 q_{V_c} 和 N/V 为常数。不难看出，无论是哪一种情况，都不能维持小试设备和工业大生产设备之间的几何相似。相比较而言，搅拌器底部离容器底较近时比较有利于搅拌过程。

（2）如果生产上只需维持粒子的悬浮状态，那么也存在一个维持悬浮态的最小转速。当转速大于此最小转速以后，放大准则就是 u_c 为常数，此时可以而且应当使大设备与小型试验设备在几何上相似。对此类问题，同样应选用轴流式搅拌器。

3.1.4.5　固体的混合

固体混合的机理与捏合一样，也是对流、扩散和剪切同时发生的过程。固体混合时，重要的是防止发生分离现象。一般，两种粒子有显著密度差和粒度差者易发生分离。混合器内存在速度梯度时，因粒子群的移动也易发生分离。对干燥的颗粒，由于长时间混合而带电，也易发生分离。

影响混合速率和混合均匀度的因素甚为复杂，归纳起来有两类：一类与被混合的物料有关，包括形状、表面状态、粒度分布、密度、装载密度、含水量、休止角、流动性等；另一类与混合设备有关，包括尺寸、形状、搅拌器尺寸等，结构材料、构形和间隙、表面加工等设备结构参数，以及设备操作参数，如每批加料量、物料填充率、物料添加方法和速率、搅拌器或容器的转速等。

固体混合一般用间歇操作。主要采用两种方法：一种是利用一个容器和一个或一个以上的旋转混合元件进行混合，混合元件把物料从器底移送到上部，后面形成的空缺为由重力作用而运动的物料填补，并产生侧向的运动；另一种是使容器本身旋转，引起垂直方向的运动，侧向运动则来自于固定挡板引起的物料折流。

（1）旋转筒式混合器　最简单的设备为一绕其轴旋转的水平圆筒，但混合效率不高。图3-16 所示为几种改良型。图 3-16（a）为双锥混合器，由两个锥筒和一段短圆筒连接而成。它克服了水平转筒中物料水平运动不良的缺点，转动时物料产生强烈的滚动作用和良好的横向运动。图 3-16（b）为双联混合筒，由两段互成一定角度的圆柱连接而成。由于设备的不对称性，物料时聚时散，产生更好的混合作用。

图 3-16　旋转筒式混合器
（a）双锥混合器；（b）双联混合筒；（c）其他形式

（2）螺旋带式混合槽　在水平槽的同一轴上装有方向相反的螺旋带，使物料向两相反方向运动，同时兼有横向运动。如果两相反螺旋带使物料移动的速度有差别，物料之间就有净位移，设备就可以做成连续式。否则设备就只能为间歇式。这种混合器对稀浆体和流动性较差的粉体混合效果较好，功率消耗属中等。

（3）螺旋式混合器　在立式容器内将易流动的物料用螺旋输送器从器底提升到上部进行循环。与螺旋带式相比，具有投资低、功耗少、占地面积小的优点。其缺点是混合时间长、产量低、制品均匀性较差，较难处理潮湿或泥浆状物料。

3.2 流态化和气力输送

当流体通过颗粒床层时的流速超过某一限度时，床层就要浮起，此时床层将具有许多固定床所没有的特性，这就是流化床。用技术术语来说，将固体粒子分散在气体或液体中，使整个体系成为类似于流体体系的操作称为流态化。流化床内流体和颗粒之间的传热和传质速率高，设备结构简单，生产强度大，易于实现连续化和自动化操作。在食品工业中主要用于加热、速冻、干燥、造粒、混合、洗涤、浸出等场合，在干燥和造粒中的应用尤为广泛。但流态化也有一些缺点，床内物料的浓度趋于均一，降低了平均传质推动力；颗粒的相互撞击以及颗粒与器壁的撞击造成大量的磨损，会形成细小的粉尘。因此，流态化的应用也受到一定的限制。

当流体速度大于颗粒的沉降速度以后，固体颗粒将被气流或液流带出，称为气力输送或水力输送。在食品工业中，气力输送和水力输送都有广泛的应用。特别是气力输送，比水力输送应用更为广泛。例如采用气力输送处理谷物、麦芽、糖、可可、茶叶、碎饼干、盐等颗粒体食品，以及面粉、奶粉、鱼粉、饲料、淀粉及其他粉体食品。气力输送的优点是：

（1）可以进行长距离的连续的集中输送和分散输送，输送布置灵活，结构简单、紧凑，占地面积小，使用、维修方便；

（2）输送过程中可同时进行混合、粉碎、分级、干燥、加热、冷却和除尘等操作；

（3）输送中可避免物料受潮、污染或混入杂质，没有粉尘飞扬，操作环境良好。

另一方面，气力输送也存在动力消耗大、物料容易磨损、不能输送含油制品和潮湿易结块或黏结性物料等缺点。

3.2.1 流化床的流体力学特性

3.2.1.1 流体经过固体颗粒床层流动时的三种状态

当流体自下而上通过固体颗粒床层时，随着颗粒特性和气体速度的不同，存在着三种状态：固定床、流化床和气力输送，参阅图 3-17。相应地，流体通过床层的压降 Δp 与空床速度 u（以床层截面积计算的速度）有如图 3-18 所表示的关系。

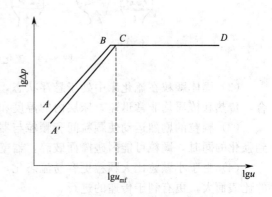

图 3-17　流体通过床层的三个变化阶段　　　　图 3-18　流化床的 Δp-u 关系

（1）固定床状态　当流体速度较小时，固体颗粒静止不动，流体从颗粒间的缝隙中流过。此时流体通过床层所产生的压降 Δp 与空塔速度 u 在对数坐标纸上成线性关系，见图 3-18 中曲线的 AB 段。这种直线关系一直延续到 u 达到某一定值，此时 Δp 约等于单位横截面积上床层的重量减去其浮力，固体颗粒位置略有调整，床层略有膨胀、变松，空隙率稍有增大，但固体颗粒仍保持紧密接触，见图中线段 BC。从开始操作至 C 点的阶段称为固定床阶段。

（2）流化床状态　固定床操作到 C 点后，床层开始发生改变，颗粒开始悬浮于流体中，成为流态化状态。在颗粒特性、床层几何尺寸和流体速度一定时，流态化系统具有确定的性质，如密度、热导率、黏度等。这时床层高度和空隙率虽不断随流速的增大而增大，但经过床层的压降基本不随流体而变，如图 3-18 中 CD 段所示，此阶段称为流化床阶段。当从 D 点开始降低流速做相反方向操作时，到达 C 点后即转入静止的固定床，而不回到 B 点的状态。这主要是由于原始固定床层经历一次流化过程之后，颗粒重新排列，成为空隙率稍为增大的固定床所致。因此流化床反向操作至 C 点后即转向沿 CA' 线的固定床操作。与 C 点相应的流速称为临界流化速度 u_{mf}，其相应的空隙率则称为临界空隙率 ε_{mf}。

（3）气力（或水力）输送状态　如果流化操作至 D 点后继续增大流速，则固体颗粒随同流体一起从流化管中带出。这时，床层空隙率增大，压降减低，颗粒在流体中形成悬浮状态。这个阶段称为气力输送阶段（或水力输送阶段）。对流化操作而言，超过 D 点，正常操作就遭到破坏。与 D 点相对应的流速称为最大流化速度（或称颗粒的带出速度或悬浮速度），以 u_t 表示。

3.2.1.2　流化床的主要特征

从外观看，流化床宛如沸腾的液体，所以又称为沸腾床。它具有以下主要特征。

（1）流化床具有类似于液体的性质。例如，密度比床层密度小的物体能浮在床层的上界面；床体倾斜时床层表面仍保持水平；颗粒能像液体那样从器壁的孔口流出；两个床层高度不同的流化床相连通时，界面能自动调整平衡；床层任意两截面间的压强关系服从静力学方程等，见图 3-19。

图 3-19　流化床类似液体的特性

（2）固体颗粒在流化床中处于悬浮状态，并做不停的剧烈运动。因此，颗粒得到强烈的混合，传热和传质均非常迅速，床层内的温度和浓度等物理量趋于均匀。

（3）颗粒的剧烈运动使颗粒间和颗粒与器壁间产生强烈的碰撞和摩擦，在使传热和传质得到强化的同时，颗粒可能因碰撞而破碎，器壁会磨损，流动阻力增加。

（4）由于小颗粒比大颗粒更容易流态化，所以流化床大多是用小颗粒实现的。这样，颗粒的比表面大，更有利于传递的进行。

（5）在气-固流化床中，由于气泡的运动，气体与颗粒的接触时间是不均匀的。以气泡形式通过床层的气体，其接触时间较短。而乳化相中的气体与颗粒的接触时间较长。

3.2.1.3　散式流态化和聚式流态化

以上所述为理想流态化的状况，但实际情况是：液-固系统的流态化比较接近于理想状况，而气-固系统的流态化则与理想状况差别较大。两种系统流化床的 Δp-u 关系示于图 3-20 中。

在液-固系统中，当流速增加到临界流化速度以上时，床层就平稳而逐渐地膨胀，空隙率逐渐变大。液体为连续相，均匀而稳定地从固体颗粒间穿过，而固体颗粒为分散相，在正常情

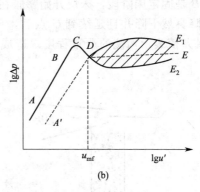

图 3-20　散式和聚式流态化的 Δp-u 关系
(a) 液-固系统流态化（散式）；(b) 气-固系统流态化（聚式）

况下，观察不到明显的不均匀现象，床层具有稳定的上界面，而且在极限速度未达到之前，压降基本保持不变。这样的床层称为散式流化床，这种流态化称为散式流态化。

气-固系统的表现则不同。当流速超过临界流化速度时，就出现很大的不稳定性。这时流化床没有稳定的上界面，界面以每秒数次的频率上下波动，压降也随之波动，但固定在图中 DE_1 和 DE_2 之间的范围内，其平均值可由 DE 来表示。从现象来看，一部分气体以"鼓泡"形式高速流经床层，另一部分气体则渗流入颗粒较为密集的"浓相区"。穿过床层的鼓泡到达床面后破裂，并向上溅起若干固体颗粒。同时床层中的固体颗粒产生剧烈的运动，发生颗粒间的混合和搅拌作用。这种床层称为聚式流化床，这种流态化称为聚式流态化。

上述将液-固和气-固系统的流态化分别归属于散式和聚式，是对一般常用的介质而言。实际上，用液体来流化较重、较大的颗粒时，也可能出现聚式流态化；相反，粒度较细、分布较宽、相对密度较小的颗粒，用气体流化，也可获得近似散式流态化的现象。

判别上述两种流态化类型的方法有多种，J. B. Bomero 和 I. N. Johanson 提出用以下数群作为判据：

$$Fr_{mf}Re_{mf}\left(\frac{\rho_s-\rho}{\rho}\right)\left(\frac{L_{mf}}{D}\right)$$

$$Re_{mf}=\frac{du_{mf}\rho}{\mu}$$

式中，ρ_s、ρ 分别为固体和流体的密度，kg/m^3；L_{mf} 为临界流化条件下的床层高度，m；μ 为流体黏度，$Pa\cdot s$；D 为流化床的直径，m。

当上式小于 100 时，为散式流态化；大于 100 时，为聚式流态化。目前工业上应用较多的是气体操作的流化床，因此大多属于聚式流态化。

3.2.1.4　流化床的不正常现象

流化床中常见的不正常现象有沟流和腾涌。

（1）沟流　沟流的特征是流体通过床层形成短路，结果是流体通过床层时分布不均匀，大量流体没有与固体颗粒很好地接触就通过床层。有沟流现象时的 Δp-u 关系如图 3-21 所

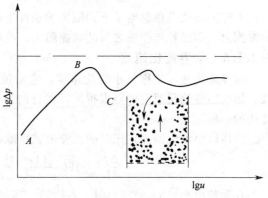

图 3-21　沟流发生后的 Δp-u 关系

示，图中 AB 是固定床阶段，床层开始膨胀在比按床层重量计算的 Δp 稍高的压降下出现，在 B 点以后压降突然下降并且延续到 C 点后，压降开始上升。但在有沟流的床层中，压降始终低于 Δp，其差值表示沟流的严重程度。造成沟流的原因主要是分布板未能使气体分布均匀、气速过小、粒度过细、颗粒密度过大或粘连等，其中分布板的合理与否特别重要。

图 3-22 腾涌发生后的 Δp-u 关系

（2）腾涌 腾涌主要发生在气-固流化床中。如果床层高度与直径之比过大，气速过高时，就会产生气泡的相互聚合，形成大气泡。当气泡直径长大到与床径相等时，就将床层分成几段，成为一段气泡一段颗粒层的相互间隔，颗粒层被气泡向上推动，到达上部后气泡破裂引起部分颗粒分散下落，这就是腾涌现象。出现腾涌现象时，气泡向上推动颗粒层，由于颗粒层与器壁的摩擦阻力造成压降大于理论值，而在气泡破裂时又低于理论值，压降 Δp 在理论值附近上下波动。图 3-22 即表示在 S 点以后发生腾涌现象。

床层发生腾涌现象，使气-固接触不良，器壁磨损加剧，同时引起设备振动，因此应该尽量避免。如床层过高，可以增加挡板，破坏气泡长大，避免腾涌现象发生。

流化床的 Δp-u 曲线可以帮助判断是否发生了不正常现象。正常操作的流化床，其 Δp-u 曲线波动是比较小的。若波动较大，可能出现了大气泡；若压降大起大落，则表明发生了腾涌；若压降低于正常操作时的压降，则可能产生了沟流，压降越低，沟流越严重。

3.2.1.5 流化床的压降

当固体颗粒床操作的流速达到临界流化速度 u_{mf} 时，颗粒就悬浮在流体中，与此相应的床层空隙率为 ε_{mf}。此时，作用在颗粒上有向下作用的重力和向上作用的浮力加流体与颗粒间的摩擦力。对于处于悬浮状态的颗粒，以上诸力应互成平衡，即：

$$L_{mf}A(1-\varepsilon_{mf})\rho_s g = L_{mf}A(1-\varepsilon_{mf})\rho g + A\Delta p \qquad (3-26)$$

整理后得：

$$\Delta p = L_{mf}(1-\varepsilon_{mf})(\rho_s-\rho)g \qquad (3-27)$$

在临界点之后，若流速继续增大，则床层空隙率 ε 和床层高度 L 也随之增大，但颗粒仍保持悬浮状态，即上述力平衡仍维持不变。由于 $L(1-\varepsilon)=L_{mf}(1-\varepsilon_{mf})$，故流化床的压降 Δp 仍保持近似定值，即：

$$\Delta p = L_{mf}(1-\varepsilon_{mf})(\rho_s-\rho)g = L(1-\varepsilon)(\rho_s-\rho)g \qquad (3-28)$$

上述关系式是在忽略了下列阻力的条件下得出的：流体与器壁的摩擦阻力、颗粒彼此之间的摩擦阻力和颗粒与器壁之间的摩擦阻力。这些阻力都很小，因此计算结果的误差不大。

3.2.1.6 临界流化速度

临界流化速度又称最小流化速度，它对流化床的研究、设计和操作都是一个很重要的参数。影响临界流化速度的因素很多，到目前为止，已提出不少半经验的计算公式。下面介绍较常用的一种。

流体以层流流经固定床时的压降公式由欧根方程给出：

$$\frac{\Delta p_b}{L} = 150\frac{(1-\varepsilon)^2}{\varepsilon^3(\varphi_A d_e)^2}\mu u + 1.75\frac{1-\varepsilon}{\varepsilon^3\varphi_A d_e}\rho u^2 \qquad (2-33)$$

在颗粒很小（$Re_t < 20$）时，右边第二项可以忽略不计，用于临界流化点时，式（3-28）与式（2-33）相等，有：

$$u_{mf} = \frac{\varphi_A^2 \varepsilon_{mf}^3 d_e^2 (\rho_s - \rho) g}{150 \mu (1 - \varepsilon_{mf})} \tag{3-29}$$

由于球形度 φ_A 和临界流化床空隙率 ε_{mf} 一般很难得到，实验发现对工业上的常见情形，$(1 - \varepsilon_{mf}) / \varphi_A^2 \varepsilon_{mf}^3 \approx 11$，因而有：

$$u_{mf} = \frac{d_e^2 (\rho_s - \rho) g}{1650 \mu} \tag{3-30}$$

式(3-30)只能给出临界流化速度的估算值。当床层由大小相差悬殊（6倍以上）的粒子组成时，不能用此式估算流化速度，因为此时小颗粒可能已经流化而大粒子则尚处于静止状态。最可靠的方法是用实验测临界流化速度。

3.2.1.7 最大流化速度和流化操作速度

最大流化速度是流化床操作中流体速度的上限，它在数值上等于颗粒的沉降速度。对沉降速度为 u_t 的粒子，当流体速度 $u_f = u_t$ 时，粒子的绝对速度为零，粒子即悬浮于流体中。只要 u_f 大于 u_t 一个极微小的数值，粒子就会被气流带走。可见流化床的最大流化速度实质上就是颗粒的沉降速度。如果流化床的颗粒为球形，且沉降是在层流区进行时，即当：

$$Re_t = \frac{d u_t \rho}{\mu} < 0.4 \tag{3-31}$$

时，可直接应用斯托克斯定律来计算 u_t。如果 $Re_t > 0.4$，则可按图3-23所示的校正系数对 u_t 进行修正。对于非球形颗粒，还要乘以如下的校正系数 C：

$$C = 0.843 \lg \frac{\varphi_A}{0.065} \tag{3-32}$$

图 3-23　不符合斯托克斯定律时的修正系数（球形粒子）

为了避免从床层中带出固体颗粒，流化床操作速度必须保持在 u_{mf} 和 u_t 之间。在计算 u_{mf} 时，须用床层中实际颗粒粒度分布的平均直径，而计算 u_t 时，则须用具有相当数量的最小颗粒的粒度。

u_t / u_{mf} 比值的大小，可作为流化操作是否机动灵活的一项指标。其上、下限值可直接采用下式来计算，如

对细颗粒，$Re_t < 0.4$：$\qquad\qquad\qquad u_t / u_{mf} = 91.6 \tag{3-33}$

对大颗粒，$Re_t > 1000$：$\qquad\qquad\qquad u_t / u_{mf} = 8.72 \tag{3-34}$

可见，大颗粒的 u_t / u_{mf} 比值较小，说明其操作灵活性较小颗粒为差。u_t / u_{mf} 之比值常在10∶1和90∶1之间。

在确定具体操作速度时，必须将工艺上许多有关因素综合地加以分析比较，然后选取合适的操作速度。工业上常用的操作速度为 $0.2 \sim 1.0 \mathrm{m/s}$。操作速度与临界流化速度之比称为流化数，即：

$$K = u_t / u_{mf} \tag{3-35}$$

[例 3-3] 具有某种粒度分布的面粉，其平均直径 $d = 200 \mu m$，密度 $\rho_s = 1400 \mathrm{kg/m^3}$。假设球形度 $\varphi_A = 1$，床层的临界空隙率 $\varepsilon_{mf} = 0.4$。以空气为流化介质，其性质为 $\mu = 0.0178 \mathrm{mPa \cdot s}$，$\rho = 1.204 \mathrm{kg/m^3}$。为避免粉粒的带出，求床层中允许的空气最小速度和最大速度。

解：本题实际是求临界流化速度和带出速度。

$$u_{mf} = \frac{\varphi_A^2 \varepsilon_{mf}^3 d_e^2 (\rho_s - \rho) g}{150 \mu (1 - \varepsilon_{mf})} = \frac{0.4^3 \times 0.0002^2 \times (1400 - 1.204) \times 9.81}{150 \times 0.0178 \times 10^{-3} \times (1 - 0.4)} = 0.0219 \mathrm{m/s}$$

$$Re_{tmf} = \frac{d u_{mf} \rho}{\mu} = \frac{0.0002 \times 0.0219 \times 1.204}{0.0178 \times 10^{-3}} = 0.296 < 20$$

故 u_{mf} 不需做校正。

$$u_t = \frac{d^2 (\rho_s - \rho) g}{18 \mu} = \frac{0.0002^2 \times (1400 - 1.204) \times 9.81}{18 \times 0.0178 \times 10^{-3}} = 1.71 \mathrm{m/s}$$

$$Re_t = \frac{d u_t \rho}{\mu} = \frac{0.0002 \times 1.71 \times 1.204}{0.0178 \times 10^{-3}} = 23.1$$

由图 3-23 查得修正系数为 0.55

故得修正后的带出速度为 $u_t = 1.71 \times 0.55 = 0.941 \mathrm{m/s}$

3.2.2　流化床的结构和计算

流化床有单层流化床和多层流化床两种，其结构主要包括：壳体、床内分布板、粉状固体回收系统、挡板及挡网、内换热器等。

单层流化床的结构比较简单。以气-固流化为例，气体自下向上通过分布板均匀上升，使固体流态化，固体物料则连续加入和排出，固体与气体之间可以是逆流，也可以是并流。流化床内气体和固体颗粒存在着返混的现象，会降低传质推动力，尤以并流为甚。针对这样的缺点，可采取多层流化床结构。固体颗粒从最上层加入，逐层向下流动，达到多级逆流操作的目的。

多层流化床的结构和操作远比单层床复杂。特别是固体物料下降所经的溢流装置，既要保证固体能顺利溢流，又要使气体不致通过溢流管上升。

流态化设备的总高度为密相段（浓相区）的高度和稀相段（分离区）的高度之和，此两段高度实际上就是膨胀高度和分离高度。

流化操作进入临界点后，继续增大流速，床层就开始膨胀，空隙率和床层高度也逐渐增大。对于液-固系统，许多研究者提出了空隙率 ε 与流化速度 u 的关联式，如对散式流化床有：

$$u / u_t = \varepsilon^n \tag{3-36}$$

式中，n 是 Re_t 的函数，其关系为：

当 $0.2 < Re_t < 1$ 时，　　　　　　$n = \left(4.35 + 175 \dfrac{d}{D}\right) Re_t^{-0.03}$

当 $1 < Re_t < 200$ 时，　　　　　　$n = \left(4.45 + 18 \dfrac{d}{D}\right) Re_t^{-0.1}$

当 $200 < Re_t < 500$ 时，　　　　　$n = 4.45 Re_t^{-0.1}$

当 $Re_t > 500$ 时，　　　　　　　　$n = 2.39$

已知不同速度下的空隙率，可以算出在此速度下床层的膨胀高度：

$$R = \frac{L}{L_{mf}} = \frac{1 - \varepsilon_{mf}}{1 - \varepsilon} \tag{3-37}$$

式中，$R = L/L_{mf}$ 称为膨胀比。

分离高度也称夹带分离高度。流化床中固体颗粒有不同的粒度，带出速度大于操作速度的粒子上升至一定高度后会落回床层，而带出速度小于操作速度的粒子则会被气流带走。因此床层表面以上的空间中，气流中粒子的夹带量不同。而在某一高度之后，粒子夹带量才趋于一定值而不再减小。夹带分离高度是指夹带接近于常数的气体出口处距床层料面的高度。图 3-24 表示分离高度与流化床直径及气速之间的关系。

图 3-24 分离高度与流化床直径及气速之间的关系

流化床的直径可根据通过床层的气体总量 q_V 和流化床的操作速度 u 用体积流量公式计算。

3.2.3 气力输送

当流体速度超过带出速度后，物料即被流体带走，利用此原理可以在管内输送固体粉末或固体颗粒。工业上常用的是利用空气的流动来输送物料，称为气力输送。随着气体流速的增加，固体颗粒首先是悬浮在气体中，而后被输送，因此物料在气流中的悬浮是研究气力输送问题的出发点。

3.2.3.1 颗粒在垂直管中和水平管中的悬浮

颗粒在垂直管中和水平管中的悬浮机理及运动状态是不相同的。在垂直管内，颗粒的受力情况完全与沉降中一样。颗粒本身所受的重力、气体浮力与气体对颗粒运动的阻力成平衡时，颗粒就悬浮在某一高度，并与管壁相脱离。在水平管内，由于气流运动方向与颗粒的重力方向相垂直，颗粒的悬浮运动就很复杂。这时，颗粒所以能克服重力而悬浮于流体中，主要是由于如下几种力作用的结果，见图 3-25。

(a)   (b)   (c)   (d)

图 3-25 颗粒在水平管中的悬浮作用

（1）湍流时气体质点在垂直方向的分速度产生垂直向上的力。

（2）气流沿管截面存在速度分布，管中心处速度最大，愈靠近管壁，速度愈低。由于气流的速度梯度，颗粒存在着旋转。根据玛格纽斯效应（Magnus effect），逆气流方向的一侧方所受的压强高于顺气流一侧方的压强，因而管中下部的颗粒在此压强下被悬浮。

（3）由于颗粒形状的不规则，气流推力在垂直方向上产生分力。

（4）颗粒间的相互碰撞或颗粒与管壁间的碰撞，使颗粒跳跃，或受到反作用力在垂直方向上的分力的作用。

上述分析仅表示水平管内颗粒悬浮受力的可能性，并不表示各力同时都起作用。

3.2.3.2 颗粒在管中的运动状态

气力输送中，颗粒在管道中的运动状态与气流速度有直接关系。在垂直管内，当气流速度为颗粒悬浮速度时，颗粒呈流态化状态而自由悬浮在气流中；气流速度超过悬浮速度时，颗粒基本上均匀散布在气流中被气流所输送。在水平管道中，将气流速度与颗粒运动状态的关系进行分析，可得到图 3-26 所示的各种状态。

图 3-26 输送速度与运动状态的关系
(a) 悬浮流；(b) 底密流；(c) 疏密流；(d) 停滞流；(e) 部分流；(f) 柱塞流

图 3-26(a) 为悬浮流，即输送气流速度大时，颗粒基本上接近均匀分布，在气流中呈悬浮状态被输送；图 3-26(b) 为底密流，即颗粒愈接近管底分布愈密，一面做不规则的旋转、碰撞，一面被输送；图 3-26(c) 为疏密流，即颗粒悬浮输送的极限状态，为疏密不均的流动，有部分颗粒在管底滑动，但尚无停滞现象；图 3-26(d) 为停滞流，即大部分颗粒失去悬浮能力，在管底局部聚集，使管子流动截面变窄，从而使气速增大，又把停滞的颗粒群吹走，颗粒就这样处于停滞、集积、吹走反复交替的不稳定的输送状态；图 3-26(e) 为部分流，即输送气流速度过小，颗粒堆积在管底，气流在上部流动，只有部分颗粒在气流作用下做不规则移动，类似于沙丘的流动；图 3-26(f) 为柱塞流，即堆积料层充满整个输送管截面上，靠空气的压强推动输送。

上述不同的流动状态与颗粒的物理性质有关。但对同一物料，主要受气流速度的支配。要得到完全的悬浮的气力输送，必须要有足够的气流速度。但是过大的气流也不必要，因为这将造成很大的输送阻力和较大的磨损。

3.2.3.3 气力输送的形式

气力输送的形式，按照物料和气流在管道中两相流动的特征来分类，可分为稀相流输送（即普通气力输送）、密集流输送和间断流输送三种，其中稀相流气力输送又可分为如下三类。

（1）吸引式(或称真空式)气力输送 吸引式是将物料和大气混合一起吸入系统进行输送，系统内保持一定的真空，物料随气流送到指定地点后经分离器（卸料器）将物料分出，分出的含尘气体经除尘器净化后，由风机排出，见图 3-27。吸引式输送分低真空和高真空两种。低真空输送工作负压约在 10^4 Pa 以下，高真空输送工作负压在 $1 \times 10^4 \sim 5 \times 10^4$ Pa。

吸引式气力输送系统在负压下工作，灰尘不致外扬，特别适用于多点吸料向一处集中的输送场合。但动力消耗大，对管道、设备要求严格密封，避免漏气，不宜于大容量长距离输送。

（2）压送式（或称压力式）气力输送　压送式是依靠压气机械排出的高于大气压的气流，将物料与气流混合一起而进行输送，系统内保持正压，物料送到指定地点后，经分离器将物料分出并可自动排出，分离出来的空气经净化后被排出，见图3-28。压送式输送可分低压压送式和高压压送式。低压压送式通常的排气压强在 5×10^4 Pa 以下，高压压送式的压强为 $1 \times 10^5 \sim 7 \times 10^5$ Pa。

图 3-27　吸引式输送系统
1—吸嘴；2—输料管；3，5—分离器；4—降尘器；6—风机

压送式气力输送时，通过鼓风机的是洁净空气，故鼓风机的工作条件较好。这种输送形式适用于大容量长距离的输送，特别适用于从一个供料点到多个卸料点的分散输送。其缺点是由于系统内处于正压，故供料设备结构复杂，要求高。

（3）吸引压送混合式气力输送　混合式为吸引式和压送式气力输送装置的组合。如图3-29所示，风机前属真空系统，风机后属正压系统。真空部分可从几点吸料集中送到一个分离器内，分离出来的物料经加料器送入压力系统，及至送到指定位置之后，经第二个分离器分出物料并排出，分离出来的空气经净化后排出。这种输送方式特别适用于从几点吸料而同时又分散输送到不同地点的输送场合，但气体输送机械易磨损，系统比较复杂。

图 3-28　压送式输送系统　　　　　图 3-29　吸引压送混合式输送系统
1—空气入口；2—鼓风机；3—料斗；　　　1—吸嘴；2—输料管；3，5—分离器；
4—输料管；5—分离器　　　　　　　　4—风机；6—旋转加料器

3.2.3.4 气力输送系统的组成

气力输送系统由供料装置、输料管路、卸料装置、闭风器、除尘装置、气力输送机械等组成。

用于食品气力输送的气体输送机械必须保证空气流洁净无毒，不含机油，含尘少。较多的是离心通风机、离心鼓风机、罗茨鼓风机、往复式真空泵、水环式真空泵等。

气力输送常用的除尘器有旋风分离器、袋滤器、湿法除尘器等。对于气力输送的输料管路，为保证空气沿整个管道截面均匀分布，并减小输送中的阻力，一般多为内径50~300mm 的圆形截面管。在吸嘴或物料管的可动部分与固定部分的连接处，可采用挠性管。

供料装置是用来将需要输送的物料送入输送管道的一种设备。目前用得最多的有如下几种。

(1) 吸嘴 吸嘴是吸引式气力输送的供料装置。根据使用条件和输送物料的性质的不同，吸嘴有许多不同的形式。

(2) 旋转式加料器 旋转式加料器适用于压送式的气力输送，但也可以用作吸引式输送中的卸料器。旋转式加料器的器壳内装有转子，转子上有6~8 个叶片。物料由上部料斗落下，进入转子的叶片之间，随同转子一起旋转至下部，由排出口排出，进行供料。

(3) 螺旋式加料器 螺旋式加料器是把粉状物料送入高混合比的输料管时广泛应用的一种加料装置。物料借转动的加料螺旋被送至混合室后，又被装在混合室下部的喷嘴所喷出的压缩空气带出到输料管中。

(4) 喷射式加料器 喷射式加料器实际上就是文丘里管，粉粒物料入口位于喉部。压缩空气从喷嘴高速喷出，依靠喷射作用对粉粒物料进行吸引，物料随喷出的空气一起被输送。这种供料器没有运动部件，受料口为负压，无空气上吹现象；扩压后为正压，所以分离器的结构可以简化，可向正压处供料。缺点是高压空气耗量大，效率较低，并且在输送硬颗粒时，喉部磨损严重。

卸料器又称物料分离器，是将随气流一起输送的物料分离下来的设备。从广义上说，卸料器也属于除尘器。但气力输送的卸料器内物料的混合比为3~6，特别是高压压气式，混合比高达几十，而一般除尘器内每立方米空气中灰尘含量只有十几克。因此，对卸料器还要考虑磨损问题。常用的卸料器有离心式和沉降式两种。

闭风器又叫锁风器。压送式输送中卸料器内是正压，其中物料可借重力及内外压差来排除。但是，对吸引式输送，卸料器内是负压。如果不采取相应的措施，当卸料器排料阀开启后，将发生物料的反吹现象，致使物料不能排出。类似这种反吹现象也同样发生在压送式输送中的加料口处。所以要装设相应的装置，保证吸引式输送中卸料器内的负压而又能使物料顺利排出。前述的旋转加料器、螺旋加料器，就是闭风器的两种较好类型。

3.2.3.5 输送气流速度

在气力输送中，由于颗粒之间和颗粒与管壁之间的相互摩擦、碰撞或黏附作用以及输送管中气流速度分布不均匀，输送颗粒物料所需气流速度要大于其悬浮速度的几倍，输送粉状物料则要大几十倍。速度过小则可能产生堵塞，如果速度过大，不但所需的功率增加，而且输料管、弯头的磨损也加剧，分离器和除尘器的尺寸也要增大，所以应选择适当的气流速度。均匀地输送物料所需的最小气流速度随物料性质、混合比、加料器的类型及构造、输送管内径和长度以及配管方式而变化。若干食品物料常用的输送气流速度见表 3-4。

表 3-4　若干食品物料常用的输送气流速度 u_a

物料名称	u_a/(m/s)	物料名称	u_a/(m/s)	物料名称	u_a/(m/s)
小麦	15～24	大麦	15～25	大米	24
糙米	15～25	玉米	25～30	玉米淀粉	10～17
花生	15	砂糖	25	干细盐	27～30
稻谷	16～25	细粒盐	27～30	大豆	18～30
薯干	18～22	粗粒盐	27～30	棉籽	23
咖啡豆	12	绿豆芽	24	面粉	10～17
麦芽	20				

3.2.3.6　混合比

在气力输送中，单位时间内被输送物料的质量 q_{ms} 与输送空气的质量 q_{ma} 之比称为混合比，以 R_s 表示。确定合理的混合比 R_s 可保证输送系统能耗小和工作可靠。混合比 R_s 愈大，输送能力愈大。但是混合比过大，在同样的气流速度下可能产生堵塞，使输送压强增高。对吸引式和低压压送输送有可能会超过压气机械所允许的吸气压强或排气压强。因此混合比受到物料性质、输送方式以及输送条件等因素的限制。松散物料可选大一些的，而潮湿易结块的物料和粉状物料可选小一些的。吸引式输送因风压较低可选小一些的，而压送式输送因风压较高则可选大一些的。在设计时要考虑输送条件和参考各种实例来选取混合比的数值，表 3-5 和表 3-6 可供参考。

表 3-5　吸引式和压送式气力输送时气流速度的参考值

项　目	输送方式	u_a/(m/s)	项　目	输送方式	u_a/(m/s)
吸引式	低真空	1～8	压送式	高压	10～40
	高真空	8～20		液态化压送	40～80
压送式	低压	1～10			

表 3-6　常见物料气力输送时气流速度和混合比的参考值

物料种类及名称	气流速度 u_a/(m/s)	混合比 R	物料种类及名称	气流速度 u_a/(m/s)	混合比 R
细粒状物料	25～35	3～5	粉状物料	16～22	1～4
颗粒状物料（低真空吸引式）	16～25	3～8	纤维状物料	15～18	0.1～0.6
颗粒状物料（高真空吸引式）	20～30	15～25			

3.3　乳化和均质

食品工业中的混合物，分散相往往是多种成分，各成分又有不同的粒度；分散介质往往是可溶性物质的水溶液。若分散相粒子在尺度上还未到胶体状态，并且两相存在密度差，那么重力沉降作用将使液体分层。若分散相粒子的大小达到胶体的大小即 $0.1～0.001\mu m$ 之间，体系的稳定性将大大提高。分散相成分在体系中的含量较高时，其粒度对整个体系的流变性质会有很大的影响。粒度越小，黏度越大。液态食品的光学性质、风味、口感等还受分散相物质的影响。往往分散相的粒度越小，分散越均匀，食品特有的风味也就越强，口感就变得细腻。

均质是通过均质设备对物料的作用实现的，如高压均质机、胶体磨、超声波乳化器、高速搅拌器等都有均质功能，均质作用的本质是使料液中的分散物经受流体力学的剪切作用而得到破碎。

当分散相本身是液体时，使分散相物质微粒化、均匀化的过程称为乳化，乳化包含了粉碎和混合双重意义。乳化时除了必要的机械力和操作条件控制以外，一般还要加适当助剂，尤其是乳化剂。

3.3.1 乳化

3.3.1.1 乳化液的类型与稳定性

食品乳化液通常有两种类型，即水包油型与油包水型。牛乳和冰淇淋为典型的水包油型乳化体系。黄油和人造奶油是典型的油包水型乳化产品。形成何种类型的乳化液，与组成物料的物性、两相的比例、乳化剂的类型及乳化液的制备方法等有关。

乳化液分散相液滴的直径一般在 $0.1 \sim 10\mu m$ 之间，工业化生产的食品乳化液中的脂肪球的直径范围通常在 $0.1 \sim 2.5\mu m$ 之间，应用高效均质机生产的含乳型乳化制品（如冷冻甜食）中的脂肪球直径平均值可控制在 $0.5\mu m$ 以下。

乳化液的稳定性通常以乳化液分散相的上升（或沉降、絮凝）和聚合的速度来衡量。一般说来，乳化液的流动性受连续相液体支配。当连续相为水相时，乳化液的黏度通常较低，连续相为油相时，黏度通常较高。分散相的体积含量也是影响乳化液流动性的因素，分散相物质在乳化液中的体积含量升高会使乳化液的流动性降低。

理论上说，乳化液的稳定性是相对的。由互不相溶的水和油两相用人工搅拌方式制成的乳化液，不论是油包水还是水包油型，都是不稳定的。分散相与连续相间存在密度差是分散相沉降或上浮，最终使乳化液分层的根本原因，两相的相对移动速度一般可以用斯托克斯定律描述。

分散相的液滴始终存在着由小变大的趋势，分散相液滴聚结的原因是在两相的界面处存在着自由能，这种自由能与单位体积乳化液内两相间的界面积成正比，因而与分散相液滴的大小成反比。两相界面存在的能总是力图通过收缩界面使两相间保持最小的接触面积，从而降低自由能。分散相液滴趋于取球形体是这种作用的表现形式之一，液滴自发并合成大滴是这种收缩界面效应的另一表现形式。因此，为了获得稳定的乳化液，除了使分散相液滴的直径足够小以外，还必须消除两相间存在的界面张力，为此在配制乳化液时要加入乳化剂。

乳化液两相的黏度也是其稳定性的重要因素。分散相液滴的黏度高时，可减慢液滴间的并合；而连续相黏度高时，分散相的上浮或沉降速度将减慢。连续相的黏度对分散相液滴并合的程度也起很大的影响。液滴并合是因液滴互相碰撞引起的，因此增大黏度对这种碰撞有阻碍作用。在乳化液中，以增加黏度为目的而加入的物质为增黏剂（或称增稠剂）。

由于黏度与温度有关，一般温度越高黏度越低。因此，有些乳化产品，必须及时降温并在低温下保存，才能稳定。

分散相液滴的带电状态也是乳化液稳定的一个因素。由于液滴带同种电荷，在液滴之间存在一种相互排斥作用，有阻止分散相并合的作用。使用离子型表面活性剂作乳化剂，或者使用食盐之类的电解质，对增加分散相液滴的带电性，促进乳化液的稳定性有显著的效果。

3.3.1.2 食品乳化剂

乳化剂是决定乳化液的类型及稳定性的主要因素之一。食品工业中使用的乳化剂必须具备下列性质：无毒、无味、无色，可以降低表面张力，可以很快地吸附在界面上形成稳固的膜，不易发生化学变化，亲水基和憎水基之间有适当的平衡，可以稳定所要的乳化液，可以产生大的电动势，在低浓度时也可以有效地发挥作用，此外还要价格便宜。

食品乳化剂一般可以分为大分子、小分子类和固体粉末三大类。在大分子类中，又可以分为蛋白质、多糖取代物两类。

小分子表面活性剂是制备乳化液时最有意义的一类食品乳化剂，多数食品乳状液的类型是由小分子表面活性剂型乳化剂所确定的。小分子表面活性剂类是由脂肪酸的多醇衍生物组成的，它们可以用亲水醇类物（如甘油）与脂肪酸直接酯化产生，但更经常的是由油脂水解得到的。从化学结构看，小分子表面活性剂型乳化剂可以分为离子型、非离子型和两性型。离子型表面活性剂又可分为阴离子型和阳离子型两类。由于阳离子型表面活性剂有一定的毒性，因此食品中不使用阳离子型表面活性剂作乳化剂。大多数用作食品乳化剂的是非离子型的，少数是阴离子型的。

固体粉末是很有意义的一类乳状液稳定剂。以固体粉末为乳化剂时，稳定性主要取决于界面膜的机械强度。固体粉末形成 O/W 型乳状液的条件是固体粉末更易为水所润湿，同样形成 W/O 型乳状液的条件是粉末更易为油所润湿。固体粉末类乳化剂中最典型的是芥末。

界面张力的降低在很大程度上受乳化剂的亲脂性支配，乳化剂的亲脂性越强，越能降低界面张力。在理想条件下，使用乳化剂可以使油-水的表面张力降低 20~25 倍。但是，由于表面积的增加，使油最终在水中乳化的结果是界面张力增加上百万数量级。因此，乳化剂降低表面张力的效应不足以获得稳定的乳化液。

表面活性剂型乳化剂对于油和水的相对亲和程度称为乳化剂的亲水-亲油平衡值，简称 HLB 值。低 HLB 值的乳化剂易于形成油包水型乳化液（如人造奶油），高 HLB 值（＞10）的乳化剂趋向于形成水包油型乳化液。复合乳化剂的 HLB 值可由组分中各乳化剂的 HLB 按质量加成原则算出。

3.3.1.3　乳化的基本方法

最常用的乳化方法是机械法。机械力可以在一定的条件下使乳化物的连续相液滴变小并分散于分散相之中，而在另一条件下也可以使已经分相了的连续相物聚集变大。因此，关键是要控制操作条件，包括温度、时间、两相的组成比例、乳化剂及其他助剂的正确选择和适当的添加量等，甚至投料次序也是一个重要的影响因素。

除了借搅拌作用加入机械力外，还可采用如均质机和胶体磨等强力机械。然而，即使采用强力机械进行微粒化，因形成的分散液滴能很快并合，所以也不可能分散为大量的极细微粒。

乳化液形成的方法基本上可以分为凝聚法和分散法两种。

（1）凝聚法　凝聚法是将成分子状态分散的液体凝聚成适当大小的液滴的方法。例如，把油酸在酒精中溶解成分子状态，然后加到大量的水中并不断搅拌，则油酸分子将凝聚析出而成乳化分散物。

（2）分散法　分散法是将一种液体加到另一种液体中，同时进行强烈搅拌而生成乳化分散物的方法。这是以机械力强制作用使之分散的方法，工业上主要应用此法。分散法又有机械强制分散法、同时乳化法、转相法、浆体法、自然乳化法等几种。

上述方法为乳化的基本方法，在实际应用上根据不同要求可将几种方法组合或做一定的改变。

3.3.2　均质

3.3.2.1　均质的机理

液体分散体系中分散相颗粒或液滴破碎的直接原因是受到剪切力和压力作用。在层流流动中，分散相粒子所受的应力可分解为切向应力和法向应力。切向应力趋向于使粒子变形，并引起它的旋转。法向应力则产生粒子内部与外部的压差 Δp_G。这个压差的大小沿粒子表面变化，而在与主流方向成 $\pi/4$ 弧度处达到最大的负值。

对于乳状液，当速度梯度不大时，液滴在压差作用下要产生变形，但并不破裂，而靠界面张力保持在一起。另一方面，界面张力本身又产生一个界面两侧的压差 Δp_σ。当速度梯度相当大时，致使 $\Delta p_G > \Delta p_\sigma$，液滴便发生破裂。

对于悬浮液，粒子在流体中同样会受到类似的应力作用。当这类应力超过了使固体粒子保持完整性的限度时，即超过了屈服应力范围，就产生了粒子的变形和破碎。

引起这种微粒化作用的剪切力和压力的强度，在不同的均质设备中有差异。由简单的搅拌机到高压均质机，强度依次增强。能引起剪切和压力作用的具体流体力学效应主要有湍流效应和空穴效应。

高速流动的流体本身会对流体内的粒子或液滴产生强大的剪切力作用，这就是湍流效应。产生均质作用的另一个原因是高速流动会产生剧烈的微湍流作用，而在湍流的边缘存在更大的局部速度梯度，处于这种局部速度梯度下的粒子因而会受到剪切作用。

空穴理论认为，流体受高速旋转体作用或流体流动存在突然压降的场合会产生空穴小泡，这些小泡破裂时会在流体中释放出很强的冲击波。如果这种冲击波发生在粒子附近，就会造成粒子的破裂。超声波振动时会产生类似的空穴效应。高能的超声波在流体中传播时，会使流体周期性地受到拉伸和压缩两种作用，这种拉伸和压缩作用会使流体中存在的小泡发生膨胀和收缩。在高压振幅的作用下，小泡发生破裂，从而释放出能量。

不同设备产生的均质作用很难用一种效应解释清楚。一般认为，均质作用往往是几种效应同时作用的结果。

3.3.2.2　均质效应与影响因素

均质效应通常用均质前后的某一物性或其他可量化的产品评价指标的变化来表示。粉碎比即均质前后的粒度（滴径）之比是最常用的均质效应指标之一。影响均质效应的因素很多。一般说来，均质设备的类型、物料的温度和设备的操作条件在一定程度都可影响料液的均质化程度。

（1）设备的类型对于均质的效果有很大的影响。高压均质机通常被认为是均质效果最好的均质设备，但这种类型的均质机通常只适合于处理黏度较低的物料。黏度较高的物料可以用胶体磨或超声波均质器处理。对某一具体的物料，只有选择适当的均质设备才能获得好的均质效果。

（2）一般而言，在一定的范围内，均质效应与物料的温度呈正相关性。在多数场合，可以考虑提高进料的温度，以增强均质的效果。但是物料的温度的升高受到物料热敏性和设备工作温度上限的限制。

（3）各种均质设备都有调节均质效果的操作参数，如高压均质机的均质压强、胶体磨盘片间的距离、超声波的共振频率范围等都可用来控制均质效果。必须根据对料液均质程度的要求，合理地控制这些参数。

从前面的均质机理讨论可知，均质化现象与液滴所受的应力、滴径大小和表面张力有关。在实用上把剪应力 τ、初始时液滴平均直径 d_0 和表面张力 σ 组合成一个无量纲数群，称为韦勃（Weber）数 $We = \tau d_m / \sigma$ 来归纳均质化现象。由于剪应力近似地正比于液体通过均质阀的压强降 Δp_H，故上述韦勃数中的 τ 又可被 Δp_H 所替代：

$$We = \frac{d_0 \Delta p_H}{\sigma} \tag{3-38}$$

此无量纲数群与表征均质效应的数群关联，构成确定均质所需压强的无量纲数群方程：

$$We_p = k_1 X^m \tag{3-39}$$

$$X = d_0 / d_f$$

式中，d_0、d_f 分别为均质前、后的粒度；k_1，m 为经验常数，由实测确定。

也可将上面的关系联式表示为如下更一般的形式：

$$We = k_1 (X-1)^m \tag{3-40}$$

显然，当 $X=1$（即无微粒化现象发生）时，We 趋于零，表示所需的均质压强为零。

3.3.2.3 均质的操作方式

均质设备可以安排成三种操作方式，即简单通过方式、循环通过方式和连续-循环通过方式。

（1）简单通过方式 这种模式是在一定压强下将物料一次通过均质机进行处理。如果有必要，可以再次将物料送经均质机进行处理。

（2）循环通过方式 这种方式使从均质机出来的物料回流到贮料槽，与未经均质的物料混合进行循环处理。

（3）连续-循环通过方式 这一方式经过均质机的物料被分成两部分：一部分以产品的形式不断地处理排出；另一部分回到贮料器与新进入系统的物料混合再进入均质机进行均质处理。

如果物料经一次处理可以达到要求，那么第一种处理方式可用于连续式加工，使设备获得最大的处理效率。如果物料必须重复经过均质机的处理，那么第一种方式就只能是间歇式的，设备的效率将大大降低。第二种方式是间歇式的，效率低。当处理量小，而且一次均质达不到要求时，用这种方式处理比较简单。当处理量大，一次均质达不到要求时，最好采用第三种方式。第三种方式实际上是介于第一、第二种方式之间的一种方式。

物料通过均质机时会有大量能量转为热能，使物料温度升高。对于热敏性物料的均质处理，可以在均质机后加一个热交换器，以除去物料经处理后多出的热量。

3.3.3 乳化和均质设备

均质设备是通过强有力的流体力学作用而达到均质目的的。均质设备作用于液体的能量一般相当集中，这样可使液体受到高能量密度的作用。

按能量类型和机构特点，可以将均质设备分为旋转式和压力式两大类。旋转型均质设备由转子或转子-定子系统构成，直接将机械动能传递给受处理的介质。胶体磨是典型的旋转式均质设备，搅拌机、乳化磨也属于旋转型均质设备。压力式均质设备首先使液体介质获得高压能，这种高压能液体在通过均质设备的均质机构时，压能转化为动能，从而获得流体力学作用。最为典型的压力型均质设备是高压均质机，超声波乳化器也是一种压力型的均质设备。

（1）高压均质机 食品工业中使用广泛的均质设备是高压均质机和胶体磨，在许多场合两者可以替代使用。由于高压均质机的适应性较广，因此使用较多的是高压均质机。

高压均质机主要由柱塞式高压泵（即往复式高压泵）和均质阀两部分构成。总体上，它只是比高压泵多了起均质作用的均质阀而已，所以有时也被称为高压均质泵。除了生产能力方面的差异外，高压均质机在结构方面的差异，主要表现在柱塞泵的类型、均质阀的级数以及压强控制方式不同。典型的高压均质机如图 3-30 所示。

由于单柱塞泵输出流量的波动性，它多用于实验规模的小型高压均质机中。工业生产规模的均质机中使用的是多柱塞泵，以流量输出较为稳定的三动柱塞泵用得较多。

图 3-30 高压均质机

1—控制盘；2—传动机构；3—均质头；4—泵体；5—高压表；6—电机；7—机座及外壳

高压均质机的最大工作压强是其重要性能之一，它主要由高压柱塞泵结构及所配备的驱动电机所规定。一般的范围在 6.9～103.4MPa 之间。

图 3-31 卧式胶体磨

1—工作面；2—转动件；3—调整环；4—皮带轮；
5—机座；6—卸料口；7—进料口

（2）胶体磨　胶体磨属于转子-定子式均质设备，由一可高速旋转的磨盘（转动件）与一固定的磨面（固定体）所组成。两表面间有可调节的微小间隙，物料就从此间隙中通过。胶体磨除上述主件外，还有机壳、机架和传动装置等。

胶体磨的普通形式为卧式，如图 3-31 所示。其转动件随水平轴旋转，固定件与转动件之间的间隙通常为 50～150μm，依靠转动件的水平位来调节。料液在重力作用下经旋转中心处流入，经过两磨面夹成的间隙后，由磨盘外侧排出，转动件的转速范围在 3000～15000r/min，这种胶体磨适用于黏性相对较低的物料。黏度相对较高的物料，可采用立式胶体磨（见图3-32），转速范围在 3000～10000r/min 之间。由于磨片成水平方向转动，因此卸料和清洗都很方便。

（3）超声波乳化器　超声波使液体产生均质作用的主要原因是它可引起空穴效应，适用于液体食品均质用的均为机械系统超声波发生器。图 3-33 所示的是一种流体动力式超声波均质器。均质管腔内有一楔形薄簧片，于波节处被固定夹住，置于一呈长方形的开口处前方。获得一定压强的液体由小口处冲出，形成一股射流冲向簧片，引起簧片产生频率范围通常为 17～30kHz 的振动。产生的能量虽然较低，但足以在舌簧片的附近造成空穴作用，使乳化液或悬浮液的分散相碎化分散。

图 3-32　立式胶体磨

1—进料口；2—转动件；3—固定件；
4—工作面；5—卸料口

图 3-33　流体动力式超声波乳化器结构

1—进料管；2—矩形缝隙；3—簧片；
4—夹持装置

超声均质器应用范围也较广。一些原来用高压均质机进行均质的产品改用超声波均质器处理后，仍然可以获得相当的微粒化程度，而且可以降低所需的压强，从而使所需的功率降低。

（4）喷射式均质器　喷射式均质器的工作原理是，具有一定压强的气体（过热蒸汽或压缩空气）通过扩散管时压强降低，速度加快，压能转化为动能。动能传递给同时在扩散管缩径口引入的待均质料液，使其获得与工作气体速度相当的运动速度，使料液得到剪切作用，并与前方的固定金属障碍物发生撞击，从而获得均质效果。

图 3-34 所示是一种以蒸汽为工作气体的喷射式均质机。工作流程：一定压强的经过滤净化和加热到 250~270℃过热态的蒸汽进入均质器后，在喷嘴喉部与经预热（控制在 90℃左右）的具有一定流速的待均质料液相遇，使料液得到加速和混合作用，从而使料液得到均质作用。扩散后的高速（可高达 500m/s）蒸汽-料液混合物在距喷嘴一定距离（60~100mm）的前方处，通过一个筛网（160 目），料液在此得到进一步的分散均质作用。

图 3-34　喷射式均质器
1—蒸汽过滤器；2—蒸汽加热器；3—进料泵；4—贮槽；5—预热器；
6—喷嘴；7—筛网；8—旋风分离器；9—集料器

喷射式均质机结构简单，无运动部件，操作和维修容易，可用于各种强度的固体物料的均质。但由于料液和蒸汽直接混合，往往会使产品带来异味。若用空气，又会造成大量泡沫，并且对于水果、蔬菜等植物原料等有一定坚度和弹性的细胞组织的均质有一定困难。因此，实际应用还有较多局限。

本章主要符号

D——直径，m；

L——床层高度，m；

R——半径，m；

a——比表面积，m^2/m^3；

d——叶轮直径，m；

h——叶轮距槽底高度，m；

n——搅拌器转速，r/s；

q_V——流量，m^3/s；

u——流速，m/s；

φ_A——球形度；

θ——时间，s；

σ——表面张力，N/m；

Eu——欧拉数，$=\Delta p/(\rho u^2)$；

Re——雷诺数，$=du\rho/\mu$；

Fr——弗鲁德（Froude）数，$=dn^2/g$；

H——液体深度，m；

N——功率，W；

V——体积，m^3；

c_p——比热容，J/(kg·K)；

d——颗粒直径，m；

l——长度，m；

p——压强，Pa；

t——温度，K；

ε——空隙率；

μ——黏度，Pa·s；

ρ——密度，kg/m^3；

τ——剪应力，Pa；

Φ——功率函数；$=Np/Fr^{a_2}$

Np——功率数，$=N/(n^3d^5\rho)$；

We——韦勃（Weber）数，$=\tau d_0/\sigma$。

本章习题

3-1 用一具有 6 个平直叶片的涡轮搅拌器在标准搅拌系统内搅拌果浆。果浆密度 1100kg/m³，黏度 20mPa·s。搅拌槽直径 1.65m，有挡板。若马达的功率消耗为 1.6kW，求其转速。

3-2 为制取某种难溶的矿物盐稀溶液，使矿物盐在容器内与 30℃ 水混合，采用平桨式搅拌器，搅拌叶轮直径 500mm，所消耗的功率为 0.0385kW，试估算叶轮转速（稀溶液物性可用水的物性代替）。

3-3 实践证明，糖蜜和维生素浓缩液在直径 0.6m、深 0.75m 的容器内，采用直径 0.3m、转速 450r/min 的三叶旋桨式搅拌器搅拌，可以得到很好的混合。今欲设计规模更大的设备，容器直径 1.8m，欲达到小设备同样的混合效果。试问容器深度、搅拌桨直径和转速应各取何值为宜？电动机功率有多大改变？混合物黏度为 6.6Pa·s、密度 1520kg/m³。设放大基准为 Re 相等且放大时应保持几何相似。

3-4 在一有挡板的搅拌槽内，用带圆盘平直叶片的涡轮搅拌器搅拌黏度为 10mPa·s、密度 950kg/m³ 的溶液。装置有关尺寸比例为：$d/D=1/3$，$W/d=1/5$，$H/d=3$，$h/d=1$，搅拌槽直径 0.9m，叶轮转速 480r/min。现有一电机能提供 1.5kW 的有效功率，问此电机是否能驱动上述搅拌器，再核算该电机能驱动上述搅拌器的最高转速有多大？

3-5 具 6 个平直叶片的涡轮搅拌器装于直径 $D=1.5$m 的搅拌槽中央，叶轮直径 $d=0.5$m，距槽底 $h=0.5$m，转速 $n=90$r/min，槽为平底，无挡板，被搅拌液体 $\mu=200$ mPa·s，$\rho=1060$kg/m³，槽内液体深度 1.5m，试计算搅拌功率，若在槽内装置 4 块宽 0.15m 的挡板，其他条件不变，再求此时所需功率。

3-6 一搅拌槽装有螺旋桨式叶轮。转速 500r/min，功率消耗 17kW，物料为 $\rho=$ 1200kg/m³、$\mu=1.6$Pa·s 的甘油，系统为标准系统，有挡板。求槽直径。

3-7 大豆的密度为 1200kg/m³，直径为 5mm，堆积成高度为 0.3m 的固定床层，空隙率为 0.4，若 20℃ 的空气流过床层时，空床流速为 0.5m/s，试求压降。又问空床流速达何值时，流化方才开始？此时压降为何值？

3-8 鲜豌豆近似为球形，其直径为 6mm，密度为 1080kg/m³。拟于 −20℃ 冷气流中进行流化冷冻。豆床在流化时的高度为 0.3m，空隙率为 0.4。冷冻进行时，空气速度等于临界速度的 1.6 倍。试估算：（1）流化床的临界流化速度和操作速度；（2）通过床层的压降。

3-9 小麦粒度为 5mm，密度为 1260kg/m³。面粉的粒度为 0.1mm，密度为 1400kg/m³。当同样以 20℃ 空气来流化时，试分别求其流化速度的上、下限值，并做此散料和粉料流化操作的比较（比较 u_t/u_{mf}）。

4 | 传 热

热量传递在食品工业有着广泛的应用。在食品生产过程中，物料的加热、蒸发浓缩、结晶、干燥、蒸馏，或者是冷却、冷冻等过程，以及设备、管道的保温和隔热，都涉及热量传递。在生产过程中，不但要考虑所需要的传热量，而且还应该考虑保证一定的传热速率，才能满足生产的需要。在满足生产工艺条件、保证生产正常进行的前提下，还应该考虑过程的经济性。传热性能良好且结构紧凑的热交换设备，有利于节省设备费用的投资和热能的有效利用；如果热交换设备的传热性能不良或传热面积过小，则难于有效利用低品位的热能，造成操作费用的增加。

对热量传递过程的分析和研究，有助于了解影响传热速率的因素，掌握控制热传递速率的一般规律。而这些分析和研究的方法，也能应用于其他传递过程。

4.1 传热基本方程

4.1.1 热传递的基本方式

热的基本传递方式可以归纳为三种：热传导、热对流和热辐射。在工程和日常生活中所遇到的各种各样的热量传递现象，都是这三种现象的组合。

4.1.1.1 热传导

热传导也称导热，是两个温度不同、相互接触的物体之间或同一物体内部不同温度的各部分之间由于微观粒子（分子、原子或电子）的热运动而产生的热量传递。在导热中，物体内部各部分之间没有宏观的相对运动。

固体的导热主要是通过自由电子的运动和晶格结构的振动来实现的，前者是金属导热的主要方式，因此良导电体也是良导热体；后者是绝缘体导热的主要方式。液体和气体的导热主要是通过分子的不规则热运动，分子相互碰撞而传递热量。但液体和气体内部一旦存在温度差，即使流体是静止的，也会产生密度差，从而导致自然对流传热，因此在流体中导热和对流一般是同时发生的。

描述热传导的定律为傅里叶定律，又称傅里叶第一定律：

$$\frac{\mathrm{d}Q}{\mathrm{d}S} = -\lambda \frac{\partial t}{\partial n} \tag{4-1}$$

导热的推动力为温度差或温度梯度，负号表示热量向温度下降的方向传递，λ 为一比例系数，称为热导率或导热系数，单位 $W/(m \cdot K)$，是一个重要的物性参数。

4.1.1.2 热对流

当流体微团发生相对位移时，即将热量从一处带到另一处，从而导致热量的传递，这种热传递方式就是热对流。由于只有液体和气体的微团才可以发生相对位移，故热对流只能发生在流体中。

流体的相对位移可以由流体内部的密度差而引起，这种对流称为自然对流；也可以用外加能量的方法使流体流动而引起，这种对流称为强制对流。工程上常使流体流经一固体表面，流体与固体壁面之间即发生强制对流传热。对流传热的热流量与固体壁和流体间的温度差 Δt 及接触面积 S 成正比，比例系数记为 α，即：

$$\frac{dQ}{dS} = \alpha \Delta t \tag{4-2}$$

式（4-2）称为牛顿冷却定律。热对流中的推动力也是温度差 Δt，比例系数 α 称为表面传热系数或对流传热系数，其单位为 $W/(m^2 \cdot K)$。

4.1.1.3 热辐射

热量以电磁波形式传递的现象称为辐射。电磁波的传播可以在真空中进行，因此辐射传热与导热和对流传热的明显区别在于前者是非接触传热，而后者是接触传热。

两固体间的辐射传热不仅与两固体的吸收率、反射率、形状及大小有关，而且与两者间的距离和相互位置有关。两黑体间的辐射传热量与换热物体热力学温度 T 的 4 次方之差成正比，即：

$$Q = \sigma S(T_1^4 - T_2^4) \tag{4-3}$$

式中，σ 为斯蒂芬-玻尔兹曼（Stefan-Boltzmann）常数，$\sigma = 5.669 \times 10^{-8} \, W/(m^2 \cdot K^4)$；$T_1$ 和 T_2 分别为热物体和冷物体的热力学温度；$(T_1^4 - T_2^4)$ 则是辐射传热的推动力。

4.1.2 能量方程

4.1.2.1 拉格朗日方法和随体导数

衡算即守恒定律的应用，是工程计算最常用的方法之一。在进行衡算时，必须首先确定衡算的范围，即所谓"系统"或"控制体"。对流动的流体进行考察时，可以采用两种方法，分别称为欧拉方法和拉格朗日方法。

对大多数实际的传递过程来说，人们感兴趣的是流体流过坐标系中某些固定位置时的情况，以及物理量在空间的分布。此时，采用欧拉方法较为方便。欧拉方法是在固定的空间位置上，对一定的空间体积进行观察，考察运动参数在空间的分布及其随时间的变化。拉格朗日方法则以流体质点所组成的整体微团作为研究对象，观察者与这些流体微团一起运动，进行跟踪观察，考察各物理量与时间的关系。欧拉方法是人们研究物理问题常用的方法，而拉格朗日方法的优点是所考察的流体微团（质点）本身质量保持不变。对同一物理现象，可以用欧拉方法进行观察，也可以用拉格朗日方法进行观察，所得的结果相同，应根据具体的问题选择某一种较为简便的方法。

一般而言，物理量在场内的分布是空间位置（x，y，z）和时间 θ 的连续函数。以密度 ρ 为例，其分布可以写成：

$$\rho = f(x, y, z, \theta) \tag{4-4}$$

将上式对时间取全微分，得：

$$\frac{d\rho}{d\theta} = \frac{\partial \rho}{\partial \theta} + \frac{\partial \rho}{\partial x} \times \frac{dx}{d\theta} + \frac{\partial \rho}{\partial y} \times \frac{dy}{d\theta} + \frac{\partial \rho}{\partial z} \times \frac{dz}{d\theta} \tag{4-5}$$

式（4-5）中全导数 $d\rho/d\theta$ 可以理解为观测者在流体中以任意速度运动，同时考察密度的变化，偏导数 $\partial\rho/\partial\theta$ 表示某固定点处流体密度随时间的变化率，$dx/d\theta$、$dy/d\theta$ 和 $dz/d\theta$ 分别表示观测者的运动速度在三个坐标方向上的分量，此速度并不一定等于流体的速度。从式（4-5）可以看出，密度对时间的变化率除与时间和空间位置有关外，也与观测者的运动速度有关。如果观测者以与流体流动的速度相同的速度运动，这种研究方法就是拉格朗日方法，则有：

$$\frac{\mathrm{d}x}{\mathrm{d}\theta}=u_x,\ \frac{\mathrm{d}y}{\mathrm{d}\theta}=u_y,\ \frac{\mathrm{d}z}{\mathrm{d}\theta}=u_z$$

式中的 u_x、u_y、u_z 为流体的流速在 3 个坐标轴方向上的分量。这种导数称为"随体导数",或称"拉格朗日导数"。一般地,随体导数的符号可记为:

$$\frac{\mathrm{D}}{\mathrm{D}\theta}=\frac{\partial}{\partial\theta}+u_x\frac{\partial}{\partial x}+u_y\frac{\partial}{\partial y}+u_z\frac{\partial}{\partial z} \tag{4-6}$$

随体导数中的物理量可以是标量,也可以是矢量。随体导数由两部分组成:一是物理量的局部变化,即物理量在空间的一个固定点处随时间的变化,称为"局部导数",即式(4-6)中右侧的第一项;二是物理量的对流变化,即由于流体的运动所发生的变化,称为"对流导数",如式(4-6)中右侧的后三项。

4.1.2.2 能量方程

能量方程是能量守恒定理的数学表达,能量衡算的依据是热力学第一定律。微分能量衡算方程可以用欧拉方法或拉格朗日方法推导,结论相同,但用后者比较简便。拉格朗日法的特点是观察者与微元质点一起随流体运动,微元中的质量是固定的,只有体积与密度的变化,即只有膨胀和收缩。同时,由于微元与周围流体之间无相对运动,因此微元与周围流体之间进行的热量传递在不考虑热辐射时仅为热传导。另外,由于微元与观察者之间没有相对运动,所以微元没有位能的变化,其动能的变化亦为零。

按照拉格朗日方法,微元的热力学第一定律可表达为:

$$\Delta U=Q-W \tag{4-7}$$

式中,Q 为单位质量微元从外界环境吸入的热量;W 为单位质量微元对环境做的功,它可分为两部分,一部分是流体做的膨胀功,另一部分是由于摩擦而损耗的功,此部分功又以热能形式耗散于流体中,所以:

$$W=\int_{v_1}^{v_2}p\mathrm{d}v-h_{\mathrm{f}} \tag{4-8}$$

将式(4-7)取随体导数,得:

$$\frac{\mathrm{D}U}{\mathrm{D}\theta}=\frac{\mathrm{D}Q}{\mathrm{D}\theta}-p\frac{\mathrm{D}v}{\mathrm{D}\theta}+\frac{\mathrm{D}h_{\mathrm{f}}}{\mathrm{D}\theta} \tag{4-9}$$

或:

$$\rho\frac{\mathrm{D}U}{\mathrm{D}\theta}\mathrm{d}x\mathrm{d}y\mathrm{d}z=\rho\frac{\mathrm{D}Q}{\mathrm{D}\theta}\mathrm{d}x\mathrm{d}y\mathrm{d}z-p\rho\frac{\mathrm{D}v}{\mathrm{D}\theta}\mathrm{d}x\mathrm{d}y\mathrm{d}z+\rho\frac{\mathrm{D}h_{\mathrm{f}}}{\mathrm{D}\theta}\mathrm{d}x\mathrm{d}y\mathrm{d}z \tag{4-10}$$

式(4-10)中各项的意义为:左侧为单位质量流体热力学能的变化率,右侧第一项为单位质量流体从周围流体吸热的速率,第二项为单位质量流体做体积膨胀功的速率,第三项为单位质量流体由于摩擦而损耗的功率。

单位质量流体从周围流体吸收的热量有三项来源:由热传导输入的热量、反应释放的热量和辐射输入的热量,其中辐射热量一般可以忽略不计。

对于热传导,如图 4-1 所示取微元六面体,设沿三个坐标方向输入的热量分别为 $(Q/S)_x$、$(Q/S)_y$ 和 $(Q/S)_z$,并设传热为各向同性,热导率 λ 为一常量,则沿 x 方向输入微元的热速率为:

图 4-1 以导热形式输入微元的热量速率

$$\left(\frac{Q}{S}\right)_x\mathrm{d}y\mathrm{d}z$$

沿 x 方向输出微元的热速率为：$\left\{\left(\dfrac{Q}{S}\right)_x+\dfrac{\partial}{\partial x}\left[\left(\dfrac{Q}{S}\right)_x\right]\mathrm{d}x\right\}\mathrm{d}y\mathrm{d}z$

沿 x 方向净输入微元的热速率为：$-\dfrac{\partial}{\partial x}\left[\left(\dfrac{Q}{S}\right)_x\right]\mathrm{d}x\mathrm{d}y\mathrm{d}z$

根据傅里叶定律有：$\quad -\dfrac{\partial}{\partial x}\left[\left(\dfrac{Q}{S}\right)_x\right]\mathrm{d}x\mathrm{d}y\mathrm{d}z=\lambda\dfrac{\partial^2 t}{\partial x^2}\mathrm{d}x\mathrm{d}y\mathrm{d}z$

对 y 方向和 z 方向做同样的推导，并以 q' 表示单位时间内、单位体积中热源生成的热量，则式(4-10) 右边第一项为：

$$\rho\frac{\mathrm{D}Q}{\mathrm{D}\theta}\mathrm{d}x\mathrm{d}y\mathrm{d}z=\lambda\left(\frac{\partial^2 t}{\partial x^2}+\frac{\partial^2 t}{\partial y^2}+\frac{\partial^2 t}{\partial z^2}\right)\mathrm{d}x\mathrm{d}y\mathrm{d}z+q'\mathrm{d}x\mathrm{d}y\mathrm{d}z=\lambda\nabla^2 t\mathrm{d}x\mathrm{d}y\mathrm{d}z+q'\mathrm{d}x\mathrm{d}y\mathrm{d}z \quad (4\text{-}11)$$

令 $\rho\dfrac{\mathrm{D}h_{\mathrm{f}}}{\mathrm{D}\theta}=\phi$，连同式(4-11) 代入式(4-10) 得：

$$\rho\frac{\mathrm{D}U}{\mathrm{D}\theta}+p\rho\frac{\mathrm{D}v}{\mathrm{D}\theta}=\lambda\nabla^2 t+q'+\phi \quad (4\text{-}12)$$

引入焓：
$$H=U+pv \quad (4\text{-}13)$$

则：
$$\frac{\mathrm{D}H}{\mathrm{D}\theta}=\frac{\mathrm{D}U}{\mathrm{D}\theta}+p\frac{\mathrm{D}v}{\mathrm{D}\theta}+v\frac{\mathrm{D}p}{\mathrm{D}\theta} \quad (4\text{-}14)$$

代入式(4-12)：
$$\rho\frac{\mathrm{D}H}{\mathrm{D}\theta}=\frac{\mathrm{D}p}{\mathrm{D}\theta}+\lambda\nabla^2 t+q'+\phi \quad (4\text{-}15)$$

式(4-15) 即为能量方程的普遍形式。

4.1.2.3　能量方程的特定形式

在实际传热过程中，能量方程中的某些项为零或相对极小，例如一般工程问题中，流体的摩擦热 ϕ 与其他各项相比，可以忽略不计。

（1）不可压缩流体的对流传热　在无内热源情况下进行对流传热时，式(4-15) 中的 $q'=0$，同时已假设 $\phi=0$，则该式可简化为：

$$\rho\frac{\mathrm{D}H}{\mathrm{D}\theta}-\frac{\mathrm{D}p}{\mathrm{D}\theta}=\lambda\nabla^2 t \quad (4\text{-}16)$$

对于不可压缩流体，ρ 为常数，由式(4-14) 可得：

$$\rho\frac{\mathrm{D}H}{\mathrm{D}\theta}=\rho\frac{\mathrm{D}U}{\mathrm{D}\theta}+\frac{\mathrm{D}p}{\mathrm{D}\theta} \quad (4\text{-}17)$$

当 c_v 为常量，且忽略 U 随 p 的变化时，有：

$$\rho\frac{\mathrm{D}H}{\mathrm{D}\theta}=\rho c_v\frac{\mathrm{D}t}{\mathrm{D}\theta}+\frac{\mathrm{D}p}{\mathrm{D}\theta} \quad (4\text{-}18)$$

上式中的 c_v 为物质的定容比热容，对于不可压缩流体或固体，c_v 与定压比热容 c_p 大致相等，于是上式变为：

$$\rho\frac{\mathrm{D}H}{\mathrm{D}\theta}-\frac{\mathrm{D}p}{\mathrm{D}\theta}=\rho c_p\frac{\mathrm{D}t}{\mathrm{D}\theta} \quad (4\text{-}19)$$

对比式(4-16) 与 (4-19) 可得：

$$\frac{\mathrm{D}t}{\mathrm{D}\theta}=\frac{\lambda}{\rho c_p}(\nabla^2 t) \quad (4\text{-}20)$$

式中，$\lambda/(\rho c_p)$ 为热扩散率或导温系数，以 a 表示之，于是：

$$\frac{\mathrm{D}t}{\mathrm{D}\theta}=a\nabla^2 t \quad (4\text{-}21)$$

上式在直角坐标系上的展开式为：

$$\frac{\partial t}{\partial \theta} + u_x\,\frac{\partial t}{\partial x} + u_y\,\frac{\partial t}{\partial y} + u_z\,\frac{\partial t}{\partial z} = a\left(\frac{\partial^2 t}{\partial x^2} + \frac{\partial^2 t}{\partial y^2} + \frac{\partial^2 t}{\partial z^2}\right) \tag{4-22}$$

（2）固体中的导热　固体内部不存在宏观运动，速度为零，所有随体导数均变为偏导数。此外，固体的密度亦为常数，且 $\phi=0$，故式（4-15）可写成：

$$\rho\,\frac{\partial H}{\partial \theta} - \frac{\partial p}{\partial \theta} = \lambda\,\nabla^2 t + q' \tag{4-23}$$

式（4-19）可写成：

$$\rho\,\frac{\partial H}{\partial \theta} - \frac{\partial p}{\partial \theta} = \rho\,\frac{\partial U}{\partial \theta} = \rho c_p\,\frac{\partial t}{\partial \theta} \tag{4-24}$$

由上两式可得：

$$\frac{\partial t}{\partial \theta} = \frac{\lambda}{\rho c_p}(\nabla^2 t) + \frac{q'}{\rho c_p} \tag{4-25}$$

上式在直角坐标系上的展开式为：

$$\frac{1}{a}\times\frac{\partial t}{\partial \theta} = \frac{\partial^2 t}{\partial x^2} + \frac{\partial^2 t}{\partial y^2} + \frac{\partial^2 t}{\partial z^2} + \frac{q'}{\lambda} \tag{4-26}$$

式（4-26）是在有内热源存在时的普遍热传导方程。对无内热源的情况，$q'=0$，方程变为：

$$\frac{\partial t}{\partial \theta} = a\,\nabla^2 t = a\left(\frac{\partial^2 t}{\partial x^2} + \frac{\partial^2 t}{\partial y^2} + \frac{\partial^2 t}{\partial z^2}\right) \tag{4-27}$$

式（4-27）为固体中无内热源存在时的非稳态热传导方程，通常称为傅里叶第二定律。

对于无内热源存在时的稳态导热，热传导方程变为简单形式的拉普拉斯方程：

$$\nabla^2 t = 0 \tag{4-28}$$

4.1.3　实际的传热过程

在实际生产的传热问题中，往往不是以上述三种传热方式的某一种单独存在，而是以两种或三种方式同时出现。以间壁式的热交换器为例，参与热交换的冷热流体被一固体壁隔开。这时，热冷流体之间的热量传递过程是：

（1）热流体与所接触的固体壁面之间进行对流传热；

（2）在固体壁内，高温的固体表面向低温的固体表面的热传导；

（3）固体壁面与其接触的冷流体之间的对流传热。

这种由多种传热方式组合而成的传热过程称为综合传热过程。

4.2　热传导

4.2.1　温度场和傅里叶（Fourier）定律

只要物体的内部有温度差的存在，就会有热量从高温部分传向低温部分。温度通常是空间和时间的函数，空间各点温度的集合称为温度场。如果温度场不随时间的变化而变化，则称为稳态温度场或稳定温度场。

在温度场中，同一时刻相同温度的各个点构成了一个等温面。因为空间的任意点不可能同时具有两个不同的温度，因此，不同的等温面彼此不能相交。由于等温面上没有温差，故没有热量传递。而沿着等温面的法向具有最大的温度变化率，这个变化率称为温度梯度，记为 $\mathrm{grad}\,t$。对于一维温度场，温度只沿 x 方向变化，则温度梯度为：

$$\mathrm{grad}\,t = \lim_{\Delta n \to 0}\frac{t(x+\Delta x,\theta) - t(x,\theta)}{\Delta x} = \frac{\partial t}{\partial x} \tag{4-29}$$

温度梯度是矢量，其方向垂直于等温面，并以温度增加的方向为正。

描述热传导的基本定律是傅里叶定律。它指出：在单位时间内通过微元等温面 dS 的热量 dQ 正比于温度梯度 $\partial t/\partial n$，其方向与温度梯度相反，即：

$$dQ = -\lambda \frac{\partial t}{\partial n} dS \qquad (4-30)$$

对于一维温度场，有：

$$dQ = -\lambda \frac{\partial t}{\partial x} dS \qquad (4-31)$$

单位传热面积上的热流速率 dQ/dS 称为热流密度或热通量，记为 q，即单位时间内单位面积上传递的热量，它表征了传热的强度。

4.2.2 热导率

傅里叶定律中的热导率在数值上等于单位导热面积、单位温度梯度、在单位时间内所传导的热量，是表征物质导热能力的一个参数，其值与物质的组成、结构、密度、温度和压强等因素有关。

4.2.2.1 固体的热导率

在所有的固体中，金属是最好的导热体。在各种工业用的纯金属中，银的热导率就像它的导电能力一样是最好的，然后依次轮到铜、黄金、铝。固体中 λ 值最小的是保温材料，其次是建筑材料。通常把室温下 λ 值小于 0.2W/(m·K) 的材料称为"热绝缘材料"。

热导率在各个方向相同的均匀物质称为"各向同性体"。有些固体材料，如具有纤维性的木材，其纤维方向的 λ 值要比垂直纤维的方向的 λ 值高一倍；又如变压器的硅钢片芯，沿层叠方向的 λ 值小于垂直方向的 λ 值，这些材料称为"各向异性体"。

经验表明，在有限的温度范围内，固体的热导率与温度间的关系可以表示为：

$$\lambda = \lambda_0 (1 + \beta_c t) \qquad (4-32)$$

式中，λ_0 为 0℃时的热导率，W/(m·K)；β_c 为温度系数，大多数金属材料为负值，而大多数非金属材料为正值，单位为 1/K。

4.2.2.2 液体的热导率

液体分金属液体和非金属液体两类，前者热导率较高，后者较低。在非金属液体中，水的热导率最大。除去水和甘油外，绝大多数液体的热导率随温度升高而略有减小。一般说来，溶液的热导率低于纯液体的热导率。液体的热导率基本上与压强无关。

4.2.2.3 气体的热导率

与固体和液体相比，气体的热导率最小，气体不善于热传导，但有利于保温、绝热。工业上所使用的保温材料，如玻璃棉等，就是因为其空隙中有气体，所以其热导率小，适用于保温隔热。

气体的热导率与压强无关，随温度的升高而增大，只有在压强大于 196MPa 或小于 2.76kPa 时，热导率才随压强的增加而加大。故工程计算中常可忽略压强对气体热导率的影响。

对于常压下的气体混合物，其热导率 λ_m 可以根据气体混合物中组分 i 的摩尔分数 y_i 用下面的式子估算：

$$\lambda_m = \frac{\sum_{i=1}^{n} \lambda_i y_i M_i^{1/3}}{\sum_{i=1}^{n} y_i M_i^{1/3}} \qquad (4-33)$$

4.2.3 平壁的稳态热传导

4.2.3.1 单层平壁的稳态热传导

图 4-2 所示为一由均匀固体物质组成的单层平壁。平面壁的厚度为 b，面积为 S，假设平壁的热导率 λ 为常数，平壁的温度只沿着垂直于壁面的 x 轴方向变化，即等温面皆为垂直于 x 轴的平行平面，则传热为一维传热。若平壁两侧的温度 t_1 及 t_2 恒定，当 $x=0$ 时，$t=t_1$；$x=b$ 时，$t=t_2$。根据傅里叶定律有：

$$Q=-\lambda S \frac{\mathrm{d}t}{\mathrm{d}x} \tag{4-34}$$

分离变量后积分得 $\int_{t_1}^{t_2}\mathrm{d}t=-\dfrac{Q}{\lambda S}\int_0^b \mathrm{d}x$

$$t_2-t_1=-\frac{Q}{\lambda S}b \tag{4-35}$$

图 4-2 单层平壁稳态热传导

从式（4-35）可以看出，平壁内的温度分布是线性的。式（4-35）还可以改写为：

$$Q=\lambda S \frac{t_1-t_2}{b}=\frac{t_1-t_2}{\dfrac{b}{\lambda S}}=\frac{\Delta t}{R} \tag{4-36}$$

式（4-36）中 $\Delta t=t_1-t_2$ 为导热的推动力，而 $R=b/\lambda S$ 则为导热的热阻。式（4-36）的形式为：过程速率＝推动力/阻力，这在"过滤"一节中已有表现，具有普遍的意义。

[例 4-1] 有一厚度为 240mm 的砖墙，已知砖墙的内壁温度为 600℃，外壁温度为 100℃，假设砖墙在此温度范围内的平均热导率 λ 为 0.69W/(m²·K)，试求每平方米的砖墙通过的热量。

解：$b=240$mm$=0.24$m，$\lambda=0.69$W/(m²·K)

由 $$Q=\frac{\lambda S}{b}(t_1-t_2)$$

得 $$\frac{Q}{S}=\frac{\lambda}{b}(t_1-t_2)=\frac{0.69}{0.24}\times(600-100)=1437.5\text{W/m}^2$$

4.2.3.2 多层平壁的稳态热传导

图 4-3 所示为三层平壁的热传导，假设这三层平壁的厚度分别为 b_1、b_2 和 b_3，各层的材质均匀，它们的热导率皆视为常数并分别记为 λ_1、λ_2 和 λ_3，层与层之间的接触良好，相互接触的表面上温度相等，各等温面皆为垂直于 x 轴的平行平面。平壁的面积为 S，在稳态导热的过程中，穿过各层的热量必相等。按照单层平壁的稳态热传导的处理方法，可以得到下列的方程。

第一层：$Q_1=\lambda_1 S \dfrac{t_1-t_2}{b_1}$ 即：$Q_1 \dfrac{b_1}{\lambda_1 S}=t_1-t_2=\Delta t_1$

同理，对第二和第三层，有：$Q_2 \dfrac{b_2}{\lambda_2 S}=t_2-t_3=\Delta t_2$

$$Q_3 \frac{b_3}{\lambda_3 S}=t_3-t_4=\Delta t_3$$

对于稳态的热传导过程，$Q_1=Q_2=Q_3=Q$，因此有：

$$Q\left(\frac{b_1}{\lambda_1 S}+\frac{b_2}{\lambda_2 S}+\frac{b_3}{\lambda_3 S}\right)=\Delta t_1+\Delta t_2+\Delta t_3$$

图 4-3 多层平壁的稳态热传导

$$Q = \frac{\Delta t_1 + \Delta t_2 + \Delta t_3}{\dfrac{b_1}{\lambda_1 S} + \dfrac{b_2}{\lambda_2 S} + \dfrac{b_3}{\lambda_3 S}} = \frac{t_1 - t_4}{\dfrac{b_1}{\lambda_1 S} + \dfrac{b_2}{\lambda_2 S} + \dfrac{b_3}{\lambda_3 S}} \tag{4-37}$$

即：
$$Q = \frac{\Delta t_1 + \Delta t_2 + \Delta t_3}{R_1 + R_2 + R_3} = \frac{t_1 - t_4}{\displaystyle\sum_{i=1}^{3} R} \tag{4-38}$$

式(4-37)和式(4-38)中，分子表示的是总的温差，即导热的总推动力，而分母则为总热阻，为串联的各层平壁热阻之和。

推而广之，对于 n 层平壁，导热速率方程式为：
$$Q = \frac{t_1 - t_{n+1}}{\displaystyle\sum_{i=1}^{n} \frac{b_i}{\lambda_i S}} = \frac{t_1 - t_{n+1}}{\sum R} \tag{4-39}$$

例 4-2 附图

[**例 4-2**] 有一燃烧炉，炉壁由三层材料组成，如附图所示。最内层是耐火砖，中间为保温砖，最外层为建筑砖，已知：耐火砖 $b_1 = 150\text{mm}$，$\lambda_1 = 1.06\text{W/(m·K)}$；保温砖 $b_2 = 300\text{mm}$，$\lambda_2 = 0.15\text{W/(m·K)}$；建筑砖 $b_3 = 240\text{mm}$，$\lambda_3 = 0.69\text{W/(m·K)}$。今测得炉膛内壁温度为 1000℃，建筑砖外测的温度为 30℃。试求：(1) 单位面积的热损失；(2) 耐火砖和保温砖之间的界面温度；(3) 保温砖与建筑砖之间的界面温度（假设各层砖之间的接触良好）。

解：(1) 求单位面积的散热损失即热通量 q

$$\sum R = \frac{b_1}{\lambda_1 S} + \frac{b_2}{\lambda_2 S} + \frac{b_3}{\lambda_3 S} = \frac{1}{S}\left(\frac{b_1}{\lambda_1} + \frac{b_2}{\lambda_2} + \frac{b_3}{\lambda_3}\right) = \frac{1}{S} \times \left(\frac{0.15}{1.06} + \frac{0.3}{0.15} + \frac{0.24}{0.69}\right) = \frac{2.489}{S}$$

$$q = \frac{Q}{S} = \frac{t_1 - t_4}{S\sum R} = \frac{t_1 - t_4}{2.489} = 389.7\text{W/m}^2$$

(2) 求耐火砖和保温砖之间的界面温度 t_2

由
$$q_1 = q = \frac{Q}{S} = \frac{\lambda_1}{b_1}(t_1 - t_2)$$

有
$$t_1 - t_2 = \frac{b_1}{\lambda_1} q = \frac{0.15}{1.06} \times 389.7 = 55.1℃$$

故得
$$t_2 = t_1 - 55.1 = 1000 - 55.1 = 944.9℃$$

(3) 求保温砖与建筑砖之间的界面温度 t_3

由
$$q_3 = q = \frac{Q}{S} = \frac{\lambda_3}{b_3}(t_3 - t_4)$$

有
$$t_3 - t_4 = \frac{b_3}{\lambda_3} q = \frac{0.24}{0.69} \times 389.7 = 135.5℃$$

故得
$$t_3 = t_4 + 135.5 = 30 + 135.5 = 165.5℃$$

从例 4-2 的计算可知，各层的温度降与其热阻成正比，材料层的热阻越大，该层的温度降也就越大。

4.2.4　圆筒壁的稳态热传导

生产中常常用到圆筒形的管道和设备，许多换热器的换热面也是由圆管所构成。如果圆筒足够长，可以只考虑沿半径方向的传热，则导热过程为一维导热。与平壁导热不同的是，圆筒壁的导热面积不是定值，而是沿着半径的方向逐渐变化。

4.2.4.1 单层圆筒壁的稳态热传导

图 4-4 所表示的是一个单层的圆筒壁，设圆筒的内半径为 r_1，内壁温度为 t_1，外径为 r_2，外内壁温度为 t_2。温度只沿半径方向变化，等温面为同心圆柱面。在半径 r 处取一厚度为 dr 的薄层，若圆筒的长度为 L，则半径为 r 处的传热面积 $S = 2\pi rL$。根据傅里叶定律，对此薄圆筒层可写出导热量为：

$$Q = -\lambda S \frac{dt}{dr} = -\lambda 2\pi rL \frac{dt}{dr}$$

图 4-4 单层圆筒壁的稳态热传导

分离变量，并设热导率 λ 为常数，在圆筒壁的内半径和外半径间进行积分，有：

$$Q \int_{r_1}^{r_2} \frac{dr}{r} = -2\pi L\lambda \int_{t_1}^{t_2} dt$$

积分得：

$$Q = 2\pi L\lambda \frac{t_1 - t_2}{\ln \frac{r_2}{r_1}} \tag{4-40}$$

上式可改写成：

$$Q = \frac{2\pi L(r_2 - r_1)\lambda(t_1 - t_2)}{(r_2 - r_1)\ln \frac{2\pi r_2 L}{2\pi r_1 L}} \tag{4-41}$$

$2\pi r_2 L$ 是圆筒壁外表面的面积，记为 S_2；$2\pi r_1 L$ 是圆筒壁内表面的面积，记为 S_1；$(r_2 - r_1)$ 是圆筒壁的厚度，记为 b。则式(4-41) 可以进一步变成为下面的形式：

$$Q = \frac{(S_2 - S_1)\lambda(t_1 - t_2)}{(r_2 - r_1)\ln \frac{S_2}{S_1}} = \lambda S_m \frac{t_1 - t_2}{b} = \frac{t_1 - t_2}{\frac{b}{\lambda S_m}} \tag{4-42}$$

式中，S_m 是对数平均面积，$S_m = \dfrac{S_2 - S_1}{\ln \dfrac{S_2}{S_1}}$。当 $S_2/S_1 < 2$ 时，可用算术平均面积进行计算，即 $S_m = (S_1 + S_2)/2$。

在圆筒壁的稳态热传导中，各圆筒面的传热速率相等。但由于它们的面积不等，故热通量不相等。即使热导率为常数，温度分布也不是线性的。

4.2.4.2 多层圆管壁的稳态热传导

如果热量在多层圆管壁的最内侧表面和最外侧表面之间的传递，要依次经过各层，则属于多层圆管壁的热传导。多层圆管壁的导热方程式可以采用与多层平壁相同的方法导出。

图 4-5 所示的是三层的圆筒的稳态导热过程，整个过程可以视为是多个圆筒壁串联起来的导热过程。假定各层的厚度分别为 $b_1 = r_2 - r_1$、$b_2 = r_3 - r_2$、$b_3 = r_4 - r_3$；各层的热导率 λ_1、λ_2 和 λ_3 皆视为常数，层与层之间的接触良好，相互接触的表面温度相等，各等温面皆为同心圆柱面。由式(4-40) 可以得到各层的导热量为：

图 4-5 多层圆筒壁的稳态热传导

第一层 $$Q_1 = \frac{2\pi L\lambda_1(t_1 - t_2)}{\ln \frac{r_2}{r_1}}$$

第二层

$$Q_2 = \frac{2\pi L\lambda_2(t_2-t_3)}{\ln\dfrac{r_3}{r_2}}$$

第三层

$$Q_3 = \frac{2\pi L\lambda_3(t_3-t_4)}{\ln\dfrac{r_4}{r_3}}$$

根据 $Q_1=Q_2=Q_3=Q$ 以及各层温差之和等于总温差的原则，整理上面三式，得：

$$Q = \frac{2\pi L(t_1-t_4)}{\dfrac{1}{\lambda_1}\ln\dfrac{r_2}{r_1}+\dfrac{1}{\lambda_2}\ln\dfrac{r_3}{r_2}+\dfrac{1}{\lambda_3}\ln\dfrac{r_4}{r_3}} \tag{4-43}$$

依此类推，对于 n 层圆筒壁，穿过各层的热量的一般表达式为：

$$Q = \frac{2\pi L(t_1-t_{n+1})}{\displaystyle\sum_{i=1}^{n}\dfrac{1}{\lambda_i}\ln\dfrac{r_{i+1}}{r_i}} \tag{4-44}$$

[例 4-3] 在外径为 140mm 的蒸汽管道外包扎保温材料，以减少热损失。蒸汽管外壁温度为 390℃，保温层外表面温度不大于 40℃。保温材料的 λ 与 t 的关系为 $\lambda=0.1+0.0002t$ $[t$ 的单位为℃，λ 的单位为 W/(m·K)]。若要求每米管长的热损失 Q/L 不大于 450W/m，试求保温层的厚度以及保温层中温度分布。

解：已知 $r_2=0.07$m，$t_2=390$℃，$t_3=40$℃。先求保温层在平均温度下的热导率，即
$$\lambda=0.1+0.0002\times(390+40)/2=0.143\text{W/(m·K)}$$

(1) 由 $\quad Q=\dfrac{2\pi L\lambda(t_2-t_3)}{\ln\dfrac{r_3}{r_2}}\quad$ 得 $\quad\ln\dfrac{r_3}{r_2}=\dfrac{2\pi\lambda(t_2-t_3)}{Q/L}$

$$\ln r_3 = 2\pi\times0.143\times(390-40)/450+\ln0.07$$

得 $r_3=0.141$m 故保温层厚度为
$$b=r_3-r_2=0.141-0.07=0.071\text{m}=71\text{mm}$$

(2) 设保温层半径 r 处的温度为 t，代入式(4-40) 可得
$$\frac{2\pi\times0.143(390-t)}{\ln\dfrac{r}{0.07}}=450$$

解上式并整理得 $t=-501\ln r-942$

计算结果表明，即使热导率为常数，圆筒壁内的温度分布也不是直线而是曲线。

[例 4-4] 有一 $\phi80\text{mm}\times7.5\text{mm}$ 的蒸汽管道，管外壁 $t_2=220$℃，为了减少热损失，拟用 $\lambda_2=0.15\text{W/(m·K)}$ 的保温材料进行保温，要求每米管道上的热损失不大于 150W、保温壁的外层温度低于 $t_3=35$℃。问：(1) 保温层的厚度最少应有多厚？(2) 假设管材的热导率 $\lambda_1=45\text{W/(m·K)}$。问蒸汽管道壁的温度降（$t_1-t_2$）是多少？

解：(1) 按题意，每米长度的管道的热损失 Q/L，将式(4-40) 应用于保温壁，有

$$\frac{Q}{L}=\frac{2\pi\lambda_2(t_2-t_3)}{\ln\dfrac{r_3}{r_2}}\quad\text{即}\quad 150=\frac{2\times3.14\times0.15\times185}{\ln\dfrac{r_3}{0.04}}$$

$$\ln\frac{r_3}{0.04}=\frac{174.27}{150}=1.1618\qquad r_3=0.128\text{m}$$

得保温层的最小厚度应为 $\qquad b_2=128-40=88\text{mm}$

(2) 由于是稳态传热，所以各层的导热量 Q/L 相同，对管材层，有

$$\frac{Q}{L} = \frac{2\pi\lambda_1(t_1 - t_2)}{\ln\frac{r_2}{r_1}} \qquad \text{即} \qquad 150 = \frac{2\times 3.14\times 45(t_1 - t_2)}{\ln\frac{0.04}{0.0325}}$$

$$t_1 - t_2 = 150 \times \frac{\ln 1.231}{282.6} = 0.1103\text{℃}$$

由于管材的导热性能好，导热的热阻小，所以管壁的温度降只有 0.1103℃。

在工厂中常常需要将管路保温，以减少热量（或冷量）的损失。保温的方法通常是在管道外包一层或多层绝热材料。通常热损失随保温层厚度的增加而减少。但是在小直径管外包扎性能不良的保温材料时，在某些情况下，热损失可能反而随保温层厚度的增加而增加。这是由于当保温层厚度增大时，传热面积随之加大，使热损失加大。如果保温层的热阻增大导致的热损失减小不足以补偿传热面积增加导致的热损失增加，那么总的净热损失便会增加。实际上，当保温层的厚度增加时，起初总的热损失是增加的；当厚度进一步增加时，热损失即会减少。因此存在一临界半径，当保温层的外半径达到临界半径时，热损失为最大，只有外半径大于临界半径后，才能使热损失减少。

4.3 对流传热

4.3.1 对流传热与对流传热系数及其主要的影响因素

4.3.1.1 对流传热和对流传热系数

在工业上，冷热流体之间的传热通常是通过间壁式的换热器来完成的，其中热量从固体壁的一侧传至固体壁的另一侧为导热过程，而流体与固体壁面之间的传热是流体的导热和对流的联合作用结果，统称为对流传热。

对流传热主要是靠流体质点的移动和混合来完成，故与流体的流动状况密切相关。由于流体有黏度，在流经固体壁面时形成流动边界层，边界层内存在速度梯度，边界层的厚度与流动有关。当流动为湍流时，边界层为湍流边界层。湍流边界层可以分为层流内层、过渡层和湍流层三部分。在靠近壁面的层流内层中，流体微团在与壁面垂直的方向上无扰动，热传递的方式只能是导热。在过渡层中，热传递是导热和对流的组合。而在湍流层中，流体剧烈湍动，涡流传热比分子传热（即导热）强烈得多，导热作用可以忽略不计。就热阻而言，层流内层虽然很薄，因为流体的热导率很小，却占了大部分的热阻。

根据傅里叶定律有：

$$dQ = -\lambda \frac{\partial t}{\partial x}\bigg|_{x=0} dS \tag{4-45}$$

式中，$\frac{\partial t}{\partial x}\big|_{x=0}$ 是靠近壁面处的温度梯度；λ 是流体的热导率；x 方向垂直于壁面。

另外，根据牛顿冷却定律，壁面与流体之间的传热量 dQ 可以写成：

$$dQ = \alpha(t_w - t)dS = \alpha\Delta t dS \tag{4-46}$$

式中，$t_w - t$ 是壁面温度与流体温度之间的温差。将式(4-45)和式(4-46)联立可得：

$$\alpha = -\frac{\lambda}{t_w - t} \times \frac{\partial t}{\partial x}\bigg|_{x=0} \tag{4-47}$$

α 称对流传热系数或表面传热系数，也常被称为"传热膜系数"，简称"膜系数"。一些典型的对流传热系数值列于表 4-1 中。从式(4-47)可以看出：流体的流速愈高，层流内层越薄，则温度梯度就越大，α 的数值也就越大。另外在流动状况相同时，液体的热导率高于气体的热导率，故液体的对流传热系数 α 也要高于气体的对流传热系数。

食品工程单元操作

表 4-1　典型的对流传热系数值

传 热 情 况	$\alpha/[W/(m^2 \cdot K)]$	传 热 情 况	$\alpha/[W/(m^2 \cdot K)]$
水的沸腾	2300~23000	蒸汽冷凝	1700~28000
氨的沸腾	1700~28000	氨冷凝	5100~9100
牛奶在水平冷却器内流过	1100~3700	空气流过墙壁面	
空气在ϕ25mm管内流(u=3m/s)	40	自然对流	9.4
水在ϕ25mm管内流(u=1.2m/s)	5300	风速6.7 m/s	34

4.3.1.2　传热边界层

当流体流过固体壁面时，由于黏度的存在形成了流动边界层，边界层外为湍流主体，可视为速度均匀。如果流动伴随着热量传递，则由于传热的影响，壁面附近的流体中将存在温度梯度。仿照流动边界层，可以引入传热边界层的概念。

传热边界层的定义与流动边界层相似，指存在温度梯度的区域。引入传热边界层的概念以后，流过壁面的流体即分为热边界层和主体流体两部分，在传热边界层内集中了全部的传热阻力，而在主体流体中温度是均匀的。传热边界层和流动边界层是并存的，两者既有联系又有区别，一般而言传热边界层比流动边界层要薄一些，如图 4-6 所示。

图 4-6　流动边界层和传热边界层
1—流动边界层；2—传热边界层

当流体流入平壁或圆管时，传热边界层同样有一个建立的过程，从入口开始传热边界层厚度逐渐增加。与流动边界层不同的是，传热边界层不是逐渐稳定于一厚度，而是随着传热壁面的延长逐渐减薄直至消失。当流体在管内流动时，流动边界层在入口以后逐渐变厚，最后达到管子中心，成为完全发展的流动边界层。以后，流体继续向前流动，管截面上的速度分布保持不变。传热边界层发展到管子中心后，也达到完全发展。此后流体继续向前流动，传热继续进行，整个截面上各点温度将渐趋一致。可以认为，经过无限长管道以后，流体整个截面上各点温度都与壁温相等，温度梯度消失，传热亦即停止。

4.3.1.3　对流传热系数的确定方法

用牛顿冷却定律处理复杂的对流传热，实质上是把所有复杂的影响因素集中于对流传热系数上。因而，对流换热的研究主要也就在于如何确定对流传热系数与一系列因素的函数关系上。式(4-47)指出：只要求得壁面处的温度梯度，就可以计算对流传热系数。但是，这就要求同时解能量方程、运动方程和连续性方程。由于方程的非线性、湍流运动的随机性和边界条件的复杂性，目前还不能用这一理论方法解决湍流传热的计算问题，无法用式(4-47)来确定对流传热系数 α 的数值。

从式(4-47)不难看出：对流传热系数取决于热边界层内的温度梯度。而温度梯度与流体的物性、温度、流动状态以及壁面几何状况等诸多因素有关。在工程实践中确定对流传热系数的方法主要有两种：一是应用量纲分析法，结合实验，建立经验方程式；二是借助相似类比，建立摩擦因数与对流传热系数的关系，从摩擦因数求取对流传热系数。

影响对流传热系数的因素主要有以下几个。

(1) 流体的状态　液体或气体，以及过程是否有相变，有相变时的对流传热系数比无相变时的对流传热系数大得多。

(2) 流体的物理性质　影响较大的物性有密度、比热容、热导率和黏度等。

(3) 流体的流动状态　层流、过渡流或湍流。

(4) 流体的对流状态　自然对流或强制对流。

(5) 传热表面的形状、位置及大小　如管、板、管束、管径、管子长度和排列、放置方式等。

由以上的分析可见，影响对流传热系数的因素多而且复杂，为了针对不同的情况进行理论和实验的研究，并建立相应的对流传热系数的关联式，将对流传热分成液体无相变对流传热和有相变对流传热两大类。无相变对流传热又分成强制对流传热和自然对流传热，有相变对流传热则分成冷凝对流传热和沸腾对流传热。下面分别对这几种情况进行讨论。

4.3.2　流体无相变时的对流传热过程的量纲分析

综上所述，影响对流传热的因素很多。若用实验方法建立经验方程，则因变量太多而使实验工作量巨大，因此采用量纲分析法。在第 1 章中曾总结出量纲分析法的 π 定理，伯金汉法就是应用这一定理，较方便地得到无量纲数群的方法。

以无相变对流传热系数的计算为例。无相变时影响对流传热的主要因素有：设备的特征尺寸 l、流体的流速 u、密度 ρ、黏度 μ、定压比热容 c_p、热导率 λ 及单位质量流体的升浮力 $\rho g \beta \Delta t$（其中 β 为体膨胀系数）。所以对流传热系数为：

$$\alpha = f(u, l, \mu, \lambda, \rho, c_p, \rho g \beta \Delta t) \tag{4-48}$$

π 定理指出：独立的无量纲数群的个数等于原方程变量数减去基本量纲数。式(4-48) 中有 8 个物理量，涉及的基本量纲只有 4 个：长度 L、质量 M、时间 θ 和温度 T，因此无量纲数群的数目 $i = 8 - 4 = 4$。今用 π_1、π_2、π_3、π_4 分别表示，则式(4-48) 可表示为：

$$\pi_1 = f(\pi_2, \pi_3, \pi_4) \tag{4-49}$$

下一步是列出所有 8 个物理量的量纲，如下：

物理量	α	l	u	ρ	μ	c_p	λ	$\rho g \beta \Delta t$
量纲	$M\theta^{-3}T^{-1}$	L	$L\theta^{-1}$	ML^{-3}	$ML^{-1}\theta^{-1}$	$L^2\theta^{-2}T^{-1}$	$ML\theta^{-3}T^{-1}$	$ML^{-2}\theta^{-2}$

然后选取与基本量纲数目相同的物理量作为核心物理量（本例中为 4 个），选取的原则是：

(1) 不能选待求的物理量（本例中为 α）；

(2) 不能同时选量纲相同的物理量；

(3) 应包含过程中所有的基本物理量；

(4) 本身不构成无量纲数群。

在本例中，选 l、λ、μ、ρ 为核心物理量，将余下的物理量与核心物理量构成无量纲数群，得到：

$$\pi_1 = \alpha l^a \lambda^b \mu^c \rho^d \tag{4-50}$$

$$\pi_2 = c_p l^e \lambda^f \mu^g \rho^i \tag{4-51}$$

$$\pi_3 = u l^j \lambda^k \mu^m \rho^n \tag{4-52}$$

$$\pi_4 = \rho g \beta \Delta t l^p \lambda^q \mu^r \rho^s \tag{4-53}$$

将上述等式两端各物理量的量纲代入，根据量纲一致性原理，得到有关核心物理量的指数，从而得到无量纲数群。以式(4-50)为例，两端各物理量的量纲为：

$$M^0 L^0 \theta^0 T^0 = \left(\frac{M}{\theta^3 T}\right) L^a \left(\frac{ML}{\theta^3 T}\right)^b \left(\frac{M}{L\theta}\right)^c \left(\frac{M}{L^3}\right)^d \tag{4-54}$$

比较两边的指数得以下各式。

对 M： $1 + b + c + d = 0$

对 L： $a + b - c - 3d = 0$

对 θ： $-3 - 3b - c = 0$

对 T： $-1 - b = 0$

解得： $a = 1,\ b = -1,\ c = 0,\ d = 0$

将解得的结果代入式(4-50)，得：

$$\pi_1 = \frac{\alpha l}{\lambda} = Nu \tag{4-55}$$

用同样的方法处理式(4-51)～式(4-53)得：$e = 0,\ f = -1,\ g = 1,\ i = 0,\ j = 1,\ k = 0,$ $m = -1,\ n = 1,\ p = 3,\ q = 0,\ r = -2,\ s = 1$，从而得：

$$\pi_2 = \frac{c_p \mu}{\lambda} = Pr \tag{4-56}$$

$$\pi_3 = \frac{ul\rho}{\mu} = Re \tag{4-57}$$

$$\pi_4 = \frac{\rho^2 l^3 g\beta\Delta t}{\mu^2} = Gr \tag{4-58}$$

于是式(4-49)可写成：

$$Nu = a_1 Re^{a_2} Pr^{a_3} Gr^{a_4} \tag{4-59}$$

或：

$$\frac{\alpha l}{\lambda} = a_1 \left(\frac{lu\rho}{\mu}\right)^{a_2} \left(\frac{c_p \mu}{\lambda}\right)^{a_3} \left(\frac{l^3 \rho^2 g\beta\Delta t}{\mu^2}\right)^{a_4} \tag{4-60}$$

最后，对于不同的传热情况，用实验方法求取式(4-60)中的参数 a_1、a_2、a_3、a_4，即得到计算对流传热系数的无量纲数群关联式。

了解各无量纲数群的物理意义，对于深入理解对流传热的本质十分必要。

(1) 努塞尔数（Nu） 为包含对流传热系数的无量纲数群，其物理意义为导热热阻与对流热阻之比。

(2) 雷诺数（Re） 表示惯性力和黏滞力之比，反映了流体流动状态对对流传热系数的影响。

(3) 普朗特数（Pr） 表示物性对对流传热系数的影响，是流体传递动量和热量能力相对大小的量度。

(4) 格拉晓夫数（Gr） 是反映自然对流特征的无量纲数群，表示温差引起的浮力与黏性力之比，反映了自然对流的强弱程度。

在应用关联式(4-59)时应注意以下几点。

(1) 应用范围 所引用的关联式中各无量纲数群的数值应根据建立关联式时的实验范围来确定使用范围。

(2) 特性尺寸 各无量纲数群中的特征尺寸 l 应选择对流体流动或对对流传热发生主导影响的几何尺寸。在具体的关联式中对特征尺寸均有具体的定义说明。

(3) 定性温度 流体在对流传热过程中的温度是变化的，确定无量纲数群中流体的物性参数如 c_p、μ、ρ 等所依据的温度即为定性温度，不同的关联式中定性温度的取法往往不同。

4.3.3 流体无相变对流传热系数的经验关联式

在讨论实际问题时，式(4-59)可以根据具体的情况进行简化。如：Gr 代表的是自然对流对对流传热的影响，因此在讨论强制对流时，Gr 可以忽略，即有：

$$Nu = f(Re, Pr)$$

而在自然对流时，上升浮力的影响较大，此时 Re 的影响可以忽略，即有：

$$Nu = f(Gr, Pr)$$

下面介绍几种常见的无相变对流传热情况下对流传热系数的计算式。

4.3.3.1 流体在管内强制对流时的对流传热系数

(1) 流体在圆形直管内强制湍流时的对流传热系数　此时对流传热系数的经验关联式为：

$$Nu = 0.023 Re^{0.8} Pr^n \tag{4-61}$$

即：

$$\alpha = 0.023 \frac{\lambda}{d} \left(\frac{du\rho}{\mu}\right)^{0.8} \left(\frac{c_p \mu}{\lambda}\right)^n \tag{4-62}$$

式(4-61)、式(4-62)的使用范围为：$Re > 10^4$，$0.7 < Pr < 160$，管长与管径之比 $L/d >$ 50。当 $L/d = 30 \sim 40$ 时，α 增加 $2\% \sim 7\%$，因管子入口处扰动较大，所以 α 较高。上面这两个式子适用于低黏度的液体和气体。使用时要注意下列问题。

① 特征尺寸用管内径 d。

② 定性温度取流体进出口温度的算术平均值。

③ 流体被加热时，$n = 0.4$；流体被冷却时，$n = 0.3$。

n 值的不同是为了考虑边界层内流体与主体流体之间因温度不同而导致的黏度差异对传热的影响。若边界层内流体的黏度高于主体流体黏度，则传热阻力就略大一些；反之，边界层内流体的黏度低于主体流体的黏度，则传热阻力就略小一些。液体黏度随温度的变化与气体相反，但液体的 Pr 大于 1 而气体的 Pr 小于 1。总的结果是当流体被加热时 Pr 的指数略高于被冷却时 Pr 的指数。

④ 对高黏度的液体，需引进一个无量纲的黏度比，式(4-61)改写为：

$$Nu = 0.027 Re^{0.8} Pr^{0.33} \left(\frac{\mu}{\mu_w}\right)^{0.14} \tag{4-63}$$

式中，μ_w 为壁温下的流体黏度，其他物理量的定性温度与特性尺寸均与前面相同。由于壁温难以确定，用下面的近似计算也可以满足工程计算的需要。

当液体被加热时：$\left(\dfrac{\mu}{\mu_w}\right)^{0.14} = 1.05$

当液体被冷却时：$\left(\dfrac{\mu}{\mu_w}\right)^{0.14} = 0.95$

当气体被加热或被冷却时：$\left(\dfrac{\mu}{\mu_w}\right)^{0.14} = 1$

[例 4-5]　常压下空气以 15m/s 的流速在长为 4m、ϕ60mm×3.5mm 的钢管中流动，温度由 150℃ 升至 250℃。试求管壁对空气的对流传热系数。

解：此题为空气在圆形直管内做强制对流。定性温度 $t_m = (150+250)/2 = 200℃$，定性尺寸 $d = 0.053\text{m}$。查 200℃ 时空气的物理数据如下：$c_p = 1.026 \times 10^3 \text{J/(kg·K)}$，$\lambda = 0.03928\text{W/(m·K)}$，$\mu = 2.6 \times 10^{-5}\text{Pa·s}$，$\rho = 0.746\text{kg/m}^3$。

$$L/d = 4/0.053 = 75.5 > 50$$

$$Re = \frac{du\rho}{\mu} = \frac{0.053 \times 15 \times 0.746}{2.6 \times 10^{-5}} = 2.28 \times 10^4 > 10^4 \quad \text{(湍流)}$$

$$Pr = \frac{c_p \mu}{\lambda} = \frac{1.026 \times 10^3 \times 2.6 \times 10^{-5}}{0.03928} = 0.68$$

空气被加热时，用 $n=0.4$ 代入式(4-61)、式(4-62)，得

$$Nu = 0.023 Re^{0.8} Pr^{0.4} = 0.023 \times 22800^{0.8} \times 0.68^{0.4} = 60.4$$

$$\alpha = \frac{\lambda}{d} Nu = \frac{0.03928}{0.053} \times 60.4 = 44.8 \, \text{W/(m}^2 \cdot \text{K)}$$

[**例 4-6**] 有一列管式换热器，由 38 根 $\phi 25\text{mm} \times 2.5\text{mm}$ 的无缝钢管组成。苯在管内流动，由 20℃ 被加热至 80℃，流量为 8.32kg/s。外壳中通入水蒸气进行加热。试求管壁对苯的传热系数。当苯的流量提高一倍时，传热系数有何变化。

解：苯在定性温度 $t_m = (20+80)/2 = 50℃$ 下的物性可由附录查得。密度 $\rho = 860\text{kg/m}^3$；比热容 $c_p = 1.80\text{kJ/(kg} \cdot \text{K)}$；黏度 $\mu = 0.45\text{mPa} \cdot \text{s}$；热导率 $\lambda = 0.14\text{W/(m} \cdot \text{K)}$。加热管内苯的流速为

$$u = \frac{q_V}{\frac{\pi}{4} d^2 n} = \frac{8.32}{860 \times 0.785 \times 0.02^2 \times 38} = 0.81\text{m/s}$$

$$Re = \frac{du\rho}{\mu} = \frac{0.02 \times 0.81 \times 860}{0.45 \times 10^{-3}} = 30960$$

$$Pr = \frac{c_p \mu}{\lambda} = \frac{1.80 \times 10^3 \times 0.45 \times 10^{-3}}{0.14} = 5.79$$

故 $\quad \alpha = 0.023 \frac{\lambda}{d} Re^{0.8} Pr^{0.4} = 0.023 \times \frac{0.14}{0.02} \times 30960^{0.8} \times 5.79^{0.4} = 1272\text{W/(m}^2 \cdot \text{K)}$

若忽略定性温度的变化，当苯的流量增加一倍时，对流传热系数为 α'

$$\alpha' = \alpha (u'/u)^{0.8} = 1272 \times 2^{0.8} = 2215\text{W/(m}^2 \cdot \text{K)}$$

(2) 流体在圆形直管内做过渡流时的对流传热系数　流体在过渡流时（$Re = 2300 \sim 10000$），用式(4-62)计算出对流传热系数之后，再将计算所得的结果乘以校正系数 f。校正系数 f 按下面的公式计算：

$$f = 1 - \frac{6 \times 10^5}{Re^{1.8}} \tag{4-64}$$

[**例 4-7**] 将粗碎的番茄通过管子从温度 20℃ 加热至 75℃。管子内径为 60mm，表面温度保持 105℃。番茄流量为 1300kg/h。已知物性数据是：$\rho = 1050\text{kg/m}^3$；$c_p = 3.98\text{kJ/(kg} \cdot \text{K)}$；$\mu = 2.15\text{cP}$（47.5℃时），$1.2\text{cP}$（105℃时）；$\lambda = 0.61\text{W/(m} \cdot \text{K)}$。试求对流传热系数。

解：
$$u = \frac{q_m}{\rho A} = \frac{1300}{3600 \times 1050 \times 0.785 \times 0.06^2} = 0.1217\text{m/s}$$

$$Re = \frac{du\rho}{\mu} = \frac{0.06 \times 0.1217 \times 1050}{0.00215} = 3566 \quad \text{属过渡流}$$

$$Pr = \frac{c_p \mu}{\lambda} = \frac{3.98 \times 10^3 \times 2.15 \times 10^{-3}}{0.61} = 14.03$$

$$\alpha = 0.027 \frac{\lambda}{d} Re^{0.8} Pr^{0.33} \left(\frac{\mu}{\mu_w}\right)^{0.14} = 0.027 \times \frac{0.61}{0.06} \times 3566^{0.8} \times 14.03^{0.33} \times \left(\frac{2.15}{1.2}\right)^{0.14}$$
$$= 494.62\text{W/(m}^2 \cdot \text{K)}$$

校正系数　$\quad f = 1 - \frac{6 \times 10^5}{Re^{1.8}} = 1 - \frac{6 \times 10^5}{3566^{1.8}} = 0.7578$

$$\alpha' = 494.62 \times 0.7578 = 374.8\text{W/(m}^2 \cdot \text{K)}$$

(3) 流体在圆形直管内强制层流时的对流传热系数　流体在圆形直管内强制层流时，其换热过程由于自然对流和热流方向的影响，情况比较复杂，对流传热系数的计算误差也较大。当

管径比较小、流体与壁面的温差不大时（即 $Gr<25000$），自然对流的影响仍可以忽略。这时对流传热系数可以用下式计算。

$$Nu=1.86\left(Re\cdot Pr\cdot\frac{d}{L}\right)^{1/3}\left(\frac{\mu}{\mu_\mathrm{w}}\right)^{0.14} \tag{4-65}$$

式中，特征尺寸是管子的内径 d；L 为管子的长度。式(4-65)的使用范围为：$Re<2300$，$(Re\cdot Pr\cdot d/L)>10$，$L/d>60$。

（4）流体在弯管内呈强制对流时的对流传热系数　如图 4-7 所示，流体流经弯管时，流体将受到离心力的作用，使横截面上的流体形成二次环流，导致扰动加剧，层流底层变薄，对流传热系数加大。在这种情况下的对流传热系数计算方法是先按直管的经验关联式计算出 α，再乘上一个校正系数 f''，即可得到流体在弯管内呈强制对流时的对流传热系数 α'。校正系数 f'' 由下式计算：

图 4-7　弯管

$$f''=\left(1+1.77\frac{d}{R}\right) \tag{4-66}$$

4.3.3.2　流体在管外强制对流时的对流传热系数

流体在管外垂直流过时分为流过单管和管束两种情况，工业上所用换热器中多为流体垂直流过管束。管束的排列又分为直列和错列两种，如图 4-8 所示。流体在管束外垂直流过时的对流传热系数可用下式计算：

$$Nu=C\varepsilon Re^nPr^{0.4} \tag{4-67}$$

图 4-8　管束的排列

式中，C、ε、n 均由实验确定。其经验数值见表 4-2。ε 和 n 视管子的排列方式不同而异。当管子垂直流经管束时，在第一列的后面形成涡流。在直列式管束中，从第二列起，由于前面一列管子的屏障，管子被涡流冲击的程度较缓和。而在错列式管束中，涡流和湍动很强烈，故对流传热系数逐渐增大到第三列，而后保持不变。流体的冲击程度与管子之间的距离 x_1 和 x_2 的数值有关。在其他条件相同时，错列式管束的对流传热系数大于直列式。

表 4-2　流体垂直流过管束时的 C、ε 和 n 值

列序	直　列		错　列		C
	n	ε	n	ε	
1	0.6	0.171	0.6	0.171	$x_1/d=1.2\sim3$ 时：
2	0.65	0.151	0.6	0.228	$C=1+0.1x_1/d$
3	0.65	0.151	0.6	0.290	$x_1/d>3$ 时：
4	0.65	0.151	0.6	0.290	$C=1.3$

式(4-67) 的使用范围为：$Re=5000\sim70000$，$x_1/d=1.2\sim5$，$x_2/d=1.2\sim5$。

使用式(4-67) 应注意以下几点。

(1) 特性尺寸取管子的外径。

(2) 定性温度取流体进、出口温度的算术平均值。

(3) 流速 u 取每列管子中最窄处的流速。

(4) 由于各列的对流传热系数不同，故取对流传热系数的平均值，可按下式求取：

$$\alpha_{\mathrm{m}}=\frac{\alpha_1 S_1+\alpha_2 S_2+\cdots+\alpha_n S_n}{S_1+S_2+\cdots S_n}=\frac{\sum\alpha_i S_i}{\sum S_i} \tag{4-68}$$

式中　α_i——各列的对流传热系数，$W/(m^2\cdot K)$；

　　　S_i——各列传热管的外表面积，m^2。

[例 4-8]　有一列管式换热器，管束由 $\phi89mm\times3.5mm$、长度相等的钢管组成，管子排列方式为错列，管内为 $p=200kPa$ 的饱和蒸汽冷凝，管外为 $p=100kPa$ 的空气被加热，空气进口的温度为 $15℃$，出口为 $45℃$。空气垂直流过管束，沿流动的方向共有管子 10 列，每列有管子 10 行，行、列的管间距皆为 110mm。已知空气流过最窄处的速度为 10m/s，试求空气的平均对流传热系数。

解：由式(4-67)，有 $\alpha=C\varepsilon\dfrac{\lambda}{d}Re^n Pr^{0.4}$

$x_1/d=x_2/d=110/89=1.236$，比值在 $1.2\sim3$ 之间，由表 4-2 得

$$C=1+0.1\frac{x_1}{d}=1+0.1\times1.236=1.124$$

空气的定性温度 $t_{\mathrm{m}}=(15+45)/2=30℃$　查 30℃时空气的物性数据得 $c_p=1\times10^3 J/(kg\cdot K)$，$\lambda=0.0267W/(m\cdot K)$，$\mu=1.86\times10^{-5}Pa\cdot s$，$\rho=1.165kg/m^3$

$$Re=\frac{du\rho}{\mu}=\frac{0.089\times10\times1.165}{1.86\times10^{-5}}=55744$$

$$Pr=\frac{c_p\mu}{\lambda}=\frac{1\times10^3\times1.86\times10^{-5}}{2.67\times10^{-2}}=0.70$$

查表 4-2 得错列时第一列到第三列的 n、ε 的数值分别为 $n_1=n_2=n_3=0.6$，$\varepsilon_1=0.171$，$\varepsilon_2=0.228$，$\varepsilon_3=0.290$

$$\alpha_1=1.124\times0.171\times\frac{0.0267}{0.089}\times55744^{0.6}\times0.70^{0.4}=35.2W/(m^2\cdot K)$$

$$\alpha_2=1.124\times0.228\times\frac{0.0267}{0.089}\times55744^{0.6}\times0.70^{0.4}=46.9W/(m^2\cdot K)$$

$$\alpha_3=1.124\times0.290\times\frac{0.0267}{0.089}\times55744^{0.6}\times0.70^{0.4}=59.7W/(m^2\cdot K)$$

因为第三列以后的对流传热系数不变，每根管子的传热面积也不变，故

$$\alpha_{\mathrm{m}}=\frac{\alpha_1+\alpha_2+8\alpha_3}{10}=55.96\ W/(m^2\cdot K)$$

4.3.3.3　自然对流传热系数

自然对流是流体密度差异而引起的，流体的运动与壁面的形状有关。当壁面垂直安置时，根据壁面与主体流体间的温度差而有不同的流型。温差大时（从而 Gr 值大），流体以湍流为主；温差小时，以层流为主。但即使是湍流的情形，从平壁下缘开始的一段高度内仍存在层流层。因此，平壁局部对流传热系数在不同高度处是不相同的。开始时，由于层流膜逐渐增厚，对流传热系数随高度逐渐减小。在层流边界层向湍流边界层过渡时，对流传热系数就逐渐变大。然后又保持不变。当壁面水平放置时，对流传热系数显然不会有上述的变化。而当自然对

流传热发生在有限空间即壁面间距离较小时，壁面附近的流体之间会互相干扰，发生内部环流。环流的高度决定于壁面间的距离、流体的种类和对流过程的强弱。

自然对流的对流传热系数仅与反映自然对流的 Gr 和 Pr 有关，其一般关系式为：

$$Nu = C(Gr \cdot Pr)^n$$

或：

$$\alpha = C\frac{\lambda}{l}\left(\frac{\beta g \Delta t l^3 \rho^2}{\mu^2} \times \frac{c_p \mu}{\lambda}\right)^n \tag{4-69}$$

式中，C 和 n 由实验确定。实验结果表明，C 和 n 可由 Gr 和 Pr 的乘积确定，它们间的关系见表 4-3。

在使用式(4-69)时应注意下面几点。

（1）定性尺寸 l 的选择　对水平圆管，定性尺寸取圆管的外径 d_o，对于垂直管或垂直板，定性尺寸取管长或板高 L。

（2）定性温度取壁温 t_w 和流体平均温度 t_m 的算术平均值。

（3）Gr 数中的 Δt 取壁温与流体的温度差。

表 4-3　式(4-69)中的 C 和 n 值

$Gr \cdot Pr$	C	n
$1\times10^{-3} \sim 5\times10^2$	1.18	1/8
$5\times10^2 \sim 2\times10^7$	0.54	1/4
$2\times10^7 \sim 1\times10^{13}$	0.135	1/3

[例 4-9]　热水在水平管中流过，管子长 3m，外径 50mm，外壁温度 50℃，管子周围空气温度 10℃，试求管外自然对流所引起的热损失。

解：定性温度　$t_m = (50+10)/2 = 30℃$。对理想气体，体膨胀系数 $\beta = 1/T$，T 为热力学温度。故

$$\beta = 1/(273+30) = 0.0033$$

查得 30℃ 空气的物性数据：$c_p = 1000.5 \text{J}/(\text{kg} \cdot \text{K})$，$\rho = 1.165 \text{kg/m}^3$，$\lambda = 0.0267 \text{W}/(\text{m} \cdot \text{K})$，$\mu = 1.86\times10^{-5}\ \text{Pa} \cdot \text{s}$，$l = d_o = 0.05\text{m}$，$\nu = \mu/\rho = 1.86\times10^{-5}/1.165 = 1.597\times10^{-5}\text{m}^2/\text{s}$

$$Pr = \frac{c_p\mu}{\lambda} = \frac{1000.5 \times 1.86\times10^{-5}}{0.0267} = 0.697$$

$$Gr = \frac{\beta g l^3 \Delta t}{\nu^2} = \frac{0.0033 \times 9.81 \times 0.05^3 \times (50-10)}{(1.597\times10^{-5})^2} = 6.347\times10^5$$

$$Pr \cdot Gr = 6.347\times10^5 \times 0.697 = 4.424\times10^5 \qquad 查表 4-3 得 \quad C=0.54, n=1/4$$

$$\alpha = 0.54\frac{\lambda}{d}(Gr \cdot Pr)^{1/4} = 0.54 \times \frac{0.0267}{0.05} \times (4.424\times10^5)^{1/4} = 7.44\ \text{W}/(\text{m}^2 \cdot \text{K})$$

$$Q = \alpha S \Delta t = 7.44 \times 0.05\pi \times 3 \times (50-10) = 140.17\text{W}$$

4.3.4　流体有相变时的对流传热系数

蒸气遇冷冷凝，液体受热沸腾，都是有相变化的传热过程，工业上的制冷及蒸发浓缩等过程都涉及冷凝传热和沸腾传热的过程。

4.3.4.1　蒸气冷凝时的对流传热系数

蒸气与低于其饱和温度的壁面接触时，将放出潜热而冷凝成液体。冷凝的方式有两种，一为膜状冷凝，一为滴状冷凝，见图 4-9。

膜状冷凝是指冷凝液体能够润湿壁面，在壁面上展开成膜的冷凝过程。膜状冷凝时，壁面上存在一层液膜，冷凝所放出的热量必须穿过液膜才能传递到壁面上，液膜层就成为壁面与蒸

图 4-9　蒸气冷凝方式

(a)、(b) 膜状冷凝；(c) 滴状冷凝

气间传热的主要热阻。由于冷凝液会借重力沿管壁往下流，故液膜越往下越厚，对流传热系数也随着降低。如果壁面有足够的高度且冷凝量较大，则壁下部液膜会出现冷凝液的湍流流动，对流传热系数复又增加。

如果冷凝液不能完全润湿壁面，则会在壁面上形成一个个小液滴，且不断地成长变大，在非水平壁面上受重力作用而沿壁滚下。在向下滚动的过程中，一方面会合遇到的液滴，合并成更大的液滴，一方面扫清沿途所有的液滴，使壁面重新暴露在蒸气中，这种冷凝方式称为滴状冷凝。滴状冷凝时没有完整的液膜的阻碍，热阻很小，其对流传热系数为膜状冷凝的 5～10 倍甚至更高。

在工业生产过程中所遇到的冷凝过程多为膜状冷凝过程，即使是滴状冷凝，也因大部分壁面在蒸气中暴露一段时间之后，会被冷凝液所润湿，很难维持滴状冷凝的状况。所以工业上冷凝器的设计均按膜状冷凝处理。

（1）蒸气在水平管外冷凝　蒸气在水平管外冷凝时的对流传热系数可用下式计算

$$\alpha = 0.725 \left(\frac{r\rho^2 g\lambda^3}{n^{2/3}\mu d_o \Delta t} \right)^{1/4} \tag{4-70}$$

式中，r 为蒸气冷凝潜热（汽化潜热），取饱和温度 t_s 下的数值，J/kg；n 为水平管束在垂直列上的管子数，若单根水平管，则 $n=1$；$\Delta t = t_s - t_w$，密度、热导率和黏度均取冷凝液的物性值，冷凝液膜的定性温度取蒸气饱和温度和壁面温度的算术平均值，又称膜温，即 $t_m = (t_s + t_w)/2$，特征尺寸取管子的外径 d_o。

（2）蒸气在垂直管外（或垂直板上）冷凝　当蒸气在垂直管外（或垂直板上）冷凝时，其对流传热系数与壁下部的流动状况有关，决定冷凝液膜的层流或湍流的数值仍为 Re。对冷凝系统而言，Re 的定义为：

$$Re = \frac{d_e(u\rho)}{\mu} = \frac{\frac{4S}{s} \times \frac{W}{S}}{\mu} = \frac{4\frac{W}{s}}{\mu} = \frac{4M}{\mu} \tag{4-71}$$

式中，d_e 为当量直径，m；S 为冷凝液的流通面积，m^2；s 为冷凝液的湿润周边，m；W 为冷凝液的质量流量，kg/s；M 为冷凝负荷，即单位长度上的冷凝液的质量流量，kg/(m·s)。

当 $Re < 2100$ 时，液膜的流动为层流，其对流传热系数可用下式计算：

$$\alpha = 1.13 \left(\frac{r\rho^2 g\lambda^3}{\mu l \Delta t} \right)^{1/4} \tag{4-72}$$

当 $Re > 2100$ 时，液膜的流动为湍流，其对流传热系数计算式为：

$$\alpha = 0.068 \left(\frac{r\rho^2 g\lambda^3}{\mu l \Delta t} \right)^{1/3} \tag{4-73}$$

在式（4-72）和式（4-73）中，定性尺寸皆取垂直管长或板高，物性为冷凝液的物性，定性温度仍取膜温。

将式（4-72）和式（4-73）进一步变换成无量纲形式后可以看出，在层流时 α 随 Re 的增加而减小，而在湍流时 α 则随 Re 的增加而增大，在 $Re = 2100$ 时为最小。

［**例 4-10**］　饱和温度为 100℃ 的蒸汽在外径为 40mm、长度为 2m 的单根竖管外表面上冷

凝。管外壁温为 94℃。试求蒸汽冷凝时的对流传热系数。

解：100℃ 下水的汽化潜热 $r = 2258 \times 10^3$ J/kg，冷凝液膜的平均温度为 $t_m = (94+100)/2 = 97℃$

97℃ 下水的物性数据为：$\lambda = 0.682$ W/(m·K)，$\mu = 2.82 \times 10^{-4}$ Pa·s，$\rho = 958$ kg/m³。

由

$$\alpha = 1.13 \left(\frac{r \rho^2 g \lambda^3}{\mu L \Delta t} \right)^{1/4}$$

得

$$\alpha = 1.13 \times \left[\frac{2258 \times 10^3 \times 958^2 \times 9.81 \times 0.682^3}{2.82 \times 10^{-4} \times 2 \times (100-94)} \right]^{1/4} = 7466.04 \text{ W/(m}^2 \cdot \text{K)}$$

（3）影响冷凝传热的因素　除上面讨论的因素外，以下因素也对冷凝传热产生影响。

① 冷凝液膜两侧的温度差 Δt　当液膜呈层流流动时，若 Δt 加大，则蒸气冷凝速率增加，因而液膜层厚度增厚，使冷凝传热系数降低。

② 流体物性　由膜状冷凝传热系数计算式可知，液膜的密度、黏度及热导率，蒸气的冷凝热，都影响冷凝传热系数。

③ 蒸气的流速和流动方向　蒸气具有一定的流速，蒸气的流动会在气液的界面上产生摩擦，若蒸气与液膜的流向相同，这种摩擦会加速液膜的流动，使液膜减薄，传热加快，但若蒸气的流速小于 10m/s，这种影响可以忽略。若蒸气与液膜的流向相反，则液膜的流动因受阻而变厚，使对流传热系数下降。若蒸气的流速很高，将液膜吹离壁面，对流传热系数则大大增加。

④ 不凝性气体　不凝性气体会在液膜外侧积聚而形成一层气膜，蒸气必须先以扩散的方式穿过此气膜才能到达液膜，进行冷凝，因而热阻增大，对流传热系数下降。例如，当水蒸气中含有 1% 的空气时，冷凝对流传热系数可降低 60% 左右。因此，在冷凝器的操作中，及时排除不凝性气体至关重要。

⑤ 过热蒸气　当蒸气过热时，壁面附近的蒸气要在气相下先冷却到饱和温度，然后才在壁面上冷凝，此时的冷凝传热实际上是冷却和冷凝这两个过程的组合。在冷却过程中，蒸气内产生温度梯度并向液膜传递显热，但这一部分热量与总热量相比很小，同时又因蒸气冷凝时体积急剧缩小，过热蒸气急速冲向液面，因此，过热蒸气的冷凝与饱和蒸气的冷凝差别很小，一般仍按饱和蒸气冷凝进行处理。

⑥ 冷凝面的高度、布置方式及结构　对垂直壁面，沿冷凝液流动方向的尺寸增大，沿途液膜逐步增厚，会降低其对流传热系数。只有在很长的垂直壁面的下部才可能进入湍流，使对流传热系数上升。对于水平布置的管束，从上部的管排流下的冷凝液会使下面管排壁面上的液膜加厚，造成对流传热系数下降。为此，可采用错列的方式，或安装除去冷凝液的挡板。

4.3.4.2　液体沸腾时的对流传热系数

工业上经常需要将液体加热使之沸腾蒸发，如锅炉中把水汽化成水蒸气、蒸发器将溶液蒸发浓缩，都属于沸腾传热。工业的液体沸腾分两种情况：一是大容积沸腾（或称池内沸腾）；一是管内流动沸腾。

（1）大容积沸腾　液体的主体温度达到饱和温度 t_s，加热壁面的温度 t_w 高于饱和温度所发生的沸腾称为大容积沸腾。液体被加热面加热沸腾时，气泡只在加热面上某些粗糙不平的点上发生，这些点称为汽化中心。气泡生成后，由于壁温较高，液体温度也略高于气泡内温度，传入的热量继续使气泡周围的液体汽化，因此气泡在脱离加热面后，会长大到一定的程度。在气泡上升的过程中，或表面破裂，或在消失之前上升到液体表面。

当一批气泡脱离加热面后,另一批新的气泡又在不断形成。气泡的不断形成、长大、脱离引起了受热面附近液层的剧烈扰动,故液体沸腾时的对流传热系数比无相变时的对流传热系数要大得多。在一定的范围内,t_s 与 t_w 相差越大,沸腾越激烈,沸腾时的对流传热系数亦越大。大容积沸腾过程的 Δt(t_w 与 t_s 之差)与沸腾对流传热系数的关系,称为沸腾曲线,图 4-10 所示为水的沸腾曲线。

沸腾曲线可以分为 3 个区域。

① 自然对流区 曲线的 AB 段,为自然对流区。在接近加热表面的位置,液体稍微过热,只有少量的汽化核心产生。这时,气泡少,长大的速度也慢,受热面附近的液层受到的骚扰也不大,因此热量的传递以自然对流为主。对流传热系数随温度差的增加而增加。

② 核状沸腾区 BC 段为核状沸腾区或泡核沸腾区。随着温度差的加大,汽化核心数目增加,气泡长大的速度急速增快,对液体产生强烈的搅拌作用,造成对流传热系数随温度差的增加而显著增加。

③ 膜状沸腾区 CD 段为膜状沸腾区。

图 4-10 常压下水沸腾时 α 与 Δt 的关系

由于温差继续增大,气泡的形成过快,充满了加热体的表面,阻止了新的液体取代其位置而与加热面接触。此时气泡破裂连成一片,形成了蒸气薄膜,覆盖在加热体的表面。热量在传导到液体之前,必须通过此薄膜。由于蒸气的热导率很小,从而使传热困难,对流传热系数急剧下降。由核状沸腾向膜状沸腾过渡的转折点 C 称为临界点。

在膜状沸腾区的 D 点之后,Δt 继续增大,加热面的温度进一步提高,则热辐射的影响愈来愈显著,对流传热系数也随之升高。

由于核状沸腾传热系数较膜状沸腾的大,故工业上的沸腾多维持在核状沸腾状态,核状沸腾的主要特点是气泡在加热面上形成和发展,并脱离表面而上升。因此,凡是影响气泡生成强度的因素,均能影响沸腾对流传热系数。

气泡生成强度与液体的物理性质有密切关系,主要的性质是液体与蒸气的界面张力和液体润湿加热面的能力。表面张力愈小,润湿能力愈大,则气泡生成的强度亦愈大。同时,气泡生成强度还与热流密度、液体密度和热导率等有关,对流传热系数将随这些量的增大而升高。气泡生成强度还与表面的材质、粗糙度和污染情况有关,光滑表面的对流传热系数小于粗糙表面。此外,气泡生成强度还与外界压强有关。在同一 Δt 下,压强增加时,由于汽化核心数增加,虽然气泡平均成长速度降低,对流传热系数还是增加的。

关于沸腾对流传热系数的计算,目前的认识还较肤浅,通常使用纯经验式或无量纲数群关系式计算,但都不够完善。下面介绍的是经验式:

$$\alpha = A\Delta t^{2.5} B^{t_s} \tag{4-74}$$

或

$$\lg\alpha = \lg A + 2.5\lg\Delta t + t_s\lg B = a' + 2.5\lg\Delta t + b't_s \tag{4-75}$$

式中,t_s 为蒸气的饱和温度,℃。

当 $\Delta t < 19℃$ 时,a' 和 b' 为常数,见表 4-4。

表 4-4　式(4-75)中 a' 和 b' 的数值

液　　体	a'	b'	液　　体	a'	b'
水	−0.96	0.025	硫酸钠 10%	−1.47	0.029
甲醇	−1.11	0.027	氯化钠 24%	−2.43	0.031
四氯化碳	−1.55	0.022			

(2) 管内沸腾传热　图 4-11 表示的是垂直管内液体沸腾过程中出现的流动形态和传热类型。液体在管内自下而上分为几个不同的流动形态和传热类型，液体从进入管内至产生气泡的这一段为单相液体的无相变对流传热过程；再往上升，液体开始产生气泡，但液体主体尚未达到饱和温度，处于过冷状态，称为过冷沸腾；继而，液体被加热到饱和温度，气泡汇合形成了块状流，进入了核状沸腾区；随着汽化的继续进行，流体中的蒸气含量增加，大气块进一步合并而在管中形成气芯，进入环状流的形态，这一阶段的传热称为液膜对流沸腾；最后，环状液膜受热蒸发，逐渐变薄，直至液膜消失，进入干蒸气的单相流动区。

在不同的区域，流体呈现不同的流动形态和传热类型，它们的对流传热系数也相差甚大，其中以液膜对流沸腾和核状沸腾区为最大。一条垂直的加热管子中不一定具有上述所有的各种流动形态和传热类型，因为这与管子下端口的液体温度、传热温差以及管子的长度等因素有关。

4.3.5　流化床中的对流传热

在食品工业中，流态化常用于加热、冷冻、干燥等过程，这些过程多半伴随着传热。而且由于流化床中粒子或微团之间产生剧烈的湍动，传递的强度常常很高。

图 4-11　竖管内液体沸腾示意

4.3.5.1　流化床中传热的特点

流化床的一个显著特征是它内部温度分布的均匀性。流化床内温度分布均匀性主要是由于：

(1) 固体粒子的热容远较气体为大，因此，热惯性大；

(2) 粒子剧烈运动，粒子与气体之间的热交换强度高；

(3) 剧烈的沸腾运动所产生的对流混合，消灭了局部热点和冷点。

尽管流化床的传热强度很高，在靠近床壁处仍存在一定厚度的流体膜，传热阻力主要集中于流体膜内。影响流体膜厚度的因素有靠近膜的固体粒子的运动速度和床层的密度。由于流化床内粒子的急剧骚动，使流体膜厚度显著减小，从而大大地提高了床壁与床层之间的对流传热系数。据实验测定，流化床的对流传热系数约为固定床的 10 倍，为空管的 75～100 倍。可见，流化床具有优越的传热性能。

在流化床中同时存在着如下三种形式的传热。

(1) 流化床床层与床壁或物体表面之间的传热　处于剧烈运动中的整个床层，犹如沸腾液体，它向壁面或物体表面的传热过程包含着热传导、热对流及热辐射。

(2) 固体颗粒与流体间的传热　床层中的固体颗粒与流体之间有着强烈的相对运动，热量借对流传热的方式在颗粒表面与流体间传递。

(3) 固体颗粒相互间的传热　温度不同的粒子之间，因相互频繁地碰撞接触，以热传导的方式进行传热。因固体热导率高，故一般这种传热速率甚高，通常不是整个流化床传热的控制因素。

4.3.5.2 流化床床层与床壁间的传热

床层与器壁间对流传热的机理和流体与固体表面间的对流传热相似。因为床内流体的剧烈运动，使靠器壁的薄膜变薄，故对流传热系数比单纯流体与固体壁间的对流传热系数为高。

在气-固体流化床中，固体颗粒在近壁处只有轴向向下的运动，而无径向的水平运动。当热量由固体壁传入床层时，先以传导方式通过薄膜，薄膜附近的粒子获得热量，成为热粒子。热粒子又因靠壁处的气流速度慢而向下做沉降运动，最后到达底部，与进入的冷流体混合达到平衡，而后又与进入的流体一起沿中心上升至顶部，又向器壁运动，形成一大循环。

颗粒之所以沿器壁向下运动，主要由于近器壁处的流体是速度缓慢的层流层。在向下做沉降运动时，还受靠器壁层流区、缓冲区流体介质运动的影响，其下降运动不完全是自由落体运动，而是一种不规则的运动。由于颗粒的不规则运动，撞击、摩擦边界，使薄膜变薄，同时又作为固体载热体而直接带走热量，故大大提高了床壁与床层之间的对流传热系数。

4.3.5.3 流化床中固体颗粒与流体间的传热

固体颗粒与周围介质之间的对流传热机理完全与前几节所述的对流传热相同。实验证明，只有在分布板上面附近的区域内（大约25mm）才存在温度差，气-固之间的传热主要集中在此区域内进行，在此区域外可视为温度均匀。这主要是由于在这个区域内部颗粒与气体间的传热速率极高，这样高的传热速率并不是因为气-固之间的对流传热系数很高，而是因为流体与颗粒间具有很大的接触表面积。对流传热系数一般不超过 $5.81\sim227W/(m^2\cdot K)$ 的范围，而 $1m^3$ 床层的接触表面积则往往可达 $3280\sim49200m^2$。

4.4 辐射传热

4.4.1 辐射的基本定律

4.4.1.1 基本概念

互不接触的两物体可以不依赖其间的任何介质而传递辐射热量，通常把物体发射辐射能以及辐射能的传播统称为辐射。自然界中凡是温度高于绝对零度的物体，都会不停地向四周发射辐射能。辐射能是以电磁波的形式发射并进行传播的，电磁波的波长范围极广，但是具有实际意义的是波长范围为 $0.4\sim20\mu m$，包括波长范围为 $0.4\sim0.8\mu m$ 的可见光线和波长范围为 $0.8\sim20\mu m$ 的红外光线，统称为热射线。当热射线与另一物体相遇时，可被吸收、反射和透过。其中被吸收的部分转化为热能，见图 4-12。根据能量守恒定律，有：

$$Q_A + Q_R + Q_D = Q \tag{4-76}$$

$$\frac{Q_A}{Q} + \frac{Q_R}{Q} + \frac{Q_D}{Q} = 1$$

图 4-12 辐射能的吸收、
反射和透过

或：

$$A + R + D = 1 \tag{4-77}$$

式中，A、R 和 D 分别为物体的吸收率、反射率和穿透率。

当 $A=1$，$R=D=0$ 时，表明辐射能全部被吸收。能全部吸收辐射能的物体称为黑体。自然界并不存在绝对的黑体，但某些物体十分接近于黑体，例如没有光泽的黑墨表面，其吸收率 $A\approx0.96\sim0.98$。

当 $R=1$，$A=D=0$ 时，表明辐射能全部被反射。能全部反射辐射能的物体称为镜体。自然界也不存在绝对镜体，有一些物体接近于镜体，例如表面抛光的铜，其反射率 $R=0.97$。

当 $D=1$，$A=R=0$ 时，表明辐射能全部透过物体，这类物体称为透热体，例如对称双原子的气体 O_2、N_2、H_2 等都是透热体。

工业上常见的物体被称作"灰体"，灰体能部分地吸收发射来的热射线，其余的则反射回去，即 $A+R=1$。固体材料的反射率和吸收率的大小取决于物体的性质、温度和表面状况。

4.4.1.2 斯蒂芬-玻尔兹曼定律与物体的辐射能力

单一波长的辐射称为单色辐射，实际辐射线中包含了各种波长的辐射。单位面积物体在单位时间内发射的辐射能称为物体的辐射能力，单位为 W/m^2，如果辐射是单色的，则称为光谱辐射能力或单色辐射能力，它可定义为辐射能力随波长的变化率：

$$E_\Lambda = \frac{dE}{d\Lambda} \tag{4-78}$$

式中，Λ 为波长，m 或 μm；E_Λ 为单色辐射能力，W/m^3。

将单色辐射能力在全波长范围内积分，即得到辐射能力。若用下标 b 表示黑体，则黑体的辐射能力和单色辐射能力分别为 E_b 和 $E_{b\Lambda}$：

$$E_b = \int_0^\infty E_{b\Lambda} d\Lambda \tag{4-79}$$

当物体表面温度 T 一定时，单色辐射能力仅与波长 λ 有关。黑体的光谱辐射力与波长间的关系用普朗克（Plank）定律描述：

$$E_{b\Lambda} = \frac{c_1 \Lambda^{-5}}{e^{c_2/(\Lambda T)} - 1} \tag{4-80}$$

式中，c_1 为第一辐射常量，其值为 3.742×10^{-16} W·m^2；c_2 为第二辐射常量，其值为 1.4387×10^{-2} m·K。

根据式(4-80)可以标绘 $E_{b\Lambda}$ 与 Λ 的关系曲线，如图 4-13，此曲线有一最高值，表示在给定温度下的最大辐射能力，对应的波长即为热效应最大的波长。研究表明此波长在 $0.4 \sim 20 \mu m$ 的范围内，因此此范围内的射线称为热射线。

图 4-13　黑体的单色辐射能力曲线

将式(4-80)代入式(4-79)积分，即得到黑体辐射能力 E_b 与其表面的热力学温度 T 的关系：

$$E_b = \sigma_0 T^4 \tag{4-81}$$

式中，σ_0 为斯蒂芬-玻尔兹曼常量，又称黑体辐射常数，$\sigma_0 = 5.669 \times 10^{-8}$ W/(m^2·K^4)。

式(4-81)称为斯蒂芬-玻尔兹曼（Steven-Boltzmann）定律，它表明，黑体辐射能力与其表面的热力学温度的 4 次方成正比。在实际应用中，式(4-81) 常写成：

$$E_b = C_0 \left(\frac{T}{100}\right)^4 \tag{4-82}$$

式中，C_0 为黑体辐射系数，$C_0 = 5.669 \text{W}/(\text{m}^2 \cdot \text{K}^4)$。

在相同的温度下，实际物体的辐射能力 E 恒小于黑体辐射能力 E_b。为了描述不同物体辐射能力的差异，通常以黑体辐射能力作为基准，引进物体黑度 ε 的概念，表示实际物体的辐射能力接近于黑体的程度，定义为：

$$\varepsilon = E/E_b \tag{4-83}$$

将式(4-82) 和式(4-83) 应用于灰体，得灰体辐射能力的表达式为：

$$E = \varepsilon C_0 \left(\frac{T}{100}\right)^4 = C \left(\frac{T}{100}\right)^4 \tag{4-84}$$

式中，C 为灰体辐射系数。某些工业材料的黑度列于表 4-5 中。

表 4-5　常用工业材料的黑度值

材　　料	温度 $t/℃$	黑度 ε	材　　料	温度 $t/℃$	黑度 ε
红砖	20	0.93	铜(氧化的)	200~600	0.57~0.87
钢板(氧化的)	200~600	0.8	铜(磨光的)	—	0.03
钢板(磨光的)	940~1100	0.55~0.61	铝(氧化的)	200~600	0.11~0.19
铸铁(氧化的)	200~600	0.64~0.78	铝(磨光的)	225~575	0.039~0.057
耐火砖	—	0.8~0.9			

4.4.1.3　克希霍夫（Kirchoff）定律

灰体的辐射能力与吸收率之间的关系如图 4-14 所示。设有两个非常接近的平面 Ⅰ 与 Ⅱ，Ⅰ 为灰体，Ⅱ 为绝对黑体。灰体和黑体的吸收率、辐射能力以及热力学温度分别为 A_1、E_1、T_1 和 A_b、E_b、T_b，且 $T_1 > T_b$。在 Ⅰ、Ⅱ 之间没有任何能够吸收辐射能的物质存在。这时，一个物体发射的辐射能完全被另一个物体所吸收或反射。在这些条件下，讨论两物体间的热量平衡。

灰体 Ⅰ 所发射的能量 E_1 投射到黑体 Ⅱ 上被完全吸收，而由黑体 Ⅱ 发射的能量 E_b 投射到灰体 Ⅰ 上则只有部分被吸收，即 $A_1 E_b$ 的能量被吸收，其余的部分，$(1-A_1)E_b$ 被反射回去，仍落在黑体 Ⅱ 上又被黑体吸收。因此，两壁间热交换的结果，就灰体而言，发射的能量为 E_1，吸收的能量为 $A_1 E_b$，其差额为 $(E_1 - A_1 E_b)$。当两壁间的辐射换热达到平衡时，即当 $T_1 = T_b$ 时，灰体所发射的辐射能必与其所吸收的辐射能相等，即：

$$E_1 = A_1 E_b$$

或

$$E_1/A_1 = E_b \tag{4-85}$$

图 4-14　黑体与灰体间的辐射传热

若以下标 i 代表任一灰体壁面，有：

$$\frac{E_1}{A_1} = \frac{E_2}{A_2} = \frac{E_3}{A_3} = \cdots = \frac{E}{A} = E_b \tag{4-86}$$

此式称为克希霍夫定律。该式表明，任何物体的辐射能力与其吸收率之比值恒等于同温度下的黑体辐射能力，即：

$$E = A E_b = \varepsilon C_0 \left(\frac{T}{100}\right)^4 \tag{4-87}$$

将式（4-87）与式（4-83）比较，得：

$$A = \varepsilon = E/E_b \tag{4-88}$$

上式说明，在相同的温度下物体的吸收率与黑度在数值上相等。如前所述，大多数工程材料可视为灰体，对于灰体，在一定的温度范围内，其黑度 ε 为一定值，故灰体的吸收率在一定的范围内亦为一定值。

4.4.2 两固体间的相互传热

工业上常遇见两固体间的相互辐射传热，皆可视为灰体之间的热辐射。两固体间由于热辐射而进行热交换时，从一个物体发射出来的辐射能只能有一部分到达另一物体。而到达的这一部分由于要反射出一部分能量，所以不能全部吸收。同理，从另一物体反射回来的辐射能，亦只有一部分回到原物体。而返回的这一部分辐射能又部分地反射和部分地吸收。这种过程将反复进行。经过多次反复后，总的结果是能量从高温物体转向低温物体。两固体之间的辐射传热不仅和两固体的吸收率、反射率、形状和大小有关，而且与两者间的距离和相互位置有关。

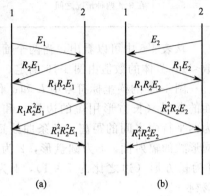

图 4-15 平行灰体平板间的辐射

以面积很大而相互平行的两灰体平板间的辐射传热为例，参见图 4-15。若两板间为透热体，而且从一板发射出的辐射能全部投射在另一板上，由于两板都是灰体，故 $A + R = 1$。

假设从板 1 发射出辐射能 E_1，到达板 2 后被吸收了 $A_2 E_1$，其余部分 $R_2 E_1$ 被反射到板 1。这部分辐射能又被板 1 吸收和发射，如此无穷往返进行，直到被完全吸收为止 [图 4-15(a)]。从板 2 发射出的辐射能也经历同样的过程 [图 4-15(b)]。两板间单位时间内、单位面积上净的辐射传热量为两板的辐射总能量之差：

$$q_{1\text{-}2} = E_1 A_2 (1 + R_1 R_2 + R_1^2 R_2^2 + \cdots) - E_2 A_1 (1 + R_1 R_2 + R_1^2 R_2^2 + \cdots)$$

式中的 $(1 + R_1 R_2 + R_1^2 R_2^2 + \cdots)$ 为一无穷级数，它等于 $1/(1 - R_1 R_2)$，故：

$$q_{1\text{-}2} = \frac{E_1 A_2 - E_2 A_1}{1 - R_1 R_2} = \frac{E_1 A_2 - E_2 A_1}{1 - (1 - A_1)(1 - A_2)} = \frac{E_1 A_2 - E_2 A_1}{A_1 + A_2 - A_1 A_2} \tag{4-89}$$

再将式（4-87）和式（4-88）代入式（4-89），得：

$$Q_{1\text{-}2} = \frac{C_0}{\dfrac{1}{\varepsilon_1} + \dfrac{1}{\varepsilon_2} - 1} S \left[\left(\frac{T_1}{100} \right)^4 - \left(\frac{T_2}{100} \right)^4 \right] = C_{1\text{-}2} S \left[\left(\frac{T_1}{100} \right)^4 - \left(\frac{T_2}{100} \right)^4 \right] \tag{4-90}$$

式中，$C_{1\text{-}2}$ 为总辐射系数，$W/(m^2 \cdot K^4)$。

当两壁面的大小与其距离相比不够大时，一壁面发出的辐射能可能只有一部分到达另一壁面。为校正此影响，引入几何因素（角系数）φ。于是式（4-90）成为：

$$Q_{1\text{-}2} = C_{1\text{-}2} \varphi S \left[\left(\frac{T_1}{100} \right)^4 - \left(\frac{T_2}{100} \right)^4 \right] \tag{4-91}$$

总辐射系数 $C_{1\text{-}2}$ 及角系数 φ 的数值需由物体黑度、形状、距离和相互位置而定。表 4-6 给出了几种简单情况下的角系数和总辐射系数的确定方法。

表 4-6　角系数和总辐射系数的计算方法

序号	辐射情况	面积 S	角系数 φ	总辐射系数 C_{1-2}
1	极大的两平行面	S_1 或 S_2	1	$\dfrac{C_0}{\dfrac{1}{\varepsilon_1}+\dfrac{1}{\varepsilon_2}-1}$
2	面积有限的两相等平行面	S_1	<1	$\varepsilon_1\varepsilon_2 C_0$
3	很大的物体 2 包住物体 1	S_1	1	$\varepsilon_1 C_0$
4	物体 2 恰好包住物体 1 $S_2 \approx S_1$	S_1	1	$\dfrac{C_0}{\dfrac{1}{\varepsilon_1}+\dfrac{1}{\varepsilon_2}-1}$
5	在 3、4 两种情况之间	S_1	1	$\dfrac{C_0}{\dfrac{1}{\varepsilon_1}+\dfrac{S_1}{S_2}\left(\dfrac{1}{\varepsilon_2}-1\right)}$

从表 4-6 中可以看出，当两个面积有限的两相等平行面相互辐射时，其辐射热交换的角系数<1，具体的数值由图 4-16 确定。

图 4-16 的横坐标符号中 L 和 d 代表平行面的边长（长方形用短的边长）和直径，h 为两平行面之间的距离。各条曲线适用于不同形状的辐射面。1 为圆盘形，2 为正方形，3 为长方形（边之比为 2:1），4 为长方形（狭长）。

图 4-16　平行面间直接辐射热交换的角系数

[例 4-11]　试求外径为 70mm、长度为 3m 的钢管在表面温度为 227℃时的辐射热损失。假定：（1）该钢管处于很大的砖屋内，砖壁面的温度为 27℃；（2）该钢管处于断面为 0.3m×0.3m 的砖槽内，若砖壁面的温度为 57℃。

解：钢的黑度取为 0.95，砖的黑度取为 0.55

（1）若属于很大的物体 2 包住物体 1 的情况，$C_{1-2}=\varepsilon_1 C_0=0.95\times5.669=5.386\,\text{W/(m}^2\cdot\text{K}^4)$

$$S_1=0.07\times3.14\times3=0.6594\ \text{m}^2,\ \varphi=1$$

$$Q=C_{1-2}\varphi S_1\left[\left(\frac{T_1}{100}\right)^4-\left(\frac{T_2}{100}\right)^4\right]=5.386\times0.6594\times\left[\left(\frac{500}{100}\right)^4-\left(\frac{300}{100}\right)^4\right]=1932.0\,\text{W}$$

（2）若属于物体 2 恰好包住物体 1 的情况，$S_1=0.6594\text{m}^2$，$\varphi=1$

$$C_{1-2}=\frac{C_0}{\dfrac{1}{\varepsilon_1}+\dfrac{1}{\varepsilon_2}-1}=\frac{5.669}{\dfrac{1}{0.55}+\dfrac{1}{0.95}-1}=3.030\,\text{W/(m}^2\cdot\text{K}^4)$$

$$Q'=C_{1-2}\varphi S_1\left[\left(\frac{T_1}{100}\right)^4-\left(\frac{T_2'}{100}\right)^4\right]=3.030\times0.6594\times\left[\left(\frac{500}{100}\right)^4-\left(\frac{330}{100}\right)^4\right]=1011.8\,\text{W}$$

[例 4-12]　车间内有一高和宽各为 3m 的铸铁炉门，温度为 227℃，室内温度为 27℃。为了减少热损失，在炉门前 50mm 处放置一块尺寸和炉门相同而黑度为 0.11 的铝板，试求放置铝板前、后因辐射而损失的热量。

解：（1）未用铝板作为隔热屏时，铸铁炉门为四壁所包围，$\varphi=1$，$C_{1-2}=\varepsilon_1 C_0$。由表 4-5 查得 $\varepsilon_1=0.78$，于是有 $C_{1-2}=\varepsilon_1 C_0=0.78\times5.669=4.42\,\text{W/(m}^2\cdot\text{K}^4)$　$S=S_1=3\times3=9\text{m}^2$

炉门辐射散失的热量为

$$Q = C_{1\text{-}2}\varphi S_1 \left[\left(\frac{T_1}{100} \right)^4 - \left(\frac{T_2}{100} \right)^4 \right] = 4.42 \times 1 \times 9 \times \left[\left(\frac{273+227}{100} \right)^4 - \left(\frac{273+27}{100} \right)^4 \right] = 2.164 \times 10^4 \text{W}$$

（2）放置铝板后，炉门的辐射散热量可视为炉门对铝板的辐射传热量，也等于铝板对周围的辐射散热量，依然用下标1表示炉门，下标2别表示房间，3表示铝板，有

$$Q_{1\text{-}3} = C_{1\text{-}3}\varphi_{1\text{-}3} S_1 \left[\left(\frac{T_1}{100} \right)^4 - \left(\frac{T_3}{100} \right)^4 \right]$$

$$Q_{3\text{-}2} = C_{3\text{-}2}\varphi_{3\text{-}2} S_3 \left[\left(\frac{T_3}{100} \right)^4 - \left(\frac{T_2}{100} \right)^4 \right]$$

$$Q_{1\text{-}3} = Q_{3\text{-}2}$$

先考虑炉门对铝板的辐射传热量。因 $S_1 = S_3$，炉门对铝板的辐射传热可视为两无限大平板之间的传热，由表4-6得 $\varphi = 1$。

$$C_{1\text{-}3} = \frac{C_0}{\dfrac{1}{\varepsilon_1} + \dfrac{1}{\varepsilon_3} - 1} = \frac{5.669}{\dfrac{1}{0.78} + \dfrac{1}{0.11} - 1} = 0.605 \text{W/(m}^2 \cdot \text{K}^4)$$

故放置铝板后因辐射损失的热量为

$$Q_{1\text{-}3} = C_{1\text{-}3}\varphi_{1\text{-}3} S_1 \left[\left(\frac{T_1}{100} \right)^4 - \left(\frac{T_3}{100} \right)^4 \right] = 0.605 \times 1 \times 9 \times \left[625 - \left(\frac{T_3}{100} \right)^4 \right] \qquad (a)$$

再考虑铝板对四周的辐射传热量。由于 $S_2 \gg S_3$，由表4-6得 $\varphi_{3\text{-}2} = 1$，$C_{3\text{-}2} = \varepsilon_3 C_0 = 0.11 \times 5.669 = 0.624 \text{W/(m}^2 \cdot \text{K}^4)$，$S_3 = 3 \times 3 = 9\text{m}^2$，所以

$$Q_{3\text{-}2} = C_{3\text{-}2}\varphi S \left[\left(\frac{T_3}{100} \right)^4 - \left(\frac{T_2}{100} \right)^4 \right] = 0.624 \times 9 \times \left[\left(\frac{T_3}{100} \right)^4 - \left(\frac{273+27}{100} \right)^4 \right] \qquad (b)$$

当传热到达稳定时，$Q_{1\text{-}3} = Q_{3\text{-}2}$

即　$0.605 \times 9 \times \left[625 - \left(\dfrac{T_3}{100} \right)^4 \right] = 0.624 \times 9 \times \left[\left(\dfrac{T_3}{100} \right)^4 - 81 \right]$　解得　$T_3 = 432\text{K}$

将 T_3 值代入式（a）得　$Q_{1\text{-}3} = 0.605 \times 1 \times 9 \times \left[625 - \left(\dfrac{432}{100} \right)^4 \right] = 1507\text{W}$

放置铝板后辐射热损失减少的百分率为

$$\frac{Q_{1\text{-}2} - Q_{1\text{-}3}}{Q_{1\text{-}2}} \times 100\% = \frac{21640 - 1507}{21640} \times 100\% = 93\%$$

由以上结果可知，设置隔热挡板是减少辐射散热的有效方法，而且挡板材料的黑度越低，挡板的层数越多，热损失越少。

4.4.3　对流-辐射联合传热

许多工业设备的外壁温度大于周围环境的大气温度，这些设备的表面以对流和辐射两种形式向环境大气散失热量。这些散失的热量等于对流传热与辐射传热两部分之和，分别计算出对流与辐射散失的热量便可求得总的散热量。

对流散失的热量为：

$$Q_c = \alpha_c S_w (t_w - t) \qquad (4\text{-}92)$$

辐射散失的热量为：

$$Q_R = C_{1\text{-}2}\varphi S_w \left[\left(\frac{T_w}{100} \right)^4 - \left(\frac{T}{100} \right)^4 \right] \qquad (4\text{-}93)$$

令 $\varphi = 1$，将式（4-93）写成对流传热速率方程：

$$Q_R = C_{1\text{-}2}\varphi S_w \left[\left(\frac{T_w}{100} \right)^4 - \left(\frac{T}{100} \right)^4 \right] \frac{t_w - t}{t_w - t} = \alpha_R S_w (t_w - t) \qquad (4\text{-}94)$$

$$\alpha_R = \frac{C_{1-2}\left[\left(\frac{T_w}{100}\right)^4 - \left(\frac{T}{100}\right)^4\right]}{t_w - t}$$

式中，α_c为空气的对流传热系数，$W/(m^2 \cdot K)$；α_R为辐射传热系数，$W/(m^2 \cdot K)$；T_w、t_w分别表示设备外壁的热力学温度和摄氏温度，K和$℃$；T、t分别表示周围环境的热力学温度和摄氏温度，K和$℃$；S_w为设备外壁面积，即散热的表面积，m^2。

壁面总的散热量为：

$$Q = Q_c + Q_R = (\alpha_c + \alpha_R)S_w(t_w - t) = \alpha_T S_w(t_w - t) \tag{4-95}$$

式中，α_T称为对流-辐射联合传热系数，$a_T = a_c + a_R$。

对于有保温层的设备，管道等外壁对周围环境散热的联合传热系数可用下列近似公式估算。

(1) 空气自然对流，且当$t_w < 150℃$时，

平壁保温层外：

$$\alpha_T = 9.8 + 0.07(t_w - t) \tag{4-96}$$

管道及圆筒壁保温层外：

$$\alpha_T = 9.4 + 0.052(t_w - t) \tag{4-97}$$

(2) 空气沿粗糙壁面强制对流

空气速度$u \leqslant 5m/s$时

$$\alpha_T = 6.2 + 4.2u \tag{4-98}$$

空气速度$u > 5m/s$时

$$\alpha_T = 7.8 + u^{0.78} \tag{4-99}$$

4.5 稳态传热过程的计算

4.5.1 稳态传热过程的计算方法

在生产过程中，冷热流体间的热传递多数是在间壁式的设备中进行的，它们间的热传递是对流与热传导的组合过程。下面主要讨论间壁式换热器的换热过程。

4.5.1.1 间壁式换热器的传热方程

图4-17表示一固体壁面两侧冷热流体间的传热过程，T代表高温流体的主体温度，t代表低温流体的主体温度，T_w和t_w则分别代表高温侧和低温侧的壁面温度。可见，两流体通过固体壁的传热包括了以下过程：

(1) 高温流体以对流传热的形式将热量传给固体壁面；

(2) 热量从固体壁高温的一侧以热传导的形式传递到低温的一侧；

(3) 热量从低温一侧的固体壁面以对流传热的形式传递给低温流体。

由前面的讨论得知，管外侧的对流传热量为：

$$Q_1 = \alpha_o S_o(T - T_w) \tag{4-100}$$

通过固体壁传导的热量为：

$$Q_2 = \frac{\lambda S_m}{b}(T_w - t_w) \tag{4-101}$$

图4-17 固体壁两侧的流体传热

管内侧的对流传热量为：

$$Q_3 = \alpha_i S_i(t_w - t) \tag{4-102}$$

对于稳态传热，有：

$$Q_1 = Q_2 = Q_3 = Q \tag{4-103}$$

依据式(4-103)，对式(4-100)~式(4-102)进行整理并相加，得：

$$Q = \frac{T - t}{\dfrac{1}{\alpha_o S_o} + \dfrac{b}{\lambda S_m} + \dfrac{1}{\alpha_i S_i}} \tag{4-104}$$

将式（4-104）写成传热基本方程式：

$$Q = KS\Delta t \qquad (4\text{-}105)$$

比较式（4-104）和式（4-105），有：

$$\frac{1}{KS} = \frac{1}{\alpha_o S_o} + \frac{b}{\lambda S_m} + \frac{1}{\alpha_i S_i} \qquad (4\text{-}106)$$

式（4-106）表明，冷热两流体通过间壁进行传热的总热阻是串联的两项对流传热热阻与一项导热热阻之和。式中的 K 称为总传热系数，其大小反映了设备传热性能的高低。如果分别以 S_o、S_i、S_m 代表式（4-105）和式（4-106）中的 S，则可以得到以不同面积基准表示的总传热系数表达式。

当传热面为平面时，有 $S_o = S_i = S_m = S$，则有：

$$\frac{1}{K} = \frac{1}{\alpha_o} + \frac{b}{\lambda} + \frac{1}{\alpha_i} \qquad (4\text{-}107)$$

或

$$K = \frac{1}{\dfrac{1}{\alpha_o} + \dfrac{b}{\lambda} + \dfrac{1}{\alpha_i}} \qquad (4\text{-}108)$$

当传热面为圆筒壁，例如管子时，总传热系数与面积的选取有关。一般以管子的外表面积为基准进行计算，少数情况下以管子的内表面积作基准。若 S_o 为外表面积，则有：

$$\frac{1}{K_o} = \frac{1}{\alpha_o} + \frac{bS_1}{\lambda S_m} + \frac{S_1}{\alpha_i S_i} \qquad (4\text{-}109)$$

一般情况下，若管壁较薄或管径较大，即 $d_o/d_i < 2$（d_o 为管外径，d_i 为管内径），式（4-109）中的 S_m 可取内、外壁面积的算术平均值。对薄圆筒壁，可以近似取 $S_o \approx S_i \approx S_m$，即可以近似当成平壁计算。

导热速率方程和对流传热速率方程是进行换热器传热计算的基本依据。根据前面介绍的知识，间壁式换热器的传热量可以用式（4-105）表示，如果传热温差不是常数，则用平均传热温差 Δt_m 代替式（4-105）中的 Δt，即：

$$Q = KS\Delta t_m \qquad (4\text{-}110)$$

4.5.1.2 污垢热阻

换热器经过一段时间的运行之后，流体介质中的可沉积物会在传热面上生成积垢层，有时传热面还会被流体腐蚀而形成垢层。假设某传热面在经过了一段时间的运行之后，在传热面上生成了厚度为 b_f 的污垢层，垢层的热导率为 λ_f，其热阻为 R_f，那么总热阻的表达式比式（4-109）多了两项积垢层的热阻，即：

$$\frac{1}{K_o} = \frac{1}{\alpha_o} + \frac{b_{fo}}{\lambda_{fo}} + \frac{bS_o}{\lambda S_m} + \frac{S_o}{\alpha_i S_i} + \frac{b_{fi}S_o}{\lambda_{fi}S_i} \qquad (4\text{-}111)$$

考虑到 $S_o = \pi d_o L$，$S_i = \pi d_i L$，$S_m = \pi d_m L$，$R_f = b_f/\lambda_f$，式（4-111）可写为：

$$\frac{1}{K_o} = \frac{1}{\alpha_o} + R_{fo} + \frac{bd_o}{\lambda d_m} + \frac{d_o}{\alpha_i d_i} + R_{fi}\frac{d_o}{d_i} \qquad (4\text{-}112)$$

污垢层的热导率一般很小，因此即使污垢层的厚度不大，其热阻也很大，会导致总热阻明显增加。据资料介绍，锅炉水垢的热导率为 $0.6 \sim 2.3 \text{W}/(\text{m} \cdot \text{K})$。

事实上，污垢层的厚度是难于准确估计的，工程上在计算换热器的传热系数时，通常是选用污垢热阻 R_f 的经验数值，见表 4-7。如果换热器运行的时间太长，未能及时清洗，则真正的热阻还会大大超过表中所列的数值。随着污垢的增加，它对传热的影响会越来越大。因此，制定合理的定期清洗制度，将污垢的热阻限制在一个允许的数值之内是非常重要的。

表 4-7 不同流体污垢的大致数值

流体种类	污垢热阻 $R_f/(m^2 \cdot K/W)$	流体种类	污垢热阻 $R_f/(m^2 \cdot K/W)$
水($u<1m/s, t<50℃$)		蒸气	
海水	0.0001	有机蒸气	0.0002
河水	0.0006	水蒸气(不含油)	0.0001
井水	0.00058	水蒸气废气(含油)	0.0002
蒸馏水	0.0001	制冷剂蒸气(含油)	0.0004
锅炉给水	0.00026	气体	
未处理的凉水塔用水	0.00058	空气	0.0003
经处理的凉水塔用水	0.00026	天然气	0.002
多泥沙的水	0.0006	压缩气体	0.0004
盐水	0.0004	焦炉气	0.002

[例 4-13]　在列管式的换热器中用冷却水将某工艺气体从 180℃ 冷却到 60℃，气体走壳程，对流传热系数为 40W/(m² · K)。冷却水走管程，对流传热系数为 3000W/(m² · K)。换热管束由 ϕ25mm×2.5mm 的钢管组成，钢材的热导率为 45W/(m · K)。若视为平面壁传热处理，气体侧的污垢热阻为 0.0004m² · K/W，水侧的污垢热阻为 0.00058m² · K/W。问换热器的总传热系数是多少？

解：气体对流传热的热阻　$R_o = \dfrac{1}{\alpha_o} = \dfrac{1}{40} = 0.025 m^2 \cdot K/W$

冷却水对流传热的热阻　$R_i = \dfrac{1}{\alpha_i} = \dfrac{1}{3000} = 0.00033 m^2 \cdot K/W$

管壁导热热阻　$R_f = \dfrac{b}{\lambda} = \dfrac{0.0025}{45} = 0.000056 m^2 \cdot K/W$

总传热系数为

$$K = \cfrac{1}{\dfrac{1}{\alpha_o} + R_{fo} + \dfrac{b}{\lambda} + R_{fi} + \dfrac{1}{\alpha_i}} = \cfrac{1}{0.025 + 0.0004 + 0.000056 + 0.00058 + 0.00033} = 37.93 W/(m^2 \cdot K)$$

[例 4-14]　在上例中，如果将冷却水的对流传热系数提高 1 倍，换热器的总传热系数有多大的变化？若冷却水的对流传热系数不变，而将工艺气体的对流传热系数提高 1 倍，总传热系数的变化又是多少？

解：(1) 若冷却水的对流传热系数提高到 6000W/(m² · K)，其热阻 R_i 为

$$R_i = \frac{1}{\alpha_i} = \frac{1}{6000} = 0.000167 m^2 \cdot K/W$$

$$K = \frac{1}{0.025 + 0.0004 + 0.000056 + 0.00058 + 0.000167} = 38.2 W/(m^2 \cdot K)$$

总传热系数增加的百分数　$\dfrac{38.2 - 37.93}{37.93} \times 100\% = 0.7\%$

(2) 若气体的对流传热系数提高到 80W/(m² · K)，其单位热阻 R_o 为

$$R_o = \frac{1}{\alpha_o} = \frac{1}{80} = 0.0125 m^2 \cdot K/W$$

$$K = \frac{1}{0.0125 + 0.0004 + 0.000056 + 0.00058 + 0.00033} = 72.12 W/(m^2 \cdot K)$$

总传热系数增加的百分数

$$\frac{72.12 - 37.93}{37.93} \times 100\% = 90.1\%$$

从例题的计算可见，由于冷却水对流传热的热阻比气体对流传热的热阻小，所以它不是主

要热阻，其传热系数提高 1 倍对总传热系数的变化没有什么影响，只有 0.7％。而由于气体的传热热阻是主要的热阻，其传热系数提高 1 倍使总传热系数提高了 90.2％。这说明，改善传热的关键是准确判断和减少传热过程的主要热阻。

4.5.1.3　热负荷

换热器的传热量又称换热器的热负荷。如果换热器的保温良好，热损失可以忽略时，根据热量守恒原理，单位时间内热流体的放热量等于冷流体的吸热量，即：

$$Q = W_h(H_{h1} - H_{h2}) = W_c(H_{c2} - H_{c1}) \tag{4-113}$$

式中，W 为流体的质量流量，kg/s；H 为流体的比焓即单位质量的焓，kJ/kg。下标 h 和 c 分别表示热流体和冷流体，1 和 2 则分别表示进口和出口。若两流体均无相变，则可用流体的平均比热容来计算换热器的比焓：

$$Q = W_h c_{ph}(T_1 - T_2) = W_c c_{pc}(t_2 - t_1) \tag{4-114}$$

在实际的换热过程中，经常遇到流体发生相变的情形，这时的热负荷 Q 可以用下式表示：

$$Q = Wr \tag{4-115}$$

式中，r 为流体的汽化热。若发生相变的是热流体，一般只考虑流体放出的潜热，而不考虑流体冷凝成饱和液体后温度的进一步降低。

4.5.1.4　总传热系数

前面已经介绍了总传热系数 K 的表达式，根据 K 的定义，必须先计算出对流传热系数 α，而对流传热系数 α 的计算则需要知道流体的物性参数和流动状态。此外，传热面两侧的壁温也难于准确测定或计算。如果存在污垢层，K 值的计算就变得更为复杂。因此，工业换热器的总传热系数 K 通常是由实验确定。表 4-8 列出的是列管式换热器的总传热系数的参考数值。

对已有的换热器，可以通过测定有关的数据，如设备尺寸、流体的流量和温度等，然后由传热基本方程式计算 K 值。这样得到的总传热系数 K 是最为可靠的。但是，只有在其使用与所测情况相一致的场合（包括设备类型、尺寸、物料性质、流动状况等）下才准确。若使用情况与测定情况相近，所测 K 值仍有一定的参考价值。

表 4-8　列管式换热器总传热系数的参考数值

冷流体	热流体	总传热系数 $K/[\text{W}/(\text{m}^2 \cdot \text{K})]$
水	水	850～1700
水	气体	17～280
水	水蒸气冷凝	1420～4250
气体	水蒸气冷凝	30～300
糖汁	水蒸气冷凝	800～1100
糖浆($u=0.9$m/s)	水蒸气冷凝	550～800

4.5.1.5　平均传热温差

传热温差 Δt_m 是指冷、热流体间的温度差。在加热的过程中，换热器中冷、热流体的温度随换热器位置的不同而变，相应地 Δt_m 也在变化。下面分几种不同的情况进行讨论。

(1) 两侧均为恒温流体的平均传热温差　当流体发生相变时，可以认为温度是恒定的。例如，一侧为蒸气冷凝，另一侧为液体沸腾，此时式(4-110)中的平均温差即两侧的温度差。

(2) 两侧为变温流体做并流或逆流的平均传热温差　在换热器中，若两流体的流向相同，则称为并流；若两流体的流向相反，则称为逆流。如果流体温度不是恒定的，则温度和温度差均将沿管长变化，如图 4-18 所示。下面以逆流为例推导平均温度差的计算公式。

假设：①稳态传热；②两流体的定压比热容为常数或可取换热器进、出口温度下的算术平均值；③总传热系数 K 为常数；④热损失忽略不计。在这些条件下取换热器的微元长度作热

图 4-18 变温传热时的温度差变化
(a) 逆流；(b) 并流

量衡算得：

$$dQ = W_c c_{pc} dt = -W_h c_{ph} dT = K\Delta t dS \tag{4-116}$$

根据假设条件知：

$$\frac{dQ}{dT} = -W_h c_{ph} = 常数, \quad \frac{dQ}{dt} = W_c c_{pc} = 常数$$

换言之，Q-T 和 Q-t 均为线性关系，可分别表示为：

$$T = aQ + b, \quad t = a'Q + b'$$

两式相减：

$$T - t = (a - a')Q + (b - b')$$

即 $T - t = \Delta t$ 与 Q 也是线性关系，此直线的斜率为：

$$\frac{d(\Delta t)}{dQ} = \frac{\Delta t_2 - \Delta t_1}{Q}$$

将式（4-116）代入：

$$\frac{d(\Delta t)}{K\Delta t dS} = \frac{\Delta t_2 - \Delta t_1}{Q}$$

分离变量：

$$\frac{1}{K}\int_{\Delta t_1}^{\Delta t_2} \frac{d(\Delta t)}{\Delta t} = \frac{\Delta t_2 - \Delta t_1}{Q}\int_0^S dS$$

积分得：

$$\frac{1}{K}\ln\frac{\Delta t_2}{\Delta t_1} = \frac{\Delta t_2 - \Delta t_1}{Q}S$$

最终得：

$$Q = KS\frac{\Delta t_2 - \Delta t_1}{\ln\dfrac{\Delta t_2}{\Delta t_1}} = KS\Delta t_m \tag{4-117}$$

其中

$$\Delta t_m = \frac{\Delta t_2 - \Delta t_1}{\ln\dfrac{\Delta t_2}{\Delta t_1}} \tag{4-118}$$

Δt_m 称为对数平均温度差。在工程计算中，若 $\Delta t_1/\Delta t_2 \leqslant 2$，可以用算术平均温差 $\Delta t_m = (\Delta t_1 + \Delta t_2)/2$ 代替对数平均温差，误差不超过 4%。式（4-118）中，Δt_1 和 Δt_2 相互调换位置不影响计算结果。

若两流体做并流，或两流体之一为恒温，式（4-118）仍然有效，它是一个通用的计算公式。

[例 4-15] 在一列管式换热器中，用冷却水可将热流体从 90℃ 冷却到 65℃，冷却水进口温度为 25℃，出口温度为 60℃，试分别计算两流体做逆流和并流时的平均温度差，并对计算结果进行比较。

解：逆流时 冷流体入口端传热温差 $65 - 25 = 40℃$

冷流体出口端传热温差　　90－60＝30℃

所以
$$\Delta t_{\mathrm{m}}=\frac{\Delta t_1-\Delta t_2}{\ln\dfrac{\Delta t_1}{\Delta t_2}}=\frac{40-30}{\ln\dfrac{40}{30}}=34.8℃$$

并流时　冷流体入口端传热温差　　90－25＝65℃

冷流体出口端传热温差　　65－60＝5℃

所以
$$\Delta t_{\mathrm{m}}=\frac{\Delta t_1-\Delta t_2}{\ln\dfrac{\Delta t_1}{\Delta t_2}}=\frac{65-5}{\ln\dfrac{65}{5}}=23.4℃$$

由比较可知，在冷、热流体的初、终温度相同的条件下，逆流的平均温差较并流的为大。在换热器的热负荷 Q 及总传热系数 K 相同及换热介质流量一定的条件下，采用逆流操作，可以节省传热面积，从而减少设备费用；若传热面积一定时，可减少换热介质的流量，从而降低操作费用，因此工业上多采用逆流操作。但有一流体恒温或两侧流体均恒温时，并流和逆流的对数平均温差即相等。

（3）两侧为变温流体做错流或折流的平均传热温差　为了强化传热，列管式换热器的管程或壳程常采用多程。因此，流体会经过两次或多次折流后流出换热器。这使换热器内流体的流动形式偏离了简单的逆流或并流，而是做比较复杂的多程流动或相互垂直的交叉流动，如图 4-19 所示，在图 4-19(a) 中，两种流体的流向互相垂直，称为错流；在图 4-19(b) 中，一流体沿一个方向流动，另一流体反复折流，称为简单折流。若两种流体均作折流，或既有折流又有错流，则称为复杂折流或混合流。

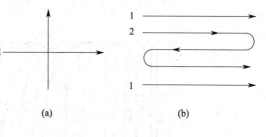

图 4-19　错流与折流

(a) 错流；(b) 折流

两流体呈错流或折流流动时，平均温差 Δt_{m} 的计算思路是先按逆流计算对数平均温度差，然后再乘以考虑流动方向的校正系数 $\varphi_{\Delta t}$，即：

$$\Delta t_{\mathrm{m}}=\varphi_{\Delta t}\Delta t_{\mathrm{m}}' \tag{4-119}$$

式中，$\Delta t_{\mathrm{m}}'$ 为按逆流计算的对数平均温度差，℃。

图 4-20 所示是温度差校正系数算图，其中图 4-20(a)～图 4-20(d) 分别适用于单壳程、二壳程、三壳程和四壳程，壳程内的管程可以是 2、4、6 或 8 程，图 4-20(e) 适用于错流。对于其他复杂流动的温度差校正系数 $\varphi_{\Delta t}$，可以从有关的传热手册或书籍中查取。校正系数 $\varphi_{\Delta t}$ 恒小于1，这是由于逆流和并流共存的缘故。

具体的确定步骤如下。

(1) 根据冷、热流体的进出口温度，算出纯逆流条件下的对数平均温度差 $\Delta t_{\mathrm{m}}'$。

(2) 按下式计算因子 R 和 P：

$$R=\frac{T_1-T_2}{t_2-t_1}=\frac{热流体的温降}{冷流体的温升} \tag{4-120}$$

$$P=\frac{t_2-t_1}{T_1-t_1}=\frac{冷流体的温升}{两流体的最初温度差} \tag{4-121}$$

(3) 根据 R 和 P 的数值及壳程数，从图 4-20 中查出温度差校正系数 $\varphi_{\Delta t}$；

(4) 由式(4-119) 计算所要求的平均传热温差 Δt_{m}。

[例 4-16]　在一单壳程、二管程的列管式换热器，用冷水冷却热油，冷水在管程流动，进口温度为 15℃，出口温度为 40℃，热油在壳程流动，进口温度为 100℃，要求出口温度为

图 4-20　对数平均温度差校正系数

（a）单壳程；（b）二壳程；（c）三壳程；（d）四壳程；（e）错流

50℃，热油的流量为 3.0kg/s，平均比热容为 1.92kJ/(kg·K)，若总传热系数 K 为 600W/(m²·K)，试求换热器所需的面积，换热器的散热损失可忽略。

解：换热器的传热量为

$$Q=W_h c_{ph}(T_1-T_2)=3.0\times1.92\times10^3\times(100-50)=2.88\times10^5\,W$$

逆流时的对数平均传热温差

$$\Delta t'_m=\frac{\Delta t_2-\Delta t_1}{\ln\dfrac{\Delta t_2}{\Delta t_1}}=\frac{(100-40)-(50-15)}{\ln\dfrac{100-40}{50-15}}=\frac{25}{\ln\dfrac{60}{35}}=46.4℃$$

$$R=\frac{T_1-T_2}{t_1-t_2}=\frac{100-50}{40-15}=2.0 \qquad P=\frac{t_2-t_1}{T_1-t_1}=\frac{40-15}{100-15}=0.294$$

从图 4-20(a) 中查得，$\varphi_{\Delta t}=0.88$

所以，$\Delta t_m=\varphi_{\Delta t}\Delta t'_m=0.88\times46.4=40.8℃$

换热器所需面积 $\qquad S=\dfrac{Q}{K\Delta t_m}=\dfrac{2.88\times10^5}{600\times40.8}=11.76\,m^2$

4.5.2 稳态传热过程的操作型计算

工业上遇到的传热问题可以分为两大类：一类是已知生产任务，要求完成此任务所需的传热面积，这类问题称为设计型问题；另一类是已知换热器的面积和结构参数，而生产任务发生变化，要求任务变化后的生产效果，这类问题称为操作型问题。求解操作型问题也是用热、冷流体的热量衡算方程加上传热速率方程。但是，由于操作型问题中两流体的出口温度是未知的，因此往往要用试差法计算。应用传热单元法可以避免试差，还可以对传热过程进行优化计算。

传热效率 ε 定义为实际传热量与最大可能传热量之比。忽略换热器的散热损失，则实际传热量为：

$$Q=W_h c_{ph}(T_1-T_2)=W_c c_{pc}(t_2-t_1) \tag{4-122}$$

最大可能传热量应为流体发生最大温差变化时的传热量。在换热器中，最大可能的温差变化为 (T_1-t_1)，由热量衡算知，两流体中 Wc_p 值较小的流体将发生较大的温度变化，因此最大可能传热量可以表示为：

$$Q_{max}=(Wc_p)_{min}(T_1-t_1) \tag{4-123}$$

将 Wc_p 值较小的流体称为最小值流体，传热效率可表示为：

当热流体为最小值流体时，$\varepsilon=\dfrac{W_h c_{ph}(T_1-T_2)}{W_h c_{ph}(T_1-t_1)}=\dfrac{T_1-T_2}{T_1-t_1}$ （4-124）

当冷流体为最小值流体时，$\varepsilon=\dfrac{W_c c_{pc}(t_2-t_1)}{W_c c_{pc}(T_1-t_1)}=\dfrac{t_2-t_1}{T_1-t_1}$ （4-125）

若将定压比热容和总传热系数均作为常数，则由热量衡算和传热速率方程得：

$$dQ=-W_h c_{ph}dT=W_c c_{pc}dt=K(T-t)dS \tag{4-126}$$

如果热流体为最小值流体，则由上式得：

$$-W_h c_{ph}dT=K(T-t)dS \tag{4-127}$$

分离变量后积分得： $\qquad \displaystyle\int_{T_2}^{T_1}\frac{dT}{T-t}=\frac{KS}{W_h c_{ph}}=NTU$ （4-128）

上式中的积分称为传热单元数，从上式可以看出，传热单元数与两流体的出口温度无关，可以由式(4-128)直接计算。

如果冷流体为最小值流体，则由式(4-126)得：

$$-W_c c_{pc} dt = K(T-t)dS \tag{4-129}$$

分离变量后积分得：
$$\int_{t_1}^{t_2} \frac{dt}{T-t} = \frac{KS}{W_c c_{pc}} = NTU \tag{4-130}$$

上式中的积分也称为传热单元数。计算得传热单元数后，利用传热单元数与传热效率间的关系，可以求出传热效率，进而求出两流体之一的出口温度，最后用热量衡算方程求另一流体的出口温度。

逆流传热时传热单元数与传热效率间的关系为：
$$\varepsilon = \frac{1 - \exp[(NTU)(1-R)]}{R - \exp[(NTU)(1-R)]} \tag{4-131}$$

式中
$$R = (Wc_p)_{min}/(Wc_p)_{max} \tag{4-132}$$

为最小值流体与最大值流体的质量流量和定压比热容乘积之比。

并流传热时传热单元数与传热效率间的关系为：
$$\varepsilon = \frac{1 - \exp[-(NTU)(1+R)]}{1+R} \tag{4-133}$$

若有一流体发生相变，则其 (Wc_p) 值趋于无穷大，式(4-131)和式(4-133)均成为：
$$\varepsilon = 1 - \exp[-(NTU)] \tag{4-134}$$

若两流体的 (Wc_p) 值相等，即 $R=1$，则逆流时有：
$$\varepsilon = NTU/(1+NTU) \tag{4-135}$$

并流时有：
$$\varepsilon = \frac{1 - \exp[-2(NTU)]}{2} \tag{4-136}$$

在折流和其他流动时，传热效率与传热单元数之间的关系更为复杂一些，已经绘成图供查取。

[例 4-17] 有一台运转中的单程逆流列管式换热器，热空气在管程由 120℃ 降至 80℃，其对流传热系数 $\alpha_i = 50W/(m^2 \cdot K)$。壳程的冷却水从 15℃ 升至 90℃，其对流传热系数 $\alpha_o = 2000W/(m^2 \cdot K)$，若视为平壁传热处理，管壁热阻及污垢热阻皆不计。当冷却水量增加一倍时，试求：(1) 水和空气的出口温度 t'_2 和 T'_2，忽略流体物性参数随温度的变化；(2) 传热速率 Q' 比原来增加了多少？

解：(1) 水量增加前 $T_1 = 120℃$，$T_2 = 80℃$，$t_1 = 15℃$，$t_2 = 90℃$，$\alpha_i = 50W/(m^2 \cdot K)$，$\alpha_o = 2000W/(m^2 \cdot K)$。

$$K = \frac{1}{\frac{1}{\alpha_i} + \frac{1}{\alpha_o}} = \frac{1}{\frac{1}{50} + \frac{1}{2000}} = 48.8 \ W/(m^2 \cdot K)$$

$$\Delta t_m = \frac{(T_1 - t_2) - (T_2 - t_1)}{\ln \frac{T_1 - t_2}{T_2 - t_1}} = \frac{(120-90) - (80-15)}{\ln \frac{120-90}{80-15}} = 45.3℃$$

$$Q = W_h c_{ph}(T_1 - T_2) = W_c c_{pc}(t_2 - t_1) = KS\Delta t_m$$
$$40 W_h c_{ph} = 75 W_c c_{pc} = 48.8 \times 45.3 S \tag{a}$$

水量增加后
$$\alpha'_o = 2^{0.8} \alpha_o$$

$$K' = \frac{1}{\frac{1}{\alpha_i} + \frac{1}{2^{0.8}\alpha_o}} = \frac{1}{\frac{1}{50} + \frac{1}{2^{0.8} \times 2000}} = 49.3 W/(m^2 \cdot K)$$

$$\Delta t'_m = \frac{(T_1 - t'_2) - (T'_2 - t_1)}{\ln \frac{T_1 - t'_2}{T'_2 - t_1}} = \frac{(120 - t'_2) - (T'_2 - 15)}{\ln \frac{120 - t'_2}{T'_2 - 15}}$$

$$Q = W_h c_{ph}(T_1 - T_2') = 2W_c c_{pc}(t_2' - t_1) = K'S\Delta t_m'$$

$$W_h c_{ph}(120 - T_2') = 2W_c c_{pc}(t_2' - 15) = 49.3S \times \frac{120 - t_2' - (T_2' - 15)}{\ln \frac{120 - t_2'}{T_2' - 15}} \tag{b}$$

$$\frac{40}{120 - T_2'} = \frac{75}{2(t_2' - 15)} \quad 或 \quad t_2' - 15 = \frac{75}{80}(120 - T_2') \tag{c}$$

$$\frac{40}{120 - T_2'} = \frac{48.8 \times 45.3}{49.3 \times \dfrac{120 - T_2' - (t_2' - 15)}{\ln \dfrac{120 - t_2'}{T_2' - 15}}} \tag{d}$$

式(c) 代入式(d)，得 $\quad \ln \dfrac{120 - t_2'}{T_2' - 15} = 0.0558$

$$\frac{120 - t_2'}{T_2' - 15} = 1.057 \tag{e}$$

由式(c) 与式(e) 得 $t_2' = 61.9℃$ $\quad T_2' = 69.9℃$

(2) $\dfrac{Q'}{Q} = \dfrac{T_1 - T_2'}{T_1 - T_2} = \dfrac{120 - 69.9}{120 - 80} = 1.25$，即传热速率增加了 25%。

4.6 非稳态传热过程

前面讨论的都是稳态的传热过程，在实际的生产过程中，也存在非稳态传热过程，如物料分批加热或冷却，就是非稳态传热过程。在非稳态传热过程中，流体的温度不但在换热器内各位置处不同，而且还随时间而变。解决这类问题的基本方程仍然是传热速率方程和热量衡算。

4.6.1 内热阻可以忽略的非稳态热传导

求解非稳态热传导的基本方程是傅里叶第二定律：

$$\frac{\partial t}{\partial \theta} = a\left(\frac{\partial^2 t}{\partial x^2} + \frac{\partial^2 t}{\partial y^2} + \frac{\partial^2 t}{\partial z^2}\right) \tag{4-27}$$

式(4-27) 的求解取决于边界条件和初始条件。若物体的热导率很大，或内部导热热阻很小，而物体表面与周围流体之间的对流传热热阻又比较大，可以认为物体的温度在任一时刻都是均匀的，即物体内部的热导率为无穷大，温度梯度为无穷小。此时物体的温度与空间坐标无关，而只是时间的函数。

设物体的密度为 ρ，比热容为 c_p，体积为 V，表面积为 S，初始时温度均匀为 t_0，物体周围流体的主体温度为 t_b，流体与物体表面间的对流传热系数为 α。在时间 $d\theta$ 内，温度变化为 dt。根据热量衡算，物体的热容变化等于表面与物体间的对流传热量，即：

$$-\rho V c_p \frac{dt}{d\theta} = \alpha S(t - t_b) \tag{4-137}$$

积分得到：

$$\frac{t - t_b}{t_0 - t_b} = e^{-\frac{\alpha S\theta}{\rho V c_p}} \tag{4-138}$$

令：

$$T_c^* = \frac{t - t_b}{t_0 - t_b} \tag{4-139}$$

$$Bi = \frac{\alpha V}{S\lambda}$$

$$Fo = \frac{\lambda \theta S^2}{\rho c_p V^2}$$

则式(4-138) 可以写成：

$$T_c^* = e^{-Bi \cdot Fo} \tag{4-140}$$

式中的 Bi 称为毕渥数，它代表了导热热阻与对流传热热阻之比，实验表明，只有当 Bi 小于 0.1 时，才可以认为物体内部的热阻可以忽略不计，式(4-138)才成立，此方法称为集总参数法。

4.6.2 内部和表面热阻均不能忽略的非稳态热传导

对一维非稳态热传导的一般情形，将式(4-27)简化得：

$$\frac{\partial t}{\partial \theta} = a \frac{\partial^2 t}{\partial x^2} \tag{4-141}$$

式中的 $\alpha = \lambda/(\rho c_p)$ 为热扩散率或导温系数。

求解式(4-141)时的边界条件有三类。

(1) 第一类边界条件 已知物体表面在任何时刻的温度分布。

(2) 第二类边界条件 已知物体表面的导热通量。

(3) 第三类边界条件 已知物体表面与流体间的对流传热速率。

第一类边界条件的求解一般得到级数形式或误差函数的解析解，第三类边界条件的求解则复杂得多。以下先讨论平板的非稳态导热，继而讨论无限长圆柱体和圆球体的非稳态导热问题。

4.6.2.1 无限大平板的非稳态导热

如图 4-21 所示，厚度为一定的固体壁面，假设其 y 与 z 方向的壁面完全绝热，因而只需考虑其 x 方向的热传导，可视为无限大平板的非稳态导热，其方程即为式(4-141)。

假设平板的厚度为 $2b$，其初始温度为 t_0，突然将其置于主体温度为 t_b 的流体中，两端面与流体间的对流传热系数 α 为已知，热流沿 x 方向，即沿着垂直于两端面的方向进行流动。在这种情况下，可以利用边界条件求出微分方程 (4-141) 的解，从而得到时间 θ、离中心平面距离 x 的位置以及温度 t 之间的关系。

将坐标平面取在平板的中心平面，用分离变量法可以求得导热问题的分析解。其数学形式为：

$$T_c^* = f(Fo, Bi, x/b) \tag{4-142}$$

在工程应用中，因分析解的求取相当麻烦，一般将解绘成图 4-22，图中相关联的四个无量纲数群分别为：

图 4-21 无限大平板的
非稳态热传导

无量纲温度

$$T_c^* = \frac{t - t_b}{t_0 - t_b} \tag{4-143}$$

相对热阻

$$m = \frac{\lambda}{\alpha b} \tag{4-144}$$

无量纲时间（傅里叶数）

$$Fo = \frac{a\theta}{b^2} \tag{4-145}$$

相对位置

$$n = \frac{x}{b} \tag{4-146}$$

[例 4-18] 一厚度为 46.2mm、温度为 278K 的方块奶油由冷冻室移至 298K 的环境中，奶油盛于容器中，除顶面与环境直接接触外，各侧面和底面均包在容器之内。设容器为绝热体，问：经 5h 后，奶油块的顶面、中心面和底面的温度各为多少？已知奶油的热导率 λ 为 $0.197 W/(m \cdot K)$，比热容 c_p 为 $2300 J/(kg \cdot K)$，密度 ρ 为 $998 kg/m^3$，奶油表面与环境之间的对流传热系数 α 为 $8.52 W/(m^2 \cdot K)$。

解：由于奶油的底面为绝热面，所以 b 为奶油块的厚度，于是有

图 4-22　大平板物体非稳态导热算图

$$b = 0.0462 \text{m}$$

$$a = \frac{\lambda}{c_p \rho} = \frac{0.197}{2300 \times 998} = 8.58 \times 10^{-8} \text{m}^2/\text{s}$$

对于顶面
$$x = 0.0462 \text{m}$$

$$m = \frac{\lambda}{\alpha b} = \frac{0.197}{8.52 \times 0.0462} = 0.5$$

$$Fo = \frac{a\theta}{b^2} = \frac{8.58 \times 10^{-8} \times (5 \times 3600)}{0.0462^2} = 0.724$$

$$n = \frac{x}{b} = \frac{0.0462}{0.0462} = 1$$

由图 4-22 查得
$$T_c^* = 0.2$$

即
$$T_c^* = \frac{t - t_b}{t_0 - t_b} = \frac{t - 298}{278 - 298} = 0.2$$

计算得
$$t = 294 \text{K}$$

对于中心面，$x = 0.0231 \text{m}$，$n = \dfrac{x}{b} = \dfrac{0.0231}{0.0462} = 0.5$

另两个无量纲数群，m 和 Fo 不随 x 而变。查图 4-22 得 $T_c^* = 0.34$

计算得
$$t = 291.2 \text{K}$$

对于底面，$x = 0$，$n = 0$。由图 4-22 查得 $T_c^* = 0.46$

计算得
$$t = 289 \text{K}$$

4.6.2.2 无限长圆柱体和球体的非稳态导热

这里讨论的依然是第三类边界条件的非稳态导热，图 4-23 和图 4-24 分别为无限长圆柱体和球体的非稳态导热的算图，它们的应用条件与图 4-22 相同。

如果圆柱体与周围的介质之间的传热只沿径向进行，而垂直于轴线的上下两个圆面为绝热，这类圆柱体的非稳态导热属于无限长的圆柱体的非稳态导热，实际上，细长物体可以作为无限长的圆柱体来处理。在无限长圆柱体的导热图算过程中，无量纲数群计算式中的 b 代表圆柱的半径，x 代表距离圆心为 x 的圆筒表面。在球体的计算中，b 代表圆球的半径，x 代表距离球心 x 的圆球面。

图 4-23　无限长圆柱体的非稳态导热算图

[**例 4-19**]　初温为 20℃、直径为 40mm 的香肠，放进 90℃ 的热水中加热，已知香肠的热导率 $\lambda=0.84\mathrm{W/(m \cdot K)}$，比热容 $c_p=2.52\mathrm{kJ/(kg \cdot K)}$，密度 $\rho=1200\mathrm{kg/m^3}$。热水对香肠的对流传热系数 $\alpha>600\mathrm{W/(m^2 \cdot K)}$。试求 10min 后香肠中心的温度。

解：香肠的导温系数　$a=\dfrac{\lambda}{c_p\rho}=\dfrac{0.84}{2520\times1200}=2.78\times10^{-7}\mathrm{m^2/s}$

在香肠的中心处，$x=0$，$n=0$，$m=\dfrac{\lambda}{\alpha b}=\dfrac{0.84}{600\times0.02}=0.07$

$$Fo=\frac{a\theta}{b^2}=\frac{(2.78\times10^{-7})\times(10\times60)}{0.02^2}=0.417$$

以 $n=0$，$Fo=0.417$，以及近似取 $m=0$，由图 4-23 查得 $T_c^*=0.11$

即
$$T_c^*=\frac{t-t_b}{t_0-t_b}=\frac{t-(273+90)}{(273+20)-(273+90)}=0.11$$

计算得香肠中心温度　　　　　　　　$t=355.3\mathrm{K}=82.3℃$

图 4-24　球体的非稳态导热算图

4.6.2.3　内部和表面的热阻均不能忽略的多维非稳态热传导

上面讨论的非稳态导热仅局限于一维的问题，但在许多的实际问题中，常遇到二维或多维的非稳态导热的问题。下面讨论第三类边界条件下的多维非稳态导热。

图 4-25 表示一个半径为 R、高度为 $2b$ 的短圆柱体，它实际上可以视为一个半径为 R 的无限长的圆柱体与一厚度为 $2b$ 的无限大平板相交的公共部分。若短圆柱体的侧面、底面及顶面均非绝热面，当它被置放于主体温度 t_b 为恒定的流体介质中时，热量不仅从短圆柱体的侧面沿着径向朝中心轴线传递，而且也从上下两平面沿轴线方向半厚度的平面传递。这是一个二维导热的问题。

以 x 表示离圆心轴线的距离，y 表示距离中厚度平面的距离，则在时刻 θ，位置为 (x, y) 处的无量纲温度 T_c^* (x, y, θ) 可以表示为两个一维导热的无量纲温度 T_c^* 的乘积，即：

$$T_c^*(x,y,\theta)=T_c^*(x,\theta)\cdot T_c^*(y,\theta) \qquad (4\text{-}147)$$

图 4-25　短圆柱体的非稳态导热

也就是说，首先把二维的导热问题化为两个一维导热问题进行处理，分别得到两个一维导热的 T_c^*，再将其乘积作为二维导热的 T_c^*。对于三维的导热问题的处理，也采用相同的方法。

[**例 4-20**]　豌豆浆罐头在蒸汽中加热，蒸汽的温度为 116℃，罐头的初温 30℃，罐形为短圆柱体，半径 3.4cm，高 10.2cm，如罐头是单独放置，试求经 43min 加热后罐头中心的温度。

已知加热器升温的时间为 5min，豌豆浆的热导率 λ 为 $0.83W/(m \cdot K)$，比热容 $c_p = 3.8kJ/(kg \cdot K)$，密度 $\rho = 1090kg/m^3$，蒸汽对罐头的对流传热系数 α 为 $3820W/(m^2 \cdot K)$。

解：先分别考虑无限长圆柱体和无限大平板的导热，升温时间按 42% 计算，即校正后的加热时间为

$$\theta = (43 + 5 \times 0.42) \times 60 = 2706s$$

（1）考虑无限长圆柱体的导热

导温系数 $\qquad a = \dfrac{\lambda}{c_p \rho} = \dfrac{0.83}{3800 \times 1090} = 2.0 \times 10^{-7} m^2/s$

中心点 $\qquad x = 0$

相对位置 $\qquad n = 0$

相对热阻 $\qquad m = \dfrac{\lambda}{\alpha R} = \dfrac{0.83}{3820 \times 0.034} = 0.0064 \approx 0$

无量纲时间 $\qquad Fo = \dfrac{a\theta}{R^2} = \dfrac{2.0 \times 10^{-7} \times 2706}{0.034^2} = 0.468$

由图 4-24 查得 $\qquad T_c^*(x, \theta) = 0.085$

（2）考虑无限大平板的导热

平板的半厚度（即短圆柱的半高度）$b = 0.051m$

中心位置 $\qquad y = 0$

相对位置 $\qquad n = 0$

相对热阻 $\qquad m = \dfrac{\lambda}{\alpha b} = \dfrac{0.83}{3820 \times 0.051} = 0.0043 \approx 0$

无量纲时间 $\qquad Fo = \dfrac{a\theta}{b^2} = \dfrac{2.0 \times 10^{-7} \times 2706}{0.051^2} = 0.208$

由图 4-25 查得 $\qquad T_c^*(y, \theta) = 0.81$

（3）豌豆浆罐头（短圆柱）的无量纲温度

由式(4-147)，豌豆浆罐头的无量纲温度为

$$T_c^*(x, y, \theta) = T_c^*(x, \theta) \cdot T_c^*(y, \theta) = 0.085 \times 0.81 = 0.069$$

即 $\qquad T_c^*(x, y, \theta) = \dfrac{t - t_b}{t_0 - t_b} = \dfrac{t - (273 + 116)}{(273 + 30) - (273 + 116)} = 0.069$

$$t = 383K = 110℃$$

4.6.3　流体的间歇式换热

以间歇操作的夹套式换热器为例讨论最简单的情况。夹套内通入饱和蒸汽加热釜内的液体，因此，热流体的温度 T 保持不变。釜内设有搅拌器，使釜内的液体充分混合，因而液体的温度保持均匀一致，但随时间而变。假设釜内液体质量为 G，定压比热容为 c_p，加热釜内的有效传热面积（按釜内液料高度计算传热面积）为 S，液体的初温为 t_1，要求加热到终温为 t_2。求所需加热的时间。

对于加热过程中任意微元时间间隔 $d\theta$，根据传热速率方程与热量方程可得：

$$dQ = Gc_p dT = KS(T - t)d\theta$$

故有： $\qquad\qquad d\theta = \dfrac{Gc_p}{KS} \times \dfrac{dt}{T - t} \qquad\qquad\qquad (4-148)$

积分可得加热所需的时间 θ：

$$\theta = \int_{T_1}^{T_2} \dfrac{Gc_p}{KS} \times \dfrac{dt}{T - t} \qquad\qquad\qquad (4-149)$$

通常在加热过程中，液体的物性会发生变化，传热系数 K 也会变化，如果它们的变化不大，为简化计算，可取 c_p 与 K 的平均值而将它们视为常数，则由式(4-148)可得：

$$\theta = \frac{Gc_p}{KS} \ln \frac{T-t_1}{T_h-t_2} \tag{4-150}$$

应用式(4-149)，也可根据规定的加热时间求所需的加热釜的有效传热面积 S。同样的方法可以计算加热剂温度变化时的传热。

4.7 换热器

用于实现热量传递的设备称为换热器。换热器的种类很多，根据其热量传递的方法的不同，可以分为 3 种形式：间壁式、直接接触式、蓄热式。工业上最为常见的换热器是间壁式换热器。

（1）间壁式换热器 间壁式换热器又称表面式换热器或间接式换热器。在这类换热器中，冷、热流体被固体壁面隔开，互不接触，热量从热流体穿过壁面传给冷流体。该类换热器适用于冷、热流体不允许直接接触的场合。

（2）直接接触式换热器 直接接触式换热器又称混合式换热器。在此类换热器中，冷、热流体相互接触，相互混合传递热量。该类换热器结构简单，传热效率高，适用于冷、热流体允许直接接触和混合的场合。常见的设备有凉水塔、洗涤塔、文氏管及喷射冷凝器等。

（3）蓄热式换热器 蓄热式换热器又亦称回流式换热器或蓄热器。此类换热器是借助于热容量较大的固体蓄热体，先将热量由热流体传给蓄热体，再由蓄热体传给冷流体。此类换热器结构简单，可耐高温，常用于高温气体热量的回收或冷却。其缺点是设备的体积庞大，且不能完全避免两种流体的混合。

（4）热媒式换热器 将两个间壁式换热器串联，中间用一载热体循环，载热体在高温换热器中从热流体吸收热量，再在低温换热器中将热量传给冷流体。此类换热器多用于核工业、冷冻技术、余热利用等场合。

4.7.1 管式换热器

4.7.1.1 蛇管式换热器

（1）浸入式蛇管式换热器 蛇管式换热器以蛇管作为换热表面。蛇管可以有不同的形状，图 4-26 就是其中的两种。将蛇管浸没在容器之中，便构成了浸入式蛇管式换热器。当管内通入蒸汽作为加热介质时，蒸汽应从蛇管的顶部通入，冷凝水从蛇管的底部经疏水器排出。当管内通入流体作为加热或冷却介质时，流体应从蛇管的底部通入，从顶部排出。

图 4-26 蛇管的形状

图 4-27 喷淋式蛇管换热器
1—换热管；2—泵；3—控制阀

蛇管式换热器的优点是：结构简单，能承受高压，缺点是管外流体的对流传热系数较小。为强化传热，可在容器内安装搅拌器，以增加管外对流传热系数。

（2）喷淋式蛇管换热器　喷淋式蛇管换热器通常用作冷却器，如图4-27所示，它是成排地固定在钢架上的蛇管。被冷却的流体在管内流动，冷却水由管上方的喷淋装置均匀喷洒在蛇管表面而流下，最后收集于排管的底盘内。喷淋式换热器的最大优点是便于检修和清洗，对冷却水的水质要求不高。其缺点是占地面积大，冷却水的消耗量也较大。

4.7.1.2　套管式换热器

将两根不同直径的直管套在一起，组成同心套管，就成为套管式换热器。为减小占地面积，用U形肘管将直管连接，如图4-28所示，每一段直管称为一程，可根据对传热面积的要求增减程数。操作时，一种流体在内管流动，另一种流体在环隙流动，换热面是内管壁面。

套管式换热器的优点是结构简单，能耐高压，两种流体能形成严格的逆流，而且能达到较高的湍流，有利于传热。缺点是接头处清洗不方便，单位传热面的金属消耗量大。

图4-28　套管式换热器

4.7.1.3　列管式换热器

把管子按一定排列方式固定在管板上，管板则安装在圆筒形壳体，就构成了列管式换热器，也称为管壳式换热器。管内的通道和两端相贯通处称为管程，管外的通道及其相贯通处称为壳程。冷、热流体分别在管程和壳程中连续流动，流经管程的流体称为管程流体，流经壳程的流体称为壳程流体。若流体一次通过管程，称为单管程。当换热器的传热面积较大，所需的管子较多时，为了提高流体的流速，强化传热，常将换热管子平均分为若干组，使流体在各组管束内依次往返多次，称为多管程。多管程换热器的程数为偶数，管程流体的进出口在同一端，在管板上安装分程隔板，实现多管程流动，如图4-29所示。多管程的设置提高了管内流体的流速，从而增大了对流传热系数，但同时也增大了流动的阻力损失，因此管程数也不宜过多。

图4-29　换热器的分程隔板

（a）辐射状隔板（16程）；（b）垂直状隔板（12程）

壳程流体的流动属于流体在管外的流动，由对流传热分析可知，当流体垂直于管束流动时对流传热系数较大，因此在管外装折流板或称挡板。常用的折流板有弓形和盘环形两种，如图4-30所示，折流板同时还起中间支架的作用。

列管式换热器作为一种传统的标准换热设备，在许多工业部门均被大量采用，其特点是结构牢固，能承受高温高压，换热表面清洗方便，制造工艺成熟，选材范围广泛，适应性强及处理能力大等。列管式换热器有单管程和多管程之分。常见的多程列管式换热器有固定管板式、带膨胀节的固定管板式、浮头式、U形管式等几种。

图 4-30　流体的折流
(a) 圆缺形；(b) 圆盘形

（1）固定管板式换热器　固定管板式换热器（图 4-31）即是加热管和管板均刚性固定的列管式换热器，适用于壳方流体清洁且不易结垢，两流体温差不大或温差较大但壳体压强不高的场合。当换热管与壳体的温差较大（＞50℃）时，需要在壳体上设置膨胀节以抵消温差应力。固定管板式换热器的优点是结构简单、紧凑。在相同的壳体直径内，排管数最多；每根换热管都可以进行更换，

图 4-31　固定管板式换热器
1—折流挡板；2—管束；3—壳体；4—封头；5—接管；6—管板

（2）浮头式换热器　浮头式换热器的结构如图 4-32 所示。其特点是两端的管板之一不与壳体连接，管子可在壳体内轴向自由伸缩，自由伸缩端称为浮头。浮头换热器的优点是当换热管与壳体有温差存在，壳体或换热管膨胀时，不会产生温差应力；管束可从壳体内抽出，便于管内与管间的清洗。其缺点是结构复杂，用材量大，造价高。

图 4-32　浮头式换热器
1—管程隔板；2—壳程隔板；3—浮头

（3）U 形管式换热器　U 形管式换热器的结构如图 4-33 所示，其特点是只有一块管板，换热管为 U 形，管子的两端固定在同一管板之上。管束可以自由伸缩，当壳体与换热管有温差时，不会产生温差应力。U 形管换热器的优点是结构简单，只有一块管板，密封面少，运行可靠，造价低；管束可以抽出，管间清洗方便。其缺点是管内的清洗比较困难；由于管子需

要一定的弯曲半径，故管板的利用效率低；管束最内层的管距大，壳程易短路；内层管子坏了不能更换。U形管式换热器适用于管、壳壁温差较大或壳程流体易积垢，而管程流体清洁、不易积垢以及高温、高压、腐蚀性强的场合。

图 4-33　U形管式换热器
1—管程隔板；2—U形管；3—壳程隔板

4.7.2　板式换热器

4.7.2.1　平板式换热器

平板式换热器简称板式换热器，是以波纹板为传热面的高效换热器。板式加热器主要由板片、密封垫片、压紧板及螺杆等部件组成，如图 4-34 所示。每两板之间有密封垫片，板之间形成一条狭窄的介质通道。整个装置由两端的压紧盖板压紧，以达到密封。端盖上有冷热流体的进出管接口。

图 4-34　板式换热器

图 4-35　板式换热器的两种板片
1—挂钩；2—波纹；3—触点；4—密封槽；
5—导流槽；6—角孔；7—定位缺口

板式换热器的基本元件是传热板片。板片的厚度一般只有 0.5～3mm。图 4-35 所示是两种较有代表性的板片。每个板片的四个角各开有一个小孔，作为流体的流动通道。小孔的周边及板片的周围放置密封垫片，作密封之用，板面上有不同的波纹。并不是所有板片的四个角都一定冲有小孔，没有冲孔的位置称为盲孔（用实心圆表示）。是否需要盲孔，盲孔的位置应该在什么地方，这要视对流体流动路径的要求来确定。

板式加热器的主要优点是结构紧凑，单位体积的传热面积大；组装灵活；传热系数高。主要缺点是板间流通间隙窄，只能用于清洁流体的流动；密封难度大，比较容易产生泄漏。此外，板式加热器允许的操作压强较低，一般不超过 2.5MPa；同时操作温度也不能太高，若采用丁腈橡胶为密封垫圈，允许操作温度在 150℃ 以下。

4.7.2.2 螺旋板式换热器

螺旋板式换热器如图 4-36 所示，它是由两张间隔一定距离的平行薄金属板卷制而成。两张金属板形成两个同心的螺旋形通道，两板之间维持一定的通道间距，在螺旋板的两侧焊有盖板。冷、热流体分别流经两条通道，通过薄板壁进行热交换。

图 4-36 螺旋板式换热器

常用的螺旋板式换热根据流动方式的不同分为四种。

(1) Ⅰ型　两个螺旋通道的两侧完全焊接密封，如图 4-36(a) 所示。换热器中两流体均做螺旋流动，通常冷流体由外周流向中心，热流体从中心流向外周，呈完全逆流流动。此类换热器主要用于液体与液体间的换热。

(2) Ⅱ型　一条螺旋通道的两侧为密封，另一通道的两侧是敞开的，如图 4-36(b) 所示。此类换热器适用于两流体流量差别很大的场合，常用作冷却器、气体冷却器等。

(3) Ⅲ型　如图 4-36(c) 所示，换热器中一流体做螺旋流动，另一流体做兼有轴向和螺旋两者组合的流动。该结构适用于蒸气冷凝。

(4) G型　如图 4-36(d) 所示，采用立式安装，下部有法兰与塔顶法兰相连接。蒸气由下部进入中心管上升至顶盖折回，然后沿轴向从上至下流经螺旋通道被冷却。该结构又称塔上型，常被安装在塔顶作为冷凝器。

螺旋板式换热器的优点是能实现逆流，对传热有利；流体由于惯性离心力的作用，在较低的雷诺数下即可达到湍流，并且允许采用较高的流速，故传热系数较大；由于流速较高，加上惯性离心力的作用，流体中的悬浮物不易沉积下来，故不易积垢和堵塞；可在较小的温差下操作，充分利用低温热源；结构紧凑，单位体积的传热面积约为列管式换热器的 3 倍。其缺点是：操作温度和压力不宜太高，目前最高的操作压强为 2MPa，温度在 400℃以下。因整个换热器为卷制而成，一旦泄漏，维修很困难，对于侧面密封的螺旋通道，如出现积垢，则难于清除。

4.7.2.3 板翅式换热器

板翅式换热器是一种更为高效、紧凑、轻巧的换热器，过去由于制造成本较高，仅用于宇航、电子、原子能等少数部门。现已逐步应用到其他的工业部门。

板翅式换热器的结构形式很多，但基本结构元件相同，即在两块平行的金属板之间，夹入波纹状或其他形状的金属翅片，将两侧面封死，即成为一个换热基本元件。将各基本元件进行不同的叠积和适当的排列，便可制成并流、逆流或错流的板束，其结构如图 4-37 所示。

图 4-37 板翅式换热器的板束

图 4-38 板翅式换热器的翅片

板翅式换热器的基本元件是翅片，常用的形式有平直型［图 4-38(a)］、锯齿形［图 4-38(b)］、多孔型［图 4-38(c)］等。板翅式换热器的优点是结构紧凑，单位体积的传热面积大；质量轻（一般用铝合金制造）；传热系数高；既适用于低温，也适用于高压应用场合。缺点是易堵塞，清洗困难，流动阻力大。

4.7.3　传热过程的强化

传热速率方程揭示了换热器的传热速率 Q 与传热系数 K、平均传热温差 Δt_m 以及传热面积 S 之间的关系。根据此方程，增加 K、Δt_m 以及传热面积 S 都可以使 Q 增大。工艺设计和生产实践就是从这些方面着手强化传热过程的。

4.7.3.1　增大传热面积或采用高效传热管

增大传热面积，虽然可以提高换热器的传热速率，但增大传热面积不能靠增大换热器的尺寸来实现，而应该从设备的结构入手，提高单位体积的传热面积。如采用小直径的加热管，或采用翅片管、螺纹管、波纹管来代替光滑管，这些做法不但可以增大传热面积，而且还使流体的流动状态发生变化或使传热壁面上的层流边界层的厚度降低，从而使换热器的传热性能得到相应的改善。现介绍几种主要的类型。

（1）翅片　用翅片来扩大传热面面积并促进流体的湍动从而提高传热效率，是人们在改进传热面的过程中最早推出的方法之一。翅片的种类和形式很多，用材广泛，制造工艺多样。翅片管式换热器、板翅式换热器均属于此类。翅片结构通常用于传热面两侧传热系数小的场合，对气体换热尤为有效。

（2）异形表面　用轧制、冲压、打扁或爆炸等方法将传热面制造成各种凹凸形、波纹形扁平状等，使流道截面的形状和大小均发生变化。这不仅使传热表面有所增加，还使流体在流道中的流动形状不断改变，增加扰动，减少边界层的厚度，从而促使传热强化。图 4-39 是常见

图 4-39　强化传热管的形式

（a）T 形翅片管；（b）内翅管；（c）纵槽管；（d）横纹槽管；（e）螺旋槽管

的异形传热管。据实验研究，使用横纹槽管和螺旋槽管可以提高总传热系数 50％ 以上。

（3）多孔物质结构 将细小的金属颗粒烧结于传热表面或通过机械加工形成多孔的传热面，多孔层厚度一般为 0.25～1mm，空隙率为 50％～65％，孔径为 1～150μm。这种多孔表面，不仅增大了传热面积，而且还改善了换热状况，对于沸腾的传热过程的强化特别有效。

（4）采用小直径管 在管式换热器的设计中，减少管子直径，可增加单位体积的传热面积，因为管径减少，可以相同体积内布置更多的传热面，使换热器的结构更加紧凑。据推算，在壳径为 1m 以下的列管式换热器中，把换热管直径由 ϕ25mm 改为 ϕ19mm，传热面可增加 35％ 以上。另一方面，减小管径后，使管内湍流换热的层流底层减薄，有利于传热的强化。

应予指出，上述的方法可以提高单位体积的传热面积，使传热过程得到强化。但同时由于流道的变化，会使流动的阻力有所增加，故设计时应综合比较，全面考虑。

4.7.3.2 增大平均传热温度差

平均温度差的大小主要取决于两流体的温度及其在换热器中的流动形式。一般说来，物料的温度由生产工艺来决定，不能随意变动。而加热介质或冷却介质的温度则可以有很大的差异。但提高介质的温度必须考虑到技术上的可行和经济上的合理性。在流体的温度确定以后，采用逆流操作或增加列管式换热器的壳程数均有助于得到较大的平均温度差。

4.7.3.3 提高总传热系数

增大总传热系数，就是减少传热过程的各项热阻。首先要判断主要的热阻在何处，只有减小主要热阻，即最大的热阻，才能对总传热系数的增加有显著的作用。例如，对于用蒸汽冷凝加热空气的传热，冷凝对流传热系数比空气强制对流传热系数大得多，以至于总传热系数约等于空气对流传热系数。只有设法增加空气对流传热系数，才能增大总传热系数。一般说来，由于金属材料有较高的热导率，所以金属材料壁面的导热不会成为主要的热阻。

提高总传热系数的方法可从以下几方面来考虑。

（1）提高流体的流速 当流体在直管内强制湍流时，其对流传热系数与流体流速的 0.8 次方成正比。当流体在圆形直管内强制层流时，其对流传热系数与流体流速的 0.33 次方成正比。可见，提高流体的流速，可以使流体的湍动程度加剧，从而减少对流传热的热阻，提高对流传热系数。例如，增加列管式换热器的管程数或壳程的挡板数，可以提高流体的流速。

同时，提高流体的流速还可以增加流体对壁面的剪切力，减缓壁面上的积垢的形成速率，延长换热器的运行周期。

（2）增强流体的扰动 增强流体的扰动，可以使层流底层的厚度减薄，减少对流传热的热阻。例如，采用异形管或在管内加装麻花铁、螺旋圈或金属卷片等添加物，均可提高流体的对流传热系数。

（3）采用短管换热器 采用短管换热器能提高总传热系数，其原理在于流动入口段的层流底层很薄，对流传热系数较高。

（4）减缓积垢的形成和及时清除积垢 污垢的热阻是一个可变的因素，在换热器刚刚投入使用时，污垢的热阻很小，不会成为主要的矛盾，但随着时间的推移，传热壁面上的污垢逐步增加，当传热面上的污垢积累到一定程度时，它便成为主要的热阻。当污垢成为主要热阻时，则需要及时清洗换热器。

在换热器的运作过程中设法降低积垢的形成速率，也是强化传热过程的一条途径。为了减缓积垢的形成，可增加流体的流速，加强流体的扰动；为了便于清除垢层，应让易积垢的流体走管程，或采用可拆式的换热器结构，定期进行清垢和检修。

本章主要符号

A——吸收率；

E——辐射力，W；

K——总传热系数，W/(m² · K)；

Q——热流量，W；

S——面积，m²；

T——热流体的温度，K 或 ℃；

V——体积，m³；

a——热扩散率或导温系数，m²/s；

c_p——定压比热容，J/(kg · K)；

l——特征尺寸，m；

q——热通量，W/m²；

t——冷流体的温度，K 或 ℃；

ν——比容，m³/kg；

ε——黑度；

μ——黏度，Pa · s；

θ——时间，s；

Λ——波长，m；

Fo——傅里叶数；

Nu——努塞尔数；

Re——雷诺数。

D——穿透率；

H——比焓，J/kg；

L——长度或板高，m；

R——反射率；

T——热力学温度，K；

U——热力学能，J/kg；

W——质量流量，kg/s；

b——厚度，m；

d——直径，m；

p——压强，Pa；

r——汽化潜热，J/kg；

u——流速，m/s；

α——对流传热系数，W/(m² · K)；

λ——热导率或导热系数，W/(m · K)；

ν——运动黏度，m²/s；

ρ——密度，kg/m³；

Bi——比渥数；

Gr——格拉晓夫数；

Pr——普兰特数；

本 章 习 题

4-1 某蒸汽管外径为 51mm，壁厚 1.5mm，管材热导率 λ_1 为 46W/(m · K)，管外包有厚度为 30mm 的绝热材料，绝热材料的热导率 λ_2 为 0.1246W/(m · K)，管子内表面温度为 175℃，绝热层外表面温度为 45℃，求每小时每米管长的散热损失。

4-2 燃烧炉的平面壁是由一层耐火砖与一层普通砖所砌成，两层的厚度均为 100mm，操作稳定后测得耐火砖内壁表面温度为 700℃，普通砖外壁表面温度为 130℃，已知耐火砖的热导率 λ_1 为 0.93W/(m · K)，普通砖的热导率 λ_2 为 0.58W/(m · K)，问耐火砖与普通砖的接触面的温度是多少？

4-3 某蒸汽管道外包有两层热导率不同而厚度相同的保温层。设外层的平均直径（按对数平均值计）为内层的 2 倍，其热导率也为内层的 2 倍。若将两保温层对调，其他条件不变，问每米管长的热损失将改变多少？

4-4 某蒸汽管道的外径为 219mm，外表面温度为 120℃。管道外包一层厚 100mm 的保温层，保温层表面温度为 30℃。保温材料的热导率可用：$\lambda=0.52+0.0008t$ 表示。试求：(1) 单位长度管长的热损失；(2) 若按平均温度计算热导率，求保温层内的温度分布。

4-5 水以 1.5m/s 的流速在长为 3m、直径为 $\phi 27mm \times 2.5mm$ 的管内从 20℃ 被加热到 40℃。试求水与管壁之间的对流传热系数。如果将水的流速提高到 2.2m/s，并近似假设水的热力性质不变，水与管壁之间的对流传热系数大约又是多少?

4-6 在套管换热器中将水从 25℃ 加热至 80℃，水在内管中流动，水与管壁间的对流传热系数为 2000W/(m² · K)。若改为加热相同流量的大豆油，试求对流传热系数。设两种情况下流体均呈湍流流动，两流体在定性温度下的物性:

流体	$\rho/(kg/m^3)$	$\mu/mPa \cdot s$	$c_p/[kJ/(kg \cdot K)]$	$\lambda/[W/(m \cdot K)]$
水	1000	0.54	4.17	0.65
豆油	892	7.2	2.01	0.15

4-7 冷却水以错流方式流过管子外侧，以冷却管内的牛奶。水流速度为 0.5m/s，管子外径为 20mm。如果水的平均温度为 15℃，管外壁温度为 80℃，试求管壁对冷却水的对流传热系数。

4-8 脱脂牛奶流过 $\phi 32mm \times 3.5mm$ 的不锈钢管，被管外水蒸气加热。某处管壁温度为 70℃，蒸汽冷凝温度为 110℃，管子系水平放置。求换热器第一排管子的该处的对流传热系数。

4-9 热水在水平管中流过，管子长 3m，外径 50mm，外壁温度 50℃，管子周围空气温度 10℃，试求管外自然对流所引起的热损失。

4-10 试计算某蒸煮锅的垂直侧壁对周围的热损失。锅子直径为 0.9m，高为 1.2m。其外部有绝缘层，外表面温度为 49℃，空气温度为 15℃。

4-11 用常压饱和水蒸气在直立的列管换热器内加热糖汁，蒸汽在管外冷凝。管直径为 $\phi 25mm \times 2.5mm$，长 2m，列管外表面平均温度可取为 94℃，蒸汽流量为 720kg/h，试按冷凝要求估算列管的根数。设换热器的热损失可忽略。

4-12 两平行的大平板，放在空气中，相距 5mm。一平板的黑度为 0.15，温度为 350K；另一平板的黑度为 0.05，温度为 300K。若将第一块板加涂层，使其黑度变为 0.025，试计算由此引起的辐射传热热流通量改变的百分率。

4-13 在果汁预热器中，参加换热的热水进口温度为 98℃，出口温度为 75℃。果汁的进口温度为 5℃，出口温度为 65℃。求两种流体顺流和逆流时的平均温度差，并将两者做比较。

4-14 香蕉浆在管外单程管内双程的列管换热器中用热水加热，热水在管外。香蕉浆的流量为 500kg/h，比热容为 3.66kJ/(kg · K)，从进口初温 16℃ 加热至 75℃。热水的流量为 1000kg/h，进口温度为 95℃。换热器的平均传热系数 $K = 60W/(m^2 \cdot K)$。求换热器的传热面积。

4-15 某列管式换热器的传热面积为 60m²（近似认为换热管的内外表面积相等），用 80℃ 的饱和水蒸气每小时将 60t 的糖汁从 25℃ 升温到 50℃，若糖汁的比热容 c_p 为 4.0kJ/(kg · K)，问：换热器的总传热系数是多少?若运行了一段时间之后，管程壁面上产生了污垢，使总传热系数下降为 500W/(m² · K)，问这时污垢的热阻 b/λ 的数值是多少?

4-16 牛奶在 $\phi 32mm \times 3.5mm$ 的不锈钢管中流过，外面用蒸汽加热。不锈钢的热导率为 17.5W/(m · K)，管内牛奶的对流传热系数为 500W/(m² · K)，管外蒸汽的表面传热系数为 8000W/(m² · K)。试求总热阻和传热系数 K。如管内有 0.5mm 的有机污垢层，其热导率为 1.5W/(m · K)，求热阻增加的百分数。

4-17 一列管换热器由 40 根 $\phi 25mm \times 2.5mm$ 的管子组成。用饱和蒸汽加热糖汁，溶液在管内流动，已知蒸汽冷凝的对流传热系数为 10000W/(m² · K)，管内糖汁的对流传热系数为 2000W/(m² · K)，忽略管壁及污垢热阻，求基于外表面的传热系数。若采取措施使:（1）冷凝对流传热系数增加 20%；（2）管内糖汁对流传热系数增加 20%。求两种情况下总传热系数分别增加多少?

4-18   一单程列管换热器由 25 根 $\phi19mm \times 2mm$、长 4m 的管子组成。温度为 120℃的饱和蒸汽在壳侧冷凝（冷凝液为饱和液体），以加热管内的植物油，将油从 20℃加热至 85℃，若换热器的传热负荷为 125kW，蒸汽冷凝对流传热系数为 10000W/(m² · K)，油侧垢层热阻为 0.0005m² · K/W，管壁热阻和蒸汽侧垢层热阻可忽略，试求管内油侧对流传热系数。若将油的流速加倍，此时换热器的总传热系数为原来的 1.75 倍，油的物性不变，试求油的出口温度。

4-19   在一逆流套管换热器中冷、热流体进行热交换。两流体进、出口温度分别为 $t_1 = 20℃$，$t_2 = 85℃$，$T_1 = 100℃$，$T_2 = 70℃$。若将冷流体流量加倍，设总传热系数不变，忽略热损失，试求两流体的出口温度和传热量的变化。

4-20   用饱和蒸汽将空气从 20℃加热至 90℃。饱和蒸汽压强为 200kPa，现空气流量增加 20%，但要求进、出口温度不变，问蒸汽压强应提高至何值方能完成任务？设管壁和污垢热阻均可忽略。

4-21   水在列管式换热器的管内被加热，设 $Re > 10^4$。若忽略物性变化，试估算下列情况下对流传热系数 α 的变化：（1）管径不变，流量加倍；（2）管径减为原来的一半，流量不变；（3）管径、流量均不变，管程数加倍。

4-22   直径 10cm、高 6.5cm 的罐头，内装固体食品。其比热容为 3.75kJ/(kg · K)，密度 1040kg/m³，热传导率 1.5W/(m · K)，初温为 70℃。放入 120℃杀菌锅内加热，蒸汽对罐头的对流传热系数为 8000W/(m² · K)。试分别预测 30min、60min、90min 后，罐头的中心温度。

4-23   直径 6mm 的豌豆，其初温为 10℃。在常压下，快速投入蒸汽中，假定表面温度瞬时即达蒸汽温度。问中心温度达到 90℃时需要多少时间？豌豆的热扩散率约等于水，平均值为 $0.16 \times 10^{-6} m^2/s$。

4-24   某间歇式加热釜内被加热液体质量为 1500kg，定压比热容 c_p 为 3.6kJ/(kg · K)，加热釜内的传热面积为 2m²，液体的初温为 20℃，要求加热到终温为 80℃。用于加热的饱和蒸汽温度为 110℃，釜内设有搅拌器。若换热器的总传热系数 K 为 1300W/(m² · K)（视为常数），求所需加热的时间。

5 | 蒸发、结晶、热杀菌与冷冻

蒸发、结晶、热杀菌、冷冻都是食品工业中大量应用的单元操作。蒸发是典型的传热过程，在许多场合，蒸发系统的热量经济性成为整个生产流程的关键因素。结晶可以用多种方式实现，但应用最广泛的是蒸发结晶法，因此结晶设备在很大程度上与蒸发设备相似。杀菌可以有多种方法，但加热杀菌仍是主要的杀菌方法。冷冻过程的特征也是传热，只不过热量传递的方向相反而已。

上述单元操作虽然有时也涉及质量传递，但是热量传递是其主要的特征。因此，有关传热的知识在这几个单元操作上体现出其直接的应用价值。

5.1 蒸发

5.1.1 蒸发的原理与设备

将含有不挥发溶质的溶液加热至沸腾，使其中的挥发性溶剂部分汽化，从而将溶液浓缩的过程称为蒸发。蒸发是一种分离操作，广泛应用于溶剂为挥发性而溶质为非挥发性的场合。工业上被蒸发的溶液多为水溶液，所以本节讨论水溶液的蒸发，但其原理和设备对其他液体的蒸发同样适用。

5.1.1.1 蒸发的基本过程

蒸发是溶液不断吸收热量而沸腾、水分（溶剂）不断汽化的过程，所以蒸发器首先是一个加热器，工业上大多使用饱和蒸汽为热源，其优点是加热剂的温度保持恒定，可以避免因局部过热而导致物料的品质下降。这样，蒸发的传热就是一侧为蒸汽冷凝，另一侧为溶液沸腾的恒温差传热过程。

蒸发器主要的组成部分是加热室和分离室。加热室是蒸发器中冷、热流体进行热交换的场所，列管式的加热室也被称为汽鼓。而水分汽化产生二次蒸汽的场所则为分离室，也称为汁汽室。为了保证蒸发的正常进行，必须连续不断地将二次蒸汽抽走，以维持二次蒸汽压强及溶液温度的稳定，最常用的方法是将二次蒸汽冷凝。为了防止蒸发过程所产生的微小液滴随二次蒸汽被抽走，在分离室顶部二次蒸汽的出口处装有除沫器，进一步进行气液分离。如图5-1所示。

图 5-1 单效蒸发示意图

1—加热室；2—中央循环管；3—分离室；4—除沫器；5—冷凝器

蒸发器排出的二次蒸汽在冷凝器内被冷凝，冷凝水从冷凝器的尾管排出。如果蒸发室内为真空，则冷凝器内残留的不凝气体用真空泵或水喷射冷凝器抽走。在水喷射冷凝器中，高速的冷凝水射流汇于一点，形成真空，起到了抽吸的作用，同时，二次蒸汽在与水流的接触时迅速冷凝，形成真空，从而使水喷射冷凝器起真空泵和冷凝器的双重作用。

5.1.1.2 常用蒸发过程

(1) 压力蒸发、常压蒸发和真空蒸发　根据二次蒸汽的压强将蒸发分为压力蒸发、常压蒸发和真空蒸发。压力蒸发所产生的二次蒸汽的温度较高，可以被再次利用；常压蒸发的二次蒸汽压强等于或略高于大气压；真空蒸发的二次蒸汽压强低于大气压。对于一些热敏性的物料，为了保证产品的质量，必须采用真空蒸发，使物料的沸点相应降低。真空蒸发使物料的沸点下降，加大了传热的温差，并可以利用低温蒸汽作为热源，还防止了热敏性物料的变性和分解，但同时增大了溶液的黏度，使传热系数降低。

(2) 单效蒸发和多效蒸发　如果二次蒸汽不再作为另外的蒸发器的热源，则称为单效蒸发，图 5-1 所示的流程就是单效蒸发。若将二次蒸汽作为下一个蒸发器的热源，则称为多效蒸发。加热蒸汽最先进入的蒸发器为第一效，而以第一效蒸发器的二次蒸汽为加热蒸汽的蒸发器则称为第二效蒸发器，依此类推。如果物料的流向与蒸汽相同，为并流加料。此时，离开第一效蒸发器的料液在压差的作用下自行流入第二效蒸发器被继续浓缩，依此类推，末效蒸发器的二次蒸汽则进入冷凝器。图 5-2 所示为三效并流蒸发的流程图。

图 5-2　三效并流蒸发流程

水的汽化需要大量的热量，因此蒸发是耗能较高的操作。从饱和蒸汽的性质可知，汽化潜热在饱和蒸汽的焓中占大部分，因此二次蒸汽的焓值仍很高。多效蒸发使二次蒸汽的焓得到再次利用，大大提高了蒸发的热能利用效率。此外，在一些大量需要加热蒸汽的工厂，往往将蒸发器产生的二次蒸汽抽出，供其他部门使用，而并非全部进入下一效蒸发器的加热室，可以进一步降低全厂的蒸汽消耗量。

在多效蒸发中，前面的蒸发器通常是压力蒸发，而末效蒸发器通常为真空蒸发。这样可以保证足够的总传热温差。同时，压力蒸发的二次蒸汽有较高的温度，以确保能够满足其他用汽部门的需要。当然，第一效加热蒸汽温度的选定，除了应考虑如何更有效地利用热能之外，还应考虑到物料的性质。此外，它还受到工厂热源配置的制约。

(3) 多效蒸发的加料流程　图 5-2 的流程为并流加料，其优点是蒸发器压强逐效降低，因而物料自动从前一效流入下一效。同时由于沸点逐效降低，料液在进入下一效时产生自蒸发作用，节省了加热蒸汽。并流加料的缺点是末效的溶液浓度最高，温度最低，因而黏度高，传热系数大为下降。

当物料的黏度较高时，并流加料的末效蒸发器传热效率将大大下降。此时可以采用逆流加料法，使料液的流动方向与蒸汽的流动方向相反，加热蒸汽进入第一效，料液则从末效进入。逆流加料的各效传热效率比较均匀，缺点是不仅没有自蒸发，而且要用泵将物料从后一效送入前一效。

对于易结晶的物料，还可以采用平流加料法。蒸汽流向不变，物料则平行加入到每一效，各效排出的浓缩液集中在一起，成为产品。

食品工业上常用的加料法是并流加料法，以下对于多效蒸发的讨论均以并流加料法为例。对于逆流加料法的蒸发过程，其原理和计算方法均相同。

5.1.1.3 循环式蒸发器

这类蒸发器的特点是溶液在蒸发器内做循环流动。根据蒸发器结构的不同及循环的强制与否，循环式蒸发器又有内循环和外循环，自然循环和强制循环等不同形式。

(1) 中央循环管式（标准式）蒸发器 标准式蒸发器是具有一中央降液管的自然循环蒸发器，其结构如图 5-3 所示。主要由加热室（汽鼓）、汁汽室、除沫器（雾沫分离器）及进出汁装置等构成。

加热室是蒸发器的主要部件。它由上下管板、加热管、中央降液管及外壳构成。在加热室的适当部位装有不凝气排除管，以排除加热蒸汽中的不凝气，维持较高的传热系数。标准式蒸发器的加热管长度为 2～3m。加热室中间有一粗管，称为降液管或中央循环管。蒸发时，由于料液受热程度不同形成了密度差，自加热管内上升，而从降液管下降。下降的料液部分从出汁管排出，部分与入料混合，再由加热管上升而循环流动，以增加传热效能。

图 5-3 中央循环管式蒸发器

1—加热室（汽鼓）；2—进汽口；3—汁汽室；4—除沫器；
5—顶盖；6—二次蒸汽出口；7—视镜；8—罐板；9—降液管；
10—出汁管；11—底盖；12—进汁管；13—加热管

图 5-4 外循环式蒸发器

1—加热室（汽鼓）；2—进汽环；3—汁汽室；
4—除沫器；5—顶盖；6—二次蒸汽出口；7—出汁管；
8—底盖；9—进汁管；10—不凝气排除管；11—循环管

加热室上方的空间部分称为分离室，主要作用是让从加热管中喷出的料液与二次蒸汽分离。二次蒸汽向上进入除沫器，液滴则重新落入加热室。汁汽室上方是除沫器，其作用是把二次蒸汽夹带的微小液滴或雾沫分离出来，除去雾沫的二次蒸汽则经顶盖的出汽口排出。

标准式蒸发器的结构比较简单，制造容易，操作与积垢的清除都较方便，有较高的传热效能。由于循环的存在，一般认为蒸发器内的溶液浓度与浓缩液浓度相等。此外，循环的料液起一定的缓冲作用，即使料液稍有波动，影响也不大。

（2）外循环式蒸发器　将蒸发器的降液管移至罐体之外，便成为外循环式蒸发器。如图 5-4 所示。加热室的直径比汁汽室稍小。加热蒸汽从周边进入，在加热室外壳的上方开有长方形汽隙，外面包以环形蒸汽通道。这样，蒸汽在汽鼓内的分布较为均匀。外循环管有两根，其上端与位于加热室顶部外周的集汁环连接。但两循环管的进汁口位置不相同，一根较高，另一根较低。较低的那根下部接一分配器，该分配器有一漏斗与出汁管相连接，在分配器底部有管路与蒸发器的底部相通。而较高的一根循环管，则直接与罐底的进汁口相接。由于外循环管位于加热室外，没有受热，因此循环管的总截面积可以比中央降液管的截面小些。由于是周边进汽，不凝气体大部分集中于加热室中心部分，因此，不凝气排除管安装在汽鼓中央。

在这种蒸发器中，加热面积相同时，气鼓直径比标准式的小，结构较紧凑，底部容积也较小，这就相对缩短了物料在蒸发器内的停留时间。

（3）外加热式蒸发器　外加热式蒸发器的结构如图 5-5 所示，其特点是将加热室与分离室分开，以便于清洗和更换管子。同时，这种结构有利于降低蒸发器的总高度，所以可采用较长的加热管。由于加热管较长（管长与管径比为 50～100），循环管又没受到蒸汽的加热，循环的推动力大，液料的循环速度也较大，可达 1.5m/s，既提高了传热系数，又有利于阻缓积垢的形成。

图 5-5　外加热式蒸发器
1—加热管；2—分离室；3—循环管

图 5-6　强制循环蒸发器
1—循环管；2—加热管；3—挡板；4—分离室；5—循环泵

（4）强制循环蒸发器　自然循环蒸发器的循环推动力有限，液体的循环速度相对较低，不宜用以处理高黏度、易结垢及有结晶析出的液料。对于这类料液的蒸发，可采用如图 5-6 所示的强制循环蒸发器。这种蒸发器的循环泵安置在加热室的下面，将新加入蒸发器的液料及循环液料一起送经加热室。料液的循环速度的大小可以通过调节泵的流量来控制，一般的循环速度在 2.5m/s 以上。

5.1.1.4　膜式蒸发器

膜式蒸发器是无循环蒸发器，其特点是料液在加热面上呈膜状流动。膜式蒸发器的管子比较长，尤其是降膜式蒸发器，短的为 7～9m，长的达 12m 以上。膜式蒸发器的主要优点是传热系数高，因此可以在较小的传热温差之下运行。而且，一般料液一次通过加热室便可达到要求的浓度，大大缩短了料液在蒸发器内停留的时间。

（1）升膜式蒸发器　升膜式蒸发器的结构如图 5-7 所示，其加热室由数根垂直的长管组成，通常加热管直径为 25～50mm，管长与管径之比为 100～150。要浓缩的液料经预热后，由蒸发器的底部进入，加热蒸汽在管外冷凝。液料受热沸腾后迅速汽化，产生的二次蒸汽在管内高速上升，带动液体在管内壁呈膜状向上流动，上升的液膜因受热而不断蒸发，故液料自蒸发器的底部上升至顶部的过程中逐渐被浓缩。浓缩液进入分离室与二次蒸汽分离后，由分离室的底部排出。

图 5-7　升膜式蒸发器　　　　　图 5-8　降膜式蒸发器

常压下加热管出口处的二次蒸汽的流速不应小于 10m/s，一般为 20～50m/s。减压操作时，这个速度会更高。足够的二次蒸汽上升速度，才能带动液体呈膜状向上流动。升膜式蒸发器的总传热系数比一般的循环式蒸发器高 30％左右。

由于升膜式蒸发器没有循环，所以对入料的均衡性要求较高，如果入料不均或瞬间停止入料，容易因缺液而出现管子上部的干壁现象。为了保证蒸发器具有高的传热系数以及管子内能产生足够的蒸汽，料液应先加热到沸点甚至超过沸点。

（2）降膜式蒸发器　降膜式蒸发器的结构如图 5-8 所示。它的液料由蒸发器的顶部进入，液膜在自身重力的作用下沿管内壁呈膜状下流，沿途不断被蒸发浓缩。气液混合物由加热管底部进入分离室，经气液分离后，浓缩液由分离室的底部排出。

为使液料能在内管壁面上均匀成膜，在每根管子的顶部均需设置液体布膜装置。布膜装置的种类很多，图 5-9 所示为其中三种。图 5-9(a) 中，液体通过齿缝沿加热管的内壁面成膜状下降；图 5-9(b) 中，布膜装置的下部为圆锥体，锥体的底面内凹，以免沿斜锥面流下的液料在底面中央集聚。而图 5-9(c) 中的布膜装置是一个开有螺旋槽的圆柱体，液体沿沟槽旋转下流而均匀分布在管壁上。

降膜式蒸发器可以处理浓度高、黏度较大的溶液，但不适用于蒸发易结晶或易结垢的溶液。降膜式蒸发器在运作的过程中，必须保证管壁有一定的湿润程度，以免管子的下端出现烘干的现象。

（3）板式蒸发器　板式蒸发器（图 5-10）是一种传热效率更高的蒸发设备，这种蒸发器可以看成是由一个板式加热器和一个气液分离器的组合，它实际上是一种升降膜式的蒸发器。

图 5-9　降膜式蒸发器的布膜器
1—液面；2—加热管；3—布膜装置

图 5-10　板式蒸发器

蒸发器由若干板块组成，每两块板块间构成一条流体通道，加热蒸汽（包括汽凝水）的通道与液料的通道一一相间。液料从其中一条板间的通道以升膜的形式上升，再从一通道以降膜的形式下降。板片下方的矩形孔组成了一矩形的气液混合物通道。液料及二次蒸汽从降膜通道进入这一矩形通道，并由此流入一外接的气液分离室。

由于这种蒸发器有很高的传热系数，需要的温差小，液料的流速快，停留时间短，故很适合于处理热敏性的物料。

5.1.1.5　蒸发器的附属设备

蒸发器的主要附属设备有除沫器和冷凝器等。

（1）除沫器　除沫器俗称为捕汁器，用于回收二次蒸汽所夹带的雾沫和微小液滴，图 5-11 所示是其中的几种类型，可以安置在蒸发器的顶部，也可以在蒸发器的外部设置除沫器。

图 5-11　除沫器
（a）折流式除沫器；（b）金属丝网除沫器；（c）离心式除沫器；（d）球形除沫器

（2）冷凝器和真空装置　冷凝器的作用是将二次蒸汽冷凝成水，然后排出。在负压操作时，冷凝器通常与真空装置连用（如水环式真空泵、往复式真空泵），二次蒸汽离开蒸发器后，先进入冷凝器冷凝成水，残留的不凝气再由真空泵抽走。

以冷水作为冷却剂，冷凝器分为直接接触式冷凝器和间壁式冷凝器。冷却水与二次蒸汽直接接触的冷凝效率很高，但当二次蒸汽为有价值的产品需要回收，或会严重污染冷却水时，应采用间壁式冷凝器。

图 5-12 所示的水喷射器既是抽真空的喷射泵，同时也是一个冷凝器，故称为水喷射冷凝器。水喷射冷凝器由水室、喷嘴、喷嘴座板、汽室、喉管与尾管构成。操作时，具有一定压强的冷却水从水室经喷嘴以很高的速度（一般在 15m/s 以上）经多个喷嘴射出，射流经过一段距离之后，聚合于一个焦点上。由于喷射水流的速度很高，因而在蒸发器的分离室形成了负

压，起到了对二次蒸汽的抽吸作用，使二次蒸汽能够进入水喷射冷凝器的汽室。在汽室中，喷射水流与蒸汽直接接触，使蒸汽冷凝成水，从而获得一定的真空度。而少量不凝气体则被水流携带一并通过水喷射器的喉部，进入尾管。

5.1.2 蒸发过程的温差损失

蒸发过程的实质是传热，其推动力是加热管两侧的温度差。用饱和蒸汽加热时即为加热蒸汽温度与溶液沸点之差。蒸发器内的溶液沸点高于二次蒸汽的温度，这种现象称为溶液的沸点升高。造成溶液沸点升高的原因有两个：一是溶液蒸气压降低而导致的沸点升高 Δ'（也称为浓度效应沸点升高）；另一是由于液体静压头引起的沸点升高 Δ''。即：

$$\Delta = \Delta' + \Delta'' \tag{5-1}$$

图 5-12　水喷射冷凝器
1—水室；2—喷嘴；
3—喷嘴座板；4—汽室；
5—喉管；6—喉部；
7—尾管

5.1.2.1 蒸气压降低而导致的沸点升高 Δ'

由于难挥发溶质的存在，使溶液的蒸气压降低，从而导致沸点升高，这是含不挥发溶质的溶液的重要性质之一。一般而言，非电解质溶液的沸点升高远小于电解质溶液的沸点升高。对于稀溶液，其沸点升高与蒸气压降低、冰点下降及渗透压等性质仅与溶质分子的数目有关，称为依数性。用热力学的有关方法来计算稀溶液的沸点升高可以得到很准确的结果。在蒸发过程中，往往溶液的浓度较高，使用上述的计算方法误差较大，实践中常用以下两种方法。

（1）吉辛科公式　溶液蒸气压降低引起的沸点升高除了与溶液的种类、浓度有关之外，还与蒸发过程的压强有关，其数值一般需由实验测定。表 5-1 列出的是在 1atm 下不同浓度的蔗糖溶液的浓度效应沸点升高数值。可以从溶液在常压下的沸点升高 Δ_0' 出发，应用以下的经验公式近似计算其他压强下的溶液沸点升高：

$$\Delta' = f\Delta_0' \tag{5-2}$$

式中，f 为校正系数，其值为：

$$f = \frac{0.0162 \times (273 + T')^2}{r'} \tag{5-3}$$

式中，r' 为操作压强下水的汽化潜热，kJ/kg；T' 为二次蒸汽的温度，℃。

表 5-1　1atm 下不同浓度蔗糖溶液的沸点升高 Δ_0'

浓度/%	0	10	20	30	40	50	60	70
沸点升高/℃	0	0.1	0.3	0.7	1.2	2.0	3.3	5.4

[例 5-1]　已知蒸发器中蔗糖溶液质量分数为 60%，蒸发室的操作压强为 8×10^4 Pa（绝对），相应的水的沸点（二次蒸汽温度）为 93.2℃。问该溶液浓度效应的沸点升高是多少？

解：由饱和蒸汽表查得，在压强为 8×10^4 Pa（绝对）时，水的汽化热 r' 为 2275.3kJ/kg，则校正系数 f 为

$$f = \frac{0.0162 \times (273 + 93.2)^2}{2275.3} = 0.955$$

由表 5-1 得，1atm 下 60% 的蔗糖溶液的浓度效应沸点升高值 Δ_0' 为 3.3℃，于是有

$$\Delta' = f\Delta_0' = 0.955 \times 3.3 = 3.15℃$$

（2）杜林法则　该法则认为：某溶液在两个不同压强下的沸点之差，与另一液体（称为标

准液体）在此两个不同压强下的沸点之差的比值为一常数，即：

$$\frac{t_A - t_A^0}{t_w - t_w^0} = k \tag{5-4}$$

因为水的数据较齐全，故常以水作为标准液体。若能测得或从手册上查得某溶液在两个不同压强下的沸点，即可用上式求出 k 值，进而求取该溶液在其他压强下的沸点。

5.1.2.2　液体静压效应的沸点升高 Δ''

由于液层内部的压强高于液面上的压强，故溶液内部的沸点高于表面的沸点，两者之差就是液体静压效应的沸点升高 Δ''。根据静力学方程，液层内的压强分布为线性，故平均静压强位于总液层静止高度的 1/2 处。如果以液层表面的压强为 p，液层高度 1/2 处的压强为 p_m，有：

$$p_m = p + \frac{\rho g H}{2} \tag{5-5}$$

式中，ρ 为液体的密度，kg/m^3；H 为总液层高度，m。

由压强 p 和 p_m 查得水的沸点分别为 t 和 t_m，则静压效应的沸点升高 Δ'' 为：

$$\Delta'' = t_m - t \tag{5-6}$$

在应用式(5-5) 时，如果总液层高度 H 使用沸腾液层的高度，那么相应的液体密度 ρ 则应为气液混合物的平均密度。

在式(5-5) 中，p_m 的计算需要知道操作压强 p，如果不知道操作压强 p 而只知道该压强下的饱和水蒸气的温度 t，则可以由下式求得水蒸气的饱和压强 p：

$$p = 133.3 e^{18.3036 - \frac{3816.44}{227.03 + t}} \tag{5-7}$$

[例 5-2]　某食品厂用标准式蒸发器浓缩果汁。已知蒸发器内的果汁密度为 $1200kg/m^3$，蒸发产生的二次蒸汽的温度为 80℃。假设器内果汁的静止液位在加热管的 1.5m 处，试求静压效应的沸点升高 Δ''。

解：

$$p = 133.3 e^{18.3036 - \frac{3816.44}{227.03 + 80}} = 47382.88 \text{Pa}$$

$$p_m = p + \frac{H\rho g}{2} = 47382.88 + \frac{1.5 \times 1200 \times 9.81}{2} = 47382.88 + 8829 = 56211.88 \text{Pa}$$

由压强 p 和 p_m 查得水的沸点分别为 80℃和 83.88℃，则静压效应的沸点升高 Δ'' 为

$$\Delta'' = 83.88 - 80 = 3.88℃$$

[例 5-3]　糖厂多效蒸发系统的末效蒸发器内的糖浆平均浓度为 60%，糖浆密度为 $1260kg/m^3$，该效蒸发器的二次蒸汽温度为 76℃，加热蒸汽温度为 92℃，蒸发器内的液位在静止时盖过的加热管长度为 1m。若已知蒸发器的总传热系数为 $900W/(m^2 \cdot K)$，蒸发器的传热面积为 $750m^2$。试问该蒸发器的传热速率是多少？

解：由表 5-1 查得，在 1atm 下，浓度为 60% 蔗糖溶液的浓度效应沸点升高为 3.3℃，查水和水蒸气的性质表得知，76℃水的汽化热 r' 为 $2319kJ/kg$，则

$$f = \frac{0.0162 \times (273 + 76)^2}{2319} = 0.85$$

于是有

$$\Delta' = f\Delta_0' = 0.85 \times 3.3 = 2.8℃$$

$$p = 133.3 e^{18.3036 - \frac{3816.44}{227.03 + 76}} = 40212.7 \text{Pa}$$

$$p_m = p + \frac{H\rho g}{2} = 40212.7 + \frac{1 \times 1260 \times 9.81}{2} = 40212.7 + 6180.3 = 46393 \text{Pa}$$

由压强 p 和 p_m 查得水的沸点分别为 75.6℃和 79.4℃，则静压效应的沸点升高 Δ'' 为

$$\Delta'' = 79.4 - 75.6 = 3.8℃$$

$$\Delta t_m = T - (T' + \Delta' + \Delta'') = 92 - (76 + 2.8 + 3.8) = 9.4℃$$

$$Q = KS\Delta t_m = 900 \times 750 \times 9.4 = 6.35 \times 10^6 \text{ W}$$

在多效蒸发中，蒸汽从前效流到后效时，以及从末效蒸发器流至冷凝器时均须克服流动阻力，此项阻力损失也表现为温度的下降，称为管道摩擦的温差损失 Δ'''，通常取 $1\sim1.5℃$。

在多效蒸发系统中，第一效蒸发器的加热温度与末效蒸发器的二次蒸汽温度之差称为总温差，而总的温差损失除了各效蒸发器的浓度效应和静压效应的沸点升高之外，还应包括管道摩擦温差损失。总温差减去总温差损失为总有效温差。

5.1.3 单效蒸发

蒸发计算的核心内容是：蒸发水量、加热蒸汽量和加热面积，这些问题分别用物料衡算、热量衡算和传热速率方程解决。

5.1.3.1 物料衡算

物料衡算可以求出蒸发水量。图 5-13 为单效蒸发的流程图。对溶质做物料衡算得：

$$Fw_0 = (F - W)w_1 \tag{5-8}$$

因此
$$W = F\left(1 - \frac{w_0}{w_1}\right) \tag{5-9}$$

5.1.3.2 热量衡算（焓衡算）

热量衡算可以求出加热蒸汽消耗量。设加热蒸汽释放出的热量为潜热 r，从图 5-13 可知，进入和离开蒸发器的热量有（一般认为离开蒸发器的溶液浓度与蒸发器内的溶液浓度相同）：

加热蒸汽带入的热量　　　Dr

原料液带入的热量　　　　Fh_0

完成液带走的热量　　　　$(F-W)h_1$

二次蒸汽带走的热量　　　WH'

热量损失　　　　　　　　Q_L

于是热量衡算为：

图 5-13　单效蒸发的物料流程

$$Dr + Fh_0 = (F-W)h_1 + WH' + Q_L \tag{5-10}$$

从而：
$$D = \frac{(F-W)h_1 - Fh_0 + WH' + Q_L}{r} \tag{5-11}$$

严格而言，由于沸点升高的存在，溶液沸腾产生的是过热蒸汽而非蒸发室压强下的饱和蒸汽。但两者的焓值相差很小，为计算方便，一般取蒸发室压强下饱和蒸汽的焓作为二次蒸汽的焓。

上式中溶液的比焓（单位质量的焓）h 除与溶液的性质和温度有关外，还与浓度有关，可以从手册查取，对大部分有机溶液，可忽略稀释热，近似认为溶液的比热容由溶剂的比热容和溶质的比热容按浓度加成而得，则：

$$c_{p0} = c_{pw}(1-w_0) + c_{pB}w_0 = c_{pw} - (c_{pw} - c_{pB})w_0 \tag{5-12}$$

$$c_{p1} = c_{pw}(1-w_1) + c_{pB}w_1 = c_{pw} - (c_{pw} - c_{pB})w_1 \tag{5-13}$$

代入式（5-9）消去 w_1，整理得：

$$(F-W)c_{p1} = Fc_{p0} - Wc_{pw} \tag{5-14}$$

将式（5-14）代入式（5-11），并考虑到 $H' - c_{pw}t_1 \approx r'$，整理得：

$$D = \frac{Fc_{p0}(t_1 - t_0) + Wr' + Q_L}{r} \tag{5-15}$$

食品工程单元操作

式(5-15)即加热蒸汽消耗量的计算公式。从公式可以看出，加热蒸汽放出的热量用于三个方面：①将料液从 t_0 加热到沸点；②将溶剂汽化；③弥补热损失。如果忽略热损失，并且采用沸点进料（$t_0 = t_1$），则得：

$$D = W \frac{r'}{r} \tag{5-16}$$

水的汽化潜热随温度（或压强）的改变不大，即 $r \approx r'$，从而 $D \approx W$，即可以粗略地假设 1kg 蒸汽可以蒸发 1kg 水，或每蒸发 1kg 水需要 1kg 蒸汽。考虑到热损失等原因，实际的 D/W 值约为 1.1。

5.1.3.3 传热速率

由传热速率方程得到蒸发器的加热面积为：

$$S = \frac{Q}{K \Delta t_m} = \frac{Dr}{K(T - t_1)} \tag{5-17}$$

传热系数 K 的计算已在传热一章中讨论，其中沸腾对流传热系数的计算大多采用经验公式。表 5-2 列出了常见的 K 值范围，可供参考。

表 5-2　常见的蒸发器 K 值范围

蒸发器型式	$K/[W/(m^2 \cdot K)]$	蒸发器型式	$K/[W/(m^2 \cdot K)]$
中央循环管式（自然循环）	600~2500	外热式（自然循环）	1200~5000
中央循环管式（强制循环）	1200~5000	外热式（强制循环）	1200~6000
升膜式	1200~6000	降膜式	1200~3500

5.1.4 多效蒸发

5.1.4.1 多效蒸发计算

图 5-14 为多效蒸发系统的物料流程图（图中画出三效）。多效蒸发计算的内容与单效蒸发基本相同，所用的方法也大体相同。

图 5-14　蒸发过程的热量和物料衡算图

设：D_i 为第 i 效蒸发器的加热蒸汽量，kg/s；E_i 为第 i 效蒸发器抽出的二次蒸汽量，kg/s；r_i 为第 i 效蒸发器的加热蒸汽潜热，J/kg；T_i 为第 i 效蒸发器的加热蒸汽温度，K 或 ℃；W_i 为第 i 效蒸发器的蒸发水量，kg/s；H'_i 为第 i 效蒸发器的二次蒸汽比焓，J/kg；t_i 为第 i 效蒸发器的溶液沸点，K 或 ℃。

先做溶质的物料衡算：

$$F w_0 = (F - W_1) w_1 = (F - W_1 - W_2) w_2 = \cdots = (F - W_1 - W_2 - \cdots - W_n) w_n = (F - W) w_n$$

所以有：
$$w_1 = \frac{Fw_0}{F-W_1} \tag{5-18}$$

$$w_2 = \frac{Fw_0}{F-W_1-W_2} \tag{5-19}$$

$$\cdots$$

$$w_n = \frac{Fw_0}{F-W_1-W_2-\cdots-W_n} = \frac{Fw_0}{F-W} \tag{5-20}$$

由式(5-20)得：
$$W = F\left(1-\frac{w_0}{w_n}\right) \tag{5-21}$$

式中，W 为各效蒸发水量之和，也就是总蒸发水量。从式(5-21)可以算出总蒸发水量，从式(5-18)～式(5-20)可以求出各效的浓度。但是由于 W_i 未知，还不能直接求算。由式(5-21)可知，多效蒸发的蒸发能力与单效蒸发相同。

忽略热损失，对第一效做热量衡算：
$$D_1 r_1 = W_1 H_1' + (Fc_{p0}-W_1c_{pw})t_1 - Fc_{p0}t_0 \tag{5-22}$$

即：
$$W_1 = \frac{r_1}{H_1'-c_{pw}t_1}D_1 + Fc_{p0}\frac{t_0-t_1}{H_1'-c_{pw}t_1} \tag{5-23}$$

同理对第二效有：
$$W_2 = \frac{r_2}{H_2'-c_{pw}t_2}D_2 + (Fc_{p0}-W_1c_{pw})\frac{t_1-t_2}{H_2'-c_{pw}t_2} \tag{5-24}$$

写成一般式：
$$W_i = \frac{r_i}{H_i'-c_{pw}t_i}D_i + (Fc_{p0}-W_1c_{pw}-\cdots-W_{i-1}c_{pw})\frac{t_{i-1}-t_i}{H_i'-c_{pw}t_i} \tag{5-25}$$

为进一步简化，令：
$$\alpha_i = \frac{r_i}{H_i'-c_{pw}t_i} \approx \frac{r_i}{r_i'} \tag{5-26}$$

为蒸发系数，其意义为1kg加热蒸汽所能产生的二次蒸汽量，其值略小于1，一般为 0.95～0.99。

再定义：
$$\beta_i = \frac{t_{i-1}-t_i}{H_i'-c_{pw}t_i} \approx \frac{t_{i-1}-t_i}{r_i'} \tag{5-27}$$

为自蒸发系数，代表自蒸发效应，可以理解为自蒸发产生的二次蒸汽量。

式(5-25)表示了各效的二次蒸汽产生量，如果考虑热损失，可以将其右端乘以一略小于1的系数 η_i，称为热能利用系数。这样，式(5-25)变为：
$$W_i = [\alpha_i D_i + (Fc_{p0}-W_1c_{pw}-\cdots W_{i-1}c_{pw})\beta_i]\eta_i \tag{5-28}$$

上式在形式上是线性的，实际上是非线性的。在多效蒸发系统中，各效排出的二次蒸汽往往还要抽出一部分作它用，因此还应考虑以下线性衡算方程：
$$D_i = W_{i-1} - E_{i-1} \tag{5-29}$$

式(5-28)和式(5-29)联立即可算出多效蒸发系统中各效的加热蒸汽量和蒸发水量等参数。在具体应用时，可以用解线性方程组的各种方法，也可以用下述简化方法。

将式(5-28)应用于第一效，整理得：
$$W_1 = a_1 D_1 + b_1 \tag{5-30}$$

上式表明，W_1 是 D_1 的线性函数。再应用于第二效：
$$W_2 = [\alpha_2 D_2 + (Fc_{p0}-W_1c_{pw})\beta_2]\eta_2 \tag{5-31}$$

及：
$$D_2 = W_1 - E_1 = a_1 D_1 + b_1 \tag{5-32}$$

得到：
$$W_2 = a_2 D_1 + b_2 \tag{5-33}$$

W_2 也是 D_1 的线性函数。依此类推可知，各效的蒸发水量均可表示为 D_1 的线性函数。可以写成：

$$W_i = a_i D_1 + b_i \tag{5-34}$$

将此 n 个方程相加，即得：

$$W = D_1 \sum a_i + \sum b_i \tag{5-35}$$

于是：

$$D_1 = \frac{W - \sum b_i}{\sum a_i} \tag{5-36}$$

求出 D_1 后，代回式(5-34)即得各效蒸发水量，再代回式(5-28)即得各效加热蒸汽量。

多效蒸发系统是一个自平衡系统，其中的各物理量互相制约。只要总蒸发量、加热蒸汽压强和末效二次蒸汽压强一定，则其余物理量即不能任意指定。而从上面的分析知道，要求得 D_1，必须知道各效的沸点，而沸点又与二次蒸汽压强、溶液浓度等有关。这样，多效蒸发计算一般要采用试差法，具体的计算步骤如下。

(1) 根据生产任务，由式(5-21)计算总蒸发水量。

(2) 由式(5-18)～式(5-20)计算各效的浓度，此时必须假设各效的蒸发水量。可以用等蒸发水量假设（即设各效的蒸发水量相等）、1kg 汽蒸发 1kg 水的假设或经验数据等方法。

(3) 估算各效的压强，可以用等压差分配假设（即各效的压降相等）或经验分布等方法。

(4) 由各效的浓度、蒸发室压强等条件计算各效的沸点，从而求出总有效温差。

(5) 求各效的蒸发系数、自蒸发系数，并由式(5-28)和式(5-29)求出各效的加热蒸汽量、蒸发水量。

(6) 选定各效的传热系数，计算有效温差分布，一般采用等蒸发面积的分配方案，即各效的加热面积相等，以便使各效设备可以通用，此时有：

$$\Delta t_{mi} = \frac{Q_i}{K_i S_i} \tag{5-37}$$

应用合比定理：

$$\frac{\Delta t_{mi}}{\sum \Delta t_{mi}} = \frac{Q_i/K_i}{\sum Q_i/K_i} \tag{5-38}$$

可以算出各效的有效温差，式中，$\sum \Delta t_{mi}$ 为总有效温差。

(7) 根据算出的蒸发水量重新计算各效浓度，然后从最后一效开始，逐效往前推算各效沸点。

(8) 重复以上 (5)～(7) 步骤，直至前后两次计算得到的结果之差符合计算精度要求为止。最后用传热方程计算加热面积。

[例5-4] 某食品厂每小时要将 50t 浓度为 11% 的桃浆浓缩到浓度为 42%，采用三效蒸发，三个蒸发器的面积分别为 500m²、500m² 和 400m²，第一效蒸发器的饱和加热蒸汽温度为 103℃，三效的总传热系数分别为 2200W/(m²·K)、1800W/(m²·K)、1100W/(m²·K)；假设各效蒸发器的浓度效应的沸点升高分别为 0.5℃、0.8℃、1.0℃；静压效应的沸点升高分别为 1.5℃、2.2℃、3.0℃。蒸汽过效的管路摩擦温差损失取 1.0℃。每小时从第一、二效蒸发器分别抽用二次蒸汽量为 5t、6t，第三效蒸发器的二次蒸汽全部进入冷凝器。假设沸点进料，忽略料液过效的自蒸发，并设蒸发 1kg 水需要 1.1kg 蒸汽。求各效蒸发器的有效温度差和末效蒸发器的二次蒸汽温度（假设各效蒸发器的热损失可忽略）。

解：(1)
$$W = F\left(1 - \frac{w_0}{w_3}\right) = \frac{50000}{3600} \times \left(1 - \frac{0.11}{0.42}\right) = 10.25 \text{kg/s}$$

(2) 做物料衡算

$D_1 = 1.1W_1$ $\qquad$ $W_1 = E_1 + D_2$ $\qquad$ $D_2 = 1.1W_2$

$W_2 = E_2 + D_3$ $\qquad$ $D_3 = 1.1W_3$ $\qquad$ $W = W_1 + W_2 + W_3 = E_1 + 2.1E_2 + 3.31W_3$

$$10.25 = \frac{5000}{3600} + \frac{6000}{3600} \times 2.1 + 3.31 W_3$$

$W_3 = 1.62 \text{kg/s}$ $W_2 = 3.45 \text{kg/s}$ $W_1 = 5.18 \text{kg/s}$

$D_3 = 1.78 \text{kg/s}$ $D_2 = 3.79 \text{kg/s}$ $D_1 = 5.70 \text{kg/s}$

（3）第一效的加热蒸汽温度为 103℃，查得相应的汽化热为 2250.6kJ/kg，由传热速率方程，有效传热温差为

$$\Delta t_{m1} = \frac{D_1 r_1}{K_1 S_1} = \frac{5.70 \times 2250.6 \times 1000}{2200 \times 500} = 11.7℃$$

第一效的温差损失 $\Delta_1 = \Delta_1' + \Delta_1'' = 0.5 + 1.5 = 2℃$

第一效的二次蒸汽温度 $T_1' = 103 - 11.7 - 2 = 89.3℃$

第二效加热蒸汽温度 $T_2 = T_1' - 1 = 88.3℃$ 查得相应的汽化热为 2287.2kJ/kg。

$$\Delta t_{m2} = \frac{D_2 r_2}{K_2 S_2} = \frac{3.79 \times 2287.2 \times 1000}{1800 \times 500} = 9.6℃$$

第二效的温差损失 $\Delta_2 = 0.8 + 2.2 = 3℃$

第二效二次蒸汽温度 $T_2' = 88.3 - 9.6 - 3 = 75.7℃$

第三效加热蒸汽温度 $T_3 = 75.7 - 1 = 74.7℃$ 查得相应的汽化热为 2320.2kJ/kg。

$$\Delta t_{m3} = \frac{D_3 r_3}{K_3 S_3} = \frac{1.78 \times 2320.2 \times 1000}{1100 \times 400} = 9.4℃$$

第三效的温差损失 $\Delta_3 = 1 + 3 = 4℃$

第三效的二次蒸汽的温度 $T_3' = 74.7 - 9.4 - 4 = 61.3℃$

[例 5-5] 某糖厂拟采用四效蒸发每小时将 120t 浓度为 16％ 的稀糖汁浓缩到浓度为 60％，第一效蒸发器的加热蒸汽温度为 130℃，每效蒸发器抽用的二次蒸汽量分别为：第一效抽 14000kg/h，第二效抽 20000kg/h，第三效抽 4000kg/h，沸点进料，末效绝对压强为 0.02MPa。各效的总传热系数可分别取为 2900W/(m²·K)、2100W/(m²·K)、900W/(m²·K)、500W/(m²·K)；各效的蒸气压降低沸点升高分别为 0.3℃、0.5℃、1.0℃、2.3℃；各效的静压沸点升高分别为 1.4℃、2.0℃、3.9℃、10.6℃。求：（1）该蒸发系统的耗汽量；（2）各效传热面积。糖液的比热容为 3.784kJ/(kg·K)，热损失可忽略不计，效间蒸汽流动造成的温度损失可忽略不计，蒸汽的潜热可用经验公式：

$r = 2491.675 - 2.3085 T' + 0.001633 T'^2 - 1.889 \times 10^{-5} T'^3$ 表示。

解：（1）求总蒸发水量 $W = F\left(1 - \frac{w_0}{w_4}\right) = 120000 \times \left(1 - \frac{0.16}{0.6}\right) = 88000 \text{kg/h}$

（2）试算   按 $\frac{D}{W} = 1$ 估算各效蒸发水量

$$W_4 = \frac{W - E_1 - 2E_2 - 3E_3}{4} - 5500 \text{kg/h}$$

$$W_3 = W_4 + E_3 = 9500 \text{kg/h}$$

$$W_2 = W_3 + E_2 = 29500 \text{kg/h}$$

$$W_1 = W_2 + E_1 = 43500 \text{kg/h}$$

计算各效浓度；

按等压差分配估算各效压强；

计算各效二次蒸汽温度，然后计算沸点；

用题中的经验公式计算各效加热蒸汽和二次蒸汽的潜热；

将潜热加上显热即得蒸汽的焓（$H = r + c_{pw} t$）；

求出各效的加热蒸汽量、蒸发水量；最后得附表1。

附表1

效　　数	1	2	3	4
浓度 $w/\%$	25.10	40.85	51.20	60.00
压强 p/MPa	0.2076	0.1451	0.0825	0.02
二次蒸汽温度 $T'/℃$	121.4	110.4	94.4	60.1
加热蒸汽温度 $T/℃$	130.0	121.4	110.4	94.4
沸点升高/℃	1.7	2.5	4.9	12.9
沸点 $t/℃$	123.1	112.9	99.3	73.0
加热蒸汽潜热 $r/(kJ/kg)$	2178	2202	2231	2273
二次蒸汽潜热 $r'/(kJ/kg)$	2202	2231	2273	2355
加热蒸汽焓 $H/(kJ/kg)$	2722	2710	2694	2668
二次蒸汽焓 $H'/(kJ/kg)$	2710	2694	2668	2606
α	0.992	0.991	0.991	0.988
β	0.000	0.005	0.006	0.011
a	0.992	0.965	0.906	0.758
b	0	-11784.7	-28447.4	-24940.4
加热蒸汽量 $D/(kg/h)$	42299	27974	9016	5882
蒸发水量 $W/(kg/h)$	41974	29016	9882	7128
Q/K	8823	8147	6209	7426
$\Delta t_m/℃$	13.8	12.8	9.7	11.6

（3）第一次核算　根据试算结果，取其蒸发水量的数据，重新进行物料衡算得

$$w_1 = 24.61\%, \quad w_2 = 39.18\%, \quad w_3 = 49.07\%, \quad w_4 = 60.00\%$$

从末效开始往前推算，末效的沸点为定值，故 $t_4 = 73.0℃$

$$T_4 = t_4 + \Delta t_{m4} = 73.0 + 11.6 = 84.6℃ = T'_3$$
$$t_3 = T'_3 + \Delta_3 = 84.6 + 4.9 = 89.5℃$$
$$T_3 = t_3 + \Delta t_{m3} = 89.5 + 9.7 = 99.2℃ = T'_2$$
$$t_2 = T'_2 + \Delta_2 = 99.2 + 2.5 = 101.7℃$$
$$T_2 = t_2 + \Delta t_{m2} = 101.7 + 12.8 = 114.5℃ = T'_1$$
$$t_1 = T'_1 + \Delta_1 = 114.5 + 1.7 = 116.2℃$$
$$T_1 = t_1 + \Delta t_{m1} = 116.2 + 13.8 = 130.0℃$$

重新计算蒸汽的潜热和焓，再重复以上计算，得附表2。

附表2

效　　数	1	2	3	4
浓度 $w/\%$	24.61	39.18	49.07	60.00
二次蒸汽温度 $T'/℃$	114.5	99.2	84.6	60.1
加热蒸汽温度 $T/℃$	130.0	114.5	99.2	84.6
沸点 $t/℃$	116.2	101.7	89.5	73.0
α	0.984	0.987	0.993	0.998
β	0.000	0.006	0.005	0.007
a	0.984	0.945	0.895	0.808
b	0	-10899.7	-28000.9	-27511.1
加热蒸汽量 $D/(kg/h)$	42523	27838	9267	6042
蒸发水量 $W/(kg/h)$	41838	29267	10042	6853
Q/K	8869.8	8176.2	6464.9	7709.4
$\Delta t_m/℃$	13.6	12.6	9.9	11.8
温差相对误差/%	1.45	1.62	2.07	1.77
蒸发水量相对误差/%	0.33	0.87	1.62	3.87

计算误差实际上已经足够小，唯末效的误差稍大。可重复第（3）步的核算，最终得到如附表 3 的结果。根据传热速率方程得到传热面积为 $651m^2$。

附表 3

效　　　数	1	2	3	4
浓度 w/%	24.57	39.26	49.41	60.00
二次蒸汽温度 T'/℃	114.7	99.6	84.8	60.1
加热蒸汽温度 T/℃	130.0	114.7	99.6	84.8
沸点 t/℃	116.4	102.1	89.7	73.0
α	0.984	0.987	0.993	0.998
β	0.000	0.006	0.005	0.007
a	0.984	0.945	0.895	0.807
b	0	-10941.8	-27993.1	-27439.5
加热蒸汽量 D/(kg/h)	42519	27844	9255	6041
蒸发水量 W/(kg/h)	41844	29255	10041	6861
Q/K	8869.0	8176.1	6453.2	7706.1
Δt_m/℃	13.6	12.6	9.9	11.8
温差相对误差/%	0.00	0.00	0.01	0.01
蒸发水量相对误差/%	0.00	0.00	0.00	0.00
传热面积 S/m²	651	651	651	651

5.1.4.2　蒸发系统的经济性

蒸发是耗能很高的操作，因此对蒸发过程经济性的研究已成为蒸发操作的必需内容。提高蒸发操作经济性的主要措施是采用多效蒸发，增加蒸发的效数可以节省加热蒸汽，从而提高过程的经济性。但是，并不是效数越多越好，以下是多效蒸发的效数选择中应考虑的因素。

（1）效数与蒸汽耗用量的关系　式（5-16）指出，蒸发 1kg 水大约需要 1kg 蒸汽，实际上这个数字要大于 1，一般为 1.1 左右。随着效数的增加，D/W 值与理想值间的差异也增加。表 5-3 是 D/W 的实际值和理想值与效数间的关系，从表 5-3 可以看出，五效以上时经济性的增加已很慢，实际上六效蒸发已属少见。

表 5-3　D/W 值与效数间的关系

项目	单效	双效	三效	四效	五效
$(D/W)_{min}$	1.1	0.57	0.4	0.3	0.27
$(D/W)_{理想值}$	1	0.5	0.33	0.25	0.2

多效蒸发对热能经济性的提高是有代价的。采用多效蒸发并没有提高蒸发系统的生产能力，而只是节省了加热蒸汽，其代价是设备投资的增加。由于热能经济性的增加并不随效数的增加而呈线性增加，但设备投资则成几乎线性关系，故不能无限制地增加效数。

（2）蒸发系统的有效温差　蒸发系统可能提供的温差与加热蒸汽的参数和末效真空度有关。加热蒸汽的温度选择要考虑物料的热敏性，对于热敏性高的物料，第一效蒸发器的加热温度和液料的沸腾温度都受到限制。末效真空度也不能太高。效数增加，总的温差损失加大，总有效温差就相应减小，各蒸发器的有效温差也减小。如果有效温差太小，会影响蒸发器内的物料循环，进而使总传热系数降低。

（3）二次蒸汽的抽取　抽用二次蒸汽是一项有利于节省用汽的措施。现用简化的计算加以说明。仍设 1kg 汽蒸 1kg 水，则有：

$$D_1 = W_1$$
$$D_2 = W_1 - E_1 = W_2 = D_1 - E_1$$
$$D_3 = W_2 - E_2 = W_3 = W_1 - E_1 - E_2 = D_1 - E_1 - E_2$$

若为三效蒸发，则有：　$W = W_1 + W_2 + W_3 = 3D_1 - 2E_1 - E_2$

$$D_1 = \frac{W}{3} + \frac{2E_1}{3} + \frac{E_2}{3}$$

推广至 n 效：
$$D_1 = \frac{W}{n} + \frac{n-1}{n}E_1 + \frac{n-2}{n}E_2 + \cdots + \frac{n-i}{n}E_i + \cdots + \frac{1}{n}E_{n-1} \qquad (5\text{-}39)$$

若不抽额外蒸汽，则：
$$D_1^0 = \frac{W}{n} \qquad (5\text{-}40)$$

$$D_1 - D_1^0 = \frac{n-1}{n}E_1 + \frac{n-2}{n}E_2 + \cdots + \frac{n-i}{n}E_i + \cdots + \frac{1}{n}E_{n-1} \qquad (5\text{-}41)$$

抽用额外蒸汽量
$$E_1 + E_2 + \cdots + E_{n-1} = \sum_{i=1}^{n-1} E_i \qquad (5\text{-}42)$$

不抽额外蒸汽时的总蒸汽消耗量为：
$$D_1' = D_1^0 + \sum_{i=1}^{n-1} E_i \qquad (5\text{-}43)$$

抽额外蒸汽所节省的蒸汽量 ΔD 为：
$$\Delta D = D_1' - D_1 = \left(\frac{W}{n} + \sum_{i=1}^{n-1} E_i\right) - \left[\frac{W}{n} + \frac{1}{n}\sum_{i=1}^{n-1}(n-i)E_i\right] = \frac{\sum_{i=1}^{n}(E_i i)}{n} \qquad (5\text{-}44)$$

在此假设下还可以证明，当蒸发系统的全部二次蒸汽均被抽用时（末效蒸发器没有二次蒸汽进入冷凝器），全厂工艺过程的汽耗量最小，蒸发系统的汽耗量为零。但这并不意味着蒸发系统没有消耗能量，因为送进蒸发系统的是高品位的蒸汽，而从蒸发系统抽用的二次蒸汽却是低品位的蒸汽，虽然它们的数量相同，但所具有的有效能不同。可见，在讨论蒸发系统的热力经济时，仅仅考虑蒸汽的"量"是不够的，还应该考虑它的"质"，应该进行有效能分析，通过比较有效能的消耗来评价蒸发系统的经济性。

（4）蒸汽再压缩　从提高有效能利用率的角度出发，假如将低品位的蒸汽压缩，提高其品位，则将大大提高蒸发系统的热能经济性。蒸汽再压缩就是根据这一原理而发展的技术。

蒸汽再压缩的方法有喷射压缩、机械压缩和热泵压缩三种。喷射压缩器的原理实际上就是利用文丘里管，使高压蒸汽（称工作蒸汽）以高速通过文丘里管，在喉部形成低压，将低压的二次蒸汽吸入，混合成中压蒸汽。实际上是使有效能位较高的蒸汽与有效能位较低的蒸汽混合，成为有效能位中等的蒸汽，可以直接作为蒸发系统的加热蒸汽。

机械压缩是将低压二次蒸汽用透平式或其他压缩机压缩，成为高压蒸汽。它消耗的是机械能，但不需要高压蒸汽，适用于电力供应充足的地区。

若蒸发在低温下进行，二次蒸汽的比容较大，直接压缩就不经济。此时可以采用热泵压缩，即将蒸发与制冷循环结合起来。以氨为工作介质，高温、高压的氨蒸气作为蒸发器的加热介质在加热室内冷凝，使溶液蒸发，生成二次蒸汽。冷凝后的高压液氨经膨胀阀降温后进入表面冷凝器，在其中与二次蒸汽接触，吸收热量，自身汽化成低压氨蒸气，然后再用压缩机压缩到高温高压，完成一个工作循环。这样的热泵再压缩称为直接热泵蒸发器。也可以用水作制冷剂，用热水作为蒸发器的热源，这样的热泵再压缩称为间接热泵蒸发器。

5.2 结晶

固体物质以晶体状态从蒸气、液体熔化物或溶液中析出的过程称为结晶。结晶过程可分为溶液结晶、熔融结晶、升华结晶和沉淀结晶四类。本节讨论的是溶液结晶。

结晶过程的特点是能够获得高纯度的产品，而且由于结晶热一般只有汽化热的 $1/3 \sim 1/10$，故能耗较低。

5.2.1 结晶的原理

5.2.1.1 晶体与晶形

晶体是化学均一、具有规则形状的固体，是质点按一定点阵排列而成的。组成空间点阵结构的基本单位称为晶胞，是组成晶体的最小基本单元。晶体结构是质点在空间晶格上对称排列的结果。根据晶胞空间结构的区别，可将晶体分为不同的晶系。

在理想条件下，晶体的长大保持相似性。图 5-15 所示为晶体的成长情形，图中每个多边形代表晶体在不同时间的外形。显然这些多边形是相似的，联结多边形顶点的虚线相交于某一中心点，此点即为结晶中心点（亦即原始晶核的位置）。晶面的成长速度指的是晶面沿其法向方向离结晶中心移动的速度。除晶形为正多面体外，一般晶体各晶面的成长速度是不一样的，

图 5-15 晶体的成长

这一不同形成了不同的晶体外形。影响或改变晶面成长速度的因素有溶剂的种类、溶液的pH、过饱和度、温度、搅拌速度、磁场强度及杂质等。

同一物质在不同条件下可形成不同的晶系，同一晶系的晶体在不同条件下也会形成不同的晶体外形。结晶操作的研究内容之一，即是控制结晶条件以获得理想的晶体外形。

5.2.1.2 溶解度与过饱和度

在一定的温度下，溶质在溶剂中的溶解能力称为溶质的溶解度。一定物质在一定溶剂中的溶解度主要是温度的函数，压强的影响一般可以忽略不计。因此，溶解度数据可用溶解度对温度所标绘的曲线来表示，该曲线称为溶解度曲线。图 5-16 为一些物质的溶解度曲线。从图中

图 5-16 某些物质的溶解度曲线

图 5-17 蔗糖溶液的溶解度图

可以看出，多数物质的溶解度随温度的增加而增加，也有一些物质的溶解度呈相反的变化趋势，另外有些物质的溶解度曲线存在折点。

通常以温度为纵坐标、溶液浓度为横坐标做相平衡图，若将纵坐标和横坐标颠倒，即成为结晶操作中常用的溶解度图。图 5-17 为蔗糖溶液的溶解度图，图中的溶解度曲线即相平衡线，而过溶度曲线则进一步说明了溶液的结晶性质。

溶解度曲线以下的区域为不饱和区。把不饱和溶液冷却，状态点将沿水平方向移动，跨过溶解度曲线后，溶液处于过饱和状态，但不会马上有结晶析出。只有到达一定程度的过饱和，才会析出晶体。这个界限就是图 5-17 所示的过溶度曲线。过溶度曲线不像溶解度曲线具有确定的再现性，它受很多条件的影响而发生变化。溶解度曲线和过溶度曲线将不同浓度的溶液分成三个区域：在溶解度曲线以下的不饱和区为稳定区域，此区域内溶液的状态是稳定的；在过溶度曲线上方的部分为不稳定区域，在此区域内溶液会自发起晶；在两曲线之间的部分为介稳区域（或亚稳区域），此区域内的溶液若不加入晶种或不受其他外界条件刺激，则将在相当长的时间内保持其过饱和状态；若加入晶种，则溶质便在晶种上析出，使晶种长大。

根据溶解度曲线和过溶度曲线可以设计结晶操作的大致过程。例如，为了使处于图 5-17 中稳定状态点 Q 的溶液结晶析出，可先将其浓度提高（如通过蒸发浓缩）到 P 点，再将 P 点状态的溶液的温度（通过冷却作用）降低，到达不稳定区的 Q' 点，此时溶液就会析出晶体。这种通过溶液浓度和温度变化实现的结晶过程所得到的晶体大小和晶体数目受诸种因素的影响，如是否添加晶种、降温的速率或溶液流体力学条件等。

过饱和溶液的浓度超过该条件下饱和浓度的程度称为过饱和度，它是结晶过程的推动力。形成过饱和状态的方法有两种：一是将溶液降温，称为冷却结晶；二是将溶液浓缩，称为蒸发结晶。溶解度曲线的形状是选择上述方法的重要依据，若溶解度曲线较平缓，即溶解度与温度的关联度较小，则宜用蒸发结晶；若溶解度曲线较陡峭，即溶解度与温度的关联度较大，则宜用冷却结晶。

5.2.1.3 结晶过程

结晶要经历两个步骤，首先要产生称为晶核的微观晶粒，作为结晶的核心，称为成核过程；其次是晶核长大，成为宏观的晶粒，称为成长过程。两个阶段都以浓度差作为推动力。

工业上形成晶核（称为起晶）的方法通常有如下几种。

（1）自然起晶法　当溶液的过饱和度达到不稳定区域，一般过饱和系数（即溶液实际浓度与饱和浓度之比）达到 1.4 以上时，晶核便自然析出，称为自然起晶。这种起晶生成的晶核数目不易控制，而且体系浓度高，黏度大，对流差，对传质不利，现代工业中已很少应用这种起晶方法。

（2）刺激起晶法　将溶液浓缩到介稳区，相当于过饱和系数在 1.2～1.3，突然给予一个刺激，如改变温度、改变真空度、施以搅拌等，晶核便会析出。这种方法的优点是起晶快，晶粒整齐；缺点是仍不易控制晶核数目和大小。

（3）晶种起晶法　将溶液的过饱和系数保持在介稳区，投入一定大小和数量的晶种细粉，溶液中的过量溶质便在晶种表面上析出，最后长成晶体。这种起晶法可得到大小均匀的晶体。

一般又可以将起晶过程分为一次起晶法和二次起晶法。一次起晶指系统中没有晶体存在时的起晶，二次起晶指系统中已有晶体时的起晶。

5.2.1.4 晶核的形成

在平衡状态下的饱和溶液中，溶质和晶体的自由能相等，不可能产生晶核。溶液中产生晶核的必要条件是晶核的自由能低于溶解状态的溶质的自由能。只有在过饱和溶液中，溶质的自由能才有可能大于结晶的自由能。

溶液中形成晶核的自由能变化可分为两部分。一部分是表面积充分大时形成结晶的自由能变化，其值为负值，且与晶核质量成正比，如图 5-18 中的 F_2 线。另一部分是晶核的表面能，此项自由能与晶核表面积成正比，如图中的 F_1 线。形成晶核所发生的自由能变化为 F_1、F_2 之和，即图中的 F 线。由图可知，F 线具有极大值，对应于此极大值的晶核半径 r_c 称为临界半径。当晶核半径小于 r_c 时，晶核半径愈大，形成晶核所需的能量也愈多，已形成的晶核也还有重新溶解的趋势。当粒径超过 r_c 之后，晶核半径愈大，形成晶核所需的能量愈小，此时的晶核才是稳定的晶核。

溶液的过饱和度发生变化时，F_1 线不受影响，而 F_2 线要发生变化。因此，临界半径随过饱和度变化。过饱和度愈高，则临界半径愈小，此时晶核形成的机会愈大。

5.2.1.5 晶体的成长

晶体的成长过程包含热量传递和物质传递。溶质从溶液中结晶析出时，一般要放出结晶热，是传热过程；溶质从溶液主体向晶面上析出的过程则是传质过程。

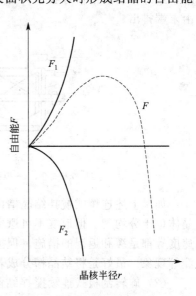

图 5-18 晶核直径与自由能变化

晶体成长的速率受溶质在边界层内的扩散速率和晶面上的晶析反应速率的控制，这两种作用构成了结晶过程的双重阻力。当扩散阻力为控制因素时，增加固体和溶液之间的相对运动速度就会促进晶体的成长。但相对运动速度增加至一定限度后，扩散阻力转为次要因素，而表面反应居于支配地位。此时再继续增加相对运动速度便无明显效果。温度对晶体成长速度也有影响，一般温度高时促进表面反应，所以往往常温时为表面反应控制，而高温时转入扩散控制。

在工业结晶操作中，最终晶体数量和粒度可用结晶条件来控制。当溶液过饱和度低时，晶核形成受抑制，已形成的晶核则可长成为大晶体。反之，过饱和度高时，晶核形成不断发生，而已形成的晶核则只能成为小晶体。

5.2.2 结晶方法与设备

实践中常把在溶液中产生过饱和度的方式作为结晶方法与结晶设备分类的依据。按此法分类，结晶方法主要有以下三大类。

(1) 直接冷却法 直接冷却结晶法是用冷却方式造成溶液过饱和度的结晶方法，这类结晶法无明显蒸发作用，是一种不除去溶剂的方法，所用的设备称为冷却式结晶器。

(2) 蒸发浓缩法 以蒸发方式造成过饱和溶液的结晶方法称为蒸发浓缩法，所用的设备称为蒸发式结晶器。

(3) 绝热蒸发法 绝热蒸发法也称真空结晶法，它使溶剂在真空下闪蒸而绝热冷却，其实质是同时结合蒸发和冷却两种作用造成溶液过饱和，所用的设备称为真空式结晶器。

5.2.2.1 冷却式结晶器

（1）强制循环冷却结晶槽　在简单敞式结晶槽结构基础上，设置供冷却剂对溶液进行冷却的换热结构和循环机构，便成了强制循环冷却式结晶器。采用强制循环方法，可维持溶液的温度和流动条件均匀一致，晶体成长较为均一，且不易形成晶粒聚结。

图 5-19 所示的连续式敞口搅拌结晶槽，是一种广泛使用的结晶设备。这种设备的器底为半圆形的敞口长槽，槽外表面有冷却水夹套，冷却水的流动方向与溶液前进方向相反，槽内有沿全长安装的带式搅拌器。为了扫除附在传热面上的晶体，可在搅拌器上装钢丝刷。连续操作时，最好控制溶液恰好在进口处开始形成晶核，晶核悬浮在溶液中，随溶液前进而成长，最后由末端排出。

图 5-19　连续式敞口搅拌结晶槽
1—冷却夹套；2—搅拌桨；3—溶液进口；4—晶体和母液出口；5—冷却水入口

如果上述连续式搅拌结晶槽内不发生返混现象，则液体在器内的停留时间十分均匀，所得晶体也十分均匀。但返混不可避免，只能采取措施减少返混。减小槽径、增加槽长或降低搅拌速度等都是缓和返混的措施。但搅拌太慢，又会出现产量降低，形成过多晶核以及产生晶体沉淀等现象。最好是将结晶槽分成若干节，以保持节间不产生返混。

（2）旋转刮板式连续搅拌结晶器　主要用于冰淇淋的结晶以及人造奶油的增塑，参阅图 5-20，实际上是一种内装旋转刮板的夹套换热器。物料受刮板推动后沿内壁向前运动，冷却剂在套管间流动。因为冰淇淋是部分冻结状态的食品，要求所含冰晶粒度细小，制品组织柔润，所以结晶时，要求形成晶核的速度快。这种条件可在刮板式设备中获得。冰淇淋混合料在设备中受到快速冷却产生大量晶核，加之机械搅拌加速冷却，且造成二次起晶条件，从而离开换热器的冻制品可呈塑性状态。

图 5-20　旋转刮板式结晶器
1—传热介质；2—绝热层；3—钢板盖；4—刮板；5—制品通道；6—传热管

（3）Cerny 直接冷却结晶器　这是一种直接接触式的连续冷却结晶器，其结构如图 5-21 所示。由于与溶液直接接触，所以冷却剂应与溶液不相溶，其密度小于溶液密度。冷却剂在氨蒸发冷却器中被冷却到−15℃以后，从中央管的下部引入结晶器，并被分散成液滴，在溶液中缓慢上升，同时吸收热量。在顶部聚集，溢流流出，经旋风分离器分离后再进入氨冷却器。

图 5-21　Cerny 直接冷却结晶器

5.2.2.2　蒸发式结晶器

蒸发式结晶器利用蒸发作用来排除溶液中的溶剂，使溶质结晶析出，它是组合蒸发和结晶两种操作的设备。

（1）标准式自然循环结晶蒸发器　最简单的蒸发结晶器通常就是标准式自然循环型的蒸发器。一般在真空下操作，分两阶段以间歇方式进行。最初以少量热溶液在真空下蒸发至饱和。然后突然增加真空度，使温度下降，起晶立即发生。接着，逐渐引入更多的料液，在原蒸发温度下进行养晶，直至蒸发器液位高出管子，最后排出全部物料。这种设备与一般标准式蒸发器的区别在于，由于含晶体的悬浮液黏度高，自然循环困难，故蒸发器的器底都做成有利于循环的结构形式，同时下降管或加热管都要比一般蒸发器的为大，且加料应与器内溶液有良好的混合。为改善循环，采用悬筐式结构更为有利，参阅图 5-22。

（2）蒸发式连续结晶器　如同冷却式连续结晶器一样，蒸发式结晶器也可以设计成具有特殊的建立和解除溶液过饱和度以及晶体分级的系统。如图 5-23 所示，它是由下述几部分组成：结晶罐，外部管式加热器，汽化器以及循环泵。

图 5-22　结晶蒸发器

1—悬筐式蒸发器；2—晶析器

图 5-23　蒸发式连续结晶器

1—汽化器；2—结晶罐；3—加热器；4—循环泵

结晶罐上装有加料管，锥形罐底有出料管以排出成长完全的晶体和母液。循环泵吸入罐内部分溶液并与加料液混合。混合液则被送经管式加热器加热后，从汽化器内液面下方附近进入。外部加热器用蒸汽加热，汽化器直接置于结晶罐上方，其锥底有排料管伸入结晶罐内部而与器底靠近。

这种设备的主要操作原理完全和冷却式连续结晶器相类似，但建立溶液过饱和靠的是汽化器内的蒸发浓缩作用。浓缩后的过饱和溶液进入结晶罐内遇晶体悬浮液，过饱和度逐渐解除，此后又需再加热汽化才能重新获得过饱和。

5.3 热杀菌

食品工业中经常用杀菌处理延长食品的贮存时间，热杀菌是最常用也是最有效的杀菌操作。

热杀菌主要的操作参数是温度和时间，应根据要杀灭的微生物的种类确定，通常以某种具有代表性的微生物作为杀菌的对象，以这种对象菌的死亡情况来反映杀菌的程度，根据工艺要求确定杀菌的操作条件。

5.3.1 微生物的耐热性

5.3.1.1 热致死速率曲线

食品中的微生物受热会致死，其致死速率一般遵循一级反应动力学的机理，即：

图 5-24　热致死速率曲线

$$\frac{\mathrm{d}c}{\mathrm{d}\theta}=-kc \tag{5-45}$$

式中，c 为活态微生物浓度；k 为反应速率常数。将式(5-45)积分得：

$$\frac{\lg c_2-\lg c_1}{\theta_2-\theta_1}=-\frac{k}{2.303} \tag{5-46}$$

若以微生物浓度的对数为纵坐标，以热处理时间为横坐标，得到的是一条斜率为 $-k/2.303$ 的直线，称为加热致死曲线，如图 5-24。

从图 5-24 可见，微生物的活菌数每减少 90%（纵坐标从 10^{n+1} 下降到 10^n），即每减少 1 个数量级，对应的时间变化是相同的，这一时间称为 D 值。D 值的定义就是在一定的环境中，一定的温度条件下，将全部对象菌的 90% 杀灭所需要的时间。将这个关系代入到式(5-46)中，得：

$$D=2.303/k \tag{5-47}$$

D 值的大小实际上即 k 值的大小，它与细菌种类有关，细菌的耐热性越强，在相同温度下的 D 值就越大。D 值也与温度有关，在标准杀菌条件（121.1℃）下测定的 D 值通常以 $D_{121.1℃}$ 表示。

5.3.1.2 加热致死时间曲线

加热致死时间是指在某一恒定的温度下，将食品中某种微生物活菌全部杀死所需要的时间。

若温度 t_a 和温度 t_b（$t_a > t_b$）对应的致死时间分别为 θ_a 和 θ_b（$\theta_a < \theta_b$），定义 Z 为致死时间的自然对数变化值为 1 时所对应的杀菌温度变化量，即：

$$Z=\frac{t_a-t_b}{\ln\theta_b-\ln\theta_a} \tag{5-48}$$

或：

$$\ln\frac{\theta_b}{\theta_a}=\frac{t_a-t_b}{Z} \tag{5-49}$$

图 5-25 是加热致死时间与加热温度间的关系曲线，称为加热致死时间曲线。在不同杀菌温度下杀菌致死的时间也不同，当致死时间变化为原来的 10％时（这时致死时间的自然对数变化值为 1），对应的杀菌温度变化量为 Z。这就是说，如果杀菌温度提高一个 Z 值，则杀菌的致死时间仅为原来的 1/10。反之，如果杀菌温度减少了一个 Z 值，则杀菌的致死时间为原来的 10 倍。

5.3.1.3 热力递减时间和 12D 概念

在一定的加热温度下将原始的微生物活菌数减少到 10^{-n} 所需要的时间称为热力递减时间，根据 D 值的定义，有：

$$\theta_n = nD \tag{5-50}$$

当 $n=1$ 时，$\theta_1 = D$。θ_n 的数值同样随温度的升高而减少。在实际的杀菌中，人们经过试验，确定一个 n 值，将 nD 视为达到商业无菌的理论杀菌值 F。对于不同的对象菌，所选择的 n 值不同。由于不同温度下的 D 值不同，因此相应的杀菌值 F 也不同，将 121.1℃下的杀菌值记为 F_0。

图 5-25 加热致死时间曲线

12D 概念是在罐头工业中对加热过程的杀菌值的要求，它要求加热过程应使最耐热的肉毒梭状芽孢杆菌的芽孢存活概率仅为 10^{-12}，因为肉毒杆菌芽孢在 pH4.6 以下并不发芽和产生毒素，所以这个概念通常只用于描述 pH4.6 以上的各类罐头食品。对肉毒梭状芽孢杆菌，其 $D_{121.1℃}$ 值为 0.21min，其理论杀菌值 F_0 为：

$$F_0 = 12D_{121.1℃} = 12 \times 0.21 = 2.52\text{min}$$

对某些罐装食品，F_0 值设定在 6～8min 更为安全。

5.3.2 罐装食品的传热

罐头在被加热过程中，内部存在温度梯度，不同位置的温度是不同的。通常选择罐内温度变化最慢的点用于评价罐内食品的受热程度，这一点称为冷点。加热时，冷点的温度是罐内的最低点；冷却时，冷点的温度是罐内温度的最高点。

如果罐内的传热形式为热传导，那么冷点的位置在罐头的几何中心的位置，如图 5-26（a）所示。固态的、黏稠性高的食品和加热或冷却过程不能流动的食品罐头属于传导传热型的罐头。

流态食品在温差的影响下，罐内的食品出现密度差，形成了液体的对流，使冷点位置下降到几何中心位置之下。如图 5-26（b）所示。

对导热与对流结合的罐头，其冷点在上述的两个点之间，应通过实际测定来确定。一些专业书和手册也给出一些常见罐头的冷点位置，可供参考。为了强化罐装食品的传热，可以让罐头在加热过程中上下翻转或罐头轴心旋转。

罐装食品在加热或冷却过程中的温度变化，可以通过在半对数坐标上描述冷点温度 T_p 与热介质温度 T_h 之差（或冷点温度与冷介质温度 T_c 之差）对加热时间的关系曲线来表示。为了方便，

图 5-26 传导和对流时罐头的冷点位置

图 5-27　简单型加热曲线

将加热曲线的半对数坐标翻转了 180°。

图 5-27 是典型的简单型加热曲线，纵坐标的左边表示冷点温度，右边表示杀菌锅与冷点间的温度差。从曲线看到，冷点的温度经一段时间的缓慢变化后，才进入直线变化阶段。随着时间的推移，冷点的温度不断上升，与杀菌锅的温差越来越小。

如果食品在杀菌初期是以对流的形式传热，由于物性的变化，后阶段以导热的形式传热，这就产了转折型的加热曲线，见图 5-28。典型的冷却曲线则见图 5-29。

传热曲线穿越一个对数周期所需要的时间定义为 f，对简单型的加热曲线记为 f_h，对转折型加热曲线，转折前依然记为 f_h，转后记为 f_2，对冷却曲线则记为 f_c。显然，f 是反映传热特性的重要特征参数，f 值越小，传热的速率越快；f 值越大，传热的速率越慢。

5.3.3　热杀菌时间的计算

在罐装食品中，通常选择一定的杀菌值 F 作为商业无菌的杀菌条件。如果以温度为 t 时的 F 值和 121.1℃时的 F_0 代替式（5-49）中的热杀菌的致死时间，则有：

$$\lg \frac{F}{F_0}=\frac{121.1-t}{Z} \tag{5-51}$$

由上式得：

$$F=F_0 \times 10^{\frac{121.1-t}{Z}} \tag{5-52}$$

图 5-28　转折型加热曲线

图 5-29　典型的冷却曲线

在确定了标准杀菌条件下的杀菌值 F_0 后，式（5-52）可用于计算在不同杀菌条件下的杀菌值 F。若温度 t 下的杀菌值为 F，热杀菌处理时间为 θ，那么，把 θ/F 称为部分致死量，用符号 A 表示，写成微分形式为：

$$dA=\frac{d\theta}{F} \tag{5-53}$$

积分式为：

$$A = \int_0^\theta \frac{1}{F} \mathrm{d}\theta \tag{5-54}$$

各个温度段的部分致死量 A 的累加达到 1，即意味着热处理的程度基本上已达到将全部细菌杀死（商业灭菌）的程度。

将式(5-52)代入式(5-54)并重新整理，有：

$$AF_0 = \int_0^\theta \frac{1}{10^{\frac{121.1-t}{z}}} \mathrm{d}\theta \tag{5-55}$$

式中，AF_0 的数值实际上等价于标准条件下（121.1℃）的杀菌时间。若 $AF_0 \geqslant F_0$，便达到商业无菌的要求。在杀菌过程中升温阶段后的杀菌阶段，食品的温度 t 可以看成为常数，但在升温和降温的过程，温度 t 与时间 θ 有关，如果能将 t 表示为时间 θ 的函数，代入式(5-55)，通过计算便可以知道杀菌的致死量是否达到 100%，或者可以将温度 t 下杀菌的时间折换为标准条件下（121.1℃）的杀菌时间。

5.4 食品的冷冻

冷冻是食品工业中延长食品贮藏时间的又一常用处理方法。食品工业中冷冻过程主要的应用涉及速冻食品和冷冻食品的加工、食品的冻藏、食品的特殊加工（如冷冻浓缩、冷冻干燥等）、食品生产车间或食品保藏室的空气调节等方面。

制冷是以消耗机械功或其他能量为代价，利用制冷剂物理状态改变时产生的冷效应获得低温的操作过程。产生低温的方法很多，现代工业已经可以用人工制冷方法产生几乎任何低温。在人工制冷法中，以机械压缩循环制冷法最为常用。此外，低温液化气制冷在食品冷冻中也有一定的地位。

5.4.1 制冷基本原理和常用制冷方法

5.4.1.1 制冷循环

制冷的基本原理如图 5-30 所示，制冷剂在低温低压液体状态时吸热，成为低温低压蒸气，蒸气在压缩机作用下成为高温高压气体，此高温高压气体被冷却后成为高压低温液体，高压低温液体经过膨胀阀后变成低压低温液体，这样构成了制冷循环。

在制冷装置中不断循环流动以实现制冷的工作物质称为制冷剂或工质。在制冷循环中，制冷剂经过若干过程以后，回复到原来的状态，其热力学能的变化为零。根据热力学第一定律，体系对外的热交换等于对外的功交换，即体系循环的净热等于净功。

图 5-30 制冷循环原理

热力学第二定律表明，热力循环的热效率不可能达到 100%。最高的热效率由卡诺循环给出，它由两个可逆等温过程和两个可逆绝热过程组成。若热源的温度为 T_1，冷源的温度为 T_2，则卡诺循环的热效率为：

$$\eta = 1 - \frac{T_2}{T_1} \tag{5-56}$$

习惯上用压-容图和温-熵图来分析热力循环。一个循环在图上用一条封闭曲线表示，曲线所围成的面积分别表示循环的净功和净热。在这样的图上，如果顺时针进行循环，即从热源吸取热量，将此热量的一部分变成功，其余放给冷源，这样工作的机械称为热机。如果逆方向进行循环，制冷剂将从冷源吸取热量，并和外功一起放给热源，这样的机械就是制冷机。由于逆卡诺循环的四个过程都是可逆过程，所以它是理想的制冷循环。实际制冷循环不可能按逆卡诺循环进行，但可以将逆卡诺循环作为实际制冷循环完善程度的比较标准。

5.4.1.2　制冷能力和制冷系数

制冷能力也称为制冷量，是指在一定的操作条件（即一定的制冷剂蒸发温度、冷凝温度、过冷温度）下，单位质量制冷剂从被冷冻物取出的热量，以 Q 表示之，单位为 W。由于制冷能力用 W 表示时，其数值很大，因此经常用冷冻吨表示。1 冷冻吨相当于在 24h 内将 1t 0℃ 的水冷冻成同温度冰所放出的热量。

逆卡诺循环的制冷量为：

$$Q_0 = T_c(S_2 - S_3) = T_c(S_1 - S_4) \tag{5-57}$$

式中，S 为熵，J；T 为热力学温度，K。

可见理想制冷循环的制冷量与热源温度无关，但与冷源温度有关。冷源温度越高，理想制冷量越大。

制冷系数的定义为某一循环的制冷量与循环所消耗的热量之比，它是评价制冷循环经济性的一项指标。对于逆卡诺循环，制冷系数为：

$$\varepsilon_0 = \frac{Q_0}{Q_h - Q_0} = \frac{T_c(S_1 - S_4)}{T_h(S_1 - S_4) - T_c(S_1 - S_4)} = \frac{T_c}{T_h - T_c} \tag{5-58}$$

在同样的热源和冷源温度范围内工作的制冷机，其制冷系数必小于逆卡诺循环的制冷系数。

5.4.1.3　制冷剂和载冷剂

制冷剂是实现制冷不可缺少的物质，理想的制冷剂应具备以下性质：

（1）在大气压下的沸点要低；

（2）单位容积的制冷能力要大；

（3）汽化潜热大；

（4）临界温度要高，至少高于冷却水的温度；

（5）在蒸发器内的压强最好与大气压接近或稍高于大气压，在冷凝器内的压强又不过高，这样空气就不会渗入系统，制冷剂也不会渗出；

（6）不会燃烧和爆炸，无腐蚀性，无毒，无刺激味，价格低廉。

常用的制冷剂有：氨、水、二氧化硫、二氧化碳、氟里昂等，其中的氟里昂的性能优良，曾被广泛应用，但由于它会造成环境污染，近年来已被逐渐淘汰。

在工业实践中，将制冷剂直接送往各处往往不经济，因此采用间接制冷过程，用一种载冷剂将制冷剂在蒸发器内所产生的冷量传递给被冷却物体，即将从被冷物体吸取的热量送至制冷装置传递给制冷剂，自身重行降温循环使用。

常用的载冷剂有空气、水和盐水及有机物水溶液。选择载冷剂一般应考虑选冰点低、比热容大、无金属腐蚀性、化学上稳定、价格低及容易获取等因素。作为食品业用的载冷剂，往往还须具备无味、无臭、无色和无毒的条件。

5.4.1.4　常用制冷方法

（1）蒸气压缩式制冷　这是应用最广泛的一种制冷方法，其原理如图 5-31 所示。这种方法主要利用制冷剂相变的热效应来传递热量，压缩机吸入的是湿蒸气，将它压缩成高压的干饱和蒸气，然后排入冷凝器用冷却水使其冷凝成饱和液体，这是等温等压过程。饱和液体在膨胀机中绝热膨胀，成为低温低压液体，然后在蒸发器内进行等温等压蒸发，又回到原来状态，同

图 5-31　蒸气压缩式制冷

时吸收热量。由于利用了等温相变过程，因此理想的蒸气压缩循环在 T-S 图上是与逆卡诺循环相同的矩形封闭线。

（2）吸收式制冷　吸收式制冷与压缩式制冷的区别在于它用热能代替机械能进行工作。吸收式制冷系统使用两种工质，一种是制冷剂，另一种是吸收剂，它吸收制冷剂而生成溶液。常用的制冷剂是氨，吸收剂是水。如图 5-32，点划线左边部分即为普通的蒸气压缩式制冷，右边部分则相当于蒸气压缩制冷中的压缩机。从蒸发器出来的低温低压氨蒸气进入吸收器，用低压的稀溶液吸收，生成浓溶液。浓溶液用泵升压，再经过换热器加热，然后进入发生器。在发生器内将高温高压的氨蒸发出来，剩余的稀溶液回到吸收器。高温高压的氨蒸气在精馏器内用冷却水冷却，增浓后的蒸气进入左边的冷凝器，稀溶液又回到发生器。这样，右边部分起了蒸气压缩循环中压缩机的作用。

图 5-32　吸收式制冷

（3）蒸汽喷射式制冷　蒸汽喷射式制冷是用高压水蒸气通过喷射器造成低压，使蒸发器维持在此低压。同时将温度高于蒸发器内饱和温度的水喷入蒸发器，水即蒸发，同时从剩余的水中吸热，使水温下降。蒸发出的蒸气则从喷射器中被抽出，而进入后面的主冷凝器中冷凝，另外用真空泵排出不凝结气体。

（4）固体升华制冷　在制冷中已经应用的主要是固态 CO_2，即"干冰"。这种干冰在 1atm 下的升华温度为 $-78.5℃$，每千克干冰变成气体时，约吸收 573.59kJ 热量。升华后的低温二氧化碳与高温食品相接触，即可进行冷冻。

（5）液化气体制冷　液化气体制冷本质上属于蒸发制冷。它利用低沸点液化气体物质直接与食品接触，吸取食品热量使其冻结，而自身蒸发成气体。这种制冷方式能获得的温度可低达 $-73℃$ 以下，因而适用于一些要求速冻的场合。液氮是最常用的液体直接制冷剂。在常压下液氮的蒸发温度为 $-196℃$，可吸收蒸发潜热 199.3kJ/kg。其潜热虽然不大，但其蒸发温度与 0℃ 的温差很大，蒸发后气体升温还可吸收相当量的显热。因此每千克液氮蒸发后温度升到 0℃，共可吸收 396.1kJ/kg 的热量，约可使 1kg 水分冻结。

制冷剂的液化是在冷凝器中用冷却剂冷却而实现的。由于冷却剂的温度有限，而且冷凝温度和蒸发温度之差又受到制冷效率的限制，所以制冷温度就不可能很低。如果要求获得更低的温度，就应采用进一步的方法。

方法之一是采用多级压缩。在制冷循环中，蒸发温度越低，压缩比就越高。这时可采用多级压缩，以双级压缩较为常见。所谓双级压缩，是指在制冷循环的蒸发器与冷凝器之间设两个

图 5-33　两级压缩制冷循环

压缩机，并在两压缩机间再设一个中间冷却器，如图 5-33。一般而言，当压缩比大于 8 时，采用两级压缩较为经济合理。两级压缩制冷若用氨或氟里昂-12 作制冷剂，可达到 $-25 \sim -70\,℃$ 的低温。

另一种方法是采用串联制冷循环。在两级间设中间换热器，对高温系统而言是蒸发器，对低温系统而言是冷凝器，用高温制冷剂产生的冷效应将沸点较低的低温制冷剂液化，从而降低了低温部分的冷凝温度。两级串联制冷系统可以获得 $-80 \sim -120\,℃$ 的低温，极限情况下可达到 $-210\,℃$。

5.4.2　食品的冷冻过程

5.4.2.1　食品的冻结曲线

水冻结成冰的一般过程是先降温过冷，而后在冰点温度下形成冰晶体，如图 5-34 所示，水温要降到低于冰点温度才会出现从液态到固态的相转变。一旦出现相变，水的温度便会马上回到冰点温度，在全部水冻结成冰以前，体系的温度维持在冰点不变。

食品中的水分以自由水和结合水两种形式存在。自由水是可以结冰的水分，而结合水不能冻结成冰。各类食品都有一个初始冻结温度，习惯称为食品的冰点，它总是低于水的冰点。

食品的冻结过程不是等温的，其温度-时间关系是一条温度不断降低的曲线（图 5-34），主要原因是随着冰不断从溶液析出，溶液浓度不断升高，从而导致残留溶液冰点不断下降。即使在温度远低于冰点情况下，仍可能有部分自由水没有冻结。含有少量水的未冻结的高浓度溶液，只有当温度降低到低共熔点时，才会全部凝结成固体。

食品冻结过程中水分转化为冰晶体的程度常用水分结冰率 ψ 表示。水分结冰率也称冻结率，是食品冻结到一定温度时形成的冰晶体质量 m_i 与食品总水分（包括结冰水和液态水）质量之比，即：

$$\psi = \frac{m_i}{m_i + m_w} \qquad (5\text{-}59)$$

图 5-34　水和食品的冻结曲线

食品冻结前，水分结冰率为零；冻结过程中随着温度的降低而增加，当温度降到低共熔点或更低些时，其值达到最大值，即 100%。水分结冰率与食品温度间有以下近似关系：

$$\psi = 1 - \frac{t_r}{t} \qquad (5\text{-}60)$$

式中，t_r 为食品的冰点；t 为低于冰点的食品温度。

5.4.2.2　食品冻结前的冷却

食品的冷却本质上是传热问题。在冷却过程中，导热主要发生在食品的内部，对流主要发生在以气体和液体为冷却介质的冷却介质内部及食品表面与冷却介质之间。几种常见冷却方式下的对流传热系数见表 5-4。

表 5-4　几种冷却方式的对流传热系数

冷　却　方　式	$\alpha/[\text{W}/(\text{m}^2 \cdot \text{K})]$
空气微弱对流或微弱通风的库房	3～10
空气流速小于 1.0m/s	17～23
空气流速大于 1.0m/s	29～34
水自然对流	200～1000
液氮喷淋	1000～2000
液氮浸渍	5000

(1) 毕渥数 $Bi<0.1$ 时的冷却　当毕渥数 $Bi_i<0.1$ 时，冷却过程的热传递的阻力主要是对流传热阻力，导热热阻可以忽略不计，可假设食品内部的温度分布与空间坐标无关，只是时间的函数。第 4 章中已导出此时的计算公式：

$$\frac{t-t_{\text{b}}}{t_0-t_{\text{b}}}=\text{e}^{-\frac{\alpha A\theta}{\rho Vc_p}} \tag{5-61}$$

或：

$$T_{\text{c}}^{*}=\text{e}^{-Bi\cdot Fo} \tag{5-62}$$

毕渥数 Bi 的定义为：

$$Bi=al/\lambda \tag{5-63}$$

式中，特征尺寸 l 对大平板食品取厚度的一半，对圆球或圆柱状食品取半径。

(2) 大平板食品的温度变化与冷却时间　根据 Bi 的大小，又可分两种情况。

① $0.1<Bi<40$ 的情况　记大平板的厚度为 $2b$，由于大平板的两边均为冷却面，以 x 作为食品厚度方向的坐标，在中心平面处记为 $x=0$，$x=\pm b$ 即为食品的两个侧表面。

用食品的平均温度 t_{m} 作为食品冷却的衡量指标，t_{m} 与冷却时间的关系可以用下面的近似式描述：

$$\theta=0.43\frac{c_p\rho}{\lambda}b\left(2b+\frac{5.3\lambda}{\alpha}\right)\left(\lg\frac{t_0-t_{\text{b}}}{t_{\text{m}}-t_{\text{b}}}+\lg\phi\right) \tag{5-64}$$

式中，$\phi=\dfrac{2\sin^2\mu}{\mu(\mu+\sin\mu\cos\mu)}$，$\mu$ 的数值由 Bi 决定，可从图 5-35 查取，在 Bi 非常大时，μ 的数值趋于 π。

图 5-35　大平板食品的 μ 与 Bi 的关系

如果用食品的中心温度 t_{c} 作为食品冷却的衡量指标，则 t_{c} 与时间的关系式为：

$$\theta=0.92\frac{c_p\rho}{\lambda}b\left(b+2.4\frac{\lambda}{\alpha}\right)\lg\frac{t_0-t_{\text{b}}}{t_{\text{c}}-t_{\text{b}}}+0.1012\frac{c_p\rho}{\lambda}b^2\frac{b+2.4\dfrac{\lambda}{\alpha}}{b+1.3\dfrac{\lambda}{\alpha}} \tag{5-65}$$

② $Bi>40$ 的情况　当 $Bi>40$ 时，可以忽略食品表面对流传热的阻力，食品表面的温度与冷却介质相等。若以食品的中心温度作为冷却的指标，近似的表达式为：

$$\theta=9.2\frac{c_p\rho}{\lambda}\left(\frac{b}{\pi}\right)^2\left(\lg\frac{t_0-t_{\text{b}}}{t_{\text{c}}-t_{\text{b}}}+\lg\frac{4}{\pi}\right) \tag{5-66}$$

(3) 长圆柱食品的温度变化和冷却需要的时间　仍以食品的平均温度 t_{m} 作为食品冷却的衡量指标：

$$\theta=0.3565\frac{c_p\rho}{\lambda}R\left(R+\frac{3.16\lambda}{\alpha}\right)\left(\lg\frac{t_0-t_{\text{b}}}{t_{\text{m}}-t_{\text{b}}}+\lg\phi\right) \tag{5-67}$$

式中，$\phi = \dfrac{4Bi^2}{\mu^2(\mu^2+Bi^2)}$，$\mu$ 的数值可从图 5-36 查取，其数值不断趋于 2.4。

若以食品的中心温度 t_c 来计算冷却时间，则有：

$$\theta = 0.3833\,\frac{c_p\rho}{\lambda}R\left(R+2.85\,\frac{\lambda}{\alpha}\right)\left(\lg\frac{t_0-t_b}{t_c-t_b}\right)+0.0843\,\frac{c_p\rho}{\lambda}R^2\,\frac{R+2.85\,\dfrac{\lambda}{\alpha}}{R+1.7\,\dfrac{\lambda}{\alpha}} \tag{5-68}$$

图 5-36　长圆柱食品的 μ 与 Bi 的关系　　　　图 5-37　球状体食品的 μ 与 Bi 的关系

（4）球状食品的温度变化和冷却需要的时间　　仍以食品的平均温度 t_m 作为食品冷却的衡量指标：

$$\theta = 0.1955\,\frac{c_p\rho}{\lambda}R\left(R+3.85\,\frac{\lambda}{\alpha}\right)\left(\lg\frac{t_0-t_b}{t_m-t_b}+\lg\phi\right) \tag{5-69}$$

式中，$\phi = \dfrac{6Bi^2}{\mu^2(\mu^2+Bi^2-Bi)}$，$\mu$ 的值可从图 5-37 查取，Bi 非常大时，μ 趋于 π。

若以圆球食品的中心温度 t_c 来计算冷却时间，则有：

$$\theta = 0.2233\,\frac{c_p\rho}{\lambda}R\left(R+3.2\,\frac{\lambda}{\alpha}\right)\left(\lg\frac{t_0-t_b}{t_c-t_b}\right)+0.0737\,\frac{c_p\rho}{\lambda}R^2\,\frac{R+3.2\,\dfrac{\lambda}{\alpha}}{R+2.1\,\dfrac{\lambda}{\alpha}} \tag{5-70}$$

（5）短圆柱、立方体的冷却时间　　大平板、长圆柱及球状体的食品的冷却过程的描述同样可以使用计算图 4-22～图 4-24。对于立方体和短圆柱形状的物体，也同样按第 4 章所述的方法处理。

5.4.2.3　食品的冻结

冷冻过程耦合了外部传热与内部传热过程两个传热过程。外部对流传热的推动力是食品与冷冻介质的温差，对流传热系数的大小是由冷冻介质的性质、流速和食品表面状态所决定的。内部传热的推动力是食品表层与内部的温差，影响因素有密度、比热容和热导率。

外部温差与内部温差在整个冻结过程不断发生着变化，变化的总趋势是逐渐缩小，但直至冷结操作结束也不会缩小到可以忽略。因此一般冷冻计算中采用的冻结终了温度通常是一个平均温度。此温度一般可取冻结结束时的食品表层温度与食品温度中心点温度的算术平均值。

将从食品与冷冻介质相接触表面到温度中心点的距离与冻结时间的比定义为冻结速度，它是温度均匀的食品的中心点温度从初温下降到一定程度低温所需的时间。由于冻结时间与冻结速度成反比，而冻结速度与传热因素相关，所以任何形式的冻结时间预测式都包含传热因素。

设厚度为 l 的平板状物品（图 5-38）预冷到 0℃后，置于介质温度为 t 的环境中，物品温度降到冰点 t_p 时开始冻结。经一段时间后冻结层离中心已有 x 距离。又经 $d\theta$ 时间后冻层向内推进 dx

距离。对冻层厚度为 $\mathrm{d}x$，表面积为 A，其放出的热量 $\mathrm{d}Q$ 为：

$$\mathrm{d}Q = S\rho r_i \mathrm{d}x \tag{5-71}$$

式中，ρ 为密度，$\mathrm{kg/m^3}$；r_i 为形成冰时的热量，$\mathrm{J/kg}$。

此热量在 t_p 与 t 的温差作用下，经厚度为 x 的冻层在 $\mathrm{d}\theta$ 时间内传至冷却介质，其传出的热量为：

$$\mathrm{d}Q' = KS\Delta t \mathrm{d}\theta \tag{5-72}$$

式中，$\Delta t = t_p - t$。

因为放出的热量应该等于这一时间从内部传出的热量。因此：

$$\mathrm{d}Q = \mathrm{d}Q'$$

即：

$$S\rho r_i \mathrm{d}x = KS\Delta t \mathrm{d}\theta$$

从而：

$$\frac{\mathrm{d}\theta}{\mathrm{d}x} = \frac{\rho r_i}{K\Delta t} \tag{5-73}$$

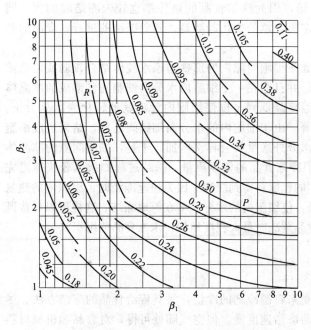

图 5-38 平板状食品的冻结

K 为总传热系数：

$$K = \frac{1}{\dfrac{1}{\alpha} + \dfrac{x}{\lambda}} \tag{5-74}$$

代入式(5-73) 积分 $\theta = \displaystyle\int_0^\theta \mathrm{d}\theta = \int_0^{l/2} \frac{\rho r_i}{\Delta t}\left(\frac{1}{\alpha} + \frac{x}{\lambda}\right)\mathrm{d}x = \frac{\rho r_i}{2\Delta t}\left(\frac{l}{\alpha} + \frac{l^2}{4\lambda}\right)$ (5-75)

此为平板状食品的冻结时间计算式，对于圆柱状及球状食品其计算式如下。

圆柱状食品：

$$\theta = \frac{\rho r_i}{4\Delta t}\left(\frac{d}{\alpha} + \frac{d^2}{4\lambda}\right) \tag{5-76}$$

球状食品：

$$\theta = \frac{\rho r_i}{6\Delta t}\left(\frac{d}{\alpha} + \frac{d^2}{4\lambda}\right) \tag{5-77}$$

写成通式：

$$\theta = \frac{\rho r_i}{\Delta t}\left(\frac{Px}{\alpha} + \frac{Rx^2}{\lambda}\right) \tag{5-78}$$

式中，P 和 R 为系数，与被冻物的几何形状有关。

板状食品：$P = 1/2$，$R = 1/8$；
圆柱状食品：$P = 1/4$，$R = 1/16$；
球状食品：$P = 1/6$，$R = 1/24$。

对于方块或长方块食品，在使用上述方程时，用图 5-39 所示的曲线查出 P 和 R 值，再代入式(5-78) 计算。图中 $\beta_1 = b/c$，$\beta_2 = a/c$，c 是块状食品的最短边长，a 是最长的边长，b 是介于 a 与 c 之间的边长。

上述计算式只考虑形成冰时放出潜热所需的时间，而未考虑从物品初温到冻结点的时间。其次，计算式推导中冻结区内热导率 λ 值为常数，实际上它是随温度变化的。最后，传热是在两侧温度不变的稳定条件下进行的，实际冻结中两侧温差在变化。为改进此计算式，可把其中的 r_i 用食品初终温时的焓差

图 5-39 块状食品的 P 和 R 值

（ΔH）取代，则冻结时间计算式的最后形式为：

$$\theta = \frac{\rho \Delta H}{\Delta t} \left(\frac{Px}{\alpha} + \frac{Rx^2}{\lambda} \right) \tag{5-79}$$

式中，x 对板状食品表示厚度，对圆柱或球状表示直径。

上式即 Plank 冻结时间预测方程，它是国际制冷学会推荐的冻结时间预测公式。

冻结时间计算仅仅是估算食品开始冻结至水分冻结完毕这段时间，它并不包含食品降温到初始冻结温度的时间，也不包括冻结完毕后继续降温的时间。

5.4.2.4 食品冻结中的物理性质变化

食品的热物理性质不仅与其含水量、组分、温度有关，而且还与食品的结构、水和组分的结合情况有关，一些食品组分的热物理性质列于表 5-5，更多的数据可查有关手册。

表 5-5 一些食品组分的热物理性质

组　　分	密度 ρ/(kg/m³)	比热容 c_p/[kJ/(kg·K)]	热导率 λ/[W/(m·K)]
水	1000	4.182	0.60
碳水化合物	1550	1.42	0.58
蛋白质	1380	1.55	0.20
脂肪	930	1.67	0.18
空气	1.24	1.00	0.025
冰	917	2.11	2.24
矿物质	2400	0.84	

在冻结时，食品本身会发生一系列的物理、化学和质构方面的变化。

（1）密度　水在 0℃时冻结成冰时，体积约膨胀 9%。而冰进一步降温时，体积又会收缩（每下降 1℃，其体积收缩 0.001%～0.005%）。一般情况下，水的冻结总是使密度变小。食品的冻结也有这种效应，而且密度的减小与食品的含水量成正比。

（2）比热容　冰的比热容是水的 1/2，因此冻结食品的比热容也会较未冻结时为小。由于食品冻结时水是逐渐变成冰的，因此食品冻结时的比热容不是一个定值。

（3）热导率　冰的热导率约为水的 4 倍，因此冻结食品的热导率也较未冻结时的大。同样，食品在冻结过程中，其热导率也不是定值。总的变化趋势是，随着冻结的进行，食品的热导率不断增大。

（4）质构的变化　冻结过程中，主要处于细胞间隙内的那些与亲水胶体结合较弱或以低浓度溶液状态存在的水分会首先形成冰晶体，并且存在一个细胞内水分向细胞间已形成的冰晶体迁移聚集的趋势，这种趋势将一直保持到温度降低到足以使细胞内汁液就地转化为冰晶为止。冻结过程进行得越慢，水分重新分布越显著。由于细胞内的水分向细胞间迁移，结果造成细胞内浓度的增加，其冰点进一步下降，于是水分外逸量又会再次增加。于是，细胞间隙的冰晶体颗粒就愈长愈大，破坏了食品组织，降低了冷冻食品的复原质量。冻结过程如果以较快速度完成，则上述的水分重新分布、造成组织破坏的程度将得到缓和。因为快速冻结时，组织内的热量迅速向外传递，从而细胞内的温度迅速下降，使细胞内的水分大多在原地冻结。这样可以形成既小又多的冰晶体，分布也较均匀，使冷冻食品解冻时最大程度地保持未冻食品的组织状态。

5.4.3 食品冷冻的方法和装置

5.4.3.1 空气冻结法

空气冻结法是用空气作为载冷剂，接受来自制冷剂的冷量，将其传给食品的冻结方法。尽管空气的导热性差，对流传热系数小，从而冻结速度慢，但空气随处可得，对食品和机械材料无害，所用设备相对比较简单，因此仍然是目前应用最广的冻结方法。

食品直接于空气中冻结时，由于蒸气压的影响，食品表面的水分会向空气中蒸发，随后又会在制冷系统的蒸发器（管）或载冷剂换热器（管）表面结霜，使热阻增加，所以凡用空气作冷冻介质的场合，均需定期对蒸发器表面进行除霜。

增大风速能使对流传热系数提高，从而提高冻结速度，所以送风冻结是有利的。

静止空气冻结装置是最原始的一种空气冻结装置，习惯上称为管架式或栅管式。其结构如图 5-40 所示。蒸发管做成架子状，其上放盘，盘中盛被冻物品。靠空气自然对流及接触传导进行冻结，因而冻结速度慢。在静止空气冻结装置基础上再装风机使空气强制对流，就成了半送风冻结装置。冻品间风速在 1～2m/s 时，冻结速度是静止空气冻结时间的 2 倍，此装置构造简单，冻结食品的品质比静止空气冻结好，造价比送风冻结装置低。缺点是温度分布不均匀。

图 5-40　管架式静止空气冻结装置
1—顶管；2—冻结盘；3—蒸发管

送风冻结法是用风机将风速为 3～4m/s 的空气直接吹向带有由散热翅片管构成的制冷蒸发器（或载冷剂换热器），使空气在风机、蒸发器和悬挂或架空的食品间强制循环，并且往往在空气循环路径上设导风构件。此法可进一步改善空气冻结速度慢的缺点。

送风式冻结装置可有不同型式，以适合不同食品种类的冻结之用。主要有隧道式、直线传送带式、螺旋带式等。这种冻结装置的总耗冷量比管架式高，其基建费亦较高。由于风速高，因此食品干耗有所增大，另外往往还存在冷量在冻品中分配不匀的问题。

隧道式冻结装置有时也称为空气冻结室。由冻结室、蒸发器、风机风道和冻品输送装置四大部分构成。外面由绝热材料作隔热护围。风机沿隧道纵向配有数台，使风速在 3～5m/s 的空气在蒸发器和冻结室之间循环，冷风再平行吹过食品的表面。食品的进出大都为连续式。

传送带式连续冻结装置属连续送风式冻结装置。因传送带的结构形式和冷风与食品相对运动方向不同而可能有多种型式。冷风温度在 -35～-40℃ 之间，流向可与食品垂直、平行顺向、平行逆向，也有使用侧向吹风的。典型的这类冻结装置有水平带式和螺旋带式冻结装置。

水平带式鼓风式冻结器的一般结构如图 5-41 所示。因冷风温度在冻结器内分配的不同，可以分为一段式和两段速冻装置，前者在整个器内的冷风只有一个，而后者有两个冷风温度区，物料在第一个温度区段完成快速冷却和表层冻结过程，在第二个温度区段完成深层冻结过程。整个冻结器只有一条传送带的称为单流程冻结器，有两条以上传送带的称为多流程冻结器。根据温度区段和流程的多少又可组合成不同性能的冻结器。

图 5-41　水平带式冻结器
1—传送带；2—导板；3—除霜水喷嘴；4—空气冷却器；5—风机

5.4.3.2　浸渍冻结与液化气体冻结装置

（1）浸渍冻结装置　食品浸渍于低温不冻液体中进行冻结的方法称为浸渍冻结法，供用此法冻结用的装置称为浸渍冻结装置。这种冻结装置的工作原理如图 5-42 所示。浸渍冻结与空气冻结法相比，能获得较大的对流传热系数。

图 5-42　浸渍冻结器

1—食品；2—传送带；3—液面；4—池子；5—喷嘴；6—水浴

（2）液化气体冷冻装置　这种冻结法用液化气体作冷冻介质，冻结温度一般在 −73℃ 以下。常用的工质有液氮、液态二氧化碳。这是一种不用冷冻机的冻结方法，其特点是工质不回收。这里介绍液氮冷冻装置。图 5-43 所示为典型的液氮食品冻结装置，其主体是一网带输送机，在其接近出口后段端上方，液态氮以雾状形式喷下，随后即汽化。汽化氮经抽风机抽送，再次吹向刚进入冻结器的高温食品，使其得到预冷却处理，提高了氮气的利用率。没有充分汽化的液氮，则在下方收集，并由泵送回再次进行喷雾。

图 5-43　液氮冻结装置

5.4.3.3　接触冻结装置

接触冻结法是使食品与两侧冷冻平板直接接触冻结的方法。冷冻平板通常是金属中空板，其间通以载冷剂或制冷剂。冻结装置依冷冻板的取向方式可分为横式和竖式两种。横式冻结装置的处理方式如图 5-44 所示。这种冻结装置适合于方形包装食品的冻结。竖式冻结装置的结构如图 5-45 所示，适合于未包装鱼、肉之类不定形食品的冻结。

图 5-44　横式接触冻结装置

图 5-45　竖式接触冻结装置

接触冻结法要提高操作效率，需要使原料表面与冷冻板紧密接触才行。已包装的成盒食品，因为内部尚有部分空隙，因而冻结所需的时间较长。食品包装所用材料的种类不同，其所表现的传热效果也不同。就完成冻结所需时间长短而言，接触冻结法较送风冻结法快一倍（食品厚15cm时）到两倍（食品厚10cm时）。

本章主要符号

D——加热蒸汽量，kg/s；

F——料液量，kg/s；

H——液层高度，m；

H'——二次蒸汽比焓，J/kg；

Q——热流量或制冷量，W；

T——加热蒸汽温度，K 或 ℃；

V——体积，m^3；

Z——致死时间的自然对数变化值为 1 时所对应的杀菌温度变化量，K 或 ℃；

c_p——比热容，J/(kg·K)；

p——压强，Pa；

r——半径，m；

Δ——温差损失，K 或 ℃；

λ——热导率，W/(m·K)；

ρ——密度，kg/m^3；

E——抽出二次蒸汽量，kg/s；

F——杀菌值，min；

H——加热蒸汽比焓，J/kg；

K——传热系数，W/(m^2·K)；

S——面积，m^2；

T'——二次蒸汽的温度，K 或 ℃；

W——蒸发水量，kg/s；

h——溶液比焓，J/kg；

r——汽化潜热，kJ/kg；

t——沸点温度，K 或 ℃；

α——对流传热系数，W/(m^2·K)；

θ——时间，s；

σ——界面张力，N/m。

本章习题

5-1 试估算固形物含量为 30% 的番茄酱在常压和 720mmHg 真空度下蒸发时的沸点升高，番茄酱在常压下的沸点升高为 0.6℃，忽略静压引起的沸点升高，大气压强取 760mmHg。

5-2 上题中若加热管长度为 4m，则沸点升高又是多少？计算时番茄酱的密度可近似取为 1000kg/m^3。

5-3 在单效真空蒸发器内，每小时将 1500kg 牛奶从浓度 15% 浓缩到 50%。已知进料的平均比热容为 3.90kJ/(kg·K)，温度 80℃，加热蒸汽表压为 1×10^5 Pa，出料温度 60℃，蒸发器传热系数为 1160W/(m^2·K)，热损失可取为 5%。试求：（1）水分蒸发量和成品量；（2）加热蒸汽消耗量；（3）蒸发器传热面积。

5-4 在某次试验中，桃浆以 65kg/h 的流量进入连续真空蒸发器内进行浓缩，进料温度为 16℃，固溶物含量为 10.9%，产品排出温度为 40℃，固溶物含量为 40%，二次蒸汽在间壁式冷凝器中冷凝，离开冷凝器的汽凝水温度为 38℃。试求：（1）产品和凝结水的流量；（2）采用 121℃ 蒸汽供热时的蒸汽消耗量（热损失不计）；（3）若冷却水进冷凝器时温度为 21℃，离开时为 29.5℃，求其流量。桃浆进料比热容可取为 3.9kJ/(kg·K)，冷却水比热容可取为 4.187kJ/(kg·K)。

5-5 用某真空蒸发器浓缩含大量蛋白质的食品溶液，当加热管子表面洁净时，传热系数为 $1400W/(m^2 \cdot K)$，当操作一段时间后，形成了厚 $0.5mm$ 的垢层，问蒸发器的生产能力将发生什么变化？污垢的热导率可取为 $0.2W/(m \cdot K)$。

5-6 对某糖类真空蒸发器的传热系数进行实际测定，蒸发器内料液浓度为 50%，密度 $1220kg/m^3$，加热蒸汽的压强为 2×10^5 Pa（绝对），分离室内真空度 $600mmHg$，大气压强可取为 $760mmHg$，蒸发器内液层深度为 $2.8m$，沸点进料，经 $3h$ 试验后得蒸发的水分量为 2.7×10^4 kg。已知蒸发器传热面积为 $100m^2$，假定热损失为总传热量的 2%，50% 糖液的 $\Delta'_0 = 1.8℃$，试求传热系数。

5-7 在双效顺流蒸发器中浓缩脱脂牛奶。进奶固体含量为 10%，温度为 $55℃$，第一效中沸点为 $77℃$，第二效中沸点为 $68.5℃$，末效排出浓奶的固体含量为 30%，假设固形物的比热容为 $2kJ/(kg \cdot K)$，试近似估算离开第一效牛奶的固体含量（提示：以 $100kg$ 进料为基准，做第二效的热量衡算）。沸点升高可忽略。

5-8 如上题，所有条件均相同，唯采用逆流操作，且第一效加热蒸汽温度 $100℃$。求由末效流入第一效料液中的固体含量。

5-9 用双效顺流蒸发某热敏食品，加热蒸汽温度为 $110℃$，冷凝器的冷凝温度为 $40℃$，一切温差损失均忽略不计，且规定料液最高允许温度为 $65℃$，假定两效的传热系数相等，试估算两效传热面积之比（可设等蒸发量分布及 $1kg$ 蒸汽蒸发 $1kg$ 水）。

5-10 同上题，若用等面积原则设计两效设备，试问是否合理？又如果第二效采取改善循环的措施，提高了传热系数，使它为第一效传热系数的 2 倍，问等面积设计原则是否合理？

5-11 在双效顺流蒸发器内蒸发 $1t/h$、浓度为 10% 的某溶液，溶液浓度在第一效内为 15%，在第二效内为 30%。第一效内沸点为 $108℃$，第二效内沸点为 $75℃$，第二效二次蒸汽的绝对压强为 $30kPa$，设 15% 溶液的比热容为 $3.559kJ/(kg \cdot K)$，问料液由第一效进入第二效时自蒸发的水分量是多少？此水分量占总水分蒸发量的百分之几？

5-12 试设计计算一双效逆流蒸发器以浓缩番茄汁，要求浓度从 4.20% 浓缩到 28%，原料被预热至最高温 $60℃$ 后进料。原料处理量为每天 100 t（每天按 $20h$ 计），所用的加热蒸汽压强为 $120kPa$（绝对），冷凝器的真空度选用 $700mmHg$，第一效用强制循环，传热系数为 $1800W/(m^2 \cdot K)$，第二效用自然循环，传热系数为 $900W/(m^2 \cdot K)$，试计算蒸发量、加热蒸汽消耗量和传热面积（忽略温差损失和热损失，比热容中可忽略固体比热容）。

5-13 某厂拟采用三效蒸发将浓度为 6% 的番茄汁浓缩到 30%，处理的稀量番茄汁为每小时 $10t$，第一效的二次蒸汽抽用量为每小时 $1t$，第二效的二次蒸汽抽用量为每小时 $0.8t$，第三效的二次蒸汽全部进入冷凝器。问：蒸发系统每小时总蒸发水量是多少？消耗的蒸汽量是多少？若第一、二效的二次蒸汽抽用量均每小时增加 $0.2t$，所消耗的蒸汽量减少多少（假设热损失可忽略）？

5-14 某糖厂采用四效蒸发将干固物浓度为 16% 的清糖汁浓缩到 60%，处理量为 $120t/h$，蒸发器的传热面积分别为 $1000m^2$、$1200m^2$、$700m^2$、$700m^2$；第一效蒸发器的加热蒸汽温度为 $132℃$，第一效蒸发器的二次蒸汽温度为 $120℃$，第一效的沸点升高为 $3℃$；各效蒸发器二次蒸汽被抽用的数量为 $E_1 = 14400kg/h$，$E_2 = 19500kg/h$，$E_3 = 4000kg/h$，$E_4 = 3000kg/h$；糖液的密度 $\rho \approx 1000+4.5w$，w 为糖液浓度（$\%$），蒸发器内的糖液静止液位的高度在加热管高度 $1m$ 处，第一效为沸点进料。问：（1）蒸发系统的耗汽量是多少？（2）各效的蒸发水量是多少？（3）第一效的总传热系数是多少（假设热损失可忽略）？

5-15 乳糖溶液经浓缩至浓度为 $80kg/100kgH_2O$ 后进入结晶罐，结晶罐内可装 $1000kg$ 浓缩液，料液经冷却后温度从 $57.2℃$ 降至 $10℃$，一个结晶乳糖分子带有一个结晶水，相对分子质量为 360.3，溶液的平均比热容为 3.48kJ/(kg·K)，溶解热为 10.5kJ/mol，假定热损失为 12500kJ。试计算：(1) 结晶度（无水的及水合的）；(2) 冷却过程除去的热量（10℃下乳糖的溶解度为 15kg/100kgH$_2$O）。

5-16　如上题，若结晶过程是在连续结晶槽内进行，每小时处理 700kg 的浓缩乳糖液，设结晶器的传热系数为 420W/(m^2·K)，操作系逆流，冷却水进口温度为 2℃，出口温度为 5℃，试求冷却面积。

5-17　尺寸为 1m×0.25m×0.6m 的瘦牛肉放在 −30℃ 的自然对流冷冻装置中冷冻，已知牛肉的含水率为 47.5%，初始冻结温度为 −1.75℃，冻结后密度为 1050kg/m^3，冻结后牛肉的热导率为 1.108W/(m·K)，表面自然对流传热系数为 18.7W/(m^2·K)，求冻结所需的时间。

6 传质原理

物质在相际的转移属于质量传递过程。质量传递是自然界和科技领域中普遍存在的现象，大多数情况下是依靠扩散过程来进行的，因此质量传递过程常称为扩散过程。当物系中某组分存在浓度差或浓度梯度时，即会发生该组分由高浓度区向低浓度区的扩散过程，此浓度差或浓度梯度即为质量传递的推动力。

在食品工业中以相际传质为特征的单元操作应用很广泛。常见的传质单元操作有气体吸收、吸附、固-液萃取、干燥、蒸馏等，所涉及的传质过程属相际传质过程，即由一个相到另一个相的转移，其机理甚为复杂。虽经多年研究，使理论逐步进展，但还远没有达到完善的程度。

6.1 传质基础

6.1.1 混合物组成的表示方法

在多组分系统中，各组分的组成有不同的表示方法，常用的有以下几种。

6.1.1.1 以单位体积中物质量表示的浓度

物质量可以是质量，也可以是物质的量，分别称为质量浓度 ρ_A 和物质的量浓度（摩尔浓度）c_A，后者常简称为浓度：

$$\rho_A = m_A/V \tag{6-1}$$
$$c_A = n_A/V \tag{6-2}$$

在多组分体系中，这样表示的浓度具有加和性，即各组分的浓度之和等于混合物的总浓度。

质量浓度与物质的量浓度间的关系为：

$$c_A = \frac{\rho_A}{M_A} \tag{6-3}$$

6.1.1.2 以百分数表示的浓度

混合物中某组分的质量 m_A 与混合物总质量 m 之比称为该组分的质量分数 w_A。组分 A 的质量分数定义式为：

$$w_A = \frac{m_A}{m} \tag{6-4}$$

同理，混合物中某组分的物质的量 n_A 与混合物总物质的量 n 之比称为该组分的摩尔分数 x_A。组分 A 的摩尔分数定义式为：

$$x_A = \frac{n_A}{n} \tag{6-5}$$

当混合物为气液两相体系时，常以 x 表示液相中的摩尔分数，y 表示气相中的摩尔分数。

在多元（多组分）体系中，这样表示的浓度具有归一性，即混合物中各组分的质量分数（或摩尔分数）之和为1：

$$\sum_{i=1}^{N} w_i = 1 \tag{6-6}$$

或：

$$\sum_{i=1}^{N} x_i = 1 \tag{6-7}$$

质量分数与摩尔分数的互换关系为：

$$x_A = \frac{\dfrac{w_A}{M_A}}{\sum\limits_{i=1}^{N} \dfrac{w_i}{M_i}} \tag{6-8}$$

$$w_A = \frac{x_A M_A}{\sum\limits_{i=1}^{N} x_i M_i} \tag{6-9}$$

6.1.1.3 以物质量的比表示的浓度

在某些传质单元操作过程中，某一种组分的量保持不变，这种组分称为惰性组分。此时，用其他组分的量与惰性组分的量之比表示浓度，在计算中常常很方便，可以看成是以惰性组分为基准表示的浓度。

混合物中某组分质量 m_A 与惰性组分质量 $m-m_A$ 的比值称为该组分的质量比。对二元体系，组分 A 的质量比定义式为：

$$W_A = \frac{m_A}{m-m_A} = \frac{w_A}{1-w_A} \tag{6-10}$$

同理，二元体系中某组分的摩尔比为：

$$X_A = \frac{n_A}{n-n_A} = \frac{x_A}{1-x_A} \tag{6-11}$$

同样，当混合物为气液两相体系时，常以 X 表示液相中的摩尔比，Y 表示气相中的摩尔比。

质量（摩尔）分数换算成质量（摩尔）比时，不再有归一性，而具有加和性。

[例 6-1] 在蒸馏塔中将含醋酸 15%（体积分数，下同）的醋酸-水溶液蒸馏，得到含醋酸 95% 的产品。试分别用易挥发组分的质量分数、摩尔分数、质量比和摩尔比表示进料和产品的浓度。纯醋酸的密度可取为 $1050 kg/m^3$，水的密度取 $1000 kg/m^3$。

解：（1）醋酸与水相比，水为易挥发组分。因此，质量分数为

$$w_F = \frac{0.85 \times 1000}{0.85 \times 1000 + 0.15 \times 1050} = 0.844 \qquad w_W = \frac{0.05 \times 1000}{0.05 \times 1000 + 0.95 \times 1050} = 0.0477$$

（2）摩尔分数

$$x_F = \frac{\dfrac{0.844}{18}}{\dfrac{0.844}{18} + \dfrac{0.156}{60}} = 0.947 \qquad x_W = \frac{\dfrac{0.0477}{18}}{\dfrac{0.0477}{18} + \dfrac{0.9523}{60}} = 0.143$$

（3）质量比

$$W_F = \frac{w_F}{1-w_F} = \frac{0.844}{0.156} = 5.41 \qquad W_W = \frac{w_W}{1-w_W} = \frac{0.0477}{0.9523} = 0.0501$$

（4）摩尔比

$$X_F = \frac{x_F}{1 - x_F} = \frac{0.947}{0.053} = 17.868 \qquad X_W = \frac{x_W}{1 - x_W} = \frac{0.143}{0.857} = 0.167$$

6.1.1.4　以分压表示的气体浓度

对于气体混合物，其组成还常常用分压表示。根据道尔顿分压定律，对理想气体，总压 p_T、组分分压 p_A 与组分的摩尔分数 y_A 和摩尔比 Y_A 的关系为：

$$y_A = \frac{p_A}{p_T} \tag{6-12}$$

$$Y_A = \frac{p_A}{p_T - p_A} \tag{6-13}$$

以上各种混合物组成的表示方法需根据过程计算时使用上的方便而确定，同时需要掌握各种组成表示方法之间的换算，换算的要点是取一定量的混合物作为基准，然后根据组成的定义做换算。

6.1.2　相平衡与传质推动力

工业上应用最广泛的蒸馏、吸收、萃取等分离操作都是利用被分离组分在两相间的分配不同，将浓度不同的两相分开，从而实现分离的。两相间的浓度差越大，分离就越高效，而相平衡为相间浓度差的极限，因此这类分离过程称为平衡分离过程，组分在两相间的平衡是此类传质分离过程的热力学基础。

任何一个混合物与另一相接触时，其中的组分就会在两相间传递，最后达到平衡，两相的组成（浓度）不再变化。平衡时两相组成之间的关系称为相平衡关系，关联平衡时两相组成的数学方程或曲线称为平衡线。在直角坐标图上，以一相的组成为横坐标，另一相的组成为纵坐标，平衡线即为图上的一条曲线，任意两相的组成则表示为图上的一点。根据此点在图上位置，可以判断传质进行的方向和传质推动力的大小。

例如，在 20℃ 下氨在空气和水两相中的平衡关系如图 6-1 所示，图中横坐标为水相中氨的质量比，纵坐标为空气中氨的分压，图中的曲线为平衡线。当气、液两相的组成在平衡线上时，氨在两相间达到平衡，无宏观的净传递发生。例如当气相中氨的分压为 4.23kPa 时，水中氨的平衡组成为 0.05（质量比）。而如果气、液两相的组成点位于平衡线之上，例如使氨分压为 4.23kPa 的含氨空气与氨组成为 0.02（质量比）的氨水接触，组成点为图中的 a 点，两相未达到平衡，水中氨的组成低于平衡组成 0.05，氨即从气相向液相传递，即发生吸收。此过程的推动力为实际状态与平衡状态间的差距，可以用 a 点与平衡线的水平距离表示：

$$\Delta W = 0.05 - 0.02 \tag{6-14}$$

也可以用 a 点与平衡线的垂直距离表示：

$$\Delta p = 4.23 - 1.6 = 2.63 \text{kPa} \tag{6-15}$$

图 6-1　NH_3 在空气与水两相间的平衡关系

式中，1.6kPa 为与组成为 0.02 的氨水呈平衡的气相中氨的分压。

如果表示气、液两相组成的点位于平衡线的下方，则氨将从液相向气相传递，这个过程称为解吸，是吸收的逆过程，其推动力同样可以用组成点与平衡线之间的水平距离或垂直距离表示。

由于组成的表示有多种方法，相应地平衡相图也有各种表达方式，但是平衡线的意义及对传质推动力的分析均与上例相同。

6.1.3 传质速度与传质通量

在多组分系统的传质过程中，各组分以不同的速度运动。一方面，由于系统内浓度的不均匀而导致了组分的传递，另一方面混合物本身亦处于运动之中。设混合物相对于任一静止平面的移动速度为 u（摩尔基准），该速度也称为主体流动速度，某组分 A 的扩散速度（即相对速度）为 $u_{D,A}$，则该组分相对于静止平面的实际移动速度（即绝对速度）为：

$$u_A = u + u_{D,A} \tag{6-16}$$

单位时间通过垂直于传质方向上单位面积的物质量称为传质通量，它又等于传质速度与浓度的乘积，可以从下式看出：

$$通量 = \frac{物质量}{面积 \times 时间} = \frac{物质量}{面积 \times 时间} \times \frac{距离}{距离} = \frac{物质量}{面积 \times 距离} \times \frac{距离}{时间} = 浓度 \times 速度$$

根据传质速度的表示方法不同，相应地传质通量有不同的表达形式。

（1）以绝对速度表示的传质通量等于绝对速度与浓度的乘积。

$$N_A = c_A u_A \tag{6-17}$$

混合物的总通量为：

$$N = \sum N_i = c_T u \tag{6-18}$$

因此得：

$$u = \frac{\sum N_i}{c_T} = \frac{\sum c_i u_i}{c_T} \tag{6-19}$$

（2）以扩散速度表示的传质通量等于扩散速度与浓度的乘积。

$$J_A = c_A u_{D,A} \tag{6-20}$$

（3）以主体流动速度表示的传质通量等于主体流动速度与浓度的乘积。

$$c_A u = c_A \frac{\sum N_i}{c_T} = x_A \sum N_i = x_A N \tag{6-21}$$

从以上分析可知，总体流动是各组分并行的传递运动，各组分具有相同的传递方向和传递速度，某组分的传递通量等于总传递通量乘以该组分的摩尔分数。

6.2 传质原理

6.2.1 传质微分方程

6.2.1.1 描述分子传质的基本方程

质量传递与热量传递中类似，也分为分子传质和对流传质两种方式。

分子传质是由分子的无规则热运动而形成的物质传递，又称为分子扩散，简称扩散。设有一容器，如图 6-2 所示，用一隔板分为左右两室，两室中分别充入温度及压强相同，而浓度不同的 A、B 两种气体，左室中组分 A 的浓度高于右室，而组分 B 的浓度则低于右室。当隔板被抽出以后，由于气体分子的无规则热运动，左室中的 A、B 分子均会进入右室；同时，右室中的 A、B 分子也会进入左室。如果温度和压强保持恒定，则左右两室交换的分子数虽相等，但因左室 A 的浓度高于右室，故在同一时间内从左室进入右室的 A 分子多于从右室返回左室的 A 分子。同理，从右室进入左室的 B 分子多于从左室返回右室的 B 分子。传递的净结果是物质 A 自左向右传递，而物质 B 自右向

图 6-2 分子扩散现象

左传递，即两种物质各自向其浓度降低的方向传递，两室的浓度差趋于缩小。

上述扩散过程将一直进行到两室中 A、B 两种物质的浓度完全均匀为止。此时扩散仍在进行，但通过任一截面的净扩散通量为零，左、右两方向物质的扩散通量相等，系统处于动态平衡状态。

描述分子扩散的通量或速率的方程为费克（Fick）第一定律，其数学表达式为：

$$J_A = -D_{AB} \frac{dc_A}{dz} \tag{6-22}$$

同理有：

$$J_B = -D_{BA} \frac{dc_B}{dz} \tag{6-23}$$

对于两组分扩散系统，由于净的扩散通量为零，故有：

$$J_A = -J_B \tag{6-24}$$

故得：

$$D_{AB} = D_{BA} \tag{6-25}$$

式(6-25) 表明，在两组分扩散系统中，组分 A 在组分 B 中的扩散系数等于组分 B 在组分 A 中的扩散系数，故下文中两组分系统的扩散系数均简写为 D。

6.2.1.2 传质微分方程的推导

描述一般情况下（多组分系统、多维流动、非稳态、伴有化学反应）传质过程的基本方程是传质微分方程，又称为多组分系统的连续性方程。

图 6-3　传质微分方程的推导

考察组分 A 在由 A 和 B 组成的双组分流动混合物中进行质量传递的状况。如图 6-3 所示，在流动体系中取一边长分别为 dx、dy 和 dz 的流体微元，做组分 A 的微分质量衡算。设流速 $\boldsymbol{u}$ 在三个坐标轴方向上的分量分别为 u_x、u_y、u_z，则组分 A 由于流体流动所产生的通量 $c_A \boldsymbol{u}$ 在三个坐标轴方向上的分量分别为 $c_A u_x$、$c_A u_y$、$c_A u_z$，组分 A 由于浓度梯度所产生的扩散通量 $\boldsymbol{J}_A$ 在三个坐标轴方向上的分量分别为 J_{Ax}、J_{Ay}、J_{Az}，由此可得，组分 A 沿 x 方向输出与输入流体微元的净摩尔流量为：

$$\left[\frac{\partial (c_A u_x)}{\partial x} + \frac{\partial J_{Ax}}{\partial x} \right] dxdydz$$

沿 y、z 方向输出与输入流体微元的净摩尔流量分别为：

$$\left[\frac{\partial (c_A u_y)}{\partial y} + \frac{\partial J_{Ay}}{\partial y} \right] dxdydz \quad \text{和} \quad \left[\frac{\partial (c_A u_z)}{\partial z} + \frac{\partial J_{Az}}{\partial z} \right] dxdydz$$

又组分 A 在流体微元中累积的摩尔速率为：$\frac{\partial c_A}{\partial \theta} dxdydz$

此外，令单位体积中组分 A 生成的摩尔速率为 R_A，当 A 为生成物时，R_A 取正值，当 A 为反应物时，R_A 取负值。由此可得微元体内由于化学反应生成组分 A 的摩尔速率为：

$$R_A dxdydz$$

将以上诸项合并可得组分 A 的微分质量衡算式如下：

$$\frac{\partial (c_A u_x)}{\partial x} + \frac{\partial (c_A u_y)}{\partial y} + \frac{\partial (c_A u_z)}{\partial z} + \frac{\partial c_A}{\partial \theta} + \frac{\partial J_{Ax}}{\partial x} + \frac{\partial J_{Ay}}{\partial y} + \frac{\partial J_{Az}}{\partial z} - R_A = 0 \tag{6-26}$$

将式(6-26) 头三项展开，可得：

$$c_A \left(\frac{\partial u_x}{\partial x} + \frac{\partial u_y}{\partial y} + \frac{\partial u_z}{\partial z} \right) + u_x \frac{\partial c_A}{\partial x} + u_y \frac{\partial c_A}{\partial y} + u_z \frac{\partial c_A}{\partial z} + \frac{\partial c_A}{\partial \theta} + \frac{\partial J_{Ax}}{\partial x} + \frac{\partial J_{Ay}}{\partial y} + \frac{\partial J_{Az}}{\partial z} - R_A = 0$$

$$\tag{6-27}$$

c_A 的随体导数为：

$$\frac{Dc_A}{D\theta} = \frac{\partial c_A}{\partial \theta} + u_x\frac{\partial c_A}{\partial x} + u_y\frac{\partial c_A}{\partial y} + u_z\frac{\partial c_A}{\partial z} \tag{6-28}$$

将上式代入式(6-27)，可得：

$$c_A\left(\frac{\partial u_x}{\partial x} + \frac{\partial u_y}{\partial y} + \frac{\partial u_z}{\partial z}\right) + \frac{Dc_A}{D\theta} + \frac{\partial J_{Ax}}{\partial x} + \frac{\partial J_{Ay}}{\partial y} + \frac{\partial J_{Az}}{\partial z} - R_A = 0 \tag{6-29}$$

对三个坐标方向的费克第一定律分别对 x、y、z 求偏导数，得：

$$\frac{\partial J_{Ax}}{\partial x} = -D\frac{\partial^2 c_A}{\partial x^2} \tag{6-30a}$$

$$\frac{\partial J_{Ay}}{\partial y} = -D\frac{\partial^2 c_A}{\partial y^2} \tag{6-30b}$$

$$\frac{\partial J_{Az}}{\partial z} = -D\frac{\partial^2 c_A}{\partial z^2} \tag{6-30c}$$

代入式(6-29)中，可得：

$$c_A\left(\frac{\partial u_x}{\partial x} + \frac{\partial u_y}{\partial y} + \frac{\partial u_z}{\partial z}\right) + \frac{Dc_A}{D\theta} = D\left(\frac{\partial^2 c_A}{\partial x^2} + \frac{\partial^2 c_A}{\partial y^2} + \frac{\partial^2 c_A}{\partial z^2}\right) + R_A \tag{6-31}$$

式(6-31) 即为通用的传质微分方程的形式。若混合物的总浓度恒定，则得：

$$\frac{\partial c_A}{\partial \theta} + u_x\frac{\partial c_A}{\partial x} + u_y\frac{\partial c_A}{\partial y} + u_z\frac{\partial c_A}{\partial z} = D\left(\frac{\partial^2 c_A}{\partial x^2} + \frac{\partial^2 c_A}{\partial y^2}\frac{\partial^2 c_A}{\partial z^2}\right) + R_A \tag{6-32}$$

式(6-32) 适用于双组分混合物的总摩尔浓度为常数、有分子扩散并伴有化学反应时的非稳态三维传质过程。若不存在化学反应，$R_A = 0$，式(6-32) 可化简为：

$$\frac{Dc_A}{D\theta} = D\left(\frac{\partial^2 c_A}{\partial x^2} + \frac{\partial^2 c_A}{\partial y^2} + \frac{\partial^2 c_A}{\partial z^2}\right) \tag{6-33}$$

对于有质量传递且介质不运动的情况（固体或停滞流体中），式(6-33) 中的对流导数为零，该式又可化简为：

$$\frac{\partial c_A}{\partial \theta} = D\left(\frac{\partial^2 c_A}{\partial x^2} + \frac{\partial^2 c_A}{\partial y^2} + \frac{\partial^2 c_A}{\partial z^2}\right) \tag{6-34}$$

式(6-34) 称为费克第二定律，它与热传导方程即傅里叶第二定律类似，适用于总浓度不变时，在固体或停滞流体中进行分子传质的场合。

在稳态下进行分子扩散时，由于 c_A 不是时间的函数，于是式(6-34) 又可进一步化简为：

$$\frac{\partial^2 c_A}{\partial x^2} + \frac{\partial^2 c_A}{\partial y^2} + \frac{\partial^2 c_A}{\partial z^2} = 0 \tag{6-35}$$

式(6-35) 为双组分系统中进行分子扩散时，以组分 A 摩尔浓度表示的拉普拉斯方程，它与导热中以温度 t 表示的拉普拉斯方程类似。

6.2.2 分子传质

6.2.2.1 分子传质的普遍性方程

费克第一定律只描述了由分子无规则热运动而引起的扩散，其传递的速度即为扩散速度。实际上，在分子扩散的同时，还经常伴有流体的主体流动。以气体吸收为例，设二元气体混合物由 A、B 组成，其中 A 为溶质，可溶解于液体中，而 B 不能在液体中溶解。这样，组分 A 可以通过气液相界面进入液相，而组分 B 不能进入液相。由于 A 分子不断通过相界面进入液相，相界面的气相一侧的总浓度将下降，混合气体便会自动地向界面运动以作补充，这样就发生了 A、B 两种分子并行向相界面的运动，这就是混合物的主体流动。显然，通过气液相界面组分 A 的通量应等于由于分子扩散所形成的组分 A 的通量与由于主体流动所形成的组分 A 的

图 6-4 吸收过程
各通量的关系

通量的和。而组分 B 由于不能通过相界面，随主体流动运动到相界面后，又以分子扩散形式返回气相主体中，其总通量为零，如图 6-4 所示。

当在扩散的同时伴有混合物的主体流动时，实际传递的通量应为分子扩散的通量与主体流动的通量之和。由式（6-17）、式（6-21）及式（6-22）得：

$$J_A = c_A(u_A - u) = -D\frac{dc_A}{dz}$$

$$c_A u_A = N_A = -D\frac{dc_A}{dz} + c_A u$$

因只有两组分，由式（6-21）得：

$$N_A = -D\frac{dc_A}{dz} + x_A(N_A + N_B) \tag{6-36}$$

式（6-36）为费克第一定律的普遍表达形式，若其中的摩尔通量用质量通量 n_A、物质的量浓度用质量浓度 ρ_A、摩尔分数用质量分数 w_A 代替，则得：

$$n_A = -D\frac{d\rho_A}{dz} + w_A(n_A + n_B) \tag{6-37}$$

式（6-37）与式（6-36）是等价的，它们都可以表达成：

组分的实际传质通量＝分子扩散通量＋主体流动通量

［例 6-2］ 由 CO（组分 A）和 N_2（组分 B）组成的二元系统中发生一维稳态扩散。已知：$c_A = 0.03 \text{kmol/m}^3$，$c_B = 0.06 \text{kmol/m}^3$，$u_A = 0.003 \text{m/s}$，$u_B = 0.004 \text{m/s}$。求：（1）$u$；（2）$N_A$，$N_B$，$N$。

解：（1）$c_T = c_A + c_B = 0.03 + 0.06 = 0.09 \text{kmol/m}^3$

$u = (c_A u_A + c_B u_B)/c_T = (0.03 \times 0.003 + 0.06 \times 0.004)/0.09 = 3.67 \times 10^{-3} \text{m/s}$

（2）$N_A = c_A u_A = 0.03 \times 0.003 = 9 \times 10^{-5} \text{kmol/(m}^2 \cdot \text{s)}$

$N_B = c_B u_B = 0.06 \times 0.004 = 2.4 \times 10^{-4} \text{kmol/(m}^2 \cdot \text{s)}$

$N = N_A + N_B = 9 \times 10^{-5} + 2.4 \times 10^{-4} = 3.3 \times 10^{-4} \text{kmol/(m}^2 \cdot \text{s)}$

6.2.2.2 等分子反向扩散

在涉及传质的单元操作中，分子扩散有两种形式，即双向扩散（等分子反向扩散）和单向扩散（一组分通过另一停滞组分的扩散）。

设由 A、B 两组分组成的二元混合物中，组分 A、B 进行反方向扩散，若系统的总压和温度维持不变，则两组分的扩散通量相等，称为等分子反向扩散。等分子反向扩散的情况多在蒸馏等操作中遇到。对于等分子反向扩散，若有 1mol 的 A 组分通过与扩散方向垂直的某平面扩散，则同时必有 1mol 的 B 组分由反方向通过该平面扩散。

对于等分子反方向扩散，$N_A = -N_B$，代入式（6-36）得：

$$N_A = J_A = -D\frac{dc_A}{dz} \tag{6-38}$$

在系统中取 z_1 和 z_2 两个平面，设组分 A、B 在平面 z_1 处的浓度为 c_{A1} 和 c_{B1}，在 z_2 处的浓度为 c_{A2} 和 c_{B2}，且 $c_{A1} > c_{A2}$、$c_{B1} < c_{B2}$，而系统的总浓度 c_T 恒定。将式（6-38）分离变量并积分：

$$N_A \int_{z_1}^{z_2} dz = -D \int_{c_{A1}}^{c_{A2}} dc_A$$

得：

$$N_A = \frac{D}{\Delta z}(c_{A1} - c_{A2}) \tag{6-39}$$

其中 $\Delta z = z_2 - z_1$。

对气体扩散，当扩散系统处于低压时，气相可按理想气体处理，于是：

$$c_A = p_A / (RT)$$

将上述关系代入式（6-39）中，得：

$$N_A = J_A = \frac{D}{RT\Delta z}(p_{A1} - p_{A2}) \tag{6-40}$$

式（6-39）、式（6-40）即为 A、B 两组分做等分子反向稳态扩散时的扩散通量表达式。式（6-40）多用于描述气相扩散，而式（6-39）既可用于气相扩散，又可用于液相扩散。

6.2.2.3 组分 A 通过停滞组分 B 的扩散

如果在两组分混合物中，组分 B 不能通过某平面，则该组分为不扩散组分或停滞组分，而组分 A 则通过停滞组分 B 进行扩散。该扩散过程多在吸收操作中遇到，例如用水吸收空气中氨的过程，气相中氨（组分 A）通过不扩散的空气（组分 B）扩散至气液相界面，然后溶于水中，而空气在水中可认为是不溶解的，故它并不能通过气液相界面，而是"停滞"不动的。

由于组分 B 为不扩散组分，故 $N_B = 0$，由式（6-36）得：

$$N_A = -D\frac{dc_A}{dz} + x_A N_A = -D\frac{dc_A}{dz} + \frac{c_A}{c_T}N_A$$

整理得：

$$N_A = -\frac{Dc_T}{c_T - c_A} \times \frac{dc_A}{dz} \tag{6-41}$$

仍在系统中取 z_1 和 z_2 两个平面，设组分 A、B 在平面 z_1 处的浓度为 c_{A1} 和 c_{B1}，z_2 处的浓度为 c_{A2} 和 c_{B2}，且 $c_{A1} > c_{A2}$、$c_{B1} < c_{B2}$，且系统的总浓度 c_T 恒定。将式（6-41）分离变量并积分：

$$N_A \int_{z_1}^{z_2} dz = -Dc_T \int_{c_{A1}}^{c_{A2}} \frac{dc_A}{c_T - c_A}$$

得：

$$N_A = \frac{Dc_T}{\Delta z} \ln \frac{c_T - c_{A2}}{c_T - c_{A1}} \tag{6-42}$$

对气体扩散又有：

$$N_A = \frac{Dp_T}{RT\Delta z} \ln \frac{p_T - p_{A2}}{p_T - p_{A1}} \tag{6-43}$$

式（6-42）、式（6-43）即为组分 A 通过停滞组分 B 的稳态扩散时的扩散通量表达式。将式（6-43）进一步变形。

由于扩散过程中总压 p_T 不变，故得：$p_{B2} = p_T - p_{A2}$，$p_{B1} = p_T - p_{A1}$

因此：

$$p_{B2} - p_{B1} = p_{A1} - p_{A2}$$

于是：

$$N_A = \frac{Dp_T(p_{A1} - p_{A2})}{RT\Delta z(p_{B2} - p_{B1})} \ln \frac{p_{B2}}{p_{B1}}$$

令：

$$p_{BM} = \frac{p_{B2} - p_{B1}}{\ln \dfrac{p_{B2}}{p_{B1}}}$$

p_{BM} 为组分 B 的对数平均分压。据此得：

$$N_A = \frac{Dp_T}{RT\Delta z p_{BM}}(p_{A1} - p_{A2}) \tag{6-44}$$

比较式（6-40）与式（6-44）可得：

$$N_A = J_A \frac{p_T}{p_{BM}} \tag{6-45}$$

p_T / p_{BM} 反映了主体流动对传质速率的影响，称为"漂流因数"。因 $p_T > p_{BM}$，所以漂流因数 $p_T / p_{BM} > 1$，这表明由于有主体流动而使物质 A 的传递速率较之单纯的分子扩散要大一些。

当混合气体中组分 A 的浓度很低时，$p_{BM} \approx p_T$，因而 $p_T/p_{BM} \approx 1$，式(6-44) 即可简化为式(6-40)。

[**例 6-3**] 用图示装置测定水蒸气在空气中的扩散系数。在直立的小玻璃管盛有水，开始

时液面离上端管口 125mm。上端有一股干燥空气缓缓流过。290h 后，管内液面降到离管口 150mm。管内液体的温度为 55℃，大气压为 101.3kPa，水的蒸气压为 15.743kPa。求水蒸气在空气中的扩散系数。水的密度为 985.65kg/m³。

例 6-3　附图

解：水的汽化速率为 $N_A = \dfrac{Dp_T}{RTz} \ln \dfrac{p_{B2}}{p_{B1}}$

式中的静止空气层厚度 z 为变量，即液面到管口的距离。

另一方面，水的汽化速率又可以表示为 $N_A = \dfrac{\rho_L}{M} \times \dfrac{dz}{d\theta}$

故有

$$\frac{Dp_T}{RTz} \ln \frac{p_{B2}}{p_{B1}} = \frac{\rho_L}{M} \times \frac{dz}{d\theta}$$

即

$$\frac{M}{\rho_L} \times \frac{Dp_T}{RT} \ln \frac{p_{B2}}{p_{B1}} \int_0^\theta d\theta = \int_{z_1}^{z_2} z dz$$

解得

$$\frac{M}{\rho_L} \times \frac{Dp_T}{RT} \theta \ln \frac{p_{B2}}{p_{B1}} = \frac{1}{2}(z_2^2 - z_1^2)$$

代入 $M = 18\text{kg/kmol}$，$\rho_L = 985.65\text{kg/m}^3$，$R = 8.314\text{kJ/(kmol·K)}$，$T = 328\text{K}$，$p_{B1} = 101.3 - 15.743 = 85.557\text{kPa}$，$p_{B2} = 101.3 - 0 = 101.3\text{kPa}$，$p_T = 101.3\text{kPa}$，$z_1 = 0.125\text{m}$，$z_2 = 0.15\text{m}$，$\theta = 290 \times 3600 = 1.04 \times 10^6\text{s}$。

$$
\begin{aligned}
D &= \frac{\rho_L RT}{2\theta p_T M \ln(p_{B2}/p_{B1})}(z_2^2 - z_1^2) \\
&= 985.65 \times 8.314 \times 10^3 \times 328 \times (0.15^2 - 0.125^2)/[2 \times 1.04 \times 10^6 \times 101.3 \times 10^3 \times 18 \times \\
&\quad \ln(101.3/85.557)] \\
&= 2.885 \times 10^{-5}\text{m}^2/\text{s}
\end{aligned}
$$

6.2.2.4　固体中的稳态扩散

传质单元操作中经常遇到固体中的扩散，包括气体和液体在固体内的分子扩散。根据固体的结构，可以将固体中的扩散分为与固体内部结构基本无关的普通扩散和多孔固体中的扩散两大类。多孔固体中充满了空隙或孔道，扩散物质在孔道内进行扩散，其扩散通量除与扩散物质本身的性质有关外，还与孔道的尺寸密切相关。因此，按扩散物质分子运动的平均自由程 λ 与孔道直径 d 的关系，又将多孔固体中的扩散分为费克型扩散、纽特逊扩散及过渡区扩散等几种类型。

(1) 与固体内部结构无关的稳态扩散　当流体或扩散溶质溶解于固体中，并形成均匀的溶液，此种扩散即为与固体内部结构无关的扩散。在处理这类扩散问题时，一般将固体按均匀物质处理，不涉及固体内部的实际结构。这类扩散过程的机理较为复杂，并且因物系而异，但其扩散方式与物质在流体内的扩散方式类似，仍遵循费克第一定律，其通用的表达形式仍为式(6-36)。而由于固体扩散中组分 A 的浓度一般都很低，c_A/c_T 值很小，故可忽略，即可按等分子反向扩散处理，稳态时有：

$$N_A = \frac{D}{z_2 - z_1}(c_{A1} - c_{A2}) \tag{6-39}$$

式(6-39) 只适用于扩散面积相等的平行平面间的稳态扩散。若扩散面积不等时，例如组

分通过柱形面或球形面的扩散，沿半径方向上的表面积是不相等的，在此种情况下，可采用平均面积作为传质面积。

（2）多孔固体中的稳态费克型扩散　当固体内部孔道的直径 d 远大于流体分子运动的平均自由程 λ（一般 $d \geqslant 100\lambda$）时，则扩散时扩散分子之间的碰撞机会远大于分子与壁面之间的碰撞，扩散仍遵循费克定律，称此种多孔固体中的扩散为费克型扩散。根据分子运动学说，压强越高，密度越大，平均自由程越小。因此高压下的气体和常压下的液体在多孔固体中扩散时，一般发生费克型扩散。

多孔固体中费克型扩散的扩散通量方程可用下式表达：

$$N_A = \frac{D_p}{z_2 - z_1}(c_{A1} - c_{A2}) \tag{6-46}$$

式（6-46）中的 D_p 称为"有效扩散系数"，它不等于组分在液体中的扩散系数 D，其值与固体的结构有关，一般的处理方法是对 D 进行校正。图 6-5 为典型的多孔固体示意图。在扩散过程中，A 分子通过的路径是曲折的，其长度大于 $(z_2 - z_1)$。用一经验方程表示，取曲折路径为 $(z_2 - z_1)$ 的 τ 倍，τ 称为曲折因子。另一方面，组分在多孔固体内扩散时，扩散面积为孔道的截面积而非固体介质的总截面积。设固体的空隙率为 ε，则需用 ε 校正扩散面积的影响。综合以上两个方面的因素，可得 D 与 D_p 的关系如下：

$$D_p = \frac{\varepsilon D}{\tau} \tag{6-47}$$

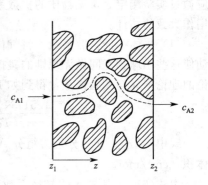

图 6-5　多孔固体示意图

将式（6-47）代入式（6-46）得：

$$N_A = \frac{D\varepsilon}{\tau(z_2 - z_1)}(c_{A1} - c_{A2}) \tag{6-48}$$

式（6-48）即为多孔固体中进行费克型扩散的扩散通量方程。

（3）多孔固体中的纽特逊扩散　当固体内部孔道的直径 d 小于气体分子运动的平均自由程 λ 的 1/10 时，则气体分子与孔道壁面之间的碰撞机会将多于分子与分子之间的碰撞机会。此时扩散的特征是分子间的碰撞不占主要地位，而分子与孔道壁面的碰撞成为主要因素，因此不遵从费克定律，称为纽特逊扩散，其主要阻力是分子与孔道壁间的碰撞阻力，而分子间的碰撞阻力则可以忽略不计。在实践中常定义纽特逊扩散系数 D_{kA} 为：

$$D_{kA} = 48.5 d_p \sqrt{\frac{T}{M_A}} \tag{6-49}$$

式中，d_p 为孔道的平均直径。D_{kA} 与总压 p_T 无关，也与组分 B 无关。用纽特逊扩散系数代入费克定律得：

$$N_A = -D_{kA}\frac{dc_A}{dz} \tag{6-50}$$

用同样的方法得到：

$$N_A = \frac{D_{kA}}{z_2 - z_1}(c_{A1} - c_{A2}) \tag{6-51}$$

或：

$$N_A = \frac{D_{kA}}{RT(z_2 - z_1)}(p_{A1} - p_{A2}) \tag{6-52}$$

实践中用纽特逊数 Kn 来判别是否是纽特逊扩散，其定义为：

$$Kn = \frac{\lambda}{d_p} \tag{6-53}$$

Kn 越大，式(6-53)就越准确。一般 Kn 的值应大于 10，此时用式(6-53)计算扩散通量的误差在 10% 以内。

（4）过渡区扩散　当固体内部孔道的直径 d 与流体分子运动的平均自由程 λ 相差不大时，则气体分子间的碰撞以及分子与孔道壁面之间的碰撞同时存在，两种阻力并存而且其大小在相似的数量级。此时既有费克型扩散，也有纽特逊扩散，两种扩散影响同样重要，均不能忽略。对过渡区扩散，其通量方程可根据推动力叠加的原则计算。

6.2.2.5　扩散系数

扩散系数 D 是物质的一种传递性质，其值受温度、压力和混合物中组分含量的影响，同一组分在不同的混合物中其扩散系数也不一样。在需要确切了解某一物系的扩散系数时，一般应通过实验测定。常见物质的扩散系数可在手册中查到，某些计算扩散系数的半经验公式也可用作大致的估计。

（1）气体中的扩散系数　将气体混合物的分子视作性质相同的弹性刚性小球体，分子热运动使这些小球相互间做无规则的碰撞，不再考虑其他的作用力。在此简化条件下，经分子运动论的理论推导与实验修正，得到如下计算气体扩散系数的半经验式：

$$D=\frac{1.517\times10^{-4}\,T^{1.81}\,(1/M_A+1/M_B)^{0.5}}{p_T\,(T_{CA}T_{CB})^{0.1405}\,(V_{CA}^{0.4}+V_{CB}^{0.4})^2}\,(\mathrm{m}^2/\mathrm{s}) \tag{6-54}$$

式中，T_{CA}、T_{CB} 分别为组分 A、B 的临界温度，K；V_{CA}、V_{CB} 分别为组分 A、B 的临界体积，cm^3/mol。

由式(6-54)不难推出扩散系数与温度、压强的关系为：

$$D=D_0\left(\frac{T}{T_0}\right)^{1.81}\left(\frac{p_{T_0}}{p_T}\right) \tag{6-55}$$

（2）液体中的扩散系数　组分在液体中的扩散系数比在气体中小得多，一般说来，气体的扩散系数约为液体的 10^5 倍。但组分在液体中的浓度较气体大，因此，组分在气相中的扩散速率约为液相中的 100 倍。此外，液体中组分的浓度对扩散系数有较显著的影响，一般手册中所载的数据均为稀溶液中的扩散系数。电解质在溶液中将离解为离子，其扩散比分子扩散快。

液体的扩散理论及实验均不及气体完善，估计液体扩散系数的计算式也不及气体可靠，文献中的估算公式多适用于稀溶液。液体的扩散系数与温度、黏度的关系为：

$$D=D_0\frac{T\mu_0}{T_0\mu} \tag{6-56}$$

（3）固体中的扩散系数　目前还不能精确计算固体中的扩散系数，这是由于有关固体中扩散的理论研究得还不够充分。在工程实际中多采用 D 的实验数据，若缺乏实验数据，则由实验进行测定。

6.2.3　对流传质（扩散）

6.2.3.1　对流传质的机理与类型

分子扩散只有在固体、静止或层流流动的流体内才会单独发生。在湍流流体中，由于存在大大小小的旋涡运动，而引起流体微团的剧烈混合。在有浓度差存在时，物质便朝着浓度降低的方向进行传递，这种凭借流体质点的湍动和旋涡来传递物质的现象，称为涡流扩散。在湍流流体中，尽管分子扩散是时刻存在的，但涡流扩散的通量远大于分子扩散的通量，一般可忽略分子扩散的影响。

对涡流扩散，其扩散通量表达式为：

$$J_{Ae} = -D_e \frac{dc_A}{dz} \tag{6-57}$$

式中的涡流扩散系数 D_e 与涡流黏度一样，与流体的性质无关，而与湍动的强度、流道中的位置、壁面粗糙度等因素有关。

对流传质是指壁面与运动流体之间，或两个有限互溶的运动流体之间的质量传递。传质单元操作多发生在流体湍流的情况下，此时的对流传质就是湍流主体与相界面之间的涡流扩散与分子扩散两种传质作用的总和。

描述对流传质的基本方程与描述对流传热的基本方程即牛顿冷却定律类似，可采用下式表述：

$$N_A = k_c \Delta c_A \tag{6-58}$$

式(6-58)称为对流传质速率方程。由于组成有不同的表达方式，故对流传质速率方程亦有不同的表达形式。

与对流传热相似，对流传质根据流体流动发生的原因不同，可分为强制对流传质和自然对流传质两类。在传质单元操作过程中，流体一般是在强制状态下流动，属强制对流传质。强制对流传质又分为层流传质和湍流传质两种情况。工程上为了强化传质速率，多采用强制湍流传质过程。

对流传质按流体的作用方式又可分两类：一类是流体作用于固体壁面，即流体与固体壁面间的传质；另一类是一种流体作用于另一种流体，两流体通过相界面进行传质，即相际间的传质。

研究对流传质速率需首先弄清对流传质的机理，在实际工程中，以湍流传质最为常见。以流体强制湍流流过固体壁面时的传质过程为例，当流体以湍流流过固体壁面时，在壁面附近形成湍流边界层。湍流边界层又分为层流内层、缓冲层和湍流主体三部分。这三部分的传质机理是不同的。在层流内层中，流体沿着壁面平行流动，在与流向相垂直的方向上，只有分子的无规则热运动，故壁面与流体之间的质量传递是以分子扩散形式进行的。在缓冲层中，流体既有沿壁面方向的层流流动，又有旋涡运动，故该层内的质量传递既有分子扩散，也有涡流扩散，两者的作用同样重要，必须同时考虑它们的影响。在湍流主体中，发生强烈的旋涡运动，在此层中，虽然分子扩散与涡流扩散同时存在，但涡流扩散远远大于分子扩散，故分子扩散的影响可忽略不计。

图 6-6　流体与壁面之间的浓度分布

由于各层传质机理的不同，浓度分布必然不同。在层流内层，由于仅靠分子扩散进行传质，故其中的浓度梯度必然很大，浓度分布曲线很陡，近似为一直线，此时可用费克第一定律描述较为方便。在湍流中心，由于旋涡进行强烈的混合，其中浓度梯度必然很小，浓度分布曲线较为平坦。而在缓冲层内，既有分子扩散，又有涡流扩散，其浓度梯度介于层流内层与湍流中心之间，浓度分布曲线也介于二者之间。典型的浓度分布曲线如图 6-6 所示。

6.2.3.2　浓度边界层与对流传质系数

当流体流过固体壁面时，若流体与固体壁面间存在浓度差，受壁面浓度的影响，在与壁面垂直方向上将建立起浓度梯度，该浓度梯度自壁面向流体主体逐渐减小。通常仿照流动边界层和传热边界层的概念，将壁面附近具有较大浓度梯度的区域称为浓度边界层或传质边界层，浓度边界层的发展过程与传热边界层相同。

根据对流传质速率方程，固体壁面与流体之间的对流传质速率为：

$$G_A = N_A S = k_c S(c_{As} - c_{Ab}) \qquad (6-59)$$

式中，G_A 为对流传质速率，kmol/s；S 为传质面积，m^2；c_{As} 为壁面浓度，$kmol/m^3$；c_{Ab} 为流体的主体浓度或称为平均浓度，$kmol/m^3$。

式(6-59) 即为对流传质系数的定义式。由此可见，求算对流传质速率 G_A 的关键在于确定对流传质系数 k_c。k_c 与流体的性质、壁面的几何形状和粗糙度、流体的速度等因素有关，其求解与对流传热系数类似。在紧贴壁面处，由于流体具有黏性，必然有一层流体贴附在壁面上，其速度为零。当组分 A 进行传递时，首先以分子传质的方式通过该静止流层，然后再向流体主体对流传质。在稳态传质下，组分 A 通过静止流层的传质速率应等于对流传质速率，因此有：

$$G_A = -DS \frac{dc_A}{dy}\bigg|_{y=0} = k_c S(c_{As} - c_{Ab})$$

整理得： $$k_c = \frac{D}{c_{Ab} - c_{As}} \times \frac{dc_A}{dy}\bigg|_{y=0} \qquad (6-60)$$

式(6-60) 与传热中的牛顿冷却定律在数学形式上相同。求解时关键在于壁面浓度梯度 $\frac{dc_A}{dy}\bigg|_{y=0}$ 的计算，而要求得浓度梯度，必须先求解传质微分方程。而在传质微分方程中包含了速度分布，这又要求解运动方程和连续性方程。由于方程组的非线性特点及边界条件的复杂性，利用该方法仅能求解一些较为简单的问题，如层流传质问题，而对实际工程中常见的湍流传质问题，尚不能用此方法进行求解。

6.2.3.3 相际间的对流传质模型

前已述及，计算对流传质速率的关键是确定对流传质系数，而目前尚无令人满意的方法从理论上求解对流传质系数。实际生产中为使问题简化，先对对流传质过程做一定的假定，根据假定建立描述对流传质的数学模型，即为对流传质模型。求解对流传质模型，即可得出对流传质系数。迄今为止，研究者们已提出了一些对流传质模型，其中最具代表性的是双膜模型、溶质渗透模型和表面更新模型。

(1) 双膜模型 双膜模型又称停滞膜模型或双阻力模型，由惠特曼（Whiteman）于 1923 年提出，为最早提出的一种传质模型。双膜模型把两流体间的对流传质过程描述成如图 6-7 所示的模式，其要点如下：

① 在气液两相间存在着稳定的相界面，界面两侧各有一层很薄的停滞膜，溶质 A 经过两膜层的传质方式为分子扩散，传质的阻力集中在此两层膜内；

② 在气液相界面处，气液两相处于平衡状态；

③ 在两层停滞膜以外的气液两相主体中，由于流体的强烈湍动，各处浓度均匀一致。

双膜模型把复杂的相际传质过程归结为两层流体停滞膜内的分子扩散过程，停滞膜并不等同于边界层，它是一层假想的膜，如图 6-7 中的虚线所示。而边界层是实际存在的，如图中的实线所示。可以认为假想膜实际上是将边界层的浓度侧形简化成由一条斜线和一条水平线组成的形状。

根据双膜模型，在停滞膜层内进行分子传质。由于分子传质的方式不同，故对流传质系数的表达形式也不同。

图 6-7 双膜模型示意图

若在停滞膜层内 A、B 两组分做等分子反方向扩散，组分 A 通过气膜的扩散通量方程为：

$$N_A = \frac{D}{RTz_G}(p_{Ab} - p_{Ai}) \tag{6-61}$$

又：

$$N_A = k_G^0(p_{Ab} - p_{Ai}) \tag{6-62}$$

两式比较：

$$k_G^0 = \frac{D}{RTz_G} \tag{6-63}$$

式中，k_G^0 称为气膜对流传质系数，上标"0"表示在气膜内进行等分子反方向扩散。式(6-63)即为用双膜模型导出的对流传质系数计算式，由该式可见，对流传质系数 k_G^0 可通过分子扩散系数 D 和气膜厚度 z_G 计算，气膜厚度 z_G 即为模型参数。

同理，组分 A 通过液膜的扩散通量方程为：

$$N_A = \frac{D}{z_L}(c_{Ai} - c_{Ab}) = k_L^0(c_{Ai} - c_{Ab}) \tag{6-64}$$

其中：

$$k_L^0 = \frac{D}{z_L}$$

k_L^0 为液膜对流传质系数，上标"0"表示在液膜内进行等分子反方向扩散。液膜厚度 z_L 亦为模型参数。

对组分 A 通过停滞组分 B 的扩散，扩散通量方程为：

$$N_A = \frac{Dp_T}{RTz_G p_{BM}}(p_{Ab} - p_{Ai}) = k_G(p_{Ab} - p_{Ai}) \tag{6-65}$$

其中：

$$k_G = \frac{Dp_T}{RTz_G p_{BM}}$$

k_G 为气膜内进行组分 A 通过停滞组分 B 扩散时的对流传质系数。

同理，组分 A 通过液膜的扩散通量方程为：

$$N_A = \frac{Dc_T}{z_L c_{BM}}(c_{Ai} - c_{Ab}) = k_L(c_{Ai} - c_{Ab}) \tag{6-66}$$

其中

$$k_L = \frac{Dc_T}{z_L c_{BM}} \tag{6-67}$$

k_L 为液膜内进行组分 A 通过停滞组分 B 扩散时的对流传质系数。

由以上各式可看出，对流传质速率方程可以写成如下通用形式：

对流传质通量＝对流传质系数×浓度差

因浓度的表示有各种不同的方法，相应地对流传质速率方程就具有不同的形式，与之相对应，对流传质系数亦有多种形式，现将其列于表 6-1 中。

表 6-1　对流传质速率方程和对流传质系数

气相传质速率方程与传质系数	
等分子反方向扩散	组分 A 通过停滞组分 B 的扩散
$N_A = k_G^0 \Delta p_A$	$N_A = k_G \Delta p_A$
$N_A = k_y^0 \Delta y_A$	$N_A = k_y \Delta y_A$
$N_A = k_c^0 \Delta c_A$	$N_A = k_c \Delta c_A$
气相传质系数的转换关系	
$k_c^0 c_T = k_c^0 \dfrac{p_T}{RT} = k_c \dfrac{p_{BM}}{RT} = k_G^0 p_T = k_G p_{BM} = k_y y_{BM} = k_y^0 = k_c y_{BM} c_T = k_G y_{BM} p_T$	
液相传质速率方程与传质系数	
$N_A = k_L^0 \Delta c_A$	$N_A = k_L \Delta c_A$
$N_A = k_x^0 \Delta x_A$	$N_A = k_x \Delta x_A$
液相传质系数的转换关系	
$k_L^0 c_T = k_L x_{BM} c_{av} = k_x^0 = k_x x_{BM} = k_L^0 \dfrac{\rho}{M}$	

双膜模型的重要结论是对流传质系数与扩散系数的一次方成正比，即 $k_c \propto D$。用该模型描述具有固定相界面的系统和相界面无明显扰动的两流体间的传质过程时，其结论与实际情况大体符合，此模型至今仍是传质设备设计的主要依据。但是双膜理论本身并不能给出虚拟停滞膜厚度的计算方法，因此这一理论对传质系数的求取作用不大。对许多传质设备不存在固定相界面的传质设备，双膜模型并不能反映传质的真实情况。实践中还是用实验测定的方法来确定传质系数。

　　（2）溶质渗透模型　　为了更准确地描述相际传质过程的机理，希格比（Higbie）于 1935 年提出了溶质渗透模型，它是一个非稳态模型。希格比认为在液膜内进行稳态扩散是不可能的，因为在许多常用的工业传质设备中，气液两相的接触时间很短，不会形成稳定的相界面，故应根据不稳定扩散模型来处理这类问题。溶质渗透模型的基本要点如下。

　　① 液面是由无数微小的流体单元所组成，当气液两相处于湍流状态相互接触时，液相主体中的某些流体微元从主体向界面运动，至界面便停滞下来，停留一段很短的时间后，又回到流体主体中。在气液未接触前，流体微元中溶质的浓度即为液相主体的浓度（$c_A = c_{A0}$）。接触开始后（$\theta > 0$），发生不稳定扩散。随着接触时间的延长，溶质 A 通过不稳态扩散方式不断地向流体微元中渗透，时间越长，渗透越深。经过 θ_c 时间后，旧的流体微元即被新的流体微元所置换而回到液相主体中去，同时也将溶质带到液相主体。因液相主体处于高度湍流状态，故在流体内部深处（$z = z_b$），仍保持原来的主体浓度（$c_A = c_{A0}$）。

　　② 流体微元不断进行交换，每批流体微元在界面暴露的时间 θ_c 都是一样的。

　　按照溶质渗透模型，溶质 A 在流体单元内进行的是一维不稳态扩散过程。设系统内无化学反应，则流体微元在界面上的不稳定扩散过程可用分子传质微分方程计算，求解的结果为：

$$N_A = \frac{2(c_{Ai} - c_{A0})}{\theta_c} = 2(c_{Ai} - c_{A0})\sqrt{\frac{D}{\pi\theta_c}} \tag{6-68}$$

平均传质系数为：

$$k_c = \sqrt{\frac{D}{\pi\theta_c}} \tag{6-69}$$

　　由式（6-69）可看出，对流传质系数 k_c 可通过分子扩散系数 D 和暴露时间 θ_c 计算，暴露时间 θ_c 即为模型参数。由式（6-69）还可看出，传质系数 k_c 与分子扩散系数 D 的平方根成正比。

　　与双膜理论相比，溶质渗透模型对气液间对流传质过程的描述更准确，与实验结果也更接近（实验表明传质系数与扩散系数的 0.5～1 次方成正比，较公认的幂次方是 2/3）。但该模型的参数 θ_c 的求算也比较困难，使这一理论的应用受到一定的限制。

　　（3）表面更新模型　　丹克沃茨（Danckwerts）于 1951 年对希格比的溶质渗透模型进行了修正，形成表面更新模型，又称为渗透-表面更新模型。该模型同样认为溶质向液相内部的传质为非稳态分子扩散过程，但它认为表面上的流体微元不可能有相同的暴露时间，整个液体表面是由具有不同暴露时间（或称"年龄"）的液体微元所构成。整个表面上的平均传质通量是各微元在传质上所占份额之和。为此，丹克沃茨提出了年龄分布的概念，即界面上各种不同年龄的液面微元都存在，只是年龄越大者，占据的比例越小。针对液面微元的年龄分布，丹克沃茨假定了一个表面年龄分布函数 $\phi(\theta)$，其定义为：年龄由 θ 至 $(\theta + d\theta)$ 这段时间的液体微元所覆盖的界面积占液面总面积的分率为 $\phi(\theta)d\theta$，若液面总面积为 1 单位，则年龄由 θ 至 $(\theta + d\theta)$ 的液体微元占的表面积即为 $\phi(\theta)d\theta$，对所有年龄的液体微元加和，可得：

$$\int_0^\infty \phi(\theta)d\theta = 1 \tag{6-70}$$

　　同时，丹克沃茨还假定，不论界面上液体微元暴露时间多长，被置换的概率是均等的，即更新频率与年龄无关。单位时间内表面被置换的分率称为表面更新率，用符号 S 表示。经推导得：

$$N_A = (c_{Ai} - c_{A0})\sqrt{DS} \tag{6-71}$$

平均传质系数为：

$$k_c = \sqrt{DS} \tag{6-72}$$

式(6-72)即为用表面更新模型导出的对流传质系数计算式。由该式可见，对流传质系数 k_c 可通过分子扩散系数 D 和表面更新率 S 计算。显然，由表面更新模型得出的传质系数与扩散系数之间的关系与溶质渗透模型是一致的，即 $k_c \propto \sqrt{D}$。

表面更新模型实际上是溶质渗透模型的修正。就准确性而言，应当优于溶质渗透模型。但是它仍留下了一个难以确定的模型参数，即表面更新率 S，一般认为其测定比溶质渗透模型中的参数 θ_t 要容易一些，但仍然没有解决实用问题。

综上所述，对流传质模型的建立，不仅使对流传质系数的确定得以简化，还可据此对传质过程及设备进行分析，确定适宜的操作条件，并对设备的强化、新型高效设备的开发等做出指导。但是由于工程上应用的传质设备类型繁多，传质机理又极其复杂，所以至今尚未建立一种普遍化的比较完善的传质模型。

6.3 流动中的传递与相似类比

对于湍流传质问题，由于其机理的复杂性，尚不能用分析方法求解。运用质量传递与动量传递、热量传递之间的相似性（亦称类似性），是求解湍流传质系数的途径之一。

6.3.1 动量、热量与质量传递之间的相似性

动量传递、热量传递和质量传递简称为"三传"。牛顿流体层流时的动量传递速率用牛顿黏性定律表示，静止物体中的热传导速率用傅里叶定律表示，分子扩散速率用费克定律表示。对一维传递，可分别写成如下形式：

$$\tau = -\nu\frac{d(\rho u)}{dz} \tag{6-73}$$

$$q = -a\frac{d(c_p \rho t)}{dz} \tag{6-74}$$

$$J_A = -D\frac{dc_A}{dz} \tag{6-75}$$

上述三式除具有数学形式上的相似以外，其比例系数 ν、a、D 还具有相同的单位 m^2/s。显然，动量、热量和质量三种传递过程之间存在许多相似之处。根据三传的相似性，对三种传递过程进行类比和分析，建立一些物理量间的定量关系，该过程即为三传类比。探讨三传类比，一方面将有利于进一步了解三传的机理，另一方面在缺乏传热和传质数据时，只要满足一定的条件，可以用流体力学实验来代替传热或传质实验，也可由已知传递过程的系数求其他传递过程的系数。

由于动量、热量和质量传递还存在各自特性，所以类比方法具有局限性，一般需满足以下条件：

(1) 物性参数可视为常数或取平均值；

(2) 无内热源；

(3) 无辐射传热；

(4) 无边界层分离，即无形体阻力；

(5) 传质速率很低，速度场不受传质的影响。

6.3.2 三传类比表达式（类似律）

6.3.2.1 雷诺类比

1874 年，雷诺通过理论分析，首先提出了三传类比概念。雷诺认为，当湍流流体与壁面间进行动量、热量和质量传递时，湍流中心一直延伸到壁面，故雷诺类比为单层模型。根据这一模型，得到雷诺类比式：

$$\frac{f}{2}=\frac{\alpha}{\rho c_p u}=\frac{k_c^0}{u} \tag{6-76}$$

$$\frac{f}{2}=\frac{Nu}{Re \cdot Pr}=St=\frac{Sh}{Re \cdot Sc}=St' \tag{6-77}$$

式中，St' 称为传质的斯坦顿数，它与传热的斯坦顿数 St 相对应。根据对流动的研究，雷诺类比把整个边界层作为湍流区处理，显然是不符合实际的。根据边界层理论，在湍流边界层中，紧贴壁面总有一层流内层存在，在层流内层进行的是分子传递，只有在湍流中心才进行涡流传递。因此雷诺类比有一定的局限性，进一步的分析可知，当 $Pr=\mu c_p/\lambda=1$ 及 $Sc=\mu/(\rho D)=1$ 时，可用同样的规律去描述层流内层和湍流中心的动量传递和热量传递及动量传递和质量传递之间的关系，亦即只有当 $Pr=1$ 及 $Sc=1$ 时，才可把湍流区一直延伸到壁面，用简化的单层模型来描述整个边界层。

6.3.2.2 普朗特（Prandtl)-泰勒（Taylor）类比

前已述及，雷诺类比只适用于 $Pr=1$ 和 $Sc=1$ 的情况。然而许多工程上常用物质的 Pr 和 Sc 明显地偏离1，尤其是液体，其 Pr 和 Sc 往往比1大得多，这样，雷诺类比的使用就受到了很大的局限。而雷诺类比最大的缺点是它假设湍流一直延伸到壁面。为此，普朗特-泰勒对雷诺类比进行了修正，提出了双层模型，即湍流边界层由湍流主体和层流内层组成。根据双层模型，普朗特-泰勒导出以下类比关系式。

动量和热量传递类比：

$$St=\frac{Nu}{Re \cdot Pr}=\frac{\alpha}{\rho c_p u}=\frac{\dfrac{f}{2}}{1+5\sqrt{\dfrac{f}{2}}(Pr-1)} \tag{6-78}$$

动量和质量传递类比：

$$St'=\frac{Sh}{Re \cdot Sc}=\frac{k_c^0}{u}=\frac{f/2}{1+5\sqrt{f/2}(Sc-1)} \tag{6-79}$$

式中，u 为圆管的主体流速。由式(6-79) 可看出，当 $Pr=Sc=1$ 时，可简化为式(6-77)，回到雷诺类比。对于 $Pr=Sc=0.5\sim2.0$ 的介质而言，普朗特-泰勒类比与实验结果相当吻合。

6.3.2.3 冯·卡门（Von Karman）类比

普朗特-泰勒类比虽考虑了层流内层的影响，对雷诺类比进行了修正，但由于未考虑到湍流边界层中缓冲层的影响，故与实际仍不十分吻合。卡门进一步做了修正，他认为湍流边界层由湍流主体、缓冲层、层流内层组成，提出了三层模型。根据三层模型，卡门导出以下类比关系式。

动量和热量传递类比：

$$St=\frac{\dfrac{f}{2}}{1+5\sqrt{\dfrac{f}{2}}\left[(Pr-1)+\ln\left(\dfrac{1+5Pr}{6}\right)\right]} \tag{6-80}$$

动量和质量传递类比：

$$St' = \frac{k_c^0}{u_b} = \frac{f/2}{1 + 5\sqrt{f/2}\{(Sc-1) + \ln[(1+5Sc)/6]\}}$$ (6-81)

卡门类比在推导过程中所根据的是光滑管的速度侧型方程，但它也适用于粗糙管。但对于 Pr、Sc 极小的流体，如液态金属，该式则不适用。

6.3.2.4 契尔顿 (Chilton)-柯尔本 (Colburn) 类比

契尔顿-柯尔本采用实验方法，关联了对流传热系数与范宁摩擦因子、对流传质系数与范宁摩擦因子之间的关系，得到了以实验为基础的类比关系式，又称为 j 因数类比法。

动量传递与热量传递的类比为：

$$\frac{Nu}{Re \cdot Pr^{1/3}} = \frac{f}{2}$$ (6-82)

式 (6-82) 还可以写成如下形式：

$$\frac{Nu}{Re \cdot Pr^{1/3}} = \frac{Nu}{Re \cdot Pr} Pr^{2/3} = St \cdot Pr^{2/3} = j_H$$ (6-83)

$$j_H = f/2$$

式中，j_H 称为传热 j 因子。

类似地，动量传递与质量传递的类比为：

$$\frac{Sh}{Re \cdot Sc^{1/3}} = \frac{f}{2}$$ (6-84)

而：

$$\frac{Sh}{Re \cdot Sc^{1/3}} = \frac{Sh}{Re \cdot Sc} Sc^{2/3} = St' \cdot Sc^{2/3} = j_D$$

故有：

$$j_D = f/2$$ (6-85)

式中，j_D 称为传质 j 因子。联系式 (6-83) 和式 (6-85) 即得动量、热量和质量传递的契尔顿-柯尔本的广义类比式：

$$j_H = j_D = f/2$$ (6-86)

式 (6-86) 的适用范围为：$0.6 < Pr < 100$，$0.6 < Sc < 2500$。当 $Pr = 1$（$Sc = 1$）时，契尔顿-柯尔本类比式也变为雷诺类比式。

应予指出，式 (6-86) 是在无形体阻力条件下得出的，如果系统内有形体阻力存在，则有：

$$j_H = j_D \neq f/2$$ (6-87)

在实际应用中，用不同的类比式计算会有较大的差别，其中柯尔本类比与实验结果的吻合好，形式简单实用，故应用较为广泛。

本章主要符号

D——扩散系数，m^2/s；

J_A——以扩散速度表示的组分 A 的摩尔通量，$kmol/(m^2 \cdot s)$；

N——以绝对速度表示的混合物的总摩尔通量，$kmol/(m^2 \cdot s)$；

S——传质面积，m^2；

V——体积，m^3；

X——液相中的摩尔比；

a——热扩散率，m^2/s；

G_A——对流传质速率，$kmol/s$；

T——热力学温度，K；

W——组分的质量比；

Y——气相中的摩尔比；

c——物质的量浓度，mol/m^3；

d——直径，m；	k_c——对流传质系数，m/s；
k_G^0——气膜对流传质系数，mol/(m²·s·Pa)；	k_L^0——液膜对流传质系数，m/s；
p——压强，Pa；	q——传热通量，W/m²；
r——半径，m；	t——温度，℃；
u——速度，m/s；	w_A——质量分数；
x——液相中的摩尔分数；	y——气相中的摩尔分数；
z_G——气膜厚度，m；	α——对流传热系数，W/(m²·K)；
μ——黏度，Pa·s；	ν——运动黏度，m²/s；
θ——时间，s；	ρ——质量浓度，kg/m³；
ρ——密度，kg/m³；	τ——曲折因数；
τ——剪应力，Pa；	Kn——纽特逊数，$Kn=\lambda/d_p$；
Nu——努塞尔特数；	Pr——普朗特数；
Re——雷诺数；	Sc——施密特数。

本章习题

6-1 乙醇水溶液中含乙醇的质量分数为 30%，计算以摩尔分数表示的浓度。又空气中氮的体积分数为 79%，氧为 21%，计算以质量分数表示的氧气浓度以及空气的平均摩尔质量。

6-2 有一 O_2（A）和 CO_2（B）的混合物，温度为 293K，压强为 $1.519×10^5$Pa。已知 $x_A=0.4$，$u_A=0.08$m/s，$u_B=0.02$m/s。试计算：(1) 混合物的平均摩尔质量；(2) 混合物、组分 A 和组分 B 的质量浓度 ρ，ρ_A，ρ_B；(3) c，c_A，c_B；(4) w_A，w_B；(5) N_A，N_B，N。

6-3 一浅盘内有 4mm 厚的水，在 30℃气温下逐渐蒸发至大气中。设扩散通过一层厚 5mm 的静止空气膜层进行。在膜层外水蒸气的分压可视作零。扩散系数为 $2.73×10^{-5}$m²/s，大气压强为 101.3kPa，求蒸干水层所需时间。

6-4 一盘内有 30℃的水，通过一层静止空气膜层逐渐蒸发至大气中。空气中的水蒸气分压为 30℃水的饱和蒸气压的 60%，水蒸气在空气中的扩散系数为 $2.73×10^{-5}$m²/s，大气压强为 100kPa。如果盘中的水每小时减少 1.4mm，求：(1) 气相传质系数 k_G；(2) 气膜的有效厚度。

6-5 萘在 293K 下的蒸气压为 0.155mmHg，萘的相对分子质量为 128，密度为 1152kg/m³。今有一直径为 10mm 的球形萘粒，在 293K 的常压空气中挥发。由于挥发速率很慢，可以假设萘是通过静止空气层扩散，即在无穷远处萘的浓度为零。(1) 求萘的扩散通量表达式；(2) 若在 6 天内小球的直径减小了 1/10，求萘在空气中的扩散系数。

6-6 应用几种类比式分别计算空气、水及油三种流体在光滑圆管内流动且 $Re=10^5$ 时 Nu 的值，并与用常用关联式的计算结果比较。流体温度为 38℃，管壁温度为 66℃，常压，物性数据如下表，其中未指明温度者系在 38℃下的值。

流体	$\lambda/[W/(m·K)]$	$c_p/[kJ/(kg·K)]$	$\rho/(kg/m^3)$	$\mu_{38}/mPa·s$	$\mu_{66}/mPa·s$
空气	0.027	1.05	1.14	0.018	0.0195
水	0.63	4.19	993	0.681	0.429
油	0.13	1.95	900	2.5	1.65

7 | 吸收、吸附与离子交换

本章讨论的三种传质单元操作——吸收、吸附和离子交换，通常都是在微分接触式设备内进行的。这类设备的外壳通常为圆筒形容器，容器内由填料、吸附剂或树脂组成床层，一相或两相流体在流过床层的同时实现相际传质，浓度呈连续变化，故有微分接触式设备之称。设备的相似性决定了它们在计算、操作上具有许多共同点。

7.1 吸收

用适当的液体与混合气体接触，使混合气体中的一个或几个组分溶解于液体，从而实现原混合气体组分的分离，这种利用各组分溶解度不同而分离气体混合物的操作称为吸收。混合气体中能够溶解的组分称为吸收物质或溶质，以 A 表示；不被溶解的组分称为惰性气体或载体，以 B 表示；吸收操作所用的溶剂称为吸收剂，以 S 表示；吸收操作所得到的溶液称为吸收液或溶液，排出的气体称为吸收尾气。吸收过程通常在吸收塔中进行。

吸收操作的分类可按以下几种方法区分。

（1）物理吸收与化学吸收　在吸收过程中，如果溶质与溶剂之间不发生显著的化学反应，可以把吸收过程看成是气体溶质单纯地溶解于液相溶剂的物理过程，称为物理吸收。相反，如果在吸收过程中气体溶质与溶剂（或其中的活泼组分）发生显著的化学反应，则称为化学吸收。例如油脂的氢化、糖汁的饱充（CO_2 吸收）以及食品工业中的硫漂（SO_2 吸收），都属于化学吸收过程。

（2）单组分吸收与多组分吸收　若混合气体中只有一个组分进入液相，其余组分不溶于吸收剂，这种吸收过程称为单组分吸收。若混合气中进入液相的气体溶质不止一种，则称为多组分吸收。

（3）等温吸收与非等温吸收　气体溶质溶解于液体时，常常伴随有热效应，当发生化学反应时还会有反应热，其结果是使液相的温度逐渐升高，这样的吸收称为非等温吸收。若吸收过程的热效应很小，或被吸收的组分在气相中的组成很低而吸收剂用量又相对较大，或虽然热效应较大，但吸收设备的散热效果很好，能及时移出吸收过程所产生的热量，液相的温度变化并不显著，这种吸收称为等温吸收。

吸收操作的逆过程称为脱吸或解吸。脱吸在食品工业中常用于天然油类的脱臭，液体食品（果汁、乳制品）等的脱气，以及吸收后溶质的回收等过程。当气相中溶质的实际分压高于与液相成平衡的溶质分压时，溶质便由气相向液相转移，即发生吸收过程。反之，当气相中溶质的实际分压低于与液相成平衡的溶质分压时，溶质便由液相向气相转移，即发生脱吸过程，即吸收的逆过程。脱吸与吸收的原理相似，对于脱吸的处理可以仿照吸收过程进行。

本节主要讨论低浓度、单组分、等温、物理吸收的原理与计算。

7.1.1 气体吸收的平衡关系

7.1.1.1 气体在液体中的溶解度

在一定条件下使含溶质的气体与液体相接触，经过相当长时间的接触后，溶质在气液两相的浓度趋于平衡，达到平衡时气液两相组成将保持恒定不变，此时溶质在液体中的溶解度称为平衡溶解度，它表示吸收过程所能达到的极限。平衡溶解度的大小与物系、温度、压强有关，通常用实验方法测定。图 7-1 为氨、氧和二氧化硫三种气体在水中的溶解度曲线，比较可知，不同气体的溶解度有很大的差异。在同样的压强和温度下，氨的溶解度较高，为易溶气体；氧的溶解度较低，为难溶气体；二氧化硫的溶解度则在两者之间。

图 7-1 几种气体在水中的溶解度曲线

溶于液体中的气体必产生一定的分压，分压的大小表示溶质回到气相的能力大小。当溶质产生的分压与气相中溶质的分压相等时，气液两相即达平衡。因此，气体混合物中某一组分可被吸收的程度，不但与该组分在混合气体中的分压有关，也与它溶解后产生的分压有关。

气体在液体中的平衡溶解度与气相总压和温度有关。压强增加或温度降低，均使溶解度增加。但在总压不超过 500kPa 的情况下，可以认为溶解度与总压无关。而溶解度则与温度密切相关，温度降低是有利于吸收的。

7.1.1.2 亨利（Henry）定律

在一定温度下，稀溶液上方的气相中溶质的平衡分压与该溶质在液相中的浓度间的关系即

平衡关系。当浓度较低时,在一定的范围内可将平衡关系视为线性关系,即亨利定律:

$$p_e = Ex \tag{7-1}$$

式中,p_e 为溶质在气相中的平衡分压,Pa;比例系数 E 称为亨利系数,其单位与压强的单位相同,其值与温度有关;下标 e 表示平衡。亨利系数的值越高,气体的溶解度就越低。

若将液相中的溶质浓度以物质的量浓度 c(kmol/m³) 表示,则亨利定律可写成:

$$p_e = \frac{c}{H} \tag{7-2}$$

式中,H 称为溶解度系数,单位为 kmol/(m³·Pa)。溶解度系数的值越高,气体的溶解度就越高。

若用摩尔分数表示气相浓度,则亨利定律还可表达为:

$$y_e = mx \tag{7-3}$$

式中,m 称为相平衡常数。由道尔顿分压定律可推得:

$$m = \frac{E}{p_T} \tag{7-4}$$

将式(7-3) 中的摩尔分数换算成摩尔比,则得:

$$\frac{Y_e}{1+Y_e} = m \frac{X_e}{1+X_e} \tag{7-5}$$

在低浓度下,$y \approx Y$,$x \approx X$,故近似地有:

$$Y_e = mX \tag{7-6}$$

[**例 7-1**] 含有 10%(体积分数)CO_2 的某种混合气体与水接触,系统温度为 30℃,总压为 101.3kPa,亨利系数 $E=1.91 \times 10^5$ kPa。试求液相中 CO_2 的平衡浓度 c_e(kmol/m³)。

解:以 p_{CO_2} 代表 CO_2 在气相中的分压,则由分压定律可知

$$p_{CO_2} = p_T y = 101.3 \times 0.1 = 10.13 \text{kPa}$$

在本题范围内亨利定律适用。设溶液密度为 ρ,则 1m³ 溶液中所含的 CO_2 为 c(kmol),而溶剂水为 $\dfrac{\rho - cM_{CO_2}}{M_{H_2O}}$ kmol(M 为摩尔质量)。于是

$$x = \frac{c}{c + \dfrac{\rho - cM_{CO_2}}{M_{H_2O}}} = \frac{cM_{H_2O}}{\rho + c(M_{H_2O} - M_{CO_2})}$$

因 CO_2 为难溶于水的气体,溶液浓度甚低,故 $\rho \approx 1000$kg/m³,且上式可简化为

$$x = \frac{cM_{H_2O}}{\rho}$$

代入亨利定律得

$$p_e = \frac{EcM_{H_2O}}{\rho}$$

故

$$c_e = \frac{\rho p}{EM_{H_2O}} = \frac{1000 \times 10.13}{1.91 \times 10^5 \times 18} = 2.95 \times 10^{-3} \text{kmol/m}^3$$

7.1.1.3 吸收剂的选择

吸收剂性能的优劣往往成为决定吸收操作效果是否良好的关键。在选择吸收剂时,应注意考虑以下几个方面的问题。

（1）溶解度　吸收剂对于溶质组分应具有较大的溶解度，这样可以提高吸收速率并减少吸收剂的耗用量。当吸收剂与溶质组分间有化学反应发生时，溶解度可以大大提高，但若要循环使用吸收剂，则化学反应必须是可逆的；对于物理吸收，也应选择其溶解度随着操作条件改变而有显著差异的吸收剂，以便回收。

（2）选择性　吸收剂要在对溶质组分有良好吸收能力的同时，对混合气体中的其他组分都基本上不吸收或吸收甚微，否则不能实现有效的分离。

（3）挥发度　操作温度下吸收剂的蒸气压要低，因为离开吸收设备的气体往往为吸收剂蒸气所饱和。吸收剂的挥发度愈高，其损失量便愈大。

（4）黏度　操作温度下吸收剂的黏度要低，这样可以改善吸收塔内的流动状况，从而提高吸收速率，且有助于降低泵的功耗，还能减小传热阻力。

（5）其他　吸收剂还应尽可能无毒性，无腐蚀性，不易燃，不发泡，冰点低，价廉易得，并具有化学稳定性。

7.1.2　吸收速率方程

吸收速率指单位传质面积上单位时间内吸收的溶质量，也就是传质通量。吸收速率方程常写成"速率＝推动力/阻力"的形式，其中的推动力为浓度差，吸收阻力的倒数称为吸收系数，这样吸收速率又可写成"吸收速率＝吸收系数×推动力"的形式。

在稳态操作的吸收设备内的任一部位上，相界面两侧的气、液膜层中的传质速率应是相同的，否则会在相界面处有溶质积累。因此，其中任一侧有效膜中的传质速率都能代表该部位上的吸收速率。单独根据气膜或液膜的推动力及阻力写出的速率关系式称为气膜或液膜吸收速率关系式，相应的吸收系数用 k 表示，与对流传热系数 α 相当。而用总推动力表示的速率关系式称气相或液相吸收速率方程式，相应的吸收系数用 K 表示，与总对流传热系数 K 相当。

根据双膜理论，若用分压差表示气相推动力，用物质的量浓度差表示液相的推动力，则溶质 A 穿过气膜和液膜的吸收速率分别为：

$$N_A = k_G(p - p_i) \tag{7-7}$$

$$N_A = k_L(c_i - c) \tag{7-8}$$

式中，k_G 为气膜吸收系数，$kmol/(m^2 \cdot s \cdot kPa)$；$p$ 为溶质 A 在气相主体中的分压，kPa；p_i 为溶质 A 在相界面处的分压，kPa；k_L 为液膜吸收系数，$kmol/(m^2 \cdot s \cdot kmol/m^3)$ 或 m/s；c 为溶质 A 在气相主体中的物质的量浓度，$kmol/m^3$；c_i 为溶质 A 在相界面处的物质的量浓度，$kmol/m^3$。

对于稳定操作，应有：

$$N_A = k_G(p - p_i) = k_L(c_i - c) \tag{7-9}$$

双膜理论认为相界面上气液两相成平衡。若组分 A 在两相中的平衡关系符合亨利定律，则有：

$$c_i = Hp_i, c = Hp_e, c_e = Hp$$

代入式 (7-9) 并整理可得：

$$N_A = \frac{1}{\dfrac{1}{k_G} + \dfrac{1}{Hk_L}}(p - p_e) \tag{7-10}$$

令：

$$K_G = \frac{1}{\dfrac{1}{k_G} + \dfrac{1}{Hk_L}}$$

则式(7-10) 为：
$$N_A = K_G(p - p_e) \tag{7-11}$$

式中，K_G 为气相总吸收系数，$kmol/(m^2 \cdot s \cdot kPa)$。

同理有：
$$N_A = \frac{1}{\frac{H}{k_G} + \frac{1}{k_L}}(c_e - c) = K_L(c_e - c) \tag{7-12}$$

式中，K_L 为液相总吸收系数，$kmol/(m^2 \cdot s \cdot kmol/m^3)$ 或 m/s。

式(7-11)、式(7-12) 就是以总分压差或总浓度差为推动力的吸收速率方程。总吸收系数的倒数即为总阻力，它等于气膜阻力和液膜阻力之和，即：

$$\frac{1}{K_G} = \frac{1}{k_G} + \frac{1}{Hk_L} \tag{7-13}$$

$$\frac{1}{K_L} = \frac{H}{k_G} + \frac{1}{k_L} \tag{7-14}$$

在低浓度吸收计算中，用摩尔比表示浓度比较方便，此时气膜推动力可写为 $(Y - Y_i)$，液膜推动力可写为 $(X_i - X)$，气相总推动力为 $(Y - Y_e)$，液相总推动力为 $(X_e - X)$。仿照上面的方法又可写出吸收速率方程式：

$$N_A = k_Y(Y - Y_i) = k_X(X_i - X) = K_Y(Y - Y_e) = K_X(X_e - X) \tag{7-15}$$

同理可得吸收总阻力和气膜阻力、液膜阻力间的关系为：

$$\frac{1}{K_Y} = \frac{1}{k_Y} + \frac{m}{k_X} \tag{7-16}$$

$$\frac{1}{K_X} = \frac{1}{k_X} + \frac{1}{mk_Y} \tag{7-17}$$

两种推动力表示法中的吸收系数间的关系为：

$$K_Y = K_G p_T \tag{7-18}$$

$$K_X = K_L c_T \tag{7-19}$$

由于浓度有多种表示法，相应地推动力和吸收系数也有多种表示法，必须保持吸收系数与吸收推动力的正确搭配及其单位的一致性。同时，所有这些吸收速率方程表达的都是同一个吸收速率，它们只适用于稳态吸收过程，而且在方程中浓度保持不变，意味着它们只适用于吸收塔内某一截面上，而不能直接用于描述全塔的吸收速率。

对于易溶气体，H 值很大，$1/(Hk_L) \ll 1/k_G$，此时传质阻力中的绝大部分存在于气膜中，$K_G \approx k_G$，这种情况称为气膜控制。相反地，对于难溶气体，H 值很小，$H/k_G \ll 1/k_L$，此时传质阻力中的绝大部分存在于液膜中，$K_L \approx k_L$，这种情况称为液膜控制。

在吸收操作中，正确地分析和比较两膜层内的传质阻力，正如在传热操作中正确地分析和比较各层热阻一样，对于强化吸收操作有着重要的指导意义。

吸收系数是吸收计算中的关键，若没有准确可靠的吸收系数数据，则所有吸收计算都将失去其价值。吸收系数的数值受很多因素的影响，其中较重要的因素是气液两相（特别是两相界面）的流体动力学状态以及两相流体的理化性质等。科研人员已在这方面进行了大量的实验工作，并提出了许多无量纲数群关联式。但是，由于目前关于自由界面的传质机理尚未十分清楚，所以传质系数关联式不如传热系数关联式成熟。在具体计算时一般须通过实验取得吸收系数数据，或直接获取实际生产中的吸收系数数据。

7.1.3 低浓度气体吸收的计算

多数工业吸收操作中混合气体的溶质浓度均不高（例如在 5%～10% 以下），属于低浓度吸收。低浓度吸收时，因吸收量少，溶解热引起的液体温度升高不显著，可视作等温吸收。此外，吸收系数在全塔范围内的变化较小，可视作常数。

工业吸收操作大多在填料吸收塔内进行。塔内充以填料，构成填料层，它是实现气液接触的有效部位。填料提供了气液接触表面，液体在填料表面流过，润湿填料并在填料表面形成液膜；气体则在填料间隙所形成的曲折通道中流动。当根据给定的吸收任务（处理气量，初、终态浓度或初始浓度与回收率即溶质被吸收的百分比）选定溶剂，并已知相平衡关系后，计算项目主要有：

(1) 溶剂的用量及吸收液的浓度；

(2) 吸收塔的直径；

(3) 填料塔的填料层高度。

7.1.3.1 物料衡算和操作线方程

吸收塔通常采用逆流操作，如图 7-2 所示。被处理的气体从底部往上升，吸收剂则从上方借重力作用喷淋而下。这样的操作方式与逆流换热相似，可以获得较大的传质平均推动力，从而获得较高的分离效率。在这样的设备中，气液两相是连续接触的，两相的浓度变化也是连续的，故称为微分接触式传质设备。

图 7-2 逆流操作的物料衡算

设：V 为惰性气体的摩尔流量，kmol/s；L 为纯吸收剂的摩尔流量，kmol/s；Y、Y_1、Y_2 分别为填料层内任意截面、底部和顶部的气相组成；X、X_1、X_2 分别为填料层内任意截面、底部和顶部的液相组成。取任意截面处的微分高度 $\mathrm{d}z$，对此微分体积做溶质物料衡算，可得：

$$V\mathrm{d}Y = L\mathrm{d}X \tag{7-20}$$

在稳定操作条件下，由底部至任一截面处进行积分，得：

$$V(Y_1 - Y) = L(X_1 - X) \tag{7-21}$$

或：

$$Y = \frac{L}{V}X + \left(Y_1 - \frac{L}{V}X_1\right) = \frac{L}{V}(X - X_1) + Y_1 \tag{7-22}$$

式(7-22) 即气体吸收的操作线方程，它表示吸收塔塔内任意截面处两相浓度之间的关系。由于 V 和 L 均为定值，故操作线为通过点 (X_1, Y_1) 的直线方程，其斜率为 L/V，称为液气比，反映了单位气体处理量所耗用的吸收剂量的大小。在图 7-2 中，DE 线即为操作线，而 OE' 线则为平衡线。若系统符合亨利定律，可用式(7-6) 表示平衡关系，则 OE' 平衡线应为通过原点的直线。

若将微分式(7-20) 从底部至顶部进行积分，则得全塔物料衡算式：

$$V(Y_1 - Y_2) = L(X_1 - X_2) \tag{7-23}$$

一般情况下，进塔混合气的组成与流量是吸收任务规定的，如果吸收剂的组成与流量已经确定，V、Y_1、L 及 X_2 皆为已知数，又根据吸收任务所规定的出塔尾气浓度 Y_2，或溶质回收率 η（混合气体中溶质 A 被吸收的百分数），通过式（7-23）可以求得塔底排出的吸收液组成 X_1。

溶质回收率 η 的定义为：$\eta = \dfrac{Y_1 - Y_2}{Y_1}$，或 $Y_2 = Y_1(1 - \eta)$

由式（7-23）得：

$$\frac{L}{V} = \frac{Y_1 - Y_2}{X_1 - X_2} \tag{7-24}$$

说明操作线也通过点 (X_2, Y_2)。由此可见，将表示底部和顶部气液相浓度的两状态点 (X_1, Y_1)、(X_2, Y_2) 相连，即得吸收操作线。

7.1.3.2 吸收剂用量的确定

吸收操作线仅取决于两相流体的流量以及吸收塔底部（或顶部）的两相流体组成，而与两相平衡关系、吸收塔的形式、相际接触情况及操作条件（温度、压强）等因素无关。

气液平衡线则表明了吸收过程所能达到的极限。如图 7-3 所示，在液相浓度为 X 的截面上，气相浓度为 Y，而与液相成平衡的气相浓度为 Y_e。实际上吸收的推动力即为操作线与平衡线之间的距离 $\Delta Y = Y - Y_e$。

通常在吸收操作中，气相进、出口浓度 Y_1、Y_2 和吸收剂进口组成 X_2 由生产任务和工艺要求所规定，因此点 D 的位置是确定的，而 E 点的位置将随着操作线的斜率（L/V）而变化，即随吸收剂用量而变化。L 越小，底部排出液的浓度就越高，此时传质平均推动力 ΔY_m 或 ΔX_m 就相应降低，吸收就越困难，从而就需要有更长的两相接触时间和更高的传质设备。当 L 小到某一

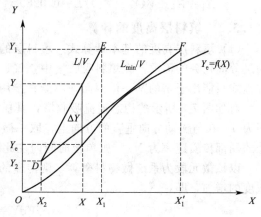

图 7-3 液气比的确定

值时，操作线与平衡线相交（或相切），在交点或切点处传质推动力 $\Delta Y = 0$，$\Delta X = 0$，此处吸收操作停止。这时吸收剂的量最小，排出液的浓度最高，相应所需的传质设备高度为无穷大。

最小液气比可用图解法求出。如果平衡曲线符合图 7-2 所示的一般情况，则需找到水平线 $Y = Y_1$ 与平衡线的交点 E'，从而读出 $X_{1,\max}$ 的数值，然后用下式计算最小液气比：

$$\left(\frac{L}{V}\right)_{\min} = \frac{Y_1 - Y_2}{X_{1,\max} - X_2} \tag{7-25}$$

如果平衡线呈现如图 7-3 所示的形状，则应过点 D 做平衡线的切线，找到水平线 $Y = Y_1$ 与此线的交点 F，从而读出 F 点的横坐标 X_1'，然后在式（7-25）中用 X_1' 代替 $X_{1,\max}$，求得 $(L/V)_{\min}$ 的值。

若平衡关系符合亨利定律，则可直接用 Y_1/m 代替 $X_{1,\max}$ 算出最小吸收剂用量：

$$L_{\min} = V \frac{Y_1 - Y_2}{\dfrac{Y_1}{m} - X_2} \tag{7-26}$$

通常实际溶剂用量为最小用量的 $1.2 \sim 2.0$ 倍，即：

$$L = (1.2 \sim 2.0) L_{\min} \tag{7-27}$$

此外，为了保持填料表面能被液体充分润湿，还应考虑到单位塔截面积上的液体流量不应小于某一最低允许值。如果按式（7-27）算出的吸收剂用量不能满足充分润湿填料的起码要求，则应采用更大的液气比。

[**例 7-2**]　在逆流吸收塔中用洗油吸收空气中的已烷。入塔的混合空气流量为 $800\text{m}^3/\text{h}$，温度为 $27℃$，压强为 101.3kPa，其中含已烷 2%（摩尔分数，下同），要求除去 99.5% 以上的已烷。入塔洗油中含已烷 0.005，取其用量为最小用量的 1.5 倍，操作条件下的平衡关系可表示为 $Y_e=0.5X$。求洗油的用量和塔底吸收液的组成。

解：$Y_1=0.02/(1-0.02)=0.0204$　　　　$Y_2=Y_1(1-0.995)=1.02\times10^{-4}$

$$V=\frac{800}{22.4}\times\frac{273}{273+27}\times(1-0.02)=31.85\text{kmol/h}$$

$$X_{1e}=Y_1/m=0.0204/0.5=0.0408 \quad X_2=0.005/(1-0.005)=5.025\times10^{-3}$$

$$L_{\min}=V(Y_1-Y_2)/(X_{1e}-X_2)=31.85\times(0.0204-1.02\times10^{-4})/(0.0408-5.025\times10^{-3})$$
$$=18.07\text{kmol/h}$$

$$L=1.5L_{\min}=18.07\times1.5=27.11\text{kmol/h}$$

$$X_1=X_2+V(Y_1-Y_2)/L=0.0289$$

7.1.3.3　填料层高度的计算

（1）填料层高度的基本计算式　填料层的高度必须保证系统有足够的气液接触面积，并能满足分离任务的需要。在填料吸收塔中，气、液相浓度沿塔高不断变化，前面介绍的传质速率方程式只能用于塔的某一横截面，不能直接用于全塔。

对如图 7-2 所示的稳态逆流吸收塔，其横截面积为 Ω，单位体积填料所提供的有效接触面积为 a。在与流动方向垂直的方向上，取一微元塔段 dz，其中的接触面积为 $a\Omega dz$。若该微元处的局部传质速率为 N_A，则单位时间内在此微元塔段内传递的溶质量为 $N_A a\Omega dz$。

以该微元段为系统做物料衡算，则传递的溶质量等于气相中溶质浓度的降低或液相中溶质浓度的增加，即：

$$V\mathrm{d}Y=N_A a\Omega\mathrm{d}z \tag{7-28}$$

或：

$$L\mathrm{d}x=N_A a\Omega\mathrm{d}z \tag{7-29}$$

将吸收速率方程式（7-15）代入上两式，得：

$$V\mathrm{d}Y=K_Y a\Omega(Y-Y_e)\mathrm{d}z \tag{7-30}$$

及：

$$L\mathrm{d}X=K_X a\Omega(X_e-X)\mathrm{d}z \tag{7-31}$$

根据低浓度吸收的特点，传质系数 K_Y 和 K_X 变化较小，可视作常数。于是可将上两式积分：

$$Z=\frac{V}{K_Y a\Omega}\int_{Y_2}^{Y_1}\frac{\mathrm{d}Y}{Y-Y_e} \tag{7-32}$$

及：

$$Z=\frac{L}{K_X a\Omega}\int_{X_2}^{X_1}\frac{\mathrm{d}X}{X_e-X} \tag{7-33}$$

以上两式是低浓度吸收过程的基本方程式。

上两式中 a 为有效比表面积，它总小于单位体积填料层中固体表面积（称为比表面积）。这是因为只有被流动的液体所覆盖的填料表面才能提供气、液接触的有效面积。a 值不仅与填料的形状、尺寸及充填状况有关，而且受流体物性及流动状况的影响。a 的数值很难测定，故常将它与吸收系数的乘积视为一体，作为一个完整的物理量看待，这一乘积称为"总体积吸收系数"。例如 $K_Y a$ 和 $K_X a$ 分别称为气相总体积吸收系数及液相总体积吸收系数，其单位均为 $\text{kmol}/(\text{m}^3\cdot\text{s})$。

（2）传质单元高度和传质单元数　式（7-32）及式（7-33）都是由两个数群相乘而得的，其

中数群 $V/(K_Y a\Omega)$ 或 $L/(K_X a\Omega)$ 的单位为 m，因此可理解为由过程条件所决定的某种单元高度。$V/(K_Y a\Omega)$ 称为"气相总传质单元高度"，以 H_{OG} 表示，即：

$$H_{OG} = \frac{V}{K_Y a\Omega} \qquad (7\text{-}34)$$

另一数群为一积分，积分得到一个无量纲数群，可认为它代表所需填料层高度 Z 相当于气相总传质单元高度 H_{OG} 的倍数，此倍数称为"气相总传质单元数"，以 N_{OG} 表示，即：

$$N_{OG} = \int_{Y_2}^{Y_1} \frac{dY}{Y - Y_e} \qquad (7\text{-}35)$$

于是，式(7-32) 可写成如下形式：

$$Z = H_{OG} N_{OG} \qquad (7\text{-}36)$$

同理，式(7-33) 可写成：

$$Z = H_{OL} N_{OL} \qquad (7\text{-}37)$$

式中，H_{OL} 为液相总传质单元高度，m；N_{OL} 为液相总传质单元数。

若用气膜或液膜阻力表示吸收速率，得到的式子数学形式相同，可以写出如下通式：

填料层高度＝传质单元高度×传质单元数

对于传质单元高度的物理意义，可通过如下分析加以理解。以气相总传质单元高度 H_{OG} 为例，假定某吸收过程所需的填料层高度恰好等于一个气相总传质单元高度，如图 7-4(a) 所示，即：$Z = H_{OG}$。

由式(7-36) 可知，此情况下：

$$N_{OG} = \int_{Y_2}^{Y_1} \frac{dY}{Y - Y_e} = 1$$

在整个填料层中，吸收推动力 $(Y - Y_e)$ 虽是变量，但总可找到某一平均值 $(Y - Y_e)_m$ 用来代替积分式中的 $(Y - Y_e)$ 而不改变积分值，即：

$$N_{OG} = \int_{Y_2}^{Y_1} \frac{dY}{Y - Y_e} = \int_{Y_2}^{Y_1} \frac{dY}{(Y - Y_e)_m} = 1$$

于是可将 $(Y - Y_e)_m$ 作为常数提到积分号之外，得出：

$$N_{OG} = \frac{1}{(Y - Y_e)_m} \int_{Y_2}^{Y_1} dY = \frac{Y_1 - Y_2}{(Y - Y_e)_m} = 1$$

即：

$$(Y - Y_e)_m = Y_1 - Y_2$$

由此可见，如果气体流经一段填料层后的浓度变化 $(Y_1 - Y_2)$ 恰好等于此段填料层内以气相浓度差表示的总推动力的平均值 $(Y - Y_e)_m$ 时〔见图 7-4(b)〕，那么这段填料层的高度就是一个气相总传质单元高度。

传质单元高度 H_{OG}、H_{OL} 的大小是由过程条件所决定的。因为：

$$H_{OG} = \frac{V}{K_Y a\Omega}, \quad H_{OL} = \frac{L}{K_X a\Omega}$$

以上两式中，除去单位塔截面上气体和液体的摩尔流量 V/Ω、L/Ω 外，就是体积吸收系数 $K_Y a$、$K_X a$，它反映了传质阻力的大小、填料性能的优劣及润湿情况的好坏。吸收过程的传质阻力越大，填料层的有效比表面越小，每个传质单元所相当的填料层高度就越大。

传质单元数 N_{OG}、N_{OL} 反映了吸收过程的难易程度。任务所要求的气体浓度变化越大，过程的平均推动力越小，则意味着过程难度越大，此时所需的传质单元数也就越大。

引入传质单元的概念不仅有助于分析和理解填料层高度的基本计算式，并且对于每种填料

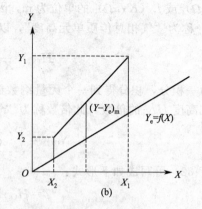

图 7-4　气相总传质单元高度

而言，传质单元高度的变化幅度并不大。若能从有关资料中查得或根据经验公式算出传质单元高度的数据，就能较方便地用来估算完成指定吸收任务所需的填料层高度。

（3）传质单元数的求法　下面介绍几种求传质单元数常用的方法。计算填料层高度时，可根据平衡关系的不同情况选择使用。

① 图解积分法　图解积分法是直接根据定积分的几何意义引出的一种计算传质单元数的方法，它普遍适用于各种平衡关系，特别适用于平衡线为曲线的情况。

仍以气相总传质单元数 N_{OG} 的计算为例。由定积分的几何意义可知，N_{OG} 等于被积函数 $1/(Y-Y_e)$ 在 $[Y_1, Y_2]$ 的图像（其曲线）与横轴、垂直线 $Y=Y_1$ 和 $Y=Y_2$ 所围成的图形的面积。因此只要做出平衡线和操作线，便可由任一 Y 值求出相应截面上的推动力 $(Y-Y_e)$，继而求出 $1/(Y-Y_e)$ 的值。再将 $1/(Y-Y_e)$ 与 Y 的对应数值进行标绘，所得函数曲线与 $Y=Y_1$、$Y=Y_2$ 及 $1/(Y-Y_e)=0$ 三条直线之间所包围的面积，便是气相总传质单元数 N_{OG}（见图 7-5）。

图 7-5　图解积分求 N_{OG}

在实际计算中，可以用数值积分方法计算定积分的值。

若用图解积分法求液相总传质单元数 N_{OL} 或其他形式的传质单元数（如 N_G、N_L），其方法和步骤与此相同。

② 吸收因数法　对于相平衡关系服从亨利定律，即平衡线为一通过原点的直线这一简单情况，可将相平衡关系和操作线方程代入 $\int_{Y_2}^{Y_1} \dfrac{dY}{Y-Y_e}$ 中，然后直接积分。积分结果可整理为：

$$N_{OG} = \frac{1}{1-S} \ln\left[(1-S)\frac{Y_1 - Y_{2e}}{Y_2 - Y_{2e}} + S \right] \tag{7-38}$$

式中，$S=\dfrac{mV}{L}$称为解吸因数，其倒数 A 称为吸收因数。

同理可以推出液相总传质单元数为：

$$N_{OL}=\frac{1}{1-A}\ln\left[\,(1-A)\frac{Y_1-Y_{2e}}{Y_1-Y_{1e}}+A\right] \tag{7-39}$$

此式多用于脱吸操作的计算。

③ 对数平均推动力法　对上述解析式进一步推导，可获得由吸收塔顶、塔底两端面上的吸收推动力求算传质单元数的另一种解析式。

由：
$$S=\frac{mV}{L}=\frac{Y_{1e}-Y_{2e}}{X_1-X_2}\times\frac{X_1-X_2}{Y_1-Y_2}=\frac{Y_{1e}-Y_{2e}}{Y_1-Y_2} \tag{7-40}$$

所以：
$$1-S=\frac{(Y_1-Y_{1e})-(Y_2-Y_{2e})}{Y_1-Y_2}=\frac{\Delta Y_1-\Delta Y_2}{Y_1-Y_2} \tag{7-41}$$

将此两式代入式(7-38)，得到：

$$N_{OG}=\frac{1}{\dfrac{\Delta Y_1-\Delta Y_2}{Y_1-Y_2}}\ln\left[\left(\frac{\Delta Y_1-\Delta Y_2}{Y_1-Y_2}\right)\frac{Y_1-Y_{2e}}{Y_2-Y_{2e}}+\frac{Y_{1e}-Y_{2e}}{Y_1-Y_2}\right]$$

$$=\frac{Y_1-Y_2}{\Delta Y_1-\Delta Y_2}\ln\left[\frac{(Y_1-Y_{1e})-(Y_2-Y_{2e})}{Y_1-Y_2}\times\frac{Y_1-Y_{2e}}{Y_2-Y_{2e}}+\frac{Y_{1e}-Y_{2e}}{Y_1-Y_2}\right]$$

由上式可以推得：
$$N_{OG}=\frac{Y_1-Y_2}{\Delta Y_1-\Delta Y_2}\ln\frac{\Delta Y_1}{\Delta Y_2} \tag{7-42}$$

或写成：
$$N_{OG}=\frac{Y_1-Y_2}{\dfrac{\Delta Y_1-\Delta Y_2}{\ln\dfrac{\Delta Y_1}{\Delta Y_2}}}=\frac{Y_1-Y_2}{\Delta Y_m} \tag{7-43}$$

式中，
$$\Delta Y_m=\frac{\Delta Y_1-\Delta Y_2}{\ln\dfrac{\Delta Y_1}{\Delta Y_2}}=\frac{(Y_1-Y_{1e})-(Y_2-Y_{2e})}{\ln\dfrac{Y_1-Y_{1e}}{Y_2-Y_{2e}}}$$

ΔY_m 是塔顶与塔底两截面上吸收推动力 ΔY_1 与 ΔY_2 的对数平均值，称为对数平均推动力。同理，从式(7-39)出发可导出关于液相总传质单元数 N_{OL} 的相应解析式：

$$N_{OL}=\frac{X_1-X_2}{\Delta X_m} \tag{7-44}$$

式中，
$$\Delta X_m=\frac{\Delta X_1-\Delta X_2}{\ln\dfrac{\Delta X_1}{\Delta X_2}}=\frac{(X_{1e}-X_1)-(X_{2e}-X_2)}{\ln\dfrac{X_{1e}-X_1}{X_{2e}-X_2}}$$

由式(7-43)及式(7-44)可知，传质单元数是全塔范围内某相浓度的变化与按该相浓度差计算的对数平均推动力的比值。当 $1/2<\Delta Y_1/\Delta Y_2<2$ 或 $1/2<\Delta X_1/\Delta X_2<2$ 时，相应的对数平均推动力也可用算术平均推动力代替而不会带来大的误差。

综上所述，传质单元数的不同求法各有其特点及适用场合。对于低浓度吸收，只要在过程所涉及的浓度范围内平衡线为直线，便可用吸收因数法或对数平均推动力法。两者实质是相同的，在应用条件上并无差别。当平衡线为曲线时，则宜用图解积分法。

　　[例 7-3]　某油脂工厂用清水吸收空气中的丙酮。空气中含丙酮1%（摩尔分数），要求回收率不低于99%。若吸收剂用量为最小用量的1.5倍，操作条件下平衡关系为 $Y_e=2.5X$。试

分别用对数平均推动力法和吸收因数法计算总传质单元数。

解：(1) 对数平均推动力法

$$y_1 = 0.01 \qquad Y_1 = \frac{y_1}{1-y_1} = \frac{0.01}{1-0.01} = 0.0101$$

$$Y_2 = Y_1(1-\eta) = 0.0101 \times (1-0.99) = 1.0 \times 10^{-4}$$

$$X_2 = 0 \qquad \left(\frac{L}{V}\right)_{min} = \frac{Y_1 - Y_2}{\dfrac{Y_1}{m} - X_2} = m\frac{Y_1 - Y_2}{Y_1} = m\eta = 2.5 \times 0.99 = 2.475$$

$$\frac{L}{V} = 1.5\left(\frac{L}{V}\right)_{min} = 1.5 \times 2.475 = 3.7125$$

由

$$\frac{L}{V} = \frac{Y_1 - Y_2}{X_1 - X_2} = \frac{0.0101 - 1.0 \times 10^{-4}}{X_1 - 0} = 3.7125$$

得

$$X_1 = 2.694 \times 10^{-3}$$

$$Y_{1e} = mX_1 = 2.5 \times 2.694 \times 10^{-3} = 6.735 \times 10^{-3}$$

$$\Delta Y_1 = Y_1 - Y_{1e} = 0.0101 - 6.735 \times 10^{-3} = 3.365 \times 10^{-3}$$

$$Y_{2e} = mX_2 = 0 \qquad \Delta Y_2 = Y_2 - Y_{2e} = 1.0 \times 10^{-4}$$

$$\Delta Y_m = \frac{\Delta Y_1 - \Delta Y_2}{\ln\dfrac{\Delta Y_1}{\Delta Y_2}} = \frac{3.365 \times 10^{-3} - 1.0 \times 10^{-4}}{\ln\dfrac{3.365 \times 10^{-3}}{1.0 \times 10^{-4}}} = 9.286 \times 10^{-4}$$

$$N_{OG} = \frac{Y_1 - Y_2}{\Delta Y_m} = \frac{0.0101 - 1.0 \times 10^{-4}}{9.286 \times 10^{-4}} = 10.77$$

(2) 吸收因数法

$$S = mV/L = 2.5/3.7125 = 0.673$$

$$N_{OG} = \frac{1}{1-S}\ln\left[(1-S)\frac{Y_1 - Y_{2e}}{Y_2 - Y_{2e}} + S\right] = \frac{1}{1-0.673} \times \ln\left[(1-0.673) \times \frac{0.0101 - 0}{1.0 \times 10^{-4} - 0} + 0.673\right] = 10.76$$

两者所得结果相同。

[例7-4] 在填料塔内用清水逆流吸收空气与氨混合气中的氨。单位塔截面积的混合气体质量流量为 $0.35\text{kg}/(\text{m}^2 \cdot \text{s})$，进塔气体浓度 $Y_1 = 0.03$，回收率 $\eta = 0.98$，平衡关系为 $Y_e = 0.92X$，体积吸收系数为 $K_Ya = 0.043\text{kmol}/(\text{m}^3 \cdot \text{s})$，操作液气比为最小液气比的 1.2 倍。试求塔底液相浓度及填料层高度 Z。

解：(1) 进口气体摩尔质量 $M_m = 29 \times 0.97 + 17 \times 0.03 = 28.64$

则 $$V/\Omega = 0.35/28.64 = 0.0122\text{kmol}/(\text{m}^2 \cdot \text{s})$$

$$Y_1 = 0.03 \qquad Y_2 = Y_1(1-\eta) = 0.03 \times (1-0.98) = 6.0 \times 10^{-4}$$

$$X_2 = 0 \qquad \text{而}\left(\frac{L}{V}\right)_{min} = \frac{Y_1 - Y_2}{\dfrac{Y_1}{m} - X_2} = m\frac{Y_1 - Y_2}{Y_1} = m\eta$$

$$L/V = 1.2(L/V)_{min} = 1.2m\eta = 1.2 \times 0.92 \times 0.98 = 1.082$$

由于 $$Y_1 - Y_2 = L(X_1 - X_2)/V$$

即 $$0.03 - 6 \times 10^{-4} = 1.082(X_1 - 0) \qquad X_1 = 0.0272$$

(2) $$H_{OG} = V/(K_Ya\Omega) = 0.0122/0.043 = 0.284\text{m} \qquad S = mV/L = 0.92/1.082 = 0.85$$

$$N_{OG}=\frac{1}{1-S}\ln\left[(1-S)\frac{Y_1-Y_{2e}}{Y_2-Y_{2e}}+S\right]=\frac{1}{1-0.85}\times\ln\left[(1-0.85)\times\frac{0.03}{6\times10^{-4}}+0.85\right]=14.15$$

$$Z=H_{OG}N_{OG}=0.284\times14.15=4.02m$$

[例 7-5] 在逆流填料塔内用清水吸收混合气中的 SO_2。气体流量为 $2000m^3$（标准态）/$(m^2\cdot h)$，其中含 $SO_2 6\%$（摩尔分数）。要求 SO_2 的吸收率为 95%，操作条件下的平衡关系为 $Y_e=26.7X$，体积吸收系数为 $K_Ya=40kmol/(m^3\cdot s)$，操作液气比为最小液气比的 1.5 倍。试求：(1) 所需的填料层高度；(2) 若要求将吸收率提高到 99%，塔高应增加多少？

解：(1)
$$V=\frac{2000}{22.4}\times(1-0.06)=83.93\ kmol/(m^2\cdot h)$$

$$Y_1=0.06/(1-0.06)=0.0638 \qquad Y_2=Y_1(1-0.95)=0.00319$$

$$\left(\frac{L}{V}\right)_{min}=m\eta=26.7\times0.95=25.365$$

$$L/V=1.5(L/V)_{min}=1.5\times25.365=38.05$$

$$L=38.05\times83.93=3193.5kmol/(m^2\cdot h)$$

$$S=mV/L=26.7/38.05=0.702$$

$$N_{OG}=\frac{1}{1-S}\ln\left[(1-S)\frac{Y_1-Y_{2e}}{Y_2-Y_{2e}}+S\right]=\frac{1}{1-0.702}\times\ln\left[(1-0.702)\times\frac{0.0638}{0.00319}+0.702\right]=6.364$$

$$H_{OG}=V/(K_Ya\Omega)=83.93/40=2.1m$$

$$Z=H_{OG}N_{OG}=2.1\times6.364=13.36m$$

(2)
$$Y_2'=Y_1(1-0.99)=0.000638$$

$$N_{OG}'=\frac{1}{1-S}\ln\left[(1-S)\frac{Y_1-Y_{2e}}{Y_2'-Y_{2e}}+S\right]=\frac{1}{1-0.702}\times\ln\left[(1-0.702)\times\frac{0.0638}{0.000638}+0.702\right]=11.47$$

$$H_{OG}'=N_{OG}=2.1m$$

$$Z'=H_{OG}'N_{OG}'=2.1\times11.47=24.09m$$

$$\Delta Z=24.09-13.36=10.73m$$

7.1.4 吸收系数

吸收系数的地位相当于传热中的传热系数，是吸收计算中的重要参数。传质过程的影响因素十分复杂，致使从理论方程出发计算吸收系数变得十分困难。目前工业上确定吸收系数的途径有三条：实验测定、经验公式计算和无量纲数群关联式计算。

7.1.4.1 实验测定吸收系数

在中试装置或与生产设备条件相似的装置上进行吸收实验，测定吸收系数，再用于放大计算，是最可靠的途径。测定在已知塔高的填料吸收塔中进行，操作条件应尽量接近生产条件，实验时测定气、液两相的流量和进、出口四个浓度中的三个，然后用全塔物料衡算计算另一个浓度，最后用下式计算吸收系数：

$$K_Ya=\frac{V(Y_1-Y_2)}{\Omega Z\Delta Y_m} \tag{7-45}$$

测定可在全塔进行，也可在某一塔段进行，测定的吸收系数值代表测定范围内的平均值。
若需要测定膜系数，则总是选择气膜控制或液膜控制的情形，此时总吸收系数与膜系数近似相等。

7.1.4.2 经验公式计算吸收系数

经验公式在应用时必须注意其适用范围。下面介绍几个典型的公式。

(1) 以直径 12.5mm 的陶瓷环为填料在塔中用水吸收氨，是气膜控制的典型实例。

$$k_G a = 6.07 \times 10^{-4} G^{0.9} W^{0.39} \tag{7-46}$$

式中，G 和 W 分别为气、液相的空塔质量速度，$kg/(m^2 \cdot h)$；$k_G a$ 为气膜体积吸收系数，单位为 $kmol/(m^3 \cdot h \cdot kPa)$。

(2) 以直径 $10 \sim 32mm$ 的陶瓷环为填料在塔中用水吸收二氧化碳，是液膜控制的典型实例。

$$k_L a = 2.57 U^{0.96} \tag{7-47}$$

式中，U 为液体的喷淋密度，$m^3/(m^2 \cdot h)$；$k_L a$ 为液膜体积吸收系数，单位为 $kmol/(m^3 \cdot h \cdot kmol/m^3)$。此式的适用范围为：喷淋密度 $3 \sim 20 m^3/(m^2 \cdot h)$，气相空塔质量速度 $130 \sim 580 kg/(m^2 \cdot h)$，温度 $21 \sim 27℃$。

(3) 以直径 25mm 的陶瓷环为填料在塔中用水吸收二氧化硫，气膜和液膜均有相当的比例。

$$k_G a = 9.81 \times 10^{-4} G^{0.7} W^{0.5} \tag{7-48}$$

$$k_L a = \alpha W^{0.82} \tag{7-49}$$

式中，G、W、$k_G a$ 和 $k_L a$ 的意义和单位同上；α 为常数，其值见表 7-1。此式的适用范围为：气相空塔质量速度 $320 \sim 4150 kg/(m^2 \cdot h)$，液相空塔质量速度 $4400 \sim 585000 kg/(m^2 \cdot h)$。

表 7-1 式(7-49) 中的 α 值

温度/℃	10	15	20	25	30
$\alpha/[kmol/(m^3 \cdot h \cdot kPa)]$	0.0093	0.0102	0.0116	0.0128	0.0143

7.1.4.3 无量纲数群关联式计算吸收系数

无量纲数群关联式的优点是适用范围较广，但计算结果的准确性略差。无量纲数群关联式可以用量纲分析法获得，也可以根据传递类比的原理直接推导出，而其中常数和指数的确定则仍须通过实验。

传质过程中常用的无量纲数群如下。

(1) Sh(舍伍德数)　相当于传热中的 Nu，包含了传质系数。

气相 Sh 的定义为：

$$Sh_G = k_G \frac{RT p_{BM}}{p_T} \times \frac{l}{D} \tag{7-50}$$

液相 Sh 的定义为：

$$Sh_L = k_L \frac{c_{BM}}{c_T} \times \frac{l}{D} \tag{7-51}$$

(2) Re　同样是反映流动影响的无量纲数群。对于气体通过填料层的流动，Re 的定义为：

$$Re_G = \frac{d_e u_0 \rho}{\mu} \tag{7-52}$$

其中，u_0 为流体通过填料层的实际速度，而一般计算和测定中用的是气体的空塔速度 u，如果将填料层看作空隙率 ε 均匀的床层，以 σ 为填料的比表面（m^2/m^3），则有：

$$u_0 = u/\varepsilon \tag{7-53}$$

而填料床层的当量直径为：

$$d_e = \frac{4\varepsilon}{\sigma} \tag{7-54}$$

将式(7-53)和式(7-54)代入式(7-52)得：

$$Re_G = \frac{4u\rho}{\sigma\mu} \tag{7-55}$$

同理，液相 Re 的定义为：

$$Re_L = \frac{4u_L\rho_L}{\sigma\mu_L} \tag{7-56}$$

（3）Sc（施密特数）　相当于传热中的 Pr，是反映物性影响的无量纲数群，其定义为：

$$Sc = \frac{\mu}{\rho D} \tag{7-57}$$

（4）Ga（伽利略数）　反映液体在重力作用下沿填料表面向下流动时所受重力与黏性力之比，其定义为：

$$Ga = \frac{gl^3\rho^2}{\mu_L^2} \tag{7-58}$$

计算气膜吸收系数的无量纲数群关联式有：

$$Sh_G = a_1 Re_G^{a_2} Sc_G^{a_3} \tag{7-59}$$

此式系在湿壁塔中实验得到，其适用范围为：$Re_G = 2\times10^3 \sim 3.5\times10^4$，$Sc_G = 0.6\sim2.5$，$p_T = 10.1\sim303\text{kPa}$，此时 $a_1 = 0.023$，$a_2 = 0.83$，$a_3 = 0.44$，特征尺寸 l 为湿壁塔塔径。此式也可用于拉西环填料塔，此时 $a_1 = 0.066$，$a_2 = 0.8$，$a_3 = 0.33$，特征尺寸 l 为单个拉西环的外径。

计算液膜吸收系数的无量纲数群关联式有：

$$Sh_L = 0.00595 Re_L^{2/3} Sc_L^{1/3} Ga^{1/3} \tag{7-60}$$

其中的特性尺寸为填料的直径。

7.2　填料塔

吸收设备的作用在于建立和不断更新两相接触表面，使之具有尽可能大的接触表面积和尽可能好的流体力学条件，以利于提高吸收速率，减小设备的尺寸。同时，气体通过设备的阻力要小，以节省动力消耗。对食品的吸收（或脱吸）而言，设备还必须能耐腐蚀并符合卫生要求。工业上广泛应用的吸收设备是填料塔。

7.2.1　填料塔的结构与填料

7.2.1.1　填料塔的结构

填料塔为一直立式圆筒，内有填料，乱堆或整砌在支承板上（图7-6）。气体从底部送入，液体在塔顶经过分布器淋洒到填料层表面上。液体在填料层中有向塔壁流动的趋势，故填料层较高时常将其分成数段，两段之间设液体再分布器。液体在填料表面分散成薄膜，经填料间的缝隙往下流，亦可能成液滴落下。填料层内气、液两相一般呈逆流接触，两相的组成沿塔高连续改变。

7.2.1.2　填料的类型

填料的作用是液相分散造型的支撑体，为气、液两相提供充分的接触面，并为强化其湍动程度创造条件，以利于传质。它们应能使气、液接触面大，传质系数高，同时通量大而阻力小，所以要求填料层空隙率高，比表面积大，表面润湿性能好，并且在结构上还要有利于两相密切接触，促进湍动。制造填料的材料又要有耐腐蚀性，并具有一定的机械强度，现将工业中一些常用填料的特点说明如下（参见图7-7）。

图7-6　填料塔的结构　　　　　图7-7　几种填料的形状

(a) 拉西环；(b) 鲍尔环；(c) 阶梯环；(d) 网环；
(e) 弧鞍形；(f) 矩鞍形；(g) 鞍形网；(h) 压延
孔环；(i) 金属鞍环形；(j) 网波填料

（1）拉西环（Rashing ring）　拉西环为高与直径相等的圆环，常用直径为25~75mm的陶瓷环，壁厚2.5~9.5mm。亦有小至6mm，大至150mm的，但少用。若用金属环，则壁厚为0.8~1.6mm。填料多乱堆在塔内，称散装或乱堆，直径大的可用整砌，以降低阻力和减小液体流向塔壁的趋势。拉西环构造简单，但气体通过能力低，阻力也大，液体到达环内部比较困难，因而润湿不充分，传质效果差，故近年来使用渐少。但此种填料出现早，研究得充分，性能数据累积也丰富，故常用来作为比较其他填料性能优劣的标准。

（2）鲍尔环（Pall ring）　鲍尔环的构造相当于在拉西环的壁面上开一排或两排方形孔，开孔时只断开四边形中的三条边，另一边保留，使原来的材料片呈舌状弯入环内，这些舌片在环中心几乎对接。填料的空隙率与比表面并未因而增加，但堆成层后，气、液流通舒畅，有利于气、液进入环内。因此，鲍尔环比之拉西环，其气体通过能力与体积传质系数都有显著提高，阻力也减少。

（3）阶梯环（cascade ring）　阶梯环是一端有喇叭口的开孔环形填料，环高与直径之比略小于1，环内有筋，起加固与增大接触面的作用。喇叭口能防止填料并列靠紧，使空隙率提高，并使表面更易暴露。材料多为金属或塑料。

（4）弧鞍填料（berl saddle）　这是出现较早的一种鞍形填料，形如马鞍，常用者大小25~50mm。弧鞍的表面不分内外，全部敞开，液体在两侧表面分布同样均匀。它的另一特点是堆放在塔内时，对塔壁侧压力比环形填料小。但由于两侧表面构形相同，堆放时填料容易叠合，减少了暴露的表面，最近已渐为改善的弧鞍即所谓矩鞍填料所代替。弧鞍填料多用陶瓷制造。

（5）矩鞍填料（intalox saddle）　矩鞍两侧表面不能叠合，且较耐压力，构形简单，加工比弧鞍方便，多用陶瓷制造。在各种陶瓷填料中，它的水力学性能和传质性能都较优越。

用金属制的矩鞍，于鞍的背部冲出两条狭带，弯成环形筋，筋上又冲出四个小爪弯入环内。它兼有鞍形填料液体分布均匀与开孔填料通量大、阻力小的优点，故又称鞍环或环矩鞍。

(6) 波纹板及波纹网　波纹填料是一种整砌结构的新型高效填料。由许多片波纹薄板叠成，相邻两板反向靠叠，形成直径略小于塔径的圆饼，高 40～60mm。若干薄饼再重叠，放入塔内，形成填料层。

波纹填料具有很大的比表面积，相邻两板的波纹相互垂直，使气、液两相不断改变方向，传质效率大为提高，气体流动阻力也小。但不适于处理黏度高、易聚合或有沉淀物的物料，成本也较高。

波纹填料有实体与网体两种。实体波纹填料又称板波纹填料，由陶瓷、金属或塑料制成。网体波纹填料由金属丝网制成，如 θ 网环。其比表面积可高达 $700m^2/m^3$，而气体的流动阻力很小。

7.2.1.3　填料的特性

填料特性是表示填料性能的物理量，其中重要的有以下几种。

(1) 比表面积　单位体积填料的表面积，用 σ 表示，单位 m^2/m^3。比表面积大，则能提供的相接触面积大。同一种填料其尺寸愈小，则比表面积愈大。

(2) 空隙率　为单位体积填料的空隙体积，用 ε 表示，无量纲。空隙率大则气体通过时的阻力小，因而流量可以增大。

(3) 填料因子　由前面两项组合而成，定义为 σ/ε^3，单位 $1/m$，是表示填料阻力及液泛条件的重要参数之一。按干填料算出的 σ/ε^3 值不能确切地表示填料淋湿后的水力学性能，故把在有液体淋洒的条件下实测的相应数值称为填料因子，以 ρ 表示，单位亦为 $1/m$。ρ 值愈小，则阻力愈小，发生液泛时的气流速度高，水力学性能好。

表 7-2 列出几种常用填料的主要尺寸及其特性数据。

表 7-2　常用填料的特性

类别及名义尺寸/mm	实际尺寸/mm	σ/m^{-1}	ε	堆积密度/(kg/m³)	$(\sigma/\varepsilon^3)/m^{-1}$	ρ/m^{-1}
陶瓷拉西环（散装）	高×厚					
16	16×2	305	0.73	730	784	940
25	25×2.5	190	0.78	505	400	450
40	40×4.5	126	0.75	577	305	350
50	50×4.5	93	0.81	457	177	205
陶瓷拉西环（整装）	高×厚					
50	50×4.5	124	0.72	673	339	—
80	80×9.5	102	0.57	962	564	—
100	100×13	65	0.72	930	172	—
钢拉西环（散装）	高×厚					
25	25×0.8	220	0.92	640	290	390
35	35×1	150	0.93	570	190	260
50	50×1	110	0.95	430	130	175
钢鲍尔环	高×厚					
25	25×0.6	209	0.94	480	252	160
38	38×0.8	150	0.95	379	152	92
50	50×0.9	110	0.95	355	120	66
塑料鲍尔环						
25	—	209	0.90	72.6	287	170
38	—	130	0.91	67.7	173	105
50	—	103	0.91	67.7	137	82

类别及名义尺寸/mm	实际尺寸/mm	σ/m^{-1}	ε	堆积密度/(kg/m³)	$(\sigma/\varepsilon^3)/m^{-1}$	ρ/m^{-1}
钢阶梯环	厚度					
No 1	0.55	230	0.95	433	—	111
No 2	0.7	164	0.95	400	—	72
No 3	0.9	105	0.96	353	—	46
塑料阶梯环						
No 1	—	197	0.92	64	—	98
No 2	—	118	0.93	56	—	49
No 3	—	79	0.95	43	—	26
陶瓷弧鞍						
25	—	252	0.96	725		360
38	—	164	0.75	612		213
50	—	106	0.72	645		148
陶瓷矩鞍	厚度					
25	3.3	258	0.755	548		320
38	5	197	0.81	483		170
50	7	120	0.79	532		130
钢环矩鞍						
25#	—		0.967			135
40#	—		0.973			89
50#	—		0.978			59

注：阶梯环 No 1、No 2、No 3 与钢环矩鞍 25♯、40♯、50♯ 各大致相当于名义尺寸 25mm、38mm（或40mm）、50mm。

7.2.1.4　填料塔附件

填料塔内除充填填料外，还需安装一些必要的附件，主要有以下几种。

（1）填料支承板　填料支承板既要具备一定的机械强度以承受填料层及其上面所持液体的重量，又要留出一定空隙供气、液流通。一般要求支承板的自由截面积与塔截面积之比大于填料层的空隙率。

最简单的支承装置是用扁钢条制作的格栅或开孔的金属板。栅的间隙或板的孔径如果过大，容易使填料落下，此时可于支承板上先铺一层尺寸较大的同类填料。

（2）液体淋洒装置　液体淋洒不良就不能在填料表面散布均匀，甚至出现沟流现象，严重降低填料表面有效利用率。要做到液体开始分布良好，对于直径 1m 以内的塔，淋洒点按正方形排列时两点的间距应为 7~15cm；对于直径 D 大于 1m 的塔，淋洒点数大致可按 $(5D)^2$ 设置。

常用的淋洒装置有莲蓬式喷洒器、盘式分布器、溢流槽等。喷洒器在塔内可设一个或多个，器内的液体在压力作用下从许多小孔中喷出。盘式分布器为底部装有许多垂直短管的线盘，盘上的液体可通过短管口溢流而下。溢流槽为直接搁在填料层顶的若干线槽，槽的边沿有许多缺口，液体从缺口溢流到填料层顶。

（3）液体再分布器　液体再分布器的作用是将流到塔壁近旁的液体重新汇集并引向中央区域。乱堆的填料近器壁处的流动阻力较小，因此液体有趋向器壁流动的趋势。当填料层较高时，便应将塔分成几段，段与段之间设液体再分布器。最简单的形式为截锥式，如图 7-8（a）所示。当需要分段卸出填料时，可采用如图 7-8（b）的装置，在再分布器上安装支承板。

(a)　　　　(b)

图 7-8　截锥式液体再分布器

7.2.2　填料塔的流体力学性能

7.2.2.1　气体通过填料层的压强降

压强降是填料塔设计中的重要参数，一方面其大小决定了塔的动力消耗，另一方面选择合理的气速与确定塔径直接相关。为表达方便起见，气体的流速以其体积流量与塔截面积之比表示，称为空塔气速。液体流速亦用同样方法表示，称为喷淋密度，单位都是 m/s 或 m³/(m²·s)。把不同喷淋密度下的单位高度填料层的压强降 $\Delta p/z$ 与空塔气速 u 间的实测数据标绘在双对数坐标纸上，即得如图 7-9 所示的曲线族。

当喷淋密度 $L_0 = 0$ 即气体通过干填料层流动时，$\Delta p/z$-u 关系为一直线，其斜率为 $1.8 \sim 2.0$，与湍流时通过管道的压降-流速关系相仿。当喷淋密度 $L_0 \neq 0$ 时，压降-流速关系变成折线，且存在两个转折点。下转折点称"载点"，上转折点称"泛点"。不同喷淋密度下的压降-流速关系曲线大致平行。

当气体速度在载点以下时，液体向下的流动与气速几乎无关，而由于填料表面液层的存在，使气体流动截面减小，压降增大，故曲线位于干填料层

图 7-9　填料层的 Δp-u 关系

的压降-流速曲线上方。此时单位体积填料层持有的液体体积即持液量保持不变。随着气速的加大，当气速超过载点以后，气、液间的摩擦力开始阻碍液体下流，使持液量增加，称为"拦液"现象。拦液现象发生后，$\Delta p/z$-u 关系曲线的斜率大于 2。

如果气速进一步增大，直至泛点气速，气量的增加使持液量很大，直至使液相成为连续相，气相成为分散相，气体以气泡形式穿过液层，气液接触的表面从填料表面转移到填料层的空隙中。气流把大量的液体带出塔顶，塔的操作极不稳定，甚至被完全破坏，这一现象称为液泛。在压降-气速关系曲线上，过泛点后压降迅速增大，甚至几乎成垂直线。

因此，泛点代表了填料塔操作时气速的上限。而载点虽具有气速下限的意义，但实际操作中此转折常不明显。通常填料塔的适宜操作气速均根据泛点气速确定，因而泛点气速的求取十分重要。

7.2.2.2　泛点气速的确定

影响泛点气速的因素很多，如填料的特性、流体的物性、液气比等均对其有重要影响。

工程设计中广泛采用埃克特（Eckert）通用关联图（图 7-10）来计算填料塔的压强降和泛点气速。此图的横坐标为 $\dfrac{W_L}{W_V} \left(\dfrac{\rho_V}{\rho_L} \right)^{0.5}$，其中 W_L，W_V 分别为液相和气相的质量流量，kg/s；ρ_L、ρ_V 分别为两相的密度，kg/m³。纵坐标为 $\dfrac{u^2 \psi \varphi \rho_V}{g \rho_L} \mu_L^{0.2}$，其中 ψ 为水密度与液体密度之比；φ 为填料因子，1/m；μ_L 为液体黏度，mPa·s；u 为空塔气速，m/s。

图 7-10 中最上方的三条线分别为弦栅填料、整砌拉西环及散装（乱堆）填料的泛点线，与泛点线相对应的纵坐标中的气速即为泛点气速。由两相流量和密度可算出横坐标值，再根据

横坐标值在泛点线上求得一点，由该点的纵坐标值即可求出泛点气速。操作气速通常取泛点气速的 $50\%\sim80\%$。确定了操作气速后，即可根据体积流量公式求出塔径。

图 7-10　填料塔冷点、压降通用关联图

图 7-10 还可用来求取气体通过填料层的压强降。由两相流量和密度求得横坐标值，又由实际气速、流量和物性求得纵坐标值，由此两坐标值可确定图上的一点，再由图中的 $\Delta p/z$ 曲线族即可求出压强降。

7.2.2.3　润湿性能

填料塔中气液两相的传质是在填料表面流动的液膜上进行的，为使塔操作良好，必须使填料表面维持一定的液膜，即保持润湿。这样，塔内液体的喷淋密度不能低于某一极限值。此极限值称为最小喷淋密度，在最小喷淋密度下填料维持最小润湿速率，两者间的关系为：

$$u_{\min} = (L_w)_{\min}\sigma \qquad\qquad (7\text{-}61)$$

式中，σ 为填料的比表面积，m^2/m^3；$(L_w)_{\min}$ 为最小润湿速率，$m^3/(m \cdot s)$；$u_{\min}$ 为最小喷淋密度，$m^3/(m^2 \cdot s)$。

润湿速率是喷淋密度与填料比表面积之比，又可理解为液体体积流量与填料周边长度之比。对直径不超过 75mm 的拉西环和其他填料，可取最小润湿速率为 $2.22 \times 10^{-5}\,m^3/(m \cdot s)$。对直径大于 75mm 的环形填料，应取最小润湿速率为 $3.33 \times 10^{-6}\,m^3/(m \cdot s)$。关于最小润湿速率的确定，表 7-3 可供参考。

表 7-3　最小润湿速率的参考值

填料材质	最小润湿速率/(m²/s)	填料材质	最小润湿速率/(m²/s)
未上釉的陶瓷	1.39×10^{-4}	未处理过的光亮金属表面	8.33×10^{-4}
氧化了的金属	1.94×10^{-4}	聚氯乙烯	9.72×10^{-4}
经表面处理过的金属	2.78×10^{-4}	聚丙烯	1.11×10^{-3}

实际操作时采用的喷淋密度应大于最小喷淋密度。若喷淋密度过小，可采用液体再循环的方法加大液体流量，也可减小塔径，或适当增加填料层高度。

在液泛以前，即使喷淋密度已大于最小喷淋密度，填料表面也不可能全部润湿，故单位体积填料层的润湿面积常小于比表面积。

被润湿的表面并非都是有效传质表面。填料接触点处液体不流动，局部传质推动力就可能降为零，这部分表面就不起作用。只有填料表面被流动的液体润湿时方为有效传质面积。

7.3 吸附

吸附在食品工业中常用来除去液体食品中的少量杂质，如动植物油的脱臭、糖液的脱色，都是应用吸附进行分离的实例。糖厂在清净工艺中利用新生碳酸钙吸附糖汁中的杂质，提高糖汁的纯度，从而生产白糖，则是应用吸附的大型工业实践。

7.3.1 吸附分离的基本理论

7.3.1.1 吸附的原理

吸附过程是使流动相与多孔固体颗粒接触，使流动相中一种或多种组分被吸附于固体颗粒表面，以达到分离的过程。在吸附过程中，固体颗粒称为吸附剂，被吸附在固体颗粒表面上的物质则称吸附质。多孔介质的比表面积常达 $500 \sim 1000 \mathrm{m^2/g}$。流动相可以是气体或液体，化学工业中气体吸附比较常见，而食品工业中则液体吸附应用较多。

吸附过程多发生在多孔介质的孔壁或粒子内部的特定部位，分离的机理是不同分子间在相对分子质量、分子形状或分子极性方面的差别使某些分子比其他分子更牢固地依附在壁上。在许多情况下可以达到相当完全的分离。

在气-固吸附中，从空气和其他气体的混合物中吸附气体时，一般空气不被吸附。而在液-固吸附中，通常溶剂本身也被吸附，在电解质溶液中还可能吸附离子。因此，液体吸附远比气体吸附复杂。

由于电场的作用，离子很容易被带异性电荷的吸附剂所吸附，这种吸附称为极性吸附。在极性吸附中，吸附剂与溶液之间还发生离子交换，称为交换吸附。这些现象使溶液中的吸附过程变得更复杂。

固体物质表面之所以有吸附能力，是由于处在相界面上的分子受到的吸引力不平衡所致。这一不平衡使表面分子具有与内部分子不同的性质。内部分子所受的分子吸力在各方向上是相等的，而表面分子所受的吸力不相等。如果吸力的合力指向相的内部，则相表面便表现出收缩的能力，能够吸附与它接触的另一相中的分子。这种由分子间的引力引起的吸附称为物理吸附。由于分子间的引力又称范德华力，故物理吸附又称范德华吸附。

物理吸附可以在吸附剂的表面形成单分子或多分子的吸附质层。由于吸附剂与吸附质之间不发生化学反应，因此物理吸附无选择性。除表面的状况外，吸附剂本身的性质不起作用。物理吸附过程很快，相际平衡在瞬间完成。吸附时放出热量，称为吸附热，其数量级与凝固热相同，一般不大。在物理吸附中，吸附极易从固体表面解吸（特别是在升温时），而不改变原来的性状。因此，物理吸附一般是可逆的。

如果吸附剂与吸附质之间发生某种作用，生成某种结合物，就称为化学吸附，或活性吸附。化学吸附生成的结合物是一种表面吸附物，仍留在晶格上。化学吸附时，吸附质在吸附剂表面形成一单分子薄层，吸附进行得很慢，达到平衡所需的时间很长。化学吸附发生需要活化能，即以温度、光的作用为活化条件。化学吸附的吸附热比物理吸附大得多，接近一般化学反应热。化学吸附有选择性，结合物的结合力强，解吸过程相当困难，一般是不可逆的。

7.3.1.2 吸附剂

吸附过程是一种表面过程，为了增大吸附容量，作为吸附剂的固体颗粒要具有很大的比表面积。因此，常用具有多孔结构的固体颗粒来作为吸附剂。工业上常用的吸附剂有两大类：一类是将天然矿物适当加工后制得的，如活性白土、硅藻土、凹凸棒等；另一类是人工合成的，如活性炭、硅胶、分子筛、吸附树脂等。前者价廉易得，一般不回收；后者性能好，常常要求回收。

（1）硅胶 硅胶（$SiO_2 \cdot nH_2O$）是一种具有微孔结构的固体颗粒，是一种极性吸附剂，常用作气体或液体的干燥脱水。硅胶按孔径可分为：孔径为 1～2nm 的细孔硅胶、孔径为 2～4nm 的中孔硅胶、孔径为 4～5nm 的粗孔硅胶和孔径超过 10nm 的特粗孔硅胶。

（2）活性氧化铝 活性氧化铝又称活性矾土，是由氧化铝加热脱水制得的一种具有吸附和催化性能的多孔大表面氧化铝，它广泛用于炼油、橡胶、化肥、石油化工中作为吸附剂、催化剂和载体。作为一种多孔性的吸附剂，它不仅具有相当大的比表面积（200～400m²/g），而且具有很高的机械强度和物化稳定性，且耐高温、抗腐蚀，但不宜在强酸、强碱条件下使用。

（3）活性炭 活性炭由有机物质（如：木、煤、果核、果壳等）经炭化和活化制得。由于活性炭的强吸附能力及其表面有足够的化学稳定性和良好的机械强度，使它在化工、国防、环保、食品工业得到广泛的应用。活性炭比表面积巨大，可达 1200～1600m²/g，按外形分类有粒状活性炭和粉状活性炭两类。

（4）硅藻土 硅藻土是由统称为硅藻的单细胞藻类死亡以后的硅酸盐遗骸形成的，基本质是含水的无定形 SiO_2，并含有少量 Fe_2O_3、MgO、Al_2O_3 及有机杂质，外观一般呈浅黄色或浅灰色，优质的呈白色，质软，多孔而轻。硅藻土的多孔结构使它成为一种良好的吸附剂，在食品、化工生产中常用作助滤剂及脱色剂。

（5）各种活性土 白土、酸性白土、铁矾土等统称为活性土，由天然矿物在 80～110℃下用硫酸活化制得。实际上活化前的矿物本来就具有脱色能力，经活化后吸附能力大为提高，常用于油脂的脱色。

（6）分子筛 分子筛是以 SiO_2 和 Al_2O_3 为主要成分的结晶铝硅酸盐，其晶体中有许多一定大小的空穴，空穴之间有许多直径相同的孔相连。由于分子筛能将比其孔径小的分子吸附到空穴内部，而把比孔径大的分子排斥在其空穴外面，起到筛分分子的作用，所以得名分子筛。分子筛的组成物质有 Na_2O、Al_2O_3、SiO_2，因三者含量的比例不同，故有不同类型的分子筛。

分子筛具有高效吸附特性，同时还具有选择性吸附能力，它可以根据分子大小不同和形状不同进行选择性吸附，也可以根据分子极性、不饱和度和极化率不同进行选择性吸附。正是由于分子筛对气体的吸附有高度的选择性，所以它是分离混合物的理想吸附剂。

（7）吸附树脂 吸附树脂是高分子物质如纤维素、淀粉、木质素、甲壳素等经交联反应，引进官能团制得的，其性能由孔径、骨架结构、官能团性质等因素决定，是一类性能优良的吸附剂。

工业上对吸附剂的要求主要是吸附量（单位质量吸附剂所能吸附的物质量）和吸附选择性两条，具体的物理化学性质中最重要的是比表面积，其次是松密度、平均孔径等。

7.3.1.3 吸附平衡

吸附是两相之间的传质过程。在一定温度下，吸附剂与流体经过充分长时间的接触后，吸附质在两相中的浓度不再变化，吸附达到了平衡。平衡时吸附质在两相中的浓度间存在一定关系，即平衡关系。等温下的吸附平衡关系称为吸附等温线。

不同吸附体系的吸附等温线形状很不一样。对于单组分气体在固体上的吸附，Langmuir提出了著名的吸附理论，其主要假设为：①固体表面均匀；②吸附质在固体上形成单分子层；③吸附质分子间无相互作用。在这些假设下，吸附等温线方程为：

$$\frac{q_e}{q_m} = \frac{Kp}{1+Kp} \tag{7-62}$$

式中，q_e 为平衡吸附量，kg 吸附质/kg 吸附剂；q_m 为固体表面满覆盖时的最大吸附量，kg 吸附质/kg 吸附剂；K 为吸附平衡常数；p 为平衡压强，Pa。

Langmuir 方程只适用于比较简单的单组分吸附。在某些情况下，吸附是多分子层的，如果将上述第②条假设改为吸附可以是多分子层，但层间的分子力为范德华力，并进一步假设第一层的吸附热为物理吸附热，第二层以上为液化热，则可导出 BET（Brauner-Emmett-Teller）方程：

$$\frac{q_e}{q_m} = \frac{bp}{(p^0-p)[1+(b-1)p/p^0]} \tag{7-63}$$

式中，q_m 为第一层满覆盖时的吸附量，kg 吸附质/kg 吸附剂；p^0 为实验温度下的饱和蒸气压，Pa。

BET 方程的使用范围比 Langmuir 方程宽一些，但仍不能包括所有的情况。

液-固吸附的机理更复杂，与气-固吸附不同的是，溶剂也被吸附。因此要考虑三种作用力：界面上固体与溶质之间的作用力，固体与溶剂之间的作用力及在溶液中溶质与溶剂之间的作用力。溶液中的吸附是溶质和溶剂分子争夺表面的净结果，若固体表面上的溶质浓度比溶液内部的大，就是正吸附，否则就是负吸附。

影响液-固吸附的因素有温度、溶液的浓度和吸附剂的结构性能。此外，溶质和溶剂的性质对吸附也产生影响，如果溶液中的溶质为电解质，与溶质为非电解质的吸附机理就完全不同。一般而言，溶质的溶解度越小，吸附量越大；温度越高，吸附量越小。

以液相的浓度 c 为横坐标，吸附量 q 为纵坐标，在平衡情况下做吸附等温线；其形状有如图 7-11 所示的几种情况。

在稀溶液中，可以仿照亨利定律，认为平衡时两相浓度间为线性关系，如图 7-11 中的直线 4，其吸附平衡关系为：

$$q_e = E\rho \tag{7-64}$$

图 7-11 中的曲线 3 称为促进吸附，可以在较低的液相浓度下得到较高的吸附量，实际上就是 Langmuir 方程：

$$\frac{q_e}{q_m} = \frac{K\rho}{1+K\rho} \tag{7-65}$$

当 $K\rho \gg 1$ 时，吸附等温线的形状即图 7-11 中的曲线 2，称为强烈促进吸附，可以用弗罗因德利希（Freundlich）方程描述：

$$q_e = E\rho^{1/n} \tag{7-66}$$

n 的值与温度有关，一般当 n 在 2~10 之间时，吸附易于进行；而当 n 小于 0.5 时，吸附有困难。式(7-66)在双对数坐标中为一直线，可据此求常数 E 和 n。

强烈促进吸附的极端例子是不可逆吸附，即图 7-11 中的曲线 1，吸附等温线几乎为一水平线。

当 $K \ll 1$ 时，吸附等温线几乎为一直线，即为线性吸附。

图 7-11 中的曲线 5 为非促进吸附，比较少见。

对于溶液中两组分同时被吸附的情况，以液体中吸附质的体积分数为 ϕ_x，固体所含的溶液中吸附质的体积分数为 ϕ_y，以 ϕ_y-ϕ_x 曲线表示平衡关系，得到如图 7-12 所示的曲线。

图 7-11 吸附等温线

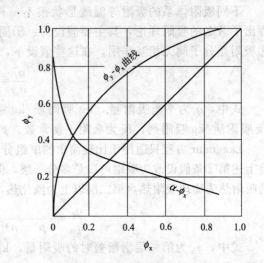

图 7-12 双组分体系的吸附平衡

为表示选择性，定义分离系数为固相细孔液体中两组分的浓度比，除以液相中两组分的浓度比：

$$\alpha = \frac{\phi_y}{1-\phi_y} \times \frac{1-\phi_x}{\phi_x} = \frac{\phi_y(1-\phi_x)}{\phi_x(1-\phi_y)} \tag{7-67}$$

如果两组分对吸附剂的亲和能力相同，那么吸附前后液体的组成不变，此时 $\phi_y = \phi_x$，这种情况称为恒比吸附。

吸附是一放热过程，但在液体吸附中，吸附热的释放一般并不能显著改变体系的温度，因此可以作等温吸附处理。

图 7-13 吸附机理

7.3.1.4 吸附速率

如果不涉及吸附过程的分子动力学原理，可以认为吸附过程按如图 7-13 所示的三步进行：

(1) 吸附质通过扩散传递到吸附剂颗粒的外表面，简称外扩散；

(2) 吸附质从吸附剂颗粒的外表面通过颗粒上的微孔进入颗粒内部表面，简称内扩散；

(3) 在吸附剂颗粒内表面上的吸附质被吸附。

在物理吸附过程中，在固体颗粒表面上的吸附过程很快，阻力甚小，吸附速率一般由前面两步所决定。在大多数情况下，内扩散的速率较外扩散慢，吸附过程为内扩散控制。也有的情况下，外扩散速率比内扩散速率慢得多，吸附速率由外扩散速率决定，称为外扩散控制。

吸附速率定义为单位时间内单位体积吸附剂所吸附的吸附质质量。设单位体积吸附剂的表面积为 a，液相主体浓度为 ρ（kg 吸附质/m³），界面上浓度为 ρ_i，则稳定操作条件下的吸附通量为：

$$N = k_L a (\rho - \rho_i) \tag{7-68}$$

式中，k_L 为外扩散传质系数，m/s。

吸附质从固体颗粒表面上的微孔向吸附剂内表面扩散（即内扩散）的过程非常复杂，它与固体颗粒表面的微孔结构有关，将内扩散过程处理成从外表面向颗粒内的传质过程，有：

$$N = k_S a (q_i - q) \tag{7-69}$$

式中，k_S 为固体内扩散的传质系数，kg/(m²·s)。

k_S 与固体颗粒的微孔结构、吸附质的物性以及吸附过程持续的时间等因素有关，其数值一般由实验测定。

与吸收过程的双膜理论类似，可以假设在固体表面上无吸附阻力，则 ρ_i 与 q_i 成平衡关系，由此推导出总吸附速率方程：

$$N = \frac{\rho - \rho_e}{\dfrac{1}{E k_S a} + \dfrac{1}{k_L a}} = K_L a (\rho - \rho_e) \tag{7-70}$$

式中

$$\frac{1}{K_L a} = \frac{1}{E k_S a} + \frac{1}{k_L a} \tag{7-71}$$

$K_L a$ 称为总体积传质系数，单位为 1/s，其倒数表示吸附总阻力，它等于液相传质阻力与固相传质阻力之和。在液相传质阻力 $1/(k_L a)$ 与固相传质阻力 $1/(E k_S a)$ 中，何者为控制因素取决于两者之比。大多数液体吸附属内部扩散控制。

7.3.2　吸附计算

吸附计算分为单组分吸附和多组分吸附，这里仅限于介绍单组分吸附计算。

7.3.2.1　连续逆流吸附

较大型的工业吸附装置多采用类似于填料吸收塔的微分接触式设备。将吸附剂置于带筛网的栅条支撑之上，形成颗粒床层。与填料吸收塔的不同之处在于：吸收塔中的填料只起提供气-液接触表面的作用，而吸附塔中的吸附剂本身参与传质。如果使液体自上而下流动，吸附剂自下而上移动，就成为逆流操作。

如图 7-14 所示，溶液的流量为 Q_L（m³/s），吸附剂流量为 Q_m（kg/s），进入塔的溶液浓度为 ρ_2，离开塔的溶液浓度为 ρ_1，入塔吸附剂的吸附量为 q_1，离开塔的吸附剂的吸附量为 q_2。在塔的某一截面处，溶液浓度为 ρ，吸附剂的吸附量为 q，将从塔顶起至此截面间的床层列为衡算范围，由吸附质的物料衡算得：

$$Q_m (q_2 - q_1) = Q_L (\rho_1 - \rho_2) \tag{7-72}$$

这就是操作线方程，如图 7-15。用与吸收操作中相同的方法可以确定最小吸附剂用量。

与吸收操作中的传质单元法相似，可以推导得到计算吸附床高度的公式：

$$Z = \frac{Q_L}{K_L a \Omega} \int_{\rho_1}^{\rho_2} \frac{\mathrm{d}\rho}{\rho - \rho_e} = H_{OL} N_{OL} \tag{7-73}$$

N_{OL} 即传质单元数，H_{OL} 为传质单元高度。它们的计算方法与吸收操作中的方法相似。

图 7-14　连续逆流吸附

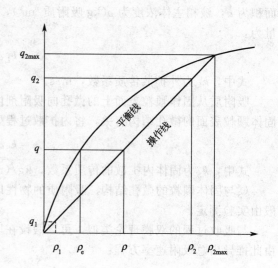

图 7-15　填充床吸附的操作线

7.3.2.2　间歇吸附

食品工业中常遇到小批量生产的情形，此时多采用间歇式操作。在间歇吸附中，吸附时间可以足够长，以至于几乎达到平衡。将体积为 V、浓度为 ρ_0 的溶液与质量为 m 的吸附剂混合，经一定时间后完成吸附。此时溶液浓度为 ρ，吸附剂的吸附量从 q_0 变为 q（一般 $q_0=0$），则由吸附质的物料衡算得：

$$m(q-q_0)=V(\rho_0-\rho) \tag{7-74}$$

在 q-ρ 图上，此式为一直线，称为操作线，它位于平衡线的下方。其斜率为 $-V/m$，如图 7-16 所示。操作线和平衡线的交点表示吸附达到平衡时的最大吸附量 q_1 和溶液的最低浓度 ρ_1。

设 $q_0=0$，且平衡线满足弗罗因德利希方程，则得：

$$\left(\frac{\rho}{\rho_0}\right)^{1/n}=\frac{V\rho_0^{1-1/n}}{mE}\left(\frac{\rho_0-\rho_1}{\rho_0}\right) \tag{7-75}$$

上式不仅可用于计算平衡后溶液的浓度，而且可以用不同吸附剂量做试验，推算出 n 值。

将吸附剂分小批与溶液作用，即多级错流接触，可以在同样的吸附率下节省吸附剂用量。如图 7-17 所示。例如在二级的情况下，由物料衡算得：

$$m_1(q_1-q_0)=V(\rho_0-\rho_1) \tag{7-76}$$

$$m_2(q_2-q_0)=V(\rho_1-\rho_2) \tag{7-77}$$

若 $q_0=0$，且平衡关系满足弗罗因德利希方程，则有：

$$\frac{m_1}{V}=\frac{\rho_0-\rho_1}{E\rho_1^{1/n}} \tag{7-78}$$

$$\frac{m_2}{V}=\frac{\rho_1-\rho_2}{E\rho_2^{1/n}} \tag{7-79}$$

图 7-16 单级接触吸附

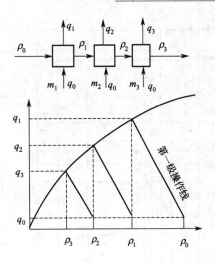

图 7-17 多级错流吸附

吸附剂总用量为：

$$\frac{m_1+m_2}{V}=\frac{\rho_0-\rho_1}{E\rho_1^{1/n}}+\frac{\rho_1-\rho_2}{E\rho_2^{1/n}} \tag{7-80}$$

将上式求导并令 $d(m_1+m_2)/d\rho_1=0$，可得当 ρ_1 满足下式时吸附剂用量最少：

$$\left(\frac{\rho}{\rho_0}\right)^{1/n}-\frac{1}{n}\times\frac{\rho_0}{\rho_1}=1-\frac{1}{n} \tag{7-81}$$

[例 7-6] 在糖液的吸附脱色中，假设色值与色素的量成正比。今有色值 4.42 的原料糖液，拟用活性炭吸附脱色，使色值降至 0.22。用不同量的活性炭做脱色试验，结果见附表。其中 δ 表示溶液中单位固形物量的活性炭用量（kg 活性炭/kg 固形物），η 表示脱色率（即色值的相对变化）。假定吸附符合弗罗因德利希方程，试计算用一次接触吸附和两级错流接触吸附法的活性炭用量。

附表：

活性炭用量=100δ	0.3	0.4	0.5	0.6	0.7
脱色率 η/%	66.9	72.9	75.4	77.9	80.2

解：（1）一次接触法

由 δ 的定义知，$\delta=m/(V\rho_s)$，ρ_s 为糖液中固形物，代入式（7-75），得

$$\left(\frac{\rho_1}{\rho_0}\right)^{1/n}=\frac{\rho_0^{1-1/n}}{E\rho_s}\times\frac{\rho_0-\rho_1}{\delta\rho_0}=k'\left(\frac{1}{\delta}-\frac{\rho_1}{\delta\rho_0}\right)$$

式中 $k'=\dfrac{\rho_0^{1-1/n}}{E\rho_s}$，$k'$ 为常数。令 $y=\left(\dfrac{1}{\delta}-\dfrac{\rho_1}{\delta\rho_0}\right)$，$x=\dfrac{\rho_1}{\rho_0}$，将上式两边取对数，得到一直线方程。用线性回归法得 $1/n=1.34$，计算过程见下表（见附图）

项 目	0.003	0.004	0.005	0.006	0.007
$\eta=1-\rho_1/\rho_0$	0.669	0.729	0.754	0.779	0.802
ρ_1/ρ_0	0.331	0.271	0.246	0.221	0.198
$y=1/\delta-\rho_1/(\delta\rho_0)$	223	182	151	130	114

例 7-6 附图

当一次吸附时，$\rho_1/\rho_0 = 0.22/4.42 = 0.05$，$1 - \rho_1/\rho_0 = 0.95$，由附图查得 $(\frac{1}{\delta} - \frac{\rho_1}{\delta\rho_0}) = 19.5$，从而

$$\delta = 0.95/19.5 = 0.49 \text{kg/kg}$$

（2）两级错流接触，由式(7-80)

$$\left(\frac{\rho_1\rho_0}{\rho_0\rho_2}\right)^{1/n} - \frac{1}{n} \times \frac{\rho_0}{\rho_1} = 1 - \frac{1}{n}$$

用试差法解得 $\rho_1/\rho_0 = 0.202$。又因 $\rho_2/\rho_0 = 0.05$，故得 $\rho_2/\rho_1 = 0.248$

查附图，第一级 $\rho_1/\rho_0 = 0.202$，$(\frac{1}{\delta_1} - \frac{\rho_1}{\delta_1\rho_0}) = 114$，$\delta_1 = 0.007 \text{kg/kg}$

第二级 $\rho_2/\rho_1 = 0.248$，$(\frac{1}{\delta_2} - \frac{\rho_2}{\delta_2\rho_1}) = 151$，$\delta_2 = 0.00498 \text{kg/kg}$

所以　　$\delta_1 + \delta_2 = 0.012 \text{kg/kg}$

7.3.3　吸附设备

吸附分离过程一般包括三个步骤：

（1）使溶液与吸附剂接触，完成吸附过程；

（2）将吸附后的溶液与吸附剂分开；

（3）进行吸附剂的再生或更换吸附剂。

吸附剂的再生实际上是解吸过程，其原理和计算方法与吸附类似。

吸附剂的选择首先根据溶液而定。吸附剂因具特制的表面，或适用于水溶液，或适用于有机溶液。在选择吸附剂时，除考虑吸附能力外，对吸附剂使用后的持液量，用接触过滤法时的过滤速率，用渗滤法时的操作压降等均应加以考虑。根据经济价值，吸附剂使用后有的直接废弃，有的则经洗涤后用热处理活化再生，循环使用。不过通常吸附剂不宜多次再生。

7.3.3.1　接触过滤吸附设备

整套设备包括混合桶、料泵、压滤机和贮桶，如图7-18所示。

在混合桶中要求吸附剂颗粒悬浮，与液体充分接触。为减少内扩散阻力，增大固液接触表面，一般使用细颗粒的吸附剂，并在桶内维持良好的搅拌。物料在桶中的停留时间取决于物系达到平衡的快慢。

操作温度愈高，液体黏度愈低，扩散速度愈快，对增加吸附速率是有利的。另一方面，温度高时对吸附平衡不利。但吸附速率的增加通常可抵消对平衡的不良影响。

图 7-18　接触过滤吸附设备
1—混合桶；2—料泵；3—压滤机；4—贮桶

这种设备常用于液体吸附，如油脂的脱色。吸附后的吸附剂一般不再回收，因为一方面吸附质为大分子物质，脱吸比较困难；另一方面吸附剂价廉易得，不必要回收。

7.3.3.2　固定床吸附设备

逆流微分式接触从理论上说是经济的选择，但在具体实现方面有相当的困难，工业上应用

较多的是固定床吸附设备。如图 7-19，吸附柱柱身为圆筒形，吸附剂从上端孔口装入，下方用上覆金属筛网或滤布的栅条支撑。待吸附的溶液从上方加入，吸附后的溶液从下方排出，进入过滤器，滤去吸附剂细粒。当吸附剂被饱和后，从下方的卸出口将其排出，再重新装填，开始下一个循环。

在这种设备中，实际上吸附为非稳态过程，吸附只在床层的一部分区域内进行。其余部分，或者已达到平衡，或者尚未开始吸附。这一吸附正在进行的区域称为吸附区（或吸附带）。它在床层内是逐渐移动的，在其前端吸附刚刚开始，在其后端吸附已达饱和。而在吸附区内，吸附剂的吸附量以及溶液的浓度随位置而变化，如图 7-20 所示。随着吸附区逐渐向出口端移动，吸附区内吸附量分布曲线和浓度分布曲线一般作平行移动。当吸附区前端到达床层出口端时，流出的溶液中出现未被吸附的吸附质，此时称为转效点，或透过点。

图 7-19　固定床吸附设备

图 7-20　吸附透过曲线

尽管严格而言固定床吸附过程属非稳态过程，但从溶液流动角度看仍具有稳态操作的一些特点，故有半连续操作之称。在计算上仍可采用传质单元法。

一般可取吸附剂的初始吸附量 $q_0 = 0$，设要求溶质达到充分的吸附，即 $\rho_1 = 0$，则由物料衡算知，对于连续稳态逆流吸附，有：

$$Q_L \rho_2 = Q_m q_2 \qquad (7-82)$$

吸附剂的移动速度为：

$$u_G = \frac{Q_m}{\Omega \rho_a} \qquad (7-83)$$

从两式中消去 Q_m，若为线性吸附：

$$u_G = \frac{Q_L \rho_2}{\Omega q_2 \rho_a} = \frac{u_L \rho_2}{q_2 \rho_a} = \frac{u_L}{E \rho_a} \qquad (7-84)$$

式中，u_L 为溶液的流速。由于 $E\rho_a$ 的数值较大，故溶液的流速一般都很小。

用固定床吸附时，u_G 实际上就是床层中吸附区的移动速度。不同之处在于，吸附区每向下移动一段距离，就在后方增加一段饱和层，这段饱和层并不立即排出。因此在物料衡算中应计入这段饱和层的空隙中溶液持有的吸附质量。设床层空隙率为 ε，则物料衡算为：

$$Q_L \rho_2 = u_G \Omega (\rho_a q_2 + \varepsilon \rho_2) \qquad (7-85)$$

两边除以 Ω：$\qquad u_L\rho_2 = u_G(\rho_a q_2 + \varepsilon\rho_2)$ (7-86)

因此有：$\qquad u_G = \dfrac{u_L\rho_2}{q_2\rho_a + \varepsilon\rho_2} = \dfrac{u_L}{E\rho_a + \varepsilon}$ (7-87)

对式（7-73）亦应作修正：

$$Z = \frac{Q_L}{K_L a\Omega\left(1+\dfrac{\varepsilon}{E\rho_a}\right)}\int_{\rho_1}^{\rho_2}\frac{d\rho}{\rho-\rho_e} = H_{OL}N_{OL} \quad (7-88)$$

但实际上 $\rho_a E \gg \varepsilon$，故仍可用式（7-72）。

7.3.3.3 移动床吸附设备

从理论上看，使吸附剂与溶液成逆向流动的移动床有显著的优点，但实际上要使固体颗粒均匀移动、连续进出和循环输送，技术上有不少困难。

（1）流化床吸附 解决固体颗粒输送困难的办法之一是采用流态化技术。如果是气-固吸附，则可以利用被吸附的气体将吸附剂颗粒流态化，图 7-21 即为流化床-移动床组合吸附装置。装置的吸附段相当于一段多层筛板塔，气体通过筛孔向上流动，在吸附的同时将吸附剂颗粒流态化。流化的粒子通过板上的降液管向下流，在装置的下段与自下而上流动的蒸汽逆流接触，进行解吸。解吸后的颗粒用携带气体提升到装置顶部，重新开始吸附操作。

已有将此技术成功地用于生产的实例。然而在实践中发现吸附剂粒子在流动过程中易磨损和破碎，造成损失。

图 7-21　流化床-移动床组合吸附装置

此外，液-固流态化的成本相对高一些。

（2）模拟移动床吸附 模拟移动床装置如图 7-22 所示。将吸附剂做成垂直的固定床，分成若干小段，均匀分布于一圆周上。每段的上、下端设接口，接口与一分配头相连，类似于转筒式连续过滤机的分配头。当接口与料液管、产品管分别连接时，即为吸附过程；当接口与再生剂连接时，即为再生过程。由旋转阀或分配头控制接口位置的移动。这样就把许多个固定床模拟成移动床，实现了连续操作。

图 7-22　模拟移动床吸附装置

7.4 离子交换

在溶液中进行吸附时，不仅可以吸附中性分子，还可以吸附离子，被吸附的离子如果与吸附剂中的可交换离子进行交换，发生离子间的交换反应，则称为离子交换过程。离子交换过程在许多方面与吸附过程相似，可看作是一种特殊的吸附过程，它与一般的吸附过程最大的不同之处在于它是一化学计量过程。

离子交换是利用离子交换剂进行分离的过程。离子交换剂是一种带有可交换离子的不溶性固体。带有可交换的阳离子的交换剂称为阳离子交换剂，带有可交换的阴离子的交换剂称为阴离子交换剂。从结构上看，离子交换剂由一个固定的极大的带电基团和另一个可置换的离子组成，习惯上用 R 表示极大的基团或骨架。典型的阳离子交换反应为：

$$Ca^{2+} + Na_2R \rightleftharpoons CaR + 2Na^+$$

典型的阴离子交换反应为：

$$SO_4^{2-} + RCl_2 \rightleftharpoons RSO_4 + 2Cl^-$$

离子交换是可逆过程。离子交换的逆反应称为再生，实际上再生也是离子交换反应。利用这一特性，离子交换剂可重复多次使用。

7.4.1 离子交换的基本理论

7.4.1.1 离子交换树脂

应用最广泛的离子交换剂是离子交换树脂。

离子交换树脂是一种带有活性基团的不溶性高分子化合物，由本体和活性基团两部分组成。交换剂本体是高分子化合物和交联剂组成的高分子共聚物，其中交联剂的作用主要是使高分子化合物成为固体，并使其具有网状结构。活性基团是联结在网状结构骨架上的官能团，活性基团上带有可游离的离子，正是游离的离子与溶液中的同种电荷离子发生交换。习惯上将与被交换的离子同种电荷的离子称为反离子，例如活性基团—SO_3H，其中 H^+ 是可游离的阳离子，即反离子，而—SO_3—则和交换剂本体联结在一起。若用 R 表示交换剂本体，那么这种离子交换树脂可用 RSO_3H 表示，其中只有 H^+ 才可以游离，参与交换。离子交换实际上是反离子的交换。

按活性基团的性质，离子交换树脂分为阳离子交换树脂和阴离子交换树脂两大类。每一类中又分为强型和弱型两种。

(1) 阳离子交换树脂　这一类树脂的活性基团是酸性基团，反离子为阳离子，故可以与溶液中的阳离子发生交换。按活性基团酸性的强弱分强酸性和弱酸性阳离子交换树脂两种。

带有磺酸基活性基团的交换树脂是强酸性阳离子交换树脂。交换剂本体最常见者为苯乙烯-二乙烯苯的共聚体。磺酸基的酸性相当于硫酸、盐酸等无机酸。这种树脂对酸、碱及各种溶剂都较稳定，可以在 pH＝12 的强碱溶液中工作。

带有羧酸基、酚基活性基团的交换树脂是弱酸性阳离子交换树脂，其中用得较多的是含羧酸基的树脂。这种树脂在水中的解离能力较低，因而交换速度慢，交换能力弱，只能用于中性和碱性介质中。这样，这种树脂不能将中性盐分开，与 Cl^-、SO_4^{2-} 等离子不起反应，而仅与 HCO_3^- 等盐类反应。它的优点是本体能结合较多的羧酸基，故交换容量大，而且容易再生，再生效率高，再生剂耗量少，较为经济。

(2) 阴离子交换树脂　这类树脂的活性基团为碱性基团，反离子为阴离子，也有强碱性和弱碱性阴离子交换树脂两种。

带季铵基的交换树脂为强碱性阴离子交换树脂。其碱性相当于一般的季铵碱。在酸性、中性、碱性介质中都可应用。

带伯胺、仲胺等活性基团的交换树脂属弱碱性阴离子交换树脂。它们只能与强酸离子如 SO_4^{2-}、Cl^- 等交换。对水溶液的 pH 值也有严格的要求，只能用于中性和酸性介质中。它们与弱酸性阳离子交换树脂一样具有交换容量大、再生容易的优点。

根据树脂的物理结构，离子交换树脂又分为凝胶型和大孔型两类。凝胶型树脂为外观透明的均相高分子凝胶结构，没有毛细孔，通道是分子链间的间隙，称为凝胶孔，孔径在 3nm 以下。大孔型树脂具有与一般吸附剂一样的毛细孔，孔径从几微米到几千微米。

离子交换树脂一般为球形。球状树脂的比表面积大，利于交换，形成的床层填充状况好，流量均匀，液体通过树脂床的压降也小。

根据离子交换反应可知，溶液中反离子浓度的增加会影响交换反应的平衡。换言之，降低溶液的 pH 值会抑制阳离子交换树脂活性基团的解离；提高 pH 值会抑制阴离子交换树脂活性基团的解离。这种抑制作用对酸（碱）性强的树脂影响较小，对酸（碱）性弱的树脂影响较大。

离子交换树脂的物理化学性质中较重要的有以下一些。

(1) 交联度　树脂的骨架用交联剂联成一个巨大且可以与热固性塑料相比拟的分子网，这种交联的程度称交联度。交联度用合成时所用单体中交联剂的质量分数表示，它是树脂的商品规格之一。

交联度与许多物理化学性质有关。一般交联度大的树脂空隙率小，含水率高，密度大，选择性好，机械强度高，稳定性好，但交换速度慢，交换容量小。

(2) 粒度　树脂粒度一般为 16～50 目，即直径 0.3～1.2mm。粒度与离子交换速度、树脂床中流速分布的均匀性、液体流动时的压降及反洗时树脂的流失等均有关。

(3) 含水率　树脂的含水率可以间接地反映交联度的大小。树脂含水率是在树脂充分膨胀情况下测定的，一般为 50% 左右。

(4) 密度　树脂在水中充分膨胀以后树脂本身的密度称为湿真密度，它对交换反洗强度的大小和混合床再生前分层的好坏影响很大。一般阳离子交换树脂的湿真密度为 $1300kg/m^3$ 左右，阴离子交换树脂的湿真密度为 $1100kg/m^3$ 左右。

湿树脂的质量与床层体积之比称为树脂的视密度或松密度，它也就是树脂的装载密度，可用以计算装填交换柱所需树脂的量。阳离子交换树脂的视密度为 $700～850kg/m^3$，阴离子交换树脂的视密度为 $600～750kg/m^3$。

(5) 溶胀性　离子交换树脂在水中由于溶剂化作用而体积增大，称为溶胀。溶胀率通常按干树脂所吸取的水的百分率表示，它与含水率有一定的关联。

(6) 交换选择性　同一种树脂对溶液中各种不同离子的交换优先次序不同，这就是树脂的交换选择性。交换选择性与溶液的温度、离子浓度密切相关。在常温、低浓度下，阳离子交换树脂对金属离子的选择性规律是：离子价越高，被交换的能力越强；碱金属和碱土金属的原子序数越大，被交换的能力越强。上述规律可以写成：

$$Fe^{3+} > Al^{3+} > Ca^{2+} > Mg^{2+} > K^+ > Na^+ > Li^+$$

这一规律对 H^+ 有特殊性，它被交换的性质与活性基团酸性的强弱有关。

阴离子交换树脂的选择性规律是：

$$PO_4^{3-} > SO_4^{2-} > NO_3^- > Cl^- > HCO_3^- > HSiO_3^-$$

同样，OH^- 也有特殊性。

(7) 交换容量　离子交换树脂的交换容量指其交换能力的大小，用单位质量干树脂或单位体积湿树脂所能交换的一价离子的量表示，有 3 种定义。

① 理论交换容量　指树脂活性基团中所有可交换离子全部被交换时的交换容量，也就是

交换基团的总量，可以用滴定法测定。

②　工作交换容量　指实际工作时的交换容量，它与交换条件有关，但总小于理论交换容量。离子浓度、交换速度、树脂层的高度、树脂粒度、活性基团形式等均影响工作交换容量。

③　有效交换容量或再生交换容量　指再生后树脂的交换容量，它也小于理论交换容量。

7.4.1.2　离子交换平衡

离子交换过程是树脂上可交换离子与溶液中同性电荷离子起置换反应的过程。这是一个可逆过程，当达到平衡时，各离子浓度在树脂相和溶液相中存在一分配。这一分配由树脂对各种离子亲和力的大小以及其他许多因素决定，一般而言与下列因素有关。

（1）交换离子的性质　在稀溶液中，离子电荷愈大，树脂吸附该离子的能力就愈强。例如，二价离子比一价离子更易被吸附。大离子被吸附的能力较强，但交换容量低。蛋白质则不能通过树脂结构，仅被吸附在树脂表面。水合能力大的离子，其吸附能力也强。

（2）树脂的性质　即树脂的交换选择性，树脂的交联度对选择性也有显著影响。

（3）溶液的性质　主要是溶液中交换离子总浓度和非交换离子或溶质的性质等。

离子交换达到平衡后，溶液中离子浓度和树脂中离子浓度均不再变化。若以 c' 表示液相中离子浓度（mol/m^3），q' 表示树脂中离子浓度（mol/kg）；则 c' 和 q' 之间存在一定关系。由于液相中总的离子浓度 c_0' 和离子交换树脂的交换容量 q_0' 均为常数，因此习惯上以无量纲浓度表示两相中的浓度：

$$x = c'/c_0' \tag{7-89}$$

$$y = q'/q_0' \tag{7-90}$$

在一定实验条件下测定数据，以 y 对 x 做图，得到的曲线称为离子交换等温线，其意义与吸附等温线相似。

若 A、B 两种离子在液相中的浓度分别为 x_A 和 x_B，在树脂相中浓度分别为 y_A 和 y_B，则定义：

$$K_{AB} = \frac{y_A}{y_B} \times \frac{x_B}{x_A} \tag{7-91}$$

为选择性系数，它表示了树脂对两种离子的相对亲和力，并决定了分离的难易程度。

有许多理论可借以推断离子交换平衡。例如吸附平衡理论、董南（Donnan）膜理论和质量作用定律等。对于等价离子交换，可以推导得到离子交换平衡方程，又称离子交换等温线：

$$\frac{y}{1-y} = K_{AB} \frac{x}{1-x} \tag{7-92}$$

对于不等价离子交换，例如二价离子和一价离子的交换，据同样原理得：

$$\frac{y}{(1-y)^2} = \frac{K_{AB} q_0' \rho_a}{c_0'} \times \frac{x}{(1-x)^2} \tag{7-93}$$

此时选择性还与 q_0'、c_0' 有关。

7.4.1.3　离子交换过程机理

离子交换过程的机理与吸附过程的机理有相似之处，也有其本身的特点。吸附过程包含三步，而离子交换过程则包含五步。它们依次为：

（1）交换离子 A 从溶液主体中扩散到树脂表面；

（2）交换离子 A 从外表面经颗粒中的微孔扩散到活性基团上；

（3）交换离子 A 在活性基团上发生交换反应、置换 B（反离子）；

（4）被交换下来的反离子 B 从树脂内经微孔扩散到外表面；

（5）反离子 B 从外表面扩散到溶液主体。

上述各步骤均会影响离子交换的速率，但实际上只有最慢的一步或几步才是控制总速率的因素。一般而言，交换反应是很快的，所以整个交换过程的快慢取决于其余四步。

离子交换动力学问题之一在于找出在什么条件下是内扩散控制，什么条件下是外扩散控制。实验结果表明，一般情况下稀溶液中交换为外部扩散控制，浓溶液中交换为内部扩散控制，理由是外部扩散速率与反离子浓度有关，溶液中反离子浓度越高，外扩散速率就越高；但内部扩散速率则几乎不受反离子浓度影响。根据这一结果可知，在低浓度范围内增加浓度可以提高交换速率，直至达到某一极限浓度，此后再提高浓度也不再对交换速率产生影响。

流体力学条件对离子交换速率的影响与此类似。增强树脂和液体间的相对运动，可提高外扩散速率，但内扩散速率则不受影响。

树脂直径增大时，内、外扩散速率都将下降，但外扩散速率与树脂直径的一次方成反比，而内扩散速率则与树脂直径的平方成反比。所以，大颗粒树脂利于内部扩散控制，小颗粒树脂利于外部扩散控制。

7.4.1.4 离子交换速率

（1）**外扩散速率** 离子交换外扩散速率式与吸附的外扩散速率式相似。所不同的是，吸附属吸附质的单向扩散，离子交换如为等价交换，则为两离子的等离子逆向扩散。对离子 A，可沿用吸附中相应的速率式：

$$\rho_a \frac{dq'}{d\theta} = k_L a(q' - q_i') \tag{7-94}$$

或：

$$N = \frac{dq'}{d\theta} = k_L S(q' - q_i') \tag{7-95}$$

固定床离子交换的 $k_L a$ 值可用下式计算：

$$Sh = 1.17 Re^{0.585} Sc^{1/3} \tag{7-96}$$

对低浓度水溶液中的离子交换，Sc、ρ、μ 大体为常数，故有：

$$k_L \propto u^{0.585} \tag{7-97}$$

（2）**内扩散速率** 在多孔性颗粒内，具有大量毛细孔，孔内充满液体，离子在孔内扩散，决定扩散速率的是毛细孔内扩散系数 $\bar{D}$，一般 $\bar{D}$ 比液体中扩散系数 D 小得多，$\bar{D}/D$ 在 $0.1 \sim 0.2$ 范围内。$\bar{D}$ 依树脂种类和交联度而异，随离子水化半径的增大而减小，又随离子电荷的增加而下降。

参照吸附的相应公式，内扩散速率为：

$$\rho_a \frac{dq}{d\theta} = k_S a(q_i' - q_i) \tag{7-98}$$

或：

$$N = \frac{dq}{d\theta} = k_S S(q_i' - q_i) \tag{7-99}$$

若颗粒为直径 d_p 的圆球，树脂相内浓度分布为线性，q'-c' 平衡线的斜率为 E_m，由几何关系得：

$$S = \frac{6}{d_p \rho_a} \tag{7-100}$$

且有：

$$k_S = \frac{2\pi^2 \bar{D}}{3 E_m d_p} \tag{7-101}$$

可见 $k_S S$ 与 d_p^2 成反比。为减小内扩散阻力，减小颗粒直径是有效的方法。

（3）总传质速率和总传质系数　以 $y=q'/q_0'$、$x=c'/c_0'$ 分别代替 q'、c' 表示浓度，式(7-95)和式(7-99)分别变为：

$$\frac{dy}{d\theta}=\frac{c_0'}{q_0'}k_L S(x-x_i) \tag{7-102}$$

$$\frac{dy}{d\theta}=k_S S(y_i-y) \tag{7-103}$$

设：①等单价交换；②两相浓度分布为直线；③界面上为平衡，则得：

$$\frac{dy}{d\theta}=\frac{x-x_e}{\dfrac{q_0'}{c_0'}\times\dfrac{1}{k_L S}+\dfrac{1}{E_m}\times\dfrac{1}{k_S S}}=\frac{x-x_e}{\dfrac{q_0'}{c_0'}\times\dfrac{1}{K_L S}} \tag{7-104}$$

而：

$$\frac{1}{K_L S}=\frac{1}{k_L S}+\frac{c_0'}{q_0'}\times\frac{1}{E_m k_S S} \tag{7-105}$$

式中，E_m 为 y-x 平衡线的斜率；K_L 为液相总传质系数。

当溶液总浓度 c_0' 趋于 0 时，$K_L S$ 趋于 $k_L S$，即稀溶液离子交换为外部扩散控制。

7.4.2　离子交换操作与设备

7.4.2.1　交换柱内的操作循环

目前用得最多的是固定床操作。溶液由上而下通过树脂床，进床溶液称流入液，出床的溶液称流出液。离子交换循环主要包括两个步骤，第一步为交换阶段或"吸附"阶段，第二步为再生或淋洗阶段。再生是将交换柱恢复到交换前的状态，即除去所吸附的离子。

（1）交换阶段　以离子交换制取纯水为例。当水中只含一种盐类（如 $CaCl_2$）时，水中钙离子先和上层树脂层进行交换。此时交换柱内只有一定厚度的树脂层在进行交换，情况与吸附相似，此层称为交换区。交换区的高度取决于原水的含盐量和水通过树脂层的流速，一般为100～150mm。随着过程的继续进行，交换区逐渐向下推移。一般而言，交换区是较窄的，交换区的浓度变化是很快的，交换区向下移动的速度则比液体流速小得多。当交换区的下缘抵达树脂层底部时，从底部出来的流出液中就含有未交换的钙离子，此时称系统到达漏点。为了保证流出液的质量，一般不等出现漏点即停止工作，而在下部留有一定厚度的保护层。当交换区移动进入保护层时，交换柱就停止工作而进行再生。

固定床高度 Z 和离子交换区移动速度 u_G 的计算与吸附类似，即：

$$Z=\frac{q_V}{K_L a A\left(1+\dfrac{\varepsilon}{\rho_a E_m}\right)}\int_{c_1'}^{c_2'}\frac{dc'}{c'-c_e'}=H_{OL}N_{OL} \tag{7-106}$$

$$u_G=\frac{u_L c_2'}{\rho_a q_2'+\varepsilon c_2'}=\frac{u_L}{\rho_a E_m+\varepsilon} \tag{7-107}$$

移动床也有类似的公式。

（2）再生阶段　交换柱内树脂失效后，在再生之前必须进行短时间的强烈反洗。反洗的主要目的是：①松动压紧的树脂层，使床层膨胀，利于下一步树脂的再生；②清除截留在树脂层内的悬浮物和有机杂质以提高流速，降低压损，充分发挥树脂的交换容量；③如果是混合床，反洗兼有使阴、阳交换树脂分层的作用；④冲走细小的树脂细粉，以免影响水流畅通。

树脂床层经反洗后即可进行再生（或淋洗）。再生方法主要有酸碱再生法及电解再生法两种。酸碱再生法的原理是将一定浓度的酸、碱溶液加入失效的树脂，利用酸、碱中的 H^+ 或

OH⁻，将饱和树脂中所吸附的阳离子或阴离子置换下来。这种酸、碱溶液通常称为再生剂。酸碱再生法是目前应用最广泛的一种方法。电解再生法的原理与上法基本相同，不同的是利用电场作用将水解离为 H^+ 和 OH^- 以代替酸、碱的 H^+ 和 OH^-。

再生过程实质上是交换过程的逆过程。由于过程中各种因素的影响，完全恢复树脂的交换容量是不可能的。因此，树脂再生后，交换容量都会降低。影响树脂再生程度的因素很多，例如树脂的种类、再生剂的种类、浓度、耗量、流速、温度等。其中以再生剂耗量的影响最为重要。再生剂的耗量是指一定体积（或质量）失效树脂的交换容量恢复到一定程度时所消耗的再生剂的总量，通常用 kmol/L 或 kmol/kg 为单位来表示。由于离子反应具有可逆性，从理论上说，所消耗的再生剂量（mol）只要与吸附离子量（mol）相等，树脂便可完全再生。这个耗量称为理论消耗量。但实际上，由于许多原因，再生剂消耗量要比理论耗量大好几倍。

经再生后的树脂层，以洗涤水进行正洗，排出树脂层中残留的再生剂后，交换操作循环即行结束，树脂就可供下一循环使用。

7.4.2.2 固定床离子交换装置

固定床离子交换方式由于设备简单，管理方便，仍是目前食品工业上占优势的离子交换法，广泛用于食品工业用水的处理，溶液的精制，溶液中有用成分的回收等。固定床法的缺点是：树脂交换容量利用率低，再生费用大。

固定床交换柱可分阳离子交换柱、阴离子交换柱及混合离子交换柱。后者是将阳、阴两种离子交换树脂按一定比例混合后充填而成的交换柱，俗称混合床。

在食品工业中，混合床式离子交换装置有用于糖液的脱盐精制，除去其中含有的阳、阴离子等杂质，见图 7-23。混合床式装置具有设备少、装置集中、便于操作等优点。缺点是树脂交换容量利用率低，树脂磨损率大，在柱内分层再生时，操作要求较严密。

固定床系统除上述单床式外，尚有将阳、阴交换柱串联使用者，称为复床系统，或将复床和混合床串联使用者，称为复-混床系统。

7.4.2.3 半连续移动床离子交换装置

图 7-24 所示为这种装置的一例，适用于水的软化。它的基本原理是：将树脂输送到不同的设备中分别完成交换、再生及清洗等过程，即交换、再生及清洗同时在不同设备内进行。交

图 7-23 混合床蔗糖脱盐系统
1—原液；2—废水；3—分配器；
4—废液；5—水；6—精制液；
7—压缩空气；8—HCl 再生剂；
9—NaOH 再生剂；10—放空

图 7-24 半连续移动床水处理装置

换柱经过充分交换的一部分树脂层，在选定的交换周期里，从交换柱下部排出，移到再生柱进行再生，再生好的树脂借水压输送到清洗柱进行清洗，洗净后再返回交换柱上部，补充到交换柱内。

　　移动床用于水处理时的主要优点是生产相同水量所需树脂体积仅为固定床的 $1/2 \sim 2/3$，从而节约了投资，再生剂利用率及树脂饱和程度高，因而再生剂用量少，处理水的纯度高，质量均匀。其缺点是设备数量较多，管理较为复杂。

7.4.2.4 流动床离子交换装置

　　流动床离子交换装置是连续逆流式的交换装置。其特点是交换的进行是完全连续的。装置中的树脂和被处理的液体以及再生均完全处于流动的状态。

　　图 7-25 为用于水处理的压力式流动床交换装置，由交换柱和再生清洗柱组成。交换柱为三室式，每室树脂与水成顺流，而对整个交换柱来说则为逆流。再生和洗涤共用一柱。水、再生液与

图 7-25　压力式流动床水处理装置
1—交换塔；2—再生塔；3—洗涤塔；4—喷射塔；
5—树脂；6—进水；7—出水；8—洗涤水；
9—再生液；10—再生废液

树脂均成逆流。从树脂层看，装置内的树脂在不断地运动，但它又在装置内形成稳定的交换层，具有固定床离子交换的作用。这种装置的主要优点是：能连续生产，效率高，装置小，树脂利用率高。缺点是树脂磨损较大。

本章主要符号

A——吸收因数；

E——亨利系数，Pa；

H——溶解度系数，$kmol/(m^3 \cdot Pa)$；

H_{OL}——液相总传质单元高度，m；

K_G——气相总吸收系数，$kmol/(m^2 \cdot s \cdot kPa)$；

K_L——总传质系数，m/s；

L——吸收剂的摩尔流量，kmol/s；

N_{OL}——液相总传质单元数；

S——单位质量树脂的表面积，m^2/kg；

V——体积，m^3；

W——气相空塔质量速度，$kg/(m^2 \cdot s)$ 或 $kg/(m^2 \cdot h)$；

Y——气相摩尔比；

a——比表面积，m^2/m^3；

d——直径，m；

D——扩散系数，m^2/s；

G——气相空塔质量速度，$kg/(m^2 \cdot s)$ 或 $kg/(m^2 \cdot h)$；

H_{OG}——气相总传质单元高度，m；

K_{AB}——选择性系数；

K_L——液相总吸收系数，$kmol/(m^2 \cdot s \cdot kmol/m^3)$ 或 m/s；

K_x，K_y——总吸收系数，$kmol/(m^2 \cdot s)$；

N_{OG}——气相总传质单元数；

S——解吸因数；

T——热力学温度，K；

V——惰性气体的摩尔流量，kmol/s；

X——液相摩尔比；

Z——床层高度，m；

c——物质的量浓度，$kmol/m^3$；

k_G——气膜表面吸收系数，$kmol/(m^2 \cdot s \cdot kPa)$；

k_L——液膜表面吸收系数，$kmol/(m^2 \cdot kmol/m^3)$ 或 m/s；

k_x、k_y——表面吸收系数，$kmol/(m^2 \cdot s)$；

p——压强，Pa；

q'——树脂中离子浓度，mol/kg；

r——半径，m；

u——速度，m/s；

y——气相摩尔分数；

ρ——液相浓度，kg 吸附质$/m^3$；

σ——填料比表面积，m^2/m^3；

k_L——外扩散传质系数，m/s；

m——相平衡常数；

q——吸附量，kg 吸附质$/kg$ 吸附剂；

q_0'——离子交换树脂的交换容量，mol/kg；

t——时间，s；

x——液相摩尔分数；

ε——床层空隙率；

ρ——密度，kg/m^3；

Ω——塔截面积，m^2。

本章习题

7-1 在 25℃下，CO_2 在水中吸收平衡的亨利系数为 $1.6 \times 10^3 atm$，如果水面上 CO_2 的分压为 $2atm$，计算在这种状态下，CO_2 在水中的溶解度（质量分数，%）。

7-2 含 NH_3 3%（体积分数）的混合气体，在填料中为水所吸收。试求氨溶液的最大浓度。塔内绝对压强为 $2atm$。在操作条件下，气液平衡关系为：$p_e = 2000x$

式中 p_e——气相中氨的分压，$mmHg$；

x——液相中氨的摩尔分数。

7-3 测得当含氢 20%（体积分数）的气体混合物在 30℃和 $1 \times 10^5 Pa$ 下与水接触达平衡时每 $100g$ 水溶解 $3 \times 10^{-2} g$ 氢，求亨利系数 E、相平衡常数 m 和溶解度常数 H。

7-4 已知气液两相主体浓度分别为 $y = 0.05$，$x = 0.002$。在温度为 20℃、压强为 $100kPa$ 时的平衡关系为 $y_e = 20x$，求分别用气、液相摩尔分数表示的总传质推动力。若压强提高到 $200kPa$，温度不变，问总传质推动力有何变化？

7-5 已知某吸收系统的气液平衡关系符合亨利定律 $y_e = mx$，$k_y = 1.39 \times 10^{-3} kmol/(m^2 \cdot s)$，$k_x = 1.11 \times 10^{-2} kmol/(m^2 \cdot s)$。当 $m = 1$ 与 $m = 1000$ 时，分别求气相传质阻力在总阻力中所占的比例。

7-6 在吸收塔内用水吸收混于空气中的甲醇，操作温度为 27℃，压强 $101.3kPa$。稳定操作状况下塔内某截面上的气相甲醇分压为 $5kPa$，液相中甲醇浓度为 $2.11kmol/m^3$。试算出该截面上的吸收速率。已知溶解度系数 $H = 1.955kmol/(m^3 \cdot kPa)$，总吸收系数 $K_G = 1.122 \times 10^{-5} kmol/(m^2 \cdot s \cdot kPa)$。

7-7 在某吸收塔中用清水处理含 SO_2 的混合气体。进塔气体中含 SO_2 18%（质量分数），其余为惰性气体。混合气的相对分子质量取为 28。吸收剂用量比最小用量大 65%，要求每小时从混合气中吸收 $2000kg$ 的 SO_2。在操作条件下，气液平衡关系为 $y_e = 26.7x$。试计算每小时吸收剂用量为若干（m^3）。

7-8 一逆流解吸塔的进塔液体流量为 $100kmol/h$，含溶质 5%（摩尔分数，下同）。要求解吸后液体含溶质 0.1%，进塔气体中不含溶质，出塔气体含溶质 1%。求所需的气体量（$Y_1 = 0$）。

7-9 试画出下列吸收流程的操作线。

7-10 用纯水除去气体混合物中有害物质。若进口气体含 6%（摩尔分数）的有害物质，要求吸收率为 90%，惰性气体和液体的流率分别为 $32kmol/(m^2 \cdot h)$ 和 $24kmol/(m^2 \cdot h)$，且

$$(1) \qquad (2) \qquad (3)$$

$$(4) \qquad (5) \qquad (6)$$

习题 7-9 附图

液体流量是最小流量的 1.5 倍。如果该系统此时服从亨利定律并测得气相传质单元高度 $H_{OG} = 0.471\mathrm{m}$。该塔在常压下操作。试求出塔的液相浓度和塔高。

7-11 今有连续式逆流操作的填料吸收塔，用清水吸收原料气中的甲醇。已知处理气量为 $1000\mathrm{m}^3/\mathrm{h}$（标准态），原料气中含甲醇 $100\mathrm{g/m}^3$，吸收后水中含甲醇量等于与进料气体相平衡时浓度的 67%。设在标准状况下操作，吸收的平衡式取为 $Y_e = 1.15X$，甲醇的回收率为 98%，$K_Y = 0.5\mathrm{kmol/(m}^2 \cdot \mathrm{h})$，塔内填料的有效表面积为 $190\mathrm{m}^2/\mathrm{m}^3$，塔内气体的空塔流速为 $0.5\mathrm{m/s}$。试求：(1) 水的用量；(2) 塔径；(3) 填料层高度。

7-12 一逆流操作的吸收塔，填料层高度为 3m。操作压强为 $101.3\mathrm{kPa}$，温度为 $20℃$，用清水吸收混合气体中的 A 组分。混合气体流量为 $20\mathrm{kmol/(m}^2 \cdot \mathrm{h})$，其中含 A$6\%$（体积分数），要求吸收率为 98%，清水流量为 $40\mathrm{kmol/(m}^2 \cdot \mathrm{h})$。操作条件下的平衡关系为 $Y_e = 0.8X$。试估算在塔径、吸收率及其他操作条件均不变时，操作压强增加一倍，所需的填料层高度将如何变化？

7-13 用逆流操作的填料塔除去混合气体中的有害组分。惰性气体流量为 $0.00703\mathrm{kmol/(m}^2 \cdot \mathrm{s})$，进气浓度 0.05（摩尔分数，下同），要求出口气体浓度 0.0005。平衡关系为 $Y_e = 0.9X$。已知 $k_Y a \propto V^{0.7}$，$k_X a$ 与 V 无关。$K_X a = 0.85\mathrm{kmol/(m}^3 \cdot \mathrm{s})$，$K_Y a = 0.044\mathrm{kmol/(m}^3 \cdot \mathrm{s})$。求 $k_Y a$ 和 H_{OG}。若惰性气体流量增大 50%，问 $k_Y a$ 和 H_{OG} 变为多少？

7-14 上题中若平衡关系改为 $Y_e = 10X$，则结果又为如何？

7-15 一个正在操作的逆流吸收塔，$Y_1 = 0.05$，$X_2 = 0.001$，$m = 2$，当 $V/L = 0.25$ 时 $Y_2 = 0.005$。若维持 Y_1、X_2 和 V/L 不变，L 降低 20%，设系统属气膜控制，$k_Y a \propto V^{0.7}$，问 Y_2 和 X_1 有何变化？

7-16 用纯水吸收空气中的氨，惰性气体流量为 $0.02\mathrm{kmol/(m}^2 \cdot \mathrm{s})$，$Y_1 = 0.05$，要求回收率不小于 95%，出口溶液浓度 X_1 不小于 0.05，已知平衡关系为 $Y_e = 0.95X$。试计算：(1) 逆流操作，$K_Y a = 0.02\mathrm{kmol/(m}^3 \cdot \mathrm{s})$ 时，所需的填料层高度应为多少？(2) 用部分吸收剂循环，新鲜吸收剂与维持量之比 $L/L_R = 20$，气体流速和 $K_Y a$ 不变，问所需的填料层高度变为多少？

7-17 某填料吸收塔，用清水吸收混合气体中的有害组分。塔的填料层高度为 10m，平衡关系为 $Y_e = 1.5X$，正常情况下测得 $Y_1 = 0.02$，$Y_2 = 0.004$，$X_1 = 0.008$，求传质单元高度。今欲使 Y_2 减少到 0.002，液气比不变，计划将填料层高度增加，应增加多少？又若将加高部分改为另一个塔，另用等量的清水吸收，问排放浓度变为多少？

7-18　有一吸收塔，填料层高度为 2.5m，可以从含氨 6% 的空气中回收 97% 的氨。气体流率为 620kg/(m² · h)，平衡关系为 $Y_e = 0.9X$。吸收剂为水，其流率为 900kg/(m² · h)。若气体流率增加 20%，设体积吸收系数与 V 的 0.7 次方成正比，气体流率增加不会导致液泛，问：(1) 若保持回收率不变，塔高变化多少？(2) 若塔高不变，回收率变为多少？

7-19　用一逆流解吸塔处理含 CO_2 的水溶液，使水中的 CO_2 含量从 8×10^{-5} 降低到 2×10^{-6}（摩尔分数）。处理量为 40t/h，水的喷淋密度为 8000kg/(m² · h)，进塔空气含 CO_2 0.1%（体积分数），空气用量为最小用量的 2 倍，操作温度为 25℃，压强为 100kPa，此时亨利系数 $E = 1.6 \times 10^5 Pa$，液相总体积传质系数 $K_X a = 800 kmol/(m^3 · h)$。试求：(1) 空气用量（按 25℃下体积计）；(2) 填料层高度。

7-20　用水在逆流填料塔中吸收空气中的丙酮。空气流量 100kmol/h，其中含丙酮 5%（体积分数，下同），要求除去 98% 的丙酮。今有两股吸收剂，一股是清水，从塔顶喷淋而下；另一股是回收循环使用的吸收液，其中含丙酮 0.1%，在相应浓度处加入。两股吸收剂流量之比 $L_1/L_2 = 2 : 8$，吸收液出塔浓度为 3%，平衡关系为 $Y_e = 0.95X$，$H_{OG} = 0.7m$。求：(1) 吸收剂用量；(2) 所需的填料层高度；(3) 第二股吸收剂的加入位置。

7-21　如例 7-6 的糖液吸附脱色数据，若采用两级逆流吸附法，试求活性炭的用量。

7-22　在 9 个 500mL 三角形烧瓶中各加入 250mL 含农药的溶液，再往其中 8 个瓶中加入不同量的粉末活性炭，第 9 个瓶为空的，盖好瓶口后在 25℃ 下摇动足够长时间以达吸附平衡，然后分离出上清液，8 个其中农药浓度，结果如下：

活性炭加入量/mg	1005	835	640	411	391	298	290	253	0
农药浓度/(μg/L)	58.2	87.3	116.4	300	407	786	902	2940	5150

试求出弗里因德里希公式中的参数。

7-23　在 80℃ 用活性炭处理含原糖 48%（质量分数）的溶液，使其脱色，由实验测得平衡数据如下：

活性炭用量/(kg 活性炭/kg 糖)	0	0.005	0.01	0.015	0.02	0.03
脱色百分率/%	0	47	70	83	90	95

原糖液的色素浓度可定为 20，要求脱色后残留色素定为原始含量的 2.5%。试计算：(1) 弗里因德里希公式中的参数；(2) 若用单级操作，则若处理 1000kg 溶液需用多少千克活性炭；(3) 若用两级错流操作，则每处理 1000kg 溶液需用活性炭的最小量是多少；(4) 若用两级逆流操作，则每处理 1000kg 溶液需用多少千克活性炭。

7-24　有平均直径为 0.7mm 的强酸 H^+ 树脂的固定床，床高 1m，床径 0.028m。在室温下，浓度为 5mol/m³ 的 NaCl 溶液通过此固定床，溶液流速为 0.01m/s。试计算：(1) 交换区高度；(2) 固定床高度相当于几个交换区高度；(3) 固定床能操作多长时间。已知系统的平衡系数 $K_{AB} = 1.58$，传质系数可按 $K_L a_v = 8.6 u_L^{0.5}$ 1/s 计算，式中，u_L 的单位为 m/s，树脂的交换容量 $\rho_m q_0' = 2.5 \times 10^3 mol/m^3$，空隙率 0.33。

7-25　用逆流连续接触的球形树脂床回收废液中的铜离子，树脂从床顶加入，从床底排出，稀溶液从床底通入，从床顶排出，料液含铜离子 20mol/m³，流量 38m³/h，已知溶液的空床流速为 22m³/(m² · h)，树脂进口浓度为 0.3mol/kg，质量流量为 2kg/h，总传质系数 $K_L a = 2m^3/(kg · h)$，总传质单元数 $N_{OL} = 5.72$，要求从废液中回收 99% 的 Cu^{2+}。试求：(1) 树脂出口浓度；(2) 树脂床层的质量，树脂松密度为 700kg/m³。

前一章讨论的几个分离操作通常在微分接触式设备中进行，本章将讨论几个通常多在分级接触式设备中进行的分离操作——蒸馏、萃取和浸取。

分级接触式设备的特点是物料在其中的浓度呈阶梯式变化，就传质过程的机理而言，相平衡关系和传质速率仍是两个关键问题。对于前者，一般在分级接触式操作的模型中引入理论级的概念，即假设该级各相接触后达到平衡。对于后者，即传质速率问题，则避而将其间接转化为级效率的确定。尽管描述传质的定律仍然有效，但级效率的确定大多采用经验或半经验的方法，这主要是由于现有的理论尚不足以准确地计算级效率。

应当指出，就分离操作本身而言，并不限于在某一类设备中进行。吸收、吸附和离子交换也可以在分级接触式设备中进行，蒸馏和浸取也可在填料塔内进行。因此，将这些操作做现述的分类并不意味着将它们局限于某一类设备内操作，而是通过典型设备中分离操作的共同特点来重点介绍和讨论常用的两大类处理分离问题的方法，即前章已介绍的传质单元法和本章将要介绍的理论级法。

8.1 蒸馏

蒸馏分离的基础是根据液体混合物中各组分的挥发度差异，通过加热的方法使混合物形成气液两相，各组分在两相中浓度不同，从而实现混合物的分离。蒸馏是分离混合物最常用的，也是最早工业化的方法，原因之一是混合物中各组分挥发度不同这一性质具有很大的普遍性；原因之二是原料混合物通过能量交换即可直接得到产品，而不必像吸收、吸附那样需要加入某种介质（溶剂或吸附剂），还需要将所提取的物质与介质分离。这样，蒸馏过程的流程一般比较简单。不过，一般说来蒸馏的能耗较大，降低能耗是改进蒸馏过程的主要方向。

蒸馏可以按不同方法分类。按操作原理来分可分为水蒸气蒸馏、简单蒸馏、平衡蒸馏、精馏和各种特殊蒸馏；按操作方式来分可分为间歇蒸馏和连续蒸馏；按操作压强来分可分为常压蒸馏、加压蒸馏和真空（减压）蒸馏；按液体混合物中所含组分数目来分则可分为双组分蒸馏和多组分蒸馏。

尽管有以上所列各种蒸馏方法，但它们所遵循的气液相平衡关系是相同的。气液相平衡是分析蒸馏操作原理和进行蒸馏计算的基础。在诸种蒸馏方法中，以两组分连续精馏为基本方法，也是本节讨论的重点。

8.1.1 两组分系统的汽液平衡

在蒸馏操作中，各组分均有一定的挥发性，故在液相和气相中均有各组分存在。如果蒸馏系统中仅含两种组分，即称为两组分系统或二元系统。

8.1.1.1 相律和拉乌尔定律

（1）相律　相律是研究相平衡的基本规律：

$$\text{自由度数}＝\text{独立组分数}－\text{相数}＋2 \tag{8-1}$$

对两组分汽液平衡，组分数为2，相数为2，故自由度数为2。由于汽液平衡中可以变化的参数有四个，即温度t、压强p_T、一组分在液相和气相中的组成x和y（另一组分的组成不独立），因此在t、p_T、x和y四个变量中，任意规定其中两个变量，此平衡物系的状态也就唯一地确定了。

（2）拉乌尔（Raoult）定律　为研究问题方便，提出了"理想溶液"的假定。所谓理想溶液，是指各组分相同分子间的作用力和不同分子间的作用力完全相同的溶液。由于分子间作用力相同，因此当各组分形成溶液时，没有体积变化，也没有热效应。理想溶液与理想气体一样，实际上并不存在。一些由性质相似、分子大小又接近的物质形成的溶液可近似看作理想溶液。

理想溶液的汽液平衡关系服从拉乌尔定律，即：

$$p_A = p_A^0 x_A \tag{8-2}$$

$$p_B = p_B^0 x_B = p_B^0(1-x_A) \tag{8-3}$$

式中，p为溶液上方的平衡分压，Pa；p^0为同温度下纯组分的饱和蒸气压，Pa；x为溶液中组分的摩尔分数。

纯组分的饱和蒸气压与温度的关系通常可表示成如下的安托因方程：

$$\ln p^0 = A - \frac{B}{T+C} \tag{8-4}$$

式（8-4）中的安托因常数A、B、C值可由手册查得。饱和蒸气压数据也可从手册中查取。

当溶液沸腾时，其上方的总压p_T等于各组分的平衡分压之和，将式（8-2）代入得：

$$x_A = \frac{p_T - p_B^0}{p_A^0 - p_B^0} \tag{8-5}$$

若气相可视为理想气体，遵循道尔顿分压定律，则：

$$y_A = \frac{p_A}{p_T} = \frac{p_A^0 x_A}{p_T} \tag{8-6}$$

式（8-5）和式（8-6）为理想物系的汽液平衡关系式。对任一两组分理想溶液，利用一定温度下纯组分的饱和蒸气压数据，即可求得该温度下平衡时气、液相组成。反之，若已知一相组成，也可求得与之平衡的另一相组成和温度，但一般需用试差法计算。

为简单起见，常略去上式中的下标，以x表示液相中易挥发组分的摩尔分数，以y表示气相中易挥发组分的摩尔分数。

8.1.1.2　两组分理想溶液的汽液平衡相图

（1）t-x-y图　从相律可知，两组分体系的汽液平衡可以用一定压强下的t-x（或y）图表示。

由式（8-5）和式（8-6）可知，对理想物系，当总压恒定时，对给定的温度值，就有相应的p_A^0和p_B^0值，从而有相应的y和x值。由此可以以x或y为横坐标，以t为纵坐标，绘成汽液平衡相图，即t-x-y图。

图8-1为理想溶液在常压下的t-x-y图。图中有两条曲线，上曲线2为t-y线，称为饱和蒸气线。下曲线1为t-x线，称饱和液体线。此两曲线将图分为三个区域。饱和液体线以下的区域为液相区，代表未沸腾的液体。饱和蒸气线以上的区域为过热蒸气区，代表过热蒸气。两曲线之间的区域为两相区，代表气液两相共存的状态。

若在常压下将组成为x_1、温度为t_1（图中A点）的混合液加热，当温度达到t_2（J点）时出现第一个气泡，溶液开始沸腾的温度称为泡点，气泡的组成为y_1（P点）。若继续加热至温

度 t_3（E 点），则为气液两相共存，液相组成为 x_2（F 点），气相组成为 y_2（G 点）。很明显，气相组成大于液相组成。再继续加热至温度 t_4（H 点）时，液相完全汽化，t_4 称为露点。当液相完全汽化以后，气相组成 y_3 与混合液的最初组成 x_1 相同。若再加热，例如至 t_5（B 点），则成为过热蒸气，其组成仍不变。

（2）y-x 图　蒸馏计算中经常使用恒定总压下的 y-x 图。将图 8-1 中不同温度下所对应的各组 x 和 y 数据以 x 为横坐标，以 y 为纵坐标标绘，就绘得 y-x 图，如图 8-2，图中对角线 $y = x$ 为辅助线。由于易挥发组分在气相中的浓度 y 总是大于它在液相中的浓度 x，所以平衡线总是位于对角线上方。平衡线偏离对角线愈远，表示该溶液愈易分离。许多常见的二元溶液在常压下的 x-y 平衡数据可从《物理化学》或《化工手册》中查取。

图 8-1　理想溶液的 t-x-y 图　　　　　图 8-2　理想溶液的 y-x 图

总压对 y-x 平衡线的影响不大。若总压变化范围为 20%～30%，则 y-x 平衡线的变动不超过 2%。因此，在总压变化不大时，其影响可忽略。但 t-x-y 线随压强变化较大，可见，蒸馏计算使用 y-x 图较 t-x-y 图更为方便。

8.1.1.3　两组分非理想系统的汽液平衡相图

实际溶液与理想溶液间有一定的差别。当此差别不大时，t-x-y 图和 y-x 图上的平衡线形状与理想溶液的相仿。当此差别较大时，则可能出现恒沸组成。非理想溶液可分为两类，一类为正偏差溶液，另一类为负偏差溶液。

正偏差溶液组分的蒸气压高于理想溶液，相异分子间的吸引力小于相同分子间的吸引力。这样，沸点较理想溶液低。当正偏差较大时，t-x-y 图上出现一最低点，称为最低恒沸点。恒沸点对应的混合液称恒沸混合液，乙醇-水体系是具有最低恒沸点的典型例子。在大气压下，乙醇-水溶液的恒沸点温度为 $78.15℃$，对应的组成为 89.4%，其 t-x-y 图和 y-x 图如图 8-3 所示。在 y-x 图上，恒沸点为平衡线与对角线的交点。

负偏差溶液则正好相反。相异分子间的吸引力大于相同分子间的吸引力，其沸点较理想溶液高。当负偏差较大时，t-x-y 图上出现一最高点，称为最高恒沸点。相应地，在 y-x 图上平衡线和对角线也出现交点。硝酸-水体系是具有最高恒沸点的典型例子。其 t-x-y 图和 y-x 图见图 8-4。

图 8-3　乙醇-水体系的汽液平衡相图

(a) t-x-y 图；(b) y-x 图

图 8-4　硝酸-水体系的汽液平衡相图

(a) t-x-y 图；(b) y-x 图

8.1.1.4　相对挥发度

蒸馏分离的依据是组分间挥发性的差异。一般而言，沸点愈低的组分，挥发性愈强。然而沸点仅反映纯组分的挥发性，而在两组分体系中，另一组分的存在会影响组分的挥发性。应把组分在气相中的分压与其在液相中的平衡浓度联系起来，方可对组分的挥发性做比较，由此引出了"挥发度"的概念。某组分的挥发度定义为它在气相中的分压与其在液相中的平衡浓度之比：

$$v_A = \frac{p_A}{x_A} \tag{8-7}$$

$$v_B = \frac{p_B}{x_B} \tag{8-8}$$

溶液中易挥发组分的挥发度对难挥发组分的挥发度之比，称为相对挥发度，以 α 表示：

$$\alpha = \frac{v_A}{v_B} = \frac{p_A/x_A}{p_B/x_B} \tag{8-9}$$

若液相为理想溶液，应用拉乌尔定律得：

$$\alpha = \frac{p_A^0}{p_B^0} \tag{8-10}$$

对于两组分溶液，当总压不高时，由式(8-9) 和道尔顿分压定律可得：

$$\alpha=\frac{p_T y_A/x_A}{p_T y_B/x_B}=\frac{y_A x_B}{y_B x_A}=\frac{y_A(1-x_A)}{(1-y_A)x_A}$$

略去下标后得：

$$\frac{y}{1-y}=\alpha \frac{x}{1-x}$$

整理后得：

$$y=\frac{\alpha x}{1+(\alpha-1)x} \tag{8-11}$$

式(8-11) 即理想溶液的平衡线方程，它是一条双曲线。

相对挥发度可用以判断某混合物能否用蒸馏方法分离和分离的难易程度。当用易挥发组分的浓度表示 y 和 x 时，$\alpha\geqslant1$。α 越大，混合物越易用蒸馏方法分离，当 $\alpha=1$ 时，两组分的挥发度相等，由式(8-11) 知 $y=x$，即混合物不能用普通蒸馏方法分离。

一般而言，相对挥发度是温度、压强和浓度的函数。在多种情况下 α 随温度的升高而略有减小。当压强增加时，沸点也随之增高，故 α 也有减小。不过，在多数工业应用中 α 的变化不大。在精馏塔中，常取塔底和塔顶温度下相对挥发度的几何平均值作为整个塔中物系的相对挥发度。

[例 8-1]　求苯（A）和甲苯（B）体系在常压下的汽液平衡关系。苯和甲苯的饱和蒸气压与温度的关系可用安妥因方程计算：

$$\lg p_A^0=6.89704-\frac{1206.35}{T+220.237}, \lg p_B^0=6.95334-\frac{1343.943}{T+219.377}$$

解：在 80.1℃ 和 110.6℃ 间取若干点计算，得各温度下的 p_A^0 和 p_B^0 值。然后用式(8-5) 和式(8-6) 计算 x、y 值，以 84℃ 为例

$$x=(760-334)/(856-334)=0.816$$

$$y=856\times0.816/760=0.919$$

结果列于下表

$T/℃$	80.1	84	88	92	96	100	104	108	110.6
p_A^0/mmHg	760	856	963	1081	1210	1350	1502	1668	1783
p_B^0/mmHg	292	334	381	434	492	556	627	705	760
x	1	0.816	0.651	0.504	0.373	0.257	0.152	0.057	0
y	1	0.919	0.825	0.717	0.594	0.465	0.300	0.125	0

8.1.2　平衡蒸馏与简单蒸馏

8.1.2.1　平衡蒸馏

将一定组分的液体加热至泡点以上，使其部分汽化，或将一定组分的蒸气冷却至露点以下，使其部分冷凝，便形成气-液两相，两相达到平衡。然后将两相分离。此过程的结果是易挥发组分在气相中富集，难挥发组分在液相中富集。这一过程称为平衡蒸馏，又称闪蒸。

图 8-5 为平衡蒸馏装置流程图，料液先在加热器中被加热到高于操作压强下沸点的温度，然后经减压阀减压后进入分离器。在分离器中部分汽化，汽化所需热量由液体的显热提供。平衡的气液两相在分离器内分离，分别由顶部和底部排出，即为产品。

平衡蒸馏计算的基本工具是物料衡算、热量衡

图 8-5　平衡蒸馏装置

算和平衡关系。

（1）物料衡算　由总物料衡算和易挥发组分的衡算得：

$$F=D+W \tag{8-12}$$

$$Fx_F=Dx_D+Wx_W \tag{8-13}$$

式中，F、x_F 分别为原料液的摩尔流量和摩尔分数；D、x_D（$=y$）分别为顶部产品的摩尔流量和摩尔分数；W、x_W（$=x$）分别为底部产品的摩尔流量和摩尔分数。

联立上两式，得：

$$x_D=(1-\frac{F}{D})x_W+\frac{F}{D}x_F$$

定义 $q=W/F$ 为液化率，即 1kmol 料液所得到的液相量（kmol）。$1-q$ 即汽化率。将此关系代入上式，得：

$$x_D=\frac{q}{q-1}x_W-\frac{x_F}{q-1} \tag{8-14}$$

此式为一直线方程，斜率为 $\frac{q}{q-1}$，且过点（x_F，x_F）。

（2）平衡关系　x_D 和 x_W 互成平衡，两者间关系即为汽液平衡关系，故有：

$$x_D=f(x_W) \tag{8-15}$$

及

$$t=\phi(x_W) \tag{8-16}$$

对理想体系可用式(8-11)代替式(8-15)。

（3）热量衡算　设平衡蒸馏时的平衡温度（即分离器中温度）为 t_e，料液被加热到 T，则料液温度下降放出的热量为 $Fc_{pm}(T-t_e)$，汽化所需的热量为 Dr。此处 c_{pm} 为料液的摩尔定压比热容，r 为料液的摩尔汽化潜热。忽略热损失时，有：

$$Fc_{pm}(T-t_e)=Dr$$

按 1kmol 料液计，则上式为：

$$T=t_e+\frac{(1-q)r}{c_{pm}} \tag{8-17}$$

联立式(8-14)～式(8-17)，即可进行平衡蒸馏计算。一般是已知 F、x_F、q 及平衡关系，求平衡蒸馏后气液组成。

8.1.2.2　简单蒸馏

简单蒸馏也称微分蒸馏，流程如图 8-6 所示。将易挥发组分组成 x_F 的料液放入蒸馏釜中，加热至料液的泡点，溶液汽化，汽化得到的气体组成为 y_0，将它引入冷凝器冷凝，馏出液放

图 8-6　简单蒸馏

1—蒸馏釜；2—冷凝器；3A，3B，3C—馏出液容器

入容器，与此同时蒸馏釜中的液体（称为釜液）继续受热汽化。因为前面馏出蒸气中易挥发组分的含量高，所以随着釜液不断汽化，其中易挥发组分的含量不断降低，因此釜液的组成与温度沿饱和液体线移动，相应地馏出蒸气的组成沿饱和蒸气线移动。在蒸馏的某一时刻釜液的组成与温度如 M 点所示。此时馏出气体的组成如 M' 点所示，显然 y 小于 y_0。此过程进行到釜液组成降低到预定值 x_W 为止，或者到馏出液中易挥发组分的含量降低到预定值为止。因为简单蒸馏馏出液中易挥发组分的含量先高后低，不断变化，为了分别收集不同浓度的馏出液，可以设置若干个分割馏出液的容器。

简单蒸馏为非稳态过程，系统的温度和浓度均随时间而变。在每一瞬间气液两相成平衡，但得到的产品的总平均组成并不与釜内剩余的液体平衡。

简单蒸馏是间歇操作，料液量 F、终了时剩余的釜液量 W、某时刻釜中的料液量 L 都是以 kmol 为单位的批量，而非流量。设某一时刻 θ 时，釜中的料液量为 L，釜液组成为 x，经微分时间 $d\theta$ 后，釜液量从 L 减少到 $L-dL$，组成从 x 降到 $x-dx$，$d\theta$ 时间的馏出液量为 dL，其组成为 y，y 与 x 成平衡，则由易挥发组分的物料衡算，得：

$$Lx=(L-dL)(x-dx)+ydL$$

略去高价微分，分离变量后得：

$$\frac{dL}{L}=\frac{dx}{y-x}$$

根据开始时釜液量为 F，釜液组成为 x_F，终了时釜液量为 W，组成为 x_W，积分后得：

$$\ln\frac{F}{W}=\int_{x_W}^{x_F}\frac{dx}{y-x} \tag{8-18}$$

右边的积分项有赖于汽-液平衡关系，若相对挥发度 α 接近于常数，可将式(8-11)代入积分得：

$$\ln\frac{F}{W}=\frac{1}{\alpha-1}\left(\ln\frac{x_F}{x_W}+\alpha\ln\frac{1-x_W}{1-x_F}\right) \tag{8-19}$$

从而可由物料衡算得出馏出液的平均组成 $\overline{x_D}$：

$$\overline{x_D}=\frac{Fx_F-Wx_W}{F-W} \tag{8-20}$$

[**例 8-2**]　分离含易挥发组分 50% 的二元理想溶液，已知相对挥发度为 2.5，要求汽化率为 50%，试比较平衡蒸馏和简单蒸馏两种操作方式下的馏出液组成。

解：（1）平衡蒸馏时，由 $W/F=0.5$，知 $D/F=0.5$。由易挥发组分的物料衡算式

$$x_F=\frac{Dx_D}{F}+\frac{Wx_W}{F}$$

和汽液平衡关系

$$x_D=\frac{\alpha x_W}{1+(1-\alpha)x_W}$$

代入数据后得

$$0.5=0.5x_D+0.5x_W,\ x_D=\frac{2.5x_W}{1+1.5x_W}$$

解之得

$$x_W=0.387,\ x_D=0.613$$

（2）简单蒸馏时

$$\ln\frac{F}{W}=\frac{1}{\alpha-1}\left(\ln\frac{x_F}{x_W}+\alpha\ln\frac{1-x_W}{1-x_F}\right)$$

代入数据，得

$$\ln2=\frac{1}{2.5-1}\times\left[\ln\frac{0.5}{x_W}+2.5\ln\frac{1-x_W}{0.5}\right]$$

用试差解得

$$x_W=0.345$$

再由易挥发组分物料衡算得 $0.5=0.5x_D+0.5x_W,\ x_D=0.655$

由此可见，在汽化率相同时，简单蒸馏与平衡蒸馏相比，获得馏出液组成较高，即分离效果较好，但平衡蒸馏的优点在于连续操作。

8.1.3 两组分连续精馏原理

平衡蒸馏和简单蒸馏只能使混合物得到部分分离，原因是混合物仅经历一次部分汽化或部分冷凝（或称单级分离）。欲使两组分完全分离，则必须采用多级分离法。

设想一分离过程如图 8-7 所示。原料液组成为 x_F，加入第一级进行部分汽化，然后将气液两相分开，所得气相产品的组成为 y_1，液相产品组成为 x_1，且有 $y_1 > x_F > x_1$，两相流量则由杠杆规则约定。若将组成为 y_1 的产品部分冷凝，则得到组成为 y_2 的气相和组成为 x_2 的液相，且 $y_2 > y_1$。若继续将组成为 y_2 的气相部分冷凝，则将得到组成 $y_3 > y_2$ 的气相。上述过程若依此继续进行，部分冷凝的次数（即级数）愈多，所得蒸气的组成便愈高，最后可得近乎纯的易挥发组分。

同理，若使组成为 x_1 的液相部分汽化，将得到组成为 x_2' 的液相和组成为 y_2' 的气相，且 $x_2' < x_1$。依此类推，经过多次部分汽化，将得到近乎纯的难挥发组分。总之，多次进行部分汽化和部分冷凝是使混合液体得以充分分离的必要条件。

但是，图 8-7 所示的过程在工业上是不可行的，原因是：

（1）分离过程中得到许多中间馏分，如组成为 x_2 及 x_3 的液相产品没有利用，因此最后产品的收率很低；

（2）设备庞杂，能量消耗大。

从图 8-7 不难看出，从下到上，各级温度逐级降低，气相组成和液相组成逐级升高。换言之，某一级的 t、x、y 三参数值分别处于其上、下两级相应参数值的中间。这便得到启示，对某一级而言，可以利用上一级的液相中间产品返回到此级，并与下一级上升的气相进行直接混合换热，以代替原来外加的冷凝器和汽化器的间壁式换热，使气、液两相达平衡状态。工业精馏塔就是基于这样的设想来实现的，图 8-8 所示便是这种方案的模型。

图 8-7　多次部分汽化和部分冷凝的 t-x-y 图

图 8-8　无中间产品、中间加热器
和冷凝器的多次部分汽化
（冷凝）分离示意图

1～3—分离器；4—加热器；5—冷凝器

将每一级中间产品返回到下一级并省却中间换热器，不仅可提高产品的收率，而且是过程得以连续稳定进行的必不可少的条件。

对于最上的一级，必须设法从外部引入液相回流，这可利用图中所示的上部冷凝系统来实现。最上一级排出的气相，经冷凝器完全冷凝后，一部分作为产品排出，一部分作为回流返入最上一级。

对于最下的一级，由于无来自下方的气相，故不能省却加热汽化器。有加热才能产生排出气相。此加热器称为再沸器。这也是精馏操作得以稳态进行的必要条件。

在工业上，上述过程是在精馏塔内实现的。典型的精馏塔是板式塔。它是一个直立的圆筒体，塔内装有若干层塔板，图 8-9 为筛板精馏塔中任意层板上的操作情况，通常从塔顶往下对塔板编号，即将塔顶第一块板作为第一层板。

塔板上开有许多小孔，由下一层板（如第 $n+1$ 层板）上升的蒸气通过板上小孔上升，而上一层板（如第 $n-1$ 层板）上的液体通过溢流管下降到第 n 层板上。在第 n 层板上，气、液两相密切接触，进行热和质的交换。设进入第 n 层板的气相的组成和温度分别为

图 8-9 筛板塔的操作情况

y_{n+1} 和 t_{n+1}；液相的组成和温度分别为 x_{n-1} 和 t_{n-1}，两者互不平衡，即 $t_{n+1}>t_{n-1}$，$x_{n-1}>x_{n+1,e}$，$x_{n+1,e}$ 为与 y_{n+1} 成平衡的液相组成。因此组成为 y_{n+1} 的气相与组成为 x_{n-1} 的液相在第 n 层板上接触时，由于存在温度差和浓度差，气相被部分冷凝，其中部分难挥发组分转入液相中；而气相冷凝时放出的潜热传给液相，使液相部分汽化，其中部分易挥发组分转入气相中。总的结果是使离开第 n 层板的液相中易挥发组分的浓度较进入该板的液相浓度为低，而离开的气相中易挥发组分的浓度又较进入的为高，即 $x_n<x_{n-1}$，$y_n>y_{n+1}$。精馏塔的每层板上都进行着上述相似的过程。只要塔内有足够多的塔板层数，就可使混合液达到所要求的分离程度。

图 8-10 连续精馏操作流程

一个完整的精馏塔还包括塔底再沸器（或在塔底安装加热管）、塔顶冷凝器及其他附属设备，图 8-10 即为典型的连续精馏流程图。

原料液送入精馏塔的进料板，在进料板上与自塔上部下降的回流液体汇合后，逐板溢流，最后流入塔底再沸器中。在每层板上，回流液体与上升蒸气互相接触，进行热和质的传递过程。操作时，连续地从再沸器取出部分液体作为塔底产品（釜残液），部分液体汽化，产生上升蒸气，依次通过各层塔板。塔顶蒸气进入冷凝器中被全部冷凝，并将部分冷凝液用泵送回塔顶作为回流液体，其余部分经冷却器后被送出作为塔顶产品（馏出液）。回流液量与塔顶馏出液量之比称为回流比，是精馏操作中的一个重

要参数。

在加料板以上的部分称为精馏段，加料板以下（包括加料板）的部分称为提馏段。塔顶冷凝器若将蒸气全部冷凝成液体，再将部分液体回流，则称为全凝器。若只将蒸气部分冷凝，液体回流，而气体在另一冷凝冷却器内全部冷凝冷却，最后作为产品排出，则该冷凝器称为分凝器。

8.1.4 两组分连续精馏塔的计算

8.1.4.1 理论板的概念及恒摩尔流假定

当气、液两相在某一块板上经过充分的传热和传质，使离开此板的气、液两相互成平衡，而且塔板上的液相组成均匀时，这块板即称为理论板。一块理论板的分离作用相当于一次平衡蒸馏，因此有时也称为理论级。实际上，由于塔板上气液间接触面积和接触时间是有限的，因此在塔板上气液两相难以达到平衡状态，理论板仅是作为衡量实际板分离效率的依据和标准。在蒸馏设计计算中，通常先求得理论板数，然后用塔板效率加以校正，求得实际板数。因此，引入理论板的概念对精馏过程的分析和计算十分有用。

前述对平衡蒸馏的计算方法可以用于理论板的计算，但计算较为复杂。为简化计算，通常采用恒摩尔流假定。对理论板以物质的量为基准做物料衡算和热量衡算，假设各组分的摩尔汽化潜热相等，气液接触时因温度不同而交换的显热可以忽略，设备保温良好，热损失可以忽略，即可得出结论：精馏段内各板的上升蒸气摩尔流量和下降液体摩尔流量分别相等。若以 V 表示上升蒸气流量，L 表示下降液体流量，单位均为 kmol/s，则有：

$$V_1 = V_2 = V_3 = \cdots = V_n = V \tag{8-21}$$

$$L_1 = L_2 = L_3 = \cdots = L_n = L \tag{8-22}$$

恒摩尔流假定也适用于提馏段，但两段的上升蒸气流量不一定相等，下降液体流量也不一定相等，故用 V' 和 L' 分别表示提馏段的上升蒸气和下降液体流量，单位也是 kmol/s。

$$V_1' = V_2' = V_3' = \cdots = V_m' = V' \tag{8-23}$$

$$L_1' = L_2' = L_3' = \cdots = L_m' = L' \tag{8-24}$$

化学性质相似的组分形成的体系基本上能满足上述条件。若无特别说明，以后所述的精馏过程均认为可用恒摩尔流假设。

8.1.4.2 物料衡算和操作线方程

（1）全塔物料衡算 如图 8-11 所示，以整个精馏塔作为衡算系统，可以写出：

图 8-11 精馏塔的物料衡算

总物料衡算	$F = D + W$	(8-25)
易挥发组分衡算	$Fx_F = Dx_D + Wx_W$	(8-26)

料液流量 F 和组成 x_F 一般是已知的。为解上述方程，须再指定两个参数，通常是由生产要求来确定分离要求。分离要求可以用不同形式表示。

① 规定馏出液与釜残液的组成 x_D 和 x_W。

② 有用组分，例如易挥发组分在馏出液中的组成 x_D 和它的回收率 η_D，其定义为馏出液中易挥发组分的量与其在料液中易挥发组分的量之比：

$$\eta_D = \frac{D x_D}{F x_F} \tag{8-27}$$

或塔底难挥发组分的回收率 η_W，其定义为釜残液中难挥发组分的量与其在料液中难挥发组分的量之比：

$$\eta_W = \frac{W(1-x_W)}{F(1-x_F)} \tag{8-28}$$

③ 馏出液组成 x_D 和采出率 D/F。

[例 8-3] 每小时将 1000kg 含乙醇 9%（质量分数，下同）水溶液在连续精馏塔中进行分离。要求釜残液中含乙醇不高于 1%，塔顶馏出液中乙醇的回收率为 90%，求馏出液、釜残液的流量和组成（以摩尔流量和摩尔分数表示）。

解：
$$x_F = \frac{\dfrac{9}{46}}{\dfrac{9}{46}+\dfrac{91}{18}} = 0.03726 \qquad x_W = \frac{\dfrac{1}{46}}{\dfrac{1}{46}+\dfrac{99}{18}} = 0.003937$$

$$F = \frac{1000 \times 0.09}{46} + \frac{1000 \times 0.91}{18} = 52.51 \text{kmol/h}$$

将题给数据代入全塔物料衡算式得

$$52.51 = D + W$$

$$52.51 \times 0.03726 = D x_D + 0.003937 W$$

$$0.9 = \frac{D x_D}{52.51 \times 0.03726}$$

解得 $D = 2.814 \text{kmol/h}$，$W = 49.696 \text{kmol/h}$，$x_D = 0.626$。

（2）精馏段操作线方程 按图 8-12 虚线范围（包括精馏段的第 $n+1$ 层板以上塔段及冷凝器）做物料衡算：

总物料衡算 $\qquad\qquad\qquad V = D + L \tag{8-29}$

易挥发组分衡算 $\qquad\qquad V y_{n+1} = D x_D + L x_n \tag{8-30}$

将式(8-29)代入式(8-30)，并整理得：

$$y_{n+1} = \frac{L}{L+D} x_n + \frac{D}{L+D} x_D \tag{8-31}$$

上式右边的分子及分母同除以 D，令 $R = L/D$，代入上式得：

$$y_{n+1} = \frac{R}{R+1} x_n + \frac{x_D}{R+1} \tag{8-32}$$

式中的 R 即回流比。根据恒摩尔流假定，L 为定值，且在稳定操作时 D 及 x_D 为定值，故 R 也是常量，其值一般由设计者选定。

式(8-31)与式(8-32)均称为精馏段操作线方程，表示在一定操作条件下，精馏段内自任意第 n 层板下降的液相组成 x_n 与其相邻的下一层板（第 $n+1$ 层板）上升气相组成 y_{n+1} 之间的关系。式(8-32)在 y-x 直角坐标图上为直线，其斜率为 $R/(R+1)$，截距为 $x_D/(R+1)$。

（3）提馏段操作线方程 按图 8-13 虚线范围（包括提馏段第 m 层板以下塔段及再沸器）做物料衡算：

图 8-12 精馏段操作线的推导

图 8-13 提馏段操作线的推导

总物料衡算 $\qquad\qquad L' = V' + W$ $\qquad\qquad$ (8-33)

易挥发组分衡算 $\qquad L'x'_m = V'y'_{m+1} + Wx_W$ $\qquad\qquad$ (8-34)

将式(8-33)代入式(8-34)，整理得：

$$y'_{m+1} = \frac{L'}{L'-W}x'_m - \frac{W}{L'-W}x_W \qquad\qquad (8-35)$$

图 8-14 加料板的物料和热量衡算

式(8-35)称为提馏段操作线方程。此式表示在一定操作条件下，提馏段内任意第 m 层板下降液体组成 x'_m 与从第 $m+1$ 层板上升的蒸气组成 y'_{m+1} 之间的关系。在 $y\text{-}x$ 图上也是一条直线。欲确定其位置，必须求出 L' 和 V' 的值。而 L' 和 V' 的值与进料热状态有关，可通过对加料板做物料和热量衡算求得。

8.1.4.3 加料板衡算与进料热状态的影响

图 8-14 表示加料板上的物流情况。加料板的位置总是在板上物料组成与进料组成最接近的地方。以 H 表示摩尔比焓，可列出物料和热量衡算式如下：

物料衡算 $\qquad\qquad F + L + V' = V + L'$ $\qquad\qquad$ (8-36)

热量衡算 $\qquad FH_F + LH_L + V'H_{V'} = VH_V + L'H_{L'}$ $\qquad$ (8-37)

板上各股物料间除 F 外，温度较接近，都是饱和态。故可取 $H_V \approx H_{V'}$，$H_L \approx H_{L'}$，将此关系式代入式(8-37)整理得：

$$(V - V')H_V = FH_F - (L' - L)H_L \qquad\qquad (8-38)$$

将式(8-36)代入式(8-38)整理得：

$$\frac{H_V - H_F}{H_V - H_L} = \frac{L' - L}{F} \qquad\qquad (8-39)$$

令 $\qquad\qquad\qquad q = \frac{H_V - H_F}{H_V - H_L} = \frac{L' - L}{F}$ $\qquad\qquad$ (8-40)

即得： $\qquad\qquad\qquad L' = L + qF$ $\qquad\qquad$ (8-41)

从而有： $\qquad\qquad\qquad V' = V + (q-1)F$ $\qquad\qquad$ (8-42)

这样就建立了 L'-L，V'-V 间的关系。

分析 q 的含义：$H_V - H_F$ 为将 1kmol 进料加热到饱和蒸气所需的热量。$H_V - H_L$ 为 1kmol 物料的汽化潜热，若进料温度为 t_F，相应的饱和温度为 t_s，料液的摩尔汽化潜热为 r_c，摩尔比热容为 c_{pm}，则：

$$q = \frac{r_c + c_{pm}(t_s - t_F)}{r_c} \tag{8-43}$$

因此，q 值可理解为进料中液流下降的百分数。实际上，进料可能是下列五种状态之一：饱和液体、饱和蒸气、两相混合物、温度低于饱和温度的冷液和过热蒸气。根据热状态的不同，L'-L，V'-V 间关系也不同。

(1) 饱和液体进料，此时 $H_F = H_L$，$q = 1$，无传热但有传质，从而有：

$$L' = L + F \tag{8-44}$$
$$V' = V \tag{8-45}$$

即进料将全部下降进入提馏段。

(2) 饱和蒸气进料，此时 $H_F = H_V$，$q = 0$，也无传热但有传质，有：

$$L' = L \tag{8-46}$$
$$V' = V - F \tag{8-47}$$

即进料将全部上升进入精馏段。

(3) 两相混合物进料，此时也无传热有传质。进料中液体部分将下降进入提馏段，气相部分将上升进入精馏段，而 $0 < q < 1$。

(4) 冷液进料，此时 $H_F < H_L$，故 $q > 1$，此时既有传热又有传质。必须首先将进料加热到泡点，这部分热量必然来自上升蒸气 V' 的部分冷凝。结果是不仅进料全部下降，V' 中亦有部分被冷凝为液体后一同下降。q 值采用式(8-43)计算。

(5) 过热蒸气进料，此时 $H_F > H_V$，故 $q < 0$，也是既有传热又有传质。必须首先将过热蒸气冷却到饱和状态，这部分热量使精馏段下降的液流 L 中的一部分汽化。结果是不仅进料全部上升，L 中亦有部分被加热汽化成饱和蒸气后一同上升。q 值仍用式(8-43)计算。

将式(8-41)代入提馏段操作线方程，可得：

$$y'_{m+1} = \frac{L + qF}{L + qF - W} x'_m - \frac{W}{L + qF - W} x_W \tag{8-48}$$

[**例 8-4**] 用常压连续精馏塔分离含苯 0.44（摩尔分数，下同）的苯-甲苯混合液，要求塔顶产品含苯 0.99 以上，塔底产品含苯 0.01 以下，采用的回流比为 3.5。料液的泡点为 94℃，露点为 100.5℃，流量为 100kmol/h，混合液体的平均比热容为 158.2kJ/(kmol·K)，平均汽化热为 33118kJ/kmol，混合蒸气的平均比热容为 107.9kJ/(kmol·K)。试计算以下三种加料状态的 q 值和精馏段、提馏段的气、液流量：(1) 饱和液体；(2) 20℃液体；(3) 180℃蒸气。

解：由全塔物料衡算　　$100 = D + W$　　　$100 \times 0.44 = 0.99D + 0.01W$

解得　　　　　　　$D = 43.88\text{kmol/h}$　　　　　$W = 56.12\text{kmol/h}$

$$L = RD = 3.5 \times 43.88 = 153.58\text{kmol/h}$$
$$V = (R+1)D = 4.5 \times 43.88 = 197.46\text{kmol/h}$$

(1) 饱和液体进料，$q = 1$，

$$L' = L + F = 153.58 + 100 = 253.58\text{kmol/h}$$
$$V' = V = 197.46\text{kmol/h}$$

(2) 20℃液体为冷液进料。

$$q=1+\frac{158.2\times(94-20)}{33118}=1.353$$

$$L'=L+qF=153.58+1.353\times100=288.88kmol/h$$

$$V'=V-(1-q)F=197.46+0.353\times100=232.76kmol/h$$

(3) 180℃蒸气为过热蒸气进料。

$$q=\frac{-107.9\times(180-100.5)}{33118}=-0.259$$

$$L'=L+qF=153.58-0.259\times100=127.68kmol/h$$

$$V'=V-(1-q)F=197.46-1.259\times100=71.56kmol/h$$

8.1.4.4　理论板数的求法

理论板数求取的要点是离开理论板的气液两相达到平衡,因此反复应用平衡线和操作线方程就可以求出理论板数。求取理论板数的已知条件是:原料组成 x_F,进料热状态 q,操作回流比 R 和要求达到的分离程度 x_D、x_W。

(1) 逐板计算法　从塔顶开始计算。如果塔顶是全凝器,则从塔最上一层板(第 1 层板)上升的蒸气在冷凝器中被全部冷凝,因此有 $y_1=x_D$。由于离开任意一层理论板的气液两相是互成平衡的,故可用汽液平衡方程由 y_1 求算 x_1。由于从下一层板上升的蒸气组成 y_2 与 x_1 符合操作线方程,故可用精馏段操作线方程式由 x_1 求得 y_2。然后从 y_2 出发,再用平衡方程求 x_2,又用操作线方程求 y_3。如此重复计算,直到 $x_n \leqslant x_F$ (仅指饱和液体进料情况)为止。第 n 层板即为加料板。精馏段的理论板数即为 $(n-1)$。对其他进料状况,应计算到 $x_n \leqslant x_q$ (x_q 为两操作线交点坐标)。在加料板以下改用提馏段操作线方程式和平衡方程,用同样的方法计算,直到 $x'_m \leqslant x_W$ 为止。一般再沸器的气液两相视为平衡,再沸器相当于一层理论板,故提馏段的理论板数即为 $(m-1)$。

图 8-15　理论板数的图解法

(2) 图解法　图解法的原理与逐板计算法完全相同,只不过是用 $y\text{-}x$ 图上的平衡线和操作线分别代替平衡方程和操作线方程而已。图解法的准确性稍差,但因其简便而被广泛采用。

图解法求理论板数的步骤如下(参见图 8-15)。

① 由已知的平衡关系在 $y\text{-}x$ 图上绘出平衡线和对角线。

② 作精馏段操作线。由式(8-32)知此线过 $a(x_D,x_D)$ 和 $b(0,\frac{x_D}{R+1})$ 两点,故只需在对角线上确定 a 点,在 y 轴上定出 b 点,连接两点即得精馏段操作线。

③ 作提馏段操作线。由式(8-35)知此线过 $c(x_W,x_W)$ 点,欲作直线应求出斜率或另一点。由斜率 $\frac{L+qF}{L+qF-W}$ 作图不甚方便,且不准确,故通常先找出精馏段和提馏段两操作线的交点。

将式(8-30)和式(8-34)略去下标,即得到:

$$Vy=Dx_D+Lx$$

$$L'x=V'y+Wx_W$$

两式联立,即得到两操作线交点的轨迹方程:

$$y=\frac{q}{q-1}x-\frac{x_F}{q-1} \tag{8-49}$$

式(8-49) 称为 q 线方程。它也是直线，其斜率为 $q/(q-1)$，且过点 $e(x_F, x_F)$。故只要在对角线上定出 e 点 (x_F, x_F)，再由斜率 $q/(q-1)$ 即可做出 q 线，并确定 q 线与精馏段操作线的交点 d。它也就是精馏段和提馏段两操作线的交点。连接 c、d 两点即得提馏段操作线。

④ 从 a 点开始做水平线，与平衡线交于 1 点。点 1 的坐标为 (x_1, y_1)，表示气液两相成平衡，即第一块理论板。再由 1 点开始做垂直线与精馏段操作线交 $1'$ 点，坐标为 (x_1, y_2)。再从 $1'$ 点开始做水平线交平衡线于 2 点，它代表第二块理论板。如此重复做梯级，直至跨过 d 点后，改在平衡线和提馏段操作线之间做梯级，直至最后一个梯级的垂直线达到或小于 x_W 为止。总的梯级数即为所求的理论板数（包括再沸器），而跨过 d 点的梯级即为加料板。

(3) 实际板数　理论板数 N_T（不包括再沸器）与实际板数 N_p 之比称为塔的效率，用 E_T 表示，故有：

$$N_p=N_T/E_T \tag{8-50}$$

应当指出，用图解法求得的总梯级数并不等于 N_T。再沸器一般视作一块理论板，应扣除。此外，若塔顶为分凝器，也视作为一块理论板，也应扣除。

(4) 进料热状态的影响　从操作线的推导过程可知，进料热状态不影响精馏段操作线的位置，但不同的进料热状态下 q 值及 q 线斜率改变，从而提馏段操作线、加料板的位置和理论板数随之变化。进料组成、回流比及分离要求一定时，几种不同进料热状态下 q 线和提馏段操作线的位置如图 8-16 所示。

图 8-16　进料热状态对 q 线的影响

[**例 8-5**]　常压下连续精馏含乙醇 30% 和水 70% 的混合液。于 20℃ 下进料，每小时处理料液 4000kg，产品含乙醇不低于 90%，残液含乙醇 3%（以上均为质量分数），操作回流比为最小回流比的 1.8 倍，全塔平均效率为 70%，求：(1) 每小时馏出液量和釜液量；(2) 实际回流比；(3) 实际塔板数（100kPa 下乙醇-水系统的平衡数据见附表）。

附表：

t/℃	x/%	y/%	t/℃	x/%	y/%
100	0	0	79.8	50.79	65.64
95.5	1.90	17.00	79.7	51.98	65.99
89	7.21	38.91	79.3	57.32	68.41
86.7	9.66	43.75	78.74	67.63	73.85
85.3	12.38	47.04	—	70	75.40
84.1	16.61	50.89	78.41	74.72	78.15
82.7	23.37	54.45	—	80	82.08
82.3	26.08	55.80	—	85	85.82
81.5	32.73	58.26	78.15	89.43	89.43
80.7	39.65	61.22			

解：（1）组成换算 $x_F = \dfrac{30/46}{30/46+70/18} = 0.144$

$$x_D = \dfrac{90/46}{90/46+10/18} = 0.779 \qquad x_W = \dfrac{3/46}{3/46+97/18} = 0.012$$

料液的平均摩尔质量 $M_F = 0.144 \times 46 + 0.856 \times 18 = 22 \text{kg/kmol}$

进料摩尔流量 $F = 4000/22 = 181.8 \text{kmol/h}$

全塔物料衡算 $D + W = 181.8$

$$0.779D + 0.012W = 181.8 \times 0.144$$

联立解得 $D = 31.3 \text{kmol/h}, W = 150.5 \text{kmol/h}$

例 8-5　附图

（2）根据所给平衡数据，作乙醇-水系统的平衡线，如本题附图所示。在图上找出 $x_D = 0.779$，做垂直线与对角线交于 a 点，从 a 点做平衡线的切线 aa'，量出切线的斜率为 0.47，故最小回流比

$$\frac{R_{min}}{R_{min}+1} = 0.47 \qquad 即 \ R_{min} = 0.89$$

实际回流比 $R = 1.8 R_{min} = 1.8 \times 0.89 = 1.6$

（3）在图上先做精馏段操作线，其截距为

$$\frac{x_D}{R+1} = \frac{0.779}{1.6+1} = 0.3，连 \ y \ 轴上坐标为 0.3 的点$$

和对角线上 a 点，即得精馏段操作线。

从附表平衡数据查得进料浓度下泡点 $t_s = 84.5℃$，在此温度下乙醇的汽化潜热为 879kJ/kg，水的汽化潜热为 2302kJ/kg。

故 $r_c = x_F r_A M_A + (1-x_F) r_B M_B = 0.144 \times 879 \times 46 + 0.856 \times 2302 \times 18 = 41292 \text{kJ/kmol}$

平均温度 $t_m = (20+84.5)/2 = 52.3℃$，查得该温度下乙醇比热容 2.89kJ/（kg·K），水的比热容 4.18kJ/（kg·K）。

故 $c_{pm} = x_F c_{pA} M_A + (1-x_F) c_{pB} M_B = 0.144 \times 2.89 \times 46 + 0.856 \times 4.18 \times 18 = 83.5 \text{kJ/(kmol·K)}$

$$q = \frac{r_c + c_{pm}(t_s - t_F)}{r_c} = \frac{41292 + 83.5 \times (84.5-20)}{41292} = 1.13$$

先在 y-x 图横轴上定出 $x_F = 0.144$，做垂直线交对角线于 e 点，过 e 点做斜率为 $q/(q-1) = 8.69$ 的直线，即为 q 线，此线与精馏段操作线交于 d 点。再在横轴上定出 $x_W = 0.012$，做垂直线交对角线于 c 点，连 cd 即得提馏段操作线。最后在两操作线与平衡线之间做梯级得理论板数为 11.5(包括釜)，加料板在第 9 块板上。

实际板数 $N_p = N_T/E_T = (11.5-1)/0.7 = 15$

8.1.4.5　回流比的影响及其选择

（1）全回流与最少理论板数　回流比的大小是影响精馏操作最重要的因素。对于一定的料液组成和分离要求，增加回流比，精馏段操作线的斜率 $R/(R+1)$ 增大，精馏段和提馏段操作线均向对角线移动，它们与平衡线之间的距离增大，表示塔内气、液两相离开平衡状态的距离增大，两相间传质的推动力增大，分离所需的理论板数减少。显然，R 愈大，所需理论板数愈少，当 R 增大到无穷大时，两操作线与对角线重合（见图 8-17）。

R 为无穷大，其实际含义是馏出液量 D 为零，即上升蒸气在冷凝器中冷凝后全部回流，称为全回流，这是回流比的极限。此时，两操作线均与对角线重合，全塔无精馏段和提馏段之分，分离所需的理论板数为最少理论板数。

全回流时 D 为零，F 和 W 也均为零，既无进料也无出料，在生产上并无意义。全回流只用于测定全塔效率、实验研究和塔的开工初期。

对于理想物系，当在塔顶和塔底的组成范围内相对挥发度 α 变化不大时，平衡线方程为：

$$y = \frac{\alpha_m x}{1 + (\alpha_m - 1)x} \tag{8-51}$$

图 8-17　回流比的影响

此处 α_m 为塔顶、塔低相对挥发度的几何平均值：

$$\alpha_m = \sqrt{\alpha_{顶}\, \alpha_{底}} \tag{8-52}$$

因操作线与对角线重合，故操作线方程为：

$$y = x \tag{8-53}$$

交替应用此两方程，即可推得计算最少理论板数的芬斯克（Fenske）方程：

$$N_{min} + 1 = \frac{\lg\left[\left(\dfrac{x_D}{1-x_D}\right)\left(\dfrac{1-x_W}{x_W}\right)\right]}{\lg \alpha_m} \tag{8-54}$$

求最少理论板数亦可用梯级法，只要在平衡线与对角线之间绘梯级即可。

将式（8-54）中的 x_W 换成 x_F，α_m 取塔顶和进料处相对挥发度的几何均值，即可用于计算精馏段所需的最少理论板数。

（2）最小回流比　对于一定的料液和分离要求，减少回流比，精馏段操作线的斜率变小（见图 8-18），精馏段操作线向远离对角线的方向移动，操作线与平衡线间的距离减小，分离所需的理论板数增大。当 R 减小到某一数值，两操作线的交点 d 落到平衡线上时，无论做多少梯级都不能跨过交点 d，这意味着分离所需的理论板数为无穷多，此时的 R 值叫做最小回流比，并用 R_{min} 表示，此操作线与平衡线的交点 d 称为夹点，其附近区称为夹紧区。

最小回流比 R_{min} 是对于一定料液，为了达到一定的分离要求所需回流比的最小值。正常操作时，实际回流比必须大于最小回流比。

最小回流比的确定根据平衡线的情况与分离要求，有两种情况。

① 平衡线上凸，无拐点　对于这种情况，夹点总是出现在两操作线与平衡线的共交点，即 d 点落在平衡线上。此时精馏段操作线的斜率为：

$$\frac{R_{min}}{R_{min} + 1} = \frac{x_D - y_q}{x_D - x_q}$$

从上式可知：

$$R_{min} = \frac{x_D - y_q}{y_q - x_q} \tag{8-55}$$

式中，x_q、y_q 为 q 线与平衡线的交点坐标。

② 平衡线上有下凹部分，有拐点　此时夹点可能在两操作线与平衡线共交前就出现，见图 8-18。图 8-18(a) 中的夹点出现在精馏段操作线与平衡线相切的位置，图 8-18(b) 的夹点

则出现在提馏段操作线与平衡线相切的位置，无论哪种情况，都应从对角线上 x_D 和 x_W 点出发做平衡线的切线，据此线的斜率分别求最小回流比，最后取两者中最小者作为 R_{min}。

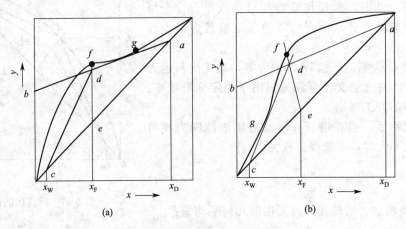

图 8-18　最小回流比的确定

（3）适宜回流比的选择　精馏过程的费用包括操作费与设备费两方面。操作费用主要取决于再沸器中的加热蒸汽（或其他加热介质）的消耗量和冷凝器中冷却水（或其他冷却介质）的消耗量。在加料量和产量一定的条件下，再沸器的上升蒸气 V' 和冷凝器中需冷凝的蒸气量 V 均取决于回流比：

$$V=L+D=(R+1)D \quad 及 \quad V'=V+(q-1)F=(R+1)D+(q-1)F$$

图 8-19　适宜回流比的选取

随着 R 的增加，V 与 V' 均增大，操作费用增加，其与 R 的关系大致如图 8-19 中曲线 2 所示。精馏装置的设备包括精馏塔、再沸器和冷凝器。回流比对设备费用的影响如图 8-19 中曲线 1 所示。当回流比为最小回流比时，需无穷多块理论板，设备费用为无穷大。增大回流比，最初使所需理论板数急剧减少，设备费用很快降低。随着 R 进一步增大，理论板数减少的趋势减慢；而同时上升蒸气量 V 与 V' 增大，精馏塔直径加大，再沸器和冷凝器的热负荷增大，所需传热面积增加；这几部分费用随之增加，使设备费用减少的趋势减慢。最后，再沸器与冷凝器增大和精馏塔塔径增加，使设备费增加的因素超过理论板数减少使造价降低的因素，设备费随 R 的增加而增加。

总费用为设备费与操作费之和，它与 R 的关系如图 8-19 中曲线 3 所示，曲线 3 上最低点相应的回流比为最佳回流比 R。最佳回流比的数值与很多因素有关，根据生产数据统计，一般操作回流比范围为：

$$R=(1.1 \sim 2)R_{min} \tag{8-56}$$

上述考虑的是一般原则，实际回流比还应视具体情况选定。

　　[例 8-6]　连续精馏分离某两组分混合液。每小时处理料液100kg，进料浓度为 0.35（摩尔分数，下同），要求产品含易挥发组分不低于95%，釜液含易挥发组分不高于3%，相对挥发度为 2.3，操作回流比为最小回流比的 1.8 倍。试比较饱和液体进料和饱和蒸气进料下从再沸器上升的蒸气流量。

解：全塔物料衡算 $100=D+W$ $\qquad$ $100\times0.35=0.95D+0.03W$

解得： $\qquad D=34.8\text{kmol/h}$ $\qquad W=65.2\text{kmol/h}$

饱和液体进料，$q=1$，$x_q=0.35$。

$$y_q=\alpha x_q/[1+(\alpha-1)x_q]=2.3\times0.35/(1+1.3\times0.35)=0.553$$

$$R_{min}=(x_D-y_q)/(y_q-x_q)=(0.95-0.553)/(0.553-0.35)=1.96$$

$$R=1.8R_{min}=1.8\times1.96=3.53$$

$$V=(R+1)D=4.53\times34.8=157.6\text{kmol/h}$$

$$V'=V=157.6\text{kmol/h}$$

饱和蒸气进料，$q=0$，$y_q=0.35$。

$$x_q=y_q/[\alpha-(\alpha-1)y_q]=0.35/(2.3-1.3\times0.35)=0.19$$

$$R_{min}=(x_D-y_q)/(y_q-x_q)=(0.95-0.35)/(0.35-0.19)=3.75$$

$$R=1.8R_{min}=1.8\times3.75=6.75$$

$$V=(R+1)D=7.75\times34.8=269.7\text{kmol/h}$$

$$V'=V-F=269.7-100=169.7\text{kmol/h}$$

8.1.4.6 理论板数的捷算法

当需要对完成一定分离任务所需的理论板数进行快速估算，以研究理论板数与回流比等操作参数的关系，进行技术经济分析时，可以采用理论板数的简捷算法。这一算法不仅适用于二元体系，也可以用于多元体系。

对回流比的影响分析指出，全回流对应于最少理论板数 N_{min}，最小回流比 R_{min} 对应于无穷多的理论板数，这是两个极限。前人通过大量的计算和实验，总结出吉利兰（Gilliland）图，如图 8-20 所示，图的横坐标为 $X=\dfrac{R-R_{min}}{R+1}$，纵坐标为 $Y=\dfrac{N-N_{min}}{N+2}$，其中的理论板数 N 不含再沸器。

图 8-20 吉利兰图

从图 8-20 中看出，当回流比趋于最小回流比时，纵坐标接近于 1，即 N 趋于无穷；当全回流时，横坐标趋于 1，纵坐标趋于零，即 $N=N_{\min}$。吉利兰图中的曲线在 $0.01<X<0.9$ 的范围内可以表示为：

$$Y=0.545827-0.591422X+0.002743/X \tag{8-57}$$

简捷法求理论板数的步骤是：

（1）按设计条件确定 $R_{\min}$ 和 $N_{\min}$；

（2）选择回流比 R；

（3）计算 X，从图中查得 Y（或用公式计算），最后得到理论板数 N。

用精馏段的最小理论板数 $N_{\min 1}$ 代替 $N_{\min}$，用同样的方法可以求出加料板位置。

8.1.5 精馏特例

8.1.5.1 直接蒸汽加热

若难挥发组分为水，则塔底釜液几乎是纯水，此时可以省却再沸器，直接将蒸汽通入塔釜，称为直接蒸汽加热。

为计算方便，设蒸汽为饱和蒸汽，并按恒摩尔流处理，流程见图 8-21。

直接蒸汽加热时理论板数的计算方法与间接蒸汽加热时相同。精馏段的情况与间接蒸汽加热没有不同，因此精馏段操作线不变。q 线的做法也相同。但提馏段多了一股物流，用同样的方法对图 8-21 中的提馏段做衡算时，得到：

总物料衡算 $\qquad L'+V_0=V'+W \tag{8-58}$

易挥发组分衡算 $\qquad L'x_m'+V_0y_0=V'y_{m+1}'+Wx_W \tag{8-59}$

由恒摩尔流假设，$V'=V_0$，$L'=W$，一般 $y_0=0$，因此式（8-58）可写成：

$$W'x_m'=V'y_{m+1}'+Wx_W \tag{8-60}$$

由此得提馏段操作线： $\qquad y_{m+1}'=\dfrac{W}{V_0}x_m'-\dfrac{W}{V_0}x_W \tag{8-61}$

它与式（8-35）不同之处在于它不过对角线上（x_W，x_W）点，而是过横轴上（x_W，0）点。此线与精馏段操作线的交点轨迹仍是 q 线。用做图法求取理论板数时，只需用横轴上 g 点代替 c 点，就可以做出提馏段操作线，如图 8-22 所示。

图 8-21　直接蒸汽加热的连续精馏塔

图 8-22　直接蒸汽加热时理论板数的求取

直接蒸汽加热时，如果 x_F、x_D、x_W 均与间接蒸汽加热相同，塔釜排出的液体量必然增加，它将带走少量的易挥发组分，从而使易挥发组分的回收率降低。若要保持易挥发组分的回收率，则釜液组成必然比间接蒸汽加热时低，因此所需的理论板数将略有增加。此外，塔釜不能起一块理论板的作用。

8.1.5.2　多侧线塔

在工业生产中，有时需要将组分相同但浓度不同的几股物流分离，有时又需要不同浓度的产品。在前一种情况下，应设置若干进料口，将物流在相应浓度的位置加入。在后一种情况下，可以在塔的不同位置上开设出料口。这两种情况均构成多侧线塔（进、出口均为侧线）。

若精馏塔有 i 个侧线，则全塔可分成 $(i+1)$ 段，每一段都有操作线。操作线的推导方法都是用物料衡算。在 y-x 图上做出这些操作线后，仍用梯级法求取理论板数。此时，相邻两段的操作线的交点仍用操作线方程联立的方法获得，各股进料的 q 线方程与单股进料时相同。

对多侧线塔，在确定最小回流比时应注意正确判断夹点的位置。例如对双进料口的塔，夹点可能在 Ⅰ-Ⅱ 两段操作线的交点，也可能在 Ⅱ-Ⅲ 两段操作线的交点，应分别求对应的最小回流比，取其大者作为设计依据。对非正常平衡线，夹点也可能在塔中部的某个位置。

8.1.5.3　间歇精馏

间歇精馏又称分批精馏，是小批量生产时采用的操作方法。与连续精馏相同之处在于保留了回流，不同之处在于料液一次性加入塔内，逐渐加热汽化，塔顶冷凝液部分回流，其余作为产品。显然，这是非稳态操作。由于没有物料的连续加入，间歇精馏只有精馏段，因此只有一条操作线。

间歇精馏通常有两种操作方式：一是馏出液组成保持恒定，回流比不断加大；二是回流比保持恒定，馏出液组成逐渐降低。计算方法是：先按基准状态进行设计型计算，确定理论板数；然后做操作型计算，求取有关参数。

（1）回流比恒定的间歇精馏　在回流比恒定的间歇精馏中，釜液和馏出液的组成均不断下降，直到釜液组成降至规定值，即停止操作。由于回流比恒定，因此操作线斜率不变，操作线不断下移。

计算时，以釜液的初始组成 x_F 为基准，其对应的馏出液组成为 x_{D1}，由此确定最小回流比：

$$R_{min} = \frac{x_{D1} - y_F}{y_F - x_F} \tag{8-62}$$

操作回流比取最小回流比的 1.1～2 倍。确定 R 后，可做出初始操作线，然后做梯级，得到理论板数。如图 8-23，图中表示需要 3 块理论板。

然后在馏出液的初始和终了组成的范围内，任意选若干 x_D 值，过点 (x_D, x_D) 做一系列斜率为 $R/(R+1)$ 的直线，即为对应于 x_D 的操作线。在每条操作线上做梯级，梯级数等于理论级数，即得到对应的 x_W 值，如图 8-23，这样建立了 x_D-x_W 关系。

与简单蒸馏相似，做微分物料衡算，得到釜液和馏出液量：

$$\ln \frac{F}{W_e} = \int_{x_{We}}^{x_F} \frac{dx_W}{x_D - x_W} \tag{8-63}$$

式中，W_e 为与组成 x_{We} 相对应的釜液量。式（8-63）的积分须在前面建立的 x_D-x_W 关系基础上进行。

图 8-23　恒回流比间歇精馏

最后用总物料衡算得到馏出液的平均组成：

$$x_{Dm} = \frac{Fx_F - Wx_W}{F - W} \tag{8-64}$$

（2）馏出液组成恒定的间歇精馏　在馏出液组成恒定的间歇精馏中，须不断增加回流比。各操作线均过 (x_D, x_D) 点，但斜率逐渐增大。

计算时，以馏出液组成为 x_D 和釜液的最终组成 x_{We} 为基准确定最小回流比：

$$R_{min} = \frac{x_D - y_{We}}{y_{We} - x_{We}} \tag{8-65}$$

操作回流比取最小回流比的 $1.1 \sim 2$ 倍，初始时回流比可取小些。由 x_D、x_{W1} 和 R_e，作梯级得到理论板数。如图 8-24，图中表示需要 4 块理论板。

若确定某一 x_{W1} 值，先假设一 R 值。做操作线，然后做梯级，若梯级数等于理论级数，即 R 值成立，否则修正后再试，这样建立了 x_D-x_W 关系。

图 8-24　恒组成间歇精馏

做微分物料衡算得到对应釜液组成 x_W 时的汽化总量：

$$V = \int_0^V dV = F(x_D - x_F) \int_{x_{We}}^{x_F} \frac{R+1}{(x_D - x_W)^2} dx_W \tag{8-66}$$

8.2　板式塔

8.2.1　板式塔的结构

　　板式塔是分级接触式的气液传质设备。其主体为一圆筒形的壳体，内装有按一定间距放置的水平塔板。液体借重力作用由上层塔板经降液管流至下层塔板，横向流过塔板后又进入降液管。如此逐板流下，最终由塔底排出。气体由塔底靠压强差逐板向上流，最终由塔顶流出。因此，从宏观看，气液两相呈逆流流动，但在每一块塔板上，则呈错流流动。气液两相的浓度呈阶梯式变化。

　　板式塔的空塔速度较高，生产能力大。加上板式塔具有塔板效率稳定、操作弹性大、造价低、维修方便的优点，因而在生产上得到广泛的应用。

　　板式塔一般是根据塔板结构分类的，有泡罩塔、浮阀塔、筛板塔、穿流多孔板塔、舌形塔、浮动舌形塔和网孔板塔等多种塔板，目前国内外主要使用的塔型是筛板塔和浮阀塔。下面简要介绍几种主要的板式塔。

8.2.1.1　泡罩塔

　　泡罩塔是最早的气液传质设备之一。随着工业技术的发展，已逐步被浮阀塔和筛板塔取代。

　　泡罩塔板上开有若干孔，孔上焊有升气短管，在升气管上覆以边缘开有齿缝的泡罩。板上靠有一定高度的溢流堰维持一定的液层，齿缝浸没于液层中形成液封。气流从升气管上升，在通过齿缝时被分散成细小的气泡，穿过液层上升，借此实现气液两相间的传质，见图 8-25。

图 8-25　泡罩塔板

1—塔板；2—泡罩；3—蒸气通道；4—溢流管

　　泡罩塔的优点是操作弹性大，塔板不易堵塞。但结构复杂，造价高，气相压降大，生产能力一般不大。

8.2.1.2　筛板塔

　　筛板塔也是一种有多年历史的塔型，如图 8-26 所示。塔板上开有许多均匀分布的小孔，称为筛孔，孔径一般为 3～8mm，筛孔在塔板上排成正三角形。塔板上有溢流管，液体沿溢流管下流。溢流管上端高出塔板一定高度，以维持板上有一定高度的液层，称为溢流堰。溢流管的下端伸入下层塔板上的液体中，形成液封，使蒸气不能从溢流管上升通过。在正常操作时，通过筛孔的上升气流，应能阻止液体通过筛孔向下泄漏，液体只能通过溢流管逐板下流。

图 8-26　筛板塔板

筛板塔的优点是：结构简单，塔板的造价在板式塔中为最低，仅为泡罩塔的 20%～50%，生产能力和板效率比泡罩塔高，压强降小，液面落差也较小。缺点是操作弹性小，筛孔小时容易堵塞，近年来采用大孔径（孔径为 10～25mm）筛板，可避免堵塞，而且由于气速的提高，生产能力增大。

8.2.1.3　浮阀塔

浮阀塔是 20 世纪 50 年代初期出现的一种板式塔，由于它兼有泡罩塔和筛板塔的优点，目前，已成为国内应用最广泛的塔型。

浮阀塔板（图 8-27）的结构特点是在塔板上开有若干大孔（标准孔径为 39mm），孔上装有能上下浮动的阀，称浮阀。阀片上连三个阀腿，插入孔后将阀腿底脚弯转，以限制阀片的开度，同时起固定阀片的作用。浮阀是标准化元件，有盘形和条形两大类。盘形浮阀又有多种，按支架型式分为两种，一种是十字架型，一种是 V 型，如图 8-28 所示。表 8-1 列出了几种常用浮阀的基本参数。

图 8-27　浮阀塔板

图 8-28　浮阀
(a) V 型浮阀；(b) 十字架型浮阀

表 8-1　常用浮阀的基本参数

形　式	F1 型（重阀）	V-4 型	T 型
阀孔直径/mm	39	39	39
阀片直径/mm	48	48	50
阀片厚度/mm	2	1.5	2
最大开度/mm	8.5	8.5	8
静止开度/mm	2.5	2.5	1～2
阀质量/g	32～34	25～26	30～32

浮阀塔的操作与泡罩塔的操作相似，塔内蒸气自气孔上升，顶开浮阀，穿过环形缝隙，以水平方向吹入液层，形成泡沫。随着气量的增加，浮阀的开度在一定范围内自动调节，使气速稳定，从而使塔能在相当宽的范围内稳定操作。塔板上的液体沿降液管下流经各层塔板后，最终下流至塔釜。

浮阀塔的优点为：

(1) 生产能力大，比泡罩塔大 20%～40%，与筛板塔相近；

(2) 操作弹性大，由于阀盘可以自由升降以适应气量的变化，气缝速度近乎不变，能在较宽的范围内保持高的分离效率；

(3) 板效率高；

(4) 压降较小，液面落差小；

(5) 塔板结构简单，安装容易，制造费用低于泡罩塔板，但高于筛板塔板；

(6) 对物料的适应性比筛板塔强，能处理较脏且黏的物料。

8.2.1.4 喷射型塔板

以上几种塔板工作时，板上气液两相间都是以鼓泡或泡沫状态接触的，气体的速度不能太高，否则将造成严重的液沫夹带现象，使传质效率下降。这样塔板的生产能力就受到一定的限制。近年来研制开发出的喷射型塔板，则是以喷射形式接触的，气体的速度可以较高，从而提高了生产能力。

（1）舌形塔板　图 8-29 所示的塔板为舌形塔板，在板上冲出舌形孔，然后使舌片向液体出口侧张开，与板面间成一定的角度。操作时，上升的气流沿舌片喷出，其速度可达 20～30m/s，液体被气流喷射到液层上方，再流入降液管。

图 8-29　舌形塔板

舌形塔板的优点是气速高，生产能力大；气液成并流流动，液面落差小，压降低；板上返混现象较少，因此板效率较高。但塔的操作弹性小，且存在气相夹带现象。

（2）浮舌塔板　浮舌塔板（图 8-30）结合了浮阀塔板和舌形塔板的优点，将舌片做成像浮阀一样可以上下浮动的部件，具有处理能力大、压降低、弹性大的优点，特别适用于热敏性物料的减压蒸馏。

以上介绍的是几种常用塔板，其他各种塔板还有很多，新的塔板还在不断研究开发之中。对于一个具体的分离过程，应根据处理物系的性质、分离要求、塔板性能等因素综合考虑，选择合适

图 8-30　浮舌塔板

的塔板。对一种塔板的评价，主要是根据其技术性能，具体而言有以下一些指标：

① 生产能力，即单位截面上气体和液体的通量；
② 塔板效率；
③ 操作弹性；
④ 气体通过塔板时的压降。

此外还应考虑结构、制造成本、维修等因素。表 8-2 对常用的几种工业塔板的性能做了比较。

表 8-2　常用工业塔板的性能比较

类型	相对生产能力	相对塔板效率	操作弹性	压降	结构	相对成本
泡罩塔板	1.0	1.0	中	高	复杂	1.0
筛板	1.2～1.4	1.1	低	低	简单	0.4～0.5
浮阀塔板	1.2～1.3	1.1～1.2	大	中	一般	0.7～0.8
舌形塔板	1.3～1.5	1.1	小	低	简单	0.5～0.6

8.2.2 板效率

理论板的概念是假设离开板的气液两相成平衡，这意味着两相接触时间为无限长。实际生产中接触时间总是有限的，离开塔板的气液两相达不到平衡。因此实际塔板的分离效果总是小于理论板的分离效果。实际塔板的分离效果接近理论板的分离效果的程度用板效率表示。板效率有三种表示方式：点效率、单板效率与全塔效率。

单板效率 E_M 又称为默弗里（Murphree）板效率，它用蒸气（或液体）经过一块实际塔板时的组成变化与此板为理论板时的组成变化之比值表示，第 n 块实际塔板的单板效率可以分别用气相单板效率 E_{MV} 或液相单板效率 E_{ML} 表示：

$$E_{MV} = \frac{y_n - y_{n+1}}{y_{ne} - y_{n+1}} \tag{8-67}$$

$$E_{ML} = \frac{x_{n-1} - x_n}{x_{n-1} - x_{ne}} \tag{8-68}$$

式中，y_{ne} 为与从第 n 块板流出的液体成平衡的蒸气组成；x_{ne} 为与从第 n 块板上升的蒸气成平衡的液体组成。

单板效率需由实验测定。同一块塔板的 E_{MV} 和 E_{ML} 一般并不相等，只有当操作线与平衡线平行时两者才相等。

全塔效率 E_T 又称总板效率，它是全塔各层塔板的平均效率，但不是各板单板效率的平均值。它也由实验测定，其测定方法为：对于一定的塔，即一定实际板数 N_p，在一定的操作压强 p_T、进料热状态 q 和回流比 R 下，测出馏出液 x_D 和釜残液 x_W，根据这些数据，求出达到此分离要求所需的理论板数 N_T（不包括再沸器），从而算出全塔效率。

同一塔内各板的板效率通常并不相等，即使各板的效率相等，在数值上也不等于全塔效率。这是因为两者定义的基准不同，全塔效率是以所需的理论板为基准定义的，而板效率是以单板的增浓程度为基准定义的。

如果将板效率定义中的浓度改为某点的浓度，则得到点效率的定义。点效率与板效率的不同在于板效率是以某板上的平均浓度定义的，只有当板上液体完全混合，或塔径很小时，两者在数值上才相等。

目前对板效率和全塔效率均以实验测定，在设计计算时也有一些经验公式和图表供参考。对全塔效率，比较典型的估算方法是奥康奈尔法，见图 8-31。图中的曲线可关联为以下方程：

图 8-31　全塔效率关联图

$$E_T = 0.49(\alpha_m \mu_L)^{-0.245} \qquad (8\text{-}69)$$

8.2.3 塔径和塔高计算

8.2.3.1 塔径

板式塔的塔径由体积流量公式确定:

$$D_T = \sqrt{\frac{4q_{Vg}}{\pi u}} \qquad (8\text{-}70)$$

式中, D_T 为塔内径, m; q_{Vg} 为塔内上升蒸气的体积流量, m³/s; u 为塔内允许的蒸气空塔速度, m/s。

式(8-70)中的蒸气空塔速度 u 与塔板型式、结构、尺寸、体系物性及操作条件等因素有关。首先根据流体力学性能确定液泛气速 u_{max} (有关液泛的概念在下文中讨论), 然后取 $u = (0.6\sim0.8)u_{max}$。过低的蒸气空塔速度不仅使塔的造价增加, 而且会降低传质效率。

在计算塔径时必须对精馏段与提馏段分别计算, 然后根据算出塔径的差异大小, 再做处理。如塔径相差不大, 可取相同塔径; 若塔径相差甚大, 那么取不同的塔径。算出的塔径要圆整至符合标准系列的尺寸。

8.2.3.2 塔高

板式塔的塔高取决于实际板数和板间距。对一定物系、一定操作条件及分离要求, 根据生产能力、操作弹性等因素选取板间距 H_T, 一般板间距在 0.2~0.6m 之间, 常用的简单方法是根据塔径选取板间距, 见表 8-3。

表 8-3 板间距选取的参考数值

塔径 D_T/m	0.3~0.5	0.5~0.8	0.8~1.6	1.6~2.0	2.0~2.4	>2.4
板间距 H_T/m	0.2~0.3	0.3~0.35	0.35~0.45	0.45~0.6	0.5~0.8	>0.6

8.2.4 板式塔的流体力学性能和操作特性

8.2.4.1 板式塔的流体力学性能

板式塔的性能与塔板结构及塔内气液两相流动状况密切相关。对筛板塔和浮阀塔的生产实践和研究表明, 塔板上可能存在三种气液接触状况。

(1) 鼓泡状态 鼓泡状态发生在气体流速较低的情形, 气体被分散成断续的气泡, 气泡的表面积即为两相间的传质面积。紧靠板面处还有一层清液层, 随气速增大而减薄。在此接触状态下, 湍动程度小, 传质面积小, 因而传质速度低, 分离效率低。

(2) 泡沫状态 随着气体流量增大, 塔的空塔气速增加, 两相接触状态由鼓泡状态转变为泡沫状态。此时气泡已连成串, 液体大多成膜状存于气泡之间。泡沫剧烈湍动, 气泡不断破裂和生成, 为传质创造了良好条件, 是工业塔板上重要的气液接触状态之一。

(3) 喷射状态 在适当的气体流量、筛孔直径和开孔率下, 筛孔或阀孔中吹出的高速气流使液体喷散成液滴, 液体从连续相变为分散相, 而气体变成了连续相。在这种状态下的两相间传质面积为液滴群表面积。液体流经一块塔板经受多次聚合和分散, 为传质创造了良好条件, 也是工业塔板上一种重要的气液接触状态。在此状态下处理能力大, 但雾沫夹带较严重, 对操作不利。为控制雾沫夹带, 可适当增加板间距。

实际上, 气液两相的负荷(即体积流量)有一定的限制范围。超出此范围, 塔便不能正常操作。塔板上的不正常操作现象有以下几种。

(1) 严重漏液 对板面上开有通气孔的塔, 当上升气体流速较小时, 上升气体通过开孔处的阻力和克服液体表面张力所形成的压强降不足以抵消塔板上液层的重力，液体会从塔板上开孔处往下漏，这种现象称为漏液。

造成漏液的主要原因是气速太小和板面上液面落差所引起的气流分布不均。气液两相逆流接触时，少量的漏液是难免的，漏液量低于液体流量的10%属正常操作范围。当漏液量超过液体流量的10%时为严重漏液。严重漏液会使塔板上建立不起液层，从而导致板效率严重下降，在设计和操作时应特别注意防止。

（2）严重液沫夹带　在气流上升穿过塔板上液层时，将板上液滴带入上层塔板的现象称为液沫夹带。气体通过板上液层时，必然将部分液体分散成大小不等的液滴。这些液滴随气流往上运动，有可能被夹带到上层塔板。产生液沫夹带有两种情况：一种是小液滴的沉降速度较小，来不及沉降下来；另一种是液滴具有一定的向上初速度，以至来不及沉降而被带到上层塔板。对前一种情况，增大板间距并不能完全避免，因为总会有微小的液滴。对后一种情况，增大板间距可以有效地减少之。总体而言，板间距和空塔速度是影响液沫夹带量的两个主要因素。

为维持正常操作，应将液沫夹带量限制在一定范围。一般允许的夹带量为 0.1kg（液）/kg（气）以下。

（3）气泡夹带　在一定结构的塔板上，由于液体流量过大，使溢流管内的液体的溢流速度过大，溢流管中液体所夹带的气泡来不及从管中脱出而被夹带到下一层塔板，这种现象称为气泡夹带。气泡夹带本质上是一种返混，即与正常传质方向相反的流动，因而不利于传质。

从总量上看，气泡夹带量占气体总量的比例一般是很小的，但气泡夹带降低了降液管内的泡沫层平均密度，使降液管的通过能力减小，严重时还会破坏塔的正常操作。

（4）液泛　当塔板上液体流量过大，上升气速又很高时，液体被气体夹带到上一层塔板上的量猛增，使塔板间充满了气、液混合物，最终使整个塔内都充满液体，这种现象称为夹带液泛。另一种情况是降液管设计太小，流动阻力过大，或因其他原因使降液管局部地区堵塞而变窄，使液体不能通过降液管向下流，液体在塔板上积累而充满整个板间，这种液泛常称为溢流液泛。当出现液泛时，塔板压降迅速上升，全塔操作被破坏。刚出现液泛时的空塔速度 u_{max} 为全塔的操作极限速度。为避免液泛发生，实际空塔速度应小于此极限速度，一般取 $u = (0.6 \sim 0.8) u_{max}$。

8.2.4.2　板式塔的负荷性能图和操作弹性

对一定的塔板结构，处理固定物系时，其操作状况随气液两相负荷而改变。欲维持正常操作，须将气液负荷的波动限制在一定范围内。通常以液相负荷为横坐标，以气相负荷为纵坐标，标绘各种极限条件下的 V-L 关系曲线，得到负荷性能图，如图 8-32 所示。

图 8-32 中 V 为气相流量，L 为液相流量，塔板的气液流量在图上为一点，称为操作点。线 1 为雾沫夹带线。如果操作点位于线 1 以外，即表示雾沫夹带量过大。

线 2 为液泛线，根据液泛发生的条件确定。若操作点位于该线的右上方，即表示将发生液泛。

线 3 为液相负荷上限线，是一条垂直线。当液相流量大于此线时，液体在降液管内的停留时间将会太短，气泡夹带将大量发生，以致产生降液管液泛。

图 8-32　塔板负荷性能图

线 4 为漏液线，根据漏液点气速确定。

线 5 为液相负荷下限线，也是垂直线。当液相流量小于此线时，板上液体量将不足以形成均匀的液层，导致板效率大大下降。

由此五条线包围的区域即为塔的适宜操作范围。当精馏在恒回流比下操作时，V/L 为定值，操作点将沿经过原点、斜率为 V/L 的直线移动。该直线与操作区外缘有两个交点，表示塔的上下操作极限，此两极限之比即定义为塔的操作弹性。当操作点位于操作范围区域中央时，表示塔的操作弹性大。从图中可见 C 点明显优于 C' 点。负荷性能图的具体做法可参阅有关书籍。

当物系一定时，负荷性能图完全由塔板的结构尺寸决定。因此，在设计塔设备时，必须做负荷性能图，并调节塔的结构尺寸使操作点位于图中央，以达到高的操作弹性。对现有塔的操作，负荷性能图有助于分析塔的操作情况，对生产的调节和设备的改造均有一定的指导意义。

8.3 液-液萃取

液-液萃取是分离均相液体混合物的又一种单元操作。原料液中含有溶质 A 和原溶剂 B（B 也称为稀释剂），为使 A 和 B 分离，将某种选定的溶剂（称为萃取剂）S 加入到混合液中，溶质 A 在溶剂 S 中应有较大的溶解度，而 B 与 S 的互溶度则越小越好。经过充分的接触后，溶质 A 即转移到溶剂 S 中。然后利用 B 和 S 的密度差将两相分开，得到两个液相：以溶剂 S 为主的液相称萃取相 E，以原溶剂 B 为主的液相称萃余相 R。萃取相中的溶质需要分离，溶剂应回收循环使用，将 E、R 两相分别脱除溶剂，得到的两相分别称为萃取液 E' 和萃余液 R'，脱除溶剂的方法一般是蒸馏、蒸发等。

由上可知，萃取操作并未直接达到分离的目的，必须与蒸馏、吸收等操作组合，方能完成分离任务。总的分离费用除萃取的费用外，还应包括萃取后分离回收设备的投资和运转费用（包括能耗）。相比之下，多数情况下萃取不如蒸馏经济。但对于沸点十分接近的混合物的分离、恒沸液的分离、热敏性物料的分离等情形，萃取操作显示出其经济上和技术上的优势。

8.3.1 液-液萃取相平衡过程与三元相图

萃取的基本依据是溶质 A 在溶剂 S 和稀释剂 B 中的溶解度差异，亦即 A 在萃取相和萃余相中的分配。因此，分配平衡（或称溶解平衡）是分析萃取过程的基础。

8.3.1.1 组成在三角形相图上的表示

萃取过程至少涉及三个组分，一般用三角形相图表示三组分混合物的组成，三个顶点分别表示三种纯组分，任一边上的某一点表示一个二元混合物，三角形内的某一点则表示一个三元混合物。常用质量分数表示组成。常用的是等边三角形或等腰直角三角形相图，其中以直角三角形最为简便，如图 8-33 所示。以 B 为原点，S 和 A 的浓度沿轴的正向增加，与常用的直角坐标一致。读法是先在两直角边上分别读 A 和 S 的组成，B 的组成则用 $x_A + x_B + x_S = 1$ 关系式求得。如 AB 边上的 E 点表示 A、B 二元混合物，其中 A 占 40%，B 则占 60%；M 点代表一个三元混合物，其中含 S30%，含 A30%，则含 B 必为 $1 - 30\% - 30\% = 40\%$。

另一种表示组成的方法是用 x-y 坐标系，其中 x 为萃余相中溶质 A 的质量分数，y 为萃取相中溶质 A 的质量分数。对于 B 和 S 互不相溶的体系，还常用 X-Y 坐标系，其中 X 为萃余相中溶质 A 与原溶剂 B 的质量比，Y 为萃取相中溶质 A 与溶剂 S

图 8-33　组成在三角形
相图上的表示

的质量比。

8.3.1.2 液-液相平衡关系在三角形相图上的表示

根据各组分的互溶性，可将三元物系分为三种情况：

(1) 溶质 A 可溶解于 B 和 S 中，但 B 与 S 完全不互溶；

(2) 溶质 A 可溶解于 B 和 S 中，B 与 S 则部分互溶，形成一对平衡液相；

(3) 组分 A、B 可完全互溶，但 B 和 S 形成一对以上平衡液相。

其中第 (3) 种情况会给萃取操作带来诸多不便，是应避免的。第 (1) 种情况属于理想的情形，但较少见。生产实践中广泛遇到的是第 (2) 种情况。

在一定温度下，B 和 S 为部分互溶，这两相的组成如图 8-34 中 N、L 两点所示。对于由

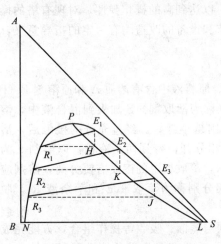

图 8-34 溶解度曲线和联结线

A、B、S 三元组成的体系，当静置相当长的时间以后，即分成两个平衡的液相，其组成由图中的 R、E 两点表示，称为共轭液相。三元体系的初始组成不同，共轭液相的组成也不相同。将一系列代表共轭液相组成的点连起来，成为一条曲线，即为在实验温度下该三元物系的溶解度曲线，而连接一对共轭液相组成点的直线称为联结线或平衡线。

溶解度曲线将三角形内部分为两个区域。曲线以内的区域为两相区，以外的区域为单相区。平衡时三元物系的组成点位于两相区内时，该物系就分成两个共轭液相。显然，萃取操作只能在两相区进行。

一定温度下同一物系的联结线倾斜方向一般是一致的，但联结线互不平行，少数情况下联结线的倾斜方向会改变。

8.3.1.3 辅助曲线和临界混溶点

一定温度下，三元物系的溶解度曲线和联结线是根据实验数据来标绘的，使用时若要求与已知相成平衡的另一相的数据，常借助辅助曲线（也称共轭曲线）。如图 8-34，通过已知点 R_1、R_2 等分别做底边 BS 的平行线，再通过相应联结线上 E_1、E_2 等分别做直角边 AB 的平行线，各线分别相交于点 J、K、…，联结这些交点所得的曲线即为辅助曲线。辅助曲线与溶解度曲线的交点 P，表明通过该点的联结线为无限短，点 P 称为临界混溶点。

8.3.1.4 分配曲线、分配系数和选择性系数

相平衡关系也可以在 x-y 直角坐标中表示。用 x_A 表示萃余相的组成，y_A 表示萃取相的组成，三角形相图中的一条平衡线在直角坐标中就成为一个点，把这些点联结起来，就成为一条曲线，称为分配曲线，如图 8-35 所示。临界混溶点的位置则位于 $y=x$ 直线上。

在一定温度下，当三元混合液的两个液相达到平衡时，溶质 A 在 E 相与 R 相中的组成之比称为分配系数，以 k_A 表示，即：

$$k_A = y_A / x_A \tag{8-71}$$

不同物系具有不同的分配系数值。同一物系，k_A 值随温度而变。在恒定温度下的 k_A 值可近似视作常数。

选择性是指萃取剂 S 对原料液两个组分溶解能力的差异。若

图 8-35 分配曲线

S对溶质 A 的溶解能力比对稀释剂 B 的溶解能力大得多,即萃取相中 y_A 比 y_B 大得多,萃余相中 x_B 比 x_A 大得多,那么这种萃取剂的选择性就好。萃取剂的选择性可用选择性系数 α 来衡量,即:

$$\alpha = \frac{y_A}{y_B} \times \frac{x_B}{x_A} = \frac{k_A}{k_B} \tag{8-72}$$

选择性系数的意义与蒸馏中的相对挥发度相同。α 值越大,越有利于组分的分离;若 $\alpha=1$ 时,萃取相和萃余相在脱溶剂 S 后将具有相同的组成,且等于原料液组成,故无分离。对于一定的分离任务,萃取剂的选择性高可减少萃取剂用量,降低回收溶剂的能量消耗,并且可获得高纯度产品。若 $\alpha < 1$,萃取还可以进行,但将非常困难。

8.3.1.5 温度对相平衡关系的影响

温度影响溶解度曲线的形状、联结线的斜率和两相区的面积,从而影响分配系数及选择性系数。一般来说,物系的温度升高,两相区的面积减小。图 8-36 表示一对组分互溶物系在三个温度（$T_1 < T_2 < T_3$）下的溶解度曲线和联结线。

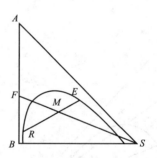

图 8-36 温度对溶解度的影响   图 8-37 杠杆规则的应用

8.3.1.6 杠杆规则

共轭相 E 和 R 的量可以从相图中求取。如图 8-37 所示。设三角形相图内任一点 M 表示 E 相和 R 相混合后混合液的总组成,M 点称为和点,而 E 点和 R 点则称为差点。且 E、M、R 三点在一条直线上,各液相的质量间的关系可用杠杆规则来描述,即 E 相和 R 相的质量比为:

$$\frac{E}{R} = \frac{\overline{MR}}{\overline{ME}} \tag{8-73}$$

8.3.1.7 萃取剂的选择

萃取剂的选择是萃取操作的关键,它对萃取产品的产量、质量和过程的经济性产生直接的影响。一般而言,应从以下方面考虑。

（1）萃取剂的选择性 前已述及,选择性好坏或选择性系数愈大,对萃取愈有利。

（2）萃取剂 S 与稀释剂 B 的互溶度 组分 B 和 S 的互溶度愈小,则两相区面积愈大,可能得到的萃取液的浓度愈高,愈有利于萃取分离。

（3）萃取剂回收的难易与经济性 萃取剂的回收常采用蒸馏,其难易直接影响萃取操作的费用,在很大程度上决定萃取过程的经济性。故要求萃取剂 S 与原料液中组分的相对挥发度要大,不应形成恒沸物。若所选溶剂是物系中挥发度大者,则溶剂 S 的汽化热要小。

（4）萃取剂的其他物性 所选萃取剂与原料液应有较大的密度差。在萃取过程中密度差大的,两相可迅速分离,从而可提高设备的生产能力。另外,两液相的界面张力对分离效果也有重要影响。界面张力较大者有利于分层。此外，萃取剂应具有较低黏度和凝固点，具有化学稳定性和热稳定性，对设备腐蚀小，来源方便，价格低等。

一般情况下，一种溶剂很难同时满足所有要求，一定要结合生产实际情况，抓住主要矛盾，合理地选择。

8.3.2　液-液萃取过程的计算

液-液两相接触传质过程的方式可分为分级式接触和连续式接触两类。现主要讨论分级式接触萃取过程的计算（连续式接触的计算与吸收塔填料层高度计算相类似）。

在分级式接触萃取过程计算中，无论是单级萃取操作还是多级萃取操作，均假设各级为理论级（又称理想级），即离开每级的 E 相和 R 相互为平衡。萃取操作中的理论级概念和蒸馏中的理论板相当。一个实际级的分离能力达不到一个理论级，两者的差异用级效率校正。

8.3.2.1　单级萃取

单级萃取的过程比较简单。将一定量的溶剂加入到料液中，充分混合，经一定时间后，体系分成两相，然后将它们分离，分别得到萃取相和萃余相。操作可以连续进行，也可以间歇进行，间歇操作时，各股物料的量以 kg 表示；连续操作时，以质量流量 kg/s 表示。

进行萃取操作时，原料液 F 为被萃取的混合液，组成点为图 8-38 中 F 点。萃取时加溶剂 S 于原料液中，表示总组成的 M 点可根据原料液和溶剂的量按杠杆规则确定。

由于 M 点位于两相区内，故当原料液和溶剂充分混合并静置后，可使之分为互成平衡的两液相 E 和 R，E 和 R 两点可根据通过 M 点及辅助曲线、溶解度曲线来确定。若将萃取相和萃余相中的溶剂分别加以回收，则当完全脱除溶剂 S 之后，可在 AB 边上分别得到含两组分的萃取液 E' 和萃余液 R'。由图可见，组分 A 和组分 B 得到了一定的分离。

图 8-38　单级萃取的图解法

一般地，料液量 F 及其组成 x_F 和物系的相平衡数据为已知，且规定了萃余相的浓度 x，要求的是溶剂用量、萃取相的量和组成及萃余相的量。这些可通过物料衡算进行计算，萃取计算中常用的方法是图解法。如图 8-38 所示，先根据料液组成和所要达到的萃余相组成确定 F 和 R 点，过 R 点做联结线，得与之平衡的萃取相组成点 E。连接 F 和 S，与联结线交于点 M。最后连接 SR、SE，并分别延长交 AB 边于 R' 和 E'。

作总物料衡算，得：

$$F+S=E+R=M \tag{8-74}$$

由杠杆规则可求得各流股的量：

$$S=\frac{\overline{MF}}{\overline{MS}}F \tag{8-75}$$

$$E=\frac{\overline{MR}}{\overline{ER}}M \tag{8-76}$$

$$E'=\frac{\overline{R'F}}{\overline{R'E'}}F \tag{8-77}$$

也可结合溶质物料衡算进行计算：

$$Fx_F=Ey_E+Rx_R=E'y_{E'}+R'x_{R'}=Mx_M \tag{8-78}$$

故有：

$$E=\frac{x_{\mathrm{M}}-x_{\mathrm{R}}}{y_{\mathrm{E}}-x_{\mathrm{R}}}M \tag{8-79}$$

$$E'=\frac{x_{\mathrm{F}}-x_{\mathrm{R}}'}{y_{\mathrm{E}}'-x_{\mathrm{R}}'}F \tag{8-80}$$

若从 S 点做溶解度曲线的切线，此切线与 AB 边相交于 $E'_{\max}$ 点。此 $E'_{\max}$ 点即为在一定操作条件下所获得的含组分 A 最高的萃取液的组成点。

在实际生产中，由于溶剂循环使用，其中会含有少量的 A 和 B。此时计算的原则和方法仍然适用，仅在相图中表示溶剂组成的 S' 点位置略向三角形内移动一点而已。

8.3.2.2 多级错流萃取

单级萃取能达到的分离程度是有限的。若要求的分离程度较高，可以采用多级错流萃取。图 8-39 为三级错流萃取的流程图。操作时每级都加入新鲜溶剂，前级的萃余相作为后级的料液。这种操作方式的传质推动力大，只要级数足够多，最终可得到溶质组成很低的萃余相。

图 8-39　多级（三级）错流萃取流程

在设计计算中通常已知 F、x_{F} 及各级萃取剂的用量 S，规定最终萃余相的组成 x_n，要求计算理论级数。常用的计算方法是图解法，见图 8-40。实际上是单级萃取图解的多次重复，联结线数即为所需的理论级数。

总溶剂用量为各级溶剂用量之和，各级溶剂用量可以相等也可以不等，但对完成一定分离任务而言，只有各级溶剂用量相等时所需的溶剂用量才为最少。

[**例 8-7**]　25℃时丙酮-水-三氯乙烷系统的溶解度和联结线数据见本题附表。今以三氯乙烷为萃取剂在三级错流萃取装置中萃取丙酮，料液量为 500kg/h，其中含丙酮 40%（质量分数，下同），各级溶剂用量相等，均为料液量的 50%。试求丙酮的回收率。

图 8-40　多级（三级）错流萃取的三角形相图图解法

附表 1　溶解度数据

三氯乙烷	水	丙酮	三氯乙烷	水	丙酮
99.89	0.11	0	38.31	6.84	54.85
94.73	0.26	5.01	31.67	9.78	58.55
90.11	0.36	9.53	24.04	15.37	60.59
79.58	0.76	19.66	15.39	26.28	58.33
70.36	1.43	28.21	9.63	35.38	54.99
64.17	1.87	33.96	4.35	48.47	47.18
60.06	2.11	37.83	2.18	55.97	41.85
54.88	2.98	42.14	1.02	71.80	27.18
48.78	4.01	47.21	0.44	99.56	0

附表 2　联结线数据

| 水相中丙酮 | 5.96 | 10.0 | 14.0 | 19.1 | 21.0 | 27.0 | 35.0 |
| 三氯乙烷相中丙酮 | 8.75 | 15.0 | 21.0 | 27.7 | 32.0 | 40.5 | 48.0 |

解：由题中给的数据在等腰直角三角形相图上做溶解度曲线和辅助线（见本题附图）。

各级加入的溶剂量为 $S=0.5F=0.5\times500=250kg/h$，由 F 和 S 的量用杠杆规则定出代表混合液组成的 M_1 点。用试差法做过 M_1 点的联结线，从而求出 R_1、E_1 的量。由杠杆规则

$$M_1=F+S=500+250=750kg/h$$

$$R_1=M_1\overline{E_1M_1}/\overline{E_1R_1}=750\times33/67=369.4kg/h$$

重复以上计算步骤，得

$$M_2=R_1+S=369.4+250=619.4kg/h$$

$$R_2=\frac{\overline{E_2M_2}}{\overline{E_2R_2}}M_2=\frac{43}{83}\times619.4=321kg/h$$

同理

$$M_3=321+250=571kg/h$$

$$R_3=\frac{48}{92}\times571=298kg/h \qquad 由图读得 \quad x_3=3.5\%$$

故丙酮的回收率 $\eta_A=\dfrac{Fx_F-R_3x_3}{Fx_F}=\dfrac{500\times0.4-298\times0.035}{500\times0.4}=0.948$

例 8-7　附图

图 8-41　Y-X 坐标中的分配曲线

如果萃取剂 S 与稀释剂 B 互不相溶，则用直角坐标图进行计算更为方便。设每一级加入的溶剂量相等，则各级萃取相中 S 的量和萃余相中 B 的量均为常数。萃取相只含 A、S 两种组分，萃余相只含 A、B 两种组分，此时可仿照吸收中的组成表示方法用质量比 Y(kgA/kgS) 和 X(kgA/kgB) 分别表示两相的浓度，而在 Y-X 坐标图上的平衡关系称为分配曲线，参见图 8-41。

对图 8-41 中第一级做 A 的衡算得：

$$BX_F+SY_S=BX_1+SY_1$$

整理得：

$$Y_1=-\frac{B}{S}X_1+\left(\frac{B}{S}X_F+Y_S\right) \tag{8-81}$$

同理，对第 n 级有：

$$Y_n=-\frac{B}{S}X_n+\left(\frac{B}{S}X_{n-1}+Y_S\right) \tag{8-82}$$

上式为离开任一级的两相组成间的关系，称为操作线方程。其斜率$-B/S$为常数，且过点(X_{n-1}, Y_S)。又由理论级假设，Y_n-X_n间成平衡，故(X_n, Y_n)点必位于分配曲线上。由此可得到图解步骤如下（见图8-42）：

（1）在直角坐标上做出分配曲线；

（2）据X_F和Y_S定出L点，从L点出发做斜率为$-B/S$的直线即操作线，交分配曲线于E_1，该点坐标即为(X_1, Y_1)；

（3）过E_1做垂直线与$Y=Y_S$水平线交于V点，过V点作斜率$-B/S$的直线，为第二级操作线，交分配曲线于E_2；

（4）依此类推，直至萃余相组成X_n等于或低于指定值为止，操作线的数目即为理论级数。

若溶剂中不含溶质，则$Y_S=0$，L、V等点均在X轴上。若各级溶剂用量不等，则各操作线不平行，可逐级由溶剂量做操作线方程，其余做法相同。

图 8-42　多级错流萃取的Y-X图解法

8.3.2.3　多级逆流萃取

多级错流萃取的缺点是溶剂耗用量大，且各级萃取相浓度不等，给下一步的分离带来困难，多级逆流萃取可以克服这两个缺点。多级逆流接触萃取操作一般是连续的，其分离效率高，溶剂用量较少，故在工业中得到广泛的应用。如图8-43所示。

图 8-43　多级逆流萃取流程

在多级逆流萃取操作中，原料液的流量F和组成x_F，最终萃余相中溶质组成x_n均由工艺条件规定，萃取剂的用量S和组成y_S由经济权衡而选定，要求计算萃取所需的理论级数和离开任一级各股物料流的量和组成。

在第一级与第n级之间做总物料衡算得：

$$F+S=R_n+E_1 \tag{8-83}$$

对第一级做总物料衡算得：

$$F+E_2=R_1+E_1 \quad 即 \quad F-E_1=R_1-E_2 \tag{8-84}$$

对第二级做总物料衡算得：

$$R_1+E_3=R_2+E_2 \quad 即 \quad R_1-E_2=R_2-E_3 \tag{8-85}$$

依此类推，对第n级做总物料衡算：

$$R_{n-1}+S=R_n+E_n \quad 即 \quad R_{n-1}-E_n=R_n-S \tag{8-86}$$

由上面各式可得出：

$$F-E_1=R_1-E_2=\cdots\cdots=R_i-E_{i+1}=\cdots\cdots=R_{n-1}-E_n=\Delta \tag{8-87}$$

式(8-87)表明离开任意级的萃余相R_i与进入该级的萃取相E_{i+1}流量之差Δ为常数。Δ可视为通过每一级的"净流量"。Δ是虚拟量，其组成也可在三角形相图上用点Δ表示。Δ点为各操作线的共有点，称为操作点。显然，Δ点分别为F与E_1、R_1与E_2、R_2与E_3、……、

R_{n-1} 与 E_n、R_n 与 S 诸流股的差点，故可任意延长两操作线，其交点即为 Δ 点。通常由 FE_1 与 SR_n 的延长线交点来确定 Δ 点。

由此得图解方法如下（见图 8-44）：

图 8-44　多级逆流萃取的三角形相图图解法

（1）根据工艺要求选择合适的萃取剂，确定适宜的操作条件，根据操作条件下的平衡数据在三角形坐标图上绘出溶解度曲线和辅助曲线；

（2）根据原料和萃取剂的组成在图上定出 F 和 S 两点位置（图中是采用纯溶剂），再由溶剂比 S/F 在 FS 连线上定出和点 M 的位置；

（3）由规定的最终萃余相组成 x_n 在相图上确定 R_n 点，连点 R_n、M 并延长 R_nM 与溶解度曲线交于 E_1 点，此点即为离开第一级的萃取相组成点；

（4）连 FE_1，R_nS，分别延长交于一点，即 Δ 点；

（5）做过 E_1 的平衡线，得与之平衡的 R_1 点；

（6）连 ΔR_1，延长交溶解度曲线于 E_2；

（7）做过 E_2 的平衡线，得 R_2 点；

（8）重复（5）～（6）步骤，直至萃余相组成等于或低于 x_n 为止，由此得理论级数。

根据杠杆规则，可以计算最终萃取相及萃余相的流量。

Δ 点的位置与联结线斜率，料液流量 F 和组成 x_F，萃取剂用量 S 及组成 y_S，最终萃余相组成 x_n 等因素有关。

多级萃取操作与吸收操作有最小液气比一样，也有一个最小溶剂比和最小溶剂用量 S_{min}。由三角形相图看出，S/F 值愈小，操作线和联结线的斜率愈接近，所需的理论级数愈多，当萃取剂的用量减小至 S_{min} 时，将会出现某一操作线和联结线相重合的情况，此时所需的理论级数为无穷多。S_{min} 是溶剂用量的最低极限值，实际所用的萃取剂用量必须大于此最小溶剂用量。溶剂用量少，所需理论级数多，设备费用大；反之，溶剂用量大，所需理论级数少，萃取设备费用低，但溶剂回收设备大，回收溶剂所消耗的热量多，操作费用高。所以，需要根据萃取和溶剂回收两部分的设备费和操作费进行经济核算，以确定适宜的萃取剂用量。

[例 8-8]　用纯溶剂 S 在多级逆流萃取装置中处理含溶质 A30％的料液，要求最终萃余相中溶质组成不超过 7％，溶剂比为 0.35，求所需的理论级数和最终萃取液的组成，操作条件下的溶解度曲线和辅助曲线如附图所示。

解：(1) 由 x_F 在三角形相图上定出 F 点，连 FS，由溶剂比在 FS 线上定出和点 M；

(2) 由 $x_n = 0.07$ 在图上定出 R_n 点，连 R_nM 并延长交溶解度曲线于 E_1；

(3) 连 E_1F 和 SR_n，延长交于 Δ，为操作点；

(4) 利用辅助线由 E_1 求得 R_1 点，连 ΔR_1 延长交溶解度曲线于 E_2；

(5) 重复以上步骤直至 R_5 点处 $x_5 = 0.05 < 0.07$，即用 5 个理论级可满足分离要求；

(6) 连 E_1S 延长交 AB 边上 E_1'，读得最终萃取液组成为 $x_1' = 0.87$。

例 8-8 附图

当 B 和 S 完全不互溶时，多级逆流萃取的计算与脱吸十分相似，在图 8-45 中的第一级至第 i 级之间对溶质 A 做衡算得：

$$BX_F + SY_{i+1} = SY_1 + BX_i \tag{8-88}$$

$$Y_{i+1} = \frac{B}{S}X_i + \left(Y_1 - \frac{B}{S}X_F\right) \tag{8-89}$$

图 8-45 多级逆流萃取的直角坐标图解法

这就是多级逆流萃取的操作线方程。操作线是一条直线，斜率为 B/S。两端点为 (X_F, Y_1) 和 (X_n, Y_S)。若 $Y_S = 0$，则下端点为 (X_n, 0)，由此得图解法：

(1) 在 Y-X 图上做出分配曲线；

(2) 做操作线，由于 X_F、Y_S 为已知，Y_1 或 X_n 由分离要求规定其中之一，另一组成可由总物料衡算萃取，故可做出 $J(X_F、Y_1)$ 和 $D(X_n、Y_S)$ 两点，连两点得操作线；

（3）自 J 点起在平衡线和操作线间做梯级，梯级数即为理论级数。

若分配曲线为通过原点的直线，则萃取因子 $A=KS/B$ 为常数（K 为分配曲线的斜率）。可仿照脱吸过程计算用下式求出理论级数：

$$N_T=\frac{1}{\ln A}\ln\left[\left(1-\frac{1}{A}\right)\frac{X_F-\dfrac{Y_S}{K}}{X_n-\dfrac{Y_S}{K}}+\frac{1}{A}\right] \tag{8-90}$$

8.3.2.4 微分逆流萃取

逆流萃取也可以在微分接触式设备内进行。原料液和溶剂在塔内做逆向流动，同时进行传质，两相的组成沿塔高方向连续变化，在塔顶和塔底完成两相的分离。

塔式萃取设备计算的目的是确定塔径和塔高两个基本尺寸。塔径取决于两液相的流量和适宜的操作速度。而塔高的计算有两种方法：理论级当量高度法和传质单元法。

（1）理论级当量高度法　理论级当量高度是指相当于一个理论级萃取效果的塔段高度，用 H_{ETS} 表示。这样，塔高就等于理论级数与 H_{ETS} 的乘积。

H_{ETS} 是衡量传质效率的指标，其值与设备型式、物系性质和操作条件有关，一般用实验测定，也可参考文献中的关联式。

（2）传质单元法　塔高也可以用传质单元高度和传质单元数的乘积来计算。传质单元数反映萃取的分离要求，可用图解积分等方法计算。传质单元高度反映传质的难易程度，用实验测定或用关联式计算。

8.3.3 液-液萃取设备

萃取操作是两液相间的传质，由于两相间密度差和黏度均较小，故两相的混合和分离均比气-液两相传质困难得多。设备特性也和气-液传质设备有较大的差异。目前工业上采用的萃取设备已超过 30 种，下面仅介绍几种典型设备。

8.3.3.1 混合-澄清槽

这是最早使用且目前仍广泛用于工业生产的一种分级接触式萃取设备。由混合槽和澄清槽两部分组成，如图 8-46 所示。混合槽中通常安装搅拌装置，目的是使两相充分混合，以利于传质。然后在澄清槽中进行分离，对易于澄清的混合液，可以利用两相密度差进行重力沉降分离。

混合-澄清槽的传质效率高，可达 80％ 以上，操作方便，结构简单，但占地面积大，能耗高，设备投资和操作费用均较高，近年来已逐渐被萃取塔取代。

图 8-46　混合-澄清槽

8.3.3.2 填料萃取塔

填料萃取塔是典型的微分接触式萃取设备，其结构与填料吸收塔大体相同，如图 8-47 所示。操作时，连续相充满于整个塔中，分散相以液滴状通过连续相。填料材质的选择，应能被连续相润湿而不被分散相润湿，以利于液滴的生成和稳定。

在普通填料塔内，两相靠密度差逆向流动，相对速度较小，界面湍动程度较低，从而限制了传质速率的进一步提高。为增加湍动程度，向填料提供外加的脉冲能量，就成为脉冲填料塔，如图 8-47（b）所示。提供脉冲的方法，一般用往复泵，也可用压缩空气。

图 8-47　填料萃取塔

（a）普通填料塔；（b）脉冲填料塔

8.3.3.3　筛板萃取塔

　　筛板萃取塔也是常用的液-液传质设备之一。筛孔直径比气-液传质的筛板孔径小，一般为 3～6mm，孔距为孔径的 3～4 倍，板间距为 150～600mm。其结构如图 8-48 所示。

图 8-48　筛板萃取塔

　　用于萃取的筛板塔与用于蒸馏的筛板塔结构相似。轻液可以是分散相，也可以是连续相。在筛板塔内分散相流体多次分散和凝聚，筛板的存在又抑制了塔内的轴向返混，传质效率是比较高的，因而得到了广泛的应用。

　　脉冲筛板塔的原理与脉冲填料塔相同，产生脉冲的方法也有往复泵、隔膜泵、压缩空气等。脉冲振幅范围为 9～50mm，频率为 30～200min^{-1}。与气-液系统中用的筛板塔不同之处在于它没有溢流管。操作时，轻、重液相均穿过筛板面做逆流流动，分散相在筛板之间不分层。在塔的顶端和底部有较大的空间，以利于相间分离。

　　脉冲筛板塔的效率与脉动的振幅和频率密切相关。在一定范围内，增加脉动的强度有助于提高塔效率。但是脉动太激烈会导致严重的轴向混合，反而降低传质效率。脉冲筛板塔是一种效率很高的萃取设备，但其允许通过能力较小，限制了它的应用。

　　往复筛板塔的原理与脉冲筛板塔相同，唯它将筛板固定在中心轴上，由塔顶的传动机构带动做上下往复运动，如图 8-49 所示。往复筛板塔的振幅一般为 3～5mm，频率可达 1000min^{-1}。在不发生液泛的前提下，频率愈高，塔效率愈高。往复筛板塔的传质效率高，流动阻力小，生产能力大，故在生产上应用日益广泛。

8.3.3.4　转盘萃取塔

　　转盘萃取塔的基本结构如图 8-50 所示。在塔体内壁面按一定间距装若干个环形挡板，称固定环。固定环把塔内空间分隔成若干个分割开的空间。在中心轴上按同样间距装若干个转盘，每个转盘处于分割空间的中间。转盘的直径小于固定环的内径。操作时，转盘做高速旋转，对液体产生强烈的搅拌作用，增加了相际接触和液体湍动，固定环则可抑制返混。

图 8-49 往复筛板塔

图 8-50 转盘萃取塔

转盘塔结构简单，生产能力大，传质效率高，操作弹性大，故在工业中应用较广泛。近年来，在普通转盘塔的基础上，又开发了偏心转盘塔，转轴偏心安置，塔内不对称地设垂直挡板，分成混合区和澄清区。混合区内用水平挡板分割成许多小室，每个小室内的转盘起混合搅拌作用。

8.3.3.5 离心萃取器

离心萃取器是利用离心力使两相快速混合和分层的设备。它有多种型式，图 8-51 是其中

图 8-51 POD 离心萃取器

的一种，称 POD 离心萃取器，属于卧式微分接触设备。在外壳内有一螺旋形转子，转速高达 2000～5000r/min。轻相由外圈引入，重相由中心引入。在离心力作用下，重相由中心向外流，轻相由外圈向中部流，两相成逆向流动。最终，重相由螺旋最外层流出，轻相从中部流出。这种设备适于处理两相密度差很小或易乳化的体系。

POD 离心萃取器的优点是结构紧凑，传质效率高，其理论级数可达 3～12，适用于两相密度差小、易乳化、难分相的物系。但它的结构复杂，制造成本高，操作费用较高。

8.3.3.6 液-液萃取设备的选择

萃取设备的种类较多，各有其特点。对于一特定的萃取过程，应从以下几个方面考虑，选择合适的设备。

（1）所需的理论级数　若理论级数不太多，则各种设备都是可以的。若级数较多，则可选

择外加能量的设备，如往复筛板塔、转盘塔等。

（2）生产能力　各种设备的生产能力是不同的，如填料塔、脉冲塔的生产能力较小，混合-澄清槽、筛板塔、离心萃取器的生产能力较大。

（3）物系的性质　对两相密度差较小、表面张力较大的物系，宜选用有外加能量的设备。

（4）其他　如物系的稳定性、起泡性、生产环境（厂房大小、能源供应等）均应考虑。

表 8-4 归纳了常见的一些萃取塔的适应性能，可供参考。

表 8-4　萃取设备的选择

项　目		喷洒塔	填料塔	筛板塔	转盘塔	往复筛板塔、振动筛板塔	离心萃取器	混合-澄清槽
工艺条件	理论级数多	×	△	△	○	○	△	△
	处理量大	×	×	△	○	×	△	○
	两相流比大	×	×	×	△	△	○	○
物系性质	密度差小	×	×	△	△	△	○	○
	黏度高	×	×	△	△	△	○	○
	表面张力大	×	×	×	△	△	○	△
	腐蚀性强	○	○	△	△	△	×	×
	含固体悬浮物	○	×	×	○	△	△	△
设备费用	制造成本	○	△	△	△	△	×	△
	操作费用	○	○	△	△	△	×	○
	维修费用	○	○	△	△	△	×	○
安装场地	面积有限	○	○	○	○	○	○	×
	高度有限	×	△	○	△	△	○	○

注：○表示适用，△表示可以，×表示不适用。

8.4　浸取

用溶剂将固体混合物中的溶质分离出来的操作称为固-液萃取，也称浸取、浸出或浸沥。食品工业的原料多呈固体状态，为了分离出其中的有用物质，或除去不需要的物质，多采用浸取操作。工业大规模上采用浸取操作的例子有油料种籽和甜菜的浸取。此外，速溶咖啡，速溶茶，香料色素，植物蛋白，鱼油、肉汁和玉米淀粉等的制造都要应用浸取操作。

与液-液萃取不同的是，在浸取操作中，两相的分离较为容易。两相间的接触面积主要取决于固体物料的几何尺寸，当物料的几何尺寸较小时，固然可以增加比表面积，减小扩散距离，但同时必须考虑到液体在固体物料间隙内的流动，以及固体物料本身的机械强度。这些都是浸取设备设计和操作中必须重视的因素。

8.4.1　浸取平衡的表达

8.4.1.1　浸取体系组成的表示

浸取体系通常也可简化为一个由溶质 A、溶剂 S 和惰性固体 B 组成的三元物系。为表示系统的组成，仍以三角形的三个顶点表示纯组分，三条边分别表示三个二元系统，特别是 AS 边上的一点代表由溶质 A 和溶剂 S 构成的溶液的组成。在三角形内的一点 M 表示三元物系的组成。将 M 点和 B 点相连并延长，与 AS 边相交于一点，此点即代表了溶液的组成。因此，三元物系可视作由某一溶液和一定量的惰性固体混合而成。

8.4.1.2　平衡关系的表示

溶质 A 分布在固、液两相中，在固相中的溶质浓度和在液相中的溶质浓度间必然存在一定的平衡关系。按溶质 A 和溶剂 S 之间的溶解情况，可分成三类。

（1）A 原来呈固态，则 A 在 S 中必有一饱和溶解度。设该饱和溶解度所代表的组成为图 8-52 中的 G 点，则 BG 线把相图分为两个区域，位于 BG 线下方的区域为不饱和区，A 与 S 量之比小于饱和溶解度，而位于 BG 线上方的区域则为饱和区。很明显，只有在不饱和区才能进行浸取。

图 8-52　固-液系统在三角形相图上的表示

（2）A 原来呈液态，且与 S 完全互溶，此时整个三角形均为不饱和区。

（3）A 原来呈液态，且与 S 部分互溶。此时相图上将出现两个不饱和区和一个饱和区。这是一种较复杂的情形。在实践中应避免，避免的方法是选择另一种溶剂。

在浸取操作中可以假定固体 B 与溶质 A 之间无物理和化学作用，而且溶质 A 的量相对于溶剂 S 量而言未达饱和溶解度。这样，当固体与溶剂经过充分长时间的接触后，溶质完全溶解，固体空隙中液体的浓度将等于固体周围液体的浓度，液体的组成将不再随接触时间延长而改变，即达到了平衡。这样的接触级称为理论级或称理想级。

固体物料与溶剂接触达一定时间后，由顶部排出的清液称为溢流，由底部排出的残渣称为底流。

如果固-液分离完全，则溢流中不含惰性固体。在三角形相图上，其组成点必位于 AS 边上，如图 8-52 中的 E 点。对于理论级，其底流可看作由一定量的惰性固体及其所夹带的与溢流同浓度的溶液混合而成，其组成点必位于 BE 连线上。设此点为 R，则 ER 就是平衡线或联结线。由杠杆规则知，点 E 及 R 的位置必满足如下的关系：

$$\overline{BR}/\overline{RE} = 惰性固体的持液量/惰性固体量 \tag{8-91}$$

如果固-液分离不够完全，则溢流中将含少量惰性固体。在三角形相图上的组成点将比图 8-52 中的 E 点稍向内一些，而不在于 AS 边上。但如果是理论级，其平衡线仍与溢流组成点与 B 点的连线重合，式（8-91）仍成立。

设溢流中不含惰性固体，则溢流为溶质 A 和溶剂 S 的二元混合物，底流则可看作为溶液与固体的三元混合物。若单位质量惰性固体所持有的溶液量为一常数，则底流量将为常量，称为恒底流。由杠杆规则可知，此时底流组成在三角形相图上为一条平行于斜边的直线 mn。若将 B 和 mn 上任意一点 L' 相连并延长交斜边于 V，则点 L' 分线段 BV 为 BL' 和 $L'V$ 两部分，线段 BL' 与 $L'V$ 的长度之比即为底流中溶液量与惰性固体量之比，点 V 即代表溢流的组成，参阅图 8-53。

图 8-53　恒底流曲线

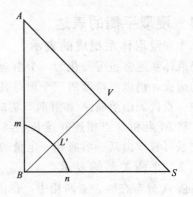

图 8-54　变底流曲线

若单位质量惰性固体所持有的溶液量不是常数，则底流量不是常量，称为变底流。对变底流的情形，mn 不是与 AS 边平行的直线，应当用实验方法测定单位质量惰性固体所持有的溶液量，连成底流曲线，如图 8-54 所示。

8.4.2　浸取操作的计算

浸取操作通常采用三种基本方式，即单级间歇式、多级接触式和连续式。

单级间歇式操作使用简单的浸取罐，有每次都使用新鲜溶剂者，也有将浸取液从浓到稀分成若干组（一般 2～3 组）作为溶剂，按顺序分段进行浸取，最后阶段才使用新鲜溶剂。单级间歇式设备常用作中试或小规模生产。

多级接触式操作是将若干浸取罐组合成一定顺序，以逆流的方式使新鲜原料与最后的浓浸取液相接触，而大部分溶质已被浸取出来的物料则与新鲜溶剂相接触。这种操作法与上述单级间歇式的相同点是被浸取物料在浸取过程中并不移动，而仅溶剂做逆流的流动。不同点是单级操作将此多次接触作用分阶段在同一设备上进行，而多级接触则是同时在不同的设备内进行。在这种操作中，固体在级间并不移动，而溶剂则顺序流过各级，当最后一级浸取终了时，新鲜溶剂必须从此级截断，并改为逆流流入前一级。为此，不仅需要更多的浸取罐以供洗涤、卸料和装料等操作，还需安装溶液和溶剂的总管以改变流动的方向，达到每一阶段组合一定浸取罐以进行逆流操作的目的。

连续式浸取操作是原料和溶剂同时做连续的运动，不仅溶剂（或溶液）做连续流动，固体也做连续的移动。

8.4.2.1　单级浸取

单级浸取过程与单级萃取相似。被浸取的原料与溶剂混合，原料组成点 F 位于 AB 边上，混合物组成点 M 位于 SF 连线上，其位置由溶剂对原料量之比决定，经充分长时间接触达到平衡后，分成溢流和底流，其组成点分别为 E、R 点，如图 8-55 所示。E 和 R 点均位于过 M 点的平衡线上，亦即 BM 连线上，R 点的位置与固体的持液量有关。

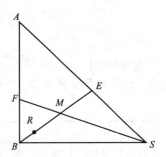

图 8-55　单级浸取

8.4.2.2　多级逆流浸取

（1）多级逆流浸取的三角形相图图解法　工业浸取常常需要用多级才能完成，一般采用逆流浸取而不用错流浸取，因为错流浸取的溶剂用量多，浸取液的分离成本高。逆流浸取的流程如图 8-56 所示。所有物流均以总量表示，用 L_1'，L_2'，…，表示各级底流的总流量，用 V_1，V_2，…，表示各级溢流的总流量。

$$V_1 = E \quad V_2 \qquad V_3 \qquad\qquad V_i \qquad V_{i+1} \qquad\qquad V_n \qquad V_{n+1} = S$$

$$\boxed{1} \quad \boxed{2} \quad \cdots \quad \boxed{i} \quad \cdots \quad \boxed{n}$$

$$L_0' = F \qquad L_1' \qquad L_2' \qquad\qquad L_{i-1}' \qquad L_i' \qquad\qquad L_{n-1}' \qquad L_n' = W$$

图 8-56　多级逆流浸取系统

多级逆流浸取在三角形相图上的表示方法见图 8-57。由各级的物料衡算得如下关系：

$$E - F = V_2 - L_1' = V_3 - L_2' = \cdots = S - W = \Delta = 常数 \tag{8-92}$$

Δ 点代表线段 EF，V_2L_1'，V_3L_2' 和 SW 的共同外分点，即操作点。做图方法与多级逆流萃取相似，先根据总物料衡算确定 F、S、E、W 4 个点，然后连接 EF 和 SW，其延长线的交点即为操作点 Δ。然后联结 BW，延长得斜边上交点，将此交点和 Δ 点相连而成的直线与 mn 线

食品工程单元操作

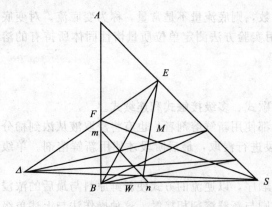

图 8-57 多级逆流浸取的三角形相图图解法

相交于一点，再将此点和 B 相连并延长到斜边上得第二个交点。如此继续进行，直至斜边上交点跨过点 E 为止。也可采用相反的方法，从 BE 线开始求理论级数。

上述差点的关系式不仅对恒底流适用，对变底流同样也适用。

[例 8-9] 用乙醚提取鱼肝中的鱼肝油，采用多级逆流浸取。经实验测定，粒状鱼肝所持的溶液量 K 为溶液组成的函数，其数据见附表 1。已知新鲜鱼肝含油 25.7%，鱼肝油的回收率为 97%，最终浸取液含鱼肝油 70%，级效率为 70%。试求所需的浸取级数。

附表 1

y_A	0	0.1	0.2	0.3	0.4	0.5	0.6	0.672	0.765	0.81
K	0.205	0.242	0.286	0.339	0.405	0.489	0.600	0.650	0.700	0.720

解：（1）计算底流曲线。设底流量为 L'，则底流中惰性固体的量为 $L'x_B'$，溶液量为 $L'x_B'K$，A、B 和 S 的质量分数分别为

$$x_A' = \frac{L'x_B'Ky_A}{L'x_B'K + L'x_B'} = \frac{Ky_A}{K+1} \qquad x_B' = \frac{L'x_B'}{L'x_B'K + L'x_B'} = \frac{1}{K+1}$$

$$x_S' = 1 - x_A' - x_B' = 1 - \frac{Ky_A}{K+1} - \frac{1}{K+1} = \frac{K(1-y_A)}{K+1}$$

计算结果如附表 2。

附表 2

x_A'	0	0.0195	0.0444	0.0760	0.115	0.164	0.224	0.264	0.325	0.338
x_S'	0.170	0.175	0.178	0.177	0.173	0.164	0.150	0.129	0.097	0.0795

按附表 2 的数据可绘出底流曲线，如附图所示。

（2）已知 $x_{FA}' = 0.257$，$y_{EA} = 0.7$，据此可做出 E、F 两点。

以 100kg 原料为基准，其中含鱼肝油量为 25.7kg，惰性固体量为 $100 - 25.7 = 74.3$kg，最终浸出液中含油量为 $25.7 \times 0.97 = 24.9$kg

浸出液量为 $E = 24.9/0.7 = 35.6$kg

浸出液中含溶剂量为 $35.6 - 24.9 = 10.7$kg

设新鲜溶剂量为 S，S 分为两部分，一部分（10.7kg）进入浸出液，另一部分（$S-10.7$）留在残渣中。残渣中的油量为 $25.7 \times 0.03 = 0.771$kg

残渣总量为 $W = 74.3 + 0.771 + (S-10.7) = S + 64.371$

例 8-9 附图

 328

故
$$x'_{WA} = 0.771/(S + 64.371)$$
$$x'_{WB} = 74.3/(S + 64.371)$$

由两式消去 S，得 $x'_{WA}/x'_{WB} = 0.0104$

在三角形相图的 BA 边上，取 $x' = 0.0104$ 的点，将此点与 S 点相连，连线与底流曲线的交点即为 W 点。

(3) 连 EF 和 WS，分别延长，交于一点，即为 Δ 点。

做图得理论级数 $\qquad\qquad\qquad\qquad N_T = 5$

实际级数 $\qquad\qquad\qquad N_p = N_T/0.7 = 7.14$

应取 8 级。

(2) 多级逆流浸取的代数计算法　恒底流时溢流中无固体，固体全在底流中，则底流中固体量及溶液量均保持不变，亦即底流总量保持不变。根据总物料衡算可知，溢流量亦保持不变。换言之，恒底流必然伴随恒溢流。此时理论浸取级数的计算可以用代数法。

对于如图 8-56 所示的 n 级浸取系统，设进入第一级的原料量为 F，各级的底流量以惰性固体所持的溶液量（即总量扣除惰性固体量）计为 L，以逆流方式进入末级的溶剂量为 S，逐级流动的溢流量为 V，则必有 $V = S$。

今取第 i 理论级分析，若以 y_i 表示离开第 i 级的溢流浓度（质量分数），x_i 表示离开第 i 级底流所持溶液的浓度。第 i 级的溶质衡算式为：

$$Vy_i + Lx_i = Vy_{i+1} + Lx_{i-1} \tag{8-93}$$

因为是理论级，故 $y_i = x_i$，$y_{i+1} = x_{i+1}$，并令：

$$a = V/L \tag{8-94}$$

恒底流时比值 a 为常数。式(8-93) 变为：

$$x_{i-1} = (a+1)x_i - ax_{i+1} \tag{8-95}$$

对第 n 级（末级）： $\quad x_{n-1} = (a+1)x_n - ax_{n+1}$ $\tag{8-96}$

对第 $n-1$ 级：

$$x_{n-2} = (a+1)x_{n-1} - ax_n = (a+1)[(a+1)x_n - ax_{n+1}] - ax_n = (a^2+a+1)x_n - a(a+1)x_{n+1} \tag{8-97}$$

以此类推，对第二级：

$$x_1 = (a^{n-1} + a^{n-2} + \cdots + 1)x_n - a(a^{n-2} + a^{n-1} + \cdots + 1)x_{n+1}$$
$$= \frac{1-a^n}{1-a}x_n - a\frac{1-a^{n-1}}{1-a}x_{n+1} \tag{8-98}$$

对第一级，由于溢流量 $E \neq V$，底流的溶液量也不等于原料中所含的溶液量，故不可应用通式。对全系统进行物料衡算，得：

$$Ey_E + Lx_n = Fx_F + Vy_{n+1} \tag{8-99}$$

这里 F 指进料中的溶液量，x_F 指进料的溶液组成。第一级的溢流/底流比不同于其他各级，令：

$$a_1 = E/L \tag{8-100}$$

由于： $\qquad\qquad\qquad\qquad y_E = x_1 \tag{8-101}$

故有： $\quad a_1 L\left(\frac{1-a^n}{1-a}x_n - a\frac{1-a^{n-1}}{1-a}x_{n+1}\right) + Lx_n = Fx_F + Vy_{n+1} \tag{8-102}$

整理得： $\quad Lx_n\left(a_1\frac{1-a^n}{1-a} + 1\right) - Vx_{n+1}\left(a_1\frac{1-a^{n-1}}{1-a} + 1\right) = Fx_F \tag{8-103}$

两端除以 Lx_n 后经整理而得：

$$\frac{1}{R} = \left(1 + a_1\frac{1-a^n}{1-a}\right) - \frac{y_{n+1}}{x_n}\left(a + a_1\frac{a-a^n}{1-a}\right) \tag{8-104}$$

如果加入末级的溶剂中不含溶质，即 $y_{n+1}=0$，则有：

$$\frac{1}{R}=1+a_1\frac{1-a^n}{1-a} \tag{8-105}$$

上两式中，$R=Lx_n/(Fx_F)$，其意义为残渣排走的溶质量与原料所含的溶质量之比，称为残留率或损失率；x_n 为残渣中溶液的浓度。

[例 8-10] 设计一多级逆流浸取设备，以水为溶剂，每小时处理 4t 炒过的咖啡豆以制造速溶咖啡。咖啡中可溶物含量为 24%，含水量可忽略不计。离开浸取设备的浸取液中含可溶物 30%，要求浸取液中回收 95% 的可溶物。试确定：(1) 每小时产生的浸取液量；(2) 每小时所耗的水量；(3) 若级效率为 70%，每吨惰性固体持液 1.7t，求浸取级数。

解：据题意，浸取液中可溶物量为　　$4000\times0.24\times0.95=912\text{kg/h}$

残渣中可溶物量为　　　　　　　　　$4000\times0.24\times0.05=48\text{kg/h}$

浸取液量　　　　　　　　　$E=912/0.3=3040\text{kg/h}$

底流中固体量　　　　　　　$4000\times0.76=3040\text{kg/h}$

底流中溶液量　　　　$L=4000\times0.76\times1.7=5168\text{kg/h}$

底流总量　　　　　　　　　$3040+5168=8208\text{kg/h}$

由总物料衡算　　$S=V=E+W-F=3040+8208-4000=7248\text{kg/h}$

$$a=V/L=7248/5168=1.4$$

$$a_1=E/L=3040/5168=0.588$$

代入式(8-105) 得　　　　　$\dfrac{1}{0.05}=1+0.588\times\dfrac{1-1.4^{N_T}}{1-1.4}$

解得　　　　　　　　　　　　$N_T=7.827$

实际级数　　　　　$N_p=7.827/0.7=11.2$　　　　　　取 12 级

8.4.3　浸取设备

浸取操作通常有三种基本方式：单级接触式、多级接触式和连续接触式。多级接触式操作可视作若干个单级的串联，从而实现连续操作。连续接触式操作一般指原料和溶剂做连续逆流流动或移动，而如何实现固体物料的移动，则为关键。就物料和溶剂间的接触情况而言，又有浸泡式、渗滤式和两者结合的接触方式之分。

图 8-58　浸取罐
(a) 密闭浸取器；(b) 溶剂再循环浸取器
1—物料；2—固体卸出口；3—溶液下降管；4—假底；
5—溶剂再分配器；6—冷凝器；7—新鲜溶剂进口；8—洗液进口

8.4.3.1　浸取罐

又称固定床浸取器，这种设备一般是间歇操作的。图 8-58 为典型浸取罐的结构。罐主体为一圆筒形容器，底部装有假底以支持固体物料，溶剂则均匀地喷淋于固体物料床层上，整个浸取罐的结构类似于一填料塔。下部装有可开启的封盖。当浸取结束以后，打开封盖，可将物料排出。有时为增强浸取效果，还将下部排出的浸取液循环到上部。有的浸取罐下部装有加热系统，用以将挥发性溶剂蒸发，等于同时实现了溶剂回收。

8.4.3.2　立式浸泡式浸取器

又称塔式浸取器，图 8-59 为其结构示意图。浸取器由呈 U 形布置的三个螺旋输送器组成，由螺旋输送器实现物料的移动。物料在较低的塔的上方加入，被输送到下部，在水平方向移动一段距离后，再由另一垂直螺旋输送到较高的塔的上部排出。溶剂与物料成逆流流动，物料浸没于溶剂中。这类设备的优点是占地面积较小。

8.4.3.3　卧式浸泡式浸取器

卧式浸泡式浸取器与立式浸泡式浸取器的不同在于它的螺旋输送器是水平放置的。典型的实例是糖厂的 DDS 浸取器，如图 8-60 所示。它用一双螺旋输送器来实现物料的移动。浸取器本身略带倾斜，溶剂借重力向下流动。器身本身带夹套，便于加热。甜菜由较低的一端加入，被输送到较高的尾端后由一废粕轮排出。在操作时，须使浸取器中充满物料和溶剂。

图 8-59　立式浸泡式浸取器

1—原料；2—残渣；3—溶剂；4—浸取液

图 8-60　卧式浸泡式浸取器（DDS 浸取器）

1—外壳；2—进菜斗；3—箅子；4—提汁管；5—螺旋；6—密封填料函；7—联轴节；8—废粕轮；9—废粕轮外壳；10—水入口；11—压粕水入口；12—加热室

8.4.3.4　立式渗滤式浸取器

如图 8-61，实质上为一斗式提升机，在垂直安置的输送带上有若干个料斗，物料被置于料斗内，料斗底部有孔，可让溶液穿流而过。新鲜物料在右侧顶部加入，到达左侧顶部后料即翻转，将浸取后的物料卸出。溶剂则从左侧顶部加入，借重力作用渗滤而下，在左侧与物料呈逆流接触。在底部得到中间混合液，用泵送至右侧上方，同样渗滤而下，但在右侧与物料成并流接触，在右侧底部得到浓的溶液。

图 8-61　立式渗滤式浸取器
1—溶剂；2—原料；3—卸料；4—浸取器

图 8-62　平转式浸取器

8.4.3.5　平转式浸取器

又称旋转隔室式浸取器，也是渗滤式浸取器的一种，如图 8-62 所示。它是在密封的圆筒形容器内，沿中心轴四周装置若干块隔板，形成若干个隔室。圆筒形容器本身绕中心轴缓慢旋转。隔室内有筛网，网上放物料。隔室底部可开启。实际上每一隔室相当于一固定床浸取器，当空隔室转至加料管下方时，即将原料加入于筛网上，当旋转将近一周时，隔室底自动开启，残渣下落至器底，由螺旋输送器排出。在残渣快排出前加入新鲜溶剂，喷淋于床层上，至筛网下方均是。用泵送至前一个隔室的上方再做喷淋，这样形成逆流接触。在刚加入原料的隔室下方排出的即为浸取液。

8.5　超临界萃取

超临界萃取全称为超临界流体萃取（supercritical fluid extraction），是用超临界流体作为萃取剂的萃取操作，这是一项在最近 20 多年发展起来的新型分离技术。

超临界萃取之所以受到青睐，是由于它与传统的液-液萃取或浸取相比具有以下优点：萃取率高，产品质量高，萃取剂的分离回收较容易，选择性好。

8.5.1　超临界萃取的原理

8.5.1.1　超临界流体的特性

图 8-63　单组分的相图

纯物质的相图（图 8-63）上有三条线，把相图分为三个单相区，而三条线则分别代表气-液、气-固和液-固两相间的平衡。其中的气-液平衡线是有限的，其终点称为临界点，它代表的压强和温度分别称为临界压强 p_c 和临界温度 T_c。当压强高于 p_c，温度高于 T_c 以后，即图 8-63 中阴影部分区域即称为超临界区域。从物理意义上说，p_c 是液体所能达到的最大蒸气压。处于超临界区的物质称为超临界流体，它既不是液体，也不是气体，是一类特殊的流体。

物质在临界点的压强 p_c、温度 T_c 和密度 ρ_c 是物质的重要物性。迄今为止已测定了不少物质的临界点，其中对超临界萃取可能有意义的一些物质的临界性质如表 8-5 所示。

表 8-5　一些物质的临界性质

物质	$T_c/℃$	p_c/MPa	$\rho_c/(kg/m^3)$	物质	$T_c/℃$	p_c/MPa	$\rho_c/(kg/m^3)$
甲烷	−82.6	4.6	102	乙烷	32.2	4.58	203
丙烷	96.6	4.24	217	丁烷	152	3.75	228
戊烷	196.4	3.37	237	甲醇	239.4	8.09	272
乙烯	9.2	5.03	218	丙酮	234.9	4.7	278
苯	288.9	4.89	302	甲苯	318.5	4.11	292
氨	132.4	11.28	235	二氧化碳	31.1	7.38	468
二硫化碳	278.8	7.8	447	水	374.1	22.0	322

超临界流体的物性较为特殊，首先是物性与温度 T、压强 p_T 有关，其次是一些与传质有关的物性如密度 ρ、黏度 μ、扩散系数 D 等均介于液体和气体之间。表 8-6 将超临界流体的这些物性与气体、液体的相应值做了比较。从表中可以看出：

(1) 超临界流体的密度接近于液体密度，而比气体密度高得多，另一方面，超临界流体是可压缩的，但其压缩性比气体小得多；

(2) 超临界流体的扩散系数比气体的扩散系数小得多，但比液体的扩散系数又高得多；

(3) 超临界流体的黏度接近于气体的黏度，而比液体黏度低得多。

表 8-6　超临界流体的物性及与普通流体物性的比较

项　　目	$\rho/(kg/m^3)$	$D/(m^2/s)$	$\mu/Pa \cdot s$
气体(0.1MPa,15~30℃)	0.6~2	$(0.1~0.4)\times10^{-4}$	$(0.1~0.3)\times10^{-4}$
液体(0.1MPa,15~30℃)	600~1600	$(0.02~0.2)\times10^{-8}$	$(0.02~0.3)\times10^{-2}$
超临界流体($p=p_c, T=T_c$)	200~500	7×10^{-8}	$(0.1~0.3)\times10^{-4}$
($p=4p_c, T=T_c$)	400~900	2×10^{-8}	$(0.3~0.9)\times10^{-4}$

当流体的扩散系数高、黏度低时，扩散阻力就小，对传质有利。另一方面，大量实验提出，超临界流体的溶解能力与其密度相关，一般地，物质在超临界流体中的溶解度 C 与超临界流体的密度 ρ 之间的关系可表为：

$$\ln C = m\ln\rho + k \tag{8-106}$$

其中的 m、k 为常数且 $m>0$。

由于超临界流体的密度较高，故其溶解能力很强，这样，超临界流体很适于作为萃取剂，而且用作超临界萃取的溶剂一般在常温下都是气体，因而很容易用汽化的方法回收溶剂。

8.5.1.2　超临界萃取溶剂的选择

并非所有溶剂都适宜用作超临界萃取，超临界萃取对溶剂有以下要求：

(1) 有较高的溶解能力，且有一定的亲水-亲油平衡；

(2) 能容易地与溶质分离，无残留，不影响溶质品质；

(3) 无毒，化学上为惰性，且稳定；

(4) 来源丰富，价格便宜；

(5) 纯度高。

在所有研究过的超临界的物质中，只有几种适于用作超临界萃取的溶剂，其中最理想的溶剂是二氧化碳，它的临界压强为 7.38MPa，临界温度为 31.16℃。

8.5.1.3　超临界萃取的操作区域

超临界区是一个很大的区域，而超临界流体的物性又与其参数 p_T、T 紧密相关，另一方面，超临界萃取的原料一般为一多元体系，能溶于溶剂的组分数远不止一个，可以用调节参数的方法来达到不同的生产目的，图 8-64 为二氧化碳的相图，在图中可以区分出三个区域。

图 8-64　超临界萃取的操作区域

（1）完全萃取区　完全萃取区在相图上位于压强、温度均较高的区域。理论上，最高温度取决于溶质的耐热性，最高压强取决于设备的强度。

如果生产目的是最大限度地提取溶质，那么就要求溶解度尽可能高，根据溶解度与密度的关系可知，应当使 p_T、T 尽可能高，以增加溶剂的密度。超临界流体的密度主要取决于压强，而与温度的关系略小，而且一般当温度升高时密度反而降低。因此完全萃取区的温度一般只比临界温度略高一些。

（2）分馏区　如果生产目的除了将溶液溶质萃取出以外，还要求将各溶质分开，那么就要仔细选择压强和温度。一般先在高压下进行完全萃取，把所有的溶质都萃取出来。然后使萃取相依次经过一系列压强和温度均在精密控制下的容器，借控制密度的方法控制溶解度，利用溶解度的差异使溶质逐一释放出来，达到分离的目的。

（3）脱臭区　如果生产目的只是分离易挥发溶质，那么对溶解度的要求相对而言就较低，操作条件较温和，操作点位于离临界温度和临界压强不太远的区域。在这个区域的典型应用实例是芳香化合物的提取。

8.5.2　超临界萃取的流程

8.5.2.1　典型流程

图 8-65 为典型的超临界萃取流程。首先将溶剂压缩到超临界状态，然后进行萃取。萃取相经膨胀阀减压，溶剂即汽化分离，剩余的物质就是溶质。汽化后的溶剂进入压缩机循环使用，必要时补充一些溶剂。

从图 8-65 中可以看出，萃取设备在高压下操作，而且把溶剂压缩到超临界状态需耗大量能量，因此超临界萃取的投资和操作费用都较高。

固体物料一般在萃取器内形成固定床，超临界流体由上而下或由下而上流过床层，进行萃取。影响固体超临界萃取的主要工艺参数有：压强、温度、溶剂比和固体物料的形态。

图 8-65　超临界萃取流程

超临界萃取的操作温度一般比临界温度高得不多，压强则常常比临界压强高得多。当温度和压强确定以后，溶剂比就成为最重要的工艺参数。适宜溶剂比的确定与浸取操作相似，是一个最优化问题。

用超临界流体萃取液体时，可以采用常规液-液萃取用的塔设备，进行连续操作，最常用的设备是填料塔。物料在塔的中段引入，整个塔的流程与二元精馏塔相似。

溶剂循环是超临界萃取的必需步骤。有两种循环方式：泵循环和压缩机循环。如图 8-65 所示的典型流程是采用压缩机循环的。溶剂萃取后，通过改变其压强的方法使其成为气态，从而与溶质分离。再由压缩机将其压缩至萃取压强，重新进入萃取器。

8.5.2.2　萃取-反萃取流程

典型流程在技术上较为成熟，因而在许多超临界萃取中得到应用。但在某些超临界萃取，特别是从咖啡豆中提取咖啡因的应用中，采用的是另一种流程，即萃取-反萃取流程。

萃取-反萃取流程如图 8-66 所示。先用水浸泡咖啡因，然后用超临界二氧化碳浸取。由于咖啡因在二氧化碳中的溶解度较小，故所用的溶剂比较高。浸取后并不用解压方法使二氧化碳汽化，而是在一洗涤塔内用水洗涤，使咖啡因进入水相，即为反萃取。从洗涤塔排出的二氧化碳可循环使用。含咖啡因的水相经脱气后在一蒸馏塔内分离，在塔底得到产品咖啡因。

图 8-66　超临界萃取咖啡豆的流程

　　这一流程用洗涤塔和蒸馏塔取代了将二氧化碳挥发，再将气体二氧化碳压缩至超临界状态的典型流程，目的是避免将大量气体二氧化碳反复压缩的耗能过程，其代价是洗涤塔和蒸馏塔的投资和蒸馏塔的能耗，以及将水加压的能耗。

本章主要符号

B——原溶剂或惰性固体的量或流量，kg 或 kg/s；

D——扩散系数，m^2/s；

E_M——默弗里板效率；

F——原料液流量，mol/s；

K——分配曲线的斜率；

L——下降液体流量，kmol/s；

L'——底流的总流量，kg/s；

R——回流比；

T——热力学温度，K；

V——溢流的总流量，kg/s；

a——溢流/底流比；

c_{pm}——摩尔定压热容，kJ/(kmol·K)；

k_L——液相表面传质系数；

q——液化率；

D——塔顶产品流量，mol/s；

E——萃取相或最终溢流的量或流量，kg 或 kg/s；

E_T——全塔效率；

F——萃出分率；

K——单位质量惰性固体所持有的溶液量；

L——底流量中的溶液量，kg/s；

R——萃余相或最终底流的量或流量，kg 或 kg/s；

S——溶剂的量或流量，kg 或 kg/s；

V——上升蒸气流量，kmol/s；

W——塔底产品流量，mol/s；

c——浓度，mol/m^3；

k——分配系数；

p_T——压强，Pa；

q——热状态参数；

q——固体内部溶质的浓度，kg 溶质/kg 惰性固体；　　　q_V——体积流量，m^3/s；

r——摩尔汽化潜热，kJ/kmol；　　　　　　　　　　　　t——温度，℃或 K；

u——速度，m/s；　　　　　　　　　　　　　　　　　　v——挥发度，Pa；

x——萃余相或底流的质量分数；　　　　　　　　　　　　x——液相摩尔分数；

y——萃取相或溢流的质量分数；　　　　　　　　　　　　y——气相摩尔分数；

α——选择性系数；　　　　　　　　　　　　　　　　　　α——相对挥发度；

μ——黏度，Pa·s；　　　　　　　　　　　　　　　　　　ρ——密度，kg/m^3；

θ——时间，s。

本 章 习 题

8-1　正庚烷（A）和正辛烷（B）的饱和蒸气压数据如下：

$t/℃$	98.4	105.0	110.0	115.0	120.0	125.6
p_A^0/kPa	101.3	125.3	140.0	160.0	180.0	205.3
p_B^0/kPa	44.4	55.6	64.5	74.8	86.0	101.3

试在总压 101.3kPa 下计算汽液平衡组成，并做出 t-x-y 图。

8-2　在常压下将某二元混合液其易挥发组分为 0.5（摩尔分数，下同），分别进行平衡蒸馏和简单蒸馏，要求液化率相同均为 1/3，试分别求出釜液和馏出液组成，假设在操作范围内汽液平衡关系可表示为：$y=0.5x+0.5$。

8-3　在连续操作的常压精馏塔中分离乙醇-水溶液，每小时于泡点下加入料液 3000kg，其中含乙醇 30%（质量分数，下同），要求塔顶产品中含乙醇 90%，塔底产品中含水 99%。试求：塔顶、塔底的产品量（分别用 kg/h，kmol/h 表示）。

8-4　某精馏塔操作中，已知操作线方程为精馏段 $y=0.723x+0.263$，提馏段 $y=1.25x-0.0187$，若原料以饱和蒸气进入精馏塔中，试求原料液、塔顶馏出液和釜残液的组成和回流比。

8-5　用一连续精馏塔分离二元理想溶液，进料量为 100kmol/h，易挥发组分 $x_F=0.5$，泡点进料，塔顶产品 $x_D=0.95$，塔底釜液 $x_W=0.05$（皆为摩尔分数），操作回流比 $R=1.8$，该物系的平均相对挥发度 $\alpha=2.5$。求：(1) 塔顶和塔底的产品量（kmol/h）；(2) 提馏段下降液体量（kmol/h）；(3) 分别写出精馏段和提馏段的操作线方程。

8-6　在常压连续精馏塔中，分离某二元混合物。若原料为 20℃的冷料，其中含易挥发组分 0.44（摩尔分数，下同），其泡点温度为 93℃，塔顶馏出液组成 x_D 为 0.9，塔底釜残液的易挥发组分 x_W 为 0.1，物系的平均相对挥发度为 2.5，回流比为 2.0。试用图解法求理论板数和加料板位置。已知原料液的平均汽化潜热 $r_m=31900kJ/kmol$，比热容为 $c_p=158kJ/(kmol·K)$。若改为泡点进料，则所需理论板数和加料板位置有何变化？从中可得出什么结论？

8-7　某精馏塔分离易挥发组分和水的混合物，$F=200kmol/h$，$x_F=0.5$（摩尔分数，下同），加料为气液混合物，气液摩尔比为 2:3，塔底用饱和水蒸气直接加热，离开塔顶的气相经全凝器，冷凝量 1/2 作为回流液体，其余 1/2 作为产品，已知 $D=90kmol/h$，$x_D=0.9$，相对挥发度 $\alpha=2$，试求：(1) 塔底产品量 W 和塔底产品组成 x_W；(2) 提馏段操作线方程式；

（3）塔底最后一块理论板上升蒸气组成。

8-8 在常压连续提馏塔中分离某理想溶液，$F=100kmol/h$，$x_F=0.5$，饱和液体进料，塔釜间接蒸汽加热，塔顶无回流，要求 $x_D=0.7$，$x_W=0.03$，平均相对挥发度 $\alpha=3$（恒摩尔流假定成立）。求：（1）操作线方程；（2）塔顶易挥发组分的回收率。

8-9 在连续精馏塔中分离某理想溶液，易挥发组分组成 x_F 为 0.5（摩尔分数，下同），原料液于泡点下进入塔内，塔顶采用分凝器和全凝器，分凝器向塔内提供回流液，其组成为 0.88，全凝器提供组成为 0.95 的合格产品，塔顶馏出液中易挥发组分的回收率为 98%，若测得塔顶第一层理论板的液相组成为 0.79。试求：（1）操作回流比是最小回流比的多少倍？（2）若馏出液流量为 100kmol/h，则原料液流量为多少？

8-10 在常压精馏塔中分离苯-甲苯混合物，进料组成为 0.4（摩尔分数，下同），要求塔顶产品浓度为 0.95，系统的相对挥发度为 2.5。试分别求下列三种情况下的最小回流比：（1）饱和液体；（2）饱和蒸气；（3）气液两相混合物，气液的摩尔比为 1:2。

8-11 在连续操作的板式精馏塔中分离某理想溶液，在全回流条件下测得相邻板上的液相组成分别为 0.28，0.41 和 0.57，已知该物系的相对挥发度 $\alpha=2.5$。试求三层板中较低两层的单板效率（分别用气相板效率和液相板效率表示）。

8-12 有两股二元溶液，摩尔流量比 $F_1:F_2=1:3$，浓度各为 0.5 和 0.2（易挥发组分摩尔分数，下同），拟在同一塔内分离，要求馏出液组成为 0.9，釜液组成为 0.05，两股物料均为泡点，回流比为 2.5。试比较以下两种操作方式所需的理论板数：（1）两股物料先混合，然后加入塔内；（2）两股物料各在适当位置分别加入塔内。平衡关系见下表：

x	0	0.1	0.2	0.3	0.4	0.5	0.6	0.7	0.8	1.0
y	0	0.217	0.382	0.517	0.625	0.714	0.785	0.854	0.909	1.0

8-13 用常压连续精馏塔分离某理想溶液，相对挥发度为 2.5，泡点进料，料液含易挥发组分 0.5（摩尔分数，下同），要求 $x_D=0.9$，$x_W=0.1$，回流比为 2，塔顶气相用全凝器冷却至 20℃后再回流，回流液泡点 83℃，比热容 140kJ/(kmol·K)，汽化潜热 3.2×10^4 kJ/kmol。求所需理论板数。

8-14 提馏塔是只有提馏段的塔，今有一含氨 5%（摩尔分数）的水溶液，在泡点下进入提馏塔顶部，以回收氨。塔顶气体冷凝后即为产品。要求回收 90% 的氨，塔釜间接加热，排出的釜液中含氨小于 0.664%，已知操作范围内平衡关系可近似用 $y=6.3x$ 表示。试求：（1）所需理论板数；（2）若该塔由若干块气相默弗里板效率均为 0.45 的实际板组成，问需几块实际塔板；（3）该塔的总效率。

8-15 某精馏塔有两块理论板，塔顶为全凝器，塔底为再沸器。原料为氨-水混合蒸气，$x_F=0.001$，在两板间加入。塔顶回流量 1.3kmol/kmol 进料，从再沸器返回塔底的蒸气量 0.6kmol/kmol 进料，相平衡为 $y=12.6x$。求：（1）塔顶及塔底浓度；（2）从每块理论板流下的液体流率。

8-16 在常压下以连续精馏塔分离甲醇-水混合液，料液中含甲醇 30%，残液中含甲醇不高于 2%，馏出液含甲醇 95%（以上均为摩尔分数），已知：每小时得馏出液 2000kg，采用的回流比为最小回流比的 1.8 倍，进料为饱和液体。试求：（1）全塔效率为 40% 时所需的塔板数及进料板位置；（2）加热蒸汽压力为 1.5atm（表压）时的蒸汽消耗量；（3）塔的直径。给出平衡数据如下，空塔速度取 1m/s（x—液相中甲醇的摩尔分数；y—气相中甲醇的摩尔分数；t—温度）。

$t/℃$	$x/\%$	$y/\%$	$t/℃$	$x/\%$	$y/\%$
100	0.0	0.0	75.3	0.40	0.729
96.4	0.02	0.134	73.1	0.50	0.779
93.4	0.04	0.234	71.2	0.60	0.825
91.2	0.06	0.304	69.3	0.70	0.870
89.2	0.08	0.365	67.6	0.80	0.915
87.7	0.10	0.418	66.0	0.90	0.958
84.4	0.15	0.517	65.0	0.95	0.979
81.7	0.20	0.579	64.5	1.0	1.0
78.0	0.30	0.665			

8-17 在30℃时测得丙酮（A)-醋酸乙酯（B)-水（S）的平衡数据如下表（均以质量分数表示)。(1) 在直角三角形坐标图上绘出溶解度曲线及辅助曲线；(2) 已知混合液是由醋酸乙酯（B) 20kg、丙酮（A) 10kg、水（S) 10kg组成，求两共轭相的组成及量。丙酮（A)-醋酸乙酯（B)-水（S）体系的平衡数据如下：

醋酸乙酯(萃余相)			水相(萃取相)		
丙酮/%	醋酸乙酯/%	水/%	丙酮/%	醋酸乙酯/%	水/%
0	96.5	3.5	0	7.4	92.6
4.8	91.0	4.2	3.2	8.4	88.5
9.4	85.6	5.0	6.0	8.0	86.0
13.5	80.5	6.0	9.5	8.3	82.2
16.6	77.2	6.2	12.8	9.2	78.0
20.0	73.0	7.0	14.8	9.8	75.4
22.4	70.0	7.6	17.5	10.2	72.3
27.8	62.0	10.2	21.2	11.8	67.0
32.6	51.0	13.4	26.4	15.0	58.6

8-18 在上题的物系中，若（1）当萃余相中 $x_A = 20\%$ 时，分配系数 k_A 和选择性系数 α；(2) 于100kg含35%丙酮的原料中加入多少千克的水才能使混合液开始分层；(3) 要使（2）项的原料液处于两相区，最多能加入多少千克水；(4) 由12kg醋酸乙酯和8kg水所构成的混合液中，尚需加入若干千克丙酮即可使此三元混合液成为均匀相混合液。

8-19 在25℃下用甲基异丁基甲酮（MIBK）从含丙酮35%（质量分数）的水溶液中萃取丙酮，原料液的流量为1500kg/h。试求：(1) 当要求在单级萃取装置中获得最大组成的萃取液时，萃取剂的用量为若干（kg/h)；(2) 若将（1）求得的萃取剂用量分作两等分进行多级错流萃取，试求最终萃余相的流量和组成；(3) 比较（1）和（2）两种操作方式中丙酮的回收率。

附：溶解度曲线数据（质量分数，%）

丙酮(A)	水(B)	MIBK(S)	丙酮(A)	水(B)	MIBK(S)
0	2.2	97.8	48.4	18.8	32.8
4.6	2.3	93.1	48.5	24.1	27.4
18.9	3.9	77.2	46.6	32.8	20.6
24.4	4.6	71.0	42.6	45.0	12.4
28.9	5.5	65.6	30.9	64.1	5.0
37.6	7.8	54.6	20.9	75.9	3.2
43.2	10.7	46.1	3.7	94.2	2.1
47.0	14.8	38.2	0	98.0	2.0

联结线数据（丙酮的质量分数，%）

水层	MIBK 层	水层	MIBK 层
5.58	10.66	29.5	40.0
11.83	18.0	32.0	42.5
15.35	25.5	36.0	45.5
20.6	30.5	38.0	47.0
23.8	35.3	41.5	48.0

8-20 含 15%（质量分数）的醋酸水溶液，其量为 1200kg，在 25℃下用纯乙醚进行两级错流萃取，加入单级的乙醚量和该级处理之质量比为 1.5。试求各级萃取相和第二级萃余相的量，当蒸出乙醚后，求各级萃取液和第二级萃余液的组成。25℃下水-醋酸-乙醚系统的平衡数据如下：

水层			乙醚层		
水/%	醋酸/%	乙醚/%	水/%	醋酸/%	乙醚/%
93.3	0	6.7	2.3	0	97.7
88.0	5.1	6.9	3.6	3.8	92.6
84.0	8.8	7.2	5.0	7.3	87.3
78.2	13.8	8.0	7.2	12.5	80.3
72.1	18.4	9.5	10.4	18.1	71.5
65.0	23.1	11.9	15.1	23.6	61.3
55.7	27.9	16.4	23.6	28.7	47.7

8-21 含 35%（质量分数）的醋酸水溶液，其量为 1200kg/h，用纯乙醚作萃取剂在 25℃下进行多级逆流萃取，萃取剂量为 2000kg/h，要求最终萃余相中醋酸组成不大于 7%，试用三角形坐标求出所需理论板数。平衡数据见上题。

8-22 某甜菜制糖厂，以水为溶剂每小时处理 50t 甜菜片，甜菜含糖 12%，甜菜渣含糖 40%，出口溶液含糖 15%，设浸出系统中，每一个浸出器内，溶液与甜菜片有充分时间达到平衡，而且每吨甜菜渣含溶液 3t，今拟回收甜菜片中含糖的 97%，问此系统需几个浸出器？

8-23 在逆流设备中，将含油 20%（质量分数）的油籽进行浸出，离开末级的溢流含油量为 50%，从此溶液中回收得油 90%。若用某新鲜溶剂来浸出油籽，同时在底流中每千克不溶性固体持有 0.5kg 溶液，试问在恒底流操作下所需的理论级数是多少（用三角形相图解）？

8-24 在多级逆流接触设备中，以汽油为溶剂进行大豆浸出操作，以生产豆油。若大豆最初含油量为 18%，最后浸出液含油 40%，且原料中全部含油有 90% 被抽出，试计算必需的级数。假设在第一级混合器中，大豆所含之油全被溶出，又设每级均达平衡，且每级沉降分离的底流豆渣中持有相当一半固体量的溶液。

8-25 洗涤是一种与浸出相类似的操作，它们主要的区别在于，洗涤中的惰性固体是有价值的物质，而溶剂多半是水，今有 50kg 新鲜的酪朊凝乳，当沉淀和沥水后，发现持有 60% 的溶液，且此溶液中含有 4.5% 乳糖，然后凝乳以水多次洗涤，除去大部分乳糖，若洗涤共进行 3 次，每次洗涤水用量为 90L，试计算干燥后酪朊的残糖量，若采用一次洗涤法，要达到同样的残糖量，问要用多少洗涤水？假定每次洗涤和沥水后，凝乳的持水量均为 66%。

8-26 棕榈仁含油 50%，对 1t 原料使用 1t 乙烷进行逆流接触浸出，假设残渣中油和溶剂的量与全量之比为常数 0.5。试问：(1) 为了使油的浓度减少到 1%（干基），必须的理论级数是多少？(2) 其他条件不变，若 1t 棕榈仁使用 2t 溶剂，需理论级多少？(3) 1t 原料仍使用 1t 溶剂，但残渣经压榨，且其组成点是溶液 25%，脱油干固体 75% 所代表的线，若达到同样的要求，求所需的级数。

9 | 干燥与空气调节

在食品工业中，为使产品具有良好的保藏性和节约运输费用，常常需要从固体原料、半成品和成品中除去水分（湿分），这种操作称为"去湿"。去湿的方法通常有三种：机械去湿、物理化学去湿（吸附去湿）和热能去湿。

机械去湿是利用压榨、沉降、过滤、离心分离等机械方法去除物料中的水分，这是一种能耗较低的去湿方法，但水分的去除有一定限度。物理化学去湿是利用吸湿性物质进行吸附去湿，这种方法费用高，一般只用于去除少量水分的场合。热能去湿是使物料中的水分汽化，并由惰性气体带走或抽真空抽走的过程，通常简称为干燥。狭义的干燥指从固体物料中将水汽化除去的过程，广义的干燥则还包括将溶液、浆料等液态物料中的水汽化并制得固体物料的过程。

干燥是食品工业中应用最广的单元操作之一。果蔬的干制，奶粉的制造，面包、饼干的焙烤，淀粉的制造以及酒糟、酵母、麦芽、砂糖等的干燥都是典型的例子。

干燥可分为常压干燥和真空干燥两类。前者采用热空气或烟道气作为干燥介质，将汽化的水分带走，后者则用真空泵将水蒸气抽吸除去。

欲使水分汽化，必须将物料加热。根据传热方式的不同，又有几种干燥方法。

（1）对流干燥（热风干燥） 以热空气为热源，藉对流传热将热量传给物料，同时又将汽化水分带走。一般热风干燥多在常压下进行，这种干燥方式在粮油、乳品工业中应用很广泛。

（2）传导干燥（接触干燥） 热能以传导方式进入物料，使湿物料中水分汽化。在常压下操作时，物体与气体间虽有热交换，但气体主要起载湿体作用。接触干燥也可在真空下进行。

（3）辐射干燥 利用红外线、微波等作为热源，将热量传给物料，此法与接触干燥的不同仅在于热源的不同。这种干燥方法又包含红外辐射干燥和微波干燥（介电加热干燥）。

此外，食品工业中还常常应用两种干燥方法：一是喷雾干燥，用于液体的干燥；二是冷冻干燥（又称真空冷冻干燥或冷冻升华干燥），即物料冷冻后，其中水分被冻成冰，然后将物料置于真空状态中，使冰直接升华为水汽而除去水分，该法可以较好地保持食品的品质。这两种干燥方法在原理和方法上有其特殊性。

在上述诸种干燥方式中，应用最普遍的是对流干燥，本章主要讨论以热空气为介质去除水分的对流干燥。

9.1 湿空气的性质

在干燥操作中，与湿物料相接触的是作为干燥介质的热空气，称为湿空气。湿空气既是载热体，又是载湿体，因此干燥是兼有传热和传质的过程。在干燥或空气调节操作过程中，湿空气的状态参数随着过程的进行要发生一定的变化。了解和研究湿空气的状态变化，就可以了解和研究干燥过程。湿空气可以看成是绝干空气和水蒸气的混合物，在干燥过程中绝干空气的量保持不变，因此大多数物理参数是以绝干空气量为基准的。在通常的干燥操作中，总压较低，绝干空气和水蒸气都可以作为理想气体处理。

9.1.1 湿空气的状态参数

9.1.1.1 水蒸气分压 p_v

湿空气是水蒸气和绝干空气的混合物。如果将水蒸气和绝干空气都作为理想气体对待，以 p_v 为水蒸气分压，p_a 为绝干空气分压，p_T 为湿空气总压，则水蒸气的含量可以用其分压表示：

$$\frac{p_v}{p_a}=\frac{p_v}{p_T-p_v}=\frac{n_v}{n_a} \tag{9-1}$$

式中，n_v 为湿空气中水蒸气的物质的量，kmol；n_a 为湿空气中绝干空气的物质的量，kmol。

9.1.1.2 湿度 H

湿度又称湿含量或绝对湿度，定义为单位质量绝干空气所带的水蒸气质量，即：

$$H=\frac{M_v n_v}{M_a n_a}=\frac{29}{18}\times\frac{n_v}{n_a}=0.622\frac{p_v}{p_T-p_v} \tag{9-2}$$

9.1.1.3 相对湿度 φ

相对湿度定义为湿空气中水蒸气分压 p_v 与同温、同压下饱和空气中的水气分压 p_s（也就是同温下水的饱和蒸气压）之比，即：

$$\varphi=\frac{p_v}{p_s}\times100\% \tag{9-3}$$

当湿空气的相对湿度 $\varphi=100\%$ 时，湿空气中的水汽已达饱和，水蒸气分压已达到饱和蒸气压，这时的湿空气已不能再容纳水蒸气，也就不能再用作干燥介质，此状态的湿空气称为饱和湿空气，而绝干空气的相对湿度 $\varphi=0$。所以，相对湿度是湿空气饱和程度的标志。相对湿度越低，距饱和就越远，该湿空气容纳水蒸气的能力越强。显然，只有 $p_v<p_s$ 时，湿空气才能容纳从湿物料汽化的水分。

将式(9-3)代入式(9-2)得：

$$H=0.622\frac{\varphi p_s}{p_T-\varphi p_s} \tag{9-4}$$

由此得饱和空气的湿度为：

$$H_s=0.622\frac{p_s}{p_T-p_s} \tag{9-5}$$

[**例 9-1**] 湿空气中水蒸气分压为 2.335kPa，总压为 101.3kPa，求湿空气温度 $t=20℃$ 时的相对湿度。若将湿空气加热到 50℃，求此时的 φ。

解：(1) 查表得 $t=20℃$ 时，水的饱和蒸气压为 $p_s=2.335$kPa

$$\varphi=\frac{p_v}{p_s}\times100\%=\frac{2.335}{2.335}\times100\%=100\%$$

即湿空气已被水蒸气饱和，不能再用作干燥介质。

(2) 查表得 $t=50℃$ 时，$p_s=12.34$kPa

$$\varphi=\frac{p_v}{p_s}\times100\%=\frac{2.335}{12.34}\times100\%=18.92\%$$

计算表明，当湿空气温度升高后，φ 值减小，又可用做干燥介质。

9.1.1.4 湿空气的比焓 I

湿空气的比焓（简称焓）是一个相对值，需取某一温度作为基准，一般规定 0℃ 时绝干空气和液态水的焓值为零。湿空气的焓等于单位质量的绝干空气的焓与其所带水蒸气的焓之和。在常用的温度范围内，绝干空气的比热容 $c_{pa}=1.01kJ/(kg\cdot K)$，水蒸气的比热容 $c_{pv}=1.88kJ/(kg\cdot K)$，水在0℃时的汽化潜热 $r_0=2490kJ/kg$ 水蒸气，因此有：

$$I=(1.01+1.88H)t+2490H \tag{9-6}$$

9.1.1.5 湿比热容 c_{pH}

简称为湿比热或湿热，表示单位质量绝干空气及其所带的水蒸气温度升高（或降低）1℃（K）所需（或放出）的热量。由此定义得：

$$c_{pH}=c_{pa}+c_{pv}H=1.01+1.88H \tag{9-7}$$

9.1.1.6 湿比体积 v_H

湿比体积表示含单位质量绝干空气的湿空气所具有的体积，等于单位质量绝干空气及其所带的水蒸气的体积之和，单位为 m³湿空气/kg绝干空气。根据理想气体状态方程，在常压下湿比体积为：

$$v_H=\left(\frac{1}{29}+\frac{H}{18}\right)\times 22.4\times\frac{273+t}{273}\times\frac{1.013\times 10^5}{p_T}=(0.772+1.244H)\times\frac{273+t}{273}\times\frac{1.013\times 10^5}{p_T} \tag{9-8}$$

9.1.1.7 干球温度 t 和湿球温度 t_w

在湿空气中，用一般温度计测得的温度称为空气的干球温度，简称温度，即空气的真实温度，用 t 表示。

若用湿纱布包扎温度计的感温部分，纱布下端浸在水中，借毛细管作用维持其处在湿润状态，就成为湿球温度计。将湿球温度计置于湿空气中，经一段时间达到稳定后，其读数称为湿球温度。用 t_w 表示。

湿球温度形成的原理如图9-1所示。设初始时水温和空气温度相等，但由于未饱和空气与水分之间存在湿度差，水分必然汽化，汽化所需的热量只能来自于水分本身，故水分温度必然下降。水温降低后，与空气间出现温度差，从而空气中热量又会向水分传递。经过一段时间后，过程达到稳定状态，由空气传给水分的热量等于水分汽化所需的热量，水温即维持不变。此温度即为空气的湿球温度。前面假设初始时水温与空气的温度相同，实际上，不论初始时温度如何，凡少量水与大量湿空气接触，都会使水温变化而达到稳定的空气湿球温度值，只不过达到稳定所需的时间不同而已。湿球温度亦是湿纱布中水的温度。

图 9-1 湿球温度的测定原理

因湿空气的流量大，湿球表面汽化水量很少，可以认为湿空气在这一过程中温度和湿度都不变。

湿球温度由湿空气的干球温度和湿度决定。湿度 H 越小，湿纱布中水分汽化越多，则汽化所需热量越大，湿球温度也就越低。相反，若湿空气已为饱和状态，则湿球温度与干球温度相等。

当达到稳定时，空气向纱布表面的传热速率为：

$$Q=\alpha S(t-t_w) \tag{9-9}$$

湿纱布表面水分汽化速率为：

$$N=k_H S(H_s-H) \tag{9-10}$$

故水分汽化带入空气的传热速率为：

$$Q = k_H S(H_s - H)r_w \tag{9-11}$$

当达到稳定时，由热量衡算得：

$$\alpha S(t - t_w) = k_H S(H_s - H)r_w \tag{9-12}$$

$$t_w = t - \frac{k_H r_w}{\alpha}(H_s - H) \tag{9-13}$$

式中，N 为水分汽化速率，kg/s；k_H 为水汽由湿表面向湿空气的传质系数，kg 水/$(m^2 \cdot s)$；H_s 为湿空气在 t_w 下的饱和湿度，kg 水蒸气/kg 绝干空气；H 为湿空气的湿度，kg 水蒸气/kg 绝干空气；r_w 为 t_w 下水的汽化潜热，kJ/kg。

实验表明，一般情况下上式中的 k_H 和 α 均与空气速度的 0.8 次方成正比，故可以认为两者之比与气速无关。对于水-空气系统，α/k_H 约等于 1.09。在干燥操作中，常用干、湿球温度计测定湿空气的温度。测定 t_w 时，空气的流速应大于 5m/s，以减少热辐射和热传导的影响。

9.1.1.8 绝热饱和温度 t_{as}

湿球温度是少量水与大量空气接触的结果，绝热饱和温度则是一定量湿空气与大量水接触的结果。在一个与外界绝热的系统中，使温度为 t、湿度为 H 的不饱和空气与大量水接触，两者间将发生传热和传质。由于空气是不饱和的，故水将向空气中汽化，汽化所需的热量只能取自空气中的显热，使空气的温度逐渐降低；同时，不饱和空气将逐渐被水饱和。当空气达到 $\varphi = 100\%$ 的饱和状态时，水分的汽化即停止，空气温度也不再下降。此时的温度称为湿空气的绝热饱和温度，以 t_{as} 表示。

湿空气绝热饱和过程的特点如图 9-2 所示，湿空气将自己的显热传递给水分，而水分又将此热量以潜热形式带回湿空气中，其热量在过程中基本不变，因此，这一过程可视为等焓过程。湿空气进入绝热系统时的焓为：

$$I = (1.01 + 1.88H)t + r_0 H \tag{9-14}$$

当湿空气经绝热饱和后，其焓值仍为 I，但温度和湿度均发生变化，达到饱和：

$$I = (1.01 + 1.88H_{as})t_{as} + r_0 H_{as} \tag{9-15}$$

由于 H 与 H_{as} 数值均很小，可近似认为湿空气的比热容不变，则：

$$1.01 + 1.88H = 1.01 + 1.88H_{as} = c_{pH}$$

整理得：

$$t_{as} = t - \frac{r_0}{c_{pH}}(H_{as} - H) \tag{9-16}$$

图 9-2 湿空气的
绝热饱和过程

绝热饱和温度是湿空气在绝热冷却过程中所能达到的极限温度。对于空气-水系统，当温度不太高、相对湿度不太低时，$\alpha/k_H \approx 1.09$，与 c_{pH} 值十分接近，又 $r_0 \approx r_w$，故湿球温度和绝热饱和温度近似相等。而在别的系统，两者可能相差很大。

9.1.1.9 露点 t_d

将湿空气在总压和湿度保持不变的情况下冷却，当湿空气达到饱和时的温度即为露点，用 t_d 表示。若湿空气的温度降到露点以下，则所含超过饱和部分的水蒸气将以液态水的形式凝结出来。

设不饱和湿空气的温度为 t，湿度为 H，冷却至饱和状态时，露点温度为 t_d，空气中的水蒸气分压不变，但等于 t_d 下的饱和蒸气压 p_{sd}，而其饱和湿度 H_s 等于原湿度 H，则：

$$H = H_{sd} = 0.622 \frac{p_{sd}}{p_T - p_{sd}} \tag{9-17}$$

将湿空气的湿度 H 和总压 p_T 代入,可求得 p_{sd},再由水蒸气表查出 p_{sd} 对应的饱和温度,即为湿空气的露点。由此可知,湿空气的露点在总压一定时只与湿度有关,而与温度无关。

对空气-水系统,干球温度、绝热饱和温度、湿球温度和露点间的关系为:

不饱和空气 $\qquad\qquad t > t_w = t_{as} > t_d \tag{9-18}$

饱和空气 $\qquad\qquad t = t_w = t_{as} = t_d \tag{9-19}$

[例 9-2] 已知湿空气的总压 $p_T = 101.3\text{kPa}$,相对湿度 $\varphi = 60\%$,干球温度 $t = 30℃$,试求:(1) 湿度 H;(2) 露点 t_d;(3) 将上述情况湿空气在预热器内加热到 $100℃$ 时所需热量。已知湿空气的质量流量为 100kg 绝干空气 $/\text{h}$。

解:已知 $p_T = 101.3\text{kPa}$,$\varphi = 60\%$,$t_0 = 30℃$,$L = 100\text{kg}$ 绝干空气 $/\text{h}$,$t_1 = 100℃$,由饱和水蒸气表查得水在 $30℃$ 时蒸气压 $p_{s0} = 4.242\text{kPa}$。

(1) $H_0 = 0.622 \dfrac{\varphi p_{s0}}{p_T - \varphi p_{s0}} = 0.622 \times \dfrac{0.6 \times 4.242}{101.3 - 0.6 \times 4.242} = 0.016\text{kg/kg}$ 绝干空气

(2) $p_{sd} = p_v = \varphi p_s = 0.6 \times 4.242 = 2.545\text{kPa}$,由饱和水蒸气表查得其对应的温度 $t_d = 21.4℃$

(3) $Q = L c_{pH}(t_1 - t_0) = 100 \times (1.01 + 1.88 \times 0.016) \times (100 - 30) = 7280\text{kJ/h} = 2.02\text{kW}$

[例 9-3] 总压为 101.3kPa 下湿空气的温度为 $30℃$,湿度为 0.02403kJ/kg 绝干空气,试计算湿空气的露点、湿球温度、绝热饱和温度。

解:(1) 由 $H = 0.622 \dfrac{p_v}{p_T - p_v}$,可得 $p_v = \dfrac{H p_T}{0.622 + H}$,

$$p_v = \frac{H p_T}{0.622 + H} = \frac{0.02403 \times 101.3}{0.622 + 0.02403} = 3.768\text{kPa}$$

由 $p_{sd} = p_v = 3.768\text{kPa}$,查水蒸气表得对应的温度为 $27.5℃$,即为露点。

(2) 湿球温度 $\qquad\qquad t_w = t - \dfrac{k_H r_w}{\alpha}(H_s - H)$

由于 H_s 是 t_w 的函数,故用上式计算 t_w 时要用试差法,其计算步骤如下。

① 假设 $t_w = 28.4℃$。

② 对空气-水系统,$\alpha/k_H \approx 1.09$。

③ 由水蒸气表查出 $28.4℃$ 水的汽化热 r_w 为 2427.3kJ/kg。

④ $28.4℃$ 时 H_s ($t = 28.4℃$,$p_s = 3870\text{Pa}$)

$$H_s = 0.622 \times \frac{3.87}{101.3 - 3.87} = 0.02471\text{kg/kg}$$ 绝干气

$$t_w = 30 - \frac{2427.3}{1.09} \times (0.02471 - 0.02403) = 28.49℃$$

与假设的 $28.4℃$ 很接近,故假设正确。

(3) 绝热饱和温度 $\qquad\qquad t_{as} = t - \dfrac{r_0}{c_{pH}}(H_{as} - H)$

由于 H_{as} 是 t_{as} 的函数,故计算时要用试差法。其计算步骤如下。

① 设 $t_{as} = 28.4℃$。

② $c_{pH} = 1.01 + 1.88 \times 0.02403 = 1.055\text{kJ/(kg·K)}$

$$t_{as} = 30 - \frac{2490}{1.055} \times (0.02471 - 0.02403) = 28.395℃$$

故假设 $t_{as} = 28.4℃$ 可以接受。

计算结果证明空气-水系统，$t_{as}=t_w$。

9.1.2 湿空气性质图

9.1.2.1 空气的湿度图

以上介绍了描述湿空气性质的诸参数，将上述诸关系式归纳，得到如下方程组：

$$H=0.622\frac{p_v}{p_T-p_v} \tag{9-2}$$

$$\varphi=\frac{p_v}{p_s}\times100\% \tag{9-3}$$

$$H_s=0.622\frac{p_s}{p_T-p_s} \tag{9-5}$$

$$I=(1.01+1.88H)t+2490H \tag{9-6}$$

$$c_{pH}=1.01+1.88H \tag{9-7}$$

$$v_H=(0.772+1.244H)\times\frac{273+t}{273}\times\frac{1.013\times10^5}{p_T} \tag{9-8}$$

$$t_w=t-\frac{r_w}{1.09}(H_s-H) \tag{9-13}$$

加上
$$t_w=t_{as} \tag{9-20}$$

和
$$p_s=f(t) \tag{9-21}$$

共有 9 个方程。给定总压 p_T，则含 H、p_v、φ、p_s、H_s、I、t、c_{pH}、v_H、t_w、t_{as} 等 11 个变量（r_w 为 t_w 的函数，不独立），只要已知 2 个独立变量，就可以求得所有的参数。但是，由于其中含有非线性方程，而且式(9-21)一般是以表格形式给出的，因此将这些直接计算往往很繁杂，有时需要用试差法。工程上为了方便起见，在固定总压不变的情况下，选择两个状态参数为坐标，将湿空气各个状态参数之间的关系绘成图，称为湿度图，用此图来查取各项参数比较方便。

目前工程上广泛使用的湿度图有两种，一种是选择焓和湿度为坐标的湿焓图（H-I 图），另一种是选择温度和湿度为坐标的温湿图（t-H 图）。图 9-3 是总压为 101.3kPa 时湿空气的湿焓图。此图的纵坐标轴表示焓，横坐标轴表示湿度，两坐标轴倾斜成 135°角度，以避免各图线挤在一起，便于精确读取数据。

图 9-3 包括下列图线。

（1）等焓线（等 I 线）　等焓线为平行于斜轴的一组直线，同一条线上的各点，虽然湿空气状态不同，但均具有相同的焓值。空气状态沿等 I 线变化的过程，为等焓过程。

（2）等湿度线（等 H 线）　等湿度线为平行于纵轴的一组直线，对于同一条湿度线而言，其上各点的湿度值均相同。空气状态沿等 H 线变化的过程称为等湿过程。

（3）等温线（等 t 线）　等温线为从纵轴出发，斜向右上方的一组直线，在同一条等温线上，各状态点的温度相同。图中画出从 0℃到 250℃范围内的等温线。

由式(9-6)可知：
$$I=1.01t+(1.88t+2490)H$$

因此，当 t 为一定值时，则 I 与 H 为一直线关系，其斜率为 $(1.88t+2490)$。在 H-I 图上，等温线并不互相平行，其斜率与温度有关，温度越高，斜率越大。

（4）等相对湿度线（等 φ 线）　等 φ 线是一组由坐标原点出发的曲线。同一条曲线上，各状态点的 φ 值相同。对于某一定值的 φ，确定一个温度，就可查得一个对应的饱和水蒸气压，可由式(9-4)计算出相对应的 H 值。将许多 (t,H) 点连接起来，就成为等相对湿度线。图 9-3 中 $\varphi=100\%$ 的曲线为饱和相对湿度线，此时的空气已完全被水蒸气所饱和，在此线下方为

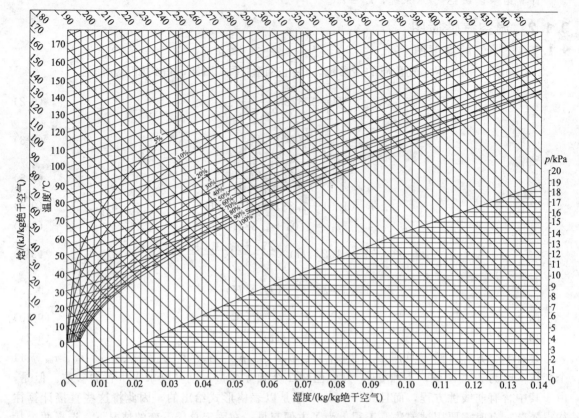

图 9-3 湿空气的性质图

过饱和区，湿空气呈雾状；在此线上方为不饱和区。显然，只有不饱和区的湿空气才可用作干燥介质。

（5）水蒸气分压线（p 线）　由式(9-2)可得：

$$p_v = \frac{Hp_T}{0.622+H}$$

当总压一定时，上式给出了水蒸气分压与湿度间的关系，它是为一条过原点的线，因 H 比 0.622 小得多，故近似于直线。此线绘于饱和相对湿度线的下方，而将坐标轴放在图的右边。

图 9-4　由已知状态点
查取湿空气的参数

9.1.2.2　湿度图的应用

湿度图中的任意一点均代表一个确定的湿空气状态，其温度、湿度、相对湿度、焓及水汽分压等均为定值。在应用此图查取有关数据时，常遇到以下情况。

（1）已知一个确定的状态点，查取各项状态参数。如图 9-4，设 A 点为状态点，则可得以下结论。

①焓 I：过 A 点做等焓线与纵轴交于 B 点，对应的值即为 A 点的焓值。

②湿度 H：过 A 点做等湿线，与水平轴交于 C 点，对应值即为 A 点的湿度值。

③干球温度 t：过 A 点沿等温线与纵轴交于 D 点，对

应的温度值即为 A 点的干球温度。

④ 相对湿度 φ：过 A 点沿等相对湿度线找到对应的 φ 值，即为 A 点的相对湿度。

⑤ 水蒸气分压 p_v：由 A 点沿等湿度线向下交水蒸气分压线于 E 点，过 E 点水平向右，在图右侧纵轴上读出其水蒸气分压值。

⑥ 湿球温度 t_w（亦即绝热饱和温度 t_{as}）：由 A 点沿等焓线向下与 $\varphi=100\%$ 的等相对湿度线交于 F 点，对应的温度值即为 A 点的湿球温度。

⑦ 露点 t_d：过 A 点沿等湿度线向下与 $\varphi=100\%$ 的等相对湿度线交于 G 点，对应的温度即为 A 点的露点温度。

（2）已知湿空气的两个相对独立的状态参数，在湿度图中确定湿空气的状态点。实际上是以上过程的逆过程，关键在于从两个独立的参数确定两条曲线的交点，即为状态点。

例如，已知下列条件来确定状态点：

① 已知湿空气的干球温度 t 和湿球温度 t_w，见图 9-5(a)；

② 已知湿空气的干球温度 t 和露点 t_d，见图 9-5(b)；

③ 已知湿空气的干球温度 t 和相对湿度 φ，见图 9-5(c)。

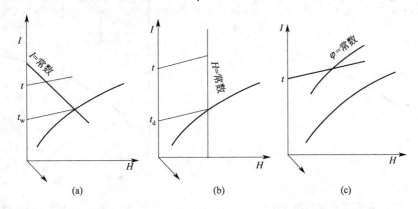

图 9-5　湿空气状态点的确定

［例 9-4］ 已知空气的干球温度 $t=30℃$，湿球温度 $t_w=25℃$，总压为 $p_T=0.1MPa$。试求：（1）湿度 H；（2）相对湿度 φ；（3）露点 t_d；（4）水蒸气分压 p_v；（5）将上述状态空气在预热器内加热到 100℃ 所需热量。已知绝干空气流量为 $L=100kg/h$。

解：由已知条件在 H-I 图上定出状态点 A 点。

（1）湿度 H：由 A 点沿等 H 线向下与水平辅助轴相交，得 $H=0.021kg$ 水/kg 绝干空气。

（2）相对湿度 φ：由 A 点对应的等 φ 线查得 φ 值为 70%。

（3）露点 t_d：由 A 点沿等 H 线向下与 $\varphi=100\%$ 的等 φ 线相交，查得对应的温度值，即 $t_d=23℃$。

例 9-4　附图

（4）水气分压 p_v：由 A 点沿等 H 线向下与水蒸气分压线相交，查得该点的 $p_v=3.20kPa$。

（5）预热器提供热量 Q：　$Q=L(I_1-I_0)$

由题意知 $t_0=30℃$，$t_1=100℃$，由图中过 A 点沿等焓线可查得 A 点的焓值 $I_0=83kJ/kg$ 绝干空气。由于湿空气在被加热过程中，其湿度 H 不变，所以由 A 点沿等 H 线向上与 $t=100℃$ 的等温线相交于 B 点，则此点即是加热后的状态点。由 B 点查得其焓值 $I_1=157kJ/kg$ 绝干空气。则

$$Q = \frac{100 \times (157 - 83)}{3600} = 2.06 \text{kW}$$

9.1.3 湿空气的基本状态变化过程

空气的状态可因外来原因而引起变化，变化的发生可以是部分参数或全部参数。空气状态变化可分为若干基本过程。掌握这些简单基本过程在 H-I 图上的表示，有助于分析工程实践上遇到的更为复杂的过程。

9.1.3.1 间壁式加热和冷却过程

间壁式加热和冷却时，如果空气的温度变化范围在露点以上，则空气中的水分含量将始终保持不变，且始终为不饱和状态。由于水分含量不变，故为等湿过程，过程线为垂直线。若为加热，方向向上，空气的温度升高，焓值增加；若为冷却，方向向下，空气温度降低，焓减小。见图 9-6。

图 9-6 空气的间壁式加热和冷却

图 9-7 空气的间壁式冷却减湿

9.1.3.2 间壁式冷却减湿过程

上述间壁式冷却过程当进行至露点温度，空气即到达饱和状态，空气中水蒸气就开始在冷却壁面上凝结出来。而且，随着冷却不断进行，水分也不断析出，而温度则不断降低，但空气始终维持在饱和空气的状态，如图 9-7 所示从 B 点变化到 C 点。

利用上述方法，如将凝结出来的水分设法除去，将所得的饱和空气再度加热到图 9-7 中的 D 点，则空气的湿度将小于原空气的湿度，达到了减湿的目的。

9.1.3.3 不同状态空气的混合过程

图 9-8 不同状态空气的混合

如图 9-8 所示，设有状态不同的空气 1 和 2，对应的绝干空气量为 L_1 和 L_2，对应的状态为 (H_1, I_1) 和 (H_2, I_2)。此两空气混合后，其湿度 H_m 和焓 I_m 可按如下物料衡算和焓衡算来求取：

$$L_1 H_1 + L_2 H_2 = (L_1 + L_2) H_m \qquad (9\text{-}22)$$

$$L_1 I_1 + L_2 I_2 = (L_1 + L_2) I_m \qquad (9\text{-}23)$$

由上两式可得：

$$H_m = \frac{L_1 H_1 + L_2 H_2}{L_1 + L_2} \qquad (9\text{-}24)$$

$$I_m = \frac{L_1 I_1 + L_2 I_2}{L_1 + L_2} \tag{9-25}$$

如果混合后的空气状态点落入超饱和区（雾区），例如图中的 9-8 直线上的 d 点，则混合物将分成气态的饱和空气和液态的水两部分，前者的状态点应为过 d 点的等温线与 $\varphi = 100\%$ 线的交点 d'。

9.1.3.4 绝热冷却增湿过程

湿空气的间壁式冷却过程通常为湿度不变的过程，而当冷却温度低于露点后，就发生空气的减湿。由此可见，欲使空气增湿，只有采用空气和水直接接触的混合式湿热交换时才有可能。

前已涉及，当空气与循环冷却水相接触时，水温将达到某一稳定的绝热饱和温度值。若空气（以点 A 表示）与温度为其绝热饱和温度的冷水（其表面的饱和空气以 B 点表示）相接触，由于水温在过程中不变，B 点的位置也固定不变，则空气不断混合过程就表现为空气状态从 A 点不断向 B 点移动。见图 9-9。

图 9-9　绝热冷却增湿过程

绝热饱和过程的进行，其结果一方面表现为空气的冷却，另一方面又表现为空气的增湿，故称为绝热冷却增湿过程。

[例 9-5]　将含 9kg 绝干空气的湿空气（$t_1 = 20℃$，$\varphi_1 = 80\%$）与含 3kg 绝干空气的湿空气（$t_2 = 80℃$，$\varphi_2 = 30\%$）混合，求混合后空气的参数。

解：由 H-I 图查得此两种空气的湿度和焓如下：$H_1 = 0.023$kg/kg 绝干空气，$I_1 = 85$kJ/kg 绝干空气，$H_2 = 0.103$kg/kg 绝干空气，$I_2 = 350$kJ/kg 绝干空气。

$$H_m = (L_1 H_1 + L_2 H_2)/(L_1 + L_2) = (9 \times 0.023 + 3 \times 0.103)/(9 + 3) = 0.043\text{kg/kg 绝干空气}$$
$$I_m = (L_1 I_1 + L_2 I_2)/(L_1 + L_2) = (9 \times 85 + 3 \times 350)/(9 + 3) = 151\text{kJ/kg 绝干空气}$$

本题也可用做图法结合杠杆规则求解，即在 H-I 图上定 1、2 两状态点，联结两点得一线段。根据 $L_2/L_1 = 1/3$ 的比例划分此线段，得分点，然后读出湿空气的参数。

[例 9-6]　试将 $t_0 = 32℃$、$\varphi_0 = 65\%$ 的新鲜空气调节成温度 24℃、相对湿度 40% 的空气。所用方法是将空气经过喷水室以冷水冷却减湿达到饱和，然后在加热器内加热到 24℃，试求：(1) 经调节后空气的湿含量；(2) 设离开喷水室的空气与水进口的温度是相同的，求水的温度；(3) 对每千克绝干空气而言，试求在喷水室内，水的蒸发量（或冷凝量）；(4) 求加热器所需的热量。

例 9-6　附图

解：(1) 新鲜空气状态点为 A（$t_0 = 32℃$，$\varphi_0 = 65\%$），经调节后的空气状态点为 D（$t_2 = 24℃$，$\varphi_2 = 40\%$），由 D 点可读出湿度 $H_2 = 0.0075$kg/kg 绝干空气，故经调节后空气的湿度为 0.0075kg/kg 绝干空气。

(2) 因喷水温度与经减湿后的空气（已达饱和）相同，同时该饱和空气的湿度即为 $H_1 = H_2 = 0.0075$kg/kg 绝干空气，故其饱和空气的温度即为（t_2，φ_2）的露点温度。由图读出 $t_1 = 9.7℃$，即水温为 9.7℃。

(3) 由点 A 读得新鲜空气的湿度 $H_0 = 0.0195$kg/kg 绝干空气。因 $H_2 < H_0$，故为减湿过程，即水汽被冷凝。

对每千克绝干空气的冷凝水量为 $0.0195-0.0075=0.012kg/kg$ 绝干空气。

（4）由图读出 D 点焓为　　$I_2=43.2kJ/kg$ 绝干空气

由 $t_1=9.7℃$，$H_1=0.0075kg/kg$ 绝干空气，读得 $I_1=28.5kJ/kg$ 绝干空气，故每千克绝干空气所需的加热量为 $43.2-28.5=14.7kJ/kg$ 绝干空气。

9.2　干燥过程的衡算

9.2.1　湿物料的形态和含水量表示

湿物料的外观形态各不相同，有散粒状、晶体、块状、片状、条状、膏糊状、粉末状和液态等，又可粗略分为含水分的液体和含水分的固体两大类，其中后一类较多见。在含水固体中比较特殊的是胶质固体，它又可分为三种：弹性胶体如明胶、洋菜、面团等，当除去水分后，这种物体将收缩，但保持其弹性；脆性胶体除去水分后变脆，干燥后可能转化为粉末，如木炭、陶质物料；胶质毛细孔物料如谷物、面包等，其毛细管壁具有弹性，干燥时收缩，干燥后变脆。

湿物料的含水量实际是水分在湿物料中的浓度，通常用下面两种方法表达。

（1）湿基含水量 w 为水分在湿物料中的质量分数，即：

$$w=\frac{水分质量}{湿物料的总质量}\times100\%\tag{9-26}$$

工业上常用这种方法表示湿物料中的含水量。

（2）在干燥过程中，绝干物料的质量可视为不变，故常用湿物料中的水分与绝干物料的质量之比表示湿物料中水分的浓度，称为干基含水量，以 X 表示，按定义可写出：

$$X=\frac{湿物料中水分质量}{湿物料中绝干料的质量}\tag{9-27}$$

两种浓度之间的关系为：

$$w=\frac{X}{1+X}\tag{9-28}$$

$$X=\frac{w}{1-w}\tag{9-29}$$

9.2.2　干燥系统的衡算

干燥器由预热室和干燥室两个主要部分组成。连续干燥过程是在空气和物料做相对运动状态下进行，可以以物料流量为基准进行计算。间歇干燥过程是分批进行的，计算基准可选用批量。

9.2.2.1　水分蒸发量 W

设湿物料进入干燥器的质量流量为 G_1，湿基含水量为 w_1，干基含水量为 X_1。离开干燥器时，物料质量流量为 G_2，湿基含水量为 w_2，干基含水量为 X_2，而绝干物料的质量流量为 G_c，则对干燥前后的物料做绝干物料的衡算，得出以下两式可以计算水分蒸发量：

$$W=G_1-G_2=G_c(X_1-X_2)\tag{9-30}$$

$$W=\frac{w_1-w_2}{1-w_2}G_1=\frac{w_1-w_2}{1-w_1}G_2\tag{9-31}$$

9.2.2.2　干燥产品量 G_2

物料中的绝干物料量在干燥过程中保持不变。若不计损失，有：

$$G_1(1-w_1)=G_2(1-w_2)$$

即：

$$G_2=\frac{1-w_1}{1-w_2}G_1\tag{9-32}$$

9.2.2.3 绝干空气消耗量 L

对如图 9-10 所示的干燥器做水分的衡算，忽略损失，有：

$$LH_1 + G_c X_1 = LH_2 + G_c X_2$$

图 9-10 连续干燥器的总物料衡算

故绝干空气消耗量为：

$$L = \frac{G_c(X_1 - X_2)}{H_2 - H_1} = \frac{W}{H_2 - H_1} \tag{9-33}$$

或

$$l = \frac{L}{W} = \frac{1}{H_2 - H_1} \tag{9-34}$$

式中，l 为每蒸发 1kg 水分消耗的绝干空气量，称为单位空气消耗量。而新鲜空气的质量流量为：

$$L' = L(1 + H_0) \tag{9-35}$$

体积流量则为：

$$q_V = L v_H \tag{9-36}$$

9.2.2.4 干燥系统的热量衡算

图 9-11 为连续干燥器的物料和热量流程图。在此干燥系统中，进入系统的热流有：预热器供给的热量 Q_p、新鲜空气带入的热量 LH_0、湿物料带入的热量 $G_c I_1'$ 以及向干燥室补充的热量 Q_D；离开干燥器的热流有：废气带走的热量 LH_2、产品带走的热量 $G_c I_2'$ 和热损失（含输送装置的热损失）Q_L。

图 9-11 连续干燥器的物料和热量流程图

图中，θ_1、θ_2 分别为湿物料进入和离开干燥器时的温度，℃；I_1'、I_2' 分别为湿物料进入和离开干燥器时的焓，kJ/kg 干物料。若以 c_{ps} 和 c_{pw} 分别为绝干物料和水的比热容，则：

$$I' = (c_{ps} + X c_{pw})\theta$$

故热量衡算式为：

$$Q_p + LI_0 + G_c I_1' + Q_D = LI_2 + G_c I_2' + Q_L$$

干燥系统的热量消耗为：

$$Q = Q_p + Q_D = L(I_2 - I_0) + G_c(I_2' - I_1') + Q_L \tag{9-37}$$

而预热器的热量消耗为：

$$Q_p = L(I_1 - I_0) \tag{9-38}$$

干燥系统的热效率定义为：

$$\eta = \frac{\text{蒸发水分所需的热量}}{\text{向干燥系统输入的总热量}} \times 100\% \tag{9-39}$$

水分进入干燥器的状态为温度 θ_1 的液态水，在干燥器中汽化为温度 t_2 的气体，故蒸发水分所需的热量为：

$$Q_v = W(2490 + 1.88t_2) - 4.187\theta_1 W$$

由于物料中水分带入系统中的焓很小，常可忽略，故有：

$$\eta = \frac{W(2490 + 1.88t_2)}{Q} \times 100\% \qquad (9\text{-}40)$$

实际上，$1.88t_2$ 和 $4.187\theta_1$ 的数值处于同一数量级，由于正负误差的抵消，用下式既简洁又精确：

$$\eta = \frac{2490W}{Q} \times 100\% \qquad (9\text{-}41)$$

干燥系统的热效率愈高表示热利用率愈好。提高干燥系统热效率的途径有以下几条。

(1) 提高热空气的入口温度，可以提高干燥热效率。但是必须注意物料的热敏性，即物料对温度的承受能力。例如干燥奶粉时，奶粉中酪蛋白极为热敏，进风温度过高，易发生焦粉。

(2) 提高废气的出口湿度，降低其出口温度，可以提高干燥热效率。另一方面，出口湿度的提高会降低干燥过程的推动力，从而降低干燥速率。而若空气离开干燥器的温度过低，则有物料返潮的危险。一般来说，对于吸水性物料的干燥，空气出口温度应高些，而湿度则应低些，即相对湿度要低些。在实际生产中，空气出口温度应比进入干燥器时的湿球温度高 20～50℃，以保证干燥设备的空气出口端部分不致析出水滴。

(3) 利用中间加热、分级干燥、内置换热器等方法可以提高干燥过程的热效率。

(4) 用废气预热空气或物料，也可以提高热效率。但是应考虑此加热器的效率和成本。

(5) 加强干燥设备的保温，减少热损失，也可以提高热效率。

9.2.3 空气通过干燥器的状态变化

在对干燥器进行物料和热量衡算时，必须确定空气离开干燥器时的状态。空气离开干燥器的状态与空气通过干燥器的状态变化有关。在 H-I 图上分析空气在干燥器内的状态变化过程，对干燥器的设计和操作有指导意义。

将式(9-38)代入式(9-37)，并将各项除以 W，整理得：

$$l(I_2 - I_1) = q_D - \frac{G_c(I_2' - I_1')}{W} - q_L$$

式中，q_L 和 q_D 分别为按汽化 1kg 水分计的热损失和补充热量。再将式(9-34)代入，得：

$$\varepsilon = \frac{I_2 - I_1}{H_2 - H_1} = q_D - \frac{G_c(I_2' - I_1')}{W} - q_L \qquad (9\text{-}42)$$

式中，ε 为空气湿度每变化一个单位时空气焓的变化，是一个重要的参数。

上式等号右边各项可用 $\sum q$ 代表，实际上是干燥器内损失的热量与补充的热量的代数和。根据 ε 值的不同，可以把干燥过程分为等焓干燥过程和非等焓干燥过程两大类。

9.2.3.1 等焓干燥过程

当 $\varepsilon = 0$ 时，$I_2 = I_1$，这样的过程称为等焓干燥过程。若忽略干燥器的热损失和物料进出的显热损失，也不向干燥器补充热量，则式(9-42)右边三项均为零，必有 $\sum q = 0$，故有时也称为绝热干燥过程。又由于实际操作中很难实现这种过程，故又有理想干燥过程之称。等焓干燥过程中空气状态的变化如图 9-12 中 ABC 线所示，其中 BC 为等焓线。

9.2.3.2 非等焓干燥过程

实际干燥过程不可能是绝对绝热的。干燥器壁总有热量散失，物料和输送装置也要带走一些热量。而补充的热量很难正好弥补热量损失。因此，实际干燥过程中 ε 值一般不等于零。如果补充热量大于热量损失，则 $\varepsilon > 0$，$I_2 > I_1$，实际过程线位于等焓线上方。反之，如果补充热量小于热量损失，则 $\varepsilon<0$，$I_2<I_1$，实际过程线位于等焓线下方。多数情况下 $\varepsilon<0$，如图9-13所示。只要求得 $\sum q$ 的值，就可由式(9-42) 算出 I_2 的值，从而由 I_2、H_2 确定空气出口状态点的位置，最后做出实际过程线。具体做法可参见例9-6。

图 9-12 等焓干燥过程

图 9-13 非等焓干燥过程

[例 9-7] 喷雾干燥奶粉时所用的新鲜空气 $t_0=25℃$，$\varphi_0=80\%$，空气经预热至150℃后进入干燥室，排出废气的相对湿度 $\varphi_2=10\%$，设浓奶进入干燥室的温度为50℃，干燥器对外界的热损失为 209kJ/kg 水分，物料进出干燥器带入的热量为146kJ/kg 水分，试求汽化 1kg 水分所需的空气量。

解：由式(9-42)，$\varepsilon=\dfrac{I_2-I_1}{H_2-H_1}=q_D-\dfrac{G_c\,(I_2'-I_1')}{W}-q_L=0+146-209=-63$kJ/kg 水分

在 H-I 图上先按 t_0、φ_0 做 A 点，读出 H_0、I_0 的值，再从 A 点出发做等 H 线直至与 $t=150℃$ 的等 t 线相交得 B 点，读出 I_1 的值，任取一点 $H_2>H_1$，由 $\varepsilon=(I_2-I_1)/(H_2-H_1)$，求得 I_2，然后由 H_2、I_2 定出辅助点，连 B 点与此辅助点，并延长交等 $\varphi(\varphi=10\%)$ 线于 C，BC 线即为干燥器内空气状态变化过程，见附图。

例 9-7 附图

从图中读得 $H_2=0.039$kg/kg 绝干空气

$$l=\frac{1}{H_2-H_1}=\frac{1}{0.039-0.016}=43.5\text{kg 绝干空气/kg 水分}$$

[例 9-8] 某糖厂的干燥器生产能力为 4030kg/h（产品）。含水分 1.27% 的湿糖于 31℃ 下进入干燥器。产品含水分 0.18%，温度为 36℃。新鲜空气温度为 20℃，湿球温度为 17℃，预热至 97℃ 后进入干燥器，自干燥器排出的废气温度40℃，湿球温度为32℃。已知产品含水量下平均比热容为 1.26kJ/(kg·K)。试求：（1）预热器的蒸汽消耗量（加热蒸汽绝压为 200kPa）；（2）干燥器的散热损失；（3）干燥器的热效率。

解：（1）$W=\dfrac{w_1-w_2}{1-w_1}G_2=\dfrac{0.0127-0.0018}{1-0.0127}\times4030=44.5$kg/h

由 H-I 图得　$H_0=0.011$kg/kg 绝干空气，$H_2=0.028$kg/kg 绝干空气

故　　　　　　$L=\dfrac{W}{H_2-H_0}=\dfrac{44.5}{0.028-0.011}=2618$kg 绝干空气/h

又由 $H\text{-}I$ 图：$I_0 = 49.4\text{kJ/kg}$ 绝干空气，$I_1 = 125\text{kJ/kg}$ 绝干空气，$I_2 = 113\text{kJ/kg}$ 绝干空气

故 $$Q_p = L(I_1 - I_0) = 2618 \times (125 - 49.6) = 197920.8\text{kJ/h}$$

200kPa 绝压的饱和水蒸气的汽化潜热为 2204.6kJ/kg，故蒸汽消耗量为

$$D = \frac{Q_p}{r} = \frac{197920.8}{2204.6} = 89.8\text{kg/h}$$

(2) 热量衡算的关键在于 I_1' 和 I_2' 的求取。将进料分为被汽化水分 W 和产品 G_2 两部分，则物料带走的热量为

$$G_c(I_2' - I_1') = G_2 c_{pm}(\theta_2 - \theta_1) - W c_{pw}\theta_1 = 4030 \times 1.26 \times (36 - 31) - 44.5 \times 4.187 \times 31 = 19613\text{kJ/h}$$

$$Q_L = L(I_1 - I_2) + Q_D - G_c(I_2' - I_1') = 2618 \times (125 - 113) + 0 - 19613 = 11803\text{kJ/h}$$

(3) $$\eta = \frac{W(2490 + 1.88t_2)}{Q_p} \times 100\% = \frac{44.5 \times (2490 + 1.88 \times 40)}{197920.8} \times 100\% = 57.7\%$$

或 $$\eta = \frac{2490W}{Q_p} \times 100\% = \frac{44.5 \times 2490}{197920.8} \times 100\% = 56.0\%$$

9.2.3.3 中间加热干燥过程

上述干燥过程中，干燥介质仅利用一次，是干燥操作的基本过程。在实际生产中，干燥介质往往不止利用一次，由此产生了基本过程的各种变型。中间加热干燥过程就是其中常用的一种。

这种干燥过程是将干燥器划分为若干区段，在区段之间设中间加热器，使通过干燥器的空气经数次加热，数次再利用。这样可使每次加热温度控制在不致对物料产生有害影响的范围内，这对于食品的干燥有特别的意义。图 9-14 表示这种操作的原理。

图 9-14 中间加热干燥过程

图中 $AB_1C_1B_2C_2B_3C$ 折线表示三段等焓干燥过程。如果不用三段干燥，则必须按 ABC 操作，空气的最高温度为 t_1，而分段干燥时进各段的空气温度 $t_1' < t_1$，这是分段干燥的主要优点。但从热能经济性看，中间加热干燥过程与基本干燥过程完全相同。从过程的总衡算可知，空气进、出系统的湿度没有改变，故干燥器的空气消耗量没有变化。又空气进、出干燥器的焓也没有变化，故干燥器的热能消耗也不变。

中间加热干燥过程中，各中间温度和相对湿度的选择应按生产任务确定，应使这些参数与水分汽化速度相协调。

9.2.3.4 废气循环干燥过程

废气循环干燥过程是将废气部分循环到干燥器内的操作。废气循环后，干燥的推动力也有所减少，干燥速率下降，这样对某些物料的干燥比较有利。在食品工业中，废气循环干燥有着广泛的应用，主要是由于以下几方面的因素。

(1) 它可使进干燥室空气的湿度降低到物料干燥所允许的限度，减小了干燥室进、出口之间的湿度变化，从而保证了产品的质量。

(2) 它可使进干燥室的空气湿度不致太低，以保证食品水分的缓和汽化。

(3) 在经济性相同和排入大气的空气量相同的条件下，它可使空气以较大的速度流过干燥室，以弥补因温度和湿度推动力的减小而引起干燥速度的降低。

(4) 可以精确和灵敏地调节干燥室内的湿度和温度。

（5）因空气温度较低，故可减少热损失。

废气的循环有多种方法。废气可以在风机前与新鲜空气混合，可以在预热器前混合，也可以在预热器后、干燥室前混合。废气的排空可以在干燥室后，也可以在预热室前。但从过程的技术性和经济性考虑，比较有实用意义的是以下两种流程。

（1）废气在干燥室后排空，循环废气与新鲜空气在风机前混合。干燥器排出状态为 t_2、H_2、φ_2 和 I_2 的废气分为两部分，一部分排入大气中，而另一部分则重新回到干燥器中，同时再补充相当于排到大气中的废气量的新鲜空气（t_0、φ_0、H_0、I_0），新鲜空气与废气混合后，就得到状态为 I_n、H_n、φ_n、t_n 的混合气。

当混合气通过预热器时，即被加热到温度 t_1 而进入干燥器。由干燥器排出的混合气又重新分为两部分，如此循环。图 9-15 中折线 AMB_1C 所代表的是这种废气循环等焓干燥过程。

（2）废气在干燥室后排空，循环废气与新鲜空气在预热器后混合。新鲜空气先加热到相当于 t_1 的温度，然后与循环废气混合，其参数变化到 B_1 点，然后进入干燥室。在 H-I 图上，干燥过程用 ABB_1C 表示。如果是等焓干燥，则与无废气循环的过程线重合。

图 9-15　废气循环干燥过程

9.3　干燥动力学

9.3.1　物料中的水分

（1）水分活度　若将水蒸气视为理想气体，水分活度即湿物料中水的蒸气压 p_v 与同温下纯水的饱和压 p_s 之比。食品的水分活度直接关系到食品的保藏性，通常当水分活度大于 0.95 时，微生物繁殖很快。而当水分活度等于或低于 0.7 时，微生物的繁殖或其他生命活动几乎已停止。

物料的水分活度与含水量及温度有关。一定温度下水分活度与含水量的关系曲线称为吸着等温线。食品是由许多成分组成的，它的吸着等温线是各成分等温线的平均结果，一般是圆滑的 S 形。

水分活度不仅与食品保藏性有关，而且决定了干燥进行的方向和速率。当湿物料与一定温度和湿度的空气相接触时，湿物料是吸收水分还是排除水分取决于水分活度和空气相对湿度的相对大小。当水分活度大于空气的相对湿度时，物料将失水，失水后水分活度将降低。反之，如果水分活度小于空气的相对湿度，则物料将吸水，而且水分活度提高。达到平衡时，水分活度等于空气的相对湿度。吸着等温线一般用实验方法测定。

（2）平衡水分和自由水分　当一定状态的空气与湿物料接触达到平衡后，物料中的含水量不再变化，这一含水量称为平衡水分或平衡湿度。表 9-1 列出了若干食品的平衡水分。从表中可以看出，物料的平衡水分随物料种类而异。对大多数物料，温度对平衡水分的影响极小，平衡水分只取决于空气的相对湿度。

表 9-1　若干食品的平衡水分　　　　　　　　　　　　　　单位:%

物料	空气相对湿度/%								
	10	20	30	40	50	60	70	80	90
面粉	2.20	3.90	5.05	6.90	8.50	10.08	12.60	15.80	19.00
白面包	1.00	2.00	3.10	4.60	6.50	8.50	11.40	13.90	18.90
通心粉	5.00	7.10	8.75	1.00	12.20	13.75	16.60	18.85	22.40
饼干	2.10	2.80	3.30	3.50	5.00	6.50	8.30	10.90	14.90

物料	空气相对湿度/％								
	10	20	30	40	50	60	70	80	90
淀粉	2.20	3.80	5.20	6.40	7.40	8.30	9.20	10.60	12.70
明胶	—	1.60	2.80	3.80	4.90	6.10	7.60	9.30	11.40
苹果	—	—	5.00	—	11.00	8.00	25.00	40.00	60.00
小麦	—	—	9.30	—	—	13.00	—	—	24.00
裸麦	6.00	8.40	9.50	12.00	12.50	14.00	16.00	19.50	26.00
燕麦	4.60	7.00	8.60	10.00	11.60	13.60	15.00	18.00	22.50
大麦	6.00	8.50	9.60	10.60	12.00	14.00	16.00	20.00	29.00

也可以如同图 9-16 那样标绘物料平衡水分与空气相对湿度间的关系曲线。从图中可以看出，当 $\varphi=0$ 时，各物料的平衡水分均为零，也就是说只有使湿物料与绝干空气接触，才能从理论上最后获得绝干物料。

如果干燥介质的温度和湿度保持不变，则相当于此状态下的物料平衡水分即为此物料可以干燥的限度。而物料水分中大于平衡水分的部分称为自由水分，即可以用干燥方法除去的水分。因此，为了提高自由水分的量，应尽量采用相对湿度低的空气。

（3）结合水分与非结合水分　物料中水分与物料的结合有如下三种方式。

① 化学结合水，如晶体中的结晶水。这种水分不能用干燥方法去除。化学结合水的解离除去不应视为干燥过程。

② 物理结合水，如吸附水分、渗透水分和结构水分。其中以吸附水分与物料的结合为最强。

③ 机械结合水，如毛细管水分、孔隙中水分和表面湿润水分。其中以湿润水分与物料的结合力最强。

图 9-16　物料平衡水分与空气
相对湿度间的关系
1—纤维素，20℃；2—蛋白质，25℃；
3—马铃薯淀粉，25℃；4—牛肉，20℃；
5—马铃薯，20℃

物料中水分与物料的结合力愈强，水分就愈难除去。反之，如结合力较小，则较易除去。因此，可以根据水分除去的难易，将水分分为非结合水分和结合水分。

非结合水分是指结合力极弱的水分，水分活度近似等于1，即这种水分所产生的蒸气压和纯水在同温度下产生的蒸气压相近。属于非结合水分的有上述机械结合水中表面湿润水分和孔隙中的水分。

结合水分主要是物化结合的水分及机械结合中的毛细血管水分，水分活度小于1。由于结合力使所产生的蒸气压低于同温度纯水所产生的蒸气压，结合水分中的吸附结合水多是胶体质点和其周围介质的界面上所吸住的水分。因胶体具有很大的表面，故胶体结构的吸附能力很强，吸附结合水很多，吸附水分与物料的结合力也极大。水分的吸附伴随着放热反应，称为水合热。渗透水分、结构水分与吸附水分不同，主要区别在于结合时无放热反应，且结合力较吸附水分为小。

上述各种物料中水分可由图 9-17 来表示它们的意义。

图中平衡水分曲线与 $\varphi=100\%$ 纵线相交的交点以上的水分为非结合水分，交点以下的水分为结合水分。对一定相对湿度的空气，物料有对应的平衡水分，平衡水分以上的水分为自由水分。

9.3.2 干燥机理

9.3.2.1 干燥过程中的传热和传质

在对流干燥过程中，作为干燥介质的热空气将热能传到物料表面，再由表面传到物料内部，这是两步传热过程。水分从物料内部以液态或气态透过物料传递到表面，然后通过物料表面的气膜扩散到空气主体，这是两步传质过程。可见物料的干燥过程是传热和传质相结合的过程。它包含物料内部的传热传质和物料外部的传热传质。

(1) 外部传热和传质 热空气作为干燥介质在干燥器中通常处于湍流状态，可以认为外部传热和传质的阻力都集中在称为气膜的边界层中，其厚度为 10^{-4} m 的数量级。图 9-18 示出外部传热和传质。外部传热是对流传热，其热流密度为：

$$q = \alpha(t - t_s)$$

图 9-17 物料中各种水分的意义

图 9-18 干燥的传热和传质

外部传质是对流传质，其推动力为物料表面水蒸气分压与空气中水蒸气分压之差。

(2) 内部传热和传质 无论是对流干燥、传导干燥还是红外线干燥，固体物料内的传热都是热传导。物料内部的传质机理比较复杂，可以是下面几种机理的一种或几种的结合。

① 液态扩散 在干燥过程中，一旦物料表面的含水量低于物料内部的含水量，此含水量之差即作为传质推动力，使水分由物料内部向表面扩散。

② 气态扩散 干燥进行到一定程度，当水的汽化面由物料表面逐渐移向内部，则由汽化面到物料表面的传质属气态扩散，其推动力为汽化面与物料表面之间的水蒸气压差。显然，物料内部的气态扩散因为要穿过食品组织，其阻力一般比外部扩散要大。

③ 毛细管流动 由颗粒或纤维组成的多孔性物料具有复杂的网状结构，孔穴之间由截面不同的毛细管孔道沟通，由表面张力引起的毛细管力可产生水分的毛细管流动，形成物料内的传质。

④ 热流动 物料表面的温度和物料内部温度之间会产生水的化学势差，推动水的流动，称为热流动。在传导干燥中，热流动有利于水分由物料内部向表面传递。但在对流干燥和红外线干燥中，热流动的作用是相反的。

9.3.2.2 表面汽化控制和内部扩散控制

内部传质和外部传质是接连进行的，两步传质的速率一般不同，进行较慢一步的传质控制着干燥过程的速率。通常将外部传质控制称为表面汽化控制，内部传质控制称为内部扩散控制。

（1）表面汽化控制　如果外部传质（又称表面传质）的速率小于内部传质速率，则水分能迅速到达物料表面，使表面保持充分润湿，此时的干燥主要由外部扩散传质所控制。干燥为表面汽化控制时，欲强化干燥操作就必须强化外部的传热和传质。在对流干燥时，因物料表面充分润湿，表面温度近似等于空气的湿球温度，水分的汽化近似于纯水的汽化。此时，提高空气的温度、降低空气的相对湿度、改善空气与物料间的接触和流动状况，都有利于提高干燥速率。在真空接触干燥中，提高干燥室的真空度也有利于传热和外部传质。在传导干燥和辐射干燥中，物料表面温度不等于空气的湿球温度，而是取决于导热或辐射的强度。传热强度越高，物料表面水分的温度就越高，汽化速率就越快。此外，因湿空气仍为载湿体，故改善其与物料的接触与流动同样有助于提高干燥速率。

（2）内部扩散控制　如果外部传质速率大于内部传质速率，则内部水分来不及扩散到物料表面供汽化，此时的干燥为内部扩散控制。当干燥过程为内部扩散控制时，下列措施有助于强化干燥：减小料层厚度，或使空气与料层穿流接触，以缩短水分的内部扩散距离，从而减小内部扩散阻力；采用搅拌方法，使物料不断翻动，深层湿物料及时暴露于表面；采用接触干燥和微波干燥方法，使热流动有利于内部水分向表面传递。

在同一物料的整个干燥过程中，一般前阶段为表面汽化控制，后阶段为内部扩散控制。

9.3.3　干燥速率

9.3.3.1　干燥速率的定义

干燥速率定义为单位时间内单位干燥面积上的水分汽化量，用符号 u 表示，单位为 kg/(m² · s) 或 kg/(m² · h)，其微分定义式为：

$$u = \frac{dW'}{Sd\tau} \tag{9-43}$$

式中，W' 为间歇操作时的水分汽化量，以区别于连续操作时的水分汽化量 W；S 为干燥面积；τ 为干燥时间。

由上述定义式可以看出，干燥速率是干燥进行快慢的表征。

9.3.3.2　影响干燥速率的因素

影响干燥速率的因素很多，对于对流干燥，主要有以下几方面：

（1）湿物料的性质与形状，包括物理结构、化学组成、形状大小、料层薄厚及水分结合方式；

（2）物料中的水分活度与湿度有关，因而影响干燥速率；

（3）物料的温度与水分的蒸气压和扩散系数有关；

（4）干燥介质的温度越高，相对湿度越低，对增大干燥速率越有利；

（5）由边界层理论可知，干燥介质的流速越大，气膜越薄，越有利于增加干燥速率；

（6）介质与物料的接触状况，主要是指介质的流动方向，流动方向垂直于物料表面时，干燥速率最快。

9.3.3.3　干燥曲线与干燥速率曲线

由于影响干燥的因素很多，所以只能通过实验来研究干燥动力学。根据实验时条件的不同，可分为恒定干燥和变动干燥两种情况。恒定干燥指干燥过程中热空气的温度、湿度以及它与物料的接触情况和相对流速均保持不变，否则就称为变动干燥。

（1）干燥曲线　在干燥实验中，首先测定物料量与干燥时间的关系，同时测定物料表面温度随时间变化的情况。再将物料烘干到恒重，得绝干物料量。然后将实验数据整理成物料干基含水量与干燥时间的关系曲线，称为干燥曲线，如图 9-19 所示。

图 9-19　干燥曲线

在图 9-19 中，A 点表示湿物料初始水分为 X_1，物料温度为 θ_1，当物料在干燥器内与热空气接触后，表面温度由 θ_1 预热至 t_w，物料含水量下降至 X'，$\mathrm{d}X/\mathrm{d}\tau$ 斜率逐渐增大。由 B 至 C 一段内 $\mathrm{d}X/\mathrm{d}\tau$ 斜率恒定，物料含水量随时间的变化成直线关系。物料表面温度保持在热空气的湿球温度 t_w，此时热空气传递给物料的显热等于水分自物料中汽化所吸收的潜热。从 C 点开始至 E 点物料温度由 t_w 升至 θ_2，$\mathrm{d}X/\mathrm{d}\tau$ 急剧下降，直至物料含水量降到平衡含水量 X^* 为止。

（2）干燥速率曲线　为进一步研究干燥速率变化的规律，将干燥曲线图（图 9-19）中的数据整理成干燥速率与干基含水量间的关系曲线，即干燥速率曲线，如图 9-20 所示。由干燥速率的定义可知，干燥速率即干燥曲线上某点处的斜率。

由图 9-20 可以看出，物料含水量由 X_1 至 X_c 的范围内，物料的干燥速率从 B 到 C 基本保持恒定，这一阶段称为恒速干燥阶段。从 A 到 B 为物料预热段，此阶段所需时间很短，通常归并在恒速阶段内处理。物料中含水量低于 X_c 后，干燥速率下降，直至达到平衡含水量 X^* 时止，如图中 CDE 线段表示，称为降速干燥阶段。图中 C 点为恒速与降速阶段之分界点，称为临界点。该点的干燥速率仍等于恒速阶段的干燥速率 u_c，与该点对应的物料含水量 X_c 称为临界含水量。

图 9-20　干燥速率曲线

在恒速阶段与降速阶段内，物料干燥的机理和影响干燥速率的因素是各不相同的。

（3）恒速干燥阶段　由于是恒定干燥，空气状态不变，只要表面有足够的水分，则表面汽化速率不变。因此，恒速干燥阶段实际上是表面汽化控制的干燥阶段。在此阶段中，物料表面为水分所饱和，空气传给物料的热量等于水分汽化所需的潜热。对流干燥时，物料表面温度等于空气的湿球温度，真空干燥时物料表面温度接近于操作真空度下水的沸腾温度。

对一般的对流干燥，可写出：

$$\frac{\mathrm{d}W'}{S\mathrm{d}\tau}=k(H_s-H)=\frac{\alpha}{r_w}(t-t_w) \tag{9-44}$$

由此可见，可利用对流传热系数 α 来求取干燥速率。实用中根据热空气速度、流向及与物料的相对运动方向等条件，整理成如下经验公式。

① 空气平行流过物料表面，当空气质量流速 $\bar{L}=0.7\sim8\text{kg}/(\text{m}^2\cdot\text{s})$ 时，

$$\alpha=14.3\ (\bar{L})^{0.8}\ \text{W}/(\text{m}^2\cdot\text{K}) \tag{9-45}$$

② 空气流动方向垂直于物料表面时，当空气的质量流速 $\bar{L}=1.1\sim5.6\text{kg}/(\text{m}^2\cdot\text{s})$ 时，则：

$$\alpha=24.2\ (\bar{L})^{0.37}\ \text{W}/(\text{m}^2\cdot\text{K}) \tag{9-46}$$

③ 对于悬浮于气流中的固体颗粒，可按下式估算 α：

$$Nu=2+0.54Re_r^{0.5} \tag{9-47}$$

式中，$Nu=\alpha d_p/\lambda_a$，$Re_r=d_p u_t/\nu_a$，d_p 为颗粒直径，m；λ_a 为空气的热导率，W/(m·K)；u_t 为颗粒的沉降速度，m/s；ν_a 为空气的运动黏度，m^2/s。

④ 流化干燥的对流传热系数，可按下式估算：

$$Nu=4\times10^{-3}Re^{1.5} \tag{9-48}$$

式中，$Re=d_p u_a/\nu_a$，u_a 为流化气速，m/s。

（4）降速干燥阶段　降速干燥阶段与恒速干燥阶段的情况相反，属于内部扩散控制。从内部扩散到表面的水分不足以润湿表面，物料表面出现已干的局部区域，同时表面温度逐渐上升。随着干燥的进行，局部干区逐渐扩大。由于干燥速率的计算是以总表面积 S 为依据的，虽然每单位润湿表面上的干燥速率并未降低，但是，以 S 为基准的干燥速率却已下降，此为降速第一阶段，又称为不饱和表面干燥，如图 9-20 中 C 至 D 的范围。至 DE 时表面全部为干区，水分汽化的前沿平面由物料表面向内部移动，水分就在物料内层汽化，直至物料含水量达到平衡含水量，干燥即停止。这一阶段称降速第二阶段。

由于物料的特性、水分结合方式及干燥情况不同，降速阶段干燥速率曲线的形状各不相同，图 9-21 为若干典型的降速干燥速率曲线。

图 9-21　降速干燥速率曲线

图 9-21 中直线 1 是具粗孔的物料如纸张、纸板等的典型降速干燥速率曲线。向上凸的曲线 2 为诸如织物、皮革等物料的干燥曲线。向下凹的曲线 3 为陶制物料的干燥速率曲线。这三类曲线都不存在第一和第二降速阶段之分。曲线 4 为黏土等物料的干燥速率曲线，曲线 5 为面包类物料的干燥速率曲线，这两类曲线有第一和第二降速段之分。这两个降速段的交点称为第二临界点，相当于水分在物料内部传递机理的转折点。对大多数物料而言，此点为排除吸附水分的开始，而在此之前主要为微毛细管水分的排除。

在食品工业中，物料的降速干燥最为常见，有时甚至无恒速段，此时干燥操作的强化须从改善内部扩散着眼。

（5）临界含水量　恒速干燥阶段和降速干燥阶段的转折点称为临界点，有时也称为第一临界点，以区别于降速阶段的第二临界点。它代表了表面汽化控制和内部扩散控制的转折点。临界点处物料的含水量称为临界含水量或临界湿含量。

临界含水量因物料的性质、厚度和干燥速率的不同而异。同一物料，如干燥速率增加，则临界含水量增大；在一定的干燥速率下，物料愈厚，则临界含水量愈高。临界含水量通常由实验测定，在缺乏实验数据的条件下，可按表 9-2 所举的数值范围大致估计。

表 9-2　不同性质物料的临界含水量范围

物料特征	示　例	临界含水量 X_c/(kg 水分/kg 绝干物料)
粗核无孔物料>50 目	石英	3~5
晶体粒状,孔隙较少,粒度为 50~325 目	食盐	5~15
晶体、粒状、孔隙较小	谷氨酸结晶	15~25
粗纤维细粉和无定形、胶体状	醋酸纤维	25~50
细纤维、无定形和均匀状态的压紧物料,有机物的无机盐	淀粉、硬脂酸钙	50~100
胶体和凝胶状态,有机物和无机盐	动物胶、硬脂酸钙	100~3000

9.3.4　恒定干燥时间计算

恒定干燥一般是间歇操作,故干燥时间是一重要的操作参数。若为热空气量比物料量大得多的连续操作,可作为恒定干燥处理,其干燥时间即物料在干燥器内的停留时间。

9.3.4.1　恒速阶段的干燥时间

因恒速阶段的干燥速率等于临界干燥速率 u_c,故可将式(9-43)改写成:

$$\mathrm{d}\tau = -\frac{G'_c}{Su_c}\mathrm{d}X$$

积分上式的边界条件为:$\tau = 0$,$X = X_1$;$\tau = \tau_1$,$X = X_c$。

得:

$$\int_0^{\tau_1}\mathrm{d}\tau = -\frac{G'_c}{Su_c}\int_{X_1}^{X_c}\mathrm{d}X$$

故:

$$\tau_1 = \frac{G'_c}{Su_c}(X_1 - X_c) \tag{9-49}$$

式中,G'_c 为绝干物料量,因为是间歇操作,故有别于连续操作时的绝干物料质量流量 G_c。临界点处的干燥速率 u_c 可从干燥速率曲线查得,也可用式(9-44)估算。

$$u_c = \frac{\alpha}{r_w}(t - t_w) \tag{9-50}$$

[例 9-9]　用盘架式干燥器作马铃薯的干燥实验。物料湿含量(湿基)在 18min 内从 75% 减至 66%。料盘尺寸为 600mm×900mm,装湿料 4kg。空气的干、湿球温度分别为 82℃ 和 38℃。空气平行流过料盘,速度为 4m/s,只在盘子上表面进行干燥。根据以往经验表明,在这样的条件下,干燥处于恒速阶段。试计算干燥速率,并估算若干球温度降至 65℃,湿球温度不变,空气流速增加到 6m/s,干燥时间和干燥速率变化多少?

解:(1)求干料量 G'_c,干基初湿含量 X_1,终湿含量 X_2

$$G'_c = \frac{4 \times 25}{100} = 1\mathrm{kg} \qquad X_1 = \frac{w_1}{1-w_1} = \frac{0.75}{1-0.75} = 3.0\mathrm{kg/kg}\ 绝干物料$$

$$X_2 = \frac{w_2}{1-w_2} = \frac{0.66}{1-0.66} = 1.94\mathrm{kg/kg}\ 绝干物料$$

(2)求干燥速率。先算出水分去除量、干燥面积、干燥时间

$$W' = G'_c(X_1 - X_2) = 1 \times (3.0 - 1.94) = 1.06\mathrm{kg}$$

$$S = 0.6 \times 0.9 = 0.54\mathrm{m}^2 \qquad \tau = 18\mathrm{min} = 0.3\mathrm{h}$$

因处于恒速阶段,故 $u = \mathrm{d}W'/(S\mathrm{d}\tau) = W'/(S\tau) = 1.06/(0.54 \times 0.3) = 6.54\mathrm{kg/(m}^2 \cdot \mathrm{h)}$

(3)干燥情况发生变化时,恒速阶段的干燥速率也发生变化。

$$u = \frac{\alpha}{r_w}(t - t_w) \qquad \alpha = 0.0737(\overline{L})^{0.8}$$

$$\frac{u'}{u} = \frac{\alpha'(t' - t_w)}{\alpha(t - t_w)} = \left(\frac{\overline{L}'}{\overline{L}}\right)^{0.8}\frac{t' - t_w}{t - t_w} = \left(\frac{6}{4}\right)^{0.8} \times \frac{65 - 38}{82 - 38} = 0.85$$

所以
$$u'=0.85u=0.85\times6.54=5.56\text{kg}/(\text{m}^2\cdot\text{h})$$
$$\tau'=\frac{W'}{S}u'=\frac{1.06}{5.56\times0.54}=0.353\text{h}=21.2\text{min}$$

9.3.4.2 降速阶段的干燥时间

由于此阶段的干燥速率曲线形状不一，通常把降速段的干燥速率曲线简化为连接临界点和干燥极限点（含水量为平衡含水量，干燥速率为零）的直线。设临界含水量为 X_c，平衡含水量为 X^*，则有：

$$\frac{u-0}{X-X^*}=\frac{u_c-0}{X_c-X^*}=k_X \tag{9-51}$$

上式可以改为：
$$u=k_X(X-X^*) \tag{9-52}$$

故有：
$$\tau_2=\int_0^{\tau_2}d\tau=G_c'\int_{X_c}^{X_2}\frac{dX}{u}=G_c'\int_{X_c}^{X_2}\frac{dX}{k_X(X-X^*)}$$

积分得：
$$\tau_2=\frac{G_c'}{Sk_X}\ln\frac{X_c-X^*}{X_2-X^*}=\frac{G_c'}{S}\times\frac{X_c-X^*}{u_c}\ln\frac{X_c-X^*}{X_2-X^*} \tag{9-53}$$

式中，X_2 为干燥终了时的含水量。若缺乏平衡含水量 X^* 的数据，则可设 $X^*=0$。

9.3.4.3 总干燥时间

将式(9-49)和式(9-53)相加即得总干燥时间：

$$\tau=\tau_1+\tau_2=\frac{G_c'}{Su_c}\left[(X_1-X_c)+(X_c-X^*)\ln\frac{X_c-X^*}{X_2-X^*}\right] \tag{9-54}$$

[例9-10] 试验证明，以盘架式干燥器在恒定干燥情况下干燥梅子表现为降速干燥的特点，并已证实其干燥速率正比于物料的 $(X-X^*)$。今在一项试验中得知，初湿含量68.7%的梅子干燥到46.2%需5h，干燥到24.3%需12h，试估计物料的平衡含水量，并求干燥到18%所需干燥时间（以上均为湿基含水量）。

解：(1) 将湿基含水量换算成干基含水量

$$X_1=\frac{w_1}{1-w_1}=\frac{0.687}{1-0.687}=2.20\text{kg/kg 绝干物料}$$

$$X_2=\frac{w_2}{1-w_2}=\frac{0.462}{1-0.462}=0.86\text{kg/kg 绝干物料}$$

$$X_2'=\frac{w_2'}{1-w_2'}=\frac{0.243}{1-0.243}=0.321\text{kg/kg 绝干物料}$$

$$X_2''=\frac{w_2''}{1-w_2''}=\frac{0.18}{1-0.18}=0.220\text{kg/kg 绝干物料}$$

(2) 求平衡含水量 X^*

$$\tau_2=\frac{G_c'}{S}\times\frac{X_c-X^*}{u_c}\ln\frac{X_c-X^*}{X_2-X^*}=\frac{G_c'}{Sk_X}\ln\frac{X_c-X^*}{X_2-X^*}$$

$$\frac{G_c'}{Sk_X}\ln\frac{X_1-X^*}{X_2-X^*}=\frac{G_c'}{Sk_X}\ln\frac{2.20-X^*}{0.86-X^*}=5$$

$$\frac{G_c'}{Sk_X}\ln\frac{X_1-X^*}{X_2'-X^*}=\frac{G_c'}{Sk_X}\ln\frac{2.20-X^*}{0.321-X^*}=12$$

用试差法求得
$$X^*=0.17$$

代回任一原式得
$$\frac{G''}{Sk_X}=4.62$$

（3）求干燥到 18％ 的时间

$$\tau_2 = \frac{G'_c}{Sk_X} \ln \frac{X_1 - X^*}{X''_2 - X^*} = 4.62 \times \ln \frac{2.20 - 0.17}{0.220 - 0.17} = 17.1h$$

9.4 干燥设备

9.4.1 干燥器的分类

由于被干燥的食品在形状、大小、含水量及热敏性等性质上的千差万别，故食品工业上可用的干燥器类型甚为繁多。干燥器有多种分类方法：可按操作压强分为常压干燥器和真空干燥器；可按操作方式分为连续式干燥器和间歇式干燥器；可按干燥介质和物料的相对运动方式分为并流、逆流和错流干燥器；也可按供热方式分为对流干燥器、传导干燥器、辐射干燥器和介电加热干燥器。

在干燥中，介质和物料的相对运动方向具有很重要的意义。它不仅影响食品干燥的速率，同时也影响产品的质量。在并流干燥器中，物料移动方向与介质流动方向一致，因而湿含量高的料与温度最高、湿度最小的介质在进口端接触，此处干燥推动力最大；而在出口端则相反。所以并流干燥对湿含量较大时快速干燥不会引起裂纹或焦化现象的食品，干后不耐高温而易发生分解、氧化的食品以及干后吸潮性小的食品比较合适。并流干燥的缺点是：由于推动力沿物料移动方向逐渐变小，所以在干燥的最后阶段，干燥推动力变得很小，干燥速度很慢而影响生产能力。

在逆流干燥器中，物料移动的方向与干燥介质流动的方向相反，干燥器内各部分的干燥推动力比较均匀，适用于湿度大时不允许快速干燥以免发生龟裂现象的食品，干后吸湿性大的食品，干后能耐高温，不致发生分解、氧化的食品，以及要求过程速率大、时间短的干燥情形。逆流干燥的缺点是：入口处物料温度较低而干燥介质湿度很大。接触时，介质的水汽会冷凝在物料上，使物料湿度增加，使干燥时间增加，也影响生产能力。

在错流干燥器中，物料移动方向与介质流动方向垂直，物料表面各部分都与湿度小、温度高的介质相接触，所以干燥推动力很大。由于这个特点，它适用于在湿度高时或低时都能耐受快速干燥和高温的食品的干燥，以及要求过程速度大而允许介质和能量消耗大一些的干燥情况。

真空干燥适用于处理在高温下易发生化学或物理变化的食品，在有氧存在的条件下易氧化的食品，和要求制品疏松、易碎和复水性好的食品。

真空干燥虽然在干燥的第一阶段物料可以保持在低温下，但在后期的第二阶段，料温可以升得很高。因此，对于间歇式真空干燥器在干燥的第二阶段，可采取低温热源温度或提高真空度的办法来调节物料的温度，而对连续真空干燥设备，则必须对前后两个不同阶段分别调节。

9.4.2 对流干燥器

9.4.2.1 厢式干燥器

厢式干燥器是常压间歇干燥器，小型的称烘箱，大型的称烘房。图 9-22 为典型厢式干燥器的构造。厢内有多层框架，料盘置于其上，也有的将物料放在框架小车上推入厢内，故又称盘架式干燥器。器内有供空气循环用的风机，引入新鲜空气，必要时可以与循环废气混合，并流过加热器加热，而后流经物料。空气流过物料有横流和穿流两种方式。横流式中，热空气在物料上方掠过，与物料进行湿交换和热交换。若框架层数多，可将其分成若干组，空气每流经一组料盘之后，就再加热一次以提高温度，如图 9-22(a) 所示，此即中间加热式干燥。在穿流式中，为了提高干燥速度，可将粒状、纤维状的物料铺放在有网眼的筛盘上，热空气垂直穿过物料层，如图9-22(b)所示。为了回收废气中的热量，提高干燥器的热效率，在厢式干燥器中通常采用废气循环流程。

图 9-22　厢式干燥器
（a）横流式；（b）穿流式
1—干燥室；2—浅盘或料网；3—风机；4—加热器

　　厢式干燥器的优点是制造和维修方便，使用灵活性大，常用于处理需要长时间干燥的物料、数量不多的物料，以及需要有特殊干燥条件的物料。厢式干燥器的主要缺点是干燥不均匀，控制困难，装卸劳动强度大，热能利用不经济。

9.4.2.2　隧道式干燥器

　　隧道式干燥器又称洞道式干燥器，图9-23为其示意图。沿隧道底部铺设轨道供料车通行。隧道的两端进、出料车处设置有密封门。装有物料的料盘摆放在料车上，每层料盘之间有一定的间隙。当物料已干燥好的料车从隧道出口移出时，将另一台装有湿物料的料车从进料口推进干燥室。隧道式干燥器由风机将已预热的空气形成强大的气流在干燥室中流动，空气流速常为2.5～6m/s。根据料车相对空气流的运动方向，隧道式干燥器有顺流式、逆流式、混流式和横流式等。

图 9-23　洞道式干燥器

隧道式干燥器简单易行、使用灵活、适应性广，几乎各种大小和形状的块状食品都能放在隧道式干燥器的盘架料车上干燥。此外，为了提高热能的利用率，还设置有回收废气热能的机构。

9.4.2.3 沸腾床干燥器

沸腾床干燥器是近年发展起来的一类新型干燥器，又称流化床干燥器。沸腾床干燥器的结构有单层圆筒形、多层圆筒形、卧式多室型、喷雾型、惰性粒子型、振动型、气流型等多种。图9-24为单层圆筒沸腾干燥器。这类干燥器的工作原理是使热空气以较高的速度通过湿物料床层，形成流化床。空气既是流化介质，又是干燥介质。被干燥固体颗粒物料在热气流中上下翻动，互相混合与碰撞，进行传热和传质，达到干燥的目的。经干燥后的颗粒由床侧出料口卸出。废气由顶部排出并经旋风分离器回收所夹带的粉尘。

图 9-24 沸腾床干燥器

在沸腾床干燥器内，由于颗粒在热气流中处于剧烈的湍动中，而且气体与颗粒间的接触表面积很大，因此传热和传质效率高。与气流干燥相比，因气速较气流干燥时低，所以粒子的粉碎与设备的磨损也比较小。当物料的干燥处于降速阶段时，采用沸腾干燥是有利的。它具有设备小、生产能力大、停留时间可任意调节、装置结构简单、占地面积小、设备费用不高、物料易流动等优点。除了一些附属设备（如风机、加料器等）外无活动部分，因此维修费用较低。其主要缺点是操作控制比较复杂。另外由于颗粒在床中与气流高度混合，为了限制颗粒由出口带出，保证物料干燥均匀，须延长颗粒在床内的停留时间，因而就需要很高的沸腾床层，以致造成气流压降增大。这样，单层沸腾床只能用于容易干燥且要求不高的产品，对于要求干燥较均匀或干燥时间较长的产品，一般采用多层沸腾干燥器，如图9-25所示。它是一个两层的流化床干燥器，颗粒加入第一层，经溢流管到第二层。颗粒在每一层内流化时可以互相混合，但层与层之间没有混合。由于停留时间较长，产品能达到很低的含水量，同时热的利用率也可显著提高。

沸腾床干燥器适宜于处理粉状且不易结块的物料。同时，由于物料在沸腾床内的停留时间可以任意调节，因而对于气流干燥或喷雾干燥后的物料中所含的结合水分需要经过较长时间的降速干燥时，更为合适。采用沸腾干燥的最优物料粒度范围为 $30\mu m \sim 6mm$。物料粒子直径小于 $20\sim40\mu m$ 时，气流通过多孔分布极易产生局部沟流。粒径大于 $4\sim8mm$ 时，又需要较高的流化速度，因而动力消耗以及物料的磨损都加大。被处理物料的含水量，对于粉状物料要求为 $2\%\sim5\%$，颗粒物料则在 $10\%\sim15\%$。

9.4.2.4 气流干燥器

气流干燥器是利用高速的热气流将潮湿的粉粒状、块状物料分散成粒状而悬浮于气流中，一边与热气流并流输送，一边进行干燥。对潮湿状态仍能在气体中自由流动的颗粒物料如面粉、谷物、葡萄糖、食盐、味精、离子交换树脂、水杨酸、切成粒状或小块状的马铃薯、肉丁以及各种粒状食品，均可用气流干燥器进行干燥。粒径在 0.5～0.7mm 以下的物料，不论其初始湿含量如何，一般都能干燥至 0.3%～0.5% 的含水量。如要获得更低的含水量，需要在气流干燥器之后再设置一沸腾床干燥器。在乳、蛋加工工业中，有时将气流干燥器放在喷雾干燥器之后。

气流干燥器已有 50 年的历史，直管式用得最早、最多。如图 9-26 所示。被干燥物料经预热器加热后送入干燥管的底部，然后被从加热器送来的热空气吹起。气体与固体物料在流动过程中进行充分接触，并做剧烈的相对运动，进行传热和传质，从而达到干燥的目的。

图 9-25 立式多层流化床干燥器

图 9-26 气流干燥器
1—过滤器；2—预热器；3—气流干燥管；
4—旋风分离器；5—风机；6—卸料口；7—进料口

气流干燥器的特点如下。

(1) 干燥强度高。除接触面积大外，由于气速较高（一般达 20～40m/s），空气涡流的高速搅动，使气-固边界层的气膜不断受冲刷，减小了传热和传质的阻力。

(2) 干燥时间短。大多数物料的气流干燥只需 0.5～2s，最长不超过 5s。因为是并流操作，所以特别适宜于热敏性物料的干燥。

(3) 由于干燥器具有很高的传热系数，对于完成一定的传热量所需的干燥器体积可以大大地减小，即能实现小设备大生产的目的。

(4) 由于干燥器散热面积小，所以热损失小，最多不超过 5%，因而热效率高。干燥非结合水时热效率可达 60% 左右。干燥结合水时可达 20% 左右。

(5) 可以省去专门的固体输送装置。因此，干燥器的活动部件少，结构简单，易建造，易维修，成本低。

(6) 操作连续稳定。可以把干燥、粉碎、输送、包装等组合成一道工序。整个过程可在密闭条件下进行，减少物料飞扬，防止杂质污染，既改善了产品质量，又提高了回收率。

(7) 适用性广，可用于各种粉状物料的干燥，粒子最大可达 100 mm，湿含量可达 10%～40%。

其缺点如下。

（1）由于全部产品由气流带出，因此分离器的负荷大。

（2）由于气速较高，粒子有一定的磨损，所以对晶形有一定要求的物料不宜采用。也不适宜用于需要在临界湿含量以下干燥的物料以及对管壁黏附性强的物料。

（3）由于气速大，全系统阻力很大，因而动力消耗大。

（4）最主要的缺点是干燥管较长，一般在 10m 或 10m 以上。

9.4.2.5 回转干燥器

回转干燥器又称转筒干燥器，属于常压干燥器，其主要组成部分是一与水平方向略微倾斜的回转圆筒，如图 9-27 所示。物料从较高的一端进入，随着圆筒的转动而移到较低的一端。转筒长度和直径之比通常为 4～8。转筒外壳上装有两个轮箍，整个转筒的重量是通过轮箍传递到支承托轮上的，而且在托轮上滚动。转筒由齿轮传动，其转速一般为 1～8r/min。转筒的倾斜度与长度有关，为 0.5°～6°，对于不易干燥的物料，其倾斜度较小。

图 9-27　转筒干燥器

（a）以烟道气为热源；（b）以水蒸气为热源

这种干燥器使用热空气或烟道气为干燥介质。物料和气体的流向可采用并流，逆流或并、逆流结合。流向选择主要决定于物料的性质和终湿度。为了使转筒内物料与干燥介质接触良好，在转筒内装有分散物料的装置，称为抄板。各种形式的抄板如图 9-28 所示。选用抄板的形式，主要根据物料的性质而定。

图 9-28　各种抄板

（a）普遍使用的形式，利用抄板将颗粒状物料扬起，而后自由落下；（b）弧形抄板，没有死角，适于容易黏附的物料；（c）将回转圆筒的截面分割成几个部分，每回转一次可以形成几个下泻物料流，物料约占回转圆筒容积的 15%；（d）物料与热风之间的接触比（c）更好；（e）适用于易破碎的脆性物料，物料占回转圆筒容积的 25%；（f）为（c）、（d）结构的进一步改进，适用于大型装置

9.4.3 传导干燥器和辐射干燥器

9.4.3.1 传导干燥器

传导干燥器的热能供给主要靠导热。如果干燥在常压下进行，可采用空气来带走干燥所生成的水汽；如在真空下进行，水汽则靠抽真空和冷凝的方法除去。传导干燥器毋需加热大量空气，故单位热能耗用量远较热风干燥器为少。传导干燥可在无氧的情况下进行，故特别适用于对氧化敏感的食品的干燥；但传导干燥也有其缺点，被干燥物料的热导率一般很低，食品与加热面的接触又常常不很好，特别对松散料更是如此。因此传导干燥器适用于溶液、悬浮液和膏糊状固-液混合物的干燥，而不适用于松散料的干燥。典型的传导干燥器是滚筒干燥器。

滚筒干燥器（图 9-29）主要由可以转动的一个或两个中空的金属圆筒和加热剂（蒸汽或热水等）供应机构组成的加热系统，蒸汽及不凝性气体排除系统和加料、卸料等辅助机构组成。圆筒随水平轴转动，其内部由蒸汽、热水或其他载热体加热，圆筒壁即为接触传热壁面。当液筒部分浸没在稠厚的悬浮液中，或者将稠厚的悬浮液喷洒到滚筒上面时，因滚筒的缓慢转动使物料呈薄膜状附着于滚筒的外表面而进行干燥。

滚筒内侧通入蒸汽，通过筒壁的热传导，滚筒表面温度可达 100℃ 以上，常为 150℃ 左右。使物料中的水分蒸发，汽化的水分与夹杂的粉尘随空气一道由滚筒上方的排气罩排出。当滚筒回转至 3/4～7/8 周时，物料即完成干燥，由卸料刮刀刮下，经螺旋输送机收集，送至卸料口。

滚筒干燥器可分为单滚筒干燥器和双滚筒干燥器，两者又有常压和真空之分。图 9-29 所示为常压单滚筒干燥器。滚筒在槽内回转，槽内的料液是利用泵从贮料槽送入。空气沿外壳的内面流过，流动方向与滚筒的旋转方向相反。已干燥的薄膜层用刮刀刮下，而后由螺旋输送器运走。图 9-30 所示为具有中央进料的双滚筒干燥器。

图 9-29　单滚筒干燥器

图 9-30　双滚筒干燥器

滚筒干燥器的优点是干燥速度快，热能利用经济。但这类干燥器仅限于液状、胶状或膏糊状的食品的干燥，这些物料在短时间（2～30s）内要能承受较高的温度。滚筒干燥器常用于牛奶、各种汤粉、淀粉、酵母、果汁、婴儿食品、豆浆及其他液状食品的干燥。滚筒干燥器不适用于处理含水量低的热敏物料。

9.4.3.2 辐射干燥器

辐射干燥器又分为红外线干燥器、远红外线干燥器、高频干燥器和微波干燥器等。

（1）红外线干燥器　图 9-31 为灯泡式红外线干燥器，为连续式的辐射干燥设备。物料由输送带载送，经过红外线热源下方。干燥时间由输送带的移动速度来调节。当干燥热敏性高的食品时，采用短波灯泡，而干燥热敏性不太高的食品时，可用长波的辐射器。金属或陶瓷辐射干燥器的优点是对于由各种原料做成的不同形状制品的干燥效果相同，操作灵活，温度的任何改变可在几分钟内实现，而不必中断生产。而且辐射器结构简单、造价低、能量消耗较少。因此这种红外线干燥器的应用比较广泛。

图 9-31　灯泡式红外线干燥器

红外线干燥的最大优点是干燥速度快，比一般对流、传导的干燥速度快得多。这是由于红外线干燥时，传给物料的热量比对流干燥或传导干燥要大得多，甚至大几十倍，而且被干燥物料的分子直接把红外线辐射能转变成热能，中间不需通过任何媒介物。但干燥速度不仅取决于传热速度，还取决于水分在物料内部移动的速度，故厚层物料和薄层物料用红外线干燥时存在着显著的差别。对于表面积大的薄层物料用红外线干燥尤为有利。

红外线干燥除了干燥速度快外，还具有以下优点：

① 干燥设备紧凑，使用灵活，占地面积小，便于连续化和自动化生产；

② 干燥时间短，从而降低干燥成本，提高了劳动生产率，操作安全、简单；

③ 有利于干燥外形复杂的物料，因为它可以使用不同强度的局部辐射，从而可以调节水分从成品各部分移向表面的速度。

（2）远红外线干燥器　图 9-32 为鱼类的远红外干燥装置图。整个装置由以下三部分组成：预热装置，即在食品传送带上方带子进入端附近，上下相对地装有许多个内装辐射远红外线的预热装置；第一干燥室，位于预热装置后面的带子中部，由许多有热传导性能良好的辐射管组成，该室具有向传送带上的食品喷射热风的吹出口，而在辐射管的外表面则涂有辐射远红外线的物质；第二干燥室，即在第一干燥室后面的传送带出口端附近装有的许多同样的远红外线加热器作为第二干燥室。

图 9-32　鱼类远红外干燥装置

1—预热装置；2—第一干燥室；3—第二干燥室；4—远红外加热器；5—陶瓷管；

6—镍铬耐热合金丝；7—热辐射管；8—热风管；9—热风出口；10—涂料；11—钢性管

其干燥过程如下：首先对加热器 4 的镍铬电热丝通电，以加热陶瓷管 5，使其辐射远红外线。然后将放在传送带上的鱼类物料送入预热装置的内部，利用上下对称安装的加热器开始干燥。

远红外线干燥的特点如下。

① 干燥速度快，生产效率高。干燥时间一般为近红外线的一半，为对流干燥的 1/10。

② 节约电源。远红外线的耗电量为近红外线干燥时的 50％ 左右。如与对流干燥相比，效果更为明显。

③ 干燥产品质量较好。

④ 设备小，成本低。干燥烘道一般可缩短 50％～90％。结构简单，易于制造和推广。

9.4.4　干燥器的选择

首先应以被处理物料的物化性质、生化性质及其生产工艺为依据，确定合理的干燥方法。根据我国的实际情况，可将干燥器选型原则归结如下。

（1）产品的要求。例如在食品工业上，许多制品的干燥要求无菌、避免高温分解。此时设备选型主要从保证质量出发，其次才考虑设备费用和操作费用问题。

（2）材料的特性。例如颗粒状、滤饼状、浆状、物料湿度和水分结合方式以及是否为热敏性等。

（3）产量大小。如浆液状物料可用喷雾干燥或滚筒干燥，但产量大的一般用喷雾干燥，产量小的用滚筒干燥。

（4）劳动条件。有些干燥方法虽然经济，但劳动强度大，工人接触高温区，不利于生产连续化，这些干燥方法也就不宜采用。

（5）投资费用。

（6）占地面积和设备制造、维修、操作是否方便。

各种干燥器的选用可参考表 9-3。

表 9-3　干燥器的选择

干燥器分类	干燥器型式	溶液 牛奶、果汁萃取液	膏糊 麦乳精、淀粉浆、滤饼	颗粒状<100目 离心机滤饼	粒状、结晶>100目 结晶、切丁、谷物	片状 肉类、水果蔬菜切片	块状 切块
对流干燥器	厢式		*	*	*	*	*
	沸腾床(间歇)			*	*		
	洞道式		+	*		*	+
	带式		+			*	+
	涡轮式			*	*	*	
	沸腾床(连续)			*	*		
	气流式			*	*		
	回转式			+			+
	喷雾式(机械)	*					
	喷雾式(离心、气流)	*	+				
传导干燥器	真空干燥器	+	*	*	*	*	
	回转式			+			
	真空带式		*	*			
	滚筒式	*	+				
辐射干燥器及其他	红外线式			*	*	*	+
	高频式			+	+	+	++
	微波式			+	+	+	*
	真空冷冻			+	+	*	

注：* 为适用；+ 为可用。

9.5 喷雾干燥

喷雾干燥是以单一工序将溶液、乳浊液、悬浮液或浆状物料加工成粉状干制品的一种干燥方法。它将液体通过雾化器的作用，喷成极细的雾状液滴，并依靠干燥介质（热空气、烟道气或惰性气体）与雾滴的均匀混合，进行热交换和质交换，使水分（或溶剂）汽化的过程。料液可以是溶液、乳状液、悬浮液或糊状物等，干燥成品可以是粉状、粒状、空心球或微胶囊等。喷雾干燥因具有一系列优点，因而在食品干燥中占有重要地位。

喷雾干燥具有其他干燥技术无法比拟的优点。

（1）干燥速率高，时间短　料液经雾化器雾化后，其比表面积瞬间增大若干倍，与热空气的接触面积增大，雾滴内部水分向外迁移的路径大大缩短，提高了传热传质的速率，一般只需要几秒到几十秒就干燥完毕，具有瞬间干燥的特点。

（2）物料本身不承受高温　虽然喷雾干燥的热风温度比较高，但在接触雾滴时大部分热量都用于水分的蒸发，所以尾气温度并不高，物料温度也不会超过周围热空气的湿球温度，对于一些热敏性物料，能保证其产品质量。

（3）产品质量好　如果对产品有特殊需要，还可以在干燥的同时制成微粒产品，即喷雾造粒。如果芯材和壁材选择得当，在干燥的同时能制成微胶囊，保持被干燥物料原有的风味和特色。

（4）生产过程简单　喷雾干燥通常可以使含湿率为 $40\%\sim60\%$ 的液体瞬间干燥成粉粒状产品，缩短了生产流程，避免了在过多生产环节上的人力、物力浪费。

（5）产品纯度高　由于干燥是在密闭的容器中进行的，杂质不会混入产品中。

（6）生产控制方便　喷雾干燥系统可以实现自动化操作，使产品质量稳定。

另一方面，喷雾干燥也有其缺点，主要有以下几点。

（1）热效率低　在进风温度低于 $150℃$ 时，热容量系数较低，一般为 $25\sim100W/(m^3 \cdot K)$，蒸发强度比较小，多数温度下 $2\sim5kg$ 水$/(m^3 \cdot h)$，热效率比较低。

（2）设备庞大　喷雾干燥是容积式干燥器，占用面积和空间比较大，一次性投资较大，运转费用也较高。

（3）对分离设备要求高　干燥的过程是粉体漂浮在气体中，尾气中带出部分粉尘，对气固分离设备的要求比较高。

9.5.1 喷雾干燥原理

图 9-33 为最常见的开式喷雾干燥流程图。料液由料液槽，经过滤器 2 由料泵 3 送到雾化器 8，被分散成无数细小雾滴。作为干燥介质的空气经空气过滤器 4 由风机 5 经加热器 6 加热，送到干燥室 10 内。热空气经过空气分布器 7，均匀地与雾化器喷出的雾滴相遇，经过热、质交换，雾滴迅速被干燥成产品进入塔底。已被降温增湿的空气经旋风分离器 9 等回收夹带的细微产品粒子后，由排风机排入大气中。

喷雾干燥操作中，物料水分的蒸发大体也可分为恒速干燥阶段和降速干燥阶段，由于被分散后的雾滴比较小，所以各阶段经历的时间都很短。

喷雾干燥开始时是恒速干燥阶段。在这个阶段中，水分通过颗粒的扩散速率大于或等于蒸发速率。当水分通过颗粒的扩散速率不能再维持颗粒表面饱和时，扩散速率就会成为控制因素，从而进入降速阶段。根据干燥的推动力分析，在一定物料和一定雾化器形式下，要提高干燥速率，主要取决于两个方面：一方面是进风温度，温度越高，推动力越大；另一方面是进风速度，干燥介质和液滴的相对速度愈大，愈能提高传热和传质效果，蒸发的水分能迅速从颗粒

图 9-33　喷雾干燥流程

1—料液槽；2—原料液过滤器；3—泵；4—空气过滤器；5—风机；
6—空气加热器；7—空气分布器；8—雾化器；9—旋风分离器；10—干燥室

周围带走，表面得到不断更新，有利于强化干燥过程。

恒速阶段的速率与被干燥物料的性质无关，只受外部热量与质量传递条件的控制。对于喷雾干燥过程而言，因为干燥表面总是被液体所浸湿，其表面湿度对应于环境的湿球温度，故这一阶段也叫饱和表面干燥阶段。

降速阶段干燥速度曲线的斜率与物料以及湿分的性质有关。改变外部热量与质量的传递速率对降速阶段的影响是次要的，强化外部干燥条件往往导致临界含水率增高，这样反而过早地使干燥进入降速阶段。对于具体物料的干燥规律主要还是以实验获取的数据作为工程放大的基础设计依据。

在喷雾干燥中，物料被分散成微小的雾滴，产生巨大的表面积。因此，热空气与物料雾滴间对流热的热流量将是很大的。同样，因雾化而形成的表面积很大和雾滴内的水分传递到表面的距离很短，都使传质进行得很快。这样，水分蒸发的速率很高，使干燥能在瞬间完成。

恒速阶段的干燥速率可按式(9-44)求算。式中的对流传热系数可由下列流体流过浸没球体的对流传热公式估算：

$$Nu = 2 + 0.6 Re^{1/2} Pr^{1/3} \tag{9-55}$$

式中的定性尺寸为雾滴直径，定性温度为 $(t + t_w)/2$。

喷雾干燥的时间可用下式计算：

$$\tau = \frac{\rho_L r d_0^2}{8\lambda_a (t - t_w)} + \frac{\rho_S r d_c^2 (x_c - x_e)}{12\lambda_a \Delta t} \tag{9-56}$$

式中，ρ_L，ρ_S 分别为液体和固体产品的密度，kg/m^3；r 为水的汽化热，J/kg；d_0，d_c 分别为初始和临界点时的雾滴直径，m；λ_a 为空气的热导率，$W/(m \cdot K)$；x_c，x_e 分别为物料临界和平均含水量，kg/kg 绝干空气；Δt 为空气与物料的平均温差，℃。

式(9-56)中右边的两项分别为恒速和降速阶段的干燥时间。

喷雾干燥系统的组成部分除了雾化器、干燥室之外，还有气体加热器供介质的加热，热风分配器供介质的均匀分布，风机供介的输送以及分离设备供回收制品中的细粉。

开放式系统是国内外使用最普遍的装置系统。此外，为了满足物料性质、产品质量和卫生，以及防止公害等特殊的要求，还有封闭循环式、半封闭循环式和自惰循环式的特殊系统。

也有利用雾化器和雾化室结合干燥的其他辅助工艺操作，或满足某一特定用途而设计的喷雾系统，如喷雾冷却预冻、喷雾冷冻干燥、喷雾反应干燥、喷雾预浓缩、喷雾沸腾干燥、喷雾造粒干燥、无菌喷雾干燥等。根据不同的物料或不同的产品要求，喷雾干燥系统也有差别，但构成喷雾干燥系统的几个主要基本单元不变。

（1）供料系统　供料系统是将料液顺利输送到雾化器中，并能保证其正常雾化。根据所采用雾化器形式和物料性质不同，供料的方式也不同。对于气流式雾化器，在供料的同时还要提供压缩空气以满足料液雾化所需要的能量。

（2）供热系统　供热系统形式的选定与多方面因素有关，其中最主要因素还是料液的性质和产品的需要，供热设备主要有直接供热和间接换热两种形式。

（3）雾化系统　雾化系统是整个干燥系统的核心，目前常用的雾化器主要有三种基本形式：离心式、压力式、气流式，三种雾化器对料液的适应性不同，产品的粒度也有一定的差异。

（4）干燥系统　干燥系统即各种不同形式的干燥器，干燥器的形式在一定程度上取决于雾化器的形式，也是喷雾干燥设计中的主要内容。

（5）气固分离系统　雾滴被干燥除去水分（应该说是绝大部分水分）后形成了粉粒状产品，有一部分在干燥塔底部与气体分离排出干燥器（塔底出料式），另有一部分随尾气进入气固分离系统需要进一步分离，气固分离主要有干式分离和湿式分离两类。

9.5.2　喷雾器

喷雾器是喷雾干燥器的关键部件。液体通过喷雾器分散成为 $10\sim60\mu m$ 的雾滴，提供了很大的蒸发表面积，以利于达到快速干燥的目的。对喷雾器的一般要求是，雾滴应均匀、结构简单、生产能力大、能量消耗低及操作容易等。常用的喷雾器有三种基本型式，即离心式喷雾器、压力式喷雾器和气流式喷雾器。

9.5.2.1　离心式喷雾器

离心式喷雾器的操作原理是当料液被送到离心旋转的转盘上（如图 9-34）时，由于转盘的离心力作用，料液在盘面上伸展成薄膜，离开盘缘时，液膜碎裂而雾化。离心式雾化器的液滴大小和喷雾均匀性主要取决于转盘圆周速度和液膜厚度，而液膜厚度又与溶液的处理量有关。当盘的圆周速度较小（小于 50m/s）时，得到的雾滴很不均匀。喷雾的不均匀性随盘速加快而缓减。圆周速度为 60m/s 时，就不会出现不均匀现象，所以这一圆周速度可作为设计盘速的最低参考值。通常转盘操作的圆周速度为 $90\sim140m/s$。

图 9-34　离心式喷雾器

影响离心喷雾液滴直径的因素有离心盘直径、盘型、转速、进液量、液体密度、黏度和表面张力等。对于叶板式的离心转盘，对一般料液在正常进料流量下，建议采用如下近似公式计算：

$$d_{\mathrm{p}}=0.442\frac{q_{\mathrm{VL}}^{0.2}\mu^{0.2}\sigma^{0.1}}{\rho^{0.3}n^{0.6}D^{0.2}} \tag{9-57}$$

式中，d_{p} 为液滴平均直径，m；q_{VL} 为料液流量，m^3/s；μ 为料液黏度，$Pa\cdot s$；ρ 为料液密度，kg/m^3；σ 为料液表面张力，N/m；D 为转盘直径，m；n 为转盘转速，s^{-1}。

9.5.2.2 压力式喷雾器

图 9-35 压力式喷雾器操作示意图
(a) 压强分布；(b) 喷嘴内液体的流动

压力式喷雾器主要由液体切向入口，由液体旋转室、喷嘴孔等组成（如图 9-35）。利用高压泵使获得很高压力（1960～19600kPa）的料液从切线入口进入喷嘴的旋转室。液体在旋转室中获得高速旋转运动。根据旋转动量矩守恒定律，旋转速度与旋涡半径成反比。因此，愈靠近轴心，旋转速度愈大，因而其静压强愈低，结果在喷嘴中央形成一股压强等于大气压的空气旋流，而液体则变成绕空气心旋转的环形薄膜，液体静压能在喷嘴处转变为液膜向前运动的动能，液膜便从喷嘴喷出。然后液膜伸长变薄，最后分裂为小雾滴，这样形成的液雾为空心圆锥形。

加压的料液经过喷嘴流动而后从喷孔出口排出的现象类似于经锐孔流出现象，其流量可按锐孔流量公式计算：

$$q_{VL} = C_0 \frac{\pi d_0^2}{4} \sqrt{\frac{2p}{\rho}} \, \text{m}^3/\text{s} \tag{9-58}$$

式中，C_0 为喷嘴的流量系数，它与如下结构参数 K_t 有关：

$$K_t = \frac{\pi d_0 (D_1 - 0.5b)}{4nbh} \tag{9-59}$$

式中，d_0 为喷孔直径，m；D_1 为旋流室直径，m；n 为旋流室切线入口导管数；b 为旋流室切线入口导管宽度，m；h 为旋流室切线入口导管高度，m。

流量系数 C_0 与 K_t 的关系可从有关手册中查取。在一定操作压强 p_T 下的喷嘴流量 q_{VL} 可按式（9-58）算得，然后按下式计算压力喷雾的雾滴平均直径：

$$d_p = 0.0113(d_0 + 0.00432)\exp\left(\frac{3.97}{u_v} - 0.0392\frac{q_{VL}\cos\alpha}{D^2 n}\right)\text{m} \tag{9-60}$$

式中，α 为旋流室与水平面所成的倾斜角，其余符号及其单位同上。

9.5.2.3 气流式喷雾器

气流式喷雾器是利用高速气流对液膜的摩擦分裂作用来实现雾化的。现以二流式喷嘴为例说明气流式喷嘴的工作原理，如图 9-36。图中，中心管为料液通道，环隙为气体通道。当气、液两相在端面处接触时，由于气体从环隙喷出的速度很高，一般为 200～340m/s，而液体流出的速度并不高（一般不超过 2m/s），因此，在二流体之间存在着很大的相对速度，从而产生很大的摩擦力，使液料雾化。喷雾所用压缩空气的压强一般为 0.3～0.7MPa。

气流式喷雾器按其两流体在两通道出口处的混合形式可分为内混合式和外混合式。内混合式的优点是能量转化率比外混合式高，即压缩空气所加的全部能量用于液体撕裂成液滴的利用率高。但内混合式在干燥工艺上应用不广，主要是温度高时，喷嘴很容易被未干的粉团所堵塞。

图 9-36 二流式喷嘴

外混合式喷雾就是溶液在溶液的出口处与压缩空气混合，以后被分散成细雾。因溶液和空气可以单独进行控制，所以雾化操作容易调节，而且比较稳定。除二流式喷嘴外，常用的气流式喷雾器还有三流式喷嘴、四流式喷嘴等。

影响气流喷雾滴径的因素有以下几个。

（1）气液比是影响滴径的最主要参数，特别是粗喷时，影响更大。通常滴径随气液比增大而减小。气液比的范围一般在 0.1～10.0。

（2）气液相对速度也是重要因素。相对速度大时，就有更多的空气动能用于雾化，所以滴径便减小。当液体的流量小而形成的液滴细时，影响尤为显著。

（3）平均滴径随液体黏度的增加而增大。

关于滴径的计算式，下面引用两个常用的作参考。

对内混合式喷嘴：

$$d_p = \frac{0.585}{u_r}\left(\frac{\sigma}{\rho}\right)^{0.5} + 53.1\left(\frac{\mu}{\sqrt{\sigma\rho}}\right)^{0.45}\left(\frac{q_{V,L}}{q_{V,a}}\right)^{1.5} \text{ m} \tag{9-61}$$

式中，u_r 为气、液相对速度，m/s。

对外混合式喷嘴：

$$d_p = 0.0026\left[\left(\frac{q_{mL}}{q_{ma}}\right)\left(\frac{\mu_a}{G_a d_1}\right)\right]^{0.4} \text{ m} \tag{9-62}$$

式中，q_{mL}/q_{ma} 为液、气质量流量比；G_a 为气体质量流率，kg/(m^2·s)；d_1 为液体喷嘴外径，m；μ_a 为气体黏度，Pa·s。

9.6 冷冻干燥

冷冻干燥是使含水物质温度降至冰点以下，再使由水凝固的冰在较高真空度下直接升华而除去的干燥方法。冷冻干燥具有如下特点：

（1）冷冻干燥在低压低温下进行，可以保留新鲜食品的色、香、味及维生素 C 等营养物质，特别适用于热敏性食品以及易氧化食品的干燥；

（2）由于物料中水分存在的空间在水分升华以后基本维持不变，故干燥后制品不失原有的固体框架结构，保持原有的形状；

（3）升华时原来均匀地溶于水中的无机盐就地析出，避免了因物料内部水分向表面扩散时携带无机盐而造成的表面硬化现象，因此冷冻干燥制品复水后易恢复原有的性质和形状；

（4）升华所需的热可用常温或温度稍高的加热剂提供，热能利用的经济性好；干燥设备往往毋须绝热，甚至希望以导热性较好的材料制成，以利用外界的热量；

（5）操作是在高真空和低温下进行，需要有一整套高真空获得设备和制冷设备，故投资和操作费用都大，生产成本高。

冷冻干燥早期用于生物的脱水，并在医药、血液制品、各种疫苗等方面的应用中得到迅速发展。冷冻干燥在食品工业中的应用始于第二次世界大战以后。冷冻干燥的食品品质在许多方面优于普通干燥的食品，但在系统装备和操作费用方面较一般普通干燥法高。因此其应用范围与规模受到一定的约束。

9.6.1 冷冻干燥原理

9.6.1.1 水的相图和升华

物质的固、液、气三态由一定的温度和压强条件所决定，图 9-37 为水的相图。图中 *AB*、*AC*、*AD* 三条曲线分别表示冰和水蒸气、冰和水、水和水蒸气两相共存时其压强和温度之间

图 9-37　水的相图

的关系，分别称为升华曲线、熔解曲线和汽化曲线。此三条曲线将图分成三个区，分别称为固相区、液相区和气相区。箭头 1、2、3 分别表示冰升华成气、冰融化成水、水汽化成水蒸气的过程。三曲线交点 A 为固、液、三相共存的状态点，称为三相点，其温度为 0.01℃，压强为 610 Pa。

升华现象是物质从固态不经液态而直接转变为气态的现象。由图可知，冰的温度不同时，对应的饱和蒸气压也不同，升华曲线是固态物质在温度低于三相点温度时的饱和蒸气压曲线。只有在环境压强低于对应的冰的蒸气压时，才会发生升华。

升华相变的过程一般为吸热过程，冰的升华热为 2840kJ/kg，约为熔融热和汽化热之和。

食品物料冷冻干燥过程可分为三步：物料的预冻、升华干燥和解吸干燥。

(1) 物料的预冻　物料的预冻可以在干燥箱内进行，也可以先在干燥箱外进行，再将已预冻的物料移入干燥箱内。在冷冻干燥中，物料预冻的冻结速度非常重要。冰晶升华后留下的空隙是后续冰晶升华时水蒸气的逸出通道，慢冻时形成大而连续的晶体，冰晶在物料中形成网状的骨架结构。由于冰晶的升华，这种网状冰架空出形成网状通道，空隙大，水蒸气逸出的阻力小，因而制品干燥速度快；反之，速冻时形成的树枝形和不连续的球状冰晶通道小甚至不连续，水蒸气靠扩散或渗透方能逸出，因而干燥速度慢。另一方面，慢速冻结对食品物料结构破坏较大，影响制品品质。因此应通过实验确定合适的冻结速度，使物料组织造成的破坏小，又能形成有利于升华传质的冰晶结构。

(2) 升华干燥　为使密封在干燥箱中的冻结物料进行较快的升华干燥，必须启动真空系统使干燥箱内达到并保持足够的真空度，并对物料供热。一般冷冻干燥采取的绝对压强为 0.2kPa 左右。应控制热流量使供热仅转变为升华热而不使物料升温熔化。升华产生的大量水蒸气以及不凝气经冷阱除去大部分水蒸气后由其后的真空泵抽走。冷阱又称低温冷凝器，用氨、二氧化碳等制冷剂使其保持 −40～−50℃ 的低温，水蒸气经过冷阱时，绝大部分在其表面形成凝霜，大大减轻了其后真空泵的负担。冷阱的低温使其内的水蒸气压低于干燥箱中的水蒸气压，形成水蒸气传递的推动力。

(3) 解吸干燥　已结冰的水分在升华干燥阶段被除去后，物料仍含有 10%～30% 的水分。为了保证冻干产品的安全贮藏，还应进一步干燥。残存的水分主要是结合水分，活度较低，为使其解吸汽化，应在真空条件下提高物料温度。一般在解吸干燥阶段采用 30～60℃ 的温度。待物料干燥到预期的含水量时，解除真空，取出产品。在大气压下对冷阱加热，将凝霜融化排出，即可进行下一批物料的冷冻干燥。

9.6.1.2　冷冻干燥中的传热和传质

理论上，若达到平衡，含冰晶食品中水分的蒸气压应等于此温度下冰晶的蒸气压。但研究证明，部分冻结的食品，其蒸气分压低于同温度下冰的蒸气压。干燥室的环境压强应低于此蒸气压，使冻结食品与环境之间存在一个压差。在此压差的推动下，冻结食品的冰晶由外向内不断升华成为水蒸气，此水蒸气向低压方向扩散，凝结在低温冷凝器的表面，而待干燥食品由冰晶升华形成的干燥层则自外向内推进。

在理想情况下，物料升华干燥时的水分分布可用图 9-38(a) 表示，在冻结层与已干层之间有明显的界面。冻结层的水分含量为物料原水分含量 w_1，已干层的水分含量为 w_2。从冰结层到已干层的界面上，水分含量有突然的下降，已干层的水分含量主要取决于此层与外围蒸气分压的平衡。实际上，这种理想状况并不存在。比较正确的表示法应如图 9-38（b）所示。在两层之间存在一过渡层，在此层内并无冰晶存在，但水分含量仍明显高于已干层的物料最终水分含量。另外，在已干层内也多少还存在着湿度梯度。但是深入的研究表明此过渡层较薄，在工程上可忽略不计。

图 9-38　冷冻干燥物中的水分分布

（1）理想条件下冷冻干燥中的传热和传质　冷冻干燥是既有传热又有传质的操作。在冷冻干燥时，若传给升华界面的热量等于水蒸气升华时所需的热量，则升华界面的温度和压强均达到平衡，升华正常进行。若供给的热量不足，水的升华夺走了制品自身的热量而使升华界面的温度降低；若逸出的水蒸气少于升华的水蒸气，多余的水蒸气聚集在升华界面使其压强增高，升华温度提高，最终将可能导致制品融化。所以，冷冻干燥的升华速率一方面取决于提供给升华界面的热量速率；另一方面取决于水蒸气从升华界面逸出的速率。

理想条件下，若冰的温度为 T_i，对应的蒸气压为 p_i，其上方空间与低温冷凝器相连接，低温冷凝器内的温度为 T_c，其相应的压强 p_c 甚低，可以忽略。此外又假定从冰到低温冷凝器之间的蒸气流动阻力忽略不计。在此理想情况下，根据气体分子运动理论，最大升华速率 $q_{m,\max}$ 正比于冰的蒸气压 p_i 而反比于冰的热力学温度的平方根，故有：

$$q_{m,\max} = \frac{0.0184 S p_i}{\sqrt{T_i}} \tag{9-63}$$

式中，S 为升华面积，m^2；T_i 为冰的热力学温度，K；p_i 为冰的蒸气压，Pa。

在上述理想情况下，维持升华速率需要供给的升华热为：

$$Q = q_{m,\max} r_m = \frac{0.0184 S p_i r_m}{\sqrt{T_i}} \tag{9-64}$$

上述热量可通过热传导方式供给。此时为避免融化，冰块的下表面温度应维持在 $T_w <$ 273K。设冰的热导率为 λ_i，冰层厚度为 δ_i，则传热速率为：

$$Q = \frac{\lambda_i}{\delta_i} S(T_w - T_i) \tag{9-65}$$

结合上两式就可以确定保证最高升华速率时的冰层厚度。

升华所需的热量也可通过辐射来供给。若辐射体的温度为 T_R，考虑辐射体与冰块之间为两平板之间的辐射换热，则传热速率为：

$$Q = \frac{\sigma_0 S(T_R^4 - T_i^4)}{\dfrac{1}{\varepsilon_R} + \dfrac{1}{\varepsilon_i} - 1} \tag{9-66}$$

（2）实际冷冻干燥中的传热和传质　上述所讨论的理想情形下的冷冻干燥升华速率只与蒸

气压有关。实际上，冷冻干燥也同时存在着传热和传质的阻力，参阅图 9-39。因此，考虑传热和传质阻力的实际升华速率可表示为：

$$q_{m,\max} = \frac{S(p_i' - p_0)}{R_i + R_d + R_0} \tag{9-67}$$

式中，R_i、R_d、R_0 分别为食品内部已干层、食品与冷阱之间和表面升华的阻力；p_i' 为界面上冰的蒸气压；p_0 为冷阱内靠真空泵维持的蒸气分压。

同样，满足水分升华所需的热量为：

$$Q = q_{m,\max} r_s = \frac{S(p_i' - p_0)r_s}{R_i + R_d + R_0} \tag{9-68}$$

冷冻升华中的传热和传质，因提供冻结食品水分升华所需热量的传递方向的不同（见图 9-39），可有如下三种代表性的基本情形：

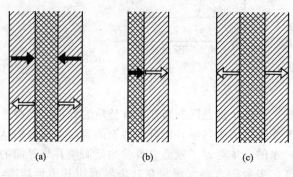

图 9-39　冷冻干燥中的传热和传质

(1) 传热和传质沿同一途径，但方向相反，见图 9-39(a)；

(2) 传热经过冻结层，而传质经过已干层，见图 9-39(b)；

(3) 热量从冰的内部发生，而传质经过已干层，见图 9-39(c)。

在第一种情形下，被干燥物料的加热是通过向已干层辐射来进行，而内部冰结层的温度则取决于传热和传质的平衡。假定：①忽略端效应；②已干层表面达到并保持最大允许的温度值 T_s；③干燥室内的蒸气压保持定值 p_s；④全部供热完全用于冰的升华，则任一时刻的热流量可表示为

$$Q = \frac{\lambda_d}{\delta_d} S(T_s - T_i) \tag{9-69}$$

式中，λ_d 为已干层的热导率，$W/(m \cdot K)$；δ_d 为已干层的厚度，m；T_s 为已干层表面的最大允许的温度，K；T_i 为冻结层的温度，K。

升华速率 q_m 可表示为：

$$q_m = \frac{k_d}{\delta_d} S(p_i - p_s) \tag{9-70}$$

式中，k_d 为已干层水汽透过系数，$kg/(m \cdot s \cdot Pa)$；p_i 为冻结层温度下的蒸气压，Pa；p_s 为已干层温度下的蒸气压，Pa。

同时，对于给定的物料层，若在冻结和已干层界附近的物料湿度从初值 X_0 降至 X_f，则升华速率与界面退缩速率之间有如下关系：

$$q_m = \rho_a S(X_0 - X_f)\frac{d\delta_d}{d\tau} \tag{9-71}$$

式中，ρ_a 为已干层内固体的松密度，kg/m^3。

联立方程式(9-69) 和式(9-70)，可得：

$$k_d(p_i' - p_s)r_s = \lambda_d(T_s - T_i) \tag{9-72}$$

联立方程式(9-68)～式(9-70)，并积分之，可得干燥时间：

$$\tau_d = \frac{\delta^2 \rho_a(X_0 - X_f)}{2k_d(p_i' - p_0)} = \frac{\delta^2 \rho_a(X_0 - X_f)r_s}{2\lambda_d(T_s - T_i)} \tag{9-73}$$

在第二种情形下，热量通过冻结层传递，水分通过已干层扩散。若忽略端效应不计，则水

蒸气的传递速率式与第一种情形一样，但传热过程则与第一种情形有别，主要是通过冻结层的传递，且传递的热量恰好用于冰的升华，对已干层的温度不产生影响。在这种情形下，随着干燥的进行，传热和传质的难易程度要发生变化，因已干层越来越厚，故传质愈来愈困难，相反因冻结层愈来愈薄，故传热愈来愈易。

第三种情形是利用微波加热作为冷冻干燥的热源，热量发生在物料的内部。在理论上，使用微波产生快速干燥，因为热量不靠物料内部的温度梯度来传递，同时冻结层温度可维持在接近最高允许的温度，而不必给界面留有过余的温度。该情形下的干燥时间仍与式（9-73）同。

9.6.2 冷冻干燥装置

含水物料冷冻干燥是在真空冷冻干燥设备中实现的，根据所要进行冷冻干燥的原料性质、冻干产品的要求与用途等的不同，可用相应的不同类型的冷冻干燥装置。

9.6.2.1 冷冻干燥装置的主要构成

一个完整的冷冻干燥系统包括制冷系统、真空系统、加热系统和干燥系统等，从其使用目的来分，可分为预冻系统、供热系统、蒸汽和不凝结气体排除系统以及物料预处理系统等。这些构成系统一般都以冷冻干燥箱体为核心连在一起。现将冷冻干燥上的主要系统和结构部分分述如下。

（1）预冻系统　应用最多的预冻手段属鼓风式和接触式冻结法。鼓风式冻结一般在冷冻干燥主机外的速冻设施或装置中完成，以提高主系统的工作效率。接触冻结一般就在冷冻干燥室物料搁板上实现。工业生产中，为了提高冷冻干燥的使用效率，多数将搁板架作成活动的小车，这样也可使物料在干燥箱外部实现预接触式预冻。对于液态物料，也可用真空喷雾冻结法进行预冻。

为了得到良好的冻结效果，冻结必须具备如下的条件和技术：应避免物料因冻结而引起破坏和损害；解除共晶混合液（即低共熔混合液）的过冷度，确定低共熔温度以及防止冻结层熔解；控制冻结过程的条件，使生成的纯冰晶的形状、大小和排列适当，以利于干燥的进行，又可以获得质量好的多孔性制品；冻结体的形状要好。

（2）供热系统　供热系统主要提供冻结制品水分不断升华所需的热量，其次是间歇性地提供低温凝结器（冷阱）积霜熔化所需的熔解热。供给升华热时应保证传热速率，使冻结层表面达到尽可能高的蒸气压，但又不致熔化。

冷冻干燥系统中提供物料中水分升华热的传热方式主要采用传导和辐射两种。一般采用的热源有电流、煤气、石油、天然气和煤等，所使用的载热体有水、水蒸气、矿物油、乙二醇等。

（3）蒸气和不凝结气体的排除系统　干燥过程中升华的水分必须不断而迅速地排除。若直接采用真空泵抽吸，则在高真空度下蒸气的体积很大，真空泵的负荷太重，故一般情况下多采用低温冷凝器（冷阱）。物料中升华的水蒸气所在冷阱中大部分结霜除去后，还有部分的水蒸气和不凝结气体必须通过真空泵抽走。这样就构成了冷阱-真空泵的组合系统。在这种系统中，真空泵可视为冷阱的前级泵。冷阱-真空泵的抽气系统一般被认为是冷冻升华干燥的标准系统。除上述真空系统外，尚有：中间增压泵-水力喷射泵，中间增压泵-水环泵，水蒸气喷射泵-水力喷射泵，水蒸气喷射泵-水环泵等系统。

（4）低温冷凝器　低温冷凝器是升华水蒸气凝结成霜的场所，低温冷媒在凝结器内通过，水汽在它们的表面凝结成霜。它总是处于干燥箱（更确切地说是冷冻干燥物料）与真空泵之间，水汽的凝结靠的是箱内食品物料表面与水汽凝结器之间的温差而形成的压差作为推动，故水汽凝结器冷凝表面的温度要比干燥箱的低。它可以放在干燥箱内，也可以用一管道与干燥箱相连。

低温冷凝器内一般都应有足够的捕水面积。由于冰是热的不良导体，当捕水量一定时，捕水面积越小，则结冰厚度越厚，冰温提高。冰层厚时，冷阱的金属材料耗用量小，但制冷机的运行费用高。冰层薄时，情况正好相反。目前国内所设计的冰层厚度都比较薄，一般为 4～6mm。最佳冰层厚度应根据技术经济指标来确定。冷阱的结构应便于水蒸气的流动，但又不能产生短路。水汽凝结器内水蒸气的流动阻力要小，否则会使容器内压强升高。

（5）干燥箱　干燥箱是冷冻干燥装置中重要部件之一，它是一个真空密闭箱体，其内部结构因处理的物料状态和系统操作方式不同而有差异，包括物料承载（传送）装置和加热结构件。如果冻结也在箱内进行，则载料用搁板同时也是冷冻板，有的系统也将冷阱设在其内。

9.6.2.2　间歇式冷冻干燥装置

间歇式冷冻干燥装置有许多适合食品生产的特点，故绝大多数的食品冷冻干燥装置均采用这种形式。间歇式装置的优点在于：①适应多品种小产量的生产特别是季节性强的食品生产；②单机操作，如一台设备发生故障，不会影响其他设备的正常运行；③便于设备的加热制造和维修保养；④便于控制物料干燥时不同阶段的加热温度和真空度的要求。其缺点是：①由于装料、卸料、起动等预备操作所占用的时间，故设备利用率低；②要满足一定的产量要求，往往需要多台的单机，并要配备相应的附属系统，这样设备投资费用就增加。

间歇式冷冻干燥装置中的干燥箱与一般的真空干燥箱相似，属盘式。干燥箱有各种形状，多数为圆筒形。盘架可为固定式，也可作成小车出入干燥箱，料盘置于各层加热板上。如为辐射加热方式，则料盘置于辐射加热板之间。物料可于箱外预冻而后装入箱内，或在箱内直接进行预冻。后者干燥箱必须与制冷系统相连接，参阅图 9-40。

图 9-40　间歇式冷冻干燥装置

1—干燥箱；2—冷阱；3—真空泵；4—制冷压缩机；
5—冷凝器；6—热交换器；7—冷阱进口阀；8—膨胀阀

9.6.2.3　连续式冷冻干燥装置

连续式冷冻干燥装置是从进料到出料连续进行操作的装置。它的优点在于：①处理能力大；②设备利用率高；③便于实现生产的自动化；④劳动强度低。缺点是：①不适合于多品种小批量的生产；②在干燥的不同阶段，虽可控制在不同的温度下进行，但不能控制在不同真空度下进行；③设备复杂、庞大，制造精度要求高，且投资费用大。

连续式冷冻干燥装置有多种。图 9-41 所示为一种称为塔盘式的连续冷冻干燥装置。这种装置可使不用浅盘预冻的颗粒物料得到连续冻干处理，连续化程度高，如图 9-41 所示。经预冻的颗粒制品从顶部进料口 1 加到顶部的圆形加热板上，干燥器的中央转轴 4 上装有带铲的搅拌器。旋转时，铲子搅动物料，不断使物料向中心方向移动，一直移至加热板内缘而落入第二块板上。在下一块上，铲子迫使物料不断向加热板外方移动（板的内缘为封闭态），直至从加热板边缘落下到直径较大的第三块加热板上，此板与顶板相同。如此物料逐板下落，直到从最低一块加热板掉落，并从出料口 10 卸出。这种干燥器加热板的温度可固定于不同的数值，使冷冻干燥按一种适当的温度程序来进行。

图 9-41　塔盘式连续冷冻干燥机

1—进料口；2—抽真空接口；3—加热板内缘落料孔；4—中央转轴；5—搅拌器；
6—增压泵；7—冷阱接口；8—维修、观察人口；9—加热介质出口；10—出料口；
11—电机变速器；12—加热介质入口；13—加热板

9.7　空气调节

　　空气调节主要指对车间、库房、实验室和居室等空间内空气的温、湿度进行调节，以满足人们生产、生活对空气环境质量的需求。概括地说，调节环境空气的状态使温度和湿度符合要求的操作称为空气调节。

　　空气调节主要是利用空气调节机将室外温度和湿度不符合工艺要求的空气进行处理，然后进入被调室，使室内空气的温度和湿度稳定地维持在规定的范围内，与此同时将被调室内的一部分空气作为废气不断地靠自然排风或用排风机排入大气，或者送回调节机重新处理后再用。空气调节的基本原理是根据室外空气的状态和被调环境空气的温度和湿度要求，由空调机对空气进行加热或冷却、增湿或去湿。

　　空调系统可有多种分类方法。若按空气调节机的型式可将空气调节系统分成集中式、半集中式和独立式三类。集中式空调系统即中央空调系统，由中央空气调节机、风机及风道等构成。空气调节机安装在被调室临近，经调节处理后的空气利用通风机经送风管送入被调室内。若被调室采用机械强制排风，则由排风机通过排风管道将室内废气排出室外。半集中式空调系统虽然也是集中送风，但每个局部被调室都有一个小型空调机，这种空调机的热水和冷水可集中提供。独立式空调系统一般由可移动的小型空调机提供局部的空气调节。本节主要讲述中央空调系统的空气调节原理。

9.7.1　直流式空气调节

　　直流式空气调节系统是全部采用室外新鲜空气进行空调的系统。这种调节系统的主要设备是直流式空气调节机。图 9-42 为直流式空气调节机的示意图。室外空气经过可以调节的联动多叶蝶阀 3 进入。这种蝶阀在结构上分两部分，并由同一驱动装置驱动。当阀的一部分向关闭方向转动时，另一部分则向开启的方向转动。因只有一部分阀叶装在一次空气加热器 4 的风道入口上，故不论多叶蝶阀如何转动，通过蝶阀的风量可以认为不变，而流经一次加热器的风量则不同,借此以调节空气的加热量。一次空气加热器的加热量是靠输送热水或蒸汽的管道上的调节阀进行调节。若室外空气温度高到不需加热时,一次加热器即可停止工作。调节机的中部是喷射室,喷射室两端有挡水板,以防止水沫溅出。喷射室内有许多喷嘴经常喷雾,使空气不断被增湿。空气离开喷射室后,再度被二次加热器加热。空气在机内处理完毕后,由通风机经风道送入被调室。水泵的进水管装有三通调节阀,可以调节喷射水的温度。

图 9-42 直流式空气调节机示意图

1—百叶窗;2—过滤器;3—联动多叶蝶阀;4——次加热器;5—调节阀;6—喷射室;
7—二次加热器;8—多叶蝶阀;9—调节阀;10—通风机;11—三通调节阀

如图 9-43 所示,设一年四季室外空气的平均参数是按照图中 H-I 曲线(称为气象线)而变化的,而被调室的空气要求保持在点 3 的状态。假定室外空气状态位于气象线下方的点 1 处。这时,调节机通常按如下三个阶段将室外空气调节成被调室所需的空气参数,以维持被调室空气的给定参数值。

图 9-43 直流式空气调节机的操作原理

(a) 冬季工作制;(b) 夏季工作制

第一阶段:为一次加热和绝热冷却阶段。首先将参数为(t_1, I_1)的室外空气加热,使其状态沿等 H 线变化至点 1'。然后空气进入喷射室绝热冷却,利用循环冷却水喷射,可视为等焓增湿过程。空气在喷射室内被增湿至接近于饱和湿度,相对湿度为 90%~95%,空气状态为图中的 k 点。以上为空气处理过程的第一阶段。

第二阶段:由喷射室出来的空气由二次加热器进行二次加热,加热过程为等湿过程,使空

气状态由点 k 改变为点 2。

第三阶段：经二次加热后以状态点 2 表示的空气进入被调室内，此空气即与室内空气进行混合平衡。进气、排气的热量和水分量必须与室内生产过程所发生的热量和水分量保持物料平衡和热量平衡。混合平衡后，保持室内稳定的空气状态，进气状态即变为室内空气的状态。如果空调系统经过正确设计并能正常工作，则此过程使点 2 的空气状态改变到点 3 所表示的被调室内的空气状态。

如果室外气象条件发生变化，空气状态从点 1 沿 $I-I$ 线向上移动。由图可知，一次加热负荷将减小，甚至不需要加热，可直接进入喷射室。如果室外空气的状态再继续向 a 点上方移动时，这时其焓大于 I_k，或者说其绝热饱和温度已超出图上的 t_k，此时空气调节机应转入另一种工作方式。在空气调节上，室外空气状态位于 a 点以上时的另一种调节方式称为夏季工作制。而上述的调节方式则称为冬季工作制。

夏季工作制下空调的第一阶段是将图 9-43(b) 上点 1 的室外空气状态改变为点 k 的空气状态，然后按与冬季工作制同样的第二、第三阶段的方式进行，使空气状态点 1 改变到空气状态 3。在这种情况下，为使空气状态点改变到状态点 k，就不能采用冬季工作制下的绝热冷却方法，而应采用冷却水使喷射室空气降温，并使其状态改变为点 k 的状态。

直流式空气调节系统一般用于被调节室内的空气含有有毒气体或有关安全的粉尘的情况下，这时室内废气不能再循环使用。

9.7.2 回风式空气调节

9.7.2.1 一次回风式空气调节系统

在一次回风式空气调节系统中，被调室的废气不是全部排入大气，其中一部分将通过回风道引回到调节机的进口，与室外新鲜空气混合后循环使用。由于被调室内空气参数值经常接近于给定值，所以在冬季时，利用温度较高的循环气与低温室外空气混合，可代替或部分代替一次加热器的作用，从而可以节约一次加热所耗用的热量。在夏季时，利用温度较低的循环空气与高温室外空气混合，可节约降低空气温度所耗用的冷量。图 9-44 所示为一次回风空气调节机的示意图。从图中可看出，这种空调机具有与被调室排风系统相连接的一次回风管道。为了便于一次回风与室外空气相混合，在喷射室前有一混合室，混合室前装混合碟阀，这个混合碟阀的作用与前述多叶碟阀作用相似。

图 9-44 一次回风式空调系统

1—百叶窗；2—混合蝶阀；3—混合室；4—喷射室；5—通风机

在一次回风式空调系统中，从被调室返回的循环空气被抽入一次加热器前的混合室内。在此混合室内，根据室外空气参数变化情况，按适当比例使内外空气混合。然后，再经一次加热后进入喷射室。故一次回风空调系统的特点在于：

（1）进入调节机的室外新鲜空气只占全部送风量的一部分；

（2）进入喷射室的空气湿含量已不是新鲜空气的湿含量。以上两点是这种系统与直流式系统的主要区别。

与前面的讨论类似，调节过程中空气状态的变化过程同样可以在 H-I 图上表达，实际上均为几种基本过程的组合。

9.7.2.2　二次回风式空气调节系统

图 9-45 所示为二次回风式空气调节系统。这种类型的空调系统中循环空气不仅引回到空调机喷射室前面与室外空气混合，而且还引回喷射室后面与从喷射室出来的空气相混合。后一部分混合的目的在于代替或部分代替二次加热器的作用，从而节约二次加热所耗用的热量。这种系统除了有二次回风管道和调节一次和二次回风量的碟阀以外，其余设备均与一次回风式相似。

图 9-45　二次回风式空气调节系统

1—进风蝶阀；2—过滤器；3—分风板；4—喷嘴；5—冷却水循环泵；
6—表面冷却器；7—挡水板；8—旁通阀；9—翅片加热器；10—风机；
11—通风管；12—回风管；13—二次回风阀；14—一次回风阀

本章主要符号

D——直径，m；

H——湿度，kg/kg 绝干空气；

L——绝干空气流量，kg/s；

S——面积，m²；

X——干基含水量；

l——汽化单位质量水分消耗的绝干空气质量；

q_m——质量流量，kg/s；

r——汽化潜热，kJ/kg；

u——干燥速率，kg/(m²·s)；

w——湿基含水量；

G——湿物料进入干燥器的质量流量，kg/s；

I——空气的焓，kJ/kg 绝干空气；

Q——传热速率，W；

W——水分汽化量，kg/s；

c_p——比热容，kJ/(kg·K)；

p——压强，Pa；

q_V——体积流量，m³/s；

t——温度，℃；

v_H——湿比体积，m³/kg 绝干空气；

α——对流传热系数，W/(m²·K)；

η——干燥系统的热效率;			φ——相对湿度;		
λ——热导率,W/(m·K);			μ——黏度,Pa·s;		
ν——运动黏度,m²/s;			θ——物料的温度,℃;		
ρ——密度,kg/m³;			σ——表面张力,N/m;		
τ——干燥时间,s。					

本 章 习 题

9-1　已知湿空气的总压强为 101.3kPa,温度为 30℃,湿度为 0.024kg/kg 绝干空气,试计算其相对湿度、露点、绝热饱和温度、焓和空气中水汽的分压。

9-2　已知湿空气的温度为 50℃,总压强为 100kPa,湿球温度为 30℃,试计算该湿空气以下各参数:(1) 湿度;(2) 相对湿度;(3) 露点;(4) 焓;(5) 湿比热容。

9-3　若常压下某湿空气为 20℃,湿度 0.014673kg/kg 绝干空气,试求:(1) 湿空气的相对湿度;(2) 湿空气的比体积;(3) 湿空气的比定压热容;(4) 湿空气的焓。若将上述空气加热到 50℃,再分别求上述各项。

9-4　将质量流量 0.9kg 绝干空气/s 的湿空气 A($t_A=20℃$,$\varphi_A=0.80$) 与质量流量 0.3kg 绝干空气/s 的湿空气 B($t_B=80℃$,$\varphi_B=0.3$) 混合,求混合后空气的状态参量 H_m、I_m。

9-5　调节干燥需要的空气状态,干燥操作如下图所示。已知状态 A:$t_A=30℃$,$t_d=20℃$,$q_V=500$m³/h 湿空气;状态 B:通过冷凝器后,空气中的水分除去 2kg/h;状态 C:通过加热器后,空气的温度 $t_B=60℃$,干燥器在常压、绝热条件下进行。水在不同温度下的饱和蒸气压如下表:

$t/℃$	10	15	20	30	40	50	60
p_s/kPa	1.2263	1.7069	2.3348	4.2477	7.3771	12.3410	19.9241

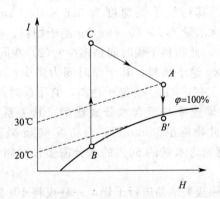

试求:(1) 做空气状态变化图;(2) 经过冷凝器后空气的温度和湿度;(3) 经过加热器后空气的相对湿度。

9-6　在一常压转筒干燥器中,将物料从(湿基)含水量 4.0% 干燥到 0.5%,干燥产品流量为 600kg/h,空气进预热器前 $t_0=25℃$,相对湿度 $\varphi_0=55\%$,经过预热器加热到 $t_1=85℃$ 后再进入干燥器,出干燥器时 $t_2=30℃$。物料进干燥器时 $\theta_1=24℃$,出干燥器时 $\theta_2=60℃$,绝干物料的比定压热容 c_{ps} 为 0.52kJ/(kg 绝干物料·K)。假设干燥器的热损失为 18000kJ/h(25℃

时水的饱和蒸气压 $p_s=3.168kPa$）。试求：（1）绝干空气的质量流量；（2）在单位时间内预热器中的传热量。

9-7 用回转干燥器干燥湿糖，进料湿糖湿基含水量为 1.28%，温度为 31℃。每小时生产湿基含水量为 0.18% 的产品 4000kg，出料温度 36℃。所用空气的温度为 20℃，湿球温度为 17℃，经加热器加热至 97℃ 后进入干燥室，排出干燥室的空气温度为 40℃，湿球温度为 32℃。已知产品的比热容为 1.26kJ/(kg·K)。试求：（1）水分蒸发量；（2）空气消耗量；（3）加热器所用表压 100kPa 的加热蒸汽消耗量；（4）干燥器的散热损失；（5）干燥器的热效率。

9-8 某糖厂有一干燥器干燥砂糖结晶，每小时处理湿物料 1000kg，干燥操作使物料的湿基含水量由 40% 减至 5%。干燥介质是空气，初温为 293K，相对湿度为 60%，经预热器加热至 393K 后进入干燥器。设空气离开干燥器时的温度为 313K，并假设已达到 80% 饱和。试求：（1）水分蒸发量；（2）空气消耗量和单位空气消耗量；（3）干燥收率为 95% 时的产品量；（4）如鼓风机装在新鲜空气进口处，鼓风机的风量应为多少？

9-9 在常压连续干燥器中将物料自含水量 50% 干燥至 6%（均为湿基），采用废气循环操作，循环比为 0.8，混合在预热器并经预热器预热。已知新鲜空气的状态 $t_0=25℃$，$H_0=0.005kg$ 水/kg 绝干空气，废气的状况为 $t_2=38℃$，$H_2=0.034kg$ 水/kg 绝干空气，求每小时干燥 1000kg 湿物料所需的新鲜空气量及预热器的传热量。预热器的热损失不计。

9-10 某种颗粒状物料放在宽 1200mm 的金属传送带上进行干燥，空气以 2m/s 的速度垂直吹过物料层。空气预热到平均温度 75℃，平均湿度为 0.018kg 水蒸气/kg 绝干空气。试求表面蒸发阶段每小时从每米长的传送带上蒸发的水分量。

9-11 温度 66℃、湿含量为 0.01kg 水蒸气/kg 绝干空气的空气以 4.0m/s 的流速平行流过料盘中的湿物料表面，试估算恒速干燥阶段的干燥速率。

9-12 湿物料在恒定干燥条件下在 5h 内由干基含水量 35% 降至 10%。如果物料的平衡含水量为 4%（干基），临界含水量为 14%（干基），求在同样的干燥条件下，将物料干燥到干基含水量 6% 需多少时间？

9-13 将 1000kg（以绝干物料计）某板状物料在恒定干燥条件下进行干燥。干燥面积为 55m²，其初始含水量为 0.15kg/kg 绝干物料，最终含水量为 $2.5×10^{-2}kg/kg$ 绝干物料，在热空气流速为 0.8m/s 情况下，其初始干燥速度为 $3.6×10^{-4}kg/(m²·s)$，临界含水量为 0.125kg/kg 绝干物料，平衡含水量为 $5×10^{-3}kg/kg$ 绝干物料。设传质系数 k_x 与热空气流速的 0.8 次方成正比。试求：（1）此物料干燥时间是多少？（2）在同样条件下，欲将此物料最终含水量降低到 $1.5×10^{-2}kg/kg$ 绝干物料，其干燥时间为多少？（3）欲将热空气流速提高到 4m/s 时，最终含水量仍为 $2.5×10^{-2}kg/kg$ 绝干物料，其干燥时间为多少？

9-14 某板状物料的干燥速率与所含水分成比例，其关系可用下式表示：$-dX/d\tau=KX$，设在某一干燥条件下，此物料在 30min 后，自初重 66kg 减至 50kg。如欲将此物料在同一条件下，自原含水量干燥到原含水量的 50% 的水分需多长时间？已知此物料的绝干物料质量为 45kg。

9-15 采用干燥器对某种盐类结晶进行干燥，一昼夜将 10t 湿物料由最初湿含量 10% 干燥最终湿含量 1%（以上均为湿基）。热空气的温度为 100℃，相对湿度为 5%，以逆流方式通入干燥器。空气离开干燥器时的温度为 65℃，相对湿度为 25%。试求：（1）每小时原湿空气用量；（2）产品量；（3）如干燥器的截面积为圆形，要求热空气进入干燥器的线速度为 0.4m/s，试求干燥器的直径。在 65℃ 时，空气中的水汽分压为 24.994kPa。

9-16 有一逆流操作的转筒干燥器，筒径 1.2m，筒长 7m，用于干燥湿基含水量为 3% 的晶体，干燥后产品的湿基含水量为 0.2%。干燥器的生产能力为 1800kg 产品/h。冷空气为

$t_0 = 293K$，$\varphi_0 = 60\%$，流经预热器（器内加热蒸汽的饱和温度为383K）后被加热至363K，然后送入干燥器。空气离开干燥器的温度为328K。晶体物料在干燥器中其温度由293K升至333K而排出，绝对干料的比热容为1.26kJ/(kg·K)。试求：（1）蒸发水分量；（2）空气消耗量及出口时的湿度；（3）预热器中加热蒸汽的消耗量（设热损失为10%）；（4）干燥器中各项热量的分配、干燥器的热效率和干燥效率。

9-17　　在干燥器内将湿物料自含水量50%干燥至含水量6%（以上均为湿基），用空气作干燥介质。新鲜空气的温度为298K，湿度为0.195kg 水蒸气/kg 绝干空气。从干燥器排出的废气温度为333K，湿度为0.041kg 水蒸气/kg 绝干空气。设空气在干燥器内状况的变化为等焓过程。试求下列三种操作方式中，每干燥1000kg/h 湿物料所需的新鲜空气量及所消耗的热量。（1）空气在预热器内一次加热到必要的温度后送入干燥器；（2）空气在预热器内只加热到373K，在干燥器中温度降至333K 时，再用中间加热器加热到373K 继续进行干燥。（3）采用部分废气循环操作，新鲜空气量与废气量的比例为20∶80的混合气体作为干燥介质，混合气体在预热器内一次加热到必要的温度后送入。

9-18　　某物料的干燥速率曲线如图9-20 所示，今欲将物料由0.50kg 水/kg 干物料干燥到0.06kg 水/kg 干物料。已知绝干物料量为200kg，干燥面积为0.04m²/kg 干物料。试求干燥时间。

9-19　　假设外界气温为35℃，相对湿度为70%，由于气温过高且湿度太大，而需进行空调。若使室温达到20℃，相对湿度为45%，试求冷却器带走多少热量，空调后的湿空气含湿量降低多少及加热器加入多少热量？

10 | 膜分离过程

大多数传质分离过程的分离基础是被分离组分在两个不同相中的分配，这类分离过程称为平衡分离过程，如蒸馏、吸收、萃取等。人们对这类分离的研究是比较充分的，理论方面也比较成熟。另外还有一类分离过程，是靠不同组分在某种推动力（如压差、电动势差、浓度差）的推动下通过某种介质（如半透膜）的速率不同而达到分离的，这类分离过程称为速率分离过程。各种膜分离过程、热扩散、气体扩散均属这一类分离过程，其中膜分离过程近年来的发展尤为迅速。

本章介绍几种已在工业上应用的膜分离操作。

10.1 膜分离过程概论

10.1.1 膜分离过程的特点

借助于膜而实现分离的过程称为膜分离过程。与其他分离过程相比，膜分离过程是一种较简单的过程，其分离条件温和，流程简单，能耗较低，因而近年来备受工程技术人员的青睐。

膜分离技术的基础是具有分离性能的膜。按照膜科学的定义，广义的膜是为两相之间的一个不连续区间，这个区间用以区别相界面。这个区间的三维量度中的一维（厚度）与其余两维（长和宽）相比要小得多。工业上应用最多的是固相膜，占99%以上。

早在1748年，人们就发现了半透膜和渗透现象。20世纪60年代研制成了可实用的反渗透膜和超滤膜，并发展了相应的理论，使反渗透和超滤的通量大幅度增加，达到有工业应用意义的水平，从此膜分离技术真正走向工业化。由于膜分离过程一般在常温或温度不太高的条件下操作，既节约能耗，又适用于热敏性物料的处理，因而在食品、医药和生物制品工业中备受欢迎。

分离过程的效率一般用产品组成之间的比例关系表示，例如组分在两相中的浓度之比，即选择性系数。在膜分离过程中则常用截留率表示分离效率。选择性系数或截留率表示了分离的质的方面。一项分离操作或分离流程的分离效果还应当用分离后物流的流量来表征，这是分离的量的方面。在大多数膜分离操作中，截留率和通量是表征过程的两个最重要指标。

目前已经在工业上成功地应用的膜分离过程有以下几种。

（1）渗析 将一张半透膜置于两种溶液之间，溶液中的大分子被膜截留，而小分子溶质透过膜进行交换，称为透析或渗析。透析可以看作是在浓度梯度作用下，溶质通过膜进入另一侧的溶液，从而与原溶液分离的过程，其推动力为浓度差。

（2）气体渗透 又称气体膜分离，是利用混合气体中各组分在压力下通过膜的速度不同而使混合气体分离的操作，最重要的应用是空气中氧气和氮气的分离。

（3）电渗析 电渗析以电位差为推动力，利用离子交换膜的选择透过性，从溶液中脱除或富集电解质。电渗析的选择性主要取决于离子交换膜。

（4）微滤 当过滤分离的粒子直径为 $0.1\mu m$ 数量级时，称为微滤。在此数量级可以截留的粒子有：淀粉、细菌、血液细胞等。微滤的推动力为膜两侧的压差，与常规过滤相同。

（5）超滤　当孔径进一步减小至为 $10^{-7} \sim 10^{-9}$ m 数量级时，即称为超滤。超滤可用于截留 DNA、病毒、蛋白质等。实际中不再用粒径或孔径来表征其分离性能，而是用"切割相对分子质量"MWCO（molecular weight cut off）或简称"切割分子量"。一般超滤膜的 MWCO 值为 1000～100000。超滤的推动力也是压差。

（6）纳滤　一般认为用于分离比超滤更小的粒子或分子，其推动力也是压差，一般认为是介于超滤和反渗透之间的操作，其主要的应用是较小的分子间的分离。

（7）反渗透　在溶液侧施加超过渗透压的压强，使溶剂分子（主要是水）通过半透膜而与溶液分离。反渗透的推动力也是压差，且其值比超滤大得多。

（8）渗透汽化　利用混合液中各组分在通过特定膜时的速率不同而实现分离，组分在通过膜的同时发生相变成为气体。渗透汽化的推动力是化学势差。

10.1.2　常用的膜和膜分离设备

10.1.2.1　膜的分类和结构

膜的种类很多，很难用一种方法进行分类。最常用的分类方法是按结构分类，其次是按作用机理分。下面介绍几种常见的膜。

（1）多孔膜　这种膜又称微孔膜，具有多孔性的结构，膜内的孔形成通道，孔道可以是倾斜或弯曲的，从而形成类似于滤布的过滤介质。常见孔径为 $0.05 \sim 20 \mu m$。工业上多用作微滤膜或用作复合膜的支撑层。图 10-1 是一种多孔膜的放大照片。

图 10-1　多孔膜　　　　　　　　　图 10-2　Millipore 公司生产的致密膜

（2）致密膜　又称均质膜，为一层均匀的薄膜，无多孔性结构，而类似于一团纤维。当物质通过均质膜时，其透过速率主要取决于扩散速率，因此渗透流率（通量）一般较低。图 10-2 是 Millipore 公司生产的致密膜。

（3）不对称膜　不对称膜由两层不同结构的薄层组成，上面一层很薄，厚度仅 $0.1 \sim$ $1 \mu m$，称作表层或皮层或活性层，其孔径较小，起截留粒子的作用。下面一层较厚，厚度为 $100 \sim 200 \mu m$，其孔径较大，称为支撑层，起增加膜的强度的作用。由于孔径比皮层大得多，故其本身无分离作用，对滤液流动的阻力也很小，一般可忽略不计。真正起分离作用的是皮层，由于它很薄，阻力较小，有助于增加滤液的流量。

不对称膜具有通量高、机械强度又好的优点，在同样的压差下，其通量可比同样厚度的对称膜高 10～100 倍。

（4）复合膜　复合膜的结构与不对称膜相同，原则上它属于不对称膜的一种。它与不对称膜的区别在于，不对称膜的皮层和支撑层是用同一种材料制成的，而复合膜的皮层的支撑层则是用不同材料制成的。它是又一类应用最广的膜，其应用范围与不对称膜基本相同。

图 10-3 比较了致密膜、不对称膜和复合膜，实际上复合膜的结构与不对称膜大体上是相同的。

图 10-3　致密膜、不对称膜和复合膜的比较
(a) 致密膜；(b) 不对称膜；(c) 复合膜

10.1.2.2　膜过程的流动特征

与其他分离过程相比，膜分离过程中流体流动的最主要特征是切向流动，即料液在与膜表面成切向的方向上流动。以过滤为例，如图 10-4 所示，在常规过滤中，被截留的粒子在过滤介质上形成滤饼层。随着过滤的进行，滤饼层不断增厚，过滤阻力也不断增加，导致滤液通量不断下降（若过滤压差维持不变）。而在切向过滤中，大部分粒子被料液带走，在膜表面只留下薄薄的一层粒子，过滤阻力就大为减小。切向流动的一个直接结果是分离过程实际上都是增浓过程，得到的只是两股浓度不同的物料，并不能将物料完全分离。因此，在考虑膜分离的工业应用时，必须同时考虑两股物流的处理，而不能简单地只取一股物料作为产品。

图 10-4　常规过滤与切向过滤的比较
(a) 常规过滤；(b) 切向过滤

10.1.2.3　管式膜分离设备

用一根多孔材料管，在其表面（内、外表面均可）涂膜，就成为管式膜。如果膜在管的内壁，就称为内压式膜；如果膜在管的外壁，就称为外压式膜。管的直径为 6～24mm 不等。为提高装填密度，将许多根管并联装在一套筒中，成为一个管式膜组件，其结构类似于列管式换热器。图 10-5 是一种管式微滤膜组件，在外壳内可以装 100 多根管，管直径 6～8mm。管板用橡胶制成，利用其弹性达到密封，更换管子时可以方便地抽出。

图 10-6 所示的六角形柱式管则为另一种形式，柱内含 19 根管道。膜是内压式的，管径仅 4～6mm。柱本身就是多空支撑层，装在一不锈钢管内，制成组件。

图 10-5　管式微滤膜

图 10-6 六角形柱管式膜组件

管式膜的特点为：管内流动为湍流（Re 可大于 10^4），放大较可靠；料液一般不需预处理，甚至可处理含少量小粒子的物料；对堵塞不敏感，拆卸和清洗也容易；装填密度不高，约为 $80m^2/m^3$，设备体积较大；由于流速高，因而能耗较高；设备的死体积较大，不利于提高浓缩比。

10.1.2.4 中空纤维式膜分离设备

管式膜组件的缺点是单位体积的膜面积比较小，改善的途径是尽量减小管的直径，由此产生了中空纤维膜组件。中空纤维的管径为 $0.19\sim1.25mm$，一般不是复合膜，但可以是不对称膜，可以把它看成直径很细的管式膜。从流动的观点看，管式、毛细管式和中空纤维式膜组件属于同一类。图 10-7 的中空纤维膜，直径 $0.51\sim1.1mm$，为内压式膜，用于超滤。

中空纤维膜组件的特点为：结构紧凑，装填密度可高达 $10000m^2/m^3$，特别适用于通量较小的膜分离过程；单位膜面积的制造费用低；剪切速率高，边界层薄；由于管径很细，料液的流动一般为层流，Re 值一般为 $500\sim2000$；不适于处理带粒子的料液，也不能黏度过高，料液一般要先经预处理，以除去小粒子；对堵塞较敏感。

10.1.2.5 平板式膜分离设备

将平板状的膜覆盖在支撑层上或支撑盘上，再将平盘以适当的方式组合叠装在一起，形成类似于板框压滤机的结构，就成为平板式膜组件。平板式膜组件中的物料流向与板框式过滤机十分相似。代表性的组件结构见图 10-8。

平板式膜组件的特点是：每两片膜之间的渗透物是被单独引出的，可以分别观察各板上渗透物的流动情况，并取样分析；剪切速率高，流动边界层薄，但 Re 并不大，一般为层

图 10-7 中空纤维膜

图 10-8　平板式膜组件的结构

流；膜的更换和清洗均较容易，对堵塞不很敏感；装填密度高于管式膜组件，但不算很高，低于 $400\ m^2/m^3$；流体流动的转折较多，阻力损失较大。

10.1.2.6　螺旋式膜分离设备

将两片平板膜叠合，中间夹一层多孔网状织品，形成一个膜袋。然后将膜袋绕一多孔中心轴卷成螺旋，中心轴即为滤液收集管，就形成了螺旋式膜组件，类似于螺旋式换热器。原料液从端面进入，沿轴向流过组件，滤液则按螺旋形流入收集管，整体结构如图 10-9 所示。

螺旋式膜组件的特点为：料液在其间沿螺旋路径流动，由于离心力的作用，即使 Re 不太大（约 100）时也已呈湍流；结构紧凑，装填密度高达 $1000m^2/m^3$；能耗较低；结构简单，造价低廉；清洗较难，也不能部分更换膜，这一点和中空纤维膜组件相同。

图 10-9　螺旋式膜组件的结构

各种膜组件各有自己的优点和缺点。目前应用较多的膜组件是管式、中空纤维式、板式和螺旋式组件。表 10-1 对这四种组件做了较详细的比较。

表 10-1　四种膜组件的比较

项目	管式	板式	中空纤维式	螺旋式
流动形态	湍流	层流	层流	湍流
抗污染性	很好	好	很差	中等
膜清洗难易	（内压）易（外压）难	易	（内压）较易（外压）难	难
膜更换方式	膜或组件	膜	组件	组件
膜更换难易	（内压）费时（外压）易	易	—	—
膜更换成本	中	低	较高	较高
预处理成本	低	低	高	高
能耗/通量	高	中	中	低
工程放大	易	难	中	中
装填密度/(m^2/m^3)	33～330	160～500	16000～30000	650～1600
压降	低	中等	高	中等

10.2 超滤与微滤

10.2.1 超滤与微滤的过程特征和数学模型

10.2.1.1 微滤和超滤的分离范围

微滤和超滤可视为用孔径很小的膜作为介质进行过滤的过程。微滤、超滤和反渗透都是以压差为推动力的液相分离操作，但是它们的分离范围各不相同，图 10-10 比较了这三种以压差为推动力的膜分离过程。

μm(对数)		扫描电子显微镜		光学显微镜		肉眼可见	
	离子范围	分子范围	大分子范围	微粒范围	大粒范围		
	0.001	0.01	0.1	1.0	10	100	1000
Å(对数)	2 3 5 8 10 2 3 5 8 10²	2 3 5 8 10³	2 3 5 8 10⁴	2 3 5 8 10⁵	2 3 5 8 10⁶	2 3 5 8 10⁷ 2	
近似相对分子质量	100 200 1000 10000 20000 100000	500000					
常见物质的相对尺寸	水溶性盐 金属离子 糖类 原子半径	干馏物 病毒 烟灰 胶体硅/粒子 蛋白质	炭黑	漆颜料 伤肺尘埃	酵母细胞 细菌 煤灰 血红细胞 花粉 面粉	人发 雾	海滩沙子
分离过程	纳滤 反渗透	超滤	微滤		粒子过滤		

图 10-10 压差推动的膜分离过程的分类

微滤和超滤多数情况下用于液体分离，也可用于气体分离，例如空气中细菌的去除。微滤可以处理含细小粒子的溶液，截留更小的粒子，直至 $0.1\mu m$ 的数量级，例如烟灰、细菌、漆、酵母细胞、淀粉、血红细胞、花粉等。超滤可截留的粒子实际上已是大分子，因此不再使用粒径的概念，而是用被截留分子的相对分子质量 MWCO 来表征超滤膜的分离性能。可分离的粒子或者分子包括病毒、蛋白质、多糖、胶粒等。反渗透可以将所有的溶质截留，只允许水分子通过。近年来将反渗透与超滤之间的分子的分离归为一类新的操作，并称之为纳滤，其 MW-CO 值为 100～5000（或 1000），纳滤也是以压差为推动力的液相分离操作。

以上的区分只是定性的，实际上 MWCO 还与分子形状有关。习惯上用球形分子配成溶液进行实验来确定 MWCO，但实际分子的形状不一定是球形的，因此膜生产商给出的 MWCO 值在很大程度上只有参考意义。

从机理上说，微滤和超滤的机理基本相同，属筛分过程，被归为一类操作。而纳滤和反渗透则不再具有筛分的意义。因此习惯上将微滤和超滤放在一起研究，且以超滤为主要讨论对象。

10.2.1.2 微滤和超滤的操作特点

一般认为微滤和超滤的机理与常规过程相同，但由于被截留的粒子很小，已不可能是不可压缩的刚性粒子，因而与常规过滤相比表现为较大的不同。

微滤和超滤通常采用切向过滤，但有时微滤也采用类似于传统过滤的所谓死端式过滤。在微滤和超滤中，作为推动力的压强差比常规过滤大，一般不可能用真空过滤。微滤常用的压强差为 0.1～0.3MPa，超滤常用的压强差为 0.1～0.5MPa，最高可达 1MPa。此压强差明显高于常规过滤，但与反渗透相比则又低得多。一般认为微滤和超滤间的分离界限大致在 $0.1\mu m$，但实际上两者的分离范围并无严格的界限。

微滤和超滤操作的温度上限原则上取决于膜和物料的耐热程度。在微滤和超滤过程中，随着过滤的进行，膜孔逐渐被堵塞，导致滤液流量的下降，到一定程度时必须停下来进行清洗。因此，严格而言微滤和超滤都不能算是真正意义上的连续过程。

10.2.1.3 浓差极化和过滤曲线

膜是一个固定壁面，流体在膜上流过时形成了边界层。流动又伴随着传质过程，因此在流动边界层之上还叠加浓度边界层。浓度边界层与速度边界层独立发展，但又互相影响。一般情况下浓度边界层比速度边界层薄，入口段长度也比速度边界层的入口段长。当浓度边界层充分建立以后，在膜附近即形成稳定的浓度分布。如图 10-11 所示，对流流动把料液带到膜表面，滤液通过膜流出，其中也可能含有一些粒子或大分子，常称之为溶质。大部分溶质则被膜截留，必然在膜表面积聚，使表面的溶质浓度 c_W 高于主体溶液内的浓度 c_B。根据费克定律，溶质将从膜表面向主体溶液扩散，直至最终形成稳定的浓度分布。这一现象称为浓差极化。

图 10-11 边界层中的传质和浓差极化

从原理上说，浓差极化是可逆的。只要膜两侧的压差撤除，浓差极化层（即浓度边界层）即消失。在短期内施加压差时，浓差极化层将重新建立。在实践中有时观察到不可逆的浓差极化层，主要是膜孔被部分堵塞所致。

浓差极化是不可避免的，它的直接后果是滤液通量的下降。在某些情况下，浓差极化层是传质的主要阻力。

微滤和超滤操作的过滤能力除与膜的特性有关外，还与操作条件有关。若固定操作条件，测定滤液的通量 J，可以得到通量 J 随时间 τ 变化的曲线，称为过滤曲线或动力学曲线，如图 10-12 所示。过滤曲线的位置与操作条件有关，但其形状大体不变。可以大致将过滤曲线分为三个区域。

Ⅰ区为通量快速下降的区域。在这段时间里过滤很不稳定，边界层开始建立，膜上的粒子层也刚刚开始形成，通量的下降主要是由于膜上形成粒子层所致。Ⅰ区一般历时很短。

图 10-12 过滤曲线

Ⅱ区为通量显著下降的区域。此时边界层继续发展，膜的堵塞开始出现，有时在膜上形成覆盖层（又称胶层）。Ⅱ区历时略长，一般为几分钟或十几分钟。它也是不稳定的。

Ⅲ区为稳定过滤区，此时边界层已充分建立。如果粒子层的存在未造成膜的堵塞，也没有形成不可逆的覆盖层，那么通量至少在理论上是稳定的。不过，实际上膜的堵塞或多或少会存在，且逐渐加重。由于覆盖层的形成，而且慢慢转化成不可逆的，通量还是会逐渐下降。如果通量下降过于明显，说明不可逆覆盖层已经形成，膜分离过程的经济性大为下降，必须对膜进行清洗，或者改变操作技术参数。

在微滤和超滤操作中，影响通量的因素很多，如进料浓度、料液流速、温度、压差、体系物性等。从速率＝推动力/阻力这一现象学方程分析，首先考虑增加推动力，即压差来增大通量。

固定温度、料液浓度、料液流速（流量）等参数，研究通量 J 与压差 Δp 之间的关系，得到一条 $J\text{-}\Delta p$ 曲线，如图 10-13 所示。图中的直线是以水做试验时测得的水通量，曲线族为过滤实际物料时测得的曲线。料液流速越高，温度越高，或料液浓度越低，曲线的位置就越高。

图中的虚线把曲线分成两部分。压差较低时，滤液通量随压差的增加而显著增加，初始时成正比例关系，这个区域称为压差控制区。随后，当压差增加时，滤液通量增加的速度逐渐减慢，直至趋于某常数，这个区域称为传质控制区。在传质控制区，通量稳定在某一数值，此数值与物系性质、料液流速、温度等操作参数有关。

图 10-13　通量-压差曲线

10.2.1.4　多孔模型

将膜看作一层多孔介质，将膜过程视作筛分或过滤过程，滤液的流动为通过直径相当于孔径、长度相当于膜厚的管道流动。由于孔径很小，通过膜的流动总是层流。引用 Hagen-Poiseuille 方程，可推导得：

$$J = \frac{d^2 \varepsilon \Delta p}{32 \delta \mu} = K_1 \frac{\Delta p}{\mu} \tag{10-1}$$

式中，d 为孔径；ε 为开孔率；δ 为膜厚。式（10-1）最重要的特征是 $J \propto \Delta p$，及 $J \propto 1/\mu$。其中的比例常数只由膜的特性决定，可以用水做实验测定。如欲增加通量，最有效的方法是增加压差 Δp，其次是提高温度以降低黏度。从模型的数学特征可以看出，层流模型适用于压差控制区，也就是压差较低的场合。

10.2.1.5　扩散模型

层流模型只考虑膜内的流动，没有考虑膜外边界层的传质阻力，实际上隐含着忽略边界层阻力的假设。在传质控制区，滤液通过浓差极化层的流动阻力成为主要阻力，此时层流模型不再适用，而应从浓差极化着手建立模型，可以推导得：

$$J = \frac{D}{\delta_c} \ln \frac{c_W - c_p}{c_B - c_p} = k \ln \frac{c_W - c_p}{c_B - c_p} \approx k \ln \frac{c_W}{c_B} \tag{10-2}$$

式中，c_B、c_p 和 c_W 分别为主体溶液、滤液和膜上的溶质浓度；k 即传质系数，它不仅与扩散系数有关，也与浓度边界厚度 δ_c 有关。由此可知，流动形态对 J 有显著影响。当流动充分发展后，D 和 δ_c 均不随时间而变，故 J 与 Δp 无关。欲使滤液通量增加，必须设法增大传质系数 k。而要使 k 增加，可增加温度，或改善流体力学条件，减少边界层厚度。

式(10-2) 将滤液通量的计算归结为传质系数 k 的求取。目前最常用的计算方法是采用无量纲数群关联式。微滤和超滤中的传质属于强制对流传质，故无量纲数群关联式为：

$$Sh = A_1 Re^{B_1} Sc^{B_2} \tag{10-3}$$

关于式(10-3) 中各参数的值，文献中有许多报道。下面两式是最常用的。

当 $Re > 4000$ 时流动为湍流，此时可用：

$$Sh = 0.023 Re^{0.8} Sc^{0.33} \tag{10-4}$$

当 $Re < 1800$ 时流动为层流，最常见的情形是速度边界层已充分发展，浓度边界层尚未充分发展，此时可用：

$$Sh = 1.86(Re \cdot Sc \cdot d_h / L)^{0.33} \tag{10-5}$$

L 为流道长，定性尺寸 d_h 不是孔径，而是由设备决定的一个特征尺寸，因此 Re 完全可以达到湍流。

[例 10-1] 在 50℃下超滤牛奶，物性常数为：$\rho = 1030 \text{kg/m}^3$，$\mu = 0.8 \text{mPa} \cdot \text{s}$，$D = 7 \times 10^{-7} \text{cm}^2/\text{s}$。牛奶含蛋白质 $c_B = 31 \text{g/L}$，c_w 值为 220g/L。滤液中蛋白质含量可忽略不计。已知超滤过程为传质控制。试根据下列数据计算中空纤维和管式膜组件的通量。

项目	直径 d_h/cm	长度 L/cm	纤维根数或管数	流速 u_0/(m/s)	压差 p/MPa
中空纤维	0.11	63.5	660	1	0.9
圆管	1.25	240	18	2	2

解：(1) 中空纤维膜

$$Re = \frac{d_h u_0 \rho}{\mu} = \frac{0.0011 \times 1 \times 1030}{0.0008} = 1416 \qquad \text{为层流}$$

$$Sc = \frac{\mu}{\rho D} = \frac{0.0008}{1030 \times 7 \times 10^{-11}} = 11096 \gg 1$$

$$Sh = 1.86\left(Re \cdot Sc \frac{d_h}{L}\right)^{1/3} = 1.86 \times \left(1416 \times 11096 \times \frac{0.0011}{0.635}\right)^{1/3} = 55.95$$

$$k = Sh \frac{D}{d_h} = 55.95 \times \frac{7 \times 10^{-11}}{0.0011} = 3.56 \times 10^{-6} \text{m}^3/(\text{m}^2 \cdot \text{s})$$

$$J = k \ln \frac{c_w}{c_B} = 3.56 \times 10^{-6} \times \ln \frac{22}{3.1} = 6.98 \times 10^{-6} \text{m}^3/(\text{m}^2 \cdot \text{s}) \qquad \text{即} \ 25.1 \text{L/(m}^2 \cdot \text{h})$$

(2) 圆管

$$Re = \frac{d_h u_0 \rho}{\mu} = \frac{0.0125 \times 2 \times 1030}{0.0008} = 32188 \qquad \text{为湍流}$$

$$Sh = 0.023 Re^{0.8} Sc^{0.33} = 0.023 \times 32188^{0.8} \times 11096^{0.33} = 2008$$

$$k = Sh \frac{D}{d_h} = 2008 \times \frac{7 \times 10^{-11}}{0.0125} = 1.12 \times 10^{-5} \text{m}^3/(\text{m}^2 \cdot \text{s}) = 40.3 \text{L/(m}^2 \cdot \text{h})$$

$$J = 40.3 \times \ln \frac{22}{3.1} = 79 \text{L/(m}^2 \cdot \text{h})$$

不妨计算一下两种装置的过滤面积。

中空纤维膜 $\qquad\qquad S = 660 \times \pi \times 0.0011 \times 0.635 = 1.45 \text{m}^2$

管式膜 $\qquad\qquad\qquad S = 18 \times \pi \times 0.0125 \times 2.4 = 1.70 \text{m}^2$

10.2.2 微滤和超滤的操作

10.2.2.1 微滤和超滤的操作方式

工业上常用的微滤、超滤操作方式有以下几种。

(1) 单级间歇操作 单级间歇操作方式如图 10-14 所示。料液一次性加入到料液槽中，滤液排出，浓缩液则全部循环。由于料液流过膜组件时有压力损失，导致温度升高。为维持恒温，可以在循环回路中加一换热器。为了减轻浓差极化的影响，在膜组件内必须保持较高的料液流速。这样，料液在器内的停留时间变短，一次通过达不到要求的滤液量，所以必须让料液循环。

图 10-14 单级间歇操作

这是一种非稳态操作，当处理量不大时，多采用这种间歇操作。随着过滤的进行，料液浓度逐渐增高，滤液量逐渐减少，浓缩比逐渐增加。

(2) 单级连续操作 单级连续操作是在单级间歇操作基础上引伸出来的，见图 10-15。将一部分浓缩排出作为产品，同时连续进料与回流混合，进行循环。一般配备 2 台泵，一台为循环泵，用于提供浓缩液循环流动所需的能量，其流量较大；另一台料泵提供压差，其流量较小。由于料液流速高，摩擦损失也大，在循环回路中常加一换热器。

单级连续操作方式的特点是组件内料液的浓度等于浓缩液的浓度，因此过滤始终在高浓度下进行，从而滤液通量较低，所需的膜面积也较大。适用于处理量较大而膜的堵塞又不严重的场合。由于膜的堵塞逐渐严重，通量会逐渐下降。

图 10-15 单级连续操作

(3) 多级连续操作 为了克服单级连续操作的弱点，可以采用多级连续操作，如图 10-16 所示，将若干个单级串联起来。这样，只有最后一级在高浓度下进行，前面几级则在较低的浓度下进行，故平均滤液通量较高，所需的膜面积低于单级连续操作而高于间歇操作。这种操作方式适用于大批量工业生产。

10.2.2.2 影响通量的因素和提高滤液通量的措施

(1) 压差的影响 从压差-通量曲线可知，尽管微滤和超滤的推动力是膜两侧的压差，但提高压差并不一定总能使滤液通量显著增加。如果过滤已在传质控制区，增加压差不仅不能使滤液通量增加，反而增加了膜堵塞的机会，此时只能设法以减少浓度边界层厚度来增加滤液通

图 10-16　多级连续操作

量。如提高料液流速、在料液侧安装搅拌装置等。

（2）进料浓度的影响　根据扩散模型，通量 J 随进料浓度 c_B 的增加呈指数型降低，这一规律与湍流程度和温度无关。而当 $c_B = c_W$ 时，通量 J 将降为零。

（3）温度的影响　无论是在压差控制区还是在传质控制区，提高操作温度都可以使液体黏度降低，扩散系数增大，从而使滤液通量增加。当然，必须以膜的耐温能力为限。

在压差控制区，提高温度的影响主要体现在黏度的降低上。在 $20\sim50℃$ 范围内，欲使通量加倍，须将温度提高 $35\sim40℃$。在传质控制区，$k\propto D^{0.67}$，而又与 $(\mu/\rho)^n$ 成反比，n 值在层流时为 $0\sim0.16$，湍流时为 0.47，而扩散系数 D 与温度 T 间的关系符合 Stokes-Einstein 方程：

$$D\mu/T = 常数 \tag{10-6}$$

（4）湍流程度的影响　提高湍流程度可使边界层厚度减薄，使传质系数增加，这是提高通量的有效途径。从这一点考虑，管式膜和螺旋式膜有其优越性。为提高湍流程度，也可以在膜的一侧安装湍流元件。

10.3　反渗透与纳滤

10.3.1　反渗透原理

10.3.1.1　渗透压与反渗透现象

能够让溶液中一种或几种组分通过而其他组分不能通过的选择性膜称为半透膜。如图 10-17 所示，用这样的半透膜将纯溶剂（水）与溶液隔开，溶剂分子会从纯溶剂侧经半透膜渗透到溶液侧，这种现象称为渗透。由于溶质分子不能通过半透膜向溶剂侧渗透，故溶液侧的压强上升。渗透一直进行到溶液侧的压强高到足以使溶剂分子不再渗透为止，此时达平衡。平衡时膜两侧的压差称为渗透压。如果在溶液侧施加大于渗透压的压强，则溶剂分子将从溶液侧向溶剂侧渗透，这一过程的传质方向与浓差扩散的方向相反，故称为反渗透。

如果半透膜两侧的是两种不同浓度的溶液，则同样存在渗透现象，其方向是从稀溶液侧向浓溶液侧渗透。在浓溶液侧施加大于两溶液渗透压之差的压强，则也会发生反渗透。反渗透的推动力为膜两侧的压差减去两侧溶液的渗透压差，即 $\Delta p - \Delta\Pi$。因此渗透压的计算是反渗透过

图 10-17　反渗透的原理

(a) 渗透；(b) 反渗透

程计算的第一步。

根据热力学理论，渗透压的热力学定义为：

$$\Pi = \frac{RT}{V_m} \ln a_w \tag{10-7}$$

式中，Π 为渗透压，Pa；R 为通用气体常数，J/(mol·K)；T 为热力学温度，K；a_w 为水分活度；V_m 为摩尔体积，m^3/mol。

若溶液为理想溶液，则活度因子等于 1。若溶液为理想溶液，则得范霍夫（Van't Hoff）方程：

$$\Pi = RT \sum c_{si} \tag{10-8}$$

对实际溶液，可引入校正因子 φ：

$$\Pi = \varphi RT \sum c_{si} \tag{10-9}$$

实际上，在等温条件下，许多物质的水溶液的渗透压近似地与其摩尔分数成正比：

$$\Pi = B x_{si} \tag{10-10}$$

表 10-2 列出了 25℃下一些物质的水溶液的 B 值。

表 10-2　25℃下某些水溶液的 B 值

溶质	B/Pa	溶质	B/Pa	溶质	B/Pa
尿素	13.7	甘油	14.3	蔗糖	14.4
NH_4Cl	25.1	KNO_3	24.0	KCl	25.4
Na_2CO_3	25.0	NaCl	25.8	$Ca(NO_3)_2$	34.5
$CaCl_2$	37.3	$Mg(NO_3)_2$	37.0	$MgCl_2$	37.5

一般水溶液的渗透压较大，而有机分子和高分子溶液的渗透压则较小。在同样的质量浓度下，小分子溶液的渗透压远高于大分子溶液的渗透压。反渗透浓缩的限度主要取决于渗透压。一般小分子溶液的浓缩浓度不超过 15%（质量分数），大分子溶液不超过 20%，以免渗透压过高。

10.3.1.2　影响反渗透操作的因素

（1）回收率　回收率定义为渗透液流量与进料流量之比，它实际上也就是浓缩比。为了节省能量，希望在尽可能高的回收率下操作。然而，过高的回收率将使渗透液的含盐量增加，通量下降，并导致膜的污染或浓缩液中产生沉淀，这些都是对膜分离不利的。

（2）温度　温度对水通量和渗透压均有影响。由渗透压的计算公式可知，温度升高时渗透压也增加，这会使通量下降。另一方面，温度升高时液体的黏度下降，使通量上升。总的来说，温度升高时通量是增加的。一个经验规律是水温每升高 1℃，膜的产水量增加 3%。

（3）压密效应　反渗透操作所用的压差比微滤和超滤高得多，这样对膜就产生了压密问题。多数反渗透组件的压差限度为 8MPa，某些垫套式组件的压差限度可在 20MPa 下使用。就目前膜的技术水平而言，考虑到压密因素，施加更高的压差是不适宜的。

（4）膜的耐氯性　在用反渗透进行海水淡化时，原水必须用氯进行预处理，这样就产生了膜的耐氯性问题，市场上已有一些耐氯性强的膜。

（5）抗氧化性　臭氧是最强的氧化剂，没有一种膜对臭氧是稳定的。同样条件下聚酰胺膜对臭氧比醋酸纤维素膜更敏感。对水中的溶解氧，某些膜也是很敏感的。

（6）有机溶剂　有机溶剂也会损坏膜，特别是醋酸纤维素膜。用有机溶剂浸泡后，有些膜的水通量增大，有些膜的水通量减小，但截留率总是大为降低。有机溶剂对膜的作用与时间、浓度等因素有关。

10.3.1.3 反渗透设备

反渗透膜组件的结构与超滤膜组件相同，也有管式、平板式、中空纤维式和螺旋式四种。研制最早的膜是平板膜，目前应用最广的则是中空纤维式和螺旋式膜，因为这两种膜组件单位体积的膜面积较大，而反渗透的渗透通量一般较低，常常需要较大的膜面积，采用这两种膜组件可使设备的体积不致过分庞大。

反渗透操作对原料有一定的要求。为了保护反渗透膜，料液中的微小粒子必须预先除去。因此，反渗透前一般有一预处理工序，常用的预处理方法是微滤或超滤。

10.3.2 描述反渗透的数学模型

（1）通过浓差极化层的传递　反渗透的传质过程与超滤相似，可分为从溶液主体通过浓差极化层传递到膜表面和在膜内的传递两步。至于不对称膜或复合膜的支撑层，一般认为其阻力不构成传质的主要阻力，可以忽略不计。

与超滤一样，反渗透也存在浓差极化，而且渗透压的影响不可忽视。浓差极化现象是反渗透过程中必须加以考虑的。其数学处理与描述传质控制区的超滤的处理方法相同，计算滤液通量的公式为式(10-2)：

$$J = \frac{D}{\delta_c}\ln\frac{c_W - c_p}{c_B - c_p} = k\ln\frac{c_W - c_p}{c_B - c_p} \approx k\ln\frac{c_W}{c_B} \tag{10-2}$$

关于传质系数 k 的计算，与超滤过程采用的无量纲数群关联式相同，下面是常见的几个。

层流下　　　　　　　　$Sh = 1.86(Re \cdot Sc \cdot d_h/L)^{1/3}$ $\tag{10-11}$

湍流下　短流道　管式膜　$Sh = 0.276Re^{0.58}(Sc \cdot d_h/L)^{1/3}$ $\tag{10-12}$

　　　　　　　　板式膜　$Sh = 0.44Re^{7/12}(Sc \cdot d_h/L)^{1/3}$ $\tag{10-13}$

　　　　　长流道　　　　$Sh = 0.023Re^{0.8}Sc^{1/3}$ $\tag{10-14}$

（2）膜内的传递——优先吸附毛细管流动模型　这一模型认为反渗透的分离机理部分由表面现象所控制，部分为流动现象所支配。对膜有两个基本要求，第一个要求是它的表面有适宜的化学性质，参见图10-18，当水溶液与亲水的膜接触时，膜优先吸附水分子，而排斥溶质——盐分子，从而在膜表面存在一层纯水层。这层纯水层排斥溶质，因此溶质被截留。纯水层与主体溶液间存在浓度差。对膜的第二个要求是膜有适宜的孔径和孔数。在压差作用下，水分子通过膜表面的毛细管流出，成为滤液。经研究知，纯水层的厚度约为2个水分子。

根据这一理论，膜表面必须优先吸附水，才能在表面形成纯水层。纯水层厚度约为两个分子的厚度。膜表面的孔还必须有适宜的孔径，根据 Sourirajan 等人的研究，当孔径为吸附水层厚度的 2 倍时，能获得最大的分离效果和最高的渗透通量，这一孔径称为临界孔径。

优先吸附毛细管流动模型给出的反渗透通量计算公式与下面的溶解-扩散模型一致。

（3）膜内的传递-溶解-扩散模型　这种模型将膜看作是一种液体，渗透物溶解于其中，并在浓度梯度的作用下进行质量传递。整个传递过程分为三步：

① 溶质与水溶解于膜中；

② 溶质和水在化学势梯度的推动下，在膜内扩散；

图 10-18　优先吸附毛细管流动模型

③ 溶质和水在膜的下游侧解吸。

溶质和水在膜中的溶解度可以是不同的，在膜内的扩散速率也可以是不同的，这样就会产生分离的效果。在等温情况下可推得：

$$J_W = \frac{D_W c_W V_W}{RT\delta}(\Delta p - \Delta \Pi) = A(\Delta p - \Delta \Pi) \tag{10-15}$$

式(10-15) 中的 $A = \dfrac{D_W c_W V_W}{RT\delta}$ 称为渗透系数，它只与膜的特性和温度有关，公式中的 $(\Delta p - \Delta \Pi)$ 可视作有效压差。

类似地，对于溶质的渗透有：

$$J_s = B(c_s - c) \tag{10-16}$$

实际上，所有的膜都存在着溶质通过的现象，不可能将溶质百分之百地脱除。实践中用脱盐率表征膜的分离性能：

$$\text{脱盐率} = (\text{浓缩液中盐浓度}/\text{料液中盐浓度}) \times 100\% \tag{10-17}$$

一般性能较好的膜的脱盐率在97%以上，较差的也有90%左右。不过，这些数据大多是用 NaCl 溶液做试验测得的，在应用实际物料时还会有一定的差别。

溶解-扩散模型比较适用于均质膜中的扩散过程，是目前最流行的模型之一。它不仅可用于反渗透，也可用于其他均质膜分离过程。

纯水渗透系数 A 是一个只与膜结构有关的量，溶质渗透系数 B 则与溶质的性质、膜材料的性质和膜的结构有关。常用的方法是用已知浓度的溶液进行反渗透实验，测出 A 和 B 的值。求得的 A 值可直接应用于其他溶液，B 值则只能用于实验所用的溶质（一般用 NaCl），必须经过推算方可用于其他溶质。

10.4 电渗析

10.4.1 电渗析过程原理

10.4.1.1 电渗析过程的原理

电渗析是在直流电场作用下，电解质溶液中的离子选择性地通过离子交换膜，从而得到分离的过程。它是一种特殊的膜分离操作。所使用的膜只允许一种电荷的离子通过而将另一种电荷的离子截留，称为离子交换膜。由于电荷有正、负两种，离子交换膜也有两种。只允许阳离子通过的膜称为阳离子交换膜，简称阳膜，只允许阴离子通过的膜称为阴离子交换膜，简称阴膜。

常规电渗析器如图 10-19 所示。

在电渗析器内两种膜成对交替平行排列，膜间空间构成一个个小室，两端加上电极，施加电场，电场方向与膜平面垂直。含盐料液均匀地分布于各室中，在电场作用下，溶液中的离子发生迁移。有两种隔室，分别产生不同的离子迁移效果。一种隔室是左边为阳膜，右边为阴膜。假设电场方向是从左向右。在此情况下，此隔室内的阳离子便向阴极移动，遇到右边的阴膜，被截留。阴离子往阳极移动，遇到左边的阳膜也被截留。而相邻两侧室中，左室内阳离子可以通过阳膜进入此室。右室内阴离子也可以通过阴膜进入此室。这样，此室的离子浓度增加，故称为浓缩室。另一种隔室是左边为阴

图 10-19 电渗析示意图

膜，右边为阳膜。在此室的阴、阳离子都可以分别通过阴、阳膜进入相邻的室，而相邻室内的离子则不能进入此室。这样，室内离子浓度降低，故称为淡化室。由于两种膜交替排列，浓室和淡室也是交替存在的。若将两股物流分别引出，就成为电渗析分离的两股产品。

10.4.1.2 电极反应

在电渗析的过程中，阳极和阴极上所发生的反应分别是氧化反应和还原反应。以 NaCl 水溶液的电渗析为例，其电极反应如下。

$$阳极： \quad 2OH^- - 2e \longrightarrow [O] + H_2O$$
$$Cl^- - e \longrightarrow [Cl]$$
$$H^+ + Cl^- \longrightarrow HCl$$
$$阴极： \quad 2H^+ + 2e \longrightarrow H_2$$
$$Na^+ + OH^- \longrightarrow NaOH$$

结果是，在阳极产生 O_2、Cl_2，在阴极产生 H_2。新生态的 O_2 和 Cl_2 对阳极会产生强烈腐蚀。而且，阳极室中水呈酸性，阴极室中水呈碱性。若水中有 Ca^{2+}、Mg^{2+} 等离子，会与 OH^- 形成沉淀，集积在阴极上。当溶液中有杂质时，还会发生副反应。为了移走气体和可能的反应产物，同时维持 pH 值，保护电极，引入一股水流冲洗电极，称为极水。

10.4.1.3 离子交换膜

离子交换膜是具有离子交换性能的、由高分子材料制成的薄膜。它与离子交换树脂相似，都是在高分子骨架上连接一个活性基团，但作用机理和方式、效果都有不同之处。当前市场上离子交换膜种类繁多，也没有统一的分类方法。一般按膜的宏观结构分为三大类。

(1) 非均相离子交换膜　由粉末状的离子交换树脂加黏合剂混炼、拉片、加网热压而成。树脂分散在黏合剂中，因而其化学结构是不均匀的。由于黏合剂是绝缘材料，因此它的膜电阻大一些，选择透过性也差一些，但制作容易，机械强度较高，价格也较便宜。随着均相离子交换膜的推广，非均相离子交换膜的生产曾经大为减少，但近年来又趋活跃。

(2) 均相离子交换膜　均相离子交换膜系将活性基团引入一惰性支持物中制成。它没有异相结构，本身是均匀的。其化学结构均匀，孔隙小，膜电阻小，不易渗漏，电化学性能优良，在生产中应用广泛。但制作复杂，机械强度较低。

(3) 半均相离子交换膜　也是将活性基团引入高分子支持物制成的，但两者不形成化学结合。其性能介于均相离子交换膜和非均相离子交换膜之间。

对离子交换膜的要求如下。

(1) 有良好的选择透过性　实际上此项性能不可能达到 100%，通常在 90% 以上，最高可达 99%。

(2) 膜电阻低　膜电阻应小于溶液电阻。若膜电阻太大，则由膜本身引起的电压降相当大，减小了电流密度，对分离不利。

(3) 有足够的化学稳定性和机械强度。

(4) 有适当的孔隙度。

10.4.1.4 电渗析中的传递

(1) 法拉第定律　法拉第定律是电化学中的基本定律。内容如下：

① 电流通过电解质溶液时，在电极上参与反应的物质量正比于电流和通电时间，即正比于通过溶液的电量；

② 每通过 96500C 的电量，在任一电极上发生得（失）1mol 电子的反应，参与此反应的物质的量亦为 1mol。

将 $F = 96500C/mol$ 称为法拉第常数，它表示为 1mol 电子的电量。

(2) 膜的选择性和电阻　膜的选择透过度为反离子在膜内的迁移数比在自由溶液中的迁移数增加的倍数。所谓反离子，是指与膜的固定活性基团所带的电荷相反的离子。一般的电渗析过程就是指反离子的迁移过程。

$$P＝（膜中反离子迁移数－自由溶液中反离子迁移数）/（1－自由溶液中反离子迁移数）$$

如果膜的选择性为 100%，那么通过膜的电流全由反离子承担，也就是说膜中反离子迁移数＝1，从而 $P＝1$。如果膜无选择性，那么反离子在膜内的迁移数等于它在溶液中的迁移数，从而 $P＝0$。实际膜的 P 值介于 0 和 1 之间，一般要求离子交换膜的 P 值大于 85%，反离子的迁移数大于 0.9。

膜电阻是离子交换膜的一个重要特性参数。文献中有不少计算溶液电阻或电导的方法，但对膜电阻仍以实测为主要手段。在实际电渗析操作中，常希望膜电阻越小越好。

(3) 双电层理论　关于离子交换膜的传递机理，提出过不少理论。较著名的有双电层理论和膜平衡理论。

双电层理论认为当离子交换膜浸没于电解质溶液中后，在溶剂——水的作用下，其活性基团发生解离，离子进入溶液中，使膜表面带电荷。以磺酸型阳膜为例，其活性基团为—SO_3H。发生解离后，H^+ 进入溶液，H^+ 即为反离子，使膜表面带负电荷。由于电场的吸引力，在膜附近形成双电层。紧靠膜的一层为紧密层，紧密层外为扩散层，扩散层外才是溶液主体。紧密层和扩散层实际上相当于浓度边界层。这样，膜对反离子有吸附作用，反离子就可以通过膜。而溶液中的同名离子（此处为阴离子）则被排斥而不能通过膜，从而产生了离子选择性。类似地，对季铵型阴膜，其活性基团为—$N(CH_3)_3OH$，进入溶液的离子为 OH^-，膜表面带正电，对溶液中的阴离子有吸引力。可以推论，膜中活性基团数越多，膜对反离子的吸引力就越强，膜的选择性就越高。

(4) Donnan 膜平衡理论　膜平衡理论是由 Donnan 提出的，早期用于描述离子交换树脂与电解质溶液间的平衡，借用此理论同样可以解释离子交换膜与溶液间的离子平衡。根据 Donnan 膜平衡理论，当达到平衡时，某离子在膜内的化学位与它在溶液中的化学势相等，这一平衡即 Donnan 膜平衡。由于活性基团的解离，使膜内活性基团带电，吸引了溶液中的反离子，这些离子在膜内的浓度大于它在溶液中的浓度。而同名离子在膜内的浓度则小于它在溶液中的浓度，这就产生了选择性。

(5) 能斯特-普朗克扩散学说　能斯特-普朗克学说从分析电渗析中的传递过程入手，建立起描述传递过程的方程。电渗析中的主要传递过程是反离子的迁移。除此之外，电渗析中还存在着其他传递过程，如上文提到的同名离子迁移、浓差扩散、水的渗透、水的电渗透、机械渗漏等。除了渗漏外，电渗析中的迁移过程可归为三类：对流扩散、分子扩散和电迁移。可分别写出描述这三类迁移的方程。在一维情况下，经推导得到离子 i 在 x 方向上的能斯特-普朗克方程：

$$J＝-D_i\left(\frac{dc_i}{dx}+c_i\frac{d\ln f_i}{dx}+\frac{c_iFZ_i}{RT}\times\frac{dE}{dx}\right)+c_iu_x \tag{10-18}$$

对理想溶液：

$$J＝-D_i\left(\frac{dc_i}{dx}+\frac{c_iFZ_i}{RT}\frac{dE}{dx}\right)+c_iu_x \tag{10-19}$$

上式加上电中性条件和稳态条件联立求解，就可以求出传质速率。

以上描述的是溶液中的传质。对膜内的传质有类似的方程，但一般只考虑一维的情形。将式(10-19)应用于膜内，加上连续性方程、稳定条件、各离子的通量与电流密度间的关系和电中性条件，即构成描述电渗析传递过程的基本方程，理论上求其解即可计算电渗析过程，但实际上求解并不容易，难于在工业中应用。

10.4.1.5 电渗析中的浓差极化

电渗析过程中的浓差极化不同于超滤或反渗透，它是电流密度超过在界面上进行稳定传质的电流密度时在界面上发生的。

设电解质 A^+B^- 溶液流经用阴膜隔开的电渗析器两室，膜两侧的浓度分布如图 10-20 所示，考虑离子在膜内和边界层内的电迁移和浓差扩散后得（对负离子）：

图 10-20 电渗析过程中的浓差极化

$$c_1 = c_0 - (\bar{t}_- - t_-)\frac{i\delta}{ZDF} \tag{10-20}$$

式中，$\bar{t}_-$ 和 t_- 分别为离子在膜内和溶液内的迁移数；i 为电流密度；δ 为边界层厚度，Z 为离子电荷价数。迁移数的定义是离子传递的电流在总电流中的百分比。从式（10-20）可看出，i 越大，c_1 就越小。当电流很大时，c_1 将趋于零。此时将没有足够的离子来传递电流，在膜界面处将产生水分子的解离，产生 H^+ 和 OH^- 来传递电流，使膜两侧 pH 发生很大的变化，这是一种极端情况，称为"极化"。这一极化现象对电渗析不利，表现在：

（1）H^+ 将通过阳膜，另一侧 OH^- 将通过阴膜进入浓室，冲淡了浓室，降低了分离效率；

（2）阳膜处将有 OH^- 积累，使膜表面呈碱性，当溶液中存在 Ca^{2+}、Mg^{2+} 等离子时将形成沉淀；

（3）极化时膜电阻、溶液电阻将大大增加，使操作电压增加或电流下降，从而降低了分离效率；

（4）溶液 pH 将发生很大变化，使膜受到腐蚀。

10.4.1.6 极限电流密度

为避免极化现象的产生，把 $c_1 = 0$ 时的电流密度称为极限电流密度，并将它作为操作的极限。一般取操作电流密度为极限电流密度的 80% 左右。

在式（10-20）中令 $c_1 = 0$，得极限电流密度计算式如下：

$$i_{lim} = \frac{ZFDc_0}{(\bar{t}_- - t_-)\delta} \tag{10-21}$$

根据式（10-21），可以看出影响 i_{lim} 的因素如下。

（1）c_0 越高，i_{lim} 就越高。这里的 c_0 是淡化室内的溶液主体浓度。在膜对数很高、脱盐率高时，c_0 的值并不高，这就导致 i_{lim} 的降低。从式（10-21）还可看出，要达到 100% 的脱盐率是不可能的。如果工艺上要求很高的脱盐率，宜用多级操作。

（2）扩散系数较高时，i_{lim} 也较高。在不影响物料稳定性和膜的耐受力的前提下，提高操作温度是有利的。

（3）可以用减小边界层厚度 d 的方法来增加 i_{lim}，这实际上是流体力学问题，减小边界层厚度的办法是增加湍流。但同时应考虑到湍流程度增加后摩擦阻力也会大大增加。

（4）膜的性质的影响体现在迁移数上，实验指出膜的性质对 i_{lim} 影响不大。

（5）温度的升高不仅使扩散系数增加，还使黏度下降，使湍流程度增加，同时使溶液的电阻下降，这些都对电渗析有利。

在实践中，i_{lim} 是用小型试验确定的。最常用的方法是施加不同电压测电流，然后以 V/i 对 $1/i$ 做图，图上的转折点即代表了 i_{lim}，除以膜面积便得 i_{lim}（图10-21）。

图 10-21　极限电流密度的确定

10.4.2　电渗析装置

10.4.2.1　电渗析器的构造

电渗析器主要由离子交换膜、隔板、电极和夹紧装置组成，整体结构类似于板式换热器或板框压滤机（图10-22），电渗析器两端为端框，框上固定有电极，极水孔道和进料、浓液和淡液孔道。端框较厚、较坚固，便于加压以夹紧元件。电极内表面成凹形，与膜贴紧时即形成电极冲洗室。相邻两膜之间有隔板，隔板边缘有垫片。当膜与隔板夹紧时即形成浓室或淡室。隔板、膜、垫片及端框上的孔对齐贴紧后即形成孔道。

图 10-22　电渗析器的构造

1—压紧板；2—垫板；3—电极；4—垫圈；5—导水、极水板；
6—阳膜；7,9—淡水隔板框；8—阴膜

隔板的作用是支撑和分隔，同时形成水流通道。隔网一般附在隔板上，其作用是增加湍流，还可减小流动阻力。也有用无网隔板的。隔板用绝缘、非吸湿材料制成，具化学稳定性、耐酸、碱，且较经济，目前一般用硬聚氯乙烯或聚丙烯塑料板。

隔板有回流式和直流式两种（图10-23）。回流式隔板又称长流程隔板，水的流程长，湍流程度高，脱盐率高，但流动阻力也大。隔板中常加各种形式的隔网，以增加湍流程度。

电极应有良好的化学和电化学稳定性。最好既能耐阳极氧化，又能耐阴极还原。这样，同一种材料既可作阳极，又可作阴极。电极应有良好的导电性能和力学性能。电极对电极反应的过电位应较低，以降低能耗。此外，电极应轻便，价格又不太贵。常用的电极材料有二氧化钌、石墨、不锈钢、钛镀铂、二氧化铝、银-氧化银和铅等。在生产中应根据溶液的特性选择电极材料。

10.4.2.2　电渗析器的操作方式

电渗析器的操作方式有以下三种。

图 10-23　回流式隔板和直流式隔板

(a) 回流式隔板　(b) 直流式隔板

1,6—料液流道；2,5—进水孔；3,8—出水孔；4,7—隔网

（1）间歇操作　如图 10-24 所示，用两个贮槽，料液一次性加入两贮槽内，然后开始操作，使浓室和淡室排出的物流分别流入两个贮槽，反复循环直到产品浓度符合要求为止。

间歇操作适用于小批量生产，它比较灵活，除盐率高，进料浓度的波动不会影响操作；但生产能力相对较低，控制系统复杂，投资相对较高。

图 10-24　电渗析的间歇操作

图 10-25　电渗析的单级连续操作

图 10-26　电渗析的多级
连续操作

（2）单级连续操作　这是一种连续操作，如图 10-25 所示。由于一般淡室产品的流量大于浓室产品的流量，故应将料液大部分引入淡液槽，小部分引入浓液槽，两者流量比与浓缩比相对应，两种产品也分别循环。

单级连续操作适用于中等生产能力的情形。连续生产的生产能力较高，这种操作方式较稳定，除盐率也高，对进料流量和组成的波动还比较容易适应；但循环流量大，管路复杂，能耗也高。

（3）多级连续操作　将若干个单级连续操作串联，就成为多级连续操作，如图 10-26 所示。串联后，淡室流量大，可以不循环，浓室则应循环，以增加流速，加强传质。

这种操作方式生产能力高，能耗低，管路和容器的投资也较少；但对进料流量和组成的波动较敏感，其除盐率取决于流量。

10.5 渗透汽化

10.5.1 渗透汽化原理

渗透汽化又称渗透蒸发，是利用膜对液体混合物中各组分的溶解与扩散性能的不同而实现分离的过程。当液体混合物与渗透汽化膜接触时，混合物中的组分在通过膜的同时发生汽化。在膜下游侧排出的气相的组成与液体混合物的组成不同，也就是说某一个或几个组分优先通过膜，这就是渗透汽化现象。

用于渗透汽化的膜可分为三大类：优先透水膜、优先透有机物膜和有机物分离膜。

亲水膜是目前研究最多的一类膜，其代表性应用是有机混合物的脱水，此时优先渗透组分为水。既然膜是亲水性的，其优先通过的组分必然是极性组分，其活性层是亲水性的聚合物。

与亲水膜相反，疏水膜的优先渗透组分为有机组分。这类膜没有标准膜，大多数情况下要根据具体的应用开发、研制专门的膜，特别是对纯有机物的分离而言。与亲水膜相比，目前疏水膜达到的分离系数和渗透通量都较低。

有机物分离膜更没有标准膜，仍要根据具体的应用开发、研制专门的膜。研究较多的有醇/醚分离膜、芳烃/烷烃分离膜、同分异构体的分离膜、芳烃/醇分离膜、烯烃/烷烃分离膜、直链烃/支链烃分离膜等。

作为一种膜分离技术，渗透汽化分离的最大优点是能耗低。相比之下，精馏操作中两组分被反复地部分汽化和部分冷凝，操作的能量利用率仅 10% 左右。

渗透汽化的另一个优点是分离系数大，分离效率高。渗透汽化分离的选择性可用选择性系数（也称分离系数）表示：

$$\alpha_{AB} = \frac{y_A}{x_A} \times \frac{x_B}{y_B} \tag{10-22}$$

只要针对原料物系选择适当的膜材料和组件，可以使渗透汽化的分离系数达几十、几百甚至几千，这是常规蒸馏难以达到的。相比之下，典型的、比较接近于理想体系的苯-甲苯体系，其分离系数（相对挥发度）只有 2.5 左右。这样，渗透汽化往往只用单级就可以达到分离效果。

渗透汽化的分离不受气-液平衡的限制，而主要受渗透速率的控制，因而可以分离常规蒸馏不能分离的体系。

渗透汽化过程简单，操作方便，无污染，易于放大。这些都是渗透汽化的优点。

从原理上说，渗透汽化的汽化和冷凝都需要能量，再加上抽真空也需要能耗，但与蒸馏相比，其能耗要小得多。

渗透汽化的组分汽化所需的热量只能来自料液自身温度的降低。因此在系统中必须安装加热单元，膜组件与热交换器之间成串联。

渗透汽化的通量较小，因此，渗透汽化在目前仍难以作为大规模的分离手段。加上整个系统又必须带有加热单元、冷凝单元和抽真空单元，而且冷凝温度较低，使得渗透汽化的总费用仍较高。所有这些特点都决定了渗透汽化目前只是作为蒸馏的补充，其适用范围为：

（1）从混合物中分离出少量物质即可得到产品的场合；

（2）恒沸物的分离，若一组分的含量比另一组分高得多，则用渗透汽化可直接得到产品，若两组分的含量接近，则可将渗透汽化与精馏组合进行分离；

（3）沸点十分接近的物系的分离；

（4）与反应过程组合应用。

影响渗透汽化的因素主要有以下几方面。

（1）膜材料与结构　膜材料与结构是影响渗透汽化过程的最关键因素，目前已有许多热力学和物理化学模型可用于预测渗透通量。

（2）温度　温度升高时，扩散系数也增大。膜表面浓度与溶液浓度之比称溶解度常数或分配系数，其值也是随温度的升高而增大的。温度对选择性系数的影响不大，一般可忽略不计。化学势随温度的升高而增大，从而使渗透汽化的推动力增大。总的来说，渗透通量随温度的升高而增加。

（3）进料浓度　如图 10-27 所示，易渗透组分浓度增大时，成分在膜中的溶解度和扩散系数均增大，故渗透通量增加。

图 10-27　温度和浓度对水-异丙醇体系渗透汽化的影响

10.5.2　渗透汽化中的传递

10.5.2.1　渗透汽化中的相平衡

从宏观上看，料液和透过物之间的平衡关系与常规的气-液平衡关系有很大的不同。可以从以下两个实例中说明。

（1）水-乙醇体系　此体系的特点是存在一恒沸点，恒沸物中乙醇占 95%（体积）。若用 PAN 渗透汽化膜做试验，得到的平衡线如图 10-28 所示。与常规的气-液平衡线相比，有很大的不同。表现为平衡线与对角线之间的距离加大了，恒沸点消失了。这说明分离变得容易了，而且可以直接制得纯乙醇。

（2）苯-环己烷体系　由于两组分的化学结构十分相似，因此两者的沸点十分接近。汽-液

图 10-28　水-乙醇体系的平衡

图 10-29　苯-环己烷体系的平衡

平衡线与对角线非常接近，恒沸点出现在含苯略高于 52% 的时候。显然，用常规蒸馏是不能将此体系分离的，如图 10-29 所示。若用 PE 渗透汽化膜做试验，所得结果与水-乙醇体系相似：平衡线与对角线之间的距离加大，恒沸点消失。从图 10-29 还可以看出，膜是很重要的因素，相比之下，用 CA/PPN 膜的效果最佳。

总之，对于原来平衡线有恒沸点或平衡线与对角线十分接近的体系，恒沸点消失，平衡线与对角线之间的距离变大，说明分离较容易进行。

10.5.2.2　渗透汽化的传递机理

渗透汽化是兼有传热和传质的过程，通常用溶解-扩散模型来描述通过膜的传递，整个传质过程由五步组成：

(1) 组分从料液主体通过边界层传递，达到膜表面，这是对流传质问题；

(2) 组分在膜表面被吸附，也可以认为是膜与液体混合物接触后发生溶解或膜发生溶胀，各组分在液体和膜之间进行分配，各组分对膜可以有不同的溶解度，从而产生了选择性吸附；

(3) 组分在膜内向下游侧扩散，这是分子扩散；

(4) 组分达到下游侧后，在下游侧解吸；

(5) 组分离开下游侧排出。

分离的选择性可以来自于膜对各组分吸附能力的不同，或各组分在膜内扩散速率的不同。在第一种情况下，浓度梯度将集中于膜靠料液的一侧。在后一种情况下，浓度梯度将集中于膜内。目前尚无可靠的实验根据支持以上两种假设中的一种。

在以上各步中，最慢的一步为控制因素。第 (4) 步解吸的速率是很快的，其阻力可以忽略不计。第 (5) 步也是快的，因为抽真空或加载气时都存在气体的主体流动。因此，对渗透汽化的研究集中在第 (2)、(3) 两步。渗透汽化过程中汽化在何处发生也是研究的重要内容之一。这方面的研究与热力学密切相关。

10.5.2.3　单组分在膜内的渗透

纯组分的渗透汽化无分离作用，以纯组分为进料进行渗透汽化试验只用于研究组分在膜内的扩散。可以用费克定律描述组分在膜内的扩散，而扩散系数与膜的溶胀程度有关，Néel 等人推荐用指数型的经验方程来表达此函数关系：

$$D = D^0 \exp(\gamma c_m) \tag{10-23}$$

式中，D^0 为极限扩散系数；γ 为溶胀效应的强度参数。它们代表了组分-膜体系的特性。将式 (10-23) 代入费克定律，考虑到稳定操作时渗透通量为常数，积分得到：

$$J = \frac{D^0}{\gamma\delta}\left[\exp(\gamma c_{m1}) - \exp(\gamma c_{m2})\right] \tag{10-24}$$

式中，δ 为膜厚；c_{m1}、c_{m2} 分别为膜两侧的浓度。

设渗出相一侧为真空，那么可认为 $c_{m2} \approx 0$，从而有：

$$J = \frac{D^0}{\gamma\delta}\left[\exp(\gamma c_{m1}) - 1\right] \tag{10-25}$$

式中，D^0 为极限扩散系数，它表征了膜对研究的组分的渗透能力。参数 γ 则表示溶胀效应的强度，γ 越大，D 增加得越快。可以由溶胀实验测得 c_{m1}，由吸附动力学实验测 D^0 和 γ 值。例如，用聚乙烯醇膜分别对水和乙醇做实验，在 25℃ 下得到：

对水　　　　　　　　　$D_W^0 = 10^{-12}\,\text{m}^2/\text{s}$ 　　　　　　$\gamma_W = 15$

对乙醇　　　　　　　　$D_{Et}^0 = 10^{-14}\,\text{m}^2/\text{s}$ 　　　　　　$\gamma_{Et} = 9$

同温下水的扩散系数为 $2.5 \times 10^{-9}\,\text{m}^2/\text{s}$。由此可得以下结论。

(1) 膜对渗透是有阻力的，D_W^0 比同温下的扩散系数小得多。

（2）γ_W 和 γ_B 值为同一数量级。从而可推定，膜的溶胀对两组分产生的效应差不多。

（3）D_W^0 比 D_B^0 大得多。如果用聚乙烯醇膜处理水-乙醇体系，则在渗出相中水的浓度将比乙醇高，即水优先通过膜。

这样，可以初步得出结论：是 D^0 决定了膜的分离选择性，即是扩散速率的不同决定了渗透汽化的选择性。但这一结论只能是部分的，因为以上分析只是对单组分的渗透而言，没有考虑两组分之间的作用；而且经许多实验发现，γ 值还是可以在 $1\sim90$ 之间变化，说明溶胀还是起一定作用的。

进一步的研究表明，假如 γ 值较大，即溶胀程度较高，可以认为膜与溶液接触后形成两层，一层为溶胀了的膜，其行为像一层黏度很高的凝胶，渗透物的扩散系数只是由于黏度增高而降低。另一层为未溶胀、实际上是干的膜，在此层中由于膜下游侧浓度较低，组分的扩散系数趋于 D^0，其值只取决于高分子-组分体系的特性。在用聚乙烯膜处理水-乙醇体系的例子中，正是这层干层决定了膜的选择性，而溶胀层起的作用则较小。

10.5.2.4 两组分的渗透

两组分同时通过膜时，组分间会发生相互作用，情况相当复杂，至今尚未有令人满意的模型。常用的方法是以浓度梯度表示推动力，由费克定律计算通量，并在确定扩散系数时考虑两组分间的互相影响，得到下面的数学模型：

$$D_A = D_A^0(\gamma_{AA}c_{mA} + \gamma_{AB}c_{mB}) \tag{10-26}$$

$$D_B = D_B^0(\gamma_{BB}c_{mB} + \gamma_{BA}c_{mA}) \tag{10-27}$$

式中，γ_{AA}、γ_{BB} 代表组分本身的溶胀效应；γ_{AB}、γ_{BA} 代表一组分对另一组分的影响；D_A^0、D_B^0 为两组分各自的极限渗透参数，代表了组分本身的渗透能力。解以上方程组就得到传质通量。

本章主要符号

D——扩散系数，m^2/s；

G——脱盐量，mol/s；

J——通量，$m^3/(m^2 \cdot s)$；

L——管长，m；

T——热力学温度，K；

Z_i——离子价数；

i——电流密度，A/m^2；

p——压强，Pa；

u——流速，m/s；

α——分离系数；

μ——黏度，$Pa \cdot s$；

τ——时间，s；

Sc——施密特（Schmidt）数，$=\mu/(D\rho)$；

E——电位，V；

I——电流，A；

K——溶质分配系数；

S——面积，m^2；

V_m——摩尔体积，m^3/mol；

c——浓度，mol/m^3；

k——传质系数，$m^3/(m^2 \cdot s)$；

t——迁移数；

Π——渗透压，Pa；

η——电流效率；

ρ——密度，kg/m^3；

Re——雷诺数（Renolds），$=ud_h\rho/\mu$；

Sh——舍伍德（Sherwood）数，$=kd_h/D$。

本 章 习 题

10-1 对 XM100A 超滤膜进行测定，测得其平均孔径为 1.75×10^{-8} m，1cm² 上有孔 3×10^9 个，皮层厚 0.2μm。试估算膜的开孔率及在 100kPa 压差、20℃下的水通量。

10-2 在 5℃下超滤乳清，要求浓缩 5 倍。料液流速 1.1m/s 时，进料浓度下的通量为 40L/(m²·h)，浓缩比为 5 时通量降为 17L/(m²·h)。要求每小时生产 1000L 浓缩液。求两种情况下所需的膜面积：(1) 单级间歇操作；(2) 单级连续操作。

10-3 有某糖汁反渗透试验装置，糖汁平均浓度 11.5%，采用的试验压强为 5000kPa，测得透水通量为 32L/(m²·h)，透过液中含糖 0.33%。试计算反渗透膜的透水系数及脱除率。已知糖液在 11.5%下渗透压为 827kPa，在 0.33%下渗透压可忽略不计。

10-4 用连续电渗析器处理含盐 13mol/m³ 的原水。电渗析器具有 60 对膜，隔板尺寸为 800mm×1600mm，膜的有效面积系数为 73%，操作电压为 150V，电流 17A，原水处理量为 3.1t/h，经处理后水的含盐量为 3mol/m³。试计算：(1) 电流密度；(2) 电流效率；(3) 单位耗电量。

10-5 有某提取柠檬酸的装置，电渗析器具有 120 对膜，每一隔板有流槽 8 程，总长度 8.56m，宽 52mm。用 220V 电压操作，在 11h 内共处理原液 2m³，原液含电解质总浓度 930mol/m³，经电渗析后残液浓度 143mol/m³，平均电流为 39.4A。试计算：(1) 电流密度；(2) 电流效率；(3) 单位耗电量。

10-6 装有 60 对膜的某电渗析器，对平均含盐量 4.45mol/m³ 的原水进行电渗析极限电流的测定，以确定水的流速（或流量）对极限电流的关系。测得结果如下：

极限电压 V/V	119	123	141	134	161	160
极限电流 A/A	11.1	11.9	12.8	13.0	14.1	14.2
流速 u/(m/s)	0.07	0.07	0.08	0.08	0.10	0.10
流量 q_{mh}/(t/h)	21.4	22.4	24.0	24.4	30.0	30.6

试根据以上数据做出极限电流与流量关系曲线，以定出计算极限电流的方程式。

附录

一、单位换算

1. 质量

kg	t	lb(磅)
1	0.001	2.20462
1000	1	2204.62
0.4536	4.536×10^{-4}	1

2. 长度

m	in(英寸)	ft(英尺)	yd(码)
1	39.3701	3.2808	1.0936
0.0254	1	0.07333	0.02778
0.3048	12	1	0.3333
0.9144	36	3	1

3. 力

N	kgf	lbf	dyn
1	0.102	0.2248	1×10^5
9.807	1	2.205	9.807×10^5
4.448	0.4536	1	4.448×10^5
1×10^{-5}	1.02×10^{-6}	2.248×10^{-6}	1

4. 压强

Pa	Torr(mmHg)	atm	kgf/cm²	lbf/in²
1	7.501×10^{-3}	9.807×10^{-6}	1.02×10^{-5}	1.45×10^{-4}
133.3	1	1.312×10^{-3}	1.36×10^{-3}	1.934×10^{-2}
1.013×10^5	760	1	1.033	14.697
9.807×10^4	735.6	0.9678	1	14.22
6.895×10^3	51.71	0.068	0.0703	1

5. 黏度

Pa·s	P	cP	lbf/(ft·s)	kgf·s/m²
1	10	1000	0.672	0.102
0.1	1	100	0.0672	0.0102
0.001	0.01	1	6.72×10^{-4}	1.02×10^{-4}
1.488	14.88	1488	1	0.1519
9.807	98.07	9807	6.59	1

6. 比热容

kJ/(kg·K)	kcal/(kg·℃)	Btu/(lb·F)
1	0.2389	0.2389
4.187	1	1

7. 热导率

W/(m·K)	kcal/(m·h·℃)	Btu/(ft·h·F)
1	0.86	0.5779
1.163	1	0.672
1.73	1.488	1

8. 传热系数

W/(m²·K)	kcal/(m²·h·℃)	Btu/(ft²·h·F)
1	0.86	0.176
1.163	1	0.2048
5.678	4.882	1

9. 温度

$$t/℃=5\times(t/℉-32)/9=T/K-273.2$$
$$t/℉=9t/℃/5+32=9\times(T/K-273.2)/5+32$$

二、物性数据

1. 干空气的物理性质 ($p=101.3kPa$)

温度 $t/℃$	密度 $\rho/(kg/m^3)$	比热容 $c_p/[kJ/(kg·K)]$	热导率 $\lambda\times10^2/[W/(m·K)]$	黏度 $\mu\times10^5/Pa·s$	Pr
−50	1.584	1.013	2.035	1.46	0.728
−40	1.515	1.013	2.117	1.52	0.728
−30	1.453	1.013	2.198	1.57	0.723
−20	1.395	1.009	2.279	1.62	0.716
−10	1.342	1.009	2.360	1.67	0.712
0	1.293	1.005	2.442	1.72	0.707
10	1.247	1.005	2.512	1.77	0.705
20	1.205	1.005	2.593	1.81	0.703
30	1.165	1.005	2.675	1.86	0.701
40	1.128	1.005	2.756	1.91	0.699
50	1.093	1.005	2.826	1.96	0.698
60	1.060	1.005	2.896	2.01	0.696
70	1.029	1.009	2.966	2.06	0.694
80	1.000	1.009	3.047	2.11	0.692
90	0.972	1.009	3.128	2.15	0.690
100	0.946	1.009	3.210	2.19	0.688
120	0.898	1.009	3.338	2.29	0.686
140	0.854	1.013	3.489	2.37	0.684
160	0.815	1.017	3.640	2.45	0.682
180	0.779	1.022	3.780	2.53	0.681
200	0.746	1.026	3.931	2.60	0.680
250	0.674	1.038	4.288	2.74	0.677
300	0.615	1.048	4.605	2.97	0.674
350	0.566	1.059	4.908	3.14	0.676
400	0.524	1.068	5.210	3.31	0.678
500	0.456	1.093	5.745	3.62	0.687
600	0.404	1.114	6.222	3.91	0.699
700	0.362	1.135	6.711	4.18	0.706
800	0.329	1.156	7.176	4.43	0.713
900	0.301	1.172	7.630	4.67	0.717
1000	0.277	1.185	8.041	4.90	0.719
1100	0.257	1.197	8.502	5.12	0.722
1200	0.239	1.206	9.153	5.35	0.724

2. 水的物理性质

温度 $t/℃$	密度 ρ /(kg/m³)	焓 H /(kJ/kg)	比热容 c_p /[kJ/(kg·K)]	热导率 $\lambda \times 10^2$ /[W/(m·K)]	黏度 μ /mPa·s	体积膨胀系数 $\beta \times 10^4$/K^{-1}	表面张力 $\sigma \times 10^2$/(N/m)
0	999.9	0	4.212	55.08	1.788	−0.63	75.61
10	999.7	42.04	4.191	57.41	1.306	0.73	74.14
20	998.2	83.90	4.183	59.85	1.004	1.82	72.67
30	995.7	125.69	4.174	61.71	0.801	3.21	71.20
40	992.2	167.51	4.174	63.33	0.653	3.87	69.63
50	988.1	209.30	4.174	64.73	0.549	4.49	67.67
60	983.2	251.12	4.178	65.89	0.470	5.11	66.20
70	977.8	292.99	4.187	66.70	0.406	5.70	64.33
80	971.8	334.94	4.195	67.40	0.355	6.32	62.57
90	965.3	376.98	4.208	67.98	0.315	6.95	60.71
100	958.4	419.10	4.220	68.21	0.282	7.52	58.84
110	951.0	461.34	4.238	68.44	0.259	8.08	56.88
120	943.1	503.67	4.260	68.56	0.237	8.64	54.82
130	934.8	546.38	4.266	68.56	0.218	9.17	52.86
140	926.1	589.08	4.287	68.44	0.201	9.72	50.70
150	917.0	632.20	4.312	68.38	0.186	10.3	48.64
160	907.4	675.33	4.346	68.27	0.174	10.7	46.6
170	897.3	719.29	4.379	67.92	0.163	11.3	45.3
180	886.9	763.25	4.417	67.45	0.153	11.9	42.3
190	876.0	807.63	4.460	66.99	0.144	12.6	40.0
200	863.0	852.43	4.505	66.29	0.136	13.3	37.7
250	799.0	1085.64	4.844	61.76	0.110	18.1	26.2
300	712.5	1344.80	5.736	53.96	0.091	29.2	14.4

3. 饱和水蒸气表（以压强为准）

压强 p/Pa	温度 $t/℃$	蒸汽比体积 v/(m³/kg)	焓 H/(kJ/kg) 液体	焓 H/(kJ/kg) 气体	汽化热 r/(kJ/kg)
1000	6.3	129.37	26.48	2503.1	2476.8
1500	12.5	88.26	52.26	2515.3	2463.0
2000	17.0	67.29	71.21	2524.2	2452.9
2500	20.9	54.47	87.45	2531.5	2444.3
3000	23.5	45.52	98.38	2536.8	2438.4
3500	26.1	39.45	109.30	2541.8	2432.5
4000	28.7	34.88	120.23	2546.8	2426.6
4500	30.8	33.06	129.00	2550.9	2421.9
5000	32.4	28.27	135.69	2554.0	2418.3
6000	35.6	23.81	149.06	2560.1	2411.0
7000	38.8	20.56	162.44	2566.3	2403.8
8000	41.3	18.13	172.73	2571.0	2398.2
9000	43.3	16.24	181.16	2574.8	2393.6
1×10^4	45.3	14.71	189.59	2578.5	2388.9
1.5×10^4	53.5	10.04	224.03	2594.0	2370.0
2×10^4	60.1	7.65	251.51	2606.4	2354.9
3×10^4	66.5	5.24	288.77	2622.4	2333.7
4×10^4	75.0	4.00	315.93	2634.1	2312.2

压强 p/Pa	温度 t/℃	蒸汽比体积 v/(m³/kg)	焓 H/(kJ/kg)		汽化热 r/(kJ/kg)
			液体	气体	
5×10^4	81.2	3.25	339.80	2644.3	2304.5
6×10^4	85.6	2.74	358.21	2652.1	2393.9
7×10^4	89.9	2.37	376.61	2659.8	2283.2
8×10^4	93.2	2.09	390.08	2665.3	2275.3
9×10^4	96.4	1.87	403.49	2670.8	2267.4
1×10^5	99.6	1.70	416.90	2676.3	2259.5
1.21×10^5	104.5	1.43	437.51	2684.3	2246.8
1.4×10^5	109.2	1.24	457.67	2692.1	2234.4
1.6×10^5	113.0	1.21	473.88	2698.1	2224.2
1.8×10^5	116.6	0.988	489.32	2703.7	2214.3
2×10^5	120.2	0.887	493.71	2709.2	2204.6
2.5×10^5	127.2	0.719	534.39	2719.7	2185.4
3×10^5	133.3	0.606	560.38	2728.5	2168.1
3.5×10^5	138.8	0.524	583.76	2736.1	2152.3
4×10^5	143.4	0.463	603.61	2742.2	2138.5
4.5×10^5	147.7	0.414	622.42	2747.8	2125.4
5×10^5	151.7	0.375	639.59	2752.8	2113.2
6×10^5	158.7	0.316	670.22	2761.4	2091.1
7×10^5	164.7	0.273	696.27	2767.8	2071.5
8×10^5	170.4	0.240	720.96	2773.7	2052.7
9×10^5	175.1	0.215	741.82	2778.1	2036.2
1×10^6	179.9	0.194	762.68	2782.5	2019.7
1.1×10^6	180.2	0.177	780.34	2785.5	2005.1
1.2×10^6	187.8	0.166	797.92	2788.5	1990.6
1.3×10^6	191.5	0.151	814.25	2790.9	1976.7
1.4×10^6	194.8	0.141	829.06	2792.4	1963.7
1.5×10^6	198.2	0.132	843.86	2794.5	1950.7
1.6×10^6	201.3	0.124	857.77	2796.0	1938.2
1.7×10^6	204.1	0.117	870.58	2797.1	1926.5
1.8×10^6	206.9	0.110	883.39	2798.1	1914.8
1.9×10^6	209.8	0.105	896.21	2799.2	1903.0
2×10^6	212.2	0.0997	907.32	2799.7	1892.4
3×10^6	233.7	0.0666	1005.4	2798.9	1793.5
4×10^6	250.3	0.0498	1082.9	2789.8	1706.8
5×10^6	263.8	0.0394	1146.9	2776.2	1629.2
6×10^6	275.4	0.0324	1203.2	2759.5	1556.3
7×10^6	285.7	0.0273	1253.2	2740.8	1487.6
8×10^6	294.8	0.0235	1299.2	2720.5	1403.7
9×10^6	303.2	0.0205	1343.5	2699.1	1356.6
1×10^7	310.9	0.0180	1384.0	2677.1	1293.1
1.2×10^7	324.5	0.0142	1463.4	2631.2	1167.7
1.4×10^7	336.5	0.0115	1567.9	2583.2	1043.4
1.6×10^7	347.2	0.00927	1615.8	2531.1	915.4
1.8×10^7	356.9	0.00744	1699.8	2466.0	766.1
2×10^7	365.6	0.00566	1817.8	2364.2	544.9

4. 饱和水蒸气表（以温度为准）

温度 t/℃	压强 p/kPa	蒸汽密度 ρ/(kg/m³)	焓 H/(kJ/kg) 液体	气体	汽化热 r/(kJ/kg)
0	0.6082	0.00484	0	2491.1	2491.1
5	0.8730	0.00680	20.94	2500.8	2479.9
10	1.2263	0.00940	41.87	2510.4	2468.5
15	1.7068	0.01283	62.80	2520.5	2457.7
20	2.3346	0.01719	83.74	2530.1	2446.3
25	3.1684	0.02304	104.67	2539.7	2435.0
30	4.2474	0.03036	125.60	2549.3	2423.7
35	5.6207	0.03960	146.54	2559.0	2412.4
40	7.3766	0.05114	167.47	2568.6	2401.1
45	9.5837	0.06543	188.41	2577.8	2389.4
50	12.340	0.0830	209.34	2587.4	2378.1
55	15.743	0.1043	230.27	2596.7	2366.4
60	19.923	0.1301	251.21	2606.3	2355.1
65	25.014	0.1611	272.14	2615.5	2343.4
70	31.164	0.1979	293.08	2624.3	2331.2
75	38.551	0.2416	314.01	2633.5	2319.5
80	47.379	0.2929	334.94	2642.3	2307.8
85	57.875	0.3531	355.88	2651.1	2295.2
90	70.136	0.4229	376.81	2659.9	2283.1
95	84.556	0.5039	397.75	2668.7	2270.9
100	101.33	0.5970	418.68	2677.0	2258.4
105	120.85	0.7036	440.03	2685.0	2245.4
110	143.11	0.8254	460.97	2693.4	2232.0
115	169.11	0.9635	482.32	2701.3	2219.0
120	198.64	1.119	503.67	2708.9	2205.2
125	232.19	1.296	525.02	2716.4	2191.8
130	270.25	1.494	546.38	2723.9	2177.6
135	313.11	1.715	567.73	2731.0	2163.3
140	361.47	1.962	589.08	2737.7	2148.7
145	415.72	2.238	610.85	2744.4	2134.0
150	476.24	2.543	632.21	2750.7	2118.5
160	618.28	3.252	675.75	2762.9	2076.1
170	792.59	4.113	719.29	2773.3	2054.0
180	1003.5	5.145	763.25	2782.5	2019.3
190	1255.6	6.378	807.64	2790.1	1982.4
200	1554.77	7.840	852.01	2795.5	1943.5
210	1927.72	9.567	897.23	2799.3	1902.5
220	2320.88	11.60	942.45	2801.0	1858.5
230	2798.59	13.98	988.50	2800.1	1811.6
240	3347.91	16.76	1034.56	2796.8	1761.8
250	3977.67	20.01	1081.45	2790.1	1708.6
260	4693.75	23.82	1128.76	2780.9	1651.7
270	5503.99	28.27	1176.91	2768.3	1591.4
280	6417.24	33.47	1225.48	2752.0	1526.5
290	7443.29	39.60	1274.76	2732.3	1457.4
300	8592.94	46.93	1025.54	2708.0	1382.5
310	9877.96	55.59	1378.71	2680.0	1301.3
320	11300.3	65.95	1436.07	2648.2	1212.1
330	12879.6	78.53	1446.78	2610.5	1116.2
340	14615.8	93.98	1562.93	2568.6	1005.7
350	16538.5	113.2	1636.20	2516.7	880.5
360	18667.1	129.6	1729.15	2442.6	713.0
370	21040.9	171.0	1888.25	2301.9	411.1
374	22070.9	322.6	2098.0	2098.0	0

5. 101.3kPa下气体黏度

气体黏度共线图的坐标值:

序号	名称	X	Y	序号	名称	X	Y
1	空气	11.0	20.0	21	乙炔	9.8	14.9
2	氧	11.0	21.3	22	丙烷	9.7	12.9
3	氮	10.6	20.0	23	丙烯	9.0	13.8
4	氢	11.2	12.4	24	丁烯	9.2	13.7
5	$3H_2 + 1N_2$	11.2	17.2	25	戊烷	7.0	12.8
6	水蒸气	8.0	16.0	26	己烷	8.6	11.8
7	二氧化碳	9.5	18.7	27	三氯甲烷	8.9	15.7
8	一氧化碳	11.0	20.0	28	苯	8.5	13.2
9	氨	8.4	16.0	29	甲苯	8.6	12.4
10	硫化氢	8.6	18.0	30	甲醇	8.5	15.6
11	二氧化硫	9.6	17.0	31	乙醇	9.2	14.2
12	二硫化碳	8.0	16.0	32	丙醇	8.4	13.4
13	一氧化二氮	8.8	19.0	33	醋酸	7.7	14.3
14	一氧化氮	10.9	20.5	34	丙酮	8.9	13.0
15	氟	7.3	23.8	35	乙醚	8.9	13.0
16	氯	9.0	18.4	36	醋酸乙酯	8.5	13.2
17	氯化氢	8.8	18.7	37	氟里昂-11	10.6	15.1
18	甲烷	9.9	15.5	38	氟里昂-12	11.1	16.0
19	乙烷	9.1	14.5	39	氟里昂-21	10.8	15.3
20	乙烯	9.5	15.1	40	氟里昂-22	10.1	17.0

6. 101.3kPa下气体比热容

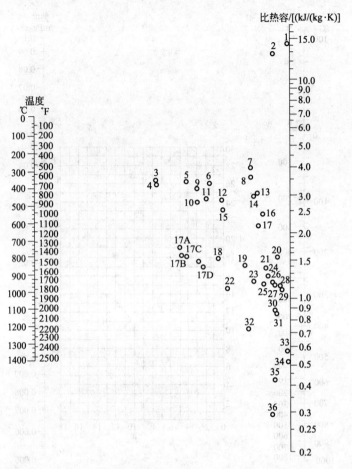

气体比热容线图的编号

编号	气体	温度范围/K	编号	气体	温度范围/K
1	氢	273～873	18	二氧化碳	273～673
2	氢	873～1673	19	硫化氢	273～973
3	乙烷	273～473	20	氟化氢	273～1673
4	乙烯	273～473	21	硫化氢	973～1673
5	甲烷	273～573	22	二氧化硫	273～673
6	甲烷	573～973	23	氧	273～773
7	甲烷	973～1673	24	二氧化碳	673～1673
8	乙烷	873～1673	25	一氧化氮	273～973
9	乙烷	473～873	26	一氧化碳	273～1673
10	乙炔	273～473	26	氮	273～1673
11	乙烯	473～873	27	空气	273～1673
12	氨	273～873	28	一氧化氮	973～1673
13	乙烯	873～1673	29	氧	773～1673
14	氨	873～1673	30	氯化氢	273～1673
15	乙炔	473～673	31	二氧化硫	673～1673
16	乙炔	673～1673	32	氯	273～473
17	水	273～1673	33	硫	573～1673
17A	氟里昂-22	273～473	34	氯	473～1673
17B	氟里昂-11	273～473	35	溴化氢	273～1673
17C	氟里昂-21	273～473	36	碘化氢	273～1673
17D	氟里昂-113	273～473			

7. 液体黏度

液体黏度线图的坐标值：

液体	X	Y	液体	X	Y
水	10.2	13.0	乙苯	13.2	11.5
盐水(25%NaCl)	10.2	16.6	氯苯	12.3	12.4
盐水(25%CaCl₂)	6.6	15.9	硝基苯	10.6	16.2
氨	12.6	2.2	苯胺	8.1	18.7
氨水(26%)	10.1	13.9	酚	6.9	20.8
二氧化碳	11.6	0.3	联苯	12.0	18.3
二氧化硫	15.2	7.1	萘	7.9	18.1
二硫化碳	16.1	7.5	甲醇(100%)	12.4	10.5
溴	14.2	18.2	甲醇(90%)	12.3	11.8
汞	18.4	16.4	甲醇(40%)	7.8	15.5
硫酸(110%)	7.2	27.4	乙醇(100%)	10.5	13.8
硫酸(100%)	8.0	25.1	乙醇(95%)	9.8	14.3
硫酸(98%)	7.0	24.8	乙醇(40%)	6.5	16.6
硫酸(60%)	10.2	21.3	乙二醇	6.0	23.6
硝酸(95%)	12.8	13.8	甘油	2.0	30.0
硝酸(60%)	10.8	17.0	甘油	6.9	19.6
盐酸(31.5%)	13.0	16.6	乙醚	14.5	5.3
氢氧化钠(50%)	3.2	25.8	乙醛	15.2	14.8
戊烷	14.9	5.2	丙酮	14.5	7.2
己烷	14.7	7.0	甲酸	10.7	15.8
庚烷	14.1	8.4	醋酸(100%)	12.1	14.2
辛烷	13.7	10.0	醋酸(70%)	9.5	17.0
三氯甲烷	14.4	10.2	醋酸酐	12.7	12.8
四氯化碳	12.7	13.1	醋酸乙酯	13.7	9.1
二氯乙烷	13.2	12.2	醋酸戊酯	11.8	12.5
苯	12.5	10.9	氟里昂-11	14.4	9.0
甲苯	13.7	10.4	氟里昂-12	16.8	5.6
邻二甲苯	13.5	12.1	氟里昂-21	15.7	7.5
间二甲苯	13.9	10.6	氟里昂-22	17.2	4.7
对二甲苯	13.9	10.9	煤油	10.2	16.9

8. 液体的比热容

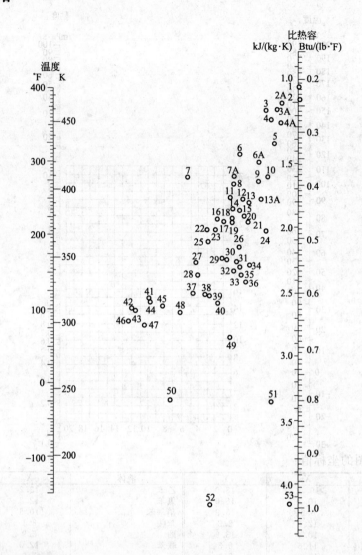

液体比热容线图的编号：

编号	名称	温度范围/℃	编号	名称	温度范围/℃
1	溴乙烷	5~25	11	二氧化硫	−20~100
2	二氧化碳	−100~25	12	硝基苯	0~100
2A	氟里昂-11	−20~70	13	氯乙烷	−30~40
3	四氯化碳	10~60	13A	氯甲烷	−80~20
3	过氯乙烯	−30~140	14	萘	90~200
3A	氟里昂-113	−20~70	15	联苯	80~120
4	三氯甲烷	0~50	16	联苯醚	0~200
4A	氟里昂-21	−20~70	16	联苯-联苯醚	0~200
5	二氯甲烷	−40~50	17	对二甲苯	0~100
6	氟里昂-12	−40~15	18	间二甲苯	0~100
6A	二氯乙烷	−30~60	19	邻二甲苯	0~100
7	碘乙烷	0~100	20	吡啶	−40~15
7A	氟里昂-22	−20~60	21	癸烷	−80~25
8	氯苯	0~100	22	二苯基甲烷	30~100
9	硫酸	10~45	23	苯	10~80
10	苯甲基氯	−30~30	23	甲苯	0~60

编号	名称	温度范围/℃	编号	名称	温度范围/℃
24	醋酸乙酯	−50~25	25	乙苯	0~100
26	醋酸戊酯	−20~70	27	苯甲基醇	−20~30
28	庚烷	0~60	29	醋酸	0~80
30	苯胺	0~130	31	异丙醚	−80~200
32	丙酮	20~50	33	辛烷	−50~25
34	壬烷	−50~25	35	己烷	−80~20
36	乙醚	−100~25	37	戊醇	−50~25
38	甘油	−40~20	39	乙二醇	−40~200
40	甲醇	−40~20	41	异戊醇	10~100
42	乙醇	30~80	43	异丁醇	0~100
44	丁醇	0~100	45	丙醇	−20~100
46	乙醇	20~80	47	异丙醇	20~50
48	盐酸	20~100	49	盐水(25%$CaCl_2$)	−40~20
50	乙醇	20~80	51	盐水(25%NaCl)	−40~20
52	氨	−70~50	53	水	10~200

9. 常用液体的热导率

液体	温度 t/℃	热导率 λ/[W/(m·K)]	液体	温度 t/℃	热导率 λ/[W/(m·K)]
50%醋酸	20	0.35	煤油	20	0.149
100%醋酸	20	0.171	丙酮	30	0.177
氨水溶液	20	0.45	12.5%盐酸	32	0.52
正戊醇	30	0.163	25%盐酸	32	0.48
异戊醇	30	0.152	38%盐酸	32	0.44
苯胺	0~20	0.173	水银	28	0.36
苯	30	0.159	20%甲醇	20	0.492
正丁醇	30	0.168	40%甲醇	20	0.405
异丁醇	10	0.157	60%甲醇	20	0.329
15%氯化钙盐水	30	0.59	80%甲醇	20	0.267
30%氯化钙盐水	32	0.55	100%甲醇	20	0.215
四氯化碳	0	0.185	20%乙醇	20	0.486
氯甲烷	30	0.154	40%乙醇	20	0.388
石油	20	0.180	60%乙醇	20	0.305
蓖麻油	20	0.168	80%乙醇	20	0.237
橄榄油	100	0.164	100%乙醇	20	0.182
三氯甲烷	30	0.138	15%氯化钾	32	0.58
乙酸乙酯	20	0.175	30%氯化钾	32	0.56
正戊烷	30	0.135	21%氢氧化钾	32	0.58
正丙醇	30	0.171	42%氢氧化钾	32	0.55
异丙醇	30	0.157	10%硫酸钾	32	0.60
乙醚	30	0.138	12.5%氯化钠盐水	30	0.59
汽油	30	0.135	25%氯化钠盐水	30	0.57
正己烷	30	0.138	30%硫酸	30	0.52
甲苯	30	0.149	60%硫酸	30	0.43
松节油	15	0.128	90%硫酸	30	0.36

10. 有机液体的相对密度

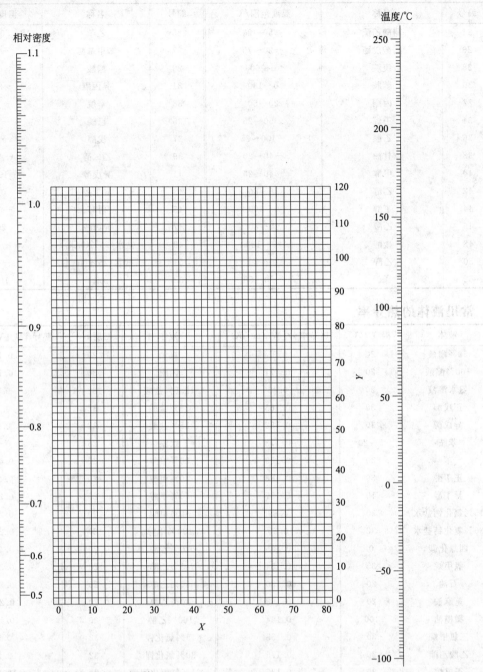

有机液体相对密度线图的坐标值：

液体	X	Y	液体	X	Y
乙炔	20.8	10.1	二氧化碳	78.6	45.4
乙烷	10.8	4.4	异丁烷	13.7	16.5
乙烯	17.0	3.5	丁酸	31.3	78.7
乙醇	24.2	48.6	丁酸甲酯	31.5	65.5
乙醚	22.8	35.8	异丁酸	31.5	75.9
乙丙醚	20.0	37.0	丁酸异甲酯	33.0	64.1
乙硫醇	32.0	55.5	十一烷	14.4	39.2
乙硫醚	25.7	55.3	十二烷	14.3	41.4
二乙胺	17.8	33.5	十三烷	15.3	42.4

液体	X	Y	液体	X	Y
十四烷	15.8	43.3	异戊烷	13.5	22.5
三乙胺	17.9	37.0	辛烷	12.7	32.5
三氯化磷	38.0	22.1	庚烷	12.6	29.8
己烷	13.5	27.0	苯	32.7	63.0
壬烷	16.2	36.5	苯酚	35.7	103.8
六氢吡啶	27.5	60.0	苯胺	33.5	92.5
甲乙醚	25.0	34.4	氟苯	41.9	86.7
甲醇	25.8	49.1	癸烷	16.0	38.2
甲硫醇	37.3	59.6	氨	22.4	24.6
甲硫醚	31.9	57.4	氯乙烷	42.7	62.4
甲醚	27.2	30.1	氯甲烷	52.3	62.9
甲酸甲酯	46.4	74.6	氯苯	41.7	105.0
甲酸乙酯	37.6	68.4	氰丙烷	20.1	44.6
甲酸丙酯	33.8	66.7	氰甲烷	27.8	44.9
丙烷	14.2	12.2	环己烷	19.6	44.0
丙酮	26.1	47.8	醋酸	40.6	93.5
丙醇	23.8	50.8	醋酸甲酯	40.1	70.3
丙酸	35.0	83.5	醋酸乙酯	35.0	65.0
丙酸甲酯	36.5	68.3	醋酸丙酯	33.0	65.5
丙酸乙酯	32.1	63.9	甲苯	27.0	61.0
戊烷	12.6	22.6	异戊醇	20.5	52.0

11. 液体汽化潜热

汽化潜热线图的编号

编号	化合物	范围(t_c-t)/℃	临界温度 t_c/℃
1	氟里昂-113	90～250	214
2	四氯化碳	30～250	283
2	氟里昂-11	70～250	198
2	氟里昂-12	40～200	111
3	联苯	175～400	527
4	二硫化碳	140～275	273
5	氟里昂-21	70～250	178
6	氟里昂-22	50～170	96
7	三氯甲烷	140～275	263
8	二氯甲烷	150～250	216
9	辛烷	30～300	296
10	庚烷	20～300	267
11	己烷	50～225	235
12	戊烷	20～200	197
13	苯	10～400	289
13	乙醚	10～400	194
14	二氧化硫	90～160	157
15	异丁烷	80～200	134
16	丁烷	90～200	153
17	氯乙烷	100～250	187
18	醋酸	100～225	321
19	一氧化二氮	25～150	36
20	氯甲烷	70～250	143
21	二氧化碳	10～100	31
22	丙酮	120～210	235
23	丙烷	40～200	96
24	丙醇	20～200	264
25	乙烷	25～150	32
26	乙醇	20～140	243
27	甲醇	40～250	240
28	乙醇	140～300	243
29	氨	50～200	133
30	水	10～500	374

12. 常用固体材料的重要性质

名称	密度 ρ/(kg/m³)	热导率 λ/[W/(m·K)]	比热容 c_p/[kJ/(kg·K)]
钢	7850	45.4	0.46
不锈钢	7900	17.4	0.50
铸铁	7220	62.8	0.50
铜	8800	383.8	0.41
青铜	8000	64.0	0.38
铝	2670	203.5	0.92
镍	9000	58.2	0.46
铅	11400	34.9	0.13
黄铜	8600	85.5	0.38
酚醛	1250～1300	0.13～0.25	1.26～1.67
脲醛	1400～1500	0.30～1.09	1.26～1.67
聚氯乙烯	1380～1400	0.16～0.59	1.84
聚苯乙烯	1050～1070	0.08～0.29	1.34

名称	密度 ρ/(kg/m³)	热导率 λ/[W/(m·K)]	比热容 c_p/[kJ/(kg·K)]
低压聚乙烯	940	0.29~1.05	2.55
高压聚乙烯	920	0.26~0.92	2.22
有机玻璃	1180~1190	0.14~0.20	—
干砂	1500~1700	0.45~0.58	0.80
黏土	1600~1800	0.47~0.53	0.75
黏土砖	1600~1900	0.47~0.67	0.92
耐火砖	1840	1.05(800~1100℃)	0.88~1.00
混凝土	2000~2400	1.28~1.55	0.84
松木	500~600	0.07~0.10	2.72(0~100℃)
软木	100~300	0.04~0.06	0.96
石棉板	170	0.12	0.82
玻璃	2500	0.74	0.67
耐酸陶瓷制品	2200~2300	0.93~1.05	0.75~0.80
耐酸砖和板	2100~2400	—	—
橡胶	1200	0.16	1.38
耐酸搪瓷	2300~2700	0.99~1.05	0.84~1.3
冰	900	2.33	2.11

13. 一些食品的热导率

食品	λ/[W/(m·K)]	食品	λ/[W/(m·K)]	食品	λ/[W/(m·K)]
苹果汁	0.559	黄油	0.197	鲜鱼	0.431
梨汁	0.550	花生油	0.168	猪肉	1.298
草莓	1.125	人造黄油	0.233	香肠	0.410
苹果酱	0.692	炼乳	0.536	火鸡	1.088
葡萄	0.398	浓缩牛奶	0.505	小牛肉	0891
橘子	1.296	脱脂牛奶	0.538	燕麦	0.064
胡萝卜	1.263	奶粉	0.419	土豆	1.090
南瓜	0.502	蛋类	0.291	牛肉	0.556
蜂蜜	0.502	小麦	0.163		

14. 一些食品的定压比热容

食品名称	含水量 w/%	c_{pi}/[kJ/(kg·K)]	食品名称	含水量 w/%	c_{pi}/[kJ/(kg·K)]
肉汤	—	3.098	鲜蘑菇	90	3.936
豌豆汤	—	4.103	干蘑菇	30	2.345
土豆汤	88	3.956	洋葱	80~90	3.601~3.894
油炸鱼	60	3.015	荷兰芹	65~95	3.182~3.894
植物油	—	1.465~1.884	干豌豆	14	1.842
可可	—	1.842	土豆	75	3.517
脱脂牛奶	91	3.999	菠菜	85~90	3.852
面包	44~45	2.784	鲜浆果	84~90	3.726~4.103
炼乳	60~70	3.266	鲜水果	75~92	3.350~3.768
面粉	12~13.5	1.842	干水果	30	2.094
通心粉	12~13.5	1.842	肥牛肉	51	2.889
麦片粥	—	3.224~3.768	瘦牛肉	72	3.433
大米	10.5~13.5	1.800	鹅	52	2.931
蛋白	87	3.852	肾	—	3.601
蛋黄	48	2.805	羊肉	90	3.894
洋蓟	90	3.894	鲜腊肠	72	3.433
大葱	92	3.978	小牛排	72	3.433
小扁豆	12	1.842	鹿肉	70	3.391

三、常用材料和设备的型号、规格、规范

1. 流体输送用无缝钢管规格（摘自 GB/T 8163 — 2008）

外径/mm	壁厚/mm
16	3,3.5,4,4.5,5,5.5
20	1.5,2,2.5,3,3.5,4,5,6
25	2,2.2,2.5,3,3.5,4,4.5,5,5.5,6,7
30	1.5,2,2.5,3,3.5,4,4.5,5,5.5,6,7,8,10
32	1.5,2,2.5,3,3.5,4,4.5,5,5.5,6,7,8,10
38	1.2,2,2.2,2.5,3,3.5,4,4.5,4.7,5.5,6,7,8,9,10
40	1.5,2,2.5,3,3.5,4,4.5,5,5.5,6,6.5,7,8,9,10
45	1.5,1.8,2,2.5,3,3.5,4,4.5,5,6,7,7.5,8,8.5,9,10,11,12
50	1.5,2,2.5,3,3.5,4,4.5,5,6,7,8,9,10,11,12
60	2,3,3.5,3.8,4,4.5,5,5.5,6,6.5,7,9
76	3,3.5,4,4.5,5,5.5,6,7,8,9,10,12
89	4,4.5,5,5.5,6,6.5,7,7.5,8,9,10,11,12,12.5,13,14
95	4,4.5,5,5.5,6,7,8,9,10,11,12.5,14,16
108	4,4.5,5,5.5,6,6.5,7,8,9,10,11,12,12.5,14,16,20
114	4,4.5,5,5.5,6,7,8,9,10,11,12.5,13,14,15,16
121	4,4.5,5,5.5,6,7,8,8.8,10,11,12.5,14.2,16,18,20
127	4,4.5,5,5.5,6,7,7.5,8,9,10,11,12.5,14,16,18,20
133	4.5,5,5.5,6,7,8,9,10,11,12.5,14,16,18,20
140	5,6,7,8,10,12,14,16,18,20
159	4.5,5,5.5,6,7,8,9,10,12,12.5,14,16
168	5.5,6,6.5,7,8,9,9.5,10,11,12,13,14,16,18,19,20
219	6,6.5,7,8,9,10,11,12,13,14,15,16,17,18
273	6.5,7,8,9,9.5,10,11,12,13,14,15,16,18,20
325	7,8,8.5,9,10,11,12,13,14,15,16,17,18,20
356	8,9,9.5,10,11,12,13,14,15,16,18,19
377	8,9,9.5,10,11,12,13,14,20
406	8,9,9.5,10,11,12,13,14,16,17,18
426	8,9,9.5,10,11,12,13,14,15,16,17,18
457	9,9.5,10,11,12,13,14,15
480	9,9.5,10,11,12,14
508	9,9.5,10,11,12,13,14,15
530	9,10,11,12,13,14,15
560	9,10,11,12,13
610	10,11,12,12.5,13,14

2. IS 型单级单吸离心泵（部分）

型号	转速 $n/(r/min)$	流量		扬程 H/m	效率 $\eta/\%$	功率 N/kW		必需汽蚀余量 $(NPSH)_r/m$	质量（泵/底座）/kg
		m^3/h	L/s			轴功率	电机功率		
IS50-32-125	2900	7.5	2.08	22	47	0.96	2.2	2.0	32/46
		12.5	3.47	20	60	1.13		2.0	
		15	4.17	18.5	60	1.26		2.5	
	1450	3.75	1.04	5.4	43	0.13	0.55	2.0	32/28
		6.3	1.75	5	54	0.16		2.0	
		7.5	2.08	4.6	55	0.17		2.5	
IS50-32-160	2900	7.5	2.08	34.3	44	1.59	3	2.0	50/46
		12.5	3.47	32	54	2.02		2.0	
		15	4.17	29.6	56	2.16		2.5	
	1450	3.75	1.04	13.1	35	0.25	0.55	2.0	50/38
		6.3	1.75	12.5	48	0.29		2.0	
		7.5	2.08	12	49	0.31		2.5	

型号	转速 $n/(r/min)$	流量		扬程 H/m	效率 $\eta/\%$	功率 N/kW		必需汽蚀余量 $(NPSH)_r/m$	质量(泵/底座)/kg
		m^3/h	L/s			轴功率	电机功率		
IS50-32-200	2900	7.5	2.08	82	38	2.82	5.5	2.0	52/66
		12.5	3.47	80	49	3.54		2.0	
		15	4.17	78.5	51	3.95		2.5	
	1450	3.75	1.04	20.5	33	0.41	0.75	2.0	52/38
		6.3	1.75	20	42	0.51		2.0	
		7.5	2.08	19.5	44	0.56		2.5	
IS50-32-250	2900	7.5	2.08	21.8	23.5	5.87	11	2.0	88/110
		12.5	3.47	20	38	7.16		2.0	
		15	4.17	18.5	41	7.83		2.5	
	1450	3.75	1.04	5.35	23	0.91	1.5	2.0	88/64
		6.3	1.75	5	32	1.07		2.0	
		7.5	2.08	4.7	35	1.14		2.5	
IS65-50-125	2900	15	4.17	21.8	58	1.54	3	2.0	50/41
		25	6.94	20	69	1.97		2.0	
		30	8.33	18.5	68	2.22		2.5	
	1450	7.5	2.08	5.35	53	0.21	0.55	2.0	50/38
		12.5	3.47	5	64	0.27		2.0	
		15	4.17	4.7	65	0.30		2.5	
IS65-50-160	2900	15	4.17	35	54	2.65	5.5	2.0	51/66
		25	6.94	32	65	3.35		2.0	
		30	8.33	30	66	3.71		2.5	
	1450	7.5	2.08	8.8	50	0.36	0.75	2.0	51/38
		12.5	3.47	8	60	0.45		2.0	
		15	4.17	7.2	60	0.49		2.5	
IS65-40-200	2900	15	4.17	53	49	4.42	7.5	2.0	62/66
		25	6.94	50	60	5.67		2.0	
		30	8.33	47	61	6.29		2.5	
	1450	7.5	2.08	13.2	43	0.63	1.1	2.0	62/46
		12.5	3.47	12.5	55	0.77		2.0	
		15	4.17	11.8	57	0.85		2.5	
IS65-40-250	2900	15	4.17	82	37	9.05	15	2.0	82/110
		25	6.94	80	50	10.89		2.0	
		30	8.33	78	53	12.02		2.5	
	1450	7.5	2.08	21	35	1.23	2.2	2.0	82/67
		12.5	3.47	20	46	1.48		2.0	
		15	4.17	19.4	48	1.65		2.5	
IS65-40-315	2900	15	4.17	127	28	18.50	30	2.5	152/110
		25	6.94	125	40	21.30		2.5	
		30	8.33	123	44	22.80		3.0	
	1450	7.5	2.08	32.2	25	6.63	4	2.5	152/67
		12.5	3.47	32	37	2.94		2.5	
		15	4.17	31.7	41	3.16		3.0	
IS80-65-125	2900	30	8.33	22.5	64	2.87	5.5	2.5	44/46
		50	13.89	20	75	3.63		2.5	
		60	16.67	18	74	3.98		3.0	
	1450	15	4.17	5.6	55	0.42	0.75	2.5	44/38
		25	6.94	5	71	0.48		2.5	
		30	8.33	4.5	72	0.51		3.0	

型号	转速 n/(r/min)	流量		扬程 H/m	效率 η/%	功率 N/kW		必需汽蚀余量 (NPSH)r/m	质量(泵/底座)/kg
		m³/h	L/s			轴功率	电机功率		
IS80-65-160	2900	30	8.33	36	61	4.82	7.5	2.5	48/66
		50	13.89	32	73	5.97		2.5	
		60	16.67	29	72	6.59		3.0	
	1450	15	4.17	9	55	0.67	1.5	2.5	48/46
		25	6.94	8	69	0.79		2.5	
		30	8.33	7.2	68	0.86		3.0	
IS80-50-200	2900	30	8.33	53	55	7.87	15	2.5	64/124
		50	13.89	50	69	9.87		2.5	
		60	16.67	47	71	10.80		3.0	
	1450	15	4.17	13.2	51	1.06	2.2	2.5	64/46
		25	6.94	12.5	65	1.31		2.5	
		30	8.33	11.8	67	1.44		3.0	
IS80-50-250	2900	30	8.33	84	52	13.20	22	2.5	90/110
		50	13.89	80	63	17.30		2.5	
		60	16.67	75	64	19.20		3.0	
	1450	15	4.17	21	49	1.75	3	2.5	90/64
		25	6.94	20	60	2.27		2.5	
		30	8.33	18.8	61	2.52		3.0	
IS80-50-315	2900	30	8.33	128	41	25.50	37	2.5	125/160
		50	13.89	125	54	31.50		2.5	
		60	16.67	123	57	35.30		3.0	
	1450	15	4.17	32.5	39	3.40	5.5	2.5	125/66
		25	6.94	32	52	4.19		2.5	
		30	8.33	31.5	56	4.60		3.0	
IS100-80-125	2900	60	16.67	24	67	5.86	11	4.0	49/64
		100	27.78	20	78	7.00		4.5	
		120	33.33	16.5	74	7.28		5.0	
	1450	30	8.33	6	64	0.77	1	2.5	49/46
		50	13.89	5	75	0.91		2.5	
		60	16.67	4	71	0.92		2.5	
IS100-80-160	2900	60	16.67	36	70	8.42	15	3.5	69/110
		100	27.78	32	78	11.20		4.0	
		120	33.33	28	75	12.20		5.0	
	1450	30	8.33	9.2	67	1.12	2.2	2.0	69/64
		50	13.89	8	75	1.45		2.5	
		60	16.67	6.8	71	1.57		3.5	

3. 4-72-11 型离心通风机性能表（部分）

机号	转速 n/(r/min)	全风压 p/Pa	流量 q_V/(m³/h)	效率 η/%	功率 N/kW
6C	2240	2433	15800	91	14.1
	2000	1942	14100	91	10.0
	1800	1569	12700	91	7.3
	1250	755	8800	91	2.53
	1000	677	7030	91	1.39
	800	294	5610	91	0.73
8C	1800	2796	29900	91	30.8
	1250	1344	20800	91	10.3
	1000	863	16600	91	5.52
	630	343	10480	91	1.51

续表

机号	转速 n/(r/min)	全风压 p/Pa	流量 q_V/(m³/h)	效率 η/%	功率 N/kW
10C	1250	2227	41300	94.3	32.7
	1000	1422	32700	94.3	16.5
	800	912	26130	94.3	8.5
	500	353	16390	94.3	2.3
6D	1250	1020	10200	91	4
	960	441	6720	91	1.32
8D	1450	1962	20130	89.5	1.42
	730	491	10150	89.5	2.06
16B	900	2943	121000	94.3	127
20B	710	2845	186300	94.3	190

4. 空气压缩机规格

型号	型式	冷却方式	排气量 q_V/(m³/h)	压强 $p×10^{-5}$/Pa	转速 n/(r/min)	活塞行程 S/mm	电机功率 N/kW
3L-20/35	L形	水	1200	3.4	480	200	100
V0.6/7	移动式	风	36	6.9	1450	55	5.5
A0.6/7	固定立式	水	36	6.9	450	100	5.5
A0.9/8	固定立式	水	54	7.8	650	100	7.5
3W1.6/10	移动式	风	96	9.8	1460	70	13
1V-3/8	固定式	风	180	7.8	690	110	22
1V-3/8-1	V形	水	180	7.8	980	110	22
1W-3/7A	固定YV形	风	180	6.9	980	110	20
VY-6/7	固定V形	风	360	6.9	1500	112	40
2W-1/7B	移动W形	风	360	6.9	1200	110	44.2
2V-6/8	固定立式	风	360	7.8	980	110	40
YV-6/8	移动W形	风	540	6.9	1050	127	-
3L-10/8	固定L形	水	600	7.8	480	200	75
4L-20/8	固定L形	水	1200	7.8	400	240	130
2L35-20/8	L形	水	1200	7.8	730	140	130
5L-40/8	固定L形	水	2400	7.8	428	240	250

5. CLT/A 型旋风分离器的生产能力 （m³/h）

型号	圆筒直径 D/mm	入口气速 u_i/(m/s)		
		12	15	18
		压降 p/Pa		
		755	1187	1707
CLT/A-1.5	150	170	210	200
CLT/A-2.0	200	300	370	440
CLT/A-2.5	250	400	580	690
CLT/A-3.0	300	670	830	1000
CLT/A-3.5	350	910	1140	1360
CLT/A-4.0	400	1180	1480	1780
CLT/A-4.5	450	1500	1870	2250
CLT/A-5.0	500	1860	2320	2780
CLT/A-5.5	550	2240	2800	3360
CLT/A-6.0	600	2670	3340	4000
CLT/A-6.5	650	3130	3920	4700
CLT/A-7.0	700	3630	4540	5440
CLT/A-7.5	750	4170	5210	6250
CLT/A-8.0	800	4750	5940	7130

6. 固定管板式热交换器（摘自 JB/T 4714—92、JB/T 4715—92）

（1）管径 19mm，管心距 25mm

公称直径 D_N/mm	公称压强 p_N/MPa	管程数 N	管数 n	中心排管数	管程流通面积 S_1/m²	计算换热面积 S/m²					
						管长 L/m					
						1.5	2.0	3.0	4.5	6.0	9.0
159	1.60	1	15	5	0.0027	1.3	1.7	2.6	—	—	—
219	2.50		33	7	0.0058	2.8	3.7	5.7	—	—	—
273	4.00	1	65	9	0.0115	5.4	7.4	11.3	17.1	22.9	—
	6.40	2	56	8	0.0049	4.7	6.4	9.7	14.7	19.7	—
325		1	99	11	0.0175	8.3	11.2	17.1	26.0	34.9	—
		2	88	10	0.0078	7.4	10.0	15.2	23.1	31.0	—
		4	68	11	0.0030	5.7	7.7	11.8	17.9	23.9	—
400		1	174	14	0.0307	14.5	19.7	30.1	45.7	61.3	—
		2	164	15	0.0145	13.7	18.6	28.4	43.1	57.8	—
	0.60	4	146	14	0.0065	12.2	16.6	25.3	38.3	51.4	—
450			237	17	0.0419	19.8	26.9	41.0	62.2	83.5	—
		2	220	16	0.0194	18.4	25.0	38.1	57.8	77.5	—
	1.00	4	200	16	0.0088	16.7	22.7	34.6	52.5	70.4	—
500		1	275	19	0.0486	—	31.2	47.6	72.2	96.8	—
		2	256	18	0.0226	—	29.0	44.3	67.2	90.2	—
	1.60	4	222	18	0.0098	—	25.2	38.4	58.3	78.2	—
600		1	430	22	0.0760	—	48.8	74.4	112.9	151.4	—
		2	416	23	0.0368	—	47.2	72.0	109.3	146.5	—
	2.50	4	370	22	0.0163	—	42.0	64.0	97.2	130.3	—
		6	360	20	0.0106	—	40.8	62.3	94.5	126.8	—
700		1	607	27	0.1073	—	—	105.1	159.4	213.8	—
	4.00	2	574	27	0.0507	—	—	99.4	150.8	202.1	—
		4	542	27	0.0239	—	—	93.8	142.3	190.9	—
		6	518	24	0.0153	—	—	89.7	136.0	182.4	—
800	0.60	1	797	31	0.1408	—	—	138.0	209.3	280.7	—
	1.00	2	776	31	0.0686	—	—	134.3	203.8	273.3	—
	1.60	4	722	31	0.0319	—	—	125.0	189.8	254.3	—
	2.50	6	710	30	0.029	—	—	122.9	186.5	250.0	—
	4.00										
900		1	1009	35	0.1783	—	—	174.7	265.0	355.3	536.0
	0.60	2	988	35	0.0873	—	—	171.0	259.5	347.9	524.9
		4	938	35	0.0414	—	—	162.4	246.4	330.3	498.3
	1.00	6	914	34	0.0269	—	—	158.2	240.0	321.9	485.6

（2）管径 25mm，管心距 32mm

公称直径 D_N/mm	公称压强 p_N/MPa	管程数 N	管数 n	中心排管数	管程流通面积 S_1/m²		计算换热面积 S/m²					
							管长 L/m					
					25×2	25×2.5	1.5	2.0	3.0	4.5	6.0	9.0
159	1.60	1	11	3	0.0038	0.0035	1.2	1.6	2.5	—	—	—
219	2.50		25	5	0.0087	0.0079	2.7	3.7	5.7	—	—	—
273	4.00	1	38	6	0.0132	0.0119	4.2	5.7	8.7	13.1	17.6	—
	6.40	2	32	7	0.0055	0.0050	3.5	4.8	7.3	11.7	14.8	—
325		1	57	9	0.0197	0.0179	6.3	8.5	13.0	19.7	26.4	—
		2	56	9	0.0097	0.0088	7.4	8.4	12.7	19.3	25.9	—
		4	40	9	0.0035	0.0031	6.2	6.0	9.1	13.8	18.5	—

续表

公称直径 D_N/mm	公称压强 p_N/MPa	管程数 N	管数 n	中心排管数	管程流通面积 S_1/m²		计算换热面积 S/m²					
					25×2	25×2.5	管长 L/m					
							1.5	2.0	3.0	4.5	6.0	9.0
400	0.60	1	98	12	0.0339	0.0308	10.8	14.6	22.3	33.8	45.4	—
	1.00	2	94	11	0.0163	0.0148	10.3	14.0	21.4	32.5	43.5	—
	1.60	4	76	11	0.0066	0.0060	8.4	11.3	17.3	26.3	35.2	—
450	2.50	1	135	13	0.0468	0.0424	14.8	20.1	30.7	46.6	62.5	—
	4.00	2	126	12	0.0218	0.0198	13.9	18.8	28.7	43.5	58.4	—
		4	106	13	0.0092	0.0083	11.7	15.8	24.1	36.6	49.1	—
500		1	174	14	0.0603	0.0546	—	26.0	39.6	60.1	80.6	—
		2	164	15	0.0284	0.0257	—	24.5	37.3	56.6	76.0	—
	1.60	4	144	15	0.0125	0.0113	—	21.4	32.8	49.7	66.7	—
600		1	245	17	0.0849	0.0769	—	36.5	55.8	84.6	113.5	—
		2	232	16	0.0402	0.0364	—	34.6	52.8	80.1	107.5	—
	2.50	4	222	17	0.0192	0.0174	—	33.1	50.5	76.7	102.8	—
		6	216	16	0.0125	0.0113	—	32.2	49.2	74.6	100.0	—
700		1	355	21	0.1230	0.1115	—	—	—	122.6	164.4	—
	4.00	2	342	21	0.0592	0.0537	—	—	—	118.1	158.4	—
		4	322	21	0.0279	0.0253	—	—	—	111.2	149.1	—
		6	304	20	0.0175	0.0159	—	—	—	105.0	140.8	—
800		1	467	23	0.1618	0.1466	—	—	106.3	161.3	216.3	—
		2	450	23	0.0779	0.0707	—	—	102.4	155.4	208.5	—
		4	442	23	0.0383	0.0347	—	—	100.6	152.7	204.7	—
	0.60	6	430	24	0.0248	0.0225	—	—	97.9	148.5	119.2	—
900	1.60	1	605	27	0.2095	0.1900	—	—	137.8	209.0	280.2	422.7
		2	588	27	0.1018	0.0923	—	—	133.9	203.1	272.3	410.8
		4	554	27	0.0480	0.0435	—	—	126.1	191.4	256.6	387.1
		6	538	26	0.0311	0.0282	—	—	122.5	185.8	249.2	375.9

注：管子为正三角形排列。

参考文献

[1] Romeo T T. Fundamentals of Food Process Engineering. 2nd Edition. Gaithersburg：ASPEN Publication，1999.

[2] Bimbenet J J, et al. Génie des Procédés Alimentaires. Paris：RIA Editions，2002.

[3] Coulson J M, Richardson J F, Backhurst J R, Harker L H, Chemical Engineering. 6th edition. 大连：大连理工大学出版社，2008.

[4] McCabe W L, et al. Unit Operations of Chemical Engineering. 6th Edition. Boston：McGraw-Hill，2001.

[5] Beek W J, et al. Transport Phenomena. 2nd Edition. New York：John Wiley & Sons，1999.

[6] Cheryan M. Ultrafiltration Handbook. Lancaster：Technomic Publishing Co.，1986.

[7] Rautenbach R. 膜工艺——组件和装置设计基础. 王乐夫译. 北京：化学工业出版社，1998.

[8] 时均等. 膜技术手册. 北京：化学工业出版社，2001.

[9] 柴诚敬，张国亮. 化工流体流动与传热. 北京：化学工业出版社，2000.

[10] 贾绍义，柴诚敬. 化工传质与分离过程. 北京：化学工业出版社，2001.

[11] 陈敏恒等. 化工原理. 第2版. 北京：化学工业出版社，1999.